**Martin Wagenschein**

**Die pädagogische Dimension der Physik**

**Grundthemen**

**der**

**Pädagogischen Praxis**

Eine Schriftenreihe

begründet von

Albert Holfelder

herausgegeben von

Jakob Muth und Klaus Schaller

Martin Wagenschein

# Die Pädagogische Dimension der Physik

hv
Hahner
Verlagsgesellschaft

1. Neuaufl., Hahner Verlagsgesellschaft 1995
Einbandgestaltung: Volker Jürgens, Karl-Heinz Balfanz

Die Deutsche Bibliothek – **CIP**-Einheitsaufnahme

**Die pädagogische Dimension der Physik/**
Martin Wagenschein
– Aachen-Hahn : Hahner Verl.-Ges. 1995
Teilw. im Verl. Westermann, Braunschweig
ISBN 3-89294-160-2
NE: Wagenschein, Martin

## Inhalt

## III. Teil: Anhang

## Vorwort zur ersten Auflage

Ich übergebe diese Studie der pädagogischen Öffentlichkeit — den Physiklehrern aller Schularten vor allem, *aber nicht nur ihnen* — mit einem zwiespältigen Gefühl. Einmal in der Überzeugung, daß der hier vorgeschlagene Weg, wenigstens in seiner allgemeinen Richtung, der für unsere Zeit rechte sei. Andererseits in dem Bewußtsein, etwas Unzureichendes, nur Andeutendes und Vorbereitendes von mir abzulösen. Der Grund für dieses Ungenügen scheint mir, soweit ich das selbst beurteilen kann, in dem merkwürdigen Umstand zu liegen, daß man nichts schwerer geordnet darstellen kann als das, was einem selbstverständlich ist.

Das umkreisende und das Ganze von immer neuen Richtungen her angehende Verfahren ergab sich als natürliche Ordnung. Es entspricht dem Ziel der Arbeit: nicht feste Anweisungen zu geben, sondern sozusagen das Klima des Unterrichts in der physikalischen Naturbetrachtung zu einem Umschwung geneigt zu machen.

Es ist mir bewußt — diese bedauerliche Situation ist ja auch ein Gegenstand des Buches —, daß die Volksschullehrer (Abiturienten) unter den Lesern nicht alle hier vorausgesetzten physikalischen Grundtatsachen soweit kennen, daß sie ohne weiteres überall folgen können. Aber es war nicht möglich, ein elementares Lehrbuch der Physik in die vorliegende Studie mit einzufügen. Nur an einzelnen Stellen konnten Bausteine dazu zusammengetragen werden. Ich setze also voraus, daß der Leser, wo er physikalischen Gedanken nicht zu folgen vermag, nachsehen kann. Ich war bemüht, geeignete Literatur anzuführen.

Ich habe den Wunsch, vielen zu danken, ohne deren Anregung und Hilfe dieses Buch nicht hätte entstehen können. Es sind: ungezählte Kinder und Jugendliche und viele Studierende; Paul Geheeb und die Mitarbeiter seiner alten Odenwaldschule; später Lehrer aller Arten öffentlicher Schulen, besonders diejenigen, die in der Nachkriegszeit im „Landesschulbeirat für Hessen“ zusammenarbeiten durften. Für die erste Anregung zu dieser Arbeit habe ich Wilhelm Flitner Dank zu sagen, dem hessischen Kultusministerium für Muße, dem Verlag für seine Großzügigkeit. Besonderer Dank gebührt Albert Holfelder. Er hat mit großer Geduld und erfahrenem Rat das Werden des Buches begleitet. Walter Klingenburg gab wertvolle Hinweise auf die Bedürfnisse der Volksschule. Walter Jung bin ich für fördernde kritische Anregungen dankbar. Werner Loch hat entscheidende redaktionelle Hilfe geleistet und den Titel des Buches vorgeschlagen: Er trifft genau, was ich meine.

1962 Martin Wagenschein

## Vorwort zur dritten Auflage

Meine Vorschläge zum Physikunterricht haben ein Gespräch in Gang gebracht; ich freue mich darüber, zumal die Polemik, hervorgegangen aus der Betroffenheit gymnasialer und universitärer Physiklehrer, allmählich der sachlichen Diskussion weicht.

Der Schriftleiter für Physik in der Redaktion der „Zeitschrift für den naturwissenschaftlichen und mathematischen Unterricht" (MNU), E. Töpfer, hat den dankenswerten Versuch unternommen, die gegen meine Position bestehende Animosität einer (zahlenmäßig schwer abzuschätzenden) Gruppe von Physiklehrern aus ihrer Reserve zu locken[1]. Er führte in seiner Zeitschrift noch nicht zu der erwünschten sachlichen Kontroverse, ebensowenig wie H. Rumpfs Bericht darüber in der „Zeitschrift für Pädagogik"[2].

Aber auch Mißdeutungen sind aufschlußreich. Sie zeigen dem Autor, was er nicht voraussehen, dem Kritiker, wo er nicht genau zu lesen vermochte. Meine Erwiderung steht in Band II meiner gesammelten pädagogischen Schriften („Ursprüngliches Verstehen und exaktes Denken", 2. Auflage, Stuttgart 1970, S. 149—157). Daß trotzdem die Vorbedingungen für eine grundsätzliche Auseinandersetzung sich verbessert haben, ist aus E. Töpfers neuer „Methodik des Physikunterrichts"[3] zu erkennen.

Eine andersgeartete Diskussion über Hochschuldidaktik und fachliche Lehrerbildung im Bereich der Physik, ausgehend von dem Physiker H. Rollnik, aufgenommen von den Angesprochenen, H. v. Hentig und mir, findet man in der „Neuen Sammlung"[4].

Auch hier kann man wohl sagen, daß ein wirkliches Gespräch nicht gleich gelang. Es ist aber schon viel gewonnen, wenn man spürt, in welcher Richtung die Partner nahe aneinander vorbeisprechen. Auch dieser Anfang sollte weiterführen.

Zur Klärung der Beziehungen zwischen „volkstümlicher Bildung" und dem „genetischen Prinzip" ist ein Briefwechsel mit C. Schietzel angefügt (S. 306), ausgelöst durch sein Buch „Technik, Natur und exakte Wissenschaft" (Braunschweig 1968).

Januar 1971 M. W.

---

1 MNU XX (1967), S. 108 f., 109—112, 152—156, 157—160; XXI, S. 350—353, 374—378; XXII, S. 433 f.

2 Zeitschrift f. Päd. XV, 599—606.

3 Hahn/Töpfer/Bruhn, Methodik des Physikunterrichts. Heidelberg 1970.

4 Neue Sammlung, 1970, S. 128—140, 141—152.

# Einleitung

*„... deshalb sollst auch Du, lieber Leser, nicht unangefochten dazu gelangen, ohne daß Du zuvor durch dasselbe Dornengestrüpp der Untersuchungen hindurchgeführt wirst, durch das ich mich hindurchgezwängt habe, damit Du, weil Du die Frucht der Arbeit mit mir genießen wirst, so auch zuvor die Mühe kosten magst."* (J. KEPLER[1])

I.

Der Titel dieses Buches — „Die pädagogische Dimension der Physik" — betont einen Sachverhalt, den übliche Formulierungen wie „Didaktik der physikalischen Naturlehre" oder „Der Bildungswert des physikalischen Unterrichts" nicht ohne weiteres erkennen lassen: *daß nämlich die Physik selber eine pädagogische Dimension in sich trägt.*

Wir sind gewöhnt, Physik als einen „Stoff" vor uns zu sehen, ausgezeichnet durch besondere Objektivität, Zuverlässigkeit und Härte, mit dem sich zu beschäftigen lohnend ist. Denn nicht nur stellt er bedeutende und solide Bausteine unseres Weltpanoramas bereit, sondern: Indem wir uns diesen Stoff zuführen, wetzt er auch gleichsam unseren Verstand. Wir haben dabei eine fast räumlich-stoffliche Vorstellung von dem, was gelehrt werden soll; wir sehen die physikalische Realität ausgebreitet vor uns und uns selber als solche, die sie Stück für Stück erobern. Ich will nicht sagen, daß dieses Bild falsch sei. Nur: Es führt irre, wenn wir es für erschöpfend halten. Und zwar gerade dann, wenn es uns nicht um Information zu tun ist, sondern um *Bildung und Information als Eines.*

Ich spreche von einer, im Vergleich zu dieser Breite der physikalischen Stofflandschaft, anderen Dimension, um damit schon anzudeuten: daß Physik nicht einfach eine Bestandsaufnahme eines Massivs von Tatsachen ist. Aber was ist sie denn?

Im ersten Ansatz könnte man versucht sein zu sagen: Physik sei nicht einfach etwas Bestehendes, sondern etwas Gewordenes und Werdendes. Man würde dann aber das Mißverständnis nahelegen, mit der besonderen Dimension sei einfach die Geschichte der Physik gemeint. Das hieße, der Unterricht solle historisiert werden oder doch historisch akzentuiert. Das wäre zwar nicht ohne Bezug auf das, was gemeint ist, aber es wäre nicht dasselbe.

„Physik" wird in diesem Buch als ein Prozeß verstanden, der seit etwa 25 Jahrhunderten das Verhältnis des Menschen zur Natur, sein Naturverständnis und damit den Menschen selbst verändert, und dies seit 400 Jahren in stromschnellenartiger Beschleunigung.

---

1 Grundlagen der geometrischen Optik. Ostwalds Klassiker der exakten Wissenschaften, Nr. 198, S. 60.

Dieser Prozeß wiederholt sich verdichtet in jedem Kinde und ist in seinen letzten Stufen der Schule und Hochschule anvertraut. Nicht ist dieser Prozeß ein bloßes „Zur-Kenntnis-Nehmen“, nicht ein Nachzeichnen, das Herstellen eines Konterfeis, eines „Abklatsches“ (wie THEODOR LITT einmal sagt), sondern Physik ist der Prozeß einer bestimmt gearteten Auseinandersetzung des Menschen mit der Natur, in der er sich ursprünglich in selbstverständlicher Verschlungenheit vorfand.

Sie ist ein konstruktives Sich-Absetzen des Menschen von der Natur, das Subjekt und Objekt in einer bestimmten Weise trennt und formt. Dabei wird, was Natur für uns ist, verändert, und auch wir selbst werden verändert, indem wir uns zu „Beobachtern“ verengen und die Natur in eine einseitige, enge, *nicht* voraussetzungslose Perspektive rücken, die uns nun das „physikalische Naturbild“ sehen läßt. Und nicht so, als ob dieses Bild nun die wahre, die einzige, die wirkliche, die eigentliche, die richtige Natur zu sein beanspruchen dürfte. Es ist eine Projektion, ein Aspekt, das Ergebnis einer Sehweise, ja einer Behandlungsweise. Sie schafft eine *pädagogische* Dimension, insofern sie nicht nur die Welt, sondern auch den Menschen und erst recht den werdenden Menschen, das Kind, verändert und damit auch der pädagogischen Verantwortung unterliegt. Die Frage ist also: Was verändert sich durch Physik? Wie verändern wir, indem wir sie hervorbringen, das Natur-Bild, und wie verändern wir uns dabei selber? Was tut Physik der Natur an und was uns? Und was im besonderen dem Kinde? Es ist, wie wenn sich in einer Landschaft die Beleuchtung ändert. Sie sieht dann anders aus, und uns wird anders zumute. Niemand, der Physik lernt, entgeht dieser Verwandlung. Auch nicht, wenn der Lehrer gar nicht daran denkt; auch dann nicht, wenn der Lernende es nicht gleich bemerkt.

Worauf ich das Interesse, die Wachsamkeit, die Verantwortung des Lehrers richten möchte, das ist die Notwendigkeit, daß ihm diese Verwandlung bewußt sei, damit er die Bereicherungen sowohl wie die Gefahren sehe, die er mit seinem exakt-naturwissenschaftlichen Unterricht einläßt, und damit er erkennt, wie er auf sie zu und von ihnen weg lenken kann. Daß er nicht nur seinen „Stoff“ und dessen klare Darstellung vor sich habe, sondern — in einer nun nicht nur physikalischen, sondern eben auch pädagogischen Haltung — den Lichtungsprozeß, an dessen Ende dieser „Stoff“ erst „da ist“. Die Lage scheint mir heute so zu sein, daß der Aspekt-Charakter der Physik einer Minderheit schon selbstverständlich, der großen Mehrheit noch ganz fremd ist. Man kann sich künftige Zeiten denken, in denen es wieder umgekehrt sein mag. Dann wird es vielleicht nötig werden, das Allgemein-Verbindliche zu betonen, mit dem uns die Natur in der Physik entgegentritt, das also, was wir heute im Vordergrund und zu ausschließlich sehen. Heute sind wir so fasziniert von den Leistungen der Technik, daß wir das ihr zugrunde liegende Naturbild der Physik als voraussetzungslos zu nehmen geneigt sind. Deshalb erscheint es mir notwendig, daß heute der „Schatten-Charakter“ (EDDINGTON) dieses Naturbildes tiefer in das öffentliche Bewußtsein — und also zuvor in das des Lehrers — rücke. Ebenso aber auch die Einsicht, daß dieser „Schattencharakter“ nicht im Widerspruch dazu steht, daß die Gesetze gelten und die Maschinen „gehen“.

## II.

Physik läßt sich in verschiedene, einander (scheinbar) widersprechende Perspektiven rücken:

1. Zeigt sie nicht einerseits die Züge der Natur, in denen uns ein „Objektives" „zwingend" gegenübertritt, über das wir also nicht „verfügen" können?

2. Ist aber nicht andererseits die Enthüllung dieser Züge an gewisse von uns einzuhaltende Verfahrensweisen als Voraussetzung gebunden, also wieder nicht „objektiv" (im Sinne des „Voraussetzungslosen")?

3. Und schließlich: Dieses — nach 1. — nicht Verfügbare, dasjenige also, dem wir uns fügen müssen, gibt es uns nicht gerade die Möglichkeit — in der Technik nämlich —, nun doch über die Natur zu verfügen?

So wie es heute ist, neigt die breite Masse der Menschen (für deren Meinen ja die Schule nicht ohne Verantwortung ist) dazu: das zweite zu übersehen und das erste und das dritte zu überschätzen, ohne beide zu vereinigen. „Man" meint (etwas vergröbert gesagt): Physik zeigt, wie Natur „ist", und siehe: Sie ist verfügbar!

Deshalb wird es notwendig, heute, ohne die Bedeutung des ersten und dritten herabzusetzen, das zweite hervorzuheben: besonders deshalb, weil nur dann, wenn wir begreifen, daß Physik als eine besonders geartete Distanzierung des Menschen von der Natur entstanden ist, ihre noch nicht ausgeschöpfte Bildungsmächtigkeit neu zu ermessen sein wird.

## III.

Zu den kritischen Bemerkungen, die in diesem Buche nicht zu vermeiden sind, liegt mir daran zu sagen, daß ich weit davon entfernt bin, die Lage unseres Physikunterrichts mit Begriffen wie „Ursache" oder „Schuld" glaube klären zu können. Ich weiß aus eigener Anschauung, wieviel Gewissenhaftigkeit und Anstrengung Lehrer wie Schüler der Schularbeit zuwenden. Es handelt sich, wenn man nach den „Gründen" des geringen Erfolges fragt, nicht um eine nur den Naturwissenschaften zukommende Erscheinung, sondern um durchgängige, schwer faßbare, nicht bewußte Hintergründe, die nicht im einzelnen Lehrer, auch nicht einfach in der Macht der Kultusministerien liegen, sondern in den Tiefen des Zeitgeistes, der uns alle mehr oder weniger umklammert hält[2].

Es ist aus sachlichen Gründen notwendig, hier persönlich zu sprechen: Wenn ich selbst das Glück hatte, zu denen zu gehören, die innerhalb des physikalischen Unterrichts dieser Umklammerung ein wenig entrinnen konnten, so verdanke ich das im wesentlichen zwei Wendungen des Lebensganges: Einmal geriet ich sehr früh, nach wenigen Jahren der Arbeit an der öffentlichen Höheren Schule (an ihr oder an meiner Eignung oder an beidem fast verzweifelnd), in die erzieherisch aktive Luft einer freien Schulgemeinde von pädagogischem Rang (es war die Odenwaldschule Paul Geheebs), wo ich nahezu ein Jahrzehnt in fast völliger Freiheit lernend lehren durfte. — Zweitens konnte ich später, nach mehr

---

2 M. Wagenschein, Die hessischen Stoffpläne für den physikalischen Unterricht. In: Der math. und naturwiss. Unt. (MNU), III (1951), S. 301.
Ders., Zur Selbstkritik der Höheren Schule. Die Sammlung VII (1952), S. 142 ff.

als zwei Jahrzehnten öffentlicher Höherer Schule (zuletzt an einer hessischen Versuchsschule mit „aufgelockerter Oberstufe"), an einer Pädagogischen Hochschule künftige Volksschullehrer und an einer Technischen Hochschule und einem Studienseminar künftige Gymnasiallehrer (der Physik) ausbilden helfen, schließlich auch Lehrer aller Schularten und Fachrichtungen an einer Universität. Ich kam dadurch in enge Berührung mit der ganzen in sich geschlossenen Kette unseres Bildungswesens, in der so leicht ein Glied den benachbarten Vorwürfe zu machen geneigt ist, und konnte aus eigener Anschauung verfolgen, wie in Wahrheit alle Glieder an demselben Gebrechen leiden.

Die Arbeit im Landerziehungsheim war wichtig, weil man fast nur noch in guten Internaten leicht erkennen kann, wie Kinder sich eigentlich kundgeben und wie sie von sich aus wirklich denken, während wir als Lehrer in der öffentlichen Schule meist dazu verurteilt bleiben, nur Reaktionen von Schülern zu registrieren, oft ohne zu bemerken, daß Schüler etwas anderes sind als Kinder.

Die Arbeit in der Lehrerbildung, besonders an der Pädagogischen Hochschule, läßt mich mit erschreckender Klarheit erkennen, wie wenig die Höhere Schule ausrichtet und wie folgenschwer sich diese Schwäche auf die Volksschule überträgt.

## IV.

Die Frage nach den Methoden und Ergebnissen der Physik ist eine rein physikalische Angelegenheit.

Die Frage, wie Physik, verglichen mit anderen Wissenschaften, als Wissenschaft vorgeht — und damit uns und unser Naturbild verändert, dies ist schon nicht mehr Sache der Physik. Diese Erörterung gehört einer Theorie der Wissenschaften an und muß den *Menschen* mit einbeziehen.

Unterrichtung des Kindes, welchem Fach sie auch gelten mag, muß, als ein pädagogisches Geschehen, an den *werdenden* Menschen denken.

Der Unterricht der Gymnasien kümmert sich darum zu wenig. Seine Praxis scheint zu sagen: erst das Fach, dann die Art und Weise, wie man es beibringt, statt das Kind und die Sache zugleich zu sehen und dann zu fragen, wie das Fach „im" Kinde erweckt werden kann. — (Wozu zwar Voraussetzung ist, daß der Lehrer das Fach beherrscht. Wofür aber oft ein Hindernis ist, wenn das Fach ihn beherrscht.)

Der Unterricht der Höheren Schule verhält sich aber nicht viel anders, als hätte er quantitativ reduzierte Erwachsene vor sich.

Die Frage ist: Wie muß der Physik-Unterricht aussehen, wenn er sich die Aufgabe stellt: Physik — als eine Art der Auseinandersetzung mit der Natur — „im" Kinde werden zu lassen?

Da die Volksschullehrer Abiturienten waren, ist es folgenschwer für die Volksschule, wie der Lehrer früher, als er Schüler war, Physik gelernt hat. Und wenn sich zeigt, daß er sich mit den Kindern nicht mehr zu verständigen weiß, so kann er mit seinen Kenntnissen nichts „anfangen". Er hat sich verstiegen. Er muß umdenken. Meistens gelingt das heute nicht ohne den Verlust dieser

Kenntnisse, indem sie sich als Scheinkenntnisse herausstellen. In den besten Fällen entsteht für die Volksschule eine „Naturlehre“, die zwar den Kontakt mit der Wirklichkeit des Kindes gewinnt, aber den mit der Naturgesetzlichkeit verliert.

Deshalb sind Höhere Schule und Volksschule untrennbar. Man kann nicht die Volksschule ohne die Höhere Schule erneuern wollen.

## V.

Es könnte sein, daß der Leser hier schon das fertige „Brot“ des täglichen Unterrichtes, zur Ausgabe bereit, erwartete.

Aber ich möchte gerade davon überzeugen, daß die Lage des physikalischen Unterrichts heute von solcher Art ist, daß wir erst einmal neu ackern und säen müssen, ehe wir ernten können. Manches spricht dafür, daß die Epoche der Naturwissenschaften und der Technik erst in unseren Jahrzehnten sich ihrer Bildungs-Macht, ihrer Bildungs-Verantwortung und ihrer Bildungs-Aufgabe ganz bewußt zu werden beginnt. Vielleicht steht der physikalische Unterricht vor einer Wendung und erst vor seinem Höhepunkt, insofern er nicht mehr nur informieren, schulen, ausbilden will, sondern sich in das Ganze der Menschenbildung einzuordnen im Begriffe ist.

Für die bloße Information liegt das fertige Brot ja durchaus vor. Für das Beharrungsgesetz z. B. kann es in der folgenden einschmeichelnden Form auftreten:

„Stoße einen Schlitten über einen Stoppelacker, eine Wiese, eine Eisfläche: Je kleiner die Reibung wird, desto weiter kommt er. Wir wissen heute: Ohne Reibung würde er sich gleichförmig unaufhörlich fortbewegen.“ (Siehe S. 265.)

Wenn man aber vom physikalischen Unterricht einen Beitrag zur Menschenbildung erwartet, so wird man etwas anderes bedenken müssen: welches Maß an Gedankenarbeit die Entdeckung des Beharrungsgesetzes die Menschheit gekostet hat. (Dies ist im Abschnitt C des Anhanges angedeutet.) Dann empfindet man die zuvor genannte Vereinfachung als fragwürdig, ja als „terrible simplification“. Man bemerkt, daß dieses Problem weder physikalisch noch psychologisch so einfach liegt, wie es dort erscheint, und fragt, ob der auf solche Art informierte Schüler (und Lehrer) nicht Steine statt Brot davonträgt.

In diesem Sinne ist ein neues Säen notwendig. Dazu möchte dieses Buch einen Beitrag zu geben versuchen. In einem anderen Bilde gesprochen: Es möchte eine gewisse Atmosphäre der Betrachtung bilden helfen. Aus ihr wird dann der Leser, sobald er in diese Atmosphäre eingetreten ist, außer den hier ausgeführten Beispielen von selbst weitere praktische Niederschläge für seinen Unterricht empfangen können. Es ist auch nicht so gemeint, daß alles, was hier dem Lehrer an Physik vorgetragen wird, auch dem Kinde zu sagen wäre. Die Auswahl und Umwandlung muß dem einzelnen Leser überlassen bleiben.

Deshalb habe ich hier Knappheit der Darstellung nicht für eine Tugend gehalten. Knapp können Resultate und Rezepte gefaßt sein. Hier geht es darum, den Lehrer in seinem Verhältnis zum physikalischen Unterricht in eine andere Stimmung zu versetzen als die ist, welche er nach der üblichen Vorbildung nun einmal meistens haben wird: *in die pädagogische Stimmung.*

## VI.

Diese Absicht hat Wirkungen auch auf den Aufbau des Buches gehabt. Er ist nicht — oder doch nicht nur — linear, schichtenhaft, pyramidenartig. Sondern daneben ist das Vorgehen einem Umkreisen des Gegenstandes, oft auch einem wiederholten Angehen in verschiedenen Richtungen, Schneisen, zu vergleichen, die sich dann auch kreuzen und berühren können. So kehren manchmal dieselben Themen in neuen Zusammenhängen wieder.

## VII.

Ein vorläufig blätternder Leser könnte die Frage stellen, ob nicht in diesem Buch die technische Welt zu kurz komme, die doch heute die Kinder so stark fasziniert und der sie später einmal mehr als wir gewachsen sein müssen? Er wird daran erinnern, wie sehr unsere Existenz von einer genügenden Anzahl gut ausgebildeter Facharbeiter und Ingenieure abhängen wird und daß daneben auch die den technischen Berufen Fernerstehenden in ein gewisses Verständnis der Technik einzuführen sind. Nun ist aber das „Verständnis" der Technik nicht möglich ohne das Verstehen der physikalischen Grundlagen. Das Thema des Buches ist „Physik", und zwar in der Funktion, die ihr in den allgemeinbildenden Schulen zukommt. Es wird also nicht in erster Linie von „Ausbildung" die Rede sein und nicht in erster Linie von Technik. Wohl aber in zweiter Linie und in engem Bezug auf sie:

Physik und Technik sind ja, entgegen einer weitverbreiteten Meinung, schon in ihrem Ansatz nicht einfach dasselbe (vgl. Kap. II). Dazu kommt für die Schule: Physik ist zwar — logisch gesehen — die Grundlage der Technik, Technik ist aber — didaktisch gesehen — heute einer der beiden „Einstiege" zur Physik hin. (Der andere geht aus vom Erstaunen über ungewöhnliche Naturvorgänge.)

Es liegt also im Wesen sowohl der Technik als auch der Bildung, daß die Schule, wenn sie von der Technik ausgeht, nicht bei der Technik stehenbleiben darf. (Wenn sie mit dem Fahrrad anfängt, so darf ihr nächstes Ziel nicht das Motorrad sein.) Sie muß erst in die Physik vordringen, hier in Teile der Mechanik. Und zwar nicht nur, um dort intellektuelle Information, Ordnung und das physikalisch Elementare aufzusuchen, sondern auch, um *sich dabei zu besinnen, was der Mensch in der physikalischen Haltung und im technischen Verfügen eigentlich mit den Dingen und mit sich selber anfängt.* (Was dies heißen soll, wird, hoffe ich, bei der Lektüre des Buches klar werden.) Nur dann haben wir Aussicht, die Technik zu bewältigen und nicht nur sie zu bedienen (und dabei zu glauben, wir „beherrschten" die „Natur"). Ist die Besinnung über das physikalische Tun gelungen, so kann die Schule unbesorgt auch wieder zur Technik zurückkehren.

Die Gefahr, die uns heute droht, besteht darin, daß die allgemeinbildende Schule, ohne es zu wollen, in den Gymnasien nicht eigentlich verstehende, sondern nur ausführende Ingenieure, in der Volksschule, entsprechend, nicht verstehende, sondern nur richtig manipulierende Facharbeiter ausbildet und sich täuscht, wenn sie glaubt, dabei falle auch für die übrigen (die später nicht besonders mit Naturwissenschaft zu tun haben werden) genug allgemein Bildendes ab. Das Bedienen genügt nicht. Es kommt darauf an, die technische Welt aus der Wesensmitte des Menschen zu bestehen. Das gelingt, soweit es auf rationale Weise geschehen kann, nur durch eine Besinnung über die physikalische Verstehensweise der Natur.

Wir sind uns schon seit Jahrzehnten darüber klar, daß es nicht genügt, naturwissenschaftliche *Ergebnisse* zu wissen, sondern daß sie nur im *Tun* angeeignet werden können. Heute bemerken wir, daß auch das nicht ausreichen kann: Der Lernende muß auch *„wissen, was er tut"*. Die Schule darf nicht lehren, etwas ohne Besinnung zu tun.

Daß ein so weitgehendes „Verstehen" kein Luxus, sondern zugleich die beste Grundlage auch für die Praxis des künftigen Technikers und Facharbeiters, also des Spezialisten, sein wird, ist meine feste Überzeugung: Der recht Verstehende ist dem bloß Manipulierenden in jeder Hinsicht überlegen. Er ist als Techniker beweglicher, und er ist als Mensch geschützter.

I. Teil

# DIE ENTSTEHUNG DER PHYSIK IM MENSCHEN

# I. Kapitel

## Physik als ein Naturaspekt[1]

*„Der gebräuchlichen Redeweise nach gibt es Farbe, Süßes, Bitteres; in Wirklichkeit aber nur Atome und Leeres. (Die Sinne aber sprechen da zum Verstand:) ‚Armer Verstand, von uns nahmst du die Beweisstücke und willst uns damit niederwerfen? Ein Fall wird dir der Niederwurf'.“* (DEMOKRIT[2])

*„Ja, glauben Sie denn, daß sich einfach alles auf naturwissenschaftliche Weise wird abbilden lassen können?“ — „Ja“, meinte Einstein, „das ist denkbar, aber es hätte doch keinen Sinn. Es wäre eine Abbildung mit inadäquaten Mitteln, so als ob man eine Beethoven-Symphonie als Luftdruckkurve darstellte.“* (EINSTEIN[2a])

*„Das offene Eingeständnis, daß die Physik sich mit einer Welt der Schatten befaßt, ist einer der bezeichnendsten Fortschritte der neueren Zeit.“* (A. S. EDDINGTON[3])

*„Hier gibt es noch eine höhere Macht, die unbeeinflußt durch unsere Wünsche endgültig entscheidet ...“* (W. HEISENBERG[3a])

Fragt man irgendeinen, nicht gerade einen Physiker, was *Physik* sei, und zwar nicht, wie er sie definiert, sondern — an sein Unbewußtes appellierend —: wie ihm dabei zumute ist, was ihm als ihr Inbegriff vor Augen steht, so zeigt sich, daß merkwürdig viele dabei nicht an „Natur“ denken. Physik gehört anderswo hin. Das ist seltsam. Woran denken sie denn?

Die meisten denken heute wohl einfach an *Technik*. Wie sehr beides ineinanderfließt, zeigen Kataloge von Leihbibliotheken und Antiquariaten: Physik und Technik stehen ineinander gemischt. Aber auch die Verfasser der Schul-

1 Das erste Kapitel dient der Einstimmung des Lesers. Es nimmt manches voraus, was später geordneter wieder aufgenommen werden wird. Es ist aus einem Vortrag hervorgegangen, der vor den Leitern der Deutschen Landerziehungsheime 1956 in Holzminden gehalten wurde. Um ihm seine Unmittelbarkeit nicht zu nehmen, wurde ihm die Form des Vortrags im wesentlichen gelassen. — Einige, auch wichtige Zusätze wurden als Anmerkungen angefügt. — Da der Aspektcharakter der Physik in das öffentliche Bewußtsein noch kaum eingedrungen ist, erschien es nötig, durch viele Zitate den Leser auf die Quellen hinzuweisen, an denen er sich tiefer in diese Fragen einlassen kann. — Besonders sei hingewiesen auf das Buch des Zürcher Ordinarius für theoretische Physik W. HEITLER: Der Mensch und die naturwissenschaftliche Erkenntnis (4. Aufl., Braunschweig 1966), und seinen Vortrag „Physik, Chemie und andere Dinge“, in: Physikalische Blätter 2/1969, S. 49. — Siehe auch R. E. PEIERLS (Birmingham): Wo stehen wir in der Kenntnis der Naturgesetze? In: Physikalische Blätter 12/1963, S. 533 ff.

2 W. KRANZ, Vorsokratischer Denker. Berlin 1939, S. 147.

2a MAX BORN, Erinnerungen an Einstein. Physikalische Blätter 7/1965, S. 300.

3 Das Weltbild der Physik. Braunschweig 1931, S. 6.

3a Wandlungen in den Grundlagen der Naturwissenschaft. 9. Aufl., Stuttgart 1959, S. 141. — Auch: Ders., Physik und Philosophie. Stuttgart 1959.

bücher lieben es, auf die Umschlagdeckel Funktürme, Flugzeuge oder ein Elektronenmikroskop zu setzen.

Damit nähern wir uns der zweiten Gruppe: Sie sehen *„Apparate"* vor sich. (Man nennt diese Geräte eigentlich nicht gerade „Maschinen", aber im Grunde sind es doch welche: Forschungsmaschinen, Meßmaschinen, Demonstrationsmaschinen oder Teile davon.) Sie sehen sie, je nach ihren persönlichen Erfahrungen, als funkelnde Träger von Zauberkunststücken oder als verstaubte Quälinstrumente für abgeneigte Schüler. (Zwischen beiden Gruppen stehen die Bastler. Sie haben Freude daran, Apparate selber zu bauen, so daß sie dann „gehen".) Die an Apparate denken: Für sie ist Physik oft nur eine Sache des Experimentiertisches und des Laboratoriums. Sie spielt sich an Geräten ab. Außerhalb des Physiksaals gibt es kaum ein Wiedererkennen. Auf der Straße allenfalls noch, im Walde nicht mehr.

Eine dritte Gruppe sieht Bücher, erfüllt von *Formeln.* Für manche: weltumfassend, faszinierend; für andere: trockene, unbegreifliche Natur-Entfremdung.

Sehen wir uns diese drei Kennzeichnungen der Physik an: Technik — Apparate — Formeln, so wird deutlich: Es ist an jeder „etwas dran", so sehr auch jede, verabsolutiert, eine Entgleisung bedeutet:

Gewiß ist Physik nicht *Technik.* Der reine Forscher, etwa FARADAY, will gar nicht Maschinen bauen. Aber die Sätze, die er sucht, bei denen er sich beruhigt, haben dennoch alle die Form: „Wenn — dann." *Wenn* ich dies tue, *dann* geschieht auch jenes. Es kommt also zu einer geistig-handwerklichen Beherrschung. Der Forscher will wissen, was unter bestimmten, von ihm herstellbaren Umständen geschehen wird. Er will voraussagen, nachmachen lernen. Damit hat er das Zeug zum Techniker in sich und um sich, wenn er nur will.

*Apparate* (nicht technische meine ich jetzt, sondern messende oder demonstrierende) sind Vorrichtungen, die ein Geschehen umstellen. Sie isolieren, sie halten etwas fern, sie erlauben die Wiederholung, sie sind von jedem zu bedienen. Sie sind aufs *Messen* angelegt. Es wird etwas Einzelnes aufs Korn genommen, nachdem anderes vorher beiseite gebracht ist. Auch hier das „Wenn — dann": Der Experimentator tut etwas und sieht dann, ob etwas anderes mitmacht. Wenn das eine soviel geändert wird, dann ändert sich das andere soviel. Die Apparatur ist die äußere Erscheinungsform eines bestimmten planmäßigen Vorgehens: des „Experimentes". Und die *Formel,* sie ist, schwarz auf weiß, nichts anderes als das Ergebnis dieses Tuns: geprüft, geronnen, deponiert, greifbar; auf Grund der Voraussetzung, daß nur das Meßbare, das „Quantifizierbare" gilt. Nur das Zählbare „zählt".

So ist also gewiß an allen drei Kennzeichnungen der Physik „etwas dran". — Aber ihr Gegenstand?

Wer die Physik kennt, besonders wer ihren Weg durch die Jahrhunderte ein wenig nachgegangen ist, wer eingekehrt ist in die große Zeit ihres Aufganges um 1600, der weiß, daß ihr großer Gegenstand immer nur die *Natur* war und daß sie es bis heute geblieben ist, mögen auch der ungeheure apparative Aufwand, das Eindringen der Technik in die Forschung selber und die immer exklusivere mathematische Ausrüstung den Blick davon ablenken.

Was das Wort Natur in seinem weitesten Sinne auch für uns noch meint[4], sagt das Fragment CHRISTOF TOBLERS „Die Natur", das GOETHE in seine Werke aufgenommen hat[5]. „Wir sind von ihr umgeben und umschlungen — unvermögend aus ihr herauszutreten und unvermögend tiefer in sie hineinzukommen. Ungebeten und ungewarnt nimmt sie uns in den Kreislauf ihres Tanzes auf und treibt sich mit uns fort, bis wir ermüdet sind und ihrem Arme entfallen. Sie schafft ewig neue Gestalten. Was da ist war noch nie, was war kommt nicht wieder. — Alles ist neu und doch immer das Alte. Wir leben mitten in ihr und sind ihr fremd. Sie spricht unaufhörlich mit uns und verrät uns ihr Geheimnis nicht. Wir wirken beständig auf sie und haben doch keine Gewalt über sie."

Aus dieser „Umschlingung" nun doch „heraustretend" hat schon das vorwissenschaftliche Bewußtsein eine Natur im engeren Sinne ausgeschieden: das, was wir oft als „Außenwelt" bezeichnen. Sie ist der eigentliche Gegenstand der physikalischen Untersuchung. (Übrigens kein glückliches Wort — wir wollen es vermeiden — denn es führt leicht zu Mißverständnissen: dem etwa, es gehöre das Gehirn nicht zur Außenwelt, oder es wohnten die Gedanken „in" unseren Köpfen.) Wir meinen doch wohl mit „Natur": die uns allen im Wachen *gemeinsame,* in den *Raum* sich findende und in der *Zeit dauernde Wirklichkeit,* insofern sie nicht von uns gemacht, sondern *von selber da* ist.

Was in der physikalischen Betrachtung nun geschieht, das ist eine zweite Herauslösung: dessen, was unter Umständen (von uns gemachten Umständen) *doch* „wiederkommt" und so doch in unsere „Gewalt" zu bringen ist.

Daß Maschinen, Apparate, Mathematik — sich vor die Natur hindrängen und ihr eigentliches Wesen unserem Blick verstellen können, das kommt eben daher, daß mit der Natur einiges *angestellt* worden sein muß, ehe daraus Physik wird; so sehr, daß manche gar nicht mehr merken, wovon die Rede ist, worum es geht.

Deshalb, wenn ich ein Titelblatt für ein physikalisches Lehrbuch zu entwerfen hätte, so wären da Wolken, Sonne, Mond und Sterne zu sehen, darunter Berge und Wälder, dazwischen Blitz und Regenbogen, und in den Bergen Kristalle, Erze und Magnetsteine, dazu unten Flüsse und Meere. Das ganze

---

4 Siehe TH. V. UEXKÜLL, Die sinnliche Welt und die Wirklichkeit der exakten Naturwissenschaft. In: TH. V. UEXKÜLL u. E. GRASSI, Wirklichkeit als Geheimnis und Auftrag. Band I der Sammlung „Überlieferung und Auftrag". Freiburg 1954.

5 DIE NATUR, Fragment, „Tiefurter Journal", 1783, GOETHES Werke, Hamburger Ausgabe, Bd. XIII, S. 45 ff.

Vgl. dazu: F. SCHULTZ, Der pseudogoethische Hymnus. In: Festschrift für JUL. PETERSEN, 1938, und: K. KERENYI, Die Göttin Natur. In: Eranos-Jahrb. 1946, Zürich 1947. — Hierzu auch: W. SCHADEWALDT, Der Mensch und die Technik. In: Physik. Blätter 1959, Heft 8, S. 337 ff.: „Nun gibt es diesem reduzierten und arm gewordenen Naturbegriff gegenüber noch einen umfassenderen anderen. Er ist der Naturbegriff der Griechen, zu dem sich auch GOETHE bekannt hat und der heute auch unsere bedeutendsten Physiker stark bewegt ... „Natur", „natura", „physis", wie die Griechen sagen, ist eine der großen Weltvisionen, mit denen die Griechen sich schon ganz früh die andrängende Wirklichkeit gedeutet haben ... nicht als ein toter Gegenstandsbereich ... da draußen ... sondern ein Walten und Wesen ... um uns her und in uns ... bis hinauf zum Leben und den Bewegungen des Geistes — dies ist der keineswegs etwa nur lyrische, sondern durchaus sachliche Aspekt der Natur der Griechen, der diese nun nicht reduziert, sondern in ihrer lebendigen Totalität bewahrt." (Dieser Aufsatz sei dem Leser besonders empfohlen.)

umstellt aber, am Rande, von Apparaten: Waagen, Fernrohren, Ampèremetern und so fort. — Das Merkwürdige daran wäre, daß die Waagen, die Fernrohre, die Maschinen ja *auch* Natur sind, nur gezähmte. Technik im Dienste der Physik. Ähnlich, wie wir wilde Elefanten mit gezähmten Elefanten fangen. Denn diese Ampèremeter sind ja auch aus Kupfer, das im Schoße der Berge ruht, die in der Mitte des Umschlagbildes zu sehen sein mögen. So wird deutlich, daß diesem Titelbild noch etwas fehlt, obwohl es nicht darauf sein darf, denn es steckt darin: etwas, ohne das es keine Physik gäbe, wohl aber Natur: der die Natur betrachtende Mensch, und zwar der moderne Mensch, seit 1600, der so viel mit der Natur anstellt. Nur er:

Die Tiere kämen nie auf den „Gedanken", aus der Natur eine Physik herauszuholen, die sie selbst überrascht. Sie sind in ihr zu Hause, und was sie herstellen, ihre Netze und Nester, ist festes, anererbtes Tun, von dem sie nicht „wissen".

Auf unserem „Bild der Natur" wären freilich auch die Tiere zu sehen. Oder haben sie etwa nicht Linsen in ihren Augen, und sind die Farben der Schmetterlinge und Käfer nicht auch „Farben dünner Blättchen", Interferenzfarben? Sogar ein durch die Landschaft schreitender menschlicher Körper dürfte auf dem Titelbild sich sehen lassen. Aber das darf den Betrachter nicht dazu verführen, den „Menschen", der die Physik entwirft, das Menschenwesen also, zu verwechseln mit seinem „Körper", der allein ja nur Gegenstand der Physik sein kann.

Es ist also nicht richtig zu sagen (was schon den Kindern nicht recht gefällt, wenn sie es auf Seite 1 ihres Physikbuches lesen), Gegenstand der Physik sei die „unbelebte" oder gar „tote" Natur. Richtig ist, daß die Methoden, mit denen der Mensch als Physiker die Natur umstellt und siebt, auf alles in Raum und Zeit Existierende, sogar auf seinen eigenen „Körper" anwendbar sind. Die Physik holt die *allgemeinen*, die umfassenden Gesetzmäßigkeiten heraus, soweit sie meßbar sind, das Zahlen-Grundgesetzbuch der Natur. — Aber warum gibt es dann eine Biologie für sich? Offenbar, weil einiges durch dieses Netz hindurchfällt. Die Schmetterlinge? Nein. Denn: Wir konstatieren ja ihre Interferenzfarben und ihre Facettenaugen. Kein Organismus fällt durch das Netz der Physik. Nur: Er ist damit nicht erschöpfend erfaßt. Da ist noch etwas, physikalisch Unfaßbares, an ihm, was doch, nur in anderer „Hinsicht", da ist.

„Hinsicht", „*Aspekt*": Dieses Wort ist willkommen. Ein besseres Bild als „Netz". Die Physik ist *eine* gewisse Hinsicht, und die Biologie ist eine andere. *Eine* Art der Zuwendung. Und eine aus ihr sich ergebende Verstehensweise.

Es ist, wie wenn man ein Relief, von verschiedenen Orten her, mit diesem oder jenem Scheinwerfer beleuchtet. Es ist jedesmal dasselbe und sieht doch ganz anders aus. Jedesmal treten andere typische Strukturen hervor, jedesmal fällt etwas anderes „aus", wird in den Schatten gestellt. Das Ausschalten eines solchen Scheinwerfers und das Einschalten eines anderen, das entspricht etwa der Umstellung von der physikalischen zur biologischen Betrachtungsweise.

Der Wechsel liegt darin, daß wir dann auf einmal in anderen Begriffen denken[6]

Die physikalischen Begriffe sind insofern die *allgemeinsten,* als sie auf *alles* passen, was in Raum und Zeit „vor sich geht". Ich wähle ein ebenso „blasphemisches" wie aufschlußreiches Beispiel, das sich bei GEORG PICHT[7] findet: Man hätte die Fallgesetze auch an „GOETHE" demonstrieren können, an ihm, dem Dichter, dem Mann, seinem Leib, seinem „Körper". Sein „Körper" ist das, was der physikalische Scheinwerfer allein von ihm übrigläßt, zuläßt, was allein mit-zählt. Die physikalischen Begriffe passen auf *alles* Körperliche, sie sind das weiteste Gewand. „Haben wir ein Recht zu behaupten, daß zwar GOETHE nur durch eine logische Abblendung in den Aspekt „physikalischer Körper" gebracht werden kann, daß hingegen die übrigen physikalischen Körper in diesem Aspekt so erscheinen, wie sie von sich aus sind?"

Sehen wir nun einen Maulwurf an, und zwar nicht als physikalischen Körper, so bemerken wir, daß er Grabschaufeln hat, und daß seine Wunden heilen. Um zu sagen, was uns dabei bewegt, brauchen wir einen Begriff, der der Physik fremd ist, den des „Sinnes": Es hat einen „Sinn", wie das heilt und wie er graben kann. — Und noch ganz abgesehen von diesem Sinn hat jede organische Gestalt — Maulwurf, Pfauenrad, Akelei oder Vogelsang — den anderen, geheimeren Sinn, sich selber, ihre „Innerlichkeit" in der „Erscheinung", „darzustellen"[8]. So etwas gibt es in der Physik nicht. Oder kann man sagen, das Gravitationsgesetz habe einen „Sinn"?

Der physikalische Scheinwerfer legt also manche Strukturen des Naturreliefs in schwarze Dunkelheit, er blendet sie ab, um seine Strukturen um so schärfer ins Licht zu heben. *Eine* Bedingung für das physikalische Experiment ist die, daß der betrachtete Ausschnitt aus der Natur ein möglichst „abgeschlossenes

---

[6] Aber auch dieses Gleichnis ist noch gefährlich (weil räumlich) und eigentlich nur als Übergang brauchbar zu besseren. Denn ein Scheinwerfer macht ja nur sichtbar, was auch „vorher" schon „da war", und legt anderes in den Schatten, was auch „da war".

Vielleicht können die verschiedenen Aspekte der Natur (der physikalische, der biologische, der malerische . . .) besser damit verglichen werden, wie sich ein bestimmter Mensch „gibt" zu verschiedenen anderen, die ihn einzeln „kennenlernen" wollen aus Umgang und Gespräch. „Ich" lerne ihn kennen, und „du" lernst ihn kennen, und doch sehen wir ihn verschieden. Keiner sieht ihn genauso wie ein anderer. Das kommt daher, daß dieser Mensch, je nach seinem Gegenüber, jedesmal ein anderer *wird.* Und gegenüber einem bestimmten anderen wird er immer derselbe andere. Dieses, sein jeweiliges Zwischen-Ich, ist nicht „er selbst", sein „Wesen". Das kann von keinem in Gespräch und Umgang erfahren werden. Dennoch sprechen wir von *seinem* „Wesen" und glauben, daß er eines „hat". Aber das ist unerreichbar, denn er „gibt" sich immer anders je nach dem Partner. Dem Partner seinerseits geht es nicht anders. Auch er wird, indem er mit dem anderen umgeht, ein anderer. Keiner lernt einen anderen kennen, ohne ihn zu verändern, und keiner, ohne sich dabei selbst zu wandeln. (Freilich hat auch dieser Vergleich noch seine Gefahren: Hier wird ein Individuum von einem anderen einmalig und „subjektiv" — im Sinne von „privat" — gesehen. Die physikalische Sicht der Natur dagegen kommt aus einer uns allen gemeinsamen Verfassung, aus der Kollektiv-„Stimmung" der naturwissenschaftlichen „Objektivität".) So ist jeder Aspekt zugleich eine Offenbarung wie ein Verbergen dessen, das da angeschaut wird. Und jeder Aspekt offenbart und beschränkt auch den, der da anschaut. Der Aspekt ist nicht schon vorher da. Er *wird* im Umgang. So auch „wird" Physik aus der Natur in unserem Umgang mit ihr auf der Grundlage einer bestimmten „Sprache". Wir sprechen die Natur als Physiker an, und sie antwortet entsprechend. (Wenn das Scheinwerfer-Gleichnis im folgenden doch noch verwendet wird, dann also nur mit Vorsicht und mit diesem Vorbehalt.)

[7] CL. MÜNSTER u. G. PICHT, Naturwissenschaft und Bildung. Nr. 3 der Schriftenreihe „Weltbild und Erziehung", Würzburg 1954, S. 95.

[8] A. PORTMANN, Ein Naturforscher erzählt. Basel 1955, S. 41 ff.

System“ sei. Schon aus diesem Grunde muß sich der Organismus als solcher der physikalischen Anfrage versagen, die Auskunft verweigern. Denn, da er kein „Körper“, sondern ein „Prozeß“ ist, immer ein stoffwechselndes, ein „offenes“ System, so würde er schließlich nur mit dem Tode reagieren können, wenn wir ihn abschlössen. Und das wäre auch eine Antwort. — Wenn die physikalische Abblendung ernst macht, kann sie töten.

Es bleibt der Physik von der Natur vielleicht so viel oder so wenig übrig, wie von einem Blütenbaum bleibt, wenn wir seinen Schatten auf der Mauer ansehen: keine Farbe, kein Rauschen des Windes, kein Duft, kein Bienensummen, nur der Schatten: und doch sagt er Richtiges: Geometrisches. Die Projektion ist genau, aber arm.

Unter den Entgleisten (S. 22), die den Schatten für das Eigentliche halten, gibt es Eingenommene und Abgeschreckte.

Unter den *abgeschreckten* Entgleisten sind zum Beispiel viele Mädchen, die Physik gar nicht „mögen“. Manche „lernen“ sie zwar trotzdem, aber als etwas Fremdes, Technisches, Apparatives oder Mathematisches; lernen sie, „machen“ im „Abi“ eine „2“, und sind sie dann zu ihrer Erleichterung los. Sie lehnen die Physik ab, weil sich etwas in ihnen weigert, diesen Aspekt (dessen Aspektcharakter ihnen aber nicht klar wird) als die Wirklichkeit anzunehmen. Sie haben recht.

Vielleicht sind sie immer noch besser daran als eine zweite Gruppe von Menschen, die von der Physik zwar eingenommen sind, nun aber allzusehr, Anhänger und dennoch Entgleiste: Sie haben den Gegeninstinkt der ersten Gruppe nicht mehr, sie werden von ihrer Physik *benommen*. Auch sie sehen den Aspektcharakter nicht und nehmen sie als bare Münze. Das heißt, sie glauben, die Physik zeige die Natur so, wie sie „eigentlich“ sei, „von sich aus“, „wirklich“, „an und für sich“, voraussetzungslos, objektiv, so wie sie ohne den Menschen wäre: die Wahrheit. Diese Gruppe ist sehr groß. Ich habe den Eindruck, daß unser Schulunterricht und unsere Schulbücher diese Auffassung, mindestens zwischen den Zeilen, sehr häufig nahelegen. Jedenfalls ist sie unter Laien sehr verbreitet. (Es ist klar, daß ihre Anhänger zu einer Art doppelter Buchführung neigen.) — Diese Auffassung ist ein Symptom der Halbbildung, denn man darf sagen: Je tiefer einer in die Physik eindringt, desto größere Aussicht hat er, sich von diesem Mißverständnis zu befreien. Heute ist das viel leichter als vor fünfzig Jahren.

Ist man aber einmal auf den Aspektcharakter der Physik aufmerksam geworden, so findet man ihn allenthalben. Nimmt man irgendeine physikalische Feststellung, so bemerkt man, daß sie nur auf der Basis eines systematisch vorbedachten Planes, also nicht voraussetzungslos, angreift.

Ich nenne die Voraussetzungen noch einmal: Das „Experiment“ muß ansetzbar sein. Es verlangt: ein „abgeschlossenes System“, Wiederholbarkeit für jeden von uns, das heißt Elimination aller privaten, persönlichen Vorbedingungen (wie Beruf, Stimmung, Charakter). Es verlangt ferner, daß einzelne Faktoren abgetrennt werden (z. B. der Luftwiderstand beim Fall) und nachher additiv wieder hineingebracht werden können: schließlich, daß wir nur quantifizierbare

Begriffe anwenden („meßbare Größen"). (PICHT[9] hat gezeigt, daß dies alles sich deckt mit der Anwendbarkeit der Logik, das heißt einer Sprache, die Sätze in Form von Urteilen — „der Schnee ist weiß" — abgibt.) Auf diese Weise sortieren wir gewisse Phänomene heraus, wir schaffen sie geradezu, wir „dingen" sie, bekommen sie in die Hand, können sie nachmachen und voraussagen. Wir erzeugen so determinierbare Bereiche in der Natur.

Der Forscher erkennt, daß er „einzelne Naturvorgänge aus dem Zusammenhang herauslösen, mathematisch beschreiben und damit erklären kann". Und: „Es handelt sich nicht mehr um die Beobachtung der Natur schlechthin, sondern um eine Beobachtung, die von bestimmten Prinzipien ausgeht und sich in ihrem Verlauf an ganz bestimmten Denkregeln orientiert[10]." — Es wird also etwas verändert am Naturbild durch eine Methode, eine Abblendevorrichtung; es wird etwas herausgehoben, und es wird etwas ausgelöscht, eben das, was der Scheinwerfer in den Schatten stellt. Physik ist nicht nur eine Verstehensweise, sie ist eine Behandlungsweise.

Dafür ein Beispiel: der „freie Fall". Er ist gar nicht so sehr frei: Wir greifen ein: Wir schaffen die Luft weg, setzen den Stein ins Vakuum, sperren ihn ein. Dadurch erst gelingt es, quantifizierend Fuß zu fassen. Wir messen jetzt nur noch mit einem minimalen Eingriff (Beleuchtung) die Wege mit dem vorgefaßten Plan gleicher Zeitschritte und finden erstaunlicherweise, daß die Natur diese Herausforderung annimmt und mit der ganzzahligen Reihe 1, 3, 5, 7 ... antwortet[11]. Der Einfluß des Luftwiderstandes auf eine Bewegung wird durch eine eigene Versuchsreihe untersucht und der vorigen überlagert. Das erweist sich als zulässig, das Ergebnis „stimmt". Und darin äußert sich wieder ein „Entgegenkommen[12]" der Natur.

ARISTOTELES würde vermutlich einwenden, daß dieses Verfahren zwar Naturhaftes in unsere Gewalt bringe, Natur aber auch nur *so* zeige, wie sie sich kundgebe, wenn man ihr Gewalt antue. Ähnliches wendet GOETHE gegen NEWTON ein, der das Licht durch eine enge Spalte „quälte". Davon leuchtet auch uns noch, oder wieder, so viel ein, daß die Natur hier tatsächlich nur auf ein enges, wohlvorbereitetes Fragesystem mit Ja oder Nein zu antworten hat.

So erfahren wir von ihr zweifellos etwas, aber nur das, was wir ihr abringen, was wir „machen können"[13]; nur das „begreifen" wir. Daß unsere Maschinen

---

9 PICHT, a. a. O., S. 76 ff.

10 W. HEISENBERG, Das Naturbild der heutigen Physik. Rowohlts deutsche Enzyklopädie, Bd. 8, S. 8 und S. 60. — Auch: Ders., Physik und Philosophie. A. a. O., S. 41, 66, 67, 97 f.

11 Siehe Anhang: Das Fallgesetz (E).

12 Diese Wendung — und ähnliche spätere — sollen nicht dazu verführen, die Natur als eine „Person" zu verstehen. Solche Ausdrucksweisen drängen sich aber auf, insofern der Partner, das Gegenüber, das sie wird, wenn wir uns mit ihr „auseinandersetzen", vergleichbar wird einem Wesen, das sowohl „Unnachgiebigkeit" wie „Entgegenkommen" zeigt. Die Rätselhaftigkeit dieses „Entgegenkommens" in ganzen Zahlen, mit anderen Worten: die Existenz und die Einfachheit der Naturgesetze hat die Philosophen von Pythagoras bis heute und neuerdings auch die Physiker beschäftigt. Manche glauben, das Zusammenpassen der Antwort der Natur und der Frage des Menschen so erklären zu können, daß wir im Grunde nur unser eigenes Echo hören, oder, wie EDDINGTON einmal sagt, eine Fußspur entdecken, die sich dann als unsere eigene herausstellt. Andere sehen eine ursprüngliche und geheime Übereinstimmung zwischen der Natur und unserem Denken in diese Zeichen sich kundgeben.

13 Vgl. G.-B. VICO, Vom Wesen und Weg der geistigen Bildung. Bad Godesberg 1947, S. 41 u. Nachwort von C. F. v. WEIZSÄCKER.

„gehen", beweist nicht unser *Wesens*verständnis. Man kann auch ein Tier dressieren, ohne es zu verstehen. Man kann die Atombombe bauen, ohne das Wesen der Kernkräfte zu erkennen.

„Naturwissenschaft muß festhalten an dem, was wir unserer Beobachtung oder Experimenten so unterwerfen können, daß wir es gleich der Natur ... selbst hervorbringen könnten: denn nur soviel sieht man vollständig ein, als man nach Begriffen selbst machen und hervorbringen kann[14]."

Noch ein Beispiel für die Abblendung, das planmäßige Eingreifen, die konstruktive Durchdringung:

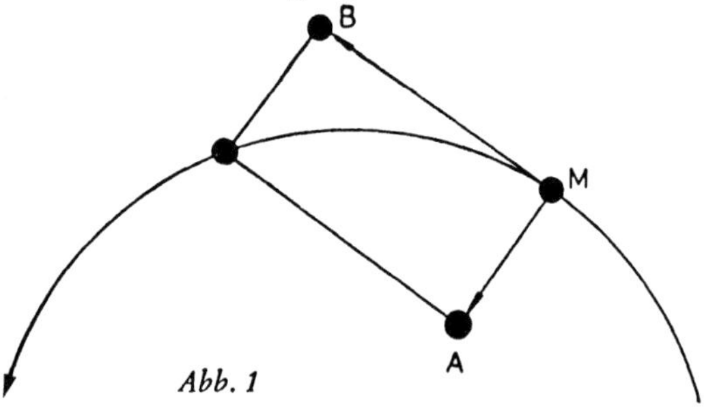

*Abb. 1*

Der *Mond* —, ein Wort bei dem uns nicht ohne weiteres gleich so physikalisch zumute wird, wie wenn wir sagten: ein Stück Kupferdraht. Denn wir denken vielleicht: „Füllest wieder Busch und Tal ..." Was nehmen wir ihm nicht alles, ihm und uns, ehe wir ihn soweit haben, ihn und uns, daß wir sein Kreisen als „dasselbe" nehmen, wie das einer Stahlkugel, die auf einer waagerechten Glasplatte um einen Magnetpol herumläuft, also eine „Zentralbewegung" macht! Wie sehr aber auch greifen wir *ein* in das Gegebene: Gibt es etwas Runderes, Einfacheres, Abgeschlosseneres, Unangreifbareres als ein solches Kreisen? Der Physiker aber greift hinein. Und wie, das sagt uns jene wohlbekannte Zeichnung, die wir in allen Büchern im Kapitel „Zentralbewegung" finden, die Konstruktion, die er „herstellt": jenes „Parallelogramm der Wege", das sich tangential an den Kreis angliedert (Abb. 1). Es ist ein Schema systematischer Eingriffe, die von jedem jederzeit wiederholt werden können (wenn auch nicht gerade am Mond). Diese Zeichnung sagt ja: Wenn du die Kugel M anhältst (zum Stillstand bringst), und dann losläßt, so stürzt sie ins Zentrum. Eine Strecke MA repräsentiert das. Wenn du die Kugel aber, im Gegenteil, nicht anhältst, sondern dich an dem zweiten Partner vergreifst (der immer, wo ein Ding kreist, im Spiel ist, sei es ein Magnet, die Erde, oder eine Kreisschiene) und diesen zweiten wegräumst, weit genug, so läuft die Kugel (in derselben Zeit, in welcher sie nach A gestürzt wäre) geradeaus in der Richtung und mit der Geschwindigkeit, die sie hatte, als du gerade eingriffst, um die Strecke MB. Nun gehört das so behandelte Geschehen zu denen, die es zulassen, den ungestörten Vorgang durch eine Art der Addition (der „Vektoraddition") aus den gestörten, d. h. „einfacheren" Verläufen wieder zusammenzusetzen („Unabhängigkeitsprinzip"). Auf diese Weise bekommen wir den Vorgang in die Hand und in die Rechnung.

Es ist die exemplarische Erschütterung, die der auf diese Weise forschende Mensch erfährt, daß — was keineswegs vorauszuwissen war — die Natur auf

[14] I. KANT, Kritik der Urteilskraft, § 68: Von dem Prinzip der Teleologie als innerem Prinzip der Naturwissenschaft. Werke in 6 Bänden, hrsg. v. W. WEIHSCHEDEL, Bd. 5, Darmstadt 1957, S. 494.

Galileis Fragestellung, auf alle diese Voraussetzungen in vielen Fällen überhaupt eingeht, sich darauf „einläßt". Das ist ein reines Geschenk, denn es ist denkbar, daß sie nicht darauf einginge. Nur darf man nicht vergessen, daß sich die Natur nicht ganz verschenkt an diese Methode, sie gibt nur gewisse Züge preis; das, was wir „das Anorganische" nennen. Gewisse Abläufe „ergeben" sich.

Nicht etwa gewisse „Dinge"; als ob die Steine der Physik gehörten und die Pflanzen der Biologie: die verwitterten Steine, die die Pflanze in ihren Stoffwechsel einbezieht, gehören auch zur Biologie. Und die Pflanze, sie ist ja gar kein Ding, sondern ein Prozeß. Dieser Prozeß gibt zwar auch auf dem physikalischen Zugriff Antwort, immer. Nur können natürlich nicht die Strukturen des biologischen Scheinwerfers herausspringen, wenn wir den physikalischen eingeschaltet haben.

Aber wenden wir uns jetzt zurück zu der zweiten Menschengruppe, die von dem physikalischen Ergebnissen so benommen ist, daß sie den Aspektcharakter vergißt und die Ergebnisse der Physik für die Natur selber hält.

Was veranlaßt sie dazu? Gute Gründe, die wir nicht gering schätzen dürfen: Sie sind, wir alle sind, wenn wir es nur recht gezeigt bekommen, bezaubert von der *Mathematisierbarkeit der Natur.*

Kepler spricht, um 1600 herum, in seinen Briefen[15] viel von dieser Frage. Einmal sagt er, sehr vorsichtig, und ganz im Einklang mit uns:

> „Die Welt hat an der Quantität teil"

aber sogleich steigert er:

> „Der Geist des Menschen erfaßt nichts so gut, wie eben die Quantität, für deren Erkenntnis er offenbar geschaffen ist."
> (An Herwart von Hohenburg, 14. Sept. 1599.)

Ja, er sagt geradezu:

> „Was steckt im Geiste des Menschen außer Zahlen und Größen?"

Das ist eine Definition dessen, was er Geist nennen möchte. Am weitesten geht die Verabsolutierung wohl in einem Brief an Mästlin vom 19. 4. 1597:

> „Er (der Mensch) erfaßt eine Sache um so richtiger, je mehr er sich den reinen Quantitäten als ihren Ursprung nähert."

Er sagt also „richtig". — Noch ein Schritt weiter und man würde statt „richtig": „wahr" sagen, das „einzige Wahre". Seinem Zeitgenossen und Briefpartner Galilei, der ja einen Schritt weiter schon in der Neuzeit steht, wird das Wort zugeschrieben: „Natura è scritta in lingua mathematica." Wörtlich heißt es[16]: „Ich glaube, das Buch der Wissenschaft ist das, was uns beständig vor Augen steht, das Universum. Aber da es mit anderen Buchstaben als denen unseres Alphabetes geschrieben ist, kann es nicht von allen gelesen werden; es sind die Buchstaben eines solchen Buches: Dreiecke, Vierecke, Kreise, Kugeln, Kegel, Pyramiden und andere mathematische Figuren, die für diese Lektüre unersetzlich sind."

Nimmt man noch hinzu, daß die physikalische Seite der Natur die ist, über welche wir uns in der Sprache der Logik verständigen und von der sich jeder

15 J. Kepler, Der Mensch und die Sterne. Insel-Bücherei Nr. 576, S. 19, 31, 32.

16 Opere VI, 232. Übersetzt v. Fritz Schalke im Anhang zu Gian Battista Vico, a. a. O., S. 171.

durch Experiment und Gespräch überzeugen kann, so verstehen wir wohl, daß es etwas Lockendes hat, diese Seite als die wesentliche Seite, ja als den Urgrund der Sache selbst zu verstehen. Aber — so fragt auch ein Physiker[17] —: „Was berechtigt mich, das allen Zugängliche für realer zu halten als das nur mir Zugängliche?" und erinnert an die magischen Wirkungen der Edelsteine auf den Menschen, dem sie etwas bedeuten.

Und der Philosoph[18]: „Es könnte doch sein, daß die Natur in der Seite, die sie der technischen Bewältigung durch den Menschen zukehrt, ihr Wesen gerade verbirgt." Denken wir an das, was gewisse Kunstwerke, etwa VAN GOGHS Bildnis eines Stuhles, dem mitteilen, der es vernehmen kann, oder gar an die Erfahrungen der Mystiker — man lese dazu auch ALDOUS HUXLEYS[19] Erfahrungen mit Meskalin — so wird deutlich genug, daß die Physik nicht beanspruchen kann, „die" Wirklichkeit aufgefunden zu haben, im Vergleich mit welcher alles andere nur „Schein" (Illusion) wäre. Es wird damit aber auch deutlich, daß sie all dies andere nicht stört oder ausmerzt, sondern daß sie ihm Raum läßt, eben den Raum, den ihr Scheinwerfer beschattet. Nicht weniger wird deutlich, daß das, was sie herausholt, dennoch etwas aussagt über die Wirklichkeit; denn daß die Natur dem Versuch, sie zu mathematisieren, entgegenkommt, das ist ja das Staunenswerte. „Das ewig Unbegreifliche an der Natur ist ihre Begreiflichkeit", sagte EINSTEIN[20].

In den Chiffren der mathematischen Physik ist also Wirklichkeit geborgen. Ohne daß sie sich darin so total verbirgt, wie HEIDEGGER meint, verbirgt sie vieles, wie jeder Aspekt. Sie ist die exakte Weise des Verbergens und Bergens zugleich. EDDINGTON (glaube ich) hat sie mit der Notenschrift verglichen, die das Zeichen für die Musik ist, ohne sie einem Tauben ersetzen zu können. (Für ihn ist die religiöse Erfahrung der Inhalt, die Musik dazu[21].) Ein wissensdurstiger Tauber, der absolut erfahren möchte, was Musik ist, wird in dem Notenbild einer Partitur tatsächlich „etwas" von ihr fassen, etwas Richtiges. Aber nicht entfernt ihre Wirklichkeit. Sie ist in den Zeichen geborgen und auch verborgen.

„Das physikalische Weltbild hat nicht unrecht mit dem, was es behauptet, sondern mit dem, was es verschweigt[22]."

Ich fasse zusammen: Es wäre keine Einsicht, sondern ein *Entschluß*, nur das für wirklich zu erklären, was Natur dem zu verstehen gibt, der auf die Art GALILEIS darum nachsucht. Wer sich dazu entschließt, der schließt aus: das Heilen der Wunden, das Wachsen der Kinder, das was er von einem Menschen, einem Tier, einem Kristall erfährt, wenn er liebt; er schließt das alles von der

---

17 C. F. v. WEIZSÄCKER, Zum Weltbild der Physik. Stuttgart, 6. Aufl., 1954, S. 17.

18 M. HEIDEGGER, Über den Humanismus. Frankfurt 1946, S. 14.

19 A. HUXLEY, Die Pforten der Wahrnehmung. Meine Erfahrungen mit Meskalin. München 1954. — Vgl. dazu auch: O. F. BOLLNOW, Das Wesen der Stimmungen. 3. Aufl., Frankfurt 1956.

20 Nach PH. FRANK, Einstein, sein Leben und seine Zeit. München 1949, S. 14.

21 Vgl. zu dieser Stelle, deren genauen Beleg ich nicht mehr finden kann: A. S. EDDINGTON, Das Weltbild der Physik. Braunschweig 1931. Ders., Die Naturwissenschaft und die Welt des Unsichtbaren. Berlin-Lübars 1930. — Sie könnte auch von J. JEANS stammen. Vgl. The mysterious Universe, Cambridge 1931, S. 132.

22 C. F. v. WEIZSÄCKER, Zum Weltbild der Physik. A. a. O., S. 25.

Wirklichkeit aus. Ein solcher Entschluß ist möglich, aber er ist nicht vernünftig, denn er wäre der Entschluß, nicht mehr zu vernehmen[23].

Haben wir bisher vorwiegend von dem gesprochen, was die Physik abblendet (dem sie also nicht die Existenz verbietet, sondern dem sie — recht verstanden — gerade Raum gibt), so ist es jetzt nötig, sich noch etwas näher dem zuzuwenden, das sie *hinzufügt:* das Konstruktionsgerüst, das sie in die Natur hineindenkt und dem die Natur zustimmt.

Es gewinnt Gestalt durch Grundbegriffe wie etwa Trägheit und Kraft, die Newton geschaffen hat. Und wir neigen dann dazu, es so anzusehen, als ob diese Begriffe das „verursachten“, was vor sich geht, also zu sagen, der Rundlauf der kreisenden Kugel, das sei ja „in Wirklichkeit“ gar nichts Einfaches, Geschlossenes, Fließendes, sondern diese (von uns gedachten) Wesenheiten, hier MA oder MB oder wie sie in der Figur 1 heißen mögen, diese gespenstischen Wesenheiten, die seien „eigentlich da“ und machten nun auf ihre vertrackte, geometrische (und noch dazu infinitesimale) Weise die Sache miteinander aus.

Dies ist vermutlich die Art, wie mancher Schüler mit einem gewissen, von ihm selbst nicht formulierbaren, Unbehagen die Sache sieht. Er wehrt sich, mit Recht, meine ich, gegen eine Verbannung der unmittelbar gegebenen Wirklichkeit in eine Welt des schönen Scheins, um Gebilden Platz zu machen, von denen er dunkel fühlt, daß sie eine ganz andere Art der Existenz haben, eine abgezogene. Doch wird es gar nicht so schwer sein, ihn so zu leiten, daß er bemerkt, wie wir hier auf Grund einer gewissen Methode das schlicht kreisende Ding mit einem Netzwerk quantitativer Begriffe umstellen.

Nicht also finden wir an der Kugel und am Mond das, was „eigentlich ist“, sondern wir erfinden jenes Netzwerk, und erstaunlicherweise kommt er uns dabei entgegen. Er findet sich darein. So wird nichts zerstört, so wird nur bereichert.

Die Bildung eines solchen Netzwerkes, das wir in die gegebene Natur hinein- und ebensosehr herausfinden, hat nun im Laufe der Entwicklung der Physik zu einer zweiten Natur, einer „Modellnatur“ oder einem „Naturmodell“ geführt, das jenes, das wir vor Augen haben und das vorhanden ist, überwölbt, indem es nicht dinghaft im Raum existiert, sondern auf dem Papier, und wenn das verbrennt, „in“ unserem Geiste: Ich meine die Welt der Moleküle, Atome, Elektronen, Kernbausteine, Kräfte, Felder, Wellen. Sie sind den Naturerscheinungen „zugeordnet“, wenn man sich vorsichtig ausdrücken will.

Daß die genannten Elemente dieser Modellwelt nicht das eigentlich Wirkliche genannt zu werden verdienen, lehrt nichts deutlicher als das genaue Studium der Physik selbst, besonders der modernen Physik. Denn sie hat uns ja in der

---

23 Max Born schreibt in der Einleitung zu seinem Buch „Physik im Wandel meiner Zeit“ (Braunschweig 1957): „Mein einstiger Glaube an die Überlegenheit der naturwissenschaftlichen Denkweise über andere Wege zum Verstehen und Handeln scheint mir jetzt eine Selbsttäuschung, die auf der jugendlichen Begeisterung über die Klarheit der physikalischen Lehren im Vergleich mit der Verschwommenheit metaphysischer Spekulationen beruhte.“

Dazu einige Sätze des Philosophen (und Arztes) Hans Lipps aus: Die Wirklichkeit des Menschen (Frankfurt a. M. 1954): „Die Natur wird hier unter Bedingungen gestellt, ihr wird die Ebene aufgezwungen, auf der sie sich zu stellen hat“ (S. 57). „Der Physiker kann nur das entdecken, was seine Voraussetzungen gelten lassen“ (S. 20). „Der Physiker darf sich nicht einbilden, daß seine Welt darum, daß sie ‚objektiv‘ ist, auch die ‚eigentliche‘ Welt ist. Es ist eine verkürzte Welt. Und ‚objektiv‘ zu sein, bedeutet keinen Vorrang der *Wirklichkeit*“ (S. 124).

Quantenmechanik davon überzeugt, daß ein Elektron kein „Ding" ist; das will sagen: daß es sich von allem, was wir Ding nennen, durch mehr als nur die Größe unterscheidet. Denn es kann ja von ihm nicht einmal mehr gesagt werden, was wir jedem richtigen, rechtschaffenen Ding zugestehen müssen, daß es zu einer bestimmten Zeit einen bestimmten Ort mit einer bestimmten Geschwindigkeit passiert (das ergibt sich aus der „Unbestimmtheitsrelation"). MAX BORN hat in seiner Nobelpreisrede[24] darauf hingewiesen, daß trotzdem das Elektron eine „Realität" behält, in dem Sinn einer „Invarianten" nämlich. (Das ist eine meßbare Größe, die uns unabhängig von unseren Wünschen, aus unseren Experimenten in immer demselben Betrag entgegentritt; hier: $\frac{\text{Ladung}}{\text{Masse}}$ des Elektrons. Es ist eine Invariante unserer Beobachtungen, Rechnungen, Transformationen, Begriffsbildungen, nicht ein „Ding".)

Worauf es in unserem Zusammenhang ankommt, hätten wir auch ohne moderne Physik schon wissen können, ja manche wußten es. HEINRICH HERTZ hat es in der berühmten Einleitung zu seiner „Mechanik" so ausgesprochen[25]:

> „Wir machen uns *innere Scheinbilder* oder Symbole der äußeren Gegenstände, und zwar machen wir sie von solcher Art, daß die denknotwendigen Folgen der Bilder stets wieder Bilder seien von den naturnotwendigen Folgen der abgebildeten Gegenstände."

Und HEISENBERG zeigt in seinem Aufsatz „Zur Geschichte der physikalischen Naturbetrachtung"[26], wie das Atom nach und nach seiner Eigenschaften (Härte, Temperatur, Farbe) entkleidet wurde und wie jeder solche physikalische Fortschritt mit einem Verzicht auf Wesenserkenntnis erkauft ist.

> „*Unmittelbar*", sagt er, „kommen ihm überhaupt keine materiellen Eigenschaften zu; das heißt, jede Art von Bild, das unsere Vorstellung vom Atom entwerfen möchte, ist eo ipso fehlerhaft."

Sehr liebenswürdig hat JEANS einmal geschrieben[27]:

> „Bevor der Mensch auf dem Schauplatz erschien, gab es weder Wellen noch elektrische, noch magnetische Kräfte; diese sind nicht von Gott erschaffen, sondern von HUYGENS, FRESNEL, FARADAY und MAXWELL."

Man sollte aber hinzufügen: Gott hat auch HUYGENS, FRESNEL, FARADAY und MAXWELL geschaffen, und indem sie sich mit der Natur auseinandersetzten, entstanden die Begriffe der Kräfte, Wellen, Elementarteilchen und so fort.

Aus alledem ergibt sich, daß die Physik nicht „dies alles da" (dies Bunte, Leuchtende, Duftende: die Dinge, die Tiere, die Menschen) demaskiert, dena-

---

24 Physikalische Blätter, 1955, S. 202.

25 Abdruck in den „Physikalischen Blättern", 1957, Heft 2, S. 49. — Im Rahmen einer Quellensammlung, die für unsere Frage überhaupt aufschlußreich ist, findet sich diese Stelle auch bei E. HUNGER, Die naturwissenschaftliche Erkenntnis; Bd. III: Prinzipienfragen der naturwissenschaftlichen Erkenntnis. Braunschweig 1958.

26 W. HEISENBERG, Wandlungen in den Grundlagen der Naturwissenschaften. A. a. O., S. 33. — Siehe auch: Physik und Philosophie. A. a. O., S. 54, 174.

27 SIR J. JEANS, Physik und Philosophie. Zürich 1944, S. 234. — Ähnlich A. S. EDDINGTON in: Philosophie der Naturwissenschaft. Wien 1949, S. 139.

turiert, entleert, entseelt, entwürdigt, um dahinter als das einzig Wirkliche eine an sich seiende Welt seltsamer Wesenheiten, halb materiell, halb dämonisch (und dabei exakt), allmählich aufzudecken: ein Mißverständnis, das einen jungen Menschen entweder zur Verzweiflung oder zur Flucht oder zur Spaltung bringt. [Hierzu: E. GOLDBECK: Die Knaben und die Tulpen, in seinem Buch „Die Welt des Knaben". — 2. Aufl. (Neuausgabe von A. BORK), Ratingen 1962, S. 167 ff. u. S. 174.] Sondern, daß sie, weit davon entfernt, uns zu verarmen, uns nur *bereichert*. Wir sagen also nicht: „Farbe ist nur Wellenlänge", sondern: „Wellenlänge ist nur ein Aspekt der Farbe." Die Physik zeigt, wie wir eine zweite Natur, als Projektion oder Aspekt, aus der ersten herausholen und in sie hineinsehen. Diese zweite Natur existiert auf einer anderen „Ebene", sie überwölbt die erste Natur. Wir tauchen in sie ein, nur um uns, von ihr bereichert, in die erste Natur zurückzuversetzen. Wir sind, solange wir uns von ihr bewegen, nicht mehr ganze Menschen; wir sind abgeblendet, wir tragen Isolieranzüge und Filterbrillen. Aber wenn wir das wissen, dann schadet es uns gar nichts, es macht uns nur reicher. Wir tauchen ein und aus. Der Physiker „hat mehr vom Leben".

Wir wissen dann auch, daß die physikalische „Einstellung", der physikalische Aspekt, nicht nur die Natur, sondern auch uns selber verwandelt. THEODOR LITT, der in seinem Buch „Naturwissenschaft und Menschenbildung"[28] unser Thema eindringlich klargestellt hat, sagt etwa, daß eine Methode nicht wie eine Pinzette etwas vorher Gegebenes faßt, sondern: Das Entstehen und Wirken dieser Methode *schafft* erst das Objekt und zugleich das Subjekt. Es methodisiert auch das „Innere" des Menschen.

Wer aus dieser Verwandlung aber nicht wieder herausfindet, wer also BEETHOVENS „An die ferne Geliebte" nicht mehr ganz mit gutem Gewissen zu denken wagt, weil er gelernt hat, daß EINSTEIN die absolute Gleichzeitigkeit voneinander entfernter Ereignisse als Illusion entlarvt habe, aber auch, wer die menschliche Freiheit durch die klassische Physik bedroht und durch die Quantentheorie in den atomaren Bereich hineingerettet sieht: Wer so denkt und fühlt, hat nicht Ernst damit gemacht, daß die Physik nur *ein* Aspekt, *eine* „Hinsicht" ist. Dieses „nur" gilt, wenn wir sie messen an der *Wesens*erkenntnis. (Niemals sollte sich in einen Physikbuch die Überschrift finden: „Das Wesen des Lichts.") Als das, was sie ist, bleibt Physik eine großartige Schöpfung des Menschen, und tödlich ernst ist sie in die Verantwortung aufzunehmen als ein Weg, gewisse Bereiche in der Natur zu determinieren, in die Hand zu bekommen. Denn seit kurzem sind uns Energien in die Hand gegeben, die ungeheuerliche Zerstörungen bewirken können.

Was bedeutet das alles für den Physiklehrer?

Er soll, so hören wir und so sagen wir es uns zunächst selber, dem Kind die *Physik „beibringen"*. — So wie wir ihm die Umrisse der Erdteile beibringen? — Wohl kaum so einfach.

Es kann nicht heißen: ihm etwas zeigen, was einfach „da ist", denn Physik *wird* erst im Menschen. Es kann nicht heißen: ihm die *Natur* zeigen, denn die hat es schon, auf seine eigene und sehr innige Weise. Es kann auch nicht damit verwechselt werden, es Maschinen bedienen zu lehren, denn das ist etwas anderes

28 TH. LITT, Naturwissenschaft und Menschenbildung. 3. Aufl., Heidelberg 1959.

als Physik. Es kann nur bedeuten, es eine gewisse Weise der Auseinandersetzung mit der Natur zu lehren und dabei sein Natur-Bild sowohl wie es selbst — das Kind — zu verändern.

Mir ist deshalb nicht wohl, wenn ich sehe, wie in den Schulen dem Kinde oftmals sein magisches Naturbild ausgemerzt, amputiert wird und die Physik wie eine Prothese an seine Stelle gesetzt wird. Der Lehrer, der weiß, daß hier ein neuer Aspekt eröffnet, ein neuer Horizont ausgespannt wird, eine neue Art der Auseinandersetzung neben anderen, die Natur und Kind zugleich verwandelt, dieser Lehrer wird mit äußerster *Behutsamkeit* bemüht sein, nun nicht zu montieren, sondern zu entfalten, zu erwecken und bewußt zu machen, nicht abzuschneiden, sondern anwachsen und verzweigen zu lassen.

Wie — nach EDUARD SPRANGER[29] — die Volksschule die Aufgabe hat, die Brücke zu bauen und zu bewahren zwischen der magischen Eigenwelt des einzelnen Kindes und der offiziellen uns allen gemeinsamen Alltagswelt, so hat die Höhere Schule eine zweite Brücke in ihren Schutz zu nehmen, von da aus nämlich zu eben jener Bilderwelt der Physik hinüberzuführen. Und auch diese Brücke darf nicht gebaut werden, um die Kinder hinüberzubefördern und dann zu verfallen. Wir alle müssen sie zeitlebens und immer bewußter hin und wieder gehen können, wenn wir lebendig, wenn wir in Bildung bleiben wollen.

Diese pflegende, bewahrende, heilende Funktion des Lehrers ist in unserer Zeit, deren Kennzeichen das Zerfallen ist, die „Diskontinuität" (PICARD), dazu das Übereilen, das Überholen, das Überfahren) seine ernsteste Aufgabe. Welch schreckliche Lähmung eine verkehrte Begegnung mit der Physik hinterlassen kann, spricht uns aus einem Gedicht NIETZSCHES[30] eindringlich an („Gegen die Gesetze"):

Von heut' an hängt an härner Schnur
Um meinen Hals die Stunden-Uhr;
Von heut' an hört der Sterne Lauf,
Sonn', Hahnenschrei und Schatten auf,
Und was mir je die Zeit verkünd't
Das ist jetzt stumm und taub und blind: —
Es schweigt mir jegliche Natur
Beim Ticktack von Gesetz und Uhr.

So sollte es nicht sein, und so braucht es nicht zu sein. Man wünscht sich eine Gegenstimme:

Von heut' an geht mir die Natur,
— Wenn ich bedenk mit Maß und Uhr:
Sonn', Hahnenschrei und Sternenlauf, —
Geht mir Natur noch einmal auf.
Zu dem, was sie von je verkünd't,
Noch eine Ober-Stimme dringt.
Verzwiefacht spricht zu mir Natur
Im Zauber von Gesetz und Uhr.

---

29 E. SPRANGER, Der Eigengeist der Volksschule. Heidelberg 1955.

30 FR. NIETZSCHE, Die fröhliche Wissenschaft, Scherz, List und Rache, Nr. 48. Werke. Leipzig, Kröners Taschenausgabe, Bd. VI, S. 52.

„Der Gegenstand der Wissenschaft ist das Studium und die theoretische Rekonstruktion der Weltordnung: der Weltordnung im Verhältnis zur geistigen, seelischen und körperlichen Struktur des Menschen; denn entgegen dem einfältigen Wahn gewisser Gelehrter erlauben uns weder die Verwendung der Teleskope und Mikroskope, noch die Benutzung der seltsamsten algebraischen Formeln, noch selbst die Mißachtung des Satzes vom Widerspruch die Schranken dieser Struktur zu überschreiten."[31]

---

31 Simone Weil, Das Unglück und die Gottesliebe. München 1953, S. 175.

## II. Kapitel

# Physik – Handwerk – Technik

*„Die neuzeitliche Naturwissenschaft ist ein Kind einer Ehe zwischen Philosophie und Handwerk."* (C. F. v. WEIZSÄCKER[1])

*„Dies war der große Schritt, der mich zur Konstruktion des neuen Apparates führte, ... ohne daß ich selbst sehr überrascht war, weil die Entdeckung mir im Voraus den Erfolg verbürgte."* (A. VOLTA[1a])

In Kapitel I wurde die Gleichsetzung Physik = Technik als selbstverständlich unrichtig abgelehnt. Es ist aber nötig, darüber noch weiter nachzudenken, zumal die Beziehung zum Handwerk eng (und ehrwürdig) ist, andererseits keine scharfe Grenze zwischen Handwerk und Technik aufzufinden sein wird. Auch darf der Eindruck nicht aufkommen, als wolle die vorliegende Darstellung zugunsten der Natur-Betrachtung die Beziehung zu Handwerk und Technik zu leicht nehmen oder gar in den Kurzschluß einmünden, der Unterricht habe sich um die Technik nicht zu kümmern, da von ihr in unserer Zeit alles Verhängnisvolle herkomme. Im Gegenteil werden wir zu dem Schluß kommen, daß der Physik-Unterricht sich ganz besonders um diese Seite seiner Ausweitung zu be-„kümmern" habe, wenn auch in ganz anderer Richtung, als es noch vor nicht langer Zeit geschah. Im folgenden sind nur diejenigen zwischen Physik, Technik und Handwerk unterscheidenden Kennzeichen zusammengestellt worden, die sich auf den Bildungsprozeß beziehen.

## A. Physik und Technik

Die Behauptung, Physik sei, bei aller Verwandtschaft, doch etwas im Grunde anderes als Technik, soll an einem Beispiel klargemacht werden. Was anders ist, das ist nicht so sehr das Tun. Wer einem experimentierenden Physiker und einem experimentierenden Techniker von außen zusähe, würde schwer das Unterscheidende bemerken[1b]. Er müßte erst mit beiden sprechen, sie „kennenlernen",

---

1 Das Experiment, in: Studium Generale, 1. Jg. (1947), Heft 1, S. 1.

1a Zitiert nach F. FRAUNBERGER, Vom Frosch zum Dynamo. Köln 1966, S. 52 (Der „Apparat" ist die „Voltasche Säule").

1b Das Gemeinsame geht bis zu den Unfällen: E. BRÜCHE schreibt in den „Physikalischen Blättern" 12/1966, S. 559, über WERNER SIEMENS:

„Es ging ihm dabei ähnlich wie dem sechzehnjährigen Apothekerlehrling JUSTUS LIEBIG, der zwei Jahrzehnte zuvor mit seinen Knallquecksilber-Versuchen Pech hatte. Auch die Versuche von SIEMENS mit Zündmitteln endeten mit einer Explosion, die ihm ein Trommelfell zerriß. Aber man wird einen Unterschied nicht verkennen: Bei LIEBIG war es Wissensdurst (Neugierde), was ihn zu den Experimenten trieb, bei SIEMENS war es der Wunsch nach einer technischen Verbesserung, einer Erfindung."

um zu erfahren, was in ihnen vorgeht: Verschiedenes, obwohl sie die gleichen Denkregeln verwenden und in gleicher Weise experimentieren: Der eine ist auf Entdecken aus, der andere auf Erfinden.

*Entdecken:* OERSTED entdeckt, und so entdecken auch wir in der Schule forschend, daß der elektrische Strom magnetische Wirkungen hat. Eine tiefgreifende Entdeckung: Zwei in der ursprünglichen Erfahrung ganz verschiedene Naturkräfte zeigen, daß sie „miteinander zu tun" haben. Wir wissen, wie nun OERSTED weiterdachte, er, AMPÈRE und FARADAY. Sie dachten etwa (und so denkt jeder, der etwas Neues „herauskriegt"): „Was ist das?" — „Wie paßt das, wie fügt es sich zum Bekannten?" — „Welche Gewohnheiten hat das neue Unbekannte sonst?" — „Alle seine Gewohnheiten will ich wissen, will wissen, wie es geht, wie es muß!" — Ich stelle Fragen, ich experimentiere. Jede Frage benutzt das bisher Gewußte und Gefundene, und jedes gelungene Experiment läßt mich Neues dazu erfahren, bis ein gewisser Abschluß sich rundet. (Im Beispiel: Wenn man, von OERSTEDS Grundversuch ausgehend, den Leiter zum Kreis, zur Spule windet, die Spule als einen vollgültigen Magnet-Ersatz erkennt, zwei Spulen zueinanderbringt, so endet man schließlich beim elektrodynamischen Grundgesetz, das keinen Magnetismus mehr kennt, ein Urgesetz ist.) Dann weiß man alles, was zu der neuen Entdeckung gehört, kennt sie. Wie ein Tier, das einem einst neu war, bekannt sein kann.

*Erfinden* (technisch denken): Es setzt die gelungene Entdeckung voraus. Sie wird jetzt „gebraucht". Aber man fragt jetzt ganz anders. Man fragt nicht mehr: „Wer bist du?" Man *sucht* nicht etwas noch Unbekanntes, man *will* etwas Bestimmtes, nicht: erfahren, sondern tun lassen. Man sagt: „Willst du wohl!?"

Man kann das im Unterricht an etwas sehr Einfachem deutlich werden lassen, indem man die Aufgabe stellt, etwa den „Wagnerschen Hammer" zu erfinden. Das heißt: eine Schaltung auszudenken, in der ein elektrischer Strom sich selber ausschaltet, sich also gleichsam selber umbringt, dann wieder ins Leben ruft, und immer so weiter abwechselnd. In dieser Art also will ich ein Ding bauen, das etwas Bestimmtes tut. Ich zwinge es. Aber: gemäß seiner Natur. „Naturam parendo vincimus", wie BACON sagt: „Die Natur besiegen wir, indem wir ihr uns fügen." Es ist genau wie bei der Dressur des Tieres. Entdecken heißt: Ein neues wildes Tier belauschen, bis ich es kenne. Dressur heißt: dieses Tier auf Grund meiner nun gewonnenen Kenntnis seiner Natur etwas von mir Gewünschtes tun lassen. Ein Ende gibt es bei der Erfindung noch viel ausgeprägter als bei der Entdeckung. Es ist erreicht, wenn die Aufgabe gelöst ist, wenn der Selbstunterbrecher dasteht und „geht", wenn das Ding „tut".

Im Gegensatz zum Entdecken erfahre ich dabei nichts Neues. Ich werde nie überrascht durch das, was die Natur nun im Apparat gebändigt tut. Ich wußte ja vorher, was sie tun muß unter allen nur möglichen Umständen; das hatte ich ja entdeckt. Danach erst habe ich erfunden. Überrascht werde ich nur durch meine Einfälle, meine Erfindungen, die darauf ausgehen, das allgemein Gültige umzusetzen in das Besondere, das geschehen soll. Das Entdecken ist also reicher als das Erfinden: Die Natur und ich, wir überraschen uns gegenseitig, in Einfall und Auskunft. Das Erfinden ist ärmer. Denn es macht mich zufrieden nur mit mir selbst. Ich sehe die Natur nur gehorchen. Beim Entdecken befriedigt mich auch die Natur; sie befriedigt meine Unruhe zu ihr. Sie offenbart sich. Sie hilft dazu, ehrfürchtig zu werden. Wo Entdeckung nur im Hinblick auf die Anwendung betrieben wird, nähert sie sich der List. Die Geschichte zeigt, daß die großen Forscher die Forschung um der Forschung willen betrieben: Die List trägt nicht weit.

Trotzdem kann man in gewissem Sinne sagen, daß auch die auf Entdeckung ausgehende Forschung zwingt: zur Auskunft. Das ist es, was GOETHE am NEWTONschen Experiment so peinigte. Aber diese Nötigung ist nicht unbedingt. Wir haben im 20. Jahrhundert erfahren, daß dabei die Natur, wie lächelnd, die Auskunft verweigert und wir dumm dastehen, wenn wir zum Beispiel alles anschaulich haben wollten. Auch führen die Auskünfte keineswegs in eine Ecke, in der die Natur sich ergeben müßte. Sie führen ins Weite, sind eben „Auskünfte", nicht nur zu uns hin, sondern auch von uns weg. (Man denke an die Elementarbausteine der Materie, die sich in einer so ungemütlichen Weise vermehren.)

Die Unterscheidung zwischen dem entdeckenden und dem technischen Denken wird dadurch erschwert, daß beide sich in der Praxis der Forschung ständig vermischen. Ganz besonders bei messenden, eine Konstante messenden, Versuchen. Der Unterricht der Höheren Schule neigt dazu, solche messenden Versuche zu häufen, so daß dem Schüler die Trennung schwerfällt. Die Frage, ob Licht Zeit braucht, ist eine viel reiner entdeckende als die nächste, schon nicht mehr staunende, sondern bereits festnagelnde: wieviel Zeit es braucht. Deshalb zeigt die erste Beobachtung OLAF ROEMERS an den Jupitermonden das Entdecken viel deutlicher als die geniale Zahnrad-Spiegel-Kombination FIZEAUS. Diese Maschine ist ein Beispiel technischen Denkens, das gleichwohl im Dienst der Forschung steht. Moderne Beispiele für der Forschung dienende Maschinen sind etwa das Elektronenmikroskop oder das Zyklotron.

Das technische Denken wie das entdeckende, beide verdienen unsere Bewunderung. Aber es ist zweierlei: die Ehrfurcht vor der Natur oder der Respekt vor unserem findigen Verstand. Achten wir auf die rührende Andacht, mit welcher unsere Knaben vor einem neuen Auto stehen oder einem Kran. Darin ist etwas Echtes. Aber sie können noch nicht unterscheiden. Eben dazu müssen wir ihnen in der Schule helfen. Sonst verkommen sie und verehren am Ende den Kran mehr als den Kranichzug.

## B. Technik und Handwerk

Technik — im weitesten Sinne — hat es immer gegeben. Es liegt im Wesen des Menschen, daß er ein Werkzeugmacher ist, einer, der zwischen die Hand und das Material, an dem sie handelt, noch etwas einschaltet: Stock, Seil, Hebel, Messer, Pflug, oder gar seine Hand davon abzieht und eine andere Kraft: des Tieres, des Wassers, des Windes, des Feuers arbeiten läßt. In dieser Hinsicht sind der Wagen, der Pflug, die Mühle vom Motor und vom Radioapparat nur gradweise verschieden.

Wenn wir heute, je nach Anlage und Erfahrung mit Stolz oder mit Sorge, vom „Zeitalter der Technik" sprechen, so meinen wir also nicht den Anbruch eines ganz Neuen, sondern das Anschwellen eines immer schon, seit Menschengedenken, Anstehenden. Die moderne Technik und ihre Maschinen folgen dem uralten Handwerk und seinem Werkzeug, so wie ein Wasserfall dem oberhalb bedächtig fließenden Wasser auf einmal bevorsteht. Die Stufe, die dazu nötig ist, hat die moderne Naturwissenschaft gegraben. Sie selbst aber kommt ihrerseits auch wieder aus dem Nachdenken über das Handwerk; sie ist, wie C. F. von Weizsäcker[2] sagt, „ein Kind einer Ehe zwischen Philosophie und Handwerk". So hat also der Fluß zu seinem eigenen Wasserfall geholfen, nur hat er allein nicht ausgereicht. Wie bei ihm ein Wechsel des Gesteins, so hat in der Geschichte ein neuer Denkentschluß hinzutreten müssen.

Obwohl der Unterschied nur einer des Grades ist, so kommt es uns doch vor, als wäre ein Apparat wie etwa ein Radio oder eine Maschine (wie das Motorrad) etwas sehr anderes als Messer, Pflug und Mühle. Was wir da spüren und was für den Lehrer wichtig ist, könnte das Folgende sein: Das Werkzeug und das ursprüngliche Gerät sind noch von einem Menschen sowohl zu machen wie zu durchschauen. Der es gemacht hat, hat es noch selbst mit seinen Händen und einfachen Werkzeugen aus elementarem Material gemacht. Er weiß noch aus eigener Anschauung, wo „das alles herkommt" und wie es „hergestellt" wird. So war es in der Steinzeit, und so ist es bei den Eskimos vor kurzem noch gewesen. Aber schon wenn wir ein eisernes Messer kaufen, ist uns nicht mehr ganz klar, woher das Eisen kommt. Wir haben es meistens vom „Hörensagen" (auch Schule ist oft nur Hörensagen). Wie wichtig ist es aber, das zu erfahren! Nicht nur zur Information darüber, wie es in der Welt hergeht, sondern wie wichtig gerade dann, wenn wir bilden wollen. Dann vergessen wir nämlich nicht, einmal: daß alles Technische ursprünglich aus der Natur „kommt", und zweitens nicht: daß wir bei jedem Werkzeug, jeder Maschine, die wir erwerben, die Arbeit anderer benutzen. Zwei erzieherische Einblicke, die beide, wenn auch in verschiedener Richtung, der Ehrfurcht aufzuwachen helfen, die, wie Goethe sagt, „niemand mitbringt", wozu jeder aber die Bereitschaft in sich trägt. Zu ihren Voraussetzungen gehört ja das Gefühl der Abhängigkeit.

Daß Messer, Radio, Rakete, Nylon aus „Natur" sind, dieses Wissen ist bedroht: Was wir heute zu verlieren in Gefahr sind, ist die Unterscheidung zwischen Geschaffenem und Gemachtem. Man liest, es habe einer einen besonders praktischen Zigarettenanzünder „geschaffen". Das vermessene Mißverständnis, das sich da einschleicht, ist fast zu entschuldigen, wenn man an die Leistungen der modernen Chemie denkt, die ja nicht einfach — wie die physikalische Technik — aus Rohstoffen Apparate baut, sondern die „Kunst"-Stoffe, „neue" Stoffe, neues Rohmaterial, zu „schaffen" scheint, die es vordem nicht „gegeben" hat. Auch Eisen „gab es" einmal nicht, in der Steinzeit, aber man holte dann das Erz aus dem Berg und schmolz das Eisen heraus. Das versteht noch jeder. Wie man aber „Nylon macht", ist schon nicht mehr recht übersehbar. Es erscheint dem Unwissenden und Gedankenlosen leicht als eine „Schöpfung" der Kunststoffindustrie, die nun mit den Schöpfungen Gottes, der es nur bis zur

---

[2] A. a. O.

Wolle, Baumwolle und Seide brachte, den Konkurrenzkampf aufnimmt. So sieht es fast aus. Während wir doch, selbst wenn wir es eines Tages fertigbrächten, sogar Neutronen zu „machen", wir sie ja nicht aus dem Nichts, sondern aus anderem Natürlichen, und werde es auch nur „Energie" genannt, zu ihrer Zusammenballung bewegen können. Was eben der Energiesatz sagt: „ex nihilo nihil fit". Aus Nichts kann nichts gemacht werden.

Was die Apparate und Maschinen der eigentlichen Technik von den einfachen Werkzeugen und Geräten des Handwerks abhebt, ist, daß sie nicht mehr recht durchschaubar sind. Es steckt zuviel Physik in einem Motorrad oder gar in einem Fernsehapparat. Man kann die entzückenden Seilbahnen, mit denen die Italiener ihre Heubündel vom Apennin zu Tal sausen lassen, ohne weiteres durchschauen und dann auch bauen. Aber man kann ein recht geschickter Radiobastler, vielleicht sogar ein mittlerer Radiomonteur sein, ohne bis auf den Grund, „bis untenhin", zu verstehen.

So kommt es hier zu der falschen Magie, die von den technischen Apparaten höherer Kompliziertheit auf den Urteilslosen ausgeht. (Bemerkenswert ist dabei auch folgendes. In demselben Maße, in dem wir echte Magie ablehnen, ja — in allerdings völliger Verkennung des Geltungsbereiches naturwissenschaftlicher Aussagen — für „unmöglich" erklären, ohne auch nur hinzusehen, in demselben Maße wird unser Unbewußtes dem Magie-Ersatz zugänglich. Dahin gehört, daß auch mancher aufgeklärte „Gebildete" in seinem Auto einen Fetisch als Schutzgeist aufhängt.)

Eine Aufgabe des Physikunterrichts ist es, erkennen zu lassen, daß Technik keine Hexerei ist. Mit anderen Worten: *Er muß im technischen Gerät die Natur ausgraben.*

## C. Physik und Handwerk

Handwerk und Technik bezeichnen wir oft als „Anwendungen" der Physik. Technik, besonders in ihren komplizierten Formen, ist gewiß eine Anwendung der Physik. Auch Handwerk: Werkzeuge und durchschaubare Geräte können als Anwendung der physikalischen Gesetze betrachtet werden. Die Zange deduziert sich als besonderer Fall des Hebelgesetzes. — Denken wir aber nicht an die fertige Wissenschaft, sondern an den werdenden Geist, also pädagogisch (nicht nur logisch), als Lehrer, die bilden, erwecken (nicht ausbilden und einlernen), so ist das Handwerk — und nicht in derselben Weise die Technik — die *Quelle* der Physik. *Eine* Quelle. Die andere ist die Philosophie. (Dennoch ist der Gegenstand, über den der Physiker nachdenkt, nicht das Handwerk und nicht die Technik, sondern die Natur.)

Man kann sich über diese Verflechtung nicht besser unterrichten als dadurch, daß man GALILEIS Mechanik[3] liest, sie selbst, und möglichst ohne irgend etwas

[3] G. GALILEI, Unterredungen und mathematische Demonstrationen über zwei neue Wissenszweige, die Mechanik und die Fallgesetze betreffend; Ostwalds Klassiker der exakten Wissenschaften, Nr. 11, 24, 25. Leipzig 1921. (Hier: Nr. 11, S. 3, 4, 5.) — Nachdruck: Wiss. Buchges. Darmstadt 1964. — Siehe auch „Einladung Galilei zu lesen" in meinem Buch „Ursprüngliches Verstehen und exaktes Denken". Stuttgart, 2. Aufl. 1970, S. 515.

auszulassen. Es gibt kaum etwas, was für einen Physiklehrer so unersetzlich ist wie dieses erste Lehrbuch der Physik. Worüber läßt GALILEI die Gestalten seines Innern miteinander ins Gespräch kommen?

Nicht gleich darüber, wie die Grundgesetze der Mechanik aussehen und welche Grundbegriffe man dabei zunächst einmal definieren müsse, sondern wißbegierig danach, „den Kausalzusammenhang wunderbarer Erscheinungen eröffnet" zu sehen, „die zuvor für unerklärbar und unglaublich gehalten wurden". Und was für „Erscheinungen" sind das? „Weshalb man ein so viel größeres Gerüst erbaut, um jene große Galeere vom Stapel zu lassen, während man sie lange nicht in demselben Maße kleiner für kleinere Schiffe gebraucht." Das ist eine weit um sich greifende Frage: Pferde brechen sich die Beine, wenn sie 4 Ellen hoch herunterfallen, „während ein Hund keinen Schaden erlitte, desgleichen ... eine Grille, wenn sie von einer Turmspitze und eine Ameise, wenn sie vom Monde herunterfiele". — Es genügt den Partnern der GALILEIschen „Unterredungen" also nicht, dies oder jenes zu wissen, sie möchten es verstehen, einsehen, vom Schiffsbau ablösen (was sehr bald geschieht): „Daß man nicht zwei Stäbe finden wird aus derselben Holzart, gleich in Stärke, aber von ungleicher Größe." (Gemeint ist, daß ein Baumstamm bestimmter Dimensionierung, etwa als Brücke vorgesehen, durch die eigene Last bricht, während ein gleichproportioniertes Streichholz das nicht tut. Das ist offenbar dasselbe Problem, das beim Galeerenbau auftritt, nur vereinfacht.) Sie wollen gründlich werden, das zugrunde liegende Einfache und damit Allgemeine sehen und damit alles einsehen. Wie das gelingt durch Phantasie, Logik, Experiment und Mathematik, in einem, wie es zuerst scheint, unordentlichen, immer wieder abschweifenden, doch im Grunde ganz unbeirrbaren, hin- und herwogenden, so scharfsinnigen wie witzigen Gespräch, das die antike Strenge mit der italienischen Gelassenheit und Eleganz vereint, das muß man selber lesen: Es ist ein vorbildlicher Physikunterricht. Denn so entsteht Physik. Und nicht nur liest man, was dabei herauskommt an Kenntnis, an Gesetz: Man spürt auch, wie es auf den Suchenden und Findenden zurückwirkt. Man spürt, wie wohl es tut, physikalisch zu denken. Die unübersehbaren Mengen von Einzelerfahrungen — Raritäten (die dem Handwerker vorher genügten) — schließen sich zusammen zu Ketten, wie Einzelberge zu Gebirgszügen, wenn die Nebel sich auflösen: Die Natur lichtet sich. (SAGREDO: „Ich fühle bereits meinen Sinn sich ändern, und wie eine Wolke vom Blitze erleuchtet wird, so ahne ich ein plötzliches Licht, das mich aus weiter Ferne erleuchtet ...")

Technische Geräte sind in viel richtigerem Sinne eine Anwendung der Physik als die schlichten Werkzeuge und Handwerksarbeiten. Transformatoren konnte es erst nach der Entdeckung der Physik geben, Schiffsbau schon vorher. Man könnte geradezu definieren: *Handwerk ist das, woraus Physik werden konnte, Technik das, was ohne Physik nicht wäre.* Handwerk mußte in der Physik erst gleichsam untertauchen, ehe es daraus als Technik wieder auftauchen konnte.

*Deshalb kann Physik leichter und natürlicher aus dem Handwerk herausgelöst werden als aus dem technischen Apparat.*

Der Lehrer, der seinen Unterricht mit einem technischen Apparat beginnt, hat zwar einen leichten Anfang, denn er beginnt mit dem, was die Kinder aus ihrem täglichen Umgang fasziniert. Er hat aber ein schweres Fortkommen, insofern als es ja seine Aufgabe ist, aus dem Apparat die Natur hervorzuholen, die ihm zugrunde liegt. Beginnt er mit dem Handwerklichen, so ist auch das der Sphäre des Kindes noch nahe, aber der Weg zur Physik ist hier leichter zu gehen, er ist der natürliche Weg. Das Handwerkliche ist begreifbarer. Selbst wenn es aus der modernen Arbeitswelt verschwinden sollte: Die Schule darf es nicht ganz preisgeben[4]. — Vielleicht ist das Handwerkliche am Anfang sogar der Naturbetrachtung überlegen. Denn es scheint[5], daß das Kind in einem Alter, in welchem es dem Walten der Natur gegenüber noch ganz auf der magischen Stufe verharrt, gerade den einfachen Werkzeuggebrauch schon anfängt, rational und kausal zu sehen.

*Das Handwerk ist die erste Quelle der Physik.*

## D. Unterschiede zwischen Gymnasium und Volksschule

Man sagt manchmal, das Gymnasium als die Schule der Kinder, „die sich leicht von der sinnlichen Erfahrung und vom Einzelfall lösen“[6], führe von der Physik („Theorie“) zu den Anwendungen. Die Volksschule dagegen beruhe darauf, daß ein „unmittelbares verstehendes Eindringen in unsere technische Welt möglich ist“.

Im großen und ganzen ist es auch so. Dennoch bedarf es dazu einer Anmerkung. Woher kommt denn die „Theorie“, die das Gymnasium, wie es scheint, an den Anfang stellt? Sie kommt, wie man an jeder Einzelstunde erkennt, aus dem Experiment. So etwa wird aus einem waageartigen Gestell, das beiderseits in gleichmäßigen Abständen Häkchen zum Anhängen von Gewichtsstücken trägt, das „Hebelgesetz“ abgeleitet, und aus ihm folgen dann „Anwendungen“ (Zange, Schere und so fort). Oder: Mit einer ins Wasser versenkbaren, drehbaren Druckkapsel, die über einen Schlauch mit einem Manometer verbunden ist, ergibt sich übersichtlich die Abhängigkeit des Wasserdrucks von der Wassertiefe, und daraus dann schnell alles, was über den „Auftrieb“ zu wissen ist. Darauf folgen Anwendungen.

So kann man es machen. Ist das nun ein guter Unterricht im Sinne des Gymnasiums? Ich meine, daß das schon ein Unterricht wäre, der das Prinzip des Gymnasiums bis zur Entartung übertreibt und damit wirkungsarm macht. Meine eigenen Erfahrungen und Beobachtungen im Gymnasialunterricht, die einige Jahrzehnte umfassen, zeigen mir, daß diese Übertreibung, wo sie vorkommt, bis zur völligen Erfolglosigkeit führen kann, bei scheinbar programmäßigem Ablauf. Denn sie bedeutet: schnelle Erledigung ohne Fühlung mit der Sache. Sie bedeutet, daß gerade die *Abstraktion*, die zu pflegen Aufgabe der Gymnasien ist, vergessen worden ist, nicht vollzogen. Und zwar auf ihrer elementaren Stufe. (Und das ist diejenige, die Gymnasium und Volksschule noch *ge-*

---

4 Vgl. G. Geissler, Der zweite Bildungsweg als didaktisches Problem. In: Die Deutsche Schule, 1957, Heft 12, S. 525.

5 K. Zietz, Kind und physische Welt. 2. Aufl., München 1963, S. 28.

6 G. Geissler, a. a. O., S. 524, 527.

*meinsam* haben.) — Das „Gerät zur Demonstration des Hebelgesetzes“ ist nämlich kein Anfang. Es ist selber Ergebnis einer Abstraktion, einer verallgemeinernden Denkarbeit. Die Abstraktion, die das Gymnasium wie auch die Volksschule herauszufordern haben, geht ja gerade den Weg von der Zange, der Schere, vom Brecheisen zum Hebel-Gestell. Dann ist es nicht mehr der langweilige Ladenhüter, den der Lehrer aus dem Schrank holt, er ist das Ergebnis jener Denkarbeit: von den Schülern aus empfunden: „unser Werk“. Sie haben es aus der lebendigen und praktischen Welt heraus-gedacht und hervorabstrahiert. — Und nun erst geht es weiter: Dieses Gestell ist nicht nur Ergebnis, es ist auch Anfang, des Weges nämlich zur „Theorie“, zum Hebelgesetz. Spätere, weitere Anwendungen fallen dann wie reife Früchte von ihm ab.

Es ist also zwar richtig, daß das Gymnasium schneller zu den höheren Stufen der Abstraktion vorstoßen muß als die Volksschule. Dazu gehört aber, daß es vor dem ersten Experiment am Gerät nicht nur pro forma, für zwei Minuten — wie es meistens geschieht — an die Wirklichkeit (Natur, Handwerk, Technik) „anknüpft“. Man darf das Fundament der Abstraktion, genau das, was auch das Gymnasium braucht, nicht übereilen oder überspringen wollen. Es gibt eine Grundstufe der Abstraktion, die Gymnasium und Volksschule gemeinsam haben.

Zusammenfassung: Vom Handwerk führt ein leichter, von der Natur ein lockender, von der eigentlichen Technik ein faszinierender, doch nicht ganz leichter Weg in die Physik hinein. Ein Weg, der an die Abstraktionskraft appelliert, die allen Kindern eigen ist und dessen Anfang deshalb für alle Schularten sorgsam gepflegt werden muß.

Die Volksschule führt diesen Weg breit und kann eine experimentell gewonnene, in sich zusammenhängende, phänomenologische Physik (I) (s. Kap. XVI) erreichen, in der die Mathematik eine geringe Rolle spielt. Gelegentliche exemplarische Vorstöße nur können eine Ahnung davon geben, was ein physikalisches „Gesetz“ und was ein „Modell“ ist (Physik II) (siehe Anhang E und F). Das Gymnasium geht zur Physik dieselben Wege wie die Volksschule, nicht so breit zwar, doch sollte es sie viel breiter gehen, als sie es üblicherweise tut. Sie erreicht dieselbe Physik I, um dann auf ihr das Gebäude der Physik II (wenn auch nicht unbedingt als ganzes Bau*werk*, so doch in seiner Bau*weise*) herzustellen. Von beiden, I und II, führen fortwährend „Anwendungen“ zurück zum Ursprung (Natur — Handwerk — Technik).

In allzu vielen Fällen ist es heute jedoch so, daß (im Gymnasialunterricht) Physik I kaum Gestalt gewinnt, so daß II, von I nicht mehr getragen, fast frei in der Luft schwebt, um sich, so ohne rechten Halt, ebenfalls bald aufzulösen.

## E. Die erzieherischen Probleme der technischen Welt und der Physikunterricht

Der fortschrittsfreudige Optimismus, mit dem man noch vor nicht langer Zeit dem „Zeitalter der Technik“ entgegensah, ist geschwunden. Es ist unaufhaltsam näher gekommen, und niemand ist ohne Furcht. Wir wissen auch schon, daß die

Frage, ob die „Segnungen" oder die „Gefahren" überwiegen, genauer so gestellt werden muß: ob die sittlichen Kräfte dem technischen Fortschritt gewachsen sein werden.

Auch die Schule steht vor ganz neuartigen Aufgaben[7]. In unserem Zusammenhang müssen wir im besonderen fragen: Was kann der Lehrer in seinem physikalischen, in seinem Naturlehreunterricht dabei helfen?

Man muß kennen, was uns umgibt, dient und bedroht. Ist es also nicht Pflicht der Schule, solide, vielleicht auch umfassende, Kenntnisse aus dem Gebiet der Technik zu vermitteln? Diese nicht seltene Meinung enthält gewiß etwas Richtiges. Wie wenig sie aber wirklich das Wesentliche trifft, kann schon an einem Beispiel deutlich werden. Die genaue Kenntnis des Fernsehapparates, ja sogar das Vertrautsein mit seinen physikalischen Grundlagen, schützt nicht im mindesten davor, einen kulturzerstörerischen Gebrauch von ihm zu machen.

Das kann ja auch gar nicht erwartet werden. Physik, als einengender Aspekt, ist von vornherein wertfrei. Ihre Kategorien und Methoden sind blind für alles Moralische, Religiöse, Erzieherische. Ursachen suchen heißt nicht dasselbe wie Schuld suchen. (Ursachen suchen kann auch einer, der gar nicht weiß, was Schuld ist, der Gewissenlose.) Der bekannt gewordene Ausspruch des Atomphysikers J. R. Oppenheimer „Die Physiker haben die Sünde entdeckt", will nicht sagen, daß sie sie „als Physiker" entdeckt haben, sondern: Sie haben entdeckt, daß man als „Nur-Physiker" nicht verantwortlich leben kann.

Auch der Lehrer, besonders der Fachlehrer, kann es nicht. Sogar im Fachunterricht muß er den physikalisch-technischen Aspekt verlassen können. Aber er muß *wissen*, daß er einen *Aspekt* verläßt, und muß es spüren lassen. Eben dadurch wird er ihn auch lehren. (Ein bildender — nicht nur informierender — Physik- und Technikunterricht ist gar nicht möglich, wenn der Lehrer dieser — bewußten und betonten — Grenzüberschreitung nicht fähig ist. Sie ist eine Grenzachtung, im Gegensatz zu derjenigen [häufigen] Grenzüberschreitung, die, bedenkenlos, gar nicht merkt, daß da eine Grenze ist.)

So wird er, zum Beispiel, sich nicht nur nicht scheuen, sondern die Verpflichtung fühlen, im Physikunterricht, aber nicht „als Physiker", auf folgendes hinzuweisen:

Indem aus dem „selbstgemachten", in seiner Herkunft noch durchschaubaren Gerät oder Werkzeug (von einem Menschen aus Natur gemacht) allmählich der in fernen Industrien serienweise „gefertigte", undurchschaubare und deshalb von falscher Magie umwitterte Apparat wird, wird es dem Menschen mit diesem Wandel und dieser Absetzung von seinem Erzeugnis gefährlich leicht gemacht, sich auch von der Verantwortung abzusetzen, die er trägt, wenn er (oder wenn man) den Apparat anwendet. (Es fällt leichter, mittels eines Druckknopfes eine Stadt auszulöschen, als einen Menschen mit den Händen umzubringen.)

Es ist nicht einzusehen, warum der Fachlehrer in Physik derartiges den Lehrern anderer Fächer allein überlassen sollte. Er ist am nächsten beteiligt. (Und nicht selten hat der Kollege, der auf anderen Gebieten zu Hause ist, schiefe Vor-

---

7 Vgl. etwa: M. Keilhacker, Der Einbruch der Technik in die Pädagogik und die Aufgabe der Volksschule. In: Welt der Schule, Jg. X (1957), Heft 1, S. 1 ff.

stellungen. Er verwechselt vielleicht Physik mit Technik oder beides mit dem Bösen.)

Es wird sehr viel verlangt von dem Lehrer, der Naturlehre und Technik zu unterrichten hat: Er darf der Technik nicht fernstehen. Sie sollte ihn interessieren. (Diejenigen, denen das schwerfällt, finden vielleicht den Zugang, wenn sie bemerken, daß das Interesse nicht einer Unsumme von Apparaten gilt, sondern einem geistigen Prozeß, der in der „Erfindung" gipfelt. Sein Interesse darf aber auch wieder nicht bis zur Faszination und Benommenheit gesteigert sein, die ihn hindert, Betrachtungen wie diesen (Absatz E) zugänglich zu sein. Er darf nicht „Nur-Techniker" sein.

Ebensowenig aber darf er ein Romantiker sein, der der Technik aus dem Wege gehen möchte. Kann er es schon nicht in seinem privaten Leben, so kann er es in der Schule noch weniger. Er darf das technische Interesse der Kinder nicht ignorieren. Auch da, wo es Benommenheit ist, muß er es ernst nehmen, um schließlich die Natur darin und dahinter erkennen zu lassen. Diese Benommenheit ist ja verständlich in einer Erwachsenenwelt, die die Natur bewältigt zu haben meint und nicht einmal die Technik bewältigt hat. Da der Erwachsene vorläufig einen recht infantilen Gebrauch von ihr macht, ist es kein Wunder, daß die Kinder, oft ungeschützt und vernachlässigt und schon im Spielzeug mit technischen Wunscherfüllern überschüttet (die das „Verstehen"-wollen betäuben), den Eindruck machen, als seien sie „von Natur" nur noch auf das Bewältigen aus. Aber das Kind ist seiner Anlage nach nicht nur bemächtigend, es will auch erforschen. Der Wind ist ihm nicht nur zu unterwerfende Macht, sondern auch Geheimnis; der Magnet nicht nur Glied des Motors, sondern auch Rätsel — falls wir ihm das nicht austreiben, weil er uns selbst keines mehr ist. Heute haben wir das Kind davor zu schützen, daß es ein Opfer seiner überzüchteten Bemächtigungssucht wird. Aber wir haben das mit dem „Roller" „verwachsene" Kind als Realität zu nehmen, von der wir ausgehen müssen[8]. Wir müssen es erziehen. „Die Technik verdeckt die Welt, die das Kind früher ‚von selbst' erzog"[9]. (Eine solche technische Verdeckung der Natur ist auch das übermäßig perfektionierte Lehrmittel.)

Kommen wir zum Anfang zurück: Welcher Art ist die solide und umfassende Kenntnis, die der Unterricht anstreben muß, wenn er die erzieherischen Probleme der technisierten Welt mit ins Auge faßt?

Er wird — immer am konkreten Einzelfall, „exemplarisch" an wenigen Fällen — sich bemühen, sichtbar zu machen:

1. Entdeckung und Erfindung ist zweierlei.
2. Physik ist ein Aspekt der Natur, Technik die Art der praktischen Bewältigung, die aus ihm entwickelbar ist.

---

[8] Vgl. hierzu: F. STÜCKRATH, Die geistige Entwicklung des Kindes in der technischen Wirklichkeit. Westermanns Päd. Beiträge, VIII. Jg. (1956), S. 213 f. — M. WAGENSCHEIN, Der Ruf des Raben. Naturlehre und Naturkunde, VI. Jg. (1958), Heft 5, S. 97 ff.

[9] E. HOFFMANN, Das Problem der Frühreife. Würzburg 1956, S. 16.

3. Technik ist (also) nicht Natur-Beherrschung, sondern ein kluges sich Einfügen in die Naturgesetze innerhalb begrenzter Bauten (Maschinen). Die „Beherrschung“ ist nichts als ständiges Überwachen dieser Einfügung.

4. Technik ist (also) nicht Hexerei.

Ein Beispiel: „Das Radio“ wird — ohne Betrachtung vieler Einzelheiten — bis zu einem gewissen — und wie ich glaube, ausreichenden — Grade „verständlich“, d. h. angegliedert an Einfacheres durch:

1. einige (bekannte) elementare Versuche über Mikrofon und Telefon (Umsetzung von elektrischen Stromschwankungen in Druckschwankungen der Luft),
2. die Einsicht, daß die „Drahtlosigkeit“ der Verbindung grundsätzlich schon im Transformator (die zwei Spulen haben keine leitende Verbindung; der Eisenkern ist keine, er ist grundsätzlich ja auch entbehrlich) vorliegt, ja schon im elementaren Induktionsversuch. Damit ist die Zauberei zurückgeführt auf Einfacheres. (Was *seine* „Verstehbarkeit“ betrifft, so sei auf den Abschnitt F des Anhangs hingewiesen.)[10]

---

10 Es sei noch hingewiesen auf das Sammelwerk: Technik als Bildungsaufgabe der Schulen, hrsg. v. H. Roth, Hannover 1965, mit meinem Beitrag: Technik und Physikunterricht (Physik — Verstehen als Beistand für die Kinder der technischen Welt).

## III. Kapitel

# Verfahren und Erfolg physikalischer Naturbetrachtung

*„... möchten Sie aber ... bemerken, wie sehr diese Behauptungen wahr sind, obwohl sie zunächst unwahrscheinlich erscheinen. Aber nach einiger Überlegung fällt der die Wahrheit verhüllende Schleier, und einfach und nackt erblicken wir ihre schöne Gestalt."* (G. Galilei[1])

Verfahren und Erfolg, beides ist hier sogleich *doppelseitig* gemeint. Wie verfährt der Mensch an der Natur, wenn er physikalisch sieht, und — zugleich — was tut er sich selber an? Und: Welches ist der Erfolg? Womit antwortet die Natur, und was trägt er davon? Nicht nur an Naturerkenntnis, sondern auch an Ausprägung seiner selbst? In jedem Sinne also: Wie wirkt Physik? — Obwohl die eigentlich pädagogischen Fragen in den späteren Kapiteln für sich erörtert werden, wird es nicht vermieden, sie schon hier in den Blick zu bringen.

Wenn man sagt, Physik lehre die „scharfe Beobachtung", so ist damit wohl eben jenes „Absehen von" all dem anderen gemeint, was „sonst" das Herz bewegt, wenn wir vor Natur stehen. Dieses: „Wie der echte Erforscher der Natur ... alles das zum Schweigen verurteilt, was ihn zu diesem bestimmten Menschen in dieser bestimmten Lebenslage macht, wie er imstande ist, sich zum Organ des reinen Denkens zu entselbsten", ist, wie Litt[2] hervorhebt, eine großartige und wesentlich menschliche Leistung. Diese Schärfe blendet aber gewisse Seiten menschlichen Wesens ab.

Auch auf der anderen, der „Objekt"-Seite, geschieht ein Herauslösen des Einzelnen, ein „aufs Korn nehmen" und dann ein Hin- und Herbetrachten von Teil zu Teil. Wenn ich den Schatten eines Baumes an der besonnten Mauer physikalisch sehe, so wird mein Blick „scharf", indem er — unter einer Stirnfalte — etwas besonders „fixiert", „feststellt", wenn er sich zum Beispiel wundert, daß die Schatten der Blätter verschieden deutlich sind. Vor dieser Umstellung ist das Auge weit offen, und wir können von Schauen sprechen. Schauen „läßt die Dinge ausreden"[3]. Das Sehen des Biologen kann diesem Schauen noch näherbleiben. So, wenn er die Gestalt einer Pflanze, noch fern von Ursachen und Zweckmäßigkeit, als ein sich selbst „Darstellendes"[4] sieht. Je mehr der Naturforscher Physiker wird, desto mehr hört dieses Ausreden-Lassen auf, desto mehr fällt er der Natur ins Wort.

---

1 Unterredungen ... A. a. O., Bd. II, S. 5.

2 Th. Litt, Selbstbewußtsein und Grenzbewußtsein der Naturwissenschaft. Der mathematische und naturwissenschaftliche Unterricht (MNU), VIII, S. 153.

3 Ich verdanke diese glückliche Wendung Herrn Dr. A. Hinzinger, mit dem ich im Leibniz-Kolleg in Tübingen ein Gespräch hatte.

4 A. Portmann, Ein Naturforscher erzählt. Basel 1955, S. 41 ff.

STIFTERS Beschreibung eines Nordlichtes[5a] in der Erzählung „Bergkristall", noch mehr die großartige Schilderung der Sonnenfinsternis[5b] vom Jahre 1842 stehen noch an der Grenze des *Schauens*. Zugleich, stellenweise, sind diese Darstellungen aber schon Muster eines sachlichen Sehens. — Von hier aus führt ein natürlicher und stetiger Weg bis zu dem ausgebildeten physikalischen Sehen und Eingreifen.

Wenn GOETHE vor dem Teich von Tennstedt steht, so beginnt sein Blick naturforschend zu werden, wenn er bemerkt, daß die weißen Steine, die auf dem dunklen Grunde liegen, farbige Ränder tragen, oben rot, unten blau[6], und sich darüber *wundert*.

Danach beginnt etwas Kennzeichnendes: Er beginnt — und das tut jeder von uns in dieser Lage, meist ohne Anleitung, falls er sich überhaupt interessiert — zu fragen: Er will wissen: „woher das kommt", was „dahintersteckt", „womit das zu tun hat", „wie das *zusammenhängt*". In diesen Wendungen liegt ein Suchen nach einem Zusammenhang mit etwas anderem, von dem „es kommt" und mit dem es insofern „zusammenhängt", als es sich mit ihm ändert. Die Fixierung lockert sich also, man blickt schon auf mindestens zwei Sachen, hin- und herwebend, statt auf eine zu starren; kurz: Der schlichte, noch ganz unwissenschaftliche „gesunde Menschenverstand" ist schon hier auf dem Wege und darauf aus, die sogenannten „Veränderlichen" zu finden, wie wir sie später nennen, die hier miteinander zusammenhängen.

Das zeigt sich im Fall von GOETHES Betrachtung der Dispersion darin: Das Maß der Farbigkeit der Erscheinung hängt damit zusammen, wie schräg man gegen die Fläche des Sees blickt und wie tief der Stein sinkt. Und in dem anderen oben genannten Beispiel: Die Unschärfe des Schattens, den ein Blatt *in der Sonne* wirft, hat damit zu tun, wie weit dieses Blatt von der Mauer entfernt ist.

Manchmal macht es Mühe, herauszubekommen, wovon etwas abhängt, welches also die zweite, die „unabhängige" Veränderliche ist. Und es ist oft schon eine entscheidende Entdeckung, wovon das Betrachtete wider Erwarten *nicht* abhängig ist. So z. B., daß die Erleichterung, die dem Steinblock unter Wasser durch eine sonderbare Tragkraft des Wassers verliehen wird (das also, was man in der Physik „Auftrieb" nennt), nicht ausschließlich „damit zu tun hat", wieviel Wasser er über sich, und auch nicht, wieviel er unter sich hat (sondern mit beidem). Oder daß die Schwingungsdauer einer an einem Seil baumelnden Lampe (eines „Pendels") nahezu unverändert bleibt, ob nun ihr Gefäß gefüllt oder leer ist.

Immer also bedarf es wesentlich einer Leistung der Phantasie, um aufzuspüren, „worauf es ankommt". Sie kann sehr groß, ja genial sein müssen; so wenn PASCAL[7] seinen Schwager PÉRIER auffordert, das gerade erfundene Barometer auf den 1000 Meter hohen Puy-de-Dôme zu tragen, um zu sehen, ob es ein *Schwere*druck des Luftmeeres ist, der das Quecksilber trägt. Denn dann

---

5 A. STIFTER, a) Bergkristall, Reclams Universalbibliothek, Nr. 3912. b) Die Sonnenfinsternis am 8. Juli 1842 (vollständig in: Die Mappe meines Urgroßvaters, Sonnenfinsternis, Aus dem alten Wien. Augsburg 1957. S. 303 ff.), auch: Reclams Univ. Bibl. Nr. 8850.

6 GOETHES naturwissenschaftliche Schriften. Insel-Ausgabe, Band II, S. 508 ff. (Nachträge zur Farbenlehre: neuere Einleitung; physische Farben, 11: Im Wasser Flamme).

7 BL. PASCAL, a. a. O., S. 85 — PERIERS Antwort in: FR. DANNEMANN, Aus der Werkstatt großer Forscher. Leipzig 1922, S. 77 f.

hinge die Höhe der Quecksilbersäule davon ab, wieviel Luft sie noch über sich hat. Und so ist es.

Die Ermutigung, die Ausweitung, die Kräftigung der Phantasie ist also eine der kostbarsten Früchte eines recht geleiteten Physik-Unterrichts. Recht geleitet, recht beraten ist er dann, wenn er den Lernenden selber raten, spüren, suchen, irren, sich berichtigen läßt, und wenn er dazu viel Zeit gibt, statt ihn schnell auf eine logische Treppe zu treiben. Mit Logik allein ist nichts Produktives anzufangen. Sie ist zu allem Nachprüfen notwendig und zu keinem Auffinden hinreichend[8].

Allerdings genügt es nicht, daß die Phantasie nur züngelt. Sie muß auch gezügelt, diszipliniert werden: 1. durch die logische Zulässigkeit und 2. an dem, was die Natur dazu sagt. Sie, die Natur, allein entscheidet zuletzt. Sie hat das Vetorecht. Beide, Logik und Natur zusammen, machen die Verfassung der Physik aus. (Und daß sie harmonieren, ist das Erstaunliche.)

Wenn wir solche Zusammenhänge, Bedingtheiten, kausale Verknüpfungen, funktionale Abhängigkeiten nun anfangen *plan*mäßig zu verfolgen (nicht nur gelegentlich über sie zu stutzen), erst dann wird es mit der Physik ernst. Nicht jeder von uns ist dazu von sich aus geneigt. Die es sind, zeigen es erst auf einer gewissen Reifestufe.

Sie ist erreicht, wenn Kinder (in der „ungefächerten Naturbetrachtung" des 7. Schuljahres[9]), nachdem sie in der Natur beobachtet haben, vorschlagen: „wenn man nun aber ...", oder „man müßte mal ...". So beginnt das *„Experiment"* und damit der Eingriff.

Das Experiment kann schon in der Natur einsetzen. So wenn GOETHE[10] sich von der „freundlichen Feldküche" während der „Campagne in Frankreich" Teller geben läßt („kaum beschädigte" sogar) und sie nun, einen nach dem anderen, in einen wassergefüllten Erdtrichter hineinwirft, um zu sehen, wie die Farbenerscheinung sich ändert, wenn der weiße Gegenstand langsam tiefer unter Wasser sinkt.

Deutlicher noch, wenn er das Hinabsinken des Steines, ja sogar sein nun beliebiges Ab- und Aufbewegen, selber in die Hand nimmt: „Wer eine solche reine Wasserfläche vor sich hat, der kann diese Erfahrung leicht zum Versuch erheben. Er gebe solchen weißen Scherben eine ovale Gestalt, durchbohre sie am oberen Teil, befestige sie an einem Faden, diesen an eine Fischerrute und tauche so das helle Bild ins Wasser, lasse es niedersinken und ziehe es wieder heraus, so wird er den flammenden Pfeil nach Belieben verstärken, seine Farben vermehren und vermindern können[11]."

Ganz erst wird es „zum Versuch erhoben", wenn wir das Phänomen aus seiner „zufälligen", seiner „natürlichen" Umgebung herausnehmen: „Doch brauchen wir eigentlich deswegen keine weite Reise zu machen; ein wahrer Versuch muß sich immer und überall wiederholen lassen. ... ist ein jeder Brunnentrog voll klaren Wassers hinreichend ... Wir bedienen uns hier einer schwarzen Blechscheibe ..., in deren Mitte ein weißes Rund gemalt ist; wir tauchen sie, an

---

8 Hierzu: M. WERTHEIMER, Produktives Denken. Frankfurt a. M., 1957.

9 Vgl. S. 160.

10 J. W. GOETHE, a. a. O., S. 509 ff.

11 A. a. O., S. 510.

einen Faden geheftet, ein, und es bedarf kaum einer Elle Wassers, so ist die Erscheinung für einen aufmerksamen Beobachter schon da; mit mehrerer Tiefe vermehrt sich Glanz und Stärke[12]."

GALILEI muß also nicht bei der Kirchenlampe bleiben, um das Pendel zu untersuchen, GOETHE nicht am Tennstedter Teich, wenn er dem Urphänomen der Dispersion nachgehen will.

Der Ort also ist auch etwas, worauf es nicht ankommt — es gibt freilich Ausnahmen —; die wesentlichen „Umstände" werden herauserkannt und um das Phänomen konzentriert versammelt.

Und so hat der Forschende auf einmal den Bleiklotz an Faden und Stativ vor sich oder eine weiße Marke auf schwarzem Papier am Boden einer „pneumatischen Wanne"[13]. Für viele Schulkinder künstliches, langweiliges, apparatives Zeug; aber nur dann, wenn kein Teich und keine Kirchenlampe voranging!

Wir isolieren also das, worauf es ankommt. Wir bemühen uns um ein abgeschlossenes System. „Unwesentliches", das „nicht dazu gehört", wird ausgeschlossen. Das heißt beim Pendel: Es darf keiner zwischendurch dranstoßen, und das Fenster muß zu sein, falls draußen Wind ist. Dagegen „macht es nichts aus", ob wir von der Nähe oder von Weitem zusehen. (Bei elektrostatischen Versuchen dagegen durchaus.)

Es ist wichtig, wenn wir physikalisch bilden wollen, daß wir dies spürbar, vielleicht sogar bewußt machen. Nicht durch eine nachträgliche gelehrte Betrachtung, sondern etwa durch einen Scherz: „Geh nicht zu nah heran, vielleicht mag das das Pendel nicht und fühlt sich geniert." Oder: „Wenn nun die Pendelkugel rot wäre, ob das was ausmachte?" (Man kann es von vornherein nie wissen!)

Dann *verändern* wir *planmäßig* (die Fadenlänge beim Pendel, die Neigung des Blickes bei der Dispersion) und sehen zu, *wie* das eine vom anderen abhängt.

Und dies tun wir immer *wieder:* Die beliebige *Wiederholbarkeit* gehört dazu. Sonst „ist es Zufall". Erst wenn das, was wir finden, immer wieder als das gleiche kommt, sind wir sicher, daß kein anderer Faktor in der Versuchsreihe „mitspielt". Dann haben wir ein Ergebnis (wir werden gleich sehen, in welcher Form es sich kundgibt). Auch dies lernt der Schüler nun konkret: Wenn man mit Gruppen arbeitet, so kommt es vor, daß eine Gruppe ein Ergebnis leichtsinnig und voreilig ausspricht, das sie dann aber den anderen nicht vorweisen, vormachen kann.

Und *jeder* muß es machen können. Es darf nicht so sein, daß es nur „geht", wenn GALILEI, GOETHE oder Fritz es macht. Es gibt zwar auch solche Dinge, bei denen gerade Fritz „eine glückliche Hand" hat, etwa bei der Pflanzenpflege, bei jungen Tieren, vielleicht aber auch beim Würfeln. (Es ist weder Betrug noch Handfertigkeit gemeint.) Aber wenn es „mit rechten Dingen zugehen" soll — und das sind eben die physikalisch faßbaren —, dann darf es nichts ausmachen, wer den Versuch unternimmt. Physik macht „sachliche", „objektive" Aussagen.

Das Ergebnis einer solchen Untersuchung hat zunächst immer die Form: „*Wenn* man dies tut, *dann* geschieht jenes." Das ist das Schema der *Kausalität.* Zugleich ein Zeichen, daß es hier um eine Möglichkeit der *Macht* geht, zunächst

---

12 A. a. O., S. 510.

13 Die unterrichtliche Weiterentwicklung des goethischen Dispersionsversuches: M. WAGENSCHEIN, Natur physikalisch gesehen. Frankfurt, 4. Aufl. 1967, S. 61 ff.

um *geistige* Beherrschung. Und insofern es *genau* heißt: *„jedesmal wenn ..., dann auch jedesmal ...“*, liegt darin auch das Zeit-Unabhängige, das Feste, die Wurzel dessen, was in der Physik „Gesetz“ heißt. Es liegt darin die Garantie des *Nachmachen-Könnens,* jederzeit und überall, von jedem, der unterrichtet ist. Physik ist eine allgemein zugängliche, eine „demokratische“ Wissenschaft (wenigstens grundsätzlich; Kernphysik freilich setzt ein jahrelanges Studium „voraus“). Solche *Wenn-Dann-Sätze* sind etwa von folgender Art:

„Wenn man das Barometer höher trägt, sinkt das Quecksilber.“

Sie lassen sich, deutlicher noch, auch als *Je-Desto-Sätze* fassen:

„Je höher man steigt, desto mehr sinkt das Quecksilber des Barometers.“

„Je schräger man gegen die Wasseroberfläche blickt, desto breiter werden die farbigen Ränder des untergetauchten weißen Steins.“

„Je mehr das Gasvolumen eingeengt wird, desto größer wird sein Druck.“

„Je länger der fallende Stein unterwegs ist, desto geschwinder wird er.“

Diese Art Sätze redet also immer von zwei miteinander gekoppelten Faktoren, für die es ein Mehr und Weniger gibt.

Es sind „quantifizierbare“, das heißt: durch Zahlen meßbare Eigenschaften („Größen“) miteinander verbunden.

Die Physik kann nur *quantifizierbare Begriffe* gebrauchen. Was durch solche Begriffe, die durch Zahlenwerte miteinander verglichen werden können, nicht erfaßt wird, liegt von vornherein, also für immer, außerhalb des physikalischen Aspektes. Der Farbcharakter der Empfindung „rot“, die künstlerische Qualität einer Plastik, die Weisheit eines Denkers, der Bildungsrang eines Menschen, die Schönheit von was auch immer lassen sich nicht allgemeingültig durch Zahlen messen.

Es ist einer der häufigsten Unglücksfälle eines von Stoffangst und Zeitmangel gehetzten Unterrichts, daß er diese Je-Desto-Stufe überfährt und sofort zur Messung, zur „Wieviel“-Stufe springt. Denn messen tut man mit Verstand erst dann, wenn man schon ungefähr sieht, wie die „Funktion“ läuft. Wenn der Lehrer beim „BOYLEschen Gesetz“ blindlings anfangen ließe, Wertepaare von Druck und Volumen zu messen, ohne daß die Kinder schon bemerkt und formuliert hätten: „Wenn das eine wächst, dann nimmt das andere ab“, dann handelte er wie einer, der Stufen setzen läßt, ehe es klar ist, ob die Treppe steil wird, ja ob sie hinauf- oder hinabführen soll.

Es ist ein Unglück in gewissen Fällen auch deshalb, weil man dabei vergessen kann, daß man oft mit der Je-Desto-Fassung auskommt, daß sie ausreicht für das, was erreicht werden soll.

So ist das Brechungsgesetz in der Form $\sin\alpha/\sin\beta = \text{const.}$ für die Volksschule unnütz (auch in der Fassung, die die Lot-Abweichungen statt der Sinus nimmt) und auch für die Höhere Schule im allgemeinen nicht von Wichtigkeit. Es genügt: Je schräger das Licht gegen die Grenzfläche kommt, desto stärker wird es aus seiner ursprünglichen Richtung abgeknickt. Und zwar immer so, als würde es von dem (optisch) dichteren der beiden Stoffe angesaugt, also hinein- oder zurückgezerrt (siehe S. 56).

Oder: Man kann wichtige Schlüsse allein aus der Tatsache ziehen, daß das Gewicht des Steines abnimmt, je höher man mit ihm auf den Berg hinaufsteigt. Das „Wieviel" braucht man dabei nicht zu wissen[14].

So sehr man nun in diesem Sinne davor warnen muß — besonders den Gymnasial-Unterricht —, immerfort und blindlings darauflos messen zu lassen, also zu glauben, in jeder Unterrichtsstunde müsse gemessen werden, so falsch es ist, darin die Garantie der „Wissenschaftlichkeit" des Unterrichts zu sehen, ebensosehr muß man dazu auffordern, das Messen, sobald es soweit ist, ernstzunehmen: Tatsächlich ist es das charakteristische Tun der Physik, sobald sie eine gewisse Stufe erreicht hat, ihre eigentliche Stufe. Trotzdem ist die messende Erfassung nur Glied einer Kette, der Kette, die in diesem Kapitel angedeutet wird: die mit dem Schauen beginnt und mit der mathematischen Funktion endet. Aus dieser Kette herausgenommen und gedrillt, wird die Messung im Unterricht zur Attrappe.

Messen bedeutet einen wesentlichen Fortschritt nicht nur als Übergang vom „Mehr oder Weniger" zum „Wieviel", also als eine Steigerung der Genauigkeit der Aussage. Es bedeutet auch den Übergang vom „unzuverlässigen" Sinnesorgan zum „unbestechlichen" Meßinstrument. Es gibt optische, akustische, thermische Sinnestäuschungen. Etwa wenn dasselbe lauwarme Wasser der einen Hand, die vorher im kalten Wasser war, warm erscheint und gleichzeitig der anderen Hand, die aus heißem Wasser kommt, kalt. Im Grunde ist das natürlich gar keine Unzuverlässigkeit, sondern eher das Gegenteil: Eine sehr reichhaltige Mitteilung, indem sie auch die Vergangenheit mit-enthält und die Verschiedenheit dessen, was beide Hände in der Vergangenheit erlebt haben. Nur das Instrument macht die „rücksichtslose" Isolierung des Einzelnen mit, die die Physik verlangt. — Damit verschwindet der letzte Rest von Subjektivismus. Der Mensch zieht sich ganz zurück und überläßt das Feld den Apparaten. (Man male sich aus, was von der STIFTERschen Beschreibung der Sonnenfinsternis übrigbliebe, wenn sie ersetzt würde durch eine zentrale Registrierung einer Reihe von Photometern, die über das Stadtgebiet von Wien verteilt gewesen wären.) Aber der Rückzug des Menschen ist scheinbar: Er hat die Apparate ausgedacht und aufgestellt. Er steckt darin.

Natürlich macht Messen allein noch keine Physik. Es ist aber die Vorbedingung für die entscheidende Entdeckung: daß die Änderung der einen Größe mit der Änderung der anderen mathematisch, und zwar mathematisch *einfach*, verbunden ist. Die Entdeckung also des „Gesetzes". (Zum Beispiel das Gesetz von BOYLE: Wenn ein Gasvolum auf das n-fache sich ausdehnt, sinkt sein Druck auf den n-ten Teil. Mit anderen „Worten" : $p \cdot v = \text{const.}$ — Wegen des Fallgesetzes siehe Anhang E). Daß diese Mathematisierbarkeit des durch die Physik herausgehobenen Naturzusammenhangs ein Faktum ist, über das wir nur staunen können, dies die Kinder erfahren zu lassen, ist eines der kostbarsten Ziele des physikalischen Unterrichts. Daß er oft gerade das Gegenteil bewirkt, muß uns zu denken geben. Nicht selten sind Abiturienten dagegen völlig stumpf geworden.

---

14 Siehe M. WAGENSCHEIN, Will der Stein oder muß er fallen. In: Ursprüngliches Verstehen und exaktes Denken, Stuttgart ²1970, Bd. I, S. 282.

Worin liegt nun das Erstaunliche, und wodurch können wir es sichtbar machen?

Zur Herabminderung dieses Staunens mag es beitragen, daß die Mathematik ja zu einer solchen Geschmeidigkeit hochgezüchtet worden ist, daß wir jeden willkürlich ausgedachten Abhängigkeitsverlauf durch eine hinreichend komplizierte Funktion nachzubilden vermögen. Der Respekt vor dieser mathematischen Kunst ist aber etwas ganz anderes als das Staunen über die *Einfachheit*, die keiner menschlichen Kunst bedürftige Schlichtheit gerade der elementaren Gesetze. Sie äußert sich am reinsten darin, daß die „natürlichen Zahlen" („die Gott gemacht hat" — KRONECKER) „herauskommen", wo genausogut andere, irgendwelche, von uns erwartet werden könnten.

Das klassische Beispiel, an dem das erfahren und gezeigt werden kann, wird wohl immer das Fallgesetz bleiben. Es wird im Anhang (E) ausführlicher betrachtet. Wie dort gezeigt wird, ergibt sich auf die Frage: „Ist das wirklich so? Sind die Zahlen 1, 3, 5, 7 . . . genau?" Die Antwort: „Nein." Es ist sogar niemals so. Aber — und *das* ist das Wesentliche und Staunenswerte: Je feiner wir messen, desto enger schrumpfen die Mittelwerte der vielen Messungen, die wir machen, heran an diese Zahlen 1, 3, 5, 7 ... Insofern existieren diese ganzen Zahlen, aber nur insofern. Darüber zu staunen, kann der Physiker nie aufhören.

Oder kann er es „verstehen"? Vergleichen wir es mit der mathematischen Erkenntnis: Man denke an die ebenfalls ganzzahlige Merkwürdigkeit, daß der Radius des Kreises sich genau sechsmal außen im Kreis herumspannen läßt. Sind wir in der Lage, diesen ganzzahligen Befund zu „begreifen", d. h., aus etwas anderem logisch herzuleiten?: Das Radius-Sechseck im Kreis ergibt sich zwingend aus dem euklidischen Parallelen-Axiom.

Ähnlich — könnte man nun sagen — sei das Fallgesetz herzuleiten, aus dem „Grundgesetz": „Kraft gleich Masse mal Beschleunigung" (durch zweimalige Integration unter der Voraussetzung einer konstanten Kraft). Wir drücken das dann so aus: Der Stein „müsse" ja so fallen, da nach dem Grundgesetz eine konstante Kraft eine konstante Beschleunigung hervorrufe, was zwingend zu den Wegen 1, 3, 5, 7 . . . führe. Das ist richtig. Aber dieses „Muß" mißversteht, wer sich von ihm das Staunen nehmen läßt. Es ist doch so, daß NEWTON, auf GALILEI aufbauend und verallgemeinernd, die in der Grundregel der Mechanik vorkommenden Begriffe Kraft, Masse, Beschleunigung so geschaffen hat, daß das Fallgesetz „herauskommt". Das Staunen über das Fallgesetz ist also nur verschoben und zugleich gesteigert in das Staunen darüber, daß das 1-, 3-, 5-, 7-Gesetz nicht nur beim Fall gilt, sondern zum Beispiel auch in dieser Situation: daß ein eiserner Wagen, wenn er einem Magneten nachrennt, der immer im gleichen Abstand (d. h. in den Begriffen der Physik: „mit konstanter Kraft ziehend") vor ihm hergeführt wird, sein Rennen ebenfalls auf die Weise 1, 3, 5, 7 macht. (Das 1-, 3-, 5-, 7-Gesetz gilt also in allen Fällen, in denen der zweite immer beteiligte Körper während der Dauer der Beobachtung seinen Abstand von dem bewegten Körper, von dem die Rede ist, nicht ändert. Oder besser: Es gilt um so genauer, je weniger dieser Abstand in der betrachteten Zeit sich ändert.)

Indem wir das Radiussechseck im Kreis aus dem Parallelen-Axiom herleiten können und das Fallgesetz aus der Grundgleichung, tun wir nichts als: das, worüber wir staunen, zu *verschieben* auf eine noch allgemeinere Aussage. Wenn das Staunen dabei nachläßt, haben wir mißverstanden. Es kann nur zunehmen.

Wenn wir dem Fund „Es gibt mathematisierbare Naturabläufe" im Unterricht das Gewicht geben wollen, das ihm zukommt, so geschieht das am sichersten durch einige wenige, sehr gründlich durchdachte einzelne Beispiele „exemplarisch" (siehe Kap. XV). Am Fallgesetz stellt sich das Staunen leichter ein, reiner und unverwirrter und mit geringerem Aufwand als an der Grundgleichung. An der Grundgleichung kann ich *mehr* verstehen, allgemeineres, eine größere Anzahl von Fällen — und wenn sie in der Schule richtig, d. h. gründlich betrachtet wird, *bewirkt* sie auch ein größeres Staunen (eben wegen der großen Allgemeinheit). Wenn sie aber flüchtig erledigt wird (wozu die stoffliche Überfüllung der Lehrpläne der Höheren Schulen fast zwingt), dann ist der Schüler bei ihr viel mehr in der Gefahr mißzuverstehen, d. h., das Staunen zu verlieren.

Eine zweite Gefahr kommt dann auf, wenn wir uns nicht auf wenige Beispiele beschränken, sondern bei jeder Gelegenheit, und deshalb flüchtig, messen und mathematisieren; das Staunen stirbt dann an Gewöhnung, statt durch Einsicht zu wachsen.

Die Bedeutsamkeit des Fundes der Mathematisierbarkeit (d. h. der Einsicht, daß bei den physikalisch faßbaren Naturabläufen veränderliche Größen funktional und mathematisch nachbildbar miteinander gekoppelt sind, und meist in einfacher Weise): Diese Einsicht kann kaum überschätzt werden. Wir haben das eigentlich Physikalische ergriffen. Es springt heraus, wenn wir die physikalische Methode (Experiment, Logik, Quantifizierung) planmäßig ausbilden.

Aber gerade, nachdem wir das wissen, also nicht unterschätzen, wollen wir nun noch einmal *zurückkehren zu der Vorstufe* (vgl. S. 44), dem planmäßigen (aber nur *„qualitativen"*, wie der Physiker sagt) Je-Desto-Abtasten, und wollen das Lob dieser so oft unterschätzten Vorstufe wieder aufnehmen.

Zuerst bemerken wir, daß sie nicht nur der Physik eigentümlich ist, sondern stetig hervorgeht aus einer Praxis, die man ebenso bei DRIESCHS Versuchen am Ei des Seeigels findet oder bei den Experimenten, mit denen K. v. FRISCH das Leben der Bienen erklärt hat. Es ist im Grunde sogar dieselbe Art, mit der wir im Alltag der Ursache eines Schadens nachgehen. Etwa, warum dort die Zimmerdecke so merkwürdig dunkel aussieht? Schatten? Feuchtigkeit? Ein trockener Fleck von früher? Man variiert: Fühlt es sich kühl an? Verschwindet es, wenn ich die Lampe verschiebe? Ändert es sich, wenn ich den Ort wechsle? Es ist auch dasselbe Verfahren, nach dem die Polizei herausbringt, „wer es war" (wenn auch nicht *allein* nach dieser Methode, denn die „Motive" einer Tat sind nicht nach physikalischen Methoden faßbar). Oder der Kranke, der ausprobieren will, welches der Medikamente, die er eingenommen hat, hilft. Es ist im Alltag, in den Naturwissenschaften überhaupt, nicht nur in der Physik (sicherlich aber auch in der Archäologie und manchmal in der Geschichts-Wissenschaft), zu hoher Vollendung gebracht worden. Es steht also nicht im Widerspruch zum „volkstümlichen Denken", es ist, gesteigert, dasselbe. Jedes Kind nimmt dieses Denken ohne Zögern auf, ja es bringt es mit und erkennt es wieder, wenn wir nur einfach und natürlich genug anfangen und nicht gleich mit ebenso „wissenschaftlichen“ wie unmotivierten Gebärden, Worten, Handlungen und Geräten befremden.

Obwohl nun das Verfahren des Aufspürens und Verbindens, das *vor* der Mathematisierung liegt, nicht nur der Physik eigen ist, wird doch auf dieser schlichteren Vorstufe schon physikalisch Wesentliches gefunden. Das wird unter dem faszinierenden Eindruck der Mathematisierbarkeit vom Gymnasiallehrer häufig fast vergessen (vom Volksschullehrer also nicht mehr erinnert) und äußert sich in der Mangelkrankheit, die in Kap. XI das „Fehlen der schlichten Verbindungen“ genannt wird.

Lichtenberg, der ja Physiker war, und auch als solcher noch heute Grundlegendes zu sagen hat, schreibt:

> „zu glauben, daß ... Mathematik zur Physik absolut notwendig ist, ist Torheit; denn wo dieses wirklich stattfindet, hat der Mensch schon das Beste gefunden. Es dahin zu bringen, daß er es dem Mathematiker übergeben kann, das ist die Sache ...[15]“

Was ist dieses „Beste“, das schon vor der Mathematisierung gewonnen werden kann, und das deshalb für die Schule wichtig sein muß?

Die letzte Aufgabe der Physik ist es, die Erscheinungen, die sie herausfindet, nicht nur in der Form mathematisch geschliffener Edelsteine zu sammeln, sondern sie miteinander in Zusammenhang zu bringen.

Das geschieht nun zwar wesentlich und endgültig eben durch die mathematische Fassung. Beispiel: Die Identität der den Mond führenden Zentralkraft mit der altbekannten irdischen Schwerkraft wird gesichert erst durch die quantitative Untersuchung, die darin gipfelt, daß der Mond ebenso fällt wie ein Stein, wie jeder Stein, in dem Sinne: Er fällt nur deshalb langsamer, weil er weiter entfernt ist, und das Maß seines langsameren Fallens hängt in plausibler Weise mit dem Maß seiner größeren Entferntheit zusammen: Es ist nämlich 60 · 60mal kleiner geworden in seiner 60mal größeren Entfernung[16]. Es geschieht auch zweitens durch die Ausbildung der Modellwelt (Anhang F). Der elektromagnetische Zusammenhang wird vollkommen erst durch die Vorstellung atomarer Kreisströme.

Es ist nun aber wesentlich und für die Schule wichtig und wird oft nicht bemerkt, daß große Züge dieses Zusammenhangs schon *vor* der Mathematisierung und *vor* dem Betreten der Bühne der Modelle sich herausstellen, im Bereich also der „Phänomene“. Darunter soll verstanden werden das Ganze dessen, was man unmittelbar sehen, hören, fassen, riechen, kurz was „man vorzeigen“ kann, was „vorhanden“ ist und was man deshalb „behandeln“ kann. Man könnte auch von Morphologie sprechen und an Goethes Satz denken: Sucht nur nichts hinter den Phänomenen, sie selber sind die wahre Lehre.

Dieser phänomenologische Zusammenhang ist für die Schule, und zwar für die Volksschule ebenso wie für die Höhere Schule, deshalb so wichtig, einmal: weil er staunenswert ist, und zweitens: weil dieses morphologische Grundgefüge der Physik dem Kinde eher zugänglich ist als das Mathematisieren und das

---

[15] Aphorismen, Insel-Bücherei Nr. 33, S. 51.
[16] Näheres: M. Wagenschein, Natur physikalisch gesehen, a. a. O., S. 53 f.

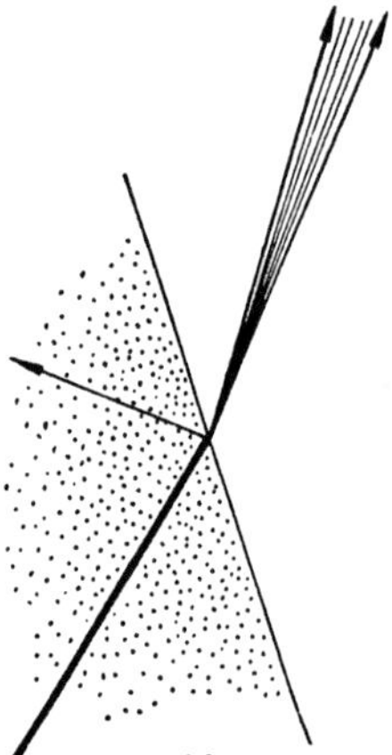

*Abb. 2*

Modellbilden. Wenn wir diese schlichten Zusammenhänge beachten, ja betonen, so bewahren wir das Kind früh davor, daß ihm das Ganze zerfällt.

Wenn man Reflexion, Brechung, Dispersion nacheinander betrachtet, so verliert der Lernende aus dem Gedächtnis, was meist nur flüchtig „erwähnt", aber nicht intensiv genug erwogen wird: daß alle diese einzelnen gesetzmäßigen Erscheinungen zwar in Lehrbüchern, aber nicht in der Natur getrennt vorkommen, sondern immer nur miteinander: die Aufzweigung des Lichtbündels, das von einem Stoff in einen anderen „will": in einen gespiegelten und einen gebrochenen Zweig, wobei dann dieser letzte sich auch noch farbig auffächert (Abb. 2). LICHTENBERG[17] sagt dazu:

„In unseren physikalischen Lehrbüchern trennen wir mit Recht, was in der Natur ungetrennt vorkommt. Wir sollten auch suchen zu vereinigen. So trennen wir z. B. beym Lichte Reflexion, Refraction und Inflexion. Aber es ist mir unmöglich zu glauben, daß nicht alle diese drey und mehr Relationen in jedem gegebenen Falle beysammen seyn sollten. Das Traurige bey diesen Trennungen ist nur, daß wir alsdann zu unsern Versuchen nur die Körper aussuchen, in welchem sich *Eins* von dem Vielen vorzüglich zeigt ... Man muß erst ordnen im Großen, und dann die Correktionen nachtragen. Darin besteht der eigenthümliche Vortrag der Physik. Ehe sie so gelehrt wird, wird nichts daraus. Man muß etwas haben, auf welches man aufträgt, was man auszuschmücken für nöthig erachtet. Alles auf *Ein*mahl thun zu wollen, zerstört alles *auf Einmahl.*"

Lassen wir (*vor* allen Messungen herausgegliederter Einzelphänomene) erst einmal das *Ganze* des durch die Figur angedeuteten Vorgangs in Ruhe anschauen, und zwar als ein bewegliches (mit dem Einfallswinkel veränderliches) Bild und achten wir dabei auf die Helligkeitsverhältnisse (die in unseren Schul-Lehrbüchern immer zu kurz kommen), so kann nicht passieren, was auch bei Abiturienten fast die Regel ist:

1. Sie halten die Farbenzerstreuung für eine Leistung, die nur das „Prisma" irgendwie fertigbringt[18], — 2. sie verstehen nicht, warum Schnee weiß sein kann, wo er doch aus durchsichtigem Eis besteht[19], — 3. sie sehen nicht, daß „Totalreflexion" — „innere Reflexion" sagte HUYGENS[20] — (der Silberglanz der Regentropfen, die in den Schalen der Blätter liegend den Himmel spiegeln) keine Rarität ist, sondern aus dem Brechungsgesetz zu *verstehen* ist (und zwar *ohne* den mathematischen Aufwand von sin $\alpha$/sin $\beta$ = const.). Die phänomenologische Betrachtungsweise kann also schon *vor* der mathematisierenden Betrachtung ihre verbindende Kraft entfalten.

---

17 GEORG CHRISTOPH LICHTENBERGS physikalische und mathematische Schriften, nach dessen Tode gesammelt und herausgegeben von LUDWIG CHRISTIAN LICHTENBERG, Sächs. Goth. Geheimen Assistenzrath. und FRIEDRICH KRIES, Professor am Gothaischen Gymnasium. Göttingen, bey HEINRICH DIETRICH. 1804, — Bd. IV, S. 145, 155 f.

18 Siehe Kap. XVI, Abschnitt VII, und: M. WAGENSCHEIN, Natur physikalisch gesehen, a. a. O., S. 58.

19 M. WAGENSCHEIN, Was bleibt unseren Abiturienten vom Physikunterricht? In: Ursprüngliches Verstehen und exaktes Denken, Bd. I, S. 385.

20 CHR. HUYGENS, Abhandlung über das Licht (1678). Ostwalds Klassiker . . ., Nr. 20, S. 40.

Sie kann es auch, bevor die Stufe des *Modells,* des Gleichnisses betreten wird: Hierzu lese man jetzt bitte im Kapitel XVI (Kanon der Physik) den Abschnitt D, S. 238 (Der Wärme-Aufruhr der Materie). — Man ist als Lehrer im allgemeinen geneigt, die dort beschriebenen Zusammenhänge sogleich im Sinne des mechanischen Modells zu deuten, im Sinne also der „kinetischen Gastheorie". Was in jenem Kapitel steht, erscheint deshalb dem „eingefleischten" Physiker auf den ersten Blick befremdend, „unphysikalisch". Er hat recht, wenn man an die fertige Physik denkt, die ja bekanntlich die innere Unruhe der Materie unter dem Bilde der molekularen Bewegung begreift und damit auch quantitativ in den Griff bekommt, indem sie die Gesetze der Mechanik auf die Moleküle anwendet.

Dieses höchst reizvolle Kapitel der Physik steht aber zu der morphologischen Betrachtung, wie sie der „Kanon" gibt, in gar keinem Widerspruch, es wird durch sie vorbereitet. Nie kann eine Vorstufe im Widerspruch zur letzten Stufe stehen. Wenn aber der Gegenstand des Unterrichts die werdende und gewordene, nicht die fertige Physik ist, so kann die phänomenologische Betrachtung nur empfohlen werden: für die Reifestufe der Hauptschule und der Mittelstufe der Höheren Schule. Denn es gelingt durch sie, schon mit schlichten Mitteln die Physik als eine in sich zusammenhängende, gestalthafte Gliederung gewisser Naturabläufe zu erkennen. — (Ich selbst gestehe, daß ich die phänomenologische Form der Einsicht, wie sie etwa im Abschnitt VIII, 7 des Kanons wiedergegeben ist, erst spät bemerkte. Ich habe sie nur als Bereicherung meines eigentlich physikalischen Wissens empfunden. — Der gesündere Weg liefe allerdings umgekehrt: erst phänomenologisch, dann mechanistisch.)

Erst dann, wenn man sieht, wie sich hier der Zusammenhang schon im Phänomenologischen abzeichnet, erst dann merkt man ja, daß es auch *Lücken* dieses Zusammenhanges gibt, und daß diese Lücken sich schließen, wenn die Physik die Stufe der Phänomene *durchbricht* und zu Bildern, Gleichnissen, Analogien, Modellen übergeht. Sie *muß* das, wenn sie den mathematischen Herrschaftsanspruch durchsetzen will (so ist es bei der kinetischen Gastheorie), aber sie muß es auch schon vorher und unabhängig davon, einfach weil sie „denkt", d. h. vergleichend verbindet. Und weil sie sich dabei der Sprache bedienen muß (noch ehe sie Formel wird), die ja immer Bildersprache ist, bedarf sie schon deshalb der Bilder, der Modelle. — Daß das Unternehmen so weitgehend gelingt — man könnte von einer *Modell-Bereitschaft der physikalisch betrachteten Naturvorgänge* sprechen —, auch das ist ein staunenswertes „Entgegenkommen" der Natur.

Schon daß wir von „Kraft" sprechen, auch da, wo wir nicht Hand anlegen (oder nicht *mehr*): beim Bogenschießen, wo eine (vorher mit dem Muskel geweckte Feder-„Kraft" zur Wirkung kommt, beim Stoß mit der Stange, wo die mittelbare Berührung es tut: schon hier ist das Wort „Kraft" Gleichnis. Mehr noch da, wo der Magnet auf eine un„begreifliche" Weise über den leeren Raum hinweg-„reicht" und wir ihm eine „Kraft" zuschreiben (siehe S. 83 und 299). Diese Bilder drängen sich dem nachdenklichen Beobachter oft so zwingend auf, auch dem Kinde schon, daß der Unterricht sie nur aufzunehmen braucht.

Wenn da zum Beispiel ein gespreiztes („geladenes") Elektroskop steht und daneben ein zweites schlaffes, also ungeladenes, und ich dabei in meiner Hand an einem isolierenden (Siegellack-)Griff irgendein Stück Blech (später wird es rund oder kugelig, an einem Hartstoffstiel käuflich, „Ladungsträger" geheißen) habe, so kann ich folgendes tun: Ich kann mit diesem Blechstück langsam abwechselnd, an die „Knöpfe“ der beiden Elektroskope tippen. Dann geht das eine ruckweise zurück und das andere ebenso ruckweise in die zunehmende Haltung der Gespanntheit; bis beide Elektroskope gleich stark „ausschlagen“. Falls ich dann als Lehrer nicht irgend etwas Überflüssiges sage, kommen von den Kindern sehr bald ganz gewiß etwa solche Sätze: „Da geht was rüber.“ — „Das geht erst auf den Löffel, und der löffelt's rüber.“ — „Immer mehr geht rüber. Aber das, was jedesmal rübergeht, wird immer weniger.“ Und so fort. — Nun werde ich nicht — die Übertreibung mache es deutlich — mit Stirnfalte und erhobenem Zeigefinger verkünden: „Mal herhören und merken! Wir verlassen hier die Stufe der Phä-no-me-ne . . .“, sondern ich werde, ganz nebenbei, während ich weiterlöffle und den Löffel genau betrachte, dazu etwa sagen: „Was meinst du eigentlich, wenn du sagst: ‚Es geht rüber‘? Was ist das denn, das Es, was hinübergetragen wird? Seht ihr es? Reden wir von etwas, was es gibt?“ — Dann werden die Kinder unzweifelhaft darüber sehr Einleuchtendes sagen. — Sie werden auch erkennen, daß wir hier nichts anderes tun, als vergleichen. Es ist „so ähnlich, wie“ wenn wir aus einem vollen Topf, der auf einer Federwaage steht, Wasser hinüberlöffeln in einen zweiten leeren Topf, der auch auf einer (anderen) Waage steht. Und nun tritt beim elektrischen Versuch an die Stelle des zwar nicht — „Vorhandenen“, doch im Vergleich Spürbaren das *Wort* und hält es fest, was wir meinen. Wir stehen an der Quelle des Begriffes der „Elektrizität“ als einer Substanz und der „Ladungsmenge“ als einer Portion davon. Wörter, „Dingwörter“, bringen die Gefahr mit sich, alles Gemeinte, und sei es auch nur im Vergleich Gemeinte, handgreiflich zu nehmen, als sei es etwas wie das, womit es vergleichbar ist. Als sei Analogie Gleichheit. Reden wir von „der Freiheit“, so ist es klar, daß sie trotz der substantivischen Fassung kein körperliches „Ding“ ist wie ein Stein. Bei „der Elektrizität“ ist das schon schwieriger, wenn man nicht den Schüler frühzeitig darüber nachdenklich werden läßt, daß „die Elektrizität“ (soweit aus diesem Experiment etwas zu schließen ist) nur insofern Substanzcharakter hat, als sie Handlungen erlaubt, bei denen irgend etwas Wahrnehmbares (hier die Spreizung der Elektroskop-Blättchen) in sichtbaren Portionen sich ändert, von wo aus man sich nun Portionen dieses „Etwas“ „denkt“. (Daß ein solcher Begriff [Ladungsmenge] erst dann physikalisch endgültig tragfähig wird, wenn er quantitativ definiert ist, das ist zwar richtig, aber, unterrichtlich gesehen, der zweite Schritt[21].)

Wenn der „Kanon“ (Kap. XVI) also von den Gleichnissen (Bildern, Modellen) nur zurückhaltenden Gebrauch macht, so nicht aus einem Widerwillen gegen sie, sondern um den Zusammenhang auf *einfachste* Weise mit redlichen Mitteln zu zeigen, so weit es geht. Wir gleichen sonst Leuten, die ihr Auto aus der Garage holen, wenn sie das Haus gegenüber besuchen wollen, nur um zu zeigen, daß sie eines *haben*. — Im Gegenteil ist der Schritt zur Bilderwelt ein so wesentlicher Akt des physikalischen Vorgehens, daß wir seine *Notwendigkeit* spüren und ihm die größte Sorgfalt widmen müssen. Schon im Knabenalter heben diese Schritte an, und es ist unsere Aufgabe, bewußt werden zu lassen, wie sie sich aus dem *Zwang* der Phänomene von selber ergeben.

21 Hierzu: „Über die Grundbegriffe der Elektrostatik (Menge, Potential, Kapazität usw.)“ in Ernst MACHS „Populärwissenschaftliche Vorlesungen“, 5. Aufl., Leipzig 1923, S. 136 ff.

Der Unterricht verliert dagegen seine Sauberkeit, wenn der Lehrer sich einfach damit abfindet, daß einer seiner Knaben aus dem Versuch mit den zwei Elektroskopen „schließt“: „Da gehen ‚Elektronen‘ rüber.“ Das wäre Kapitulation vor dem „feuilletonistischen Zeitalter“ (denn aus einer Zeitung hat es der Junge ja, unmittelbar oder mittelbar) und kein Physikunterricht. Denn wenn dieser Satz überhaupt einen Sinn haben soll, dann wäre es doch der: „Die Elektrizität besteht — von sich aus — aus natürlichen, untereinander gleichen Portionen (sie ist atomistisch konstituiert)“. Zu einem solchen Bild liegt aber bei dem erwähnten Versuch mit den beiden Elektroskopen nicht der mindeste Hinweis vor. Nichts deutet auf so etwas hin, nichts drängt sich auf. (Dazu bedarf es ja der Elektrolyse, des Atomismus der Materie, des Millikan-Versuches.) Wie man im Unterricht mit einer solchen naseweisen Antwort („Elektronen!“), die „schnell fertig mit den Worten“ ist, „fertig“ werden kann, ohne etwas abzuweisen, zu unterdrücken und zu verbergen, soll uns noch beschäftigen (S. 163 f.). Hier sollte nur gezeigt werden: Es gibt Modellvorstellungen, die sich schon dem Knabenalter aus der Sache aufdrängen, und es gibt solche, die erst Jahre später vom Lernenden nachgebildet und mitgebildet werden können (siehe Anhang F). Physikunterricht ist weder Nachrichtenübermittlung noch Suggestion.

## IV. Kapitel

# Das spontane kindliche Nachdenken über Naturgeschehen und Gerät

*„... jene göttliche Neugier, die jedem gesunden Kinde innewohnt, aber oft frühzeitig verkümmert.“* (A. EINSTEIN[1])

*„... es ist dem Menschen natürlich, seine ganze Umgebung als belebt, als wollend und bewußt fühlend anzusehen; erst allmählich scheidet er das Nicht-wirklich-fühlend-Belebte aus und geht darin, wenn er sich für besonders gescheit hält, wie Descartes, sogar ein bißchen zu weit.“* (E. SCHRÖDINGER[1a])

## A. Einleitung

Das Denken des Kindes ist weder kindisch noch ist es erwachsen. Es ist ein erwachsendes und erwachendes Denken und ein erwartendes. Es genügt nicht und vereinfacht bis zur Unrichtigkeit, wenn man sich begnügt zu sagen, das Kind habe „noch“ eine „beschränkte Auffassungsgabe“ oder ein zunehmendes „geistiges Fassungsvermögen“, eine „noch mangelhafte Intelligenz“, sei „noch nicht reif“, ein „noch unfertiger Mensch“ — falls hinter solchen Worten die Vorstellung steht, das Kind bringe eine einfältige und beschränkte Vorstellung von der Natur mit in die Schule.

Es bringt nicht ein beschränktes Bild der Natur, es bringt im Gegenteil ein anderes und reicheres mit, als das naturwissenschaftliche ist, zu dem *wir* es beschränken! (Das steht nicht im Widerspruch dazu, daß das Kind dabei Neues lernt. Die Beschränkung ist das Tor ins Neue.) Mag es auch bald „lernen“, unsere exakte (d. h. beschränkende) Sprache äußerlich anzunehmen: In seinen Augen sind noch Naturbilder zu ahnen, deren wir Erwachsene uns nur noch schwer oder gar nicht mehr erinnern können oder wollen. Und es ist nicht so, daß das Kind sie als „Stufen“ einfach „durchlaufen“, verlassen, überwunden, hinter sich gebracht hätte: Es hat sie nur ein wenig in sich zurückgenommen, während es zugleich mit neuen Trieben schon vorgreift.

Trotz dieser reichen Vergangenheit — die in bedeutsamer Entsprechung steht zur geistesgeschichtlichen Entwicklung des menschlichen Nachdenkens über die Natur — kommt das Kind in die Schule, *bereit*, naturwissenschaftlich zu *werden* —, sofern wir ihm richtig dazu verhelfen.

Das Kind kennt freilich die „Fächer“ noch nicht. Ihm ist alles noch eine *lebendige* Ganzheit, aber in einem anderen, weiteren, offeneren Sinn, als die Biologen ihn verstehen. Nicht haben wir das Kind von einer noch „falschen“ Haltung zur Natur zur „wahren“ physikalischen hinzuleiten oder es gar in sie

---

1 Über Erziehung. In: Aus meinen späten Jahren. Stuttgart 1952, S. 38.

1a E. SCHRÖDINGER, Meine Weltansicht. Fischer-Bücherei 562, S. 101.

zu versetzen, als ob das zwei unvereinbare Gegensätze wären, zwischen denen es keine Übergänge gäbe. Die Unversehrtheit des heutigen Menschen ruht wesentlich mit darauf, ob hier ein Übergang in Stetigkeit und Frieden gegangen wird. Gelingt dies, so retten wir die *Ehrfurcht*, und wenn das naturwissenschaftliche Verfahren schließlich als solches bewußt wird, gewinnen die Lernenden *Urteilskraft*.

Es scheint aber, daß im heute üblichen Unterricht die Auffassung noch vorherrscht, die LANGEVELD[2] so ironisiert:

> „Und der Geist des Kindes ist nur als vorläufig zu bewerten, als Durchgangsstadium, durch das hindurch sich der Geist entwickeln muß zur alleinigen Wahrheit der Natur der Naturwissenschaftler."

Um zu zeigen, wie zutreffend diese Kennzeichnung ist, folgen hier zwei Sätze aus einem modernen Lexikon der Pädagogik[3]. (Die Worte, auf die es ankommt, sind von mir hervorgehoben):

> „Für die spezielle Fixierung dieses Zieles ist die altersgebundene *geistige Reife* des Schülers maßgebend, weil übersetzte Forderungen zur Mißachtung naturwissenschaftlicher Genauigkeit verleiten. — Der Weg von der jugendlichen Umweltserfahrung bis zur Erkenntnis rationaler Zusammenhänge ist für die Schüler *jeden* Alters *schwierig*, *muß* aber zurückgelegt werden, wenn keine Ersatzphysik geboten werden soll. So kann der Lehrgang nicht „vom Kinde aus" beginnen, sondern das Kind *muß* am *Anfang* einer seiner geistigen Reife angemessenen, aber straffen Führung *unterworfen* werden, bis es in der ihm *vollkommen neuen*, streng gefaßten physikalischen Begriffswelt *eigene* Schritte zu gehen *vermag*."

Auch was die angesehene Methodik KARL HAHNS[4] für das Gymnasium noch 1955 schrieb (in der ich das Wort „Kind" nicht habe finden können), war von dieser Haltung nicht weit entfernt: „Der Schüler kommt *unvorbereitet* in den ersten Physikunterricht. Schon die praktische Seite der Selbstbestätigung stellt Anforderungen an ihn. Wer im Anfangsunterricht in der Physik gesehen hat, wie *ungeschickt* dieser oder jener Schüler sich beim Gebrauch eines Maßstabes oder Stativs anstellt, wie er seine *Hand ebensowenig zu gebrauchen versteht wie seine Sinne*, der muß als gewissenhafter Lehrer sagen, daß die Beobachtungsgabe einigermaßen erst geübt sein muß, *bevor* sich der Unterricht an schwierige Aufgaben wagen kann." (Die Hervorhebungen sind hinzugefügt.)

## B. Die magisch-animistische Phase[4a]

Die in der Einleitung bezogene Stellung soll nun begründet werden: MICHAEL FARADAY, der Entdecker des halben Reiches der Elektrizität und der Grundlagen der modernen Elektrotechnik, ist für den Pädagogen in mehr als einer Hinsicht eine vielsagende Gestalt. Nicht nur, weil er technisch kaum interessiert

---

[2] M. J. LANGEVELD, Studien zur Anthropologie des Kindes. Tübingen 1956, S. 102.

[3] Lexikon der Pädagogik. Bern 1951, Bd. II, S. 394 ff.

[4] K. HAHN, Methodik des physikalischen Unterrichts. Heidelberg 1955, S. 90, auch S. 62. Die 3. Aufl. (HAHN-TÖPFER-BRUHN, Methodik des Physikunterrichts, 1970) hat diesen Standpunkt verlassen (S. 123).

[4a] O. F. BOLLNOW: „Das magische Weltbild früherer Menschheitsstufen kehrt mit unwiderstehlicher Gewalt in der einsamen Seele des einzelnen Kindes wieder." In: Einfache Sittlichkeit, Göttingen 1947, S. 207.

war, also ein Zeuge dafür ist, daß Technik und Physik nicht einfach dasselbe sind. Es fehlte ihm auch der mathematische Zug. Die Folge seiner Entdeckungen illustriert eindrucksvoll den Satz LICHTENBERGS, der als Motto dem Kapitel XII vorangestellt ist: „Zu glauben, daß ... Mathematik zur Physik absolut notwendig sei, ist Torheit.“

Aber FARADAY verstand auch etwas von Kindern, da er selber eine kindliche Natur blieb. So erinnerte er sich auch früherer Phasen seines autodidaktischen Werdegangs, und in einem wenig bekannten kleinen Werk[4b] über die Naturkräfte steht folgendes:

(Es handelt sich um das bekannte Gleichgewichtskunststück, einen Kork auf einer Nagelspitze stehen zu lassen. Es gelingt dann, wenn Gabeln, Messer und dergleichen in den Kork seitlich eingesteckt und dabei so weit abwärts gedreht werden, daß sie den Schwerpunkt des ganzen Gebäudes unter die tragende Spitze herunterziehen.)

„Als ich das Experiment in meiner Jugendzeit zuerst machte, erschien es mir höchst wunderbar. Ich entsinne mich noch, daß ich es zunächst für unumgänglich notwendig hielt, daß man aus dem Kork eine kleine Figur schnitzen müsse, ein Irrtum, von dem ich mich erst nach und nach befreite.“

Diese Bemerkung zeigt, daß auch große Physiker nicht gleich und nicht schnell physikalisch dachten. Daß auch sie eine Zeit *magischen* Denkens, ja der magischen Praktik erinnern. Daß man sich gleichzeitig für mechanische Kunststücke interessieren und doch noch in der magischen Welt leben kann. Daß schließlich auch große Physiker sich nur „nach und nach“ von ihr befreien können. Das gilt natürlich für uns alle und besonders für diejenigen unter uns, die nicht gerade das Zeug zum großen Physiker in sich haben, und das sind ja die meisten unserer Schulkinder.

„Nach und nach“, sagt FARADAY, habe er sich von diesem magischen Naturbild befreit. Aber wenn wir ganz genau in uns hineinsehen, bemerken wir, daß wir uns niemals ganz befreien: Die Entwicklung darf nicht stockwerkhaft gedacht werden, so als ob in einem gewissen Alter die eine Phase endete und eine neue begänne. Die magische Schicht bricht nicht ab, sie zieht sich nur zurück und lebt „innen“ weiter. Die späteren Phasen setzen sich nicht als Stufen obenauf (Bild 3a), sondern als Schichten außen an (Bild 3b)[5]: „Ist das nicht sonderbar für einen Physiker?“ schreibt LICHTENBERG[6], nachdem er von seinem Aberglauben erzählt hat: „Jedes Kriechen eines Insekts dient mir zur Antwort auf eine Frage über mein Schicksal.“

*Abb. 3*

[4b] M. FARADAY, Die verschiedenen Kräfte der Materie und ihre Beziehungen zueinander, sechs Vorlesungen für die Jugend, Berlin, o. J., S. 26.

[5] Vgl. auch M. J. LANGEVELD, Studien zur Anthropologie des Kindes, a. a. O., S. 56 („Genetische Schichtung“). [6] G. CH. LICHTENBERG, Werke, hrsg. v. R. K. GOLDSCHMIT, Stuttgart 1924, S. 17 (auch 410).

Das nächste Beispiel nähert sich nun schon stark den physikalischen Zusammenhängen, insofern hier nicht mehr Bezug und Bedeutung eines Dinges für „mich“ und „mein“ Tun-an-ihm („Magie“) in Frage kommen, sondern das Verhalten der Dinge zueinander, das nun aber nach dem Vorbild meines Verhaltens zu den Dingen verstanden wird, also *„animistisch“:* Es stammt von einer 55jährigen, künstlerisch gerichteten Frau, die als Kind in der Schule die Physik verabscheut, gewisse Physikstunden aber besonders gern gehabt hatte, die nämlich, welche im verdunkelten Raum stattfanden, „weil man da ungehindert träumen konnte“.

Sie zeigte mir ein Badezimmer, das vor Nässe troff, weil jemand dort die warme Dusche hatte laufen lassen. Der Raum war vernebelt, und unten an einer waagerechten Glasplatte hingen dicke Wassertropfen. Eine Stunde später rief sie mich, um mir zu zeigen, daß die Tropfen immer noch hingen. Das wunderte uns beide; aber aus sehr verschiedenen Gründen: mich, daß die Luft noch immer so feucht war, sie dagegen, „daß die Tropfen nicht *müde* geworden waren“, daß sie sich also nach so langer Zeit immer noch festhalten konnten. —

Ähnliches Denken werden wir bei Kindern häufig finden. Auch bei Erwachsenen ist es so selten nicht. Selten ist nur, daß sie es aussprechen. Als Lehrer selbst der Oberstufe des Gymnasiums müssen wir solche animistischen Regungen kennen: Wenn ein Primaner es schwierig findet zu denken, eine Schraubenfeder, die ein Gewichtsstück hält, müsse nicht ständig „etwas“ „verbrauchen“, so denkt er ähnlich wie jene Frau und wird die Begriffe „Kraft“ und „Energie“ nicht leicht bilden.

Was das Ding in der Welt des *kleinen Kindes* bedeutet, darüber haben wir eine Studie von Langeveld[7]. Obwohl dort nur vom kleinen Kind und vom Kindergartenkind die Rede ist, ist es doch gerade für den Physiklehrer sehr heilsam, dieses Alter nicht als für ihn „erledigt“ zu übergehen. Eben deshalb, weil wir irren, wenn wir glauben, die 6-, 9-, 12-, 15-, 18jährigen hätten ihre frühkindlichen Dingbezüge hinter sich gelassen und abgestreift, wie eine Schlange ihre Haut. Ganz im Gegenteil haben sie sie in sich hineingenommen, geborgen und verborgen, und auch im Erwachsenen schlummern sie noch tief innen.

Langeveld berichtet dort, wie die „sinngebende Produktivität“ des Kindes die Dinge in „immer neuen Horizonten“ und immer neuen *„Stufen der Gegenständlichkeit“* in seine Seele aufnimmt. Vom Pantoffel ist die Rede, der vielerlei sein kann: ein haariges Etwas zum Lutschen, etwas zum Nägeleinschlagen, eine Puppenwiege, ein Vater-Anzeichen, ein Geschenk. Auch gibt es Dinge, die erst aus dem Leben und dem Spiel mit den anderen verstehbar werden, wie die Wippe, oder solche, die den anderen heranlocken, wie der Ball. — Und wenn der Physiklehrer später vom Hebel (Wippe) und von der Elastizität (Ball) spricht, wird er guttun, daran zu denken. — Wichtig wird ihm auch sein, nachzulesen, was Langeveld über die Werkzeuge sagt: „die Amphibien, die Diener zweier Herrn, der Sachwelt und dem menschlichen Leibe angepaßt“ (S. 77) und über die Natur: das „Gebiet der Freiheit“ zwar, wo man dann aber mit den „gegenständlichen Eigenschaften von Sand, Schnee und Wasser zu rechnen“ hat (S. 77).

---

[7] M. J. Langeveld, Das Ding in der Welt des Kindes, Z. f. Päd. I. Jahrg. (1955), Heft 2, S. 69—83; zugleich auch in: Studien zur Anthropologie des Kindes, a. a. O., Kap. IV, S. 91—105.

Alle Beobachter stimmen darin überein, daß etwa im 7. oder 8. Lebensjahr das magische Denken sich merklich zurückzuziehen beginnt. Bevor also die Kinder in die Schule kommen, aber auch während sie (vermutlich zu früh) in sie hineingesteckt werden, denken sie etwa auf folgende Weise über Natur nach:

Die Sonne — meinen sie etwa — geht unter, weil sie müde ist (vgl. hierzu auch CRAIG[8], S. 10 und 15). ZIETZ[9] erinnert daran, daß die Polynesier ihre Boote durch Trommeln wecken. Alle Dinge sind von Erwachsenen oder Göttern gemacht. Seen, Berge, Flüsse, Tiere sind einmal „geboren" worden. Berge, Pflanzen, Tiere wachsen[10]. Das Papier hängt nicht am Magneten, „weil es nicht will"[9]. Der Ball kommt wieder von der Wand zurück, „daß man ihn auffangen kann", die Holzkugel nicht: „Die ist halt dumm"[11] (M, 6). „Das Wasser will das Schiff hinunterziehen, aber das Schiff möchte nicht"[11] (K, 7). LICHTENBERG schreibt einmal[12]: „Feuer ist Leben. Ich habe Kinder bey einem brennenden Stückchen Papier fragen hören: Soll ich es todt machen? . . ."

LANGEVELD[13] interpretiert einen Versuch von A. REY: Ein Fünfjähriger, der mit einer verwickelten praktischen Aufgabe nicht fertig wird (bei der es darum geht, ein Bonbon zu kriegen, das hinter einem Gitter und an einer Schnur beschränkt beweglich, in Greifweite gebracht werden soll) glaubt, die Lage zu verbessern, indem er einen dicken Holzblock in den Käfig hineinfallen läßt. Seine Auskunft läßt die Deutung zu: Ob der es vielleicht schafft, der doch so mächtig ist. — Durch die Zutat des Holzblocks werden diesem Kind offenbar die Machtverhältnisse in ähnlicher Weise verändert, wie etwa durch das Eintreten einer imponierenden Persönlichkeit in einen Menschenkreis.

Bei FARADAYS „Steh-Auf", der ebenfalls in diese Reihe gehört, ist die Macht nicht durch das bloße Quantum gegeben, sie wird vom Menschen durch das Einschneiden des Gesichtes, durch eine Maske also, verliehen. FARADAYS Beispiel ist urtümlicher. Bei REYS Geschichte geht es schon fast physikalisch her, insofern als die Stoffmenge, „quantitas materiae", helfen soll, freilich auf magische Weise. Sie soll eben einfach helfen, den Wunsch zu erfüllen.

Das zehnjährige Wolfskind[14] Kamala, drei Jahre nach seiner Übernahme aus der Wolfs- in die menschliche Gemeinschaft (am 17. 6. 1923), *beißt* einen Kreisel, den es nicht zum Kreiseln bringen kann. In der (bei diesem Kind vermutlich hinausgezögerten) magischen Phase sieht man den Kreisel also nicht entfernt so an wie der Physiker, sondern als ein Wesen, das, falls es nicht böswillig ist, durch die Peitsche ermuntert, gestreichelt, gezüchtigt, sein Kunststück macht, auf der Spitze zu stehen, was sonst kein Ding kann. Die Peitsche ist das Zauberwerkzeug, das den Willen des Kindes dem Willen des Kreisels aufträgt. — Und doch haben selbst Physiker das noch in sich. Denn wenn der Apparat

8 G. S. CRAIG, Die Naturwissenschaft bei der Erziehung des Kindes. Stuttgart 1949.

9 K. ZIETZ, Kind und physische Welt. München, 2. Aufl. 1963, S. 34, 29. Vgl. auch W. BLEICHRODT, Zur Entwicklung des physikalischen Denkens im Volksschulalter, in: Naturlehre, 1957, Heft 11, S. 2/34 ff.

10 J. PIAGET, Siehe Fußnote 31 (S. 42 der deutschen Übersetzung).

11 A. BANHOLZER, Die Auffassung physikalischer Sachverhalte im Schulalter. Tübinger Dissertation, Stuttgart 1936, S. 7, 59. Hier und weiterhin bedeutet z. B. M, 6: 6jähriges Mädchen und z. B. K, 7: 7jähriger Knabe.

12 G. CH. LICHTENBERG, Phys. Schriften, a. a. O., S. 363.

13 Studien zur Anthropologie des Kindes, a. a. O., S. 54.

14 J. A. L. SINGH, Die „Wolfskinder" von Midnapore (mit einem Geleitwort von A. PORTMANN), Heidelberg 1964.

nicht „tut“, wie er soll, so sagen sie, falls sie allein sind, zu ihm „willst du wohl!“ und geben ihm unter Umständen sogar einen Klaps. — Die Kinder dieser Alterszone verstehen also die Dinge so, wie sie *Menschen* (und Tiere) verstehen. Belebtes und Unbelebtes (wie wir sagen) ist ihnen noch Eines.

Dahinein ist wohl alles einzuordnen: Die Dinge *handeln* wie Menschen aus *Gründen,* zu diesem oder jenem *Zweck* und mit mehr oder weniger *Macht.* Die Frage „warum“ wird meist noch im Sinne von „wofür“ („pourquoi“) verstanden. Aber Ansätze zur Trennung sind da: Die Holzkugel versteht das „Wofür“ nicht, weil sie „zu dumm“ ist. Dieses Denken ist vorherrschend bis zum 7. Jahr, gelegentlich wagt es sich aber noch im 12. oder 13. hervor, besonders, wie es scheint, bei Mädchen (Zietz 30).

Das Technische liegt diesem Denken sehr. Wir sehen es an der Neigung schon der Kleinen zu technischem Spielzeug. Diese Maschinen sind Diener. Sie geben Macht.

Ehe wir das magisch-animistische Denken verlassen, erhebt sich die Frage nach seiner Herkunft. Ist es angeboren? Denn es könnte der Gedanke aufkommen, ob man es nicht umgehen und das Kind von vornherein auf die Bahn realistischen und exakten Denkens führen könne?

Hier gibt die vergleichend-ethnologische Anthropologie Auskunft. Ruth Benedict[15] schließt aus ihren eingehenden Studien an primitiven Stämmen, daß zwar vieles, was wir gern für angeboren halten möchten, es keineswegs ist: daß, was die Stämme meinen über Tod und Leben, Krieg, Mord und Selbstmord, Verächtliches und zu Verehrendes, Lächerliches und zur Verzweiflung Treibendes, über Gut und Böse, daß dies alles bei dem einen Stamm ganz anders sein kann als bei einem anderen (der oft nicht weit davon wohnt).

„In seiner (des Menschen) Keimzelle ist nichts von seiner Gesellschaftsordnung, seiner Sprache, seiner Religion enthalten“ (S. 15). Es gibt aber „einige wenige Grundzüge“, „welche in der menschlichen Gesellschaft allgemeine oder fast allgemeine Verbreitung genießen“ (S. 20). Zu diesen Grundzügen gehört nun die magisch-animistische Art, in der bei uns die Kinder unter 7 Jahren offen (wir nebenbei oder insgeheim) mit den Dingen der Natur umgehen möchten. „Hinsichtlich des Animismus — besteht allgemeine Einigkeit“ (S. 20). Man kann, schreibt Benedict, „derartige beinahe universelle Anschauungen mit Recht als uralten Besitz der Menschheit ansehen“, fügt aber hinzu, daß damit noch nicht die „biologische Bedingtheit“ ausgesagt sei, es könne sich auch „um sehr frühe Erfindungen des homo sapiens handeln, um ‚Kindheitserinnerungen‘, welche zum Fundament alles *menschlichen Denkens* geworden sind“[16] (S. 20).

Wie dem auch sei: Die Bereitschaft, alle Dinge als „so etwas, wie wir selber sind“ anzusehen, anzusprechen und zu behandeln, ist also sehr wahrscheinlich eine uralte, allgemein menschliche Potenz. Wo ein Denken daraus wird, ist es, wie alles Denken, an die Sprache gebunden und entwickelt sich mit ihr erst in der menschlichen Gesellschaft.

---

[15] R. Benedict, Patterns of culture. Deutsch als Bd. 7 von Rowohlts Deutscher Enzyklopädie unter dem Titel: Urformen der Kultur.

[16] Sperrungen hinzugefügt.

Die Potenz des Kindes zu sprechen, und zwar animistisch zu sprechen, wird von den Eltern aufgenommen, ermutigt, angesprochen. Das geschieht durch die Mütter, Ammen, Väter, die ja die magische Sprache noch in sich haben und im Verkehr mit den Kindern instinktiv wieder hervorholen, wie man täglich hören kann. („Der böse Tisch", der das Kind gestoßen hat.)

Es geschieht weiter durch das „Volk der Kinder"[17], d. h., der von den Erwachsenen in die Welt eingeleiteten, dann sich selbst überlassenen Spiel-Gesellschaft, wie man sie von weitem sieht, in Winkeln, unter Büschen, wo sie ihr weithin geheimes Eigenleben führen, ihre eigene, in sich geschlossene von der Erwachsenen-Welt abgeschlossene, selbst-erzieherische Tradition pflegen und sich über die Dinge aussprechen und sie sich einsprechen.

Aber schließlich geschieht es (gleichgültig, wer zu ihnen spricht, und auch dann, wenn er nicht „kindlich" spricht) durch die Sprache selbst, die Muttersprache, die ihnen das magische Denken einflößt und es ihr ganzes Leben lang erhält. Denn die Sprache enthält in ihrem besonderen Bau ein jeweils besonderes Denken.

„Die Sprachbegabung befähigt den Menschen, ... sein Denkvermögen im Verlaufe der Spracherlernung an der jeweils gegebenen Muttersprache emporzuranken ...[18]" — Nun ist für die indogermanischen Sprachen kennzeichnend, „daß das Subjekt in die Rolle eines ‚Täters'" gedrängt erscheint, welcher etwas „tut"[18] — wie in der Wendung: „Der Wind weht" —, zu einem Wesen, einer Person, jenem „Täter", jenem „Wind", den man auf alten Land- und Seekarten pausbäckig blasend abgebildet sieht. — Auch das, was wir Erwachsenen als ein Nichts, ein Fehlen, verstehen, wird ein Wesen: A. Banholzers Sammlung enthält (S. 59) die Aussage einer 7jährigen: „Die Sonne will nicht, daß der Schatten bei ihr ist. Der Schatten ist nicht so stark wie die Sonne."

Danach ist es kein Wunder, daß auch wir Erwachsenen magisch-animistisch weiterdenken, allem naturwissenschaftlichen Firnis zum Trotz. Denn indem wir nur überhaupt sprechen, sind wir in dem Denken zu Hause, das die Muttersprache vorgezeichnet hat.

Am deutlichsten wird unser magisches Weltbild dann, wenn es ernst wird, wenn es auf Leben und Tod geht, wenn „der Sturm kommt".

Aber auch fern der Gefahr, ja auf besonders lieblichen Frühsommer-Waldwegen wird mancher bestätigen können, daß er einen Baum, eine Birke etwa, die sich im Winde „bäumt", durchaus nicht wie einen passiven in die Erde gesteckten elastischen Stab sieht, mit Pendeln dran (der er doch „ist", sagen wir, wenn wir physikalisch sehen), sondern wie einen Menschen, einen Tänzer, der mit dem Winde kämpft oder sich ihm aktiv hingibt; wie sehr, zeigt eben das Wort „sich bäumen". Denn wer sich bäumt, der wehrt sich.

Können wir dem Kinde die magische Phase *ersparen?* Offenbar nicht. Wer das wollte, müßte gleich nach der Geburt des Kindes sein Werk beginnen: das Kind ohne Muttersprache aufwachsen lassen und es eine magie-freie Sprache

---

17 Siehe hierzu auch: M. J. Langeveld, Die Schule als Weg des Kindes. Braunschweig 1960, S. 71 ff.

18 H. Gipper, Die Kluft zwischen muttersprachlichem und physikalischem Weltbild. Physikalische Blätter, 1956, Heft 3, S. 97—105, insbes. S. 98. — Dort auch Literaturangaben. Aufschlußreich die anschließende Aussprache mit dem Mathematiker H. Kneser in ders. Ztschr. 1956/6, S. 284—287, insbes. 285.

lehren, die noch zu erfinden wäre (denn noch im Esperanto „weht der Wind" — „La vento blovas"). Vermutlich würde eine Aussage in ihr aber so ähnlich aussehen müssen wie $p \cdot v = \text{const.}$ Aber auch zu dieser Sprache hin führt offenbar kein anderer Weg als die Muttersprache.

Wollte man die Neugeborenen einer solchen mathematischen Sprache sogleich aussetzen, so hieße das in der Tat: sie „aussetzen", und sie würden vermutlich sterben wie jene, die FRIEDRICH II., der Hohenstaufe, mit einigen Ammen ausgesetzt haben soll (es sollte ihnen an nichts mangeln, nur sprechen durfte niemand mit ihnen)[19], oder sie würden eine Art Wolfskinder werden.

Wahrscheinlich wird niemand auf den Gedanken kommen, die magische Phase einzusparen. Denn selbst, wenn wir es könnten, dürften wir es nicht wollen: „Der eigentümliche Reichtum der Frühstufen darf nicht völlig verlorengehen, gerade *deshalb*, weil in ihnen etwas für die reife Stufe Unentbehrliches sich ausbildet, das als Fundament erhalten bleiben muß; andernfalls verkümmern Kräfte, deren auch die reife Kultur noch bedarf. Dies ist der Standpunkt des ‚Verwandelt-Bewahrens'. Oder als Prinzip ausgedrückt: *Es ist für eine gesunde Entwicklung des Menschen notwendig, daß er jede von der Natur gewollte Altersstruktur mit voller Intensität durchlebt, weil jede ihren eigentümlichen Sinn für die Gesamtentwicklung in sich trägt und durch ihn Notwendiges für das spätere Leben beiträgt.* Wie die Pflanze nur in der Weise wächst, daß sie zugleich ihre Wurzeln ausbreitet und verstärkt, die das feiner differenzierte Obergefüge tragen, so darf auch der Mensch nicht glauben, er könne die Spätformen ausbilden ohne die Frühformen, und es komme nur darauf an, möglichst schnell ‚fertig' zu werden[20]."

Wird auch kaum jemand die magisch-animistische Phase ernstlich überspringen wollen, ein anderer Gedanke liegt uns nicht so fern. Man könnte sagen: gut, unvermeidlich. Aber vorbei ist dann schließlich einmal vorbei. Und dann beginnt Physik! Nach dem 12. Jahr, gewiß, aber im Physik-Unterricht der Höheren Schule geht uns das nun alles wirklich nichts mehr an. Wir sind kein Kindergarten mehr. Um den animistischen Zentral-Docht (Bild 3b, Seite 55 dieses Kapitels) brauchen wir uns nicht zu kümmern, ja wir brauchten all das, was bisher in diesem Kapitel betrachtet wurde, nicht zu wissen. Es ist überwunden. Es hat seine Bedeutung nur für Ausnahmefälle: für rückfällige oder zurückgebliebene Schüler. Für das normale Kind würde diese Rücksicht eine Verzärtelung, Verwöhnung, Verzögerung bedeuten.

Diese Auffassung erscheint mir gefährlich falsch. Die ihr entsprechende Praxis kann die magische Flamme im Innern des Menschen zum Ersticken bringen. Wir müssen vielmehr versuchen, das Physikalische vom Magischen her aufzuschließen. So wird man im Nachsinnen über den „Auftrieb", darüber also, warum ein Felsblock unter Wasser so leicht zu heben ist, mit der Frage: „Was" oder gar: „Wer"[21] ist da „schuld" daran?, das Nachdenken der Schüler

---

[19] Vgl. W. BREZINKA, Sprache und Bildsamkeit, dargestellt am Beispiel sprachlich isolierter Kinder. In: Die Sammlung, XIV. Jahrg. (1959), S. 197.

[20] E. SPRANGER, Der Eigengeist der Volksschule. Heidelberg 1955, S. 50/1. Auch: M. J. LANGEVELD, a. a. O., S. 114ff., insbes. 115.

[21] Man braucht nicht gleich an Wassermann und Nixe zu denken, sondern an das Wasser *über* dem Körper, das Wasser *unter* ihm oder das *Nebenan*-Wasser.

stärker anregen als etwa mit dem so schön „exakten“ Satz: „Wie werden wir wohl die Ursache dieses Gewichtsverlustes feststellen können?“! Manche Lehrer mühen sich und tun sich selbst Gewalt an mit solcher Drechselrede, im guten Glauben, sie sei vorbildlich, weil „exakt“. Aber so entsteht Exaktheit nicht. So wird sie nur vorgemacht und nachgeredet. „Ursache“, „Beobachtung“, „bedingt“ gehören der äußeren Schicht an, die wir festigen wollen. „Schuld“, „will nicht“ sind animistische Begriffe der inneren Zone, die wir weder ausrotten können noch dürfen, weil aus ihr die äußere sich bildet. Denn „Schuld“ ist eine der Wurzeln von „Ursache“. Und wenn ein Schüler die „Schuld“ des Wassers in die Worte faßt: „Das Wasser will das Ding nicht dulden“, oder: „Das Wasser will das Ding hinauswerfen“, so ist er auf dem rechten Wege zu den Begriffen: „Kraft“ und „Druck“.

*Wenn wir die äußere Schicht stärken wollen, so müssen wir zuerst die innere anreden und anregen. Was außen anwachsen soll, müssen wir von innen heraus wachsen lassen. Das magische Denken bleibt also weiterhin eine schöpferische Potenz, von der her wir die äußeren Schalen des geistigen Wachstums aufbauen können.*

Wir müssen uns die *Jahresringe* der Bäume zum Vorbild nehmen, sonst kommen wir dahin, wie bei *Litfaßsäulen* zu verfahren, die man eine Zeitlang überklebt, bis dann das Aufgeklebte bei der Abschlußprüfung wieder *„abgenommen“* wird. Das Verständnis der äußeren, hier: der physikalischen, Schalen ist vom magischen Kern aus aufzubauen. Erst zuletzt, beim „Formulieren“ in der Fachsprache, bewegen wir uns in der äußeren Schicht allein.

Am Ende der Betrachtung dieser Phase stehe eine Geschichte von Vier- bis Fünfjährigen. Sie kennzeichnet nicht nur *diese* Phase, sie weist auch auf die nächste hinaus.

Eine Gruppe von etwa Vier- bis Fünfjährigen stand im kalten Februar 1956 auf einer Tübinger Straße vor einem Auto. Ihre kleinen Finger fuhren über die Eisklümpchen hin, die auf der Kühlerhaube lagen, und einer von ihnen, der Älteste, gab den anderen diese träumerisch und langsam entstehende Erklärung:

„Erscht späit d’r Räge Tröpfle drouf.
Und na — — hat’s — Eis — gäbe —.“

Man sieht, es geht hier schon fast physikalisch zu. Es zielt auf die Umwandlung der „Aggregatzustände“. Aber wie weit ist es noch bis dahin! „Der Regen“ als ein Himmelswesen hat hier etwas „getan“. Und nicht nur so, wie „der Wind weht“, hat der Regen einfach geregnet, er handelt ganz menschlich oder tierisch, er hat „gespien“. (Vielleicht gibt es auch alte Bilder, die einen solchen speienden Regenkopf sehen lassen.) — Wie dann das „Eis“ geworden ist, das ist geheimnisvoller. So sehr, daß hier das rätselhafte Wort „Es“ auftritt, in Verbindung mit dem „gibt“. Wir verwenden es, wenn wir nicht wissen, woher etwas kommt oder wenn es jedenfalls unabänderlich ist. „Es“ „gibt“ uns Etwas, Hinzunehmendes. So hat „Es“ hier das „gegeben“, was man „Eis“ nennt. — Einen neuen Täter, „den Frost“, scheinen die Kinder noch nicht zu kennen. Sonst würden sie wohl gesagt haben: „Dann ischt der Froscht komme und hat Eis g’macht“ oder gar „Eis d’raus g’macht“. Aber den kennen sie noch nicht. So bleibt nur „Es“. — Ein Zusammenhang mit „dem Regen“ ist nicht da. Innerhalb der magischen

Welt stehen beide Ereignisse (das Regnen und das Eis-Werden) unverbunden. — Aber in anderer und bescheidenerer Weise wird eine Verbindung gesehen. Das sagen die Worte „Erscht — — und na". Einstweilen ist es nur eine einmalige zeitliche Folge, noch keine Regel. Die Regel würde erst erreicht sein, wenn die Kinder sagten: „Jedesmal, wenn's geregnet hat und wenn's dann kalt wird, dann immer werden die Wassertröpfle zu Eisknöpfle." Was dazu noch fehlt ist: oftmals dasselbe sehen und es als dasselbe erkennen, d. h. das herauserkennen, „worauf es ankommt". Das ist die Stufe, die manche Autoren dem „Wenn-Dann-Denken" zuordnen, von dem jetzt die Rede sein soll.

## C. Der Übergang des magisch-animistischen Denkens in das realistische Denken des Knabenalters

### a) Vorbemerkung

Bisher sah das Kind als Anlaß des sichtbaren körperlichen Geschehens Willensmächte im Unsichtbaren; nach dem Vorbild des Menschen selbst, bei dem Wille und Macht die Tat bewirken. Solche „Gründe" des Geschehens waren wirklich noch „Gründe", „hinter" dem Sichtbaren, Hintergründe. — Mit dem 7./8. Jahr zeigen sich die ersten ernstlichen Ansätze einer Wandlung. Sie läuft darauf hinaus, in einem Bereich, den wir den anorganischen nennen, auf solche Wesensgründe hinter dem Sichtbaren zu verzichten, d. h. die Gründe für das Sichtbare im Sichtbaren zu suchen, wobei das Wort „Grund" seinen Sinn wandelt zu dem, was es in der Physik bedeutet. Das ist die Bescheidung, die zur modernen Naturwissenschaft führt und die technische Macht erkauft. Sie begnügt sich mit der Konstatierung regelmäßiger zeitlicher Abfolgen. Sie entdeckt, daß „es" solche Abfolgen „gibt". Das Beispiel auf Seite 68 sollte diese Wandlung andeuten.

Wir finden ein weiteres schönes und bedeutendes Beispiel für diese Wandlung in Ernst Machs (1838—1916) Selbstbiographie[22]. Es zeigt zugleich, daß die neue Phase bei manchen Kindern schon sehr früh sich rührt. Mach war damals ungefähr im 5. Jahr. Er erinnert sich am Ende seines Lebens: „Wir hatten eine Post an den Müller zu bestellen. Die stehende Mühle kam bei unserem Eintritt eben in Gang. Der entsetzliche Lärm, der mich erschreckte, konnte mich nicht hindern, die Verzahnung der Welle zu sehen, welche in die Verzahnung des Mahlganges eingriff und einen Zahn nach den anderen fortschob. Dieser Anblick wirkte bis in mein reiferes Denken nach und hob nach meinem Gefühl das kindliche Denken von dem Niveau des wundergläubigen Wilden zum kausalen Denken empor, ich stellte mir nicht mehr, um etwas Unverstandenes zu verstehen, Wunderdinge im Hintergrunde vor, sondern suchte in dem zerbrochenen Spielzeug den Schnurlauf oder Hebel, dem man die Wirkung zuschreiben konnte."

Diesen Zeitraum, der etwa mit dem 12. Jahre sich vollendet, als einen eigengesetzlichen (des „Wenn-Dann-Denkens"[23]) zu bezeichnen, im Gegensatz zu der

[22] F. Herneck, Ernst Mach, Eine bisher unveröffentlichte Autobiographie. In: Physikalische Blätter, XIV. Jahrg. (1958), Heft 9, S. 386. — Für eine frühe Wachheit des kindlichen Denkens im fünften Lebensjahr gibt es noch andere Zeugnisse: M. Wertheimer, Produktives Denken. A. a. O., S. 55. M. Wagenschein, Der Ruf des Raben. In: Naturlehre und Naturkunde, VI. Jahrg. (1958), S. 97.

[23] Vgl. Zietz, S. 43.

späteren, bei der eine „tiefere“ Kausalität verstanden werde, sehe ich keinen Anlaß. Aus zwei Gründen: einmal weil die Bevorzugung allzu komplizierter technischer Beispiele leicht zu diesem Schluß führen kann (S. 73), zweitens weil das „eigentliche“ Kausaldenken auch nicht viel mehr ist als die Wenn-Dann-Konstatierung. Ich möchte also, und das wäre nun zu begründen, die Zeit zwischen dem 7. und dem 12. Jahr eher als eine Übergangszone ansehen, in welcher sich das realistische Denken durchsetzt.

Ferner glaube ich, und auch das wäre zu begründen, daß dieses Denken des Zwölfjährigen im wesentlichen schon identisch ist mit dem, was man das „volkstümliche“ Denken genannt hat.

Schließlich, daß, wie das magische Denken allmählich in das realistische, volkstümliche hineinerwacht, auch dieses *stetig* zu den Grundformen des „wissenschaftlichen“ Denkens sich lichtet.

Diese Überzeugungen sollen nun im folgenden, ohne den Anspruch, eine erschöpfende und allgemeine Begründung und Formulierung zu geben, durch drei Einzelbetrachtungen gestützt werden. Die erste (b), zur Naturbetrachtung gehörig, geht der allmählichen Entwicklung des „Warum“ nach. — Die zweite (c) fragt nach der Eignung handwerklich-technischer Fragen für das Erkennen der kindlichen Neigung, Kausal-Ketten aufzuspüren. — Der 3. Absatz (d) verfolgt, wie aus der magischen Welt des Kommens und Vergehens, wiederum allmählich, die Überzeugung fest wird, daß „nichts wegkommen kann“, und wie die Suche nach dem „Invarianten“ das menschliche Denken über die Natur kennzeichnet, von Kind an bis in die höchsten Stufen der Physik.

### b) Beispiel aus der Naturbetrachtung
(Der Weg des „Warum“: Holz schwimmt auf Wasser)

Ich lege die wertvollen, spontanen Schulkinder-Äußerungen zugrunde, die Agnes Banholzer[24] gesammelt hat, und zwar wähle ich die Gedanken, die sich die Kinder über das *Schwimmen* machen.

Für das Kind hat das schwimmende Schiff seine Macht als eine ihm vom Menschen verliehene. Es hat sie „von uns“ oder zum mindesten „für uns“. So wird anfangs die Frage „warum?“ nicht von „wofür?“ getrennt (wie ja auch im Französischen „pourquoi“ und im Italienischen „perché“ beides bedeuten, da das lateinische „per“ sowohl „für“ wie „durch“ meint). „Die Schiffe müssen schwimmen, damit der Mensch nicht naß wird“ (Zietz, S. 27). Oder, wie mir ein Vater erzählte, der seiner 5jährigen Tochter dieselbe Frage gestellt hatte: „Sonst wär' es ja kein Schiff!“

Wir kommen dem naturhaft-physikalischen „Warum“ offenbar näher, wenn wir nicht technische Gebilde betrachten lassen, sondern „natürliche“ (Kork, Holz, allenfalls Papier-Schiffchen, die nichts nützen). Dann wird die Frage „warum“ denn auch zunächst gar nicht verstanden, denn es gibt kein „wozu?“.

---

[24] A. Banholzer, a. a. O. Im folgenden als Ba. zitiert. Von den Arbeiten von Ba. und Zietz mache ich Gebrauch als von wertvollen und nicht veraltenden Materialsammlungen. In der Fragestellung und Deutung weiche ich von beiden Autoren manchmal ab. — Neuerdings hat H. Krause sehr aufschlußreiche Tonbandaufnahmen von Unterrichtsgesprächen mit 10- bis 12jährigen über die Frage „Ist Luft etwas?“ veröffentlicht in Westermanns Päd. Beitr. 1964/1, S. 10 ff.: Von der Luft und dem Feuer.

Das „Warum?“ ist für das Kind eine „dumme Frage“ (K. 6, 3). „Das geht nicht unter, weil es halt nicht untergeht“ (Ba., S. 12), oder (M. 6,6): „Das schwimmt, weil es schwimmen ‚kann‘“ (Ba., S. 12). Das ist also, als fragte man: „Warum sind die Blätter grün?“ — „Das ist halt so.“

Man bedenke aber hierzu, daß auch wir Erwachsenen, ja auch wir Physiker, bei der Klärung eines physikalischen Tatbestandes schließlich einmal soweit kommen, daß wir nur noch sagen können: So ist es eben. Wir sind dann gleichsam „ausverkauft“. Beim Betrachten des Schwimmens zwar noch lange nicht, aber dies Kind ist hier schon am Ende. Denn es hat noch nicht entdeckt, daß und wie die Dinge „zusammenhängen“, mit anderen Worten: „woher das kommt“. Während wir schon wissen: Es kommt „letzten Endes“ daher, daß das Wasser schwer ist. Bei der Schwerkraft selbst dagegen sind wir schon zu Anfang gleich „am Ende“: „Warum fallen die Dinge aufeinander zu? Warum gibt es Gravitation?“ Das weiß niemand. „Es ist halt so.“ Könnten wir die Gravitation (so wie den „Auftrieb“ aus der Schwerkraft) verstehen, etwa aus dem Elektromagnetismus herleiten, so wäre das „Ende“ hinausgeschoben. (Von der Relativitäts-Theorie sehen wir hier ab.)

Wird — etwas später (man beachte die Alterszahlen) — das „Warum?“ wirklich aufgefaßt, so zunächst auch noch animistisch: Wasser und Kork, beide *wollen* etwas.

Und zwar ist es bei manchen Kindern so, daß das Wasser die Dinge in sich *hinein*ziehen will (so vielleicht, wie es den „Fischer“ GOETHES lockt), diese Dinge aber widerstehen können, *wenn* sie groß, d. h. mächtig genug dazu sind. Das führt zu Beurteilungen, die uns stark befremden: (M. 8,7): „Die (Schachtel) schwimmt. Die ist groß und schwer. Die kleinen zieht das Wasser hinunter.“ (K. 8,4): „Das Holz schwimmt, weil's schwer ist. Dann wird's Herr über das Wasser (Ba., S. 12). Dieser „Herr“ ist also „obenauf“ wie der Reiter. Es stehen sich Kämpfer gegenüber: die ertränken-wollende Macht des Wassers und das obenauf Herrschen-Wollen des Holzes. Und es hat seine Übermacht dank seiner Größe und seinem Gewicht. Es „ist ihm über“, dem Wasser. Erinnern wir uns vergleichend einen Augenblick des von LANGEVELD analysierten Versuches von REY (S. 6): Da wurde von dem sehr viel jüngeren (5jährigen) Kind der große Holzblock in die Situation geworfen, auch er im Vertrauen auf seine Größe. Aber bei diesem jüngeren Kind ist die Handlung noch entschiedener magisch als hier bei den 8jährigen, die das Holz schwimmen sehen. Denn der Holzblock des 5jährigen gehört noch ebenso auf die Subjekt- wie auf die Objektseite: Es sieht zwar so aus, als würde er als Gegenstand in die „Versuchsanordnung“ eingesetzt. Aber er ist zugleich eine Art Helfer des ratlosen Beobachters. Vielleicht schafft er es statt seiner.

Hier bei den 8jährigen ist das Holz schon ganz „drüben“ bei den Objekten. Die Situation ist nicht mehr halb-magisch, sondern nur noch animistisch, aber noch nicht physikalisch.

Die großen schweren Dinge sind bis jetzt „mächtig überhaupt“. Sobald nun „schwer“ sich von dem umfassenderen „groß“ abtrennt und erkannt wird als nur: „mächtig-nach-unten“, sind die Kinder offenbar einen gewaltigen Schritt der realistischen, der physikalischen Sicht nähergekommen. Dann drehen sich die

Urteile der 8jährigen glattweg in ihr Gegenteil um, und die 9- bis 11jährigen reden für uns nun einleuchtender so:

K (9, 1): „Was schwer ist, sinkt unter."

M (9, 3): „Das Leichte geht nicht unter, aber das Schwere."

K (11, 1): „Die Schachtel geht nicht unter, weil das Wasser trägt. Das Wasser drückt die Schachtel rauf. Wenn es leicht ist, dann bleibt es oben. Dann kann das Wasser das Leichte tragen. Wenn es schwer ist, dann kann das Wasser nicht tragen." (Ba., S. 13.)

K (11, 5): „... außen ist Wasser, und Wasser hat eine Kraft und lupft das Schiff."

M (11, 8): „Da ist das Schiff und das Wasser. Und das Schiff drückt das Wasser hinunter und das Wasser drückt herauf, und beide sind gleich stark, dann kann das Schiff schwimmen, weil es Gleichgewicht hat." (Ba., S. 16.)

Auch wenn man das letzte, das vielleicht schon von „Gelerntem" beeinflußt ist, beiseite läßt: Die Lage wird jetzt so gesehen, daß hier zwei miteinander kämpfen. Genau schon so wie der Physiker zwei einander entgegengesetzte „Kräfte" an demselben Körper „angreifen" läßt: „Das Wasser hat Kraft" meinen die Kinder. Der Physiker sagt fast dasselbe: „Das Wasser übt eine Kraft (den ‚Auftrieb') auf den Körper aus." Nur weiß er mehr, nämlich, wo diese Kraft „herkommt". Die Kinder wären Genies, wenn sie das gleich sähen.

Aber wie weit sind sie nun schon entfernt von einer anfänglichen — vermutlich magischen — Sicht, in der sie meinen konnten, es komme darauf an, ob das Papier des Schiffchens liniert sei. „Das hat doch gar nichts damit zu tun" (Zietz, 45), sagen sie jetzt den Jüngeren. Sie sagen es „ungeduldig", sie wollen weiter, sie wissen jetzt, *womit* es „zu tun" hat: Mit dem Wasser hat es zu tun. Das *Wasser ist „schuld"*. Wenn sie auch noch nicht sehen, wie.

Aber sie „machen sich Gedanken" darüber, noch immer im Zuge der, gewiß nicht dummen, Vorstellung, daß *„große Dinge viel Kraft haben"*, die sie nun aber aufs Wasser anwenden und auf seine Tragkraft. Sie vermuten:

K (9, 11): „Das tiefe Wasser hat mehr Kraft, dann trägt's mehr."

M (10, 9): „Im Neckar könnte etwas schwimmen, was da (d. h. hier, in der Schüssel) untergeht. Im Neckar ist mehr Wasser."

Diese Hypothese bilden übrigens fast *alle Kinder*, was wohl jeder Lehrer bestätigen wird, der sie „zu Worte kommen" läßt. (Wenn auch dieser Gedanke hier — beim Auftrieb — nicht zum Ziel führt: Wie wenig schlecht er ist, zeigt die Gravitation. Dort stimmt er: *Sie* richtet sich tatsächlich nach der „Größe", wobei sich dieser Begriff allerdings noch den weiten Weg zur „Masse" bahnen muß. Was die Kinder meinen, ist die schwer zu fassende „Stoffmenge", die „quantitas materiae".)

Wenn wir ihnen nun helfen, indem wir vorschlagen, doch einmal genau nachzuprüfen, ob „das mit dem Neckar" auch wirklich stimmt, so kann ein Experiment entstehen und die falsche Annahme sich erledigen. Seltsamerweise ist es also nicht wie bei der Hand, die die Schüssel trägt, daß die Tragkraft nur in dem wohnt und ausgeht von dem, was das Getragene von *unten* stützt. Bei

Wasser ist das offenbar anders. Das soll hier nicht weiter verfolgt werden[25]. Es kam hier darauf an, zu zeigen, wie das physikalische Ufer erreicht wird: Es *ist* erreicht.

Übrigens zögern die Kinder nicht, wenn es nötig scheint, gleich drei Kräfte angreifen zu lassen, nämlich: falls das Schiff von Eisen ist, außer Wasser und Eisen die Luft.

M (9, 1): „Im Schiff ist Luft, und Luft ist leicht."
K (10, 3): „Luft und Holz ziehen das Schiff rauf." (BA., S. 10.)

Nun ist auch diese Annahme nicht richtig (denn Luft und Holz ziehen keineswegs nach oben, sondern nach unten), aber es könnte ja durchaus so sein. Die Annahme ist vernünftig, und übrigens glauben das fast alle Erwachsenen noch, etwa mit derselben Selbstverständlichkeit, mit der sie geozentrisch bleiben.

Ohne den Vorstoß in allgemeine Formulierungen zu wagen, wollte ich mit dem Beispiel zeigen, daß der Übergang vom magisch-animistischen ins realistische Denken *stetig* vor sich geht. Daß also die beiden folgenden Auffassungen *nicht* brauchbar erscheinen:

1. das Kind *bleibe* vorwissenschaftlich und werde von sich aus nie in das strenge Denken eintreten. Die Physik müsse ihm also auferlegt werden, oder — man solle es damit verschonen;

2. man brauche das Kind nur in Ruhe zu lassen, so werde es schon die Physik von *selber* finden.

Zeigen wollte ich, daß wir weder das eine noch das andere denken dürfen, sondern daß die Lage so ist: Das Kind ist nach seiner Natur und seiner vorschulischen Erziehung durch die Sprache und die Gesellschaft *auf dem Wege* zur Physik; man möchte sagen: Es *erwartet* sie. Wir brauchen ihm also nur *entgegenzukommen* und es *abzuholen* da, wo es von sich aus gerade steht, und wir werden die Physik in ihm *auslösen*[26].

### c) Handwerklich-technische Probleme als Prüfmittel des kindlichen Denkens

Man muß sich fragen, ob technische Probleme und Apparate geeignet sind, den Stand des erwachenden kindlichen Denkens zu prüfen. (Diese Frage ist zu trennen von der anderen, wie die Technik im *Unterricht* einzuordnen sei — davon später.)

Nach den von ZIETZ gegebenen Beispielen möchte ich vermuten, daß sie nicht gerade ungeeignet sind, aber den Beobachter leicht dazu verleiten, die kindliche Leistung zu unterschätzen, wenn es sich um technische Gebilde im eigentlichen Sinne handelt: *undurchschaubare*. Sie halten die Kinder auf der *magisch-animistischen Stufe zurück*, indem sie die Deutung „Zauberei" nahelegen, oder die Kinder können wirklich mit *Recht* nur „Wenn-Dann" sagen.

---

[25] Wie es weitergehen kann, zeigt die Arbeit von G. REINHARDT: Warum gehen eiserne Schiffe nicht unter (Z. f. Naturlehre u. Naturk., 1961, S. 100 ff.). Da sie auf Kinderaussagen aufbaut, sei besonders auf sie hingewiesen.

[26] ZIETZ (S. 71 ff.) hat, gestützt auf BANHOLZER und PIAGET, das Schwimmen ausführlicher behandelt. Man findet bei ihm noch andere Argumentationen der Kinder, auf die ich hinweise. Hier kam es mir darauf an, an wenigen typischen Äußerungen die stetige Linie zur Physik hin zu verfolgen.

Aus Äußerungen, wie sie ZIETZ(-HILBERT) anführt: „Wenn er den Knopf drückt, dann fährt das Auto" (8- bis 9jähriger), kann ich nicht schließen, das Kind fühle in diesem Alter „gar nicht das Bedürfnis, den Zusammenhang eingehender zu erforschen" (ZIETZ, 41). Ich würde vorziehen, zu sagen, dieses Bedürfnis sei da und trete mehr und mehr hervor.

Denn das gleich danach angeführte Beispiel (S. 41):

> „Vorn im Kühler ist Wasser. Wenn das Wasser heiß ist, fängt der Motor an zu laufen. Das wird heiß durch die Kerzen . . ."

zeigt ja „keimhaft" (wie auch ZIETZ sagt), aber unverkennbar die Suche auch nach den *Zwischengliedern* der kausalen Kette: Kerze — Hitze — heißes Wasser — Bewegung, im Rahmen einer zwar falschen (dampfmaschinenhaften), aber doch nicht dummen Hypothese.

Ich möchte also *nicht* so sehr ein „Wenn-Dann-Denken" (ZIETZ, S. 43), eine „optische Struktur", als *besondere* Stufe eigener Art festhalten (gegenüber der „eigentlich bedingenden" „physikalischen Struktur", der „eigentlichen Begründung"), sondern sie als ihren *Anfang* nehmen, aus dem nun *stetig* das physikalische Denken „hervor-geht", dies um so mehr, als das „nur-*Nach*einandergeschehen" von dem „Auseinander"-, dem „*Durch*einander-Bedingtsein" (ZIETZ, S. 42) *nicht* wesentlich zu trennen ist.

Denn die „physikalische Kausalität" *ist* ja im Grunde *nichts anderes* als eine Wenn-Dann-Konstatierung: „Jedesmal wenn man eine Gasmenge erwärmt, dann immer dehnt sie sich aus", das sagt nicht weniger als: „Die Wärmezufuhr ist die Ursache der Volumenzunahme." — „Folge" ist immer wiederkehrende Zeit-Folge. Die physikalische Kausalanalyse geht also nicht ab vom „Wenn-Dann" zu etwas „Tieferem". Was sie tut, ist nur: *die* beiden Veränderlichen herauszufinden, „auf die es ankommt", „die hier immer miteinander zu tun haben". Wenn ich das Fenster öffne, und gleich danach blitzt es, so ist das *kein* Kausalzusammenhang, sondern ein sogenannter „Zufall". Es wäre *kein* Zufall, wenn *„immer wieder"*, *„jedesmal"*, wenn ich es aufmachte, der Blitz folgte. Was der 9jährige meinte, als er sagte, „wenn er den Knopf drückt, dann fährt das Auto", das ist zweifellos eben dies: *„immer* wenn, dann *immer* . . ."

Der Biograph MARIA MONTESSORIS, STANDING, berichtet, leider ohne Angabe des Alters, von einem Kinde, das offenbar der physikalischen Kausalität noch nicht ganz sicher ist: „Mein kleiner Neffe kam eines Tages zu seiner Mutter hereingelaufen und verkündete aufgeregt: ‚Mammi, ich hab' geniest, und da hat die Uhr geschlagen!'[27]" (Nies' noch mal! hätte sie sagen sollen.)

Worauf es zweitens ankommt, das ist die Aufspürung aller erkennbaren *Zwischen*glieder der Kausalkette. Eben das versucht der Zehnjährige mit seiner Kette: Kerze—Hitze—heißes Wasser—Bewegung. — Offenbar sind nun einfache, *überschaubare* (also mehr handwerkliche als eigentlich technische) Geräte und Mechanismen zum Entdecken der Zwischenglieder sehr geeignet. So das Zahnrad-Getriebe, das für den kleinen ERNST MACH Epoche machte (S. 69), wind- oder wassergetriebene Spielmechanismen, aber auch ein Feueranzünder[28]

---

27 E. M. STANDING, MARIA MONTESSORI, Leben und Werk. Stuttgart 1952.

28 Vgl. z. B. FR. STÜCKRATH, Die geistige Entwicklung des Kindes in der technischen Wirklichkeit. Westermanns Päd. Beiträge, VIII. Jahrg. (1956), Heft 5, S. 217.

oder eine Pendeluhr[29]. Eigentlich technische Gebilde von einiger Komplikation enthalten zuviel Verborgenes. Ihre schwere Durchschaubarkeit macht sie ungeeignet, als Test-Objekte für den physikalischen Spürsinn des Kindes zu dienen. Man überfordert und unterschätzt ihn dann[30]. Werkzeuge dagegen und einfache Mechanismen sind ganz besonders geeignet, den kindlichen Spürsinn für Kausal-Ketten-Glieder zu wecken und zu entwickeln. Sie liegen auf der Linie eines stetigen und echten Übergangs. Nicht nur sind sie Bindeglieder zwischen dem eigenen Leib und den Dingen, an denen man handelt (siehe LANGEVELD, a. a. O., S. 7), sie gehören bei den primitiven Völkern und anfangs beim Kinde noch der magischen Welt an. ZIETZ (S. 34) zitiert PREUSS, der sagt, „daß sie nicht mehr bloßer Stoff sind, sondern ein Wesen, eine Lebenskraft besitzen, die man in der Wirkung gewahr wird". (An Stelle dieses „nicht mehr" müssen wir allerdings ein „noch nicht" einsetzen, wenn wir an die Entwicklung des Kindes denken.)

### d) DAS AUFKOMMEN DER ÜBERZEUGUNG: „ES KOMMT NICHTS WEG"

Zur magischen Natursicht gehört es, daß Dinge verschwinden können. (Nicht umsonst gehört das „Verschwindibus" zum elementaren Repertoire des Zauberers.) Sie sind dann „fort", „aus der Welt".

Die physikalische Natursicht kommt wesentlich dadurch „zustande", daß unser Ruf nach dem Bleibenden, dem Dauernden, Konstanten, „Invarianten", daß dieser Ruf in der Welt einen Widerhall findet. Daß sich in uns die Überzeugung verdichtet: Es kann nichts wegkommen; umgekehrt: Von nichts kommt nichts (ex nihilo nihil fit). Und solches, wovon das gesagt werden kann, zu finden, vom Ball bis zur „Energie", das ist der Kurs der Physik, der Kompaß ihrer Begriffsbildung. Wenn wir ein Bleibendes nicht gleich finden, wenn etwas sich *wandelt* (wie die „Kraft", sobald wir den Hebel ansetzen), dann suchen wir weiter, um ein Konstantes zu retten. Und wo Natur uns (wie hier) entgegenkommt, da bilden wir ein neues Etwas, einen neuen Begriff (hier „Kraft-mal-Weg"), der aus dem Wandel des einen („Kraft") wie des mit ihm zusammenhängenden anderen („Weg") ein Neues („Mechanische Arbeit") gewinnt, das unverändert aus der Flut der Verwandlungen hervorgeht.

Dieser weite Weg bis zur Erhörung des Rufes nach dem Bleibenden, verdiente es, einmal ausführlich dargestellt zu werden. Er mag anheben bei jedem Erwachen, wenn das Festland der uns allen gemeinsamen Welt aus dem Meer der Träume steigt, wieder auftaucht als ein verläßliches Ufer. Er mag innerhalb der wachen Zeiten mit den eigenen Gliedern des Kindes beginnen, die sich immer zitieren lassen; oder mit der Mutter, die immer wiederkommt; während die Dinge, die man über den Rand des Bettchens wirft, es noch offenlassen, ob sie wiederkehren (oder gar über das Fensterbrett oder das Geländer der Brücke!). Alles Versteckspielen ist ein Versuchen dieser wachsenden Gewißheit. Die Sternbilder über uns bekräftigen sie; kaum noch beunruhigt uns das Woher und Wohin der fallenden Sterne. Sie werden schon irgendwo bleiben. Denn es

---

29 C. SCHIETZEL, Die Technik als Unterrichtgegenstand der Volksschule. Westermanns Päd. Beiträge, VIII. Jahrg. (1956), Heft 6, S. 281 ff.

30 Siehe auch H. MOTHES, Die gegenwärtige Bedeutung des Naturlehreunterrichts. Die Sammlung, XII. Jahrg. (1957), Heft 3, S. 119.

bestätigt sich immer mehr, daß die Dinge allemal irgendwo bleiben müssen. Und wenn das Kind sich bückt, um die Nadel tastend zu suchen, die ihm in der Dämmerung entfiel und „fortkam“, wenn es das Lieblings-Steinchen tagelang sucht, das „ihm weggekommen“ ist, so zeigt es hier schon ein rührendes Vertrauen darauf, daß die Welt in vieler Hinsicht einen soliden Bau hat, in dem Ordnung herrscht. Welch seltsame Sache ist es doch, daß man genau weiß, nachdem alle Bauklötze eingepackt sind und nur der eine, der grüne, fehlt: daß er irgendwo liegen *muß*, unter dem Schrank oder wo es auch sei, einmal kommt er. Wir können voraussagen. Physik hat begonnen. Die Welt der Dinge ist vertrauenswürdig. — Und wenn der Klotz *nicht* wiederkommt, dann sind wir eher bereit, unseren Augen nicht zu trauen oder unserem Gedächtnis, als daran zu zweifeln, daß „alles mit rechten Dingen zugeht“. (Physik lehrt, wie es „mit rechten Dingen zugeht“.)

Das Wort „weg“ hat dieses Vertrauen ja schon deutlich in sich, nichts kann „weg“ sein, es sei denn einen „Weg“ gegangen (via, away), anderswohin.

Nun sind nicht alle Dinge gleich gesichert gegen das Wegkommen. Einem Ball zwar kann wenig passieren, wie überhaupt allem, was „fest“ ist. Aber die Flüssigkeiten haben es schon eilig mit dem Weglaufen. Auch lassen sie den Zucker verschwinden, und sogar sie selbst verlassen allmählich spürbar ihr offenes Gefäß.

Wie hier nun nach und nach und erst spät das Bleiben sich bewährt und der Begriff der Substanz und der Stoffmenge sich allgemein herstellt, zeigen die Untersuchungen von Jean Piaget: Es folgt hier ein Auszug aus einer von ihm selbst herrührenden zusammenfassenden Darstellung[31]. Man bekommt auch hier den Eindruck, daß im Alter von etwa 12 Jahren, von uns aus gesehen, etwas fertig geworden ist, der Anstieg gleichsam ein Plateau erreicht hat:

> „Wenn wir z. B. Kinder im Alter von 4 bis 12 Jahren fragen, was aus dem Zucker wird, den man in Wasser auflöste . . ., so werden die Kinder bis zum 7. oder 8. Lebensjahr sagen, daß der Zucker zerstört wurde. Vom 7. oder 8. bis zum 9. oder 10. Lebensjahr werden sie erklären, daß der Zucker im Wasser in Form von unsichtbaren Partikelchen ohne Gewicht und Volumen erhalten bleibt, so daß das versüßte Wasser nach Auflösung des Zuckers das gleiche Gewicht wie vor der Auflösung der Zuckerstücke hat und daher auf seinen ursprünglichen Stand wieder zurückgeht. . . . Im Alter von 9 bis 10 Jahren meinen die Kinder, daß auch die unsichtbaren Zuckerteilchen Gewicht haben, so daß deren Gesamtgewicht gleich dem Gewicht des Zuckerstücks vor der Auflösung ist, aber: Sie glauben dann immer noch, daß die Zuckerteilchen kein Volumen haben, so daß der Wasserspiegel wieder auf seinen ursprünglichen Stand zurückgehen müsse. Schließlich, im Alter von 11 oder 12 Jahren begreifen sie, daß die Substanz, das Gewicht und das Volumen der Teilchen erhalten bleiben und im auf-

---

[31] UNESCO, Publikation 111, Introduction to Natural Science in Primary Schools, S. 33—43, J. Piaget, Psychological Comments on the elementary Teaching of Natural Science. — Deutsche Übersetzung in: Pädagogischer Wegweiser, Mitteilungen über die Tätigkeit des Education Service Centers des Landes Hessen. Wiesbaden, 3. Jahrg., Sonderheft Oktober 1950, S. 35 ff.: Piaget, Psychologische Betrachtungen über den Unterricht der Naturwissenschaft in der Grundschule.

1969 erschien bei Klett, Stuttgart, der ausführliche Bericht in deutscher Übersetzung: J. Piaget, B. Inhelder: Die Entwicklung der physikalischen Mengenbegriffe beim Kinde, 386 Seiten.

gelösten Zustand genauso groß sind wie zu Beginn des Versuches." (Unesco, S. 37: Päd. Wegweiser, S. 39.)

Wir wundern uns, wenn wir das erfahren. Aber man muß etwa in ANNELIESE MAIERS Buch, „Die Vorläufer GALILEIS im 14. Jahrhundert" (Rom 1949), lesen, um zu bemerken, wie wenig selbstverständlich es ist, die Stoffmenge durch das Gewicht zu messen, und wie wenig sich die Zwölfjährigen unterscheiden von den erwachsenen Menschen des 14., des 17. oder auch, sofern sie noch nicht physikalisch geschult sind, des 20. Jahrhunderts.

Man darf aus den PIAGETschen Ergebnissen übrigens nicht folgern, daß die physikalischen Grundbegriffe Volumen, Gewicht, Stoffmenge oder gar der Atomismus mit dem 12. Jahre bereitstünden und man nun „ab hier" einen mit den Grundbegriffen einsetzenden wissenschaftlichen exakten Unterricht beginnen könne. PIAGETS Versuche zeigen nämlich im Grunde „nur", daß der Satz von der Erhaltung der materiellen Substanz sich allgemein durchsetzt.

Man glaube auch nicht, daß die von PIAGET bei den 12jährigen gefundenen Überzeugungen schon festsäßen und bei allen. Ich habe ein Gespräch mit einer Zwanzigjährigen gehabt, das erkennen ließ: Sie sah keinen Grund anzunehmen, daß das Auflösen von Zucker in Fruchtsaft einen Beitrag zum Volumen geben müßte.

Man könnte sagen, die 12jährigen sind so erwachsen, wie heutige ungeschulte Erwachsene in der zivilisierten Welt sind. Wogegen 5jährige noch wesentlich anders denken. Der 12jährige wird hinsichtlich seines Nachdenkens über Natur „von selbst" nicht mehr viel anders. Er bedarf nun der Schule.

Als Abschluß stehe hier eine Geschichte von Zehnjährigen, Sextanern. Sie umlagern ihren Lehrer, von dem sie wissen, daß er Physik „gibt", während eines Spazierganges und fragen ihn unter anderem, ob es wahr sei, daß man den Erdball wägen könne? — Ja, sagt er, ganz genau! — Staunen und Schweigen. — Nach einer Weile, während sie schon wieder gehen, ruft plötzlich einer: Das kann nicht stimmen! — Warum nicht? — Weil immer neue Kinder geboren werden[32]! — So nimmt also für diesen Buben die Masse der Erde ständig zu (ganz ähnlich wie wir es auch glauben, aber wegen der Meteoriten). Und diese Kinder kommen offenbar „neu hinzu", aus dem Nichts.

Der Zwölfjährige aber ist schon auf dem Wege zu PARACELSUS und LAVOISIER.

„Also gehent hin alle ding / so von der erden seind /
wider in die erden / und die erden verzerts in der gestalt /
das sie nit eines lots schwerer ist heut /
als gestern gewesen ist / oder heute schwerer dan vor
tausend jahren oder viertausenden / es ist gleich eine schwere[33]."

---

32 Nach einer freundlichen Mitteilung von Oberstudiendirektor Dr. G. SCHUSTER, Bonn.

33 THEOPHRAST VON HOHENHEIM, gen. PARACELSUS, Sämtliche Werke (1. Abteilung). München o. J.

Nachtrag 1970: Für die Kapitel IV, V, (auch VIII) sind noch zu nennen:

1. Meine Sammlung spontaner Kinder-Aussagen „Kinder auf dem Wege zur Physik" in meinem Buch „Ursprüngliches Verstehen und exaktes Denken", ²1970, Bd. I, S. 487 und Bd. II.

2. BANHOLZER, THIEL, WAGENSCHEIN (Hrsg.), Kinder auf dem Wege zur Physik. Stuttgart 1970. Enthält Auszüge aus der hier oft zitierten, aber vergriffenen Schrift von A. BANHOLZER: Die Auffassung physikalischer Sachverhalte im Schulalter. Stuttgart 1936. Tonbandaufnahmen von S. THIEL und meine oben erwähnten und ergänzten Kinderäußerungen.

3. S. THIEL, „Kinder sprechen über Naturphänomene". In: Die Grundschule 3/1970, S. 3 ff.

## V. Kapitel

# Das physikalische Denken des Knabenalters

*„... als ob nicht die bewunderungswürdigste und schätzbarste Eigenschaft der demonstrativen Wissenschaften das Hervorquellen und Hervorkeimen aus ganz bekannten gemeinverständlichen und unbestrittenen Prinzipien sei.“* (G. GALILEI[1])

*„Bei der Untersuchung der Grundbegriffe ging* EINSTEIN *mit Vorliebe von der Entstehung der Begriffe aus. Zu ihrer Klärung benutzte er die Wahrnehmungen, die er bei Kindern machte.“* (M. SOLOVINE[1a])

*„Auch durch den Nachweis der Gleichartigkeit des alltäglichen und des wissenschaftlichen Denkens können solche Vorlesungen günstig wirken.“* (E. MACH[2])

## A. Einleitung

Eine Zeitspanne lang vor dem Einbruch der Pubertät verharrt das Kind auf einer Stufe bezaubernder, freilich noch fast amoralischer, Vollkommenheit. Die Bezeichnung „Knabenalter“ umfaßt die Mädchen mit. Da sie in dieser Phase „noch knabenhaft“ genannt werden können, man aber nicht ebensogut sagen kann, die Jungen seien noch „mädchenhaft“, so ist dieses Wort „Knabenalter“ nicht ungeeignet.

SPRANGER charakterisiert diese Zeit so:

> „Zwar ist das brennende Interesse für die Art, wie man Dinge ‚macht‘ und nützliche Betätigungen durchführt, schon da. — Kausalitäten werden einigermaßen begriffen, die Werte sind noch dürftig[2a].“

Über die Art, wie die 10- bis 12jährigen über Natur und Technik nachdenken, gibt es mehrere Untersuchungen. Hier wird oft das Material der zusammenfassenden Darstellung von ZIETZ benutzt (S. 64, Anm. 9). In der Deutung weiche ich von ZIETZ um ein Gewisses ab, das mir bald nur als Nuance vorkommt, bald grundsätzlicher zu sein scheint, das aber für die pädagogischen Konsequenzen nur die Übereinstimmung verstärken kann: Während ZIETZ gewisse Merkmale dieses Denkens als noch naiv und unzulänglich mit dem wissenschaftlichen Denken vergleicht, kommt es mir mehr darauf an, in den Argumentationen und Gedankengebilden dieser Altersstufe dasselbe Denken sichtbar zu machen, das die Physik geschaffen hat[2b]. In diesem Alter denken Kinder schon, „wie wir“ auch dächten, wenn wir nicht zur Schule gegangen wären. Ihr Denken hat die Basis der Physik erreicht. Sie denken wie LEONARDO und KEPLER (nur nicht so genial natürlich). Was wollen wir mehr? — Sie sind in diesem Sinne „fertig“, bereit; sie erwarten uns, daß wir sie abholen.

---

1 Ostwalds Klassiker der exakten Wissenschaften, Nr. 11, Leipzig 1890, S. 77.

1a Aus dem Buch: ALBERT EINSTEIN, Briefe von MAURICE SOLOVINE. Düsseldorf 1956. Der Satz ist der Einleitung entnommen, die unter dem Titel „Freundschaft mit ALBERT EINSTEIN“ in Heft 3 (1959) der Physikalischen Blätter abgedruckt ist. (S. 97 ff.)

2 Im Vorwort zu den „Populärwissenschaftlichen Vorlesungen“, 3. Aufl., Leipzig 1896.

2a Der Eigengeist der Volksschule, S. 24. 2b ZIETZ, a. a. O., S. 84.

## B. Das Aufkommen des naturwissenschaftlichen Denkens

### a) Kausalität

Nur eines der von den Beobachtern berichteten Denk-Merkmale dieser Altersstufe ist uns Erwachsenen ernstlich befremdend (vermutlich weil wir im technischen Zeitalter aufgewachsen sind, während ein so kluger Mann wie Aristoteles hier mit den Kindern noch einig geht). Das ist der bedeutsame und, wie es scheint, von den Kindern dieser Altersstufe allgemein geglaubte „*Kausalzirkel*" oder, wie ein Schüler ihn einmal nannte (Zietz, S. 58), der „Rundlauf" (der Wirkungen):

Die Lokomotive zieht den Wagen, und die Wagen schieben die Lokomotive. — Der Wind entsteht dadurch, daß die Äste der Bäume sich schütteln, und umgekehrt bewegt wieder er die Äste. — Eine ähnliche Gegenseitigkeit haben Wind und Wellen miteinander. — Der Ball zerteilt die Luft, hinter ihm zusammenschlagend treibt sie ihn weiter (Zietz, S. 51 ff.). Während Piaget glaubt, daß solche Vorstellungen mit dem zehnten Jahr abklingen, berichtet Zietz sie noch von Zwölf- und Dreizehnjährigen. Entsprechendes berichtet W. Biester aus Überlegungen von Elfjährigen zu *statischen* Fragen: „Die Brücke hängt an dreieckigen Gerüsten, gleichzeitig trägt sie diese." (Statische Sachverhalte im Werken, Westermanns Päd. Beitr. 1964/1, S. 20, Abb. 1 b.)

Derartiges erstaunt die meisten Erwachsenen von heute. Dennoch möchte ich auch hier nicht sagen, daß diesen Kindern das „Kausaldenken" noch fehle. Das physikalische Kausaldenken ist erreicht, wenn man bei einer Erscheinung sieht, „wo sie herkommt" oder womit sie regelmäßig „zusammenhängt", wenn also die Isolierung der beiden „Variablen", der Blick für das physikalisch Wesentliche, das, „worauf es ankommt", das, „womit es zu tun hat", erreicht ist. Und die Kinder, auch wenn sie diesen „Rundlauf" machen, *sind* so weit. Ich möchte also nicht sagen: Es äußert sich hier ein unvollkommenes Kausaldenken, sondern es äußert sich hier eben gerade schon das Kausaldenken, nur fehlt es ihm noch an Erfahrung. Und zwar fehlt ihm der „Satz vom ausgeschlossenen perpetuum mobile", der Energiesatz also, der ja wieder eng mit dem Beharrungsgesetz gekoppelt ist. Man kann weder von Kindern noch von Erwachsenen erwarten, daß sie ihn gleich sehen. Er ist ja nicht denknotwendig. Da ist nichts einzusehen, sondern davon ist Kenntnis zu nehmen. Und dies zu erkennen, ist ein Ziel des Pkysikunterrichts, nicht seine Voraussetzung. Erst seit reichlich hundert Jahren sind wir uns über den Energiesatz einig. Jeder Knabe erfindet noch sein perpetuum mobile.

So berichtete mir ein Student, wie er als Knabe seinen Roller (mit Hebelantrieb, „Holländer") glaubte selbsttätig machen zu können: Zwischen dem oberen Hebelende und dem Sitz schaltete er eine Schraubenfeder ein, die beim Rückwärtsgang des Hebels zusammengepreßt wurde. Sie würde nun, meinte er, sich dehnen, dabei den Hebel nach vorn reißen und damit den Roller in Fahrt setzen. Durch die Wucht des Fahrens würde dann der Hebel wieder nach hinten genommen, die Feder würde wieder gepreßt und so immer weiter.

Die Übereinstimmung solcher Gedanken mit dem physikalischen Denken des Aristoteles ist ganz in Ordnung. So kann man für das Ball-Beispiel folgende analoge Stelle anführen[3]:

---

3 Aristoteles, Physikalische Vorlesung. Paderborn 1956, S. 306.

„Wenn nämlich alles Bewegte von etwas bewegt wird, ... wie kann dann in manchen Fällen ein Körper sich stetig weiterbewegen, ohne daß derjenige ihn noch berührt, der ihn in Gang gebracht hat? Zum Beispiel beim Wurf ... Hier muß man folgendes sagen, daß der erste Beweger die Luft ... instand setzt, weiterzubewegen ...“ (Der Zusammenhang mit dem Beharrungsgesetz ist deutlich.)

Wir dienen also dem physikalischen Unterricht gut, wenn wir den Glauben an solche Wirkungs-Rundläufe ganz und gar ernst nehmen und nur so widerlegen, wie es ihm zukommt: durch Tatsachen, nicht durch Nachdenken allein. — Das kann etwa so geschehen, daß man einen Wettbewerb veranstaltet, ein perpetuum mobile zu bauen. Dann, da keines von ihnen „geht“, ein möglichst *einfaches,* ohne viel Hemmung und Reibung. Auch verzichte man — vorläufig und großmütig — darauf, daß es eine Mühle oder sonst etwas Nützliches treibe, um zunächst, versuchsweise, nur zu verlangen, daß es sich selber in Gang halte (was auf eine ewig von selber gehende Uhr hinausliefe). So könnte man zum Pendel kommen (auch zu dem besonderen Galileis)[4] — das ein perpetuum mobile wäre, wenn es drüben genauso hoch käme, wie es hüben losgelassen wird. Was es, wie die Erfahrung zeigt, niemals tut. Dennoch läßt sich sagen: Es kommt die Pendelkugel zwar unter keinen uns möglichen Umständen wieder ebenso hoch wie sie war, aber: Je geringer wir die Reibung machen, desto kleiner wird das, was ihr daran noch fehlt. — Kommen wir mit den Kindern so weit, so haben wir vermutlich mit diesem einen Exempel (dem sich andere zur Seite stellen ließen, etwa: der vom Boden zurückspringende Ball) den Gedanken aufgehoben, mit anderen, komplizierteren (d.h. *mehr* reibenden) Mechanismen solche unaufhörlichen Kausal-Rundläufe zu versuchen; und wir sind dem Energiesatz in einer Form nahegekommen, die für die Volksschule fast ausreichen könnte. Der Gedanke, nun andere Energien hineinzuziehen (thermische, magnetische, elektrische), wird sich allerdings kaum abweisen lassen. Und man wird dann mindestens den Satz vom mechanischen Wärmeäquivalent (Julius Robert Mayer) in eine genügend schlichte Form bringen müssen. Falls man nicht einfach mitteilt, daß die Einschaltung anderer Kräfte nach unzähligen Erfahrungen nichts an der Unmöglichkeit eines perpetuum mobile ändert (siehe auch S. 239 f.).

## b) Die Suche nach dem Stofflichen

Auch was sonst über typische Denkformen der Vorpubertät berichtet wird, erscheint mir physikalisch völlig legitim. So das „Denken in Substanzbegriffen“ (Zietz, 59 ff.). Wenn Kinder etwa die *Wärme* für einen „Stoff“ halten oder doch für etwas „Stoffartiges“ (womit gemeint sein kann: ein sonderbarer, vielleicht unsichtbarer, sehr leichter, sehr feiner Stoff), so ist das nicht Ausdruck einer altersbedingten und damit entschuldbaren einfältigen Denkstruktur, sondern es ist ganz einfach vernünftig und den Tatsachen entsprechend, die sich auf den ersten und nicht ungründlichen Blick zeigen. Wir vergessen heute allzu schnell, daß die Wärmestofftheorie noch im vorigen Jahrhundert bedeutende

[4] E. Mach, Die Mechanik in ihrer Entwicklung. 8. Aufl., Leipzig 1921, S. 128, und Ostwalds Klassiker ..., Nr. 24, S. 19.

Verfechter hatte (z. B. BLACK[5]) und daß eine so praktische Erfindung wie die Dampfmaschine aus ihr hervorging. Was spricht nicht alles *für* einen Wärme-„Stoff"! Eine Wärmflasche von 1 Liter Inhalt enthält offenbar „doppelt so viel" Wärme wie eine ebenso heiße von einem halben Liter, wenn sie beide mit heißem Wasser von derselben Temperatur gefüllt sind. — Mischen wir kaltes und heißes Wasser, so verteilt sich „Etwas" genauso wie das Salz, wenn man salziges und reines Wasser zusammengießt. — Wenn wir uns am Schürhaken die Finger verbrennen, so ist das am einfachsten so zu verstehen, daß sie, die Wärme, wie ein Stoff im Eisen entlanggekrochen ist. — Da ist also ein Etwas, das Raum erfüllt, sich verteilt und wandert. Daß es die Dinge auseinandertreibt, wenn es in sie eindringt und damit heiß macht, das paßt ausgezeichnet dazu. Daß „Es" als Strahlung den völlig leeren Raum durchfliegen kann, desgleichen.

Das entscheidende Faktum, das die Wärmestoff-Theorie stürzte, ist ja die Reibungswärme, und zwar nicht der Umstand, daß es sie überhaupt gibt, sondern daß sie durch Hämmern, Bohren, Reiben, Kneten, Rühren in *unerschöpflichen* Mengen aus den Dingen herausgetrieben werden kann[6]. — (Meist wissen das unsere Abiturienten in dieser einfachen Form nicht. Sie wissen statt dessen nur: „1 Cal = 427 mkp" und die kinetische Wärmetheorie. Und wenn sie dann Volksschullehrer werden, halten sie womöglich die Kinder gerade da für einfältig, wo sie so einsichtig sind, an einen Wärmestoff zu denken, wogegen der Lehrer „weiß", daß „Wärme die kinetische Energie der Moleküle ist". Was ihm unter diesen Umständen nicht nur nichts nützt, sondern ihn hindert, die Schüler zu verstehen, vom Umgekehrten ganz zu schweigen.) —

Die Unerschöpflichkeit der Reibungswärme-Erzeugung können wir heute leicht zeigen an einer der modernen Küchenmaschinen, die Flüssigkeiten oder Pulver (Kaffee) so heftig umrühren, daß man merkt, wie immer neue Wärme „aus dem Nichts" entsteht, das heißt aus: nichts-als-dem-Rühren! Selbstverständlich ist das nicht schon „streng" und im besonderen für die Höhere Schule nur ein Anfang. Zu einer exakten Einsicht gehört mehr. Nämlich die Erkenntnis: daß 1. bei solchem Rühren, Hämmern, Bohren (kurz: „be-arbeiten") es nicht auf die Art der Technik ankommt (was gut *sein* könnte) und ebensowenig auf das Material, das bearbeitet wird (was man erwarten möchte), sondern auf jenes merkwürdige, bleibende Etwas „Kraft-mal-Weg", das bei Gebrauch gewisser Werkzeuge schon seine, uns so erwünschte, Invarianz gezeigt hat und *deshalb*[6a] mit einem eigenen Namen, „mechanische Arbeit" (ein Fremdwort wäre besser gewesen), ausgezeichnet wurde; 2. daß zwischen dieser bei der Bearbeitung aufgewendeten „Arbeit" und der dabei entspringenden „Wärmemenge" ein fester Wechselkurs, wie zwischen Dollar und Mark etwa, eben jene Gleichung „427 Meter-Kilopond = 1 Calorie", gilt.

Was bei der Wärme mißlingt: Bei der *Elektrizität* wird das Kind recht behalten: *Sie* darf ein Stoff sein. Auch hier sind die Gründe nicht so schwierig, daß man sie Volksschul-Kindern vorenthalten müßte (siehe S. 57 f.).

Bei Unterrichtsgesprächen über solche Fragen wird nebenbei auch klar, was man mit „Stoff" eigentlich meint: Offenbar etwas, was Raum einnimmt (Raum

---

5 E. MACH, Prinzipien der Wärmelehre. 4. Aufl., Leipzig 1923, S. 186, 187.

6 J. TYNDALL, Die Wärme als eine Art der Bewegung. Braunschweig 1867.

6a E. MACH, Populärwissenschaftliche Vorlesungen. Leipzig, 5. Aufl., 1923, S. 149.

„braucht"), was sich von Ort zu Ort fortbewegen kann, was etwas wiegt (wenn auch vielleicht sehr wenig) und was (der Physiker sagt: Trägheit [Masse] hat, einfacher:) stoßen kann oder woran man sich stoßen kann. Schließlich, aber nicht zuletzt: etwas, das nie verlorengeht, was bleibt. (Siehe Seite 75 f.)

Auch „*Magnetismus*" könnte ein Stoff sein oder doch passend mit ihm verglichen werden. Aber schon seine merkwürdig beschränkte Freizügigkeit ist verdächtig: Man kann nie den Magnetismus von seinem eisernen Träger ablösen, ja nicht einmal in seine Mitte zwingen. Aber auch sonst versagt dieses Bild: Er wiegt nichts.

Auch *Licht* könnte stofflich verstanden werden. Und in den oberen Stockwerken der Physik kann man heute so etwas auch sagen, wenn man weiß, was man meint. Für die Schule, für die Volksschule wenigstens, ist Licht *kein* Stoff. Und wenn die Kinder das Glück haben, ausreden zu dürfen, so finden sie auch den Einwand[7]: „Dann müßte sich ja an den Wänden längst eine Lichtkruste angesetzt haben!" (Dabei erinnert man sich der Schildbürger, die es in Säcke sammeln wollten. Auch wenn sie dichte Metallkanister nähmen, bliebe nichts drin.) Aber — und hier sieht man wieder, wie auch die schlichte Betrachtung verknüpft — etwas hinterläßt das Licht doch: Wärme. Sie ist der Rückstand des Lichtes, verwandeltes Licht, womit wir wieder Anschluß an den allgemeinen Energiesatz haben. (Vgl. S. 75 f.)

### c) Zur Entwicklung des Kraft-Begriffes

Daß Kinder der Vorpubertät die „Kraft" als ein machtvolles, fast lebendiges, substanzielles Wesen empfinden (Beispiele bei Zietz, S. 70 f.), zeigte sich schon am Beispiel des Schwimmens (S. 63 f.). Aber auch das ist nicht „kindlich", sondern menschlich:

Die *animistische Herkunft* und Imprägnation des physikalischen Begriffes „Kraft" wird ja gerade durch dieses Wort verraten und auch durch die offizielle Redeweise: „Die Kraft *greift* an dem Körper *an.*"

Auch hier also möchte ich weniger gern sagen: daß wir „in diesem Dynamismus der kindlichen Kraftvorstellung den letzten abgeblaßten Rest eines Anthropomorphismus vor uns haben, der als Ursache lebendige Antriebe annahm, wie etwa Leonardo, wenn er von dem ‚Leben' oder ‚impetus' eines gestoßenen Körpers sprach" (Zietz, 70), (wie auch Kepler — siehe Anhang C, Trägheitsgesetz), sondern ich würde lieber denselben Tatbestand als Keim (nicht als Rest) so sehen: Aus diesem „Dynamismus" ersteht in jedem Kinde neu die Bereitschaft, den Weg Keplers zur Physik zu gehen.

Wenn wir diesen Animismus nicht benutzen, bauen wir in die Luft. Wenn wir das Wort Kraft benutzen und ihren Vektor zeichnen und dabei nur den *uns* klaren physikalischen Begriff im Sinne haben, so dürfen wir uns nicht wundern, wenn die Kinder sich bei diesem lebensvollen Wort etwas anderes denken:  Ein Wesen, das angreift, das also zu 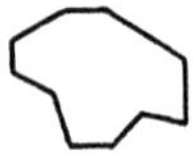 hinzukommt

[7] Freundliche Mitteilung von Herrn Oberstudienrat L. Fontius, Darmstadt, dessen Tertianer so argumentierten.

und zieht, wie das Kind am Wagen. (Während doch allemal nur ein zweiter *Körper* hinzukommt. Und beide *zusammen* bewirken dann immer gegenseitig etwas „aneinander“, nämlich „Beschleunigung“ oder „Deformation“. Das sagt Newtons Grundsatz von „actio und reactio“.) Derartiges dürfen wir nicht als kindlich ignorieren, wir müssen es aufnehmen. Man kann die anthropomorphe Denkweise nur überwinden, indem man sich in ihr verankert. Ähnlich wie man ein Haus nur in die Höhe bauen kann, indem man sich auf die Fundamente stützt. Oben merkt man nichts mehr vom Fundament, man sieht zum Fenster hinaus nichts mehr von ihm. Aber ohne es wäre man nicht oben. Man muß mit Kindern und Laien in *ihrer* Sprache sprechen. Gerade dies muß der Lehrer lernen. Und zwar muß er es so tun, daß er dabei nicht gegen seine wissenschaftliche Einsicht verstößt, sondern sie im anderen vorbereitet.

Das ziehende Wesen „Kraft“ ist ursprünglich „ich selbst“, das Kind selber, sein Wille und Arm. Es äußert sie zunächst, um zu widerstehen, im Ringkampf mit dem Gegner. Damit ist sofort die Doppelköpfigkeit dabei (die Newtons Satz von actio und reactio meint und die durch das Symbol  leider nicht miterfaßt wird. Denn dieser Pfeil kann gar nicht die ja immer zwischen *zwei* Körpern *vermittelnde* Kraft darstellen, er bedeutet nur ihre einseitige, auf dem einen hier abgebildeten Körper geltende, herausgeblendete Auswirkung).

Hält einer die Tür zu, die ich aufdrücken will, so ist es dasselbe, nur ist das Brett dazwischen. — Ist aber die Tür verschlossen und keiner dahinter, so kämpfe ich gegen die Tür, die sich biegt. Und ich bemerke, daß in diesem Falle doch auch ein Gegner da ist, das ist das durchgebogene Ding Tür, das „kraft“ seiner Verbogenheit widersteht. Denn sie „will“ wieder eben werden, sie will — wie alle „festen“ Dinge — wieder in ihre eigene Form kommen, sie *verteidigt* ihre Form, sie ist *„elastisch“*.

Bevor ich den Stab breche, die Tür eindrücke, das den Bach überbrückende Brett schwingend zerbreche, wehren sie sich. Nichts bricht, ohne vorher der Verformung widerstanden zu haben. Brechen heißt für das zerbrechende Ding: Widerstand aufgeben. — So kann ich also meine Muskelkraft kämpfen lassen mit der Spannkraft der Dinge.

Ich kann sogar die Kraft meines Muskels durch ein gespanntes, ein elastisch gepreßtes oder gedehntes oder verbogenes Ding ersetzen (sie ihm auftragen). So wenn ich, auf die Straßenbahn wartend, meinen Koffer nicht in der Hand halte, sondern ihn an ein Geländer hänge. Das Geländer tut das nicht umsonst, nicht ohne seinerseits angespannt zu werden. Es tut es nur, *insofern* es sich verbiegt und dadurch die form-verteidigenden (elastischen) Kräfte in sich mobil macht. Diese Einsicht ist neu für das Kind. Hier ist es notwendig und nützlich, den Koffer zuerst an ein Gummiseil zu hängen, das sich *sichtlich* dehnt und also offenbar zurück zieht, dann an einen Draht, der sich gerade noch merklich durchbiegt, d. h. aber: der schon bei dieser geringeren Durchbiegung zu einer ebenso großen Widerstandskraft aufgereizt ist wie vordem das Gummiseil Denn er trägt den Koffer (wie das Seil ihn trug). Und dann eine Eisenstange: Niemand sieht die Durchbiegung. Aber wenn man die Versuchsreihe gewissenhaft durchläuft, und wenn nötig *noch* mehr als drei Glieder wählt, so kann man diesem Schluß nicht mehr ausweichen, daß auch sie um einen winzigen Betrag verbogen ist und schon dieser geringen Verformung so heftig widersteht, daß sie den Koffer tragen kann.

Von hier aus ist es nur noch ein Schritt zu der Einsicht, daß auch die Tischplatte, auf der der Koffer steht, ihn nur trägt, indem sie sich um ein Winziges einbiegt, und nur deshalb widersteht, *weil* sie sich einbiegt. (Denn: Woher sollte sie sonst die Kraft nehmen!) Doch ist dies ein nicht ganz leichter Schritt. Deshalb ist selbst noch für Physik-Studenten des 1. Semesters der Versuch angebracht, den POHL[8] in seinem bekannten Lehrbuch an den Anfang stellt: Die Durchbiegung der dicken Tischplatte wird durch einen Spiegel und einen Lichthebel sichtbar gemacht. — Gummibänder und Schraubenfedern sind geeignet, die elastischen Verformungen gleichsam mikroskopisch vergrößert zu zeigen. Ein Wagen, der an einer langen Schraubenfeder gezogen wird, macht an dieser Feder deutlicher als an der Deichsel, daß ohne Dehnung nicht angefahren werden kann, wie auch ohne Pressung niemand anzuschieben vermag.

So wird die elastische Kraft der Dinge an die eigene Muskelkraft angeschlossen. Wir tun dabei zweierlei: Wir sehen das tragende Seil animistisch, zugleich den Muskel seilhaft; wir tun einen Schritt in der Richtung, die Muskel-„Kraft" von uns selber abzulösen, sie zu physikalisieren. Man muß aber als Lehrer rechtzeitig bedenken, daß diese Verbindung später für den Schüler *ganz* gelöst werden muß, daß also dieser Weg: „Muskel → elastisch verformter Körper" eine Einbahnstraße ist: Man kann ihn psychologisch hin, aber nicht physikalisch zurück gehen: Denn ein Muskel, der einen Koffer „hält", kann von der physikalischen Seite her nicht mehr nach dem Muster eines gedehnten Drahtes verstanden werden. Ich erinnere an die müden Tropfen (Kap. IV, S. 56). Hier kann nur der Biologe helfen mit seiner Auskunft: Das Muster eines gedehnten Drahtes trifft nur zu bei dem kraftlosen, überdehnten Muskel, der nur noch so trägt, wie auch der Arm eines Toten tragen kann. Der lebende Muskel verbraucht ständig Energie; der gedehnte Draht nicht, er ist nur gespannt. Der lebende Muskel, der eine Last hält, vibriert in ständigem Wechsel zwischen Spannung und Lockerung, hebt also um ein kleines Stück, läßt wieder fallen, hebt wieder und so fort.

Wir lösen die Kraft noch in anderer Weise (als durch Übertragung auf einen elastischen Körper) von uns ab: Anfangs, solange ich der die Kraft unmittelbar ausübende Täter bin, muß ich das Ding selber anstoßen oder an ihm ziehen. Nun kann ich mich distanzieren (was schon Schimpansen tun) und nach dem Ding, das ich meine, mit der Stange stoßen. Ich kann auch angeln mit Seil und Haken. Noch immer ist dann ein vermittelnder Gegenstand zwischen mir und dem Ding, das ich in der Hand behalte, ein „Griff". Ich „reiche" nun weiter. Mein „Reich" ist vergrößert.

Wenn auch das nicht mehr „reicht", so gibt es noch das Werfen. Der Stein, wenn er trifft, vertritt die Hand. Wir verstehen noch ganz gut, wie ein Ding ein anderes stößt und mitnimmt; fast so gut, wie wenn wir es selber tun.

---

8 R. W. POHL, Einführung in die Physik. Bd. I, 4. Aufl., Berlin 1941, S. 19.

Wenn aber der *Magnet* uns zum erstenmal vor Augen kommt, staunen wir sehr, denn „Das hopft schon, wenn's noch weg ist" (K 7,2)[9], und ein 25jähriger, aus dem Kriege heimgekommen, nach einem Abiturientenkurs, beim Magnetismus, privat: „Ich verstehe das nicht. Wenn ich eine Blume haben will, vom anderen Ufer des Baches, aber er ist zu breit, ich kann nicht rüber. — Da kann ich noch so sehr wollen." — Ich konnte ihm nur sagen: „Da haben Sie ganz recht. Es ist un-‚begreiflich'."

Wie hilft sich der Physiker? Wenn hier der Magnet liegt, und dort das Eisen „spürt" ihn aus der Ferne, so sagt es der Physiker in dieser Form vielleicht nicht, aber er sagt, er darf sagen: Auf das Eisenstück „wirkt" eine „Kraft", die von dem Magneten „herrührt". Auch dann also, wenn nichts mehr stößt und anrührt, darf er sagen, daß es her-rührt. — Und noch etwas denkt er sich aus: das „Feld". Er zeichnet um den Magneten in den leeren Raum hinein Pfeile. Sie bedeuten Kräfte, die dort „herrschen". So ein Pfeil bedeutet nur: Wenn ich an diese Stelle des Raumes einen magnetischen Nordpol bringe, so setzt er sich in Richtung dieses Pfeiles in Bewegung. Und die Länge des Pfeiles ist ein Maß für die Stärke seines Anruckens (d. h. der Beschleunigung, wobei es natürlich noch ankommt auf die Masse, an die er gebunden ist). Das Ende ist eine Formel, die vorauszusagen gestattet, was unter bekannten Umständen geschehen wird, aber nicht eine Auskunft über das „Wesen" der „Kraft". Erklärt ist nichts[10].

Die *Schwerkraft* ist für den Physiker etwas ebenso Wunderbares wie der Magnetismus, insofern auch sie über die Leere hinwegreicht. Für das Kind nicht. Für das Kind ist sie eine alltägliche, gewohnte und deshalb selbstverständliche Eigenschaft aller körperlichen Dinge. „Das ist halt so." Das ist keine „Anziehung" der Körper „durch die Erde". Und wenn diese verfrühte Auskunft, wie manche Lehrbücher tun, den Kindern ohne weiteres als „Erklärung" vorgesetzt wird, kann man nur hoffen, daß sie spurlos an ihnen vorübergeht (und nicht zur Korruption ihres Denkens beiträgt). Die Schwere hat zunächst nichts mit der Erde zu tun, sondern mit oben und unten.

Wie man dahin führen kann, sie als vom Erdball ausgehende Kraft zu sehen, und zwar von allen Stücken ihres „Leibes" (KEPLER) und nicht etwa (was viele dank der Schule zeitlebens glauben) als eine in ihrem „Mittelpunkt" hausende Kraft, kann hier nicht verfolgt werden[11].

Auch die Schwerkraft kann ich statt meiner Muskeln ziehen und arbeiten lassen: Der Gewichtsstein, an der Schraubenfeder hängend, zieht mit „derselben Kraft" (der ebenso großen) wie ich, wenn ich die Feder bis zu derselben Länge ausziehe, wie er es tut. (Natürlich „tut" „er" es nicht, die Erdkugel tut es, oder noch richtiger: Sie beide tun es gemeinsam, zwischen ihnen „tut es sich". Aber das hat, wie gesagt, Zeit.)

Die Kraft wird dadurch anonym. Ob ich sie „ausübe" oder das Gewichtsstück oder der Magnet, ob Pferd oder Kuh zieht, das wird dem physikalischen Beob-

---

[9] A. BANHOLZER, a. a. O., S. 45.

[10] Weiteres siehe: Anhang F, S. 294.

[11] Vgl. dazu M. WAGENSCHEIN: Will der Stein oder muß er fallen? In: „Ursprüngliches Verstehen ...", Bd. I, S. 282. — Ferner: Die Erfahrung des Erdballs. Schriftenreihe „Der Physikunterricht", Heft 1, 1967.

achter gleichgültig. Es kommt ihm schließlich nur darauf an, wie stark dabei die Schraubenfeder, der „Kraft-Messer", gedehnt wird. Das Quantitative dominiert. Die Kraft wird wesenlos. Nicht nach ihrem Wesen, nicht nach ihrer Qualität wird gefragt, sondern nur noch nach ihrer Größe und ihrer Richtung.

Erst nach der Entdeckung des Beharrungsgesetzes ist die Kraft als beschleunigender Faktor („Täter") endgültig definierbar. (Siehe Anhang C.)

Bei aller Abgelöstheit von der ursprünglichen statischen Muskelkraft ist aber auch jetzt noch, und immer, der Anschluß an sie möglich. Ich behalte noch immer alles „in der Hand". Wenn in einem „Feld" der Körper von der „Kraft" K beschleunigt wird, gemäß „Beschleunigung = Kraft/Masse", so ist dieses K immer noch das, was meine Hand spürt, wenn sie ihn festhält und damit die Beschleunigung verhindert.

Der Abschnitt über die Kraft sollte nicht etwa sagen, daß man den hier angedeuteten Abstraktionsprozeß mit Zwölfjährigen vollziehen könne. Er sollte sagen, daß dieser Prozeß aus den „anthropomorphen" Vorstellungen „hervorgeht", die wir mit 12 Jahren und auch später noch in uns haben.

### d) Das Denken in Gleichnissen

Wie wenig man beim Kinde der Vorpubertät von einer Andersartigkeit seiner geistigen Grundhaltung sprechen kann, das zeigt sich am deutlichsten dann, wenn es versucht, „den Sinn einer neuen Situation nach Analogie des einsichtig erfaßten Sinnes anderer Situationen"[12] zu verstehen. Zietz kennzeichnet dieses Denken so[13]: „Vorgänge, die ihm verständlich erscheinen, . . . werden als Modell, als anschauliches Bild auf andere Vorgänge übertragen", und meint damit jene „andere", noch kindliche, geistige Grundhaltung anzutreffen. Aber er trifft in Wahrheit damit genau das, was auch die Physiker taten, als sie die Physik schufen: und was auch der moderne Physiker noch tut, wenn er zu Neuem vordringt.

Derartiges beginnt schon vor dem 12. Jahr. — Wenn 11jährige den „elektrischen Strom" mit Leuchtgas vergleichen, weil beide „Leitungen" haben und Hitze erzeugen, so ist das nicht sonderlich primitiv, sondern eine erste richtige Feststellung. Wenn der 6jährige vom Magneten meint (K, 6,2): „Da ist Papp dran"[14], so heißt das zuerst: „Das ist so ähnlich wie ein Klebstoff", dann vielleicht auch: „Es *ist* Papp." Der Versuch zeigt, daß es nur eine Ähnlichkeit ist (K, 7,7): „Wenn man ihn wegstreift, ist er immer noch dran." — Ich sah einen 9jährigen, dem ich zwei Tromalit-Magneten gegeben hatte, schnell wie ein Tier daran riechen; vermutlich *auch*, um den „Papp" zu erkennen. Der Versuch entscheidet, ob es „so ähnlich" ist wie etwas anderes, oder ob es „dasselbe" ist. (Hier war es nicht dasselbe.)

Wenn aber ein 12jähriger das Kreisen der Gestirne in Parallele setzt mit dem Motorradfahrer, den er auf dem Jahrmarkt an der steilen Innenwand eines

---

12 Karl Bühler, Die geistige Entwicklung des Kindes. 6. Aufl., Jena 1930, S. 406, zitiert nach Zietz (S. 76).

13 Zietz, S. 77. 14 A. Banholzer, a. a. O., S. 46.

tonnenförmigen Raumes herumfahren sah, ohne daß er stürzte, oder mit dem Kreisen der gefüllten und nicht ausfließenden Milchkanne über dem Kopf des Spielenden[15], so ist das keine naive oder primitive Idee, es ist ein einwandfreier Vorschlag, das eine aus dem anderen zu verstehen. Er ist sogar zutreffend, was das Kreisen des Mondes[16] betrifft. Mond und Milch fallen uns aus *demselben* Grund nicht auf den Kopf! — (Vgl. S. 207 f.)

Dieses Beispiel „Mond—Milch" ist zunächst eine Analogie, ein Vergleich. Später wird er zur Identität. Es *ist* „dasselbe". Zwei Vorgänge werden, so verschieden sie in anderer Hinsicht sein mögen, in dieser Hinsicht, unter dem physikalischen Aspekt, als „Dasselbe" erkannt, und dieses Selbe wird unter dem hierzu neu geschaffenen Begriff „Fliehkraft" gesammelt (und dann weiter eingeordnet: Fliehkraft „ist" Trägheit).

Die Herstellung solcher Verbindungsstücke (wie Mond—Milch), auch wenn sie sich nicht gleich mit anderen zu einer lückenlosen Kette schließen lassen, ist ein elementares Kernstück physikalischen Denkens. — Es wird im Rahmen der „schlichten Zusammenhänge" (Kap. XVI) wieder aufgenommen.

Ein anderes Vergleichen liegt vor, wenn wir bei gewissen periodischen Lichterscheinungen an *(aequidistante)* Wasserwellen erinnert werden und das Bild „Lichtwelle" denken. Hier wird aus gewissen Phänomenen (Interferenz und Beugung), bei denen ich niemals „Lichtwellen selbst" sehe (sondern nur periodischen Wechsel zwischen Hell und Dunkel), „hinter" dem Lichtphänomenen ein anschauliches, ursprünglich mechanisches Modell als Gedanken-Ding von uns ausgedacht.

Mondbewegung und Milchkannen-Schleuder sind beide „vor Augen", Phänomene. Ich bündele sie mit anderen unter „Fliehkraft" zusammen. Wasserwellen sind Phänomene, ebenso die „NEWTONschen Ringe" und alle anderen „Periodizitäten" optischer Erscheinungen (wie etwa Interferenzen am Spalt). Aber die Lichtwelle ist Bild (Modell).

Blickt man noch einmal auf die beiden letzten Kapitel zurück, so lassen sich die Analogiebildungen überhaupt einteilen:

1. in animistische, dem „ausbildenden Physiker" (S. 145) unerwünscht, er schneidet sie ab; dem durch Physik bildenden Lehrer selbstverständlich und willkommen: Sie erlauben die Verwurzelung und machen klar, wovon die Rede ist. (M, 9,1): „Magnet und Papier vertragen sich nicht. Die helfen einander nicht" (BA. 6,0).

Wesentlich: daß mit dem 12. Jahr die Kinder selbst so weit sind, zu spüren, daß „man" im Bereich der Physik, den sie schon undeutlich sich abgrenzen sehen, „so nicht sagen kann". Auch dafür zwei schöne Beispiele aus AGNES BANHOLZERS Sammlung (S. 60 u. 61):

> Zur Trägheit: („Wie es komme, daß man ein Blatt Papier unter einer Münze wegziehen kann, ohne daß diese mitgeht"): „Wenn da ein Kind sitzen würde, dann würde ich sagen, das hat nicht aufgepaßt, wie man mit dem Ziehen angefangen hat. Dann ist es nimmer mitgekommen. Aber das stimmt nicht. Es ist bloß so ähnlich. Aber das Geld ist wie Metall. Das kann ja gar nicht aufpassen oder so. Das liegt bloß da" (K, 11,6).

---

15 ZIETZ, S. 80.
16 M. WAGENSCHEIN, Natur physikalisch gesehen. A. a. O., S. 42 ff.

Zum Magnetismus: „Man könnte fast meinen, das Eisen rieche es, wenn der Magnet kommt. Aber so kann man nicht sagen. Wie wenn man den Magneten spüren würde. Aber das ist nicht richtig. Das können bloß die Menschen“ (M, 12,6).

Noch tief in der Physik drin, auch in der Höheren Schule (ja warum nicht bei Universitätsvorlesungen, also bei viel Älteren) sind solche „anthropomorphen“ Gleichnisse naheliegend und erwünscht; um zu begreifen, was „gemeint“ ist, ist der beste Weg, sich selbst „in die Dinge zu versetzen“.

Daß Wasser eine größere „spezifische Wärme“ als etwa Quecksilber hat, das ist eine sterile Kenntnis, wenn man nicht dabei „fühlt“: Quecksilber ist „erwärmbarer“ als Wasser. So wie es reizbare Menschen gibt, bei denen schon wenig genügt, sie „in Hitze zu bringen“, während andere „viel vertragen“, viel schlucken, ehe man ihnen etwas anmerkt. —

„Trägheit“: Die Münze hat gleichsam nicht aufgepaßt, meinte die eben zitierte Zwölfjährige. Dieser Vergleich — so könnte das Unterrichtsgespräch weitergehen — hinkt noch. Denn ein Mensch kann aufpassen, wenn er will, die Münze kann es nie. Man würde also vielleicht treffender sagen: Sie ist „schwerer von Begriff“, sie hat eine „lange Leitung“, sie braucht immer Zeit, ehe sie mitmacht. — Das beste Vorbild des „trägen“ Verhaltens der Materie ist *der* Mensch, der zwar schwer aus seiner Ruhe zu bringen, aber dann, einmal in „Fahrt“ gekommen, auch schwer aufzuhalten, „zur Ruhe zu bringen“ ist.

„Potentielle Energie“ entspricht dem angestauten Willen dessen, der ruhig dasitzt, aber doch „geladen ist“ und sich jeden Augenblick in energisches Handeln entladen kann.

Alle solchen animistischen Gleichnisse sind erwünscht, aber sie *dienen* nur, sie können nicht bleiben, sie sind wie der Lehrer selbst: notwendig, um sich entbehrlich zu machen. Sie sind physikalisch illegal. Je gründlicher wir sie aber durchlebt haben, desto leichter fällt es uns, sie, sobald es angebracht ist, zu verlassen, aus ihnen hinauszusteigen in die dünne Luft der physikalischen Abstraktion.

Die Beispiele zeigen, daß das Kind das selber will: „... so viel das Kind in seinem Paradies der Mythen und Wunder in der Schönheit selber lebt, so traurig sein Blick sich einen Augenblick verschleiert, wenn die Enthüllungen kommen, so unersättlich ist es doch, zu wissen, so fest in seinem Willen, nicht getäuscht zu werden[17].“

II. Dem gegenüber stehen nun die am Anfang dieses Abschnittes besprochenen physikalisch legalen Gleichnisse. Sie vergleichen die Dinge nicht mehr mit uns, sondern miteinander. Sie sind nicht nur erlaubt, sie weben den Teppich der Physik. Und hier lassen sich dann die zwei erwähnten Unterabteilungen bilden:

a) solche, die zu Identitäten führen: Mondlauf und Steinwurf,

b) solche, die Bilder bleiben: Lichtwellen, Atommodelle.

Zwischen beiden gibt es Übergänge: Der elektrische „Strom“ ist lange Zeit, d. h. auf Grund der zuerst sich aufdrängenden Erfahrungen, nur ein Bild. Nachdem sich herausstellt, daß das in ihm bewegte Etwas Trägheit hat, kann man sagen, er „ist“ ein Strom. (Siehe Anhang D.)

---

17 W. Flitner, Laienbildung. Langensalza 1931, S. 48.

## C. Die Herkunft dieses Denkens und seine Übereinstimmung mit dem „volkstümlichen" Denken

Wir sind lange geneigt gewesen, in der Folge Kindesalter — magisches Alter — Knabenalter Stadien einer naturnotwendigen Entfaltung nach dem Vorbild Knospe – Blüte – Frucht zu sehen. So als müsse das Kind diese Phasen durchlaufen, bis es dann von selber fertig sei, fertig wie wir. Wir sind in diesem (biologistischen, evolutionistischen) Glauben mehr als unsicher geworden[18]. Denn:

1. Es gab und gibt noch (von uns als „Primitive" bezeichnete) Stämme und Kulturen (Indianer, Eskimos, Polynesier ...), die als Erwachsene innerhalb ihrer Kulturen (ZIETZ, 34/5) das magische Weltbild nicht verlassen. Man lese hierzu die Erinnerungen des Häuptlings Langspeer[19], eines Indianers, der als Kind noch in dieser magischen Welt aufgewachsen ist.

2. Dieser „Büffelkind Langspeer" war nun aber durch seine Kindheit nicht gehindert, später, nachdem die Weißen gekommen waren, kanadischer Journalist zu werden. Ja es gibt noch krassere Fälle: Ein nach einem Massaker von Weißen adoptiertes Indianerbaby[20] wurde eine der sprachbegabtesten Studentinnen einer amerikanischen Universität. Auch sie war also nicht unbedingt für eine magische Kultur geboren, sie konnte auch in die unsere eintreten, wenn sie nur von ihr adoptiert und erzogen wurde.

Das andere Extrem liegt vor, wenn Säuglinge von Wölfen aufgenommen werden (vgl. S. 64). Sie werden zwar niemals Wölfe, aber sie können sich dem Wolfsleben in einer sehr weitgehenden Weise einpassen. Sie können aber bei ihnen nicht Menschen werden, weil der Mensch nicht fertig zur Welt kommt, sondern wesenhaft der erziehenden Gesellschaft bedarf. Dennoch bleiben sie der Menschheit bestimmt, insofern sie auch nach der wölfischen Verbildung noch der Menschwerdung zurückgewonnen werden können, wenn auch mühsam und vielleicht nicht vollständig.

Daß unsere Knaben in das kausale Denken hineinwachsen und der Indianerknabe, der ohne Berührung mit den Weißen in seinem Stamm bleibt, nicht, das liegt also allem Anschein nach nicht daran, daß sie als andere, reicher potenzierte Wesen zur Welt kämen, sondern in welcher Art menschlicher Gesellschaft sie aufgenommen und erzogen werden. Das Kind kommt im Augenblick der Geburt noch gar nicht „zur Welt". Es gleitet nur als „normalisierte Frühgeburt"[21] aus dem Schoß der Mutter in den Schoß der Familie, des Stammes und der Muttersprache. (RUTH BENEDIKT: „Die meisten Menschen sind angepaßt an die Form ihrer Kultur auf Grund der großen Formbarkeit ihrer ursprünglichen Begabung. Sie sind plastisch für die modellierende Kraft der Gesellschaft, in die sie hineingeboren sind.")[22]

---

18 Zu der notwendigen Trennung des organischen und des historischen Entwicklungsgedankens siehe A. PORTMANN, Zoologie und das neue Bild vom Menschen. Rowohlts deutsche Enzyklopädie, Bd. 20, etwa S. 21 bis 28.

19 Häuptling Büffelkind Langspeer, eine Selbstdarstellung des letzten Indianers. München. — Auch als Taschenbuch: List-Bücher Nr. 115.

20 Nach H. ROTH, Begabung und Begaben. In: Die Sammlung, IV. Jahrg. (1952), S. 403.

21 A. PORTMANN, a. a. O., S. 51.

22 Zitiert nach LANGEVELD, Studien zur Anthropologie des Kindes, S. 38.

Wenn also unsere Zwölfjährigen anfangen, in einer Weise über die Natur nachzudenken, die der gleichaltrige Indianer nie entdeckte, so liegt das nicht daran, daß das abendländische Kind klüger oder begabter sich bis zu diesem Stadium von selbst, pflanzenhaft, „entfaltet" hätte, sondern daran, daß seine Kultur, die es vom ersten Augenblick nach seiner Geburt erzieht, keine rein magische mehr ist. Die Jahrtausende der Bildung der indogermanischen Sprachen in der abendländischen Geschichte werden unseren Kindern von uns übergeben, ohne daß wir uns dessen bewußt werden, aber nach zwölf langen und erfüllten Jahren ist das Kind auch in das heutige abendländische Alltagsdenken aufgenommen. Von da an denkt es über Natur so wie der ungeschulte Erwachsene.

Ich halte, mit anderen Worten, dieses Denken des 12. Jahres für bereits identisch mit dem „volkstümlichen Denken", einem Begriff, den Carl Schietzel[23] eingeführt hat, in der „Überzeugung, daß es eine besondere und gediegene geistige Denkweise des einfachen Mannes aus dem Volke, jung wie alt, gebe, eine Denkweise, in der sich jedermanns Alltagsleben erfülle ..." (S. 7) „Dieses ... Denken der Umgangs- und Volkssprache ist ... erstens praktisch, zweitens konkret, drittens situationsgebunden" (S. 63).

In diesen Sätzen fällt nun aber das Wort „besondere" auf, und tatsächlich wird von Schietzel und vielen anderen geglaubt: „Zwischen den Anfangspunkten des wissenschaftlichen Verständnisses einerseits und denjenigen des praktischen und technischen Denkens auf der anderen Seite besteht keine Berührung" (S. 77).

Um zu verstehen, wie dieser Eindruck zustande kommen konnte, ist es nötig, einige Beispiele zu betrachten: „Wenn im Versuch nun demonstriert wird, wie im luftleeren Glaszylinder tatsächlich das Schrotkorn und die Feder gleich schnell fallen, dann hat dieser Versuch für das Denken der Kinder und des ungelehrten Menschen den Charakter einer Paradoxie, nicht den eines das Fallgesetz beweisenden Experimentes" (S. 105).

Aber das wird nur dann eine Paradoxie sein (und ist es leider oft genug), wenn dieser Versuch als ein mit der vertrauten Welt des Kindes *unverbundenes* Zauberkunststück vorgeführt wird. Das darf eben nicht sein und braucht nicht zu sein. Daß aus dem handwerklichen und lebensnahen volkstümlichen Tun überhaupt Naturwissenschaft wurde, wäre nicht möglich gewesen, wenn es nicht zu ihr gedrängt hätte. Man braucht nur Galilei und Guericke zu lesen, um es handgreiflich zu verfolgen. Auch der Weg zum Vakuum und allem, was man mit ihm machen kann, geht in vielen, stetigen Stufen von den Erfahrungen der Pumpenmacher aus. Man kann es zwar mit Schietzel durchaus in Frage stellen, ob der Fall im Vakuum, das Fallgesetz, das Kopernikanische System und vieles andere in die Volksschule gehören: „Die Fallgesetze sind ein gleichgültiges Wissen, vielleicht sogar ein verwirrendes im Vergleich zu den Aussagen aus dem Horizont des hantierenden und technischen Menschen" (S. 104).

---

[23] C. Schietzel, Das volkstümliche Denken und der sachkundliche Unterricht in der Volksschule. Bd. 3 der päd. Studien, herausgegeben von W. Flitner, Hamburg 1948.

Ders., Über den Naturlehre-Unterricht in der Volksschule. In: Westermanns Pädagogische Beiträge, 9. Jahrg. (1957), S. 173 ff.

L. Vieth, Naturwissenschaftliche Bildung und volkstümliches Denken. In: Naturlehre und Naturkunde, 1958, S. 1 ff.

H. Scheuerl, Die exemplarische Lehre. Tübingen 1958, S. 126 ff.

Gewiß ist aber, daß hier nicht ein „Vergleich" zwischen zwei einander fremden Welten vorliegt: Zu den Fallgesetzen und anderen „wissenschaftlichen" Ergebnissen führt ein steiler Weg, der von der praktischen Arbeitswelt und der erlebten Natur herkommt.

Ein anderes Beispiel: „Dem volkstümlichen Denken können die Kneifzange, das Brecheisen, der Flaschenzug nicht klarwerden, wenn man Hebelarme mißt und die Regeln der Mechanik lernt, sondern nur wenn man sich im Umgang mit den Werkzeugen belehrt, und je ‚zugreifender' sie gebraucht werden, um so klarer werden sie erkannt ... Diese Maschinen werden durch das Arbeiten mit ihnen klar. Auch sie sind ‚Urphänomene'. Wenn diese Maschinen nicht funktionierten, wäre ihre Theorie vielleicht geradezu unglaubwürdig" (S. 105).

Nein: Die Kneifzange kann nicht aus dem Hebelgesetz klarwerden, wenn man nicht vorher gelernt hat, woher das Hebelgesetz kommt. Denn nur aus der Kneifzange und anderen — ihr verwandten — Werkzeugen kann klarwerden, ja aus ihrem Funktionieren allein kann es klarwerden, wie man zu einem Hebelgesetz kommt. Und allerdings wäre, wenn diese Werkzeuge nicht funktionierten, das Hebelgesetz „unglaubwürdig", es existierte gar nicht. Ihr Funktionieren *ist* das Hebelgesetz. Es ist doch so: Einige der von SCHIETZEL gemeinten Werkzeuge, nämlich Zange, Schere, Winde, Flaschenzüge, sobald sie aus dem praktischen Tun „volkstümlich" „verstanden" sind, schließen sich dem ordnenden Blick zu einer Familie zusammen. Es ist ihnen allen etwas gemeinsam: Sie erlauben dem Schwachen, eine Kraft auszulösen, die sonst (ohne sie) nur der Starke aufbringen könnte. Und bei ihnen allen ist das „Bemerkenswerte", das „Merkwürdige", daß dieser Gewinn kein Geschenk, nicht umsonst ist: er muß mit etwas anderem bezahlt werden: mit Umweg. Ist diese Abstraktion den Schülern der letzten Jahrgänge der Volksschule nicht „von selbst" vollziehbar und genauso den gleichaltrigen der Höheren Schule und der Berufsschule? Und von hier ist es nicht weit zu einem sauberen Begriff der „Arbeit" (siehe S. 149).

Es wird aber deutlich, wie es zu der Auffassung kommen konnte, es stehe das volkstümliche Denken dem wissenschaftlichen unvereinbar gegenüber. Nämlich daher, daß unser Unterricht lange Zeit „vom Dache her, vom System, von der Theorie her, aufgebaut"[24] war und es noch weithin ist, derart, daß, *was Wurzel sein muß, nur „Anwendung" wurde eines Wurzellosen.* SCHIETZEL hat völlig recht damit, daß die Zange nicht von einem Hebelgesetz aus verstanden werden kann, wenn es als etwas irgendwoher Kommendes, vom wissenschaftlichen Denken ausgeheckt, erscheint. Es kommt aber aus der Zange!

Daher auch die resignierende Meinung, daß auf diese volkstümliche Denkweise sich die Arbeit der Volksschule nicht etwa nur gründen, sondern auch beschränken müsse, während der Höheren Schule ein wissenschaftliches Denken anderer, fast dunkler, aber eben höherer Herkunft zugestanden wird. (Die Lehrer der Höheren Schule selbst tun wenig, diesen Nimbus zu beseitigen.) So heißt es bei SCHIETZEL: „Wenn das volkstümliche Denken sich klären will, darf es der Spur des wissenschaftlichen Denkens nicht folgen, es muß Wege suchen, die in ihm selbst angelegt sind" (S. 76).

---

[24] H. W. ZIEGLER, Die Aufgabe der Volksschule und die Frage der volkstümlichen Bildung. In: Die Deutsche Schule, 48. Jahrg. (1956), S. 59—70, insbesondere S. 62. — Dort auch eine Zusammenstellung der Literatur des „volkstümlichen Denkens".

Ich möchte diesen Satz umkehren: Wenn das volkstümliche Denken sich im Kinde (aller Schulgattungen) in der Richtung auf das wissenschaftliche hin klären soll, so muß es der Spur folgen, die im volkstümlichen Denken selbst angelegt ist. Das Wissen der Volksschule und natürlich auch das der Höheren Schule müssen sich allerdings „gründen" auf das „volkstümliche Denken", wenn sie überhaupt gegründet sein wollen. *Der Weg zum wissenschaftlichen Denken ist im volkstümlichen angelegt.* Wenn auch das wissenschaftliche Denken weit über das volkstümliche hinausgestiegen ist, so ruht es doch auf ihm und auf der Alltagssprache. Es gibt keinen Bruch; in der Geschichte nicht und nicht bei allen richtigen Physikern. Wo es ihn gibt, da ist er ein Unfall und ein Unheil, und wenn er geplant ist, ein Irrtum. Es muß und darf ihn nicht geben, wenn das naturwissenschaftliche Wissen aller Schularten nicht „verstiegen" sein soll. Daß es das vielfach ist, wissen wir. Das liegt aber nicht am naturwissenschaftlichen Denken, sondern daran, daß es pädagogisch noch nicht angeheilt, daß der Übergang vom volkstümlichen ins naturwissenschaftliche noch nicht in Pflege genommen ist, und nicht in Forschung.

So ergaben sich zwei Fehllösungen, einig nur in dem Mißverständnis, naturwissenschaftliches Denken sei etwas, wohin vom volkstümlichen keine Brücke führt: Die einen glauben, das fremde physikalische Denken dem Kinde auferlegen zu müssen (vgl. S. 61), die anderen halten eine solche Auferlegung für schädlich und scheinhaft und wollen für die Volksschule deshalb beim volkstümlichen Denken bleiben. Diese zweite Gruppe ist die weisere, aber auch sie irrt in der Voraussetzung. Beide tragen dazu bei, im Volke und bei den Lehrern eine Kluft offenzuhalten, die nicht notwendig ist. Die Aufgabe eines bildenden naturwissenschaftlichen Unterrichts besteht gerade darin, diesen Schnitt heilen zu lassen. Erst dann können wir das volkstümliche Denken aus seinem Ghetto befreien und das wissenschaftliche aus seinem Elfenbeinturm. Erst dann können wir die naturwissenschaftliche Bildung aller Schularten gründen und bildend glaubhaft machen. Heute ist es freilich so, daß das volkstümliche Denken im Volk und oft auch im Schüler von einer Lackschicht wissenschaftlichen Redens und Manipulierens überzogen ist, die leicht abspringt und schnell verwittert, unter sich aber ein urtümliches Denken verbirgt, was dann zur modernen Spaltung der Person beiträgt[25]. Die Einsicht, daß das „volkstümliche Denken" die Vorstufe des wissenschaftlichen sei, scheitert oft an dem Gefühl, daß diese Einordnung („nur" Vorstufe) eine Geringschätzung, eine Abwertung bedeute. Warum „nur"? Warum die übertriebene Reverenz vor dem „wissenschaftlichen" Denken, als gehöre es einer freischwebenden höheren Welt an? Das „volkstümliche" Denken ist eine wesentliche Wurzel des wissenschaftlichen Denkens. Wer wird die Wurzeln eines Baumes geringer schätzen wollen als seine Krone?

Vielleicht wäre uns mit einem Namenswechsel geholfen: Man könnte vom „ursprünglichen Denken" sprechen statt vom volkstümlichen. Wie das praktisch-ganzheitliche „Denken der Hand", wenn es nur gründlich und vertrautmachend an ein einfaches technisches Gerät herangeht, Zwölfjährige am Verstehen etwa der Pendeluhr bildet, haben FRITZ STÜCKRATH und CARL SCHIETZEL

---

25 H. W. ZIEGLER, a. a. O., S. 64.

gezeigt[26]. Wie es möglich wäre, von hier aus in das wissenschaftliche, d. h. das physikalische, Denken ohne Bruch ein Stück vorzudringen, habe ich im Anhang B anzudeuten versucht. Die neuere Entwicklung der Diskussion über die Beziehung zwischen dem „volkstümlichen Denken“ und dem „genetischen Prinzip“, ausgelöst durch SCHIETZELS neues Buch „Technik, Natur und exakte Wissenschaft“, Braunschweig 1968, ist im Anhang dieser 3. Auflage angefügt worden (s. S. 306 ff.).

## D. Schlußbemerkung

Von einem Kapitel, das die Jugendlichen der *Reifejahre* in ihrem Verhältnis zu Natur, Technik und Physik betrachten würde, habe ich nach einigem Zögern abgesehen. In der Literatur fand ich wenig. Zudem mögen frühere Feststellungen durch die „Akzeleration“ verschoben sein. Auch ist hier vielleicht nicht mehr viel zu sagen nötig, weil die Kinder der Reifejahre fast schon „so wie wir“, die Erwachsenen, zu denken *beginnen:* abstrahierend, Systeme und Theorien bildend. Nach meinen eigenen Beobachtungen lenkt „die Entdeckung des eigenen Inneren“[27] nicht notwendig von der „Außenwelt“ ab. Im Gegenteil: Die Ordnungen, die dort entdeckt werden, wirken vertrauenerweckend, falls sie nicht durch die üblichen Verfrühungen (Kap. XII) unzugänglich werden, so daß die eigentliche Assimilation ausbleibt.

Ich kenne kein sichereres Mittel, die Assimilation zu erreichen, als Knaben und *Mädchen* (nicht unbedingt gleichaltrige!) gemeinsam zu unterrichten und sich dabei nach den Mädchen zu richten. Denn das männliche Element in uns ist eher geneigt als das weibliche, das logische Verstehen abzuspalten, statt es auszugliedern[28]. Daß den Mädchen eine wohlassimilierte Physik „nicht liegen“ soll, kann ich nach jahrelangem *Koedukations*-Unterricht nicht bestätigen. Achtet man auf das, was im Kapitel VIII über die Sprache gesagt wird, so wird man finden, daß die Mädchen keine stärkere Assimilation brauchen als der Mann und Ritter von Maricourt (S. 136)[29].

---

26 FR. STÜCKRATH, Die geistige Entwicklung des Kindes in der technischen Wirklichkeit. In: Westermanns Päd. Beiträge, 8. Jahrg. (1956), Heft 5. — C. SCHIETZEL, Die Technik als Unterrichtsgegenstand der Volksschule. A. a. O., Heft 6.

27 M. J. LANGEVELD, Studien zur Anthropologie des Kindes. A. a. O., S. 86.

28 Ich stimme völlig überein mit: E. BLOCHMANN, Zur Frage der Mädchenbildung heute. In: Die Sammlung, XI. Jahrg. (1956), S. 401 ff.: „Wenn eine Aussage über die Intellektualität der Mädchen gewagt werden darf, so ist es die, daß die Mädchen nicht weniger intelligent sind als die Knaben, aber daß die Entwicklung der intellektuellen Fähigkeiten zu *geistiger Kraft* bei ihnen im allgemeinen enger an die Entfaltung der Totalität ihrer Menschlichkeit gebunden ist als bei den Knaben.“ — Ein bedeutsames Argument für Koedukation (und gegen den Unterricht in Altersklassen), denn genau das ist ja auch den Knaben zu wünschen. (Vgl. BLOCHMANN, S. 407.)

29 Weitere Beispiele zum Thema der Kapitel IV und V: siehe den „Nachtrag“ zu S. 77. Über einen Unterrichtsverlauf zum Hebelgesetz in einer Mädchenklasse berichtet W. KLINGENBURG: „Wir bauen uns ein Mobile“ (Unsere Volksschule, Maiheft 1963, S. 57 ff.).

II. Teil

# DIE BILDUNG DES MENSCHEN

# IM PHYSIKUNTERRICHT

## VI. Kapitel

# Der Physikunterricht vor seiner Aufgabe

*„Das Jahrhundert ist vorgerückt; jeder einzelne aber fängt doch von vorne an."* (GOETHE[1])

## A. Eine bewältigende, aber nicht bewältigte Wissenschaft

Der exakt-naturwissenschaftliche Unterricht, verglichen etwa mit dem der alten Sprachen oder der Geschichte, ist ganz jung, sein Gegenstand ist noch nicht lange für uns sichtbar. Was sind 350 Jahre (wenn wir etwa das Jahr 1600 als das nehmen, in dem es ernst wurde, das Jahr, in dem GIORDANO BRUNO auf dem Scheiterhaufen starb)! Denken wir uns einen Siebzigjährigen, der die Erkenntnisse seiner Lebensspanne einem Zwanzigjährigen übermittelt, der sie zu verstehen und zu bewahren vermag. Dann sind schon sieben solcher Elementarakte der Überlieferung ausreichend, diese kurze Spanne Zeit seit 1600 zu überbrücken. Stellen wir uns sieben solche Lernende und dann Wissende hintereinanderstehend vor, die einander noch gekannt haben, jeder den vorigen und den folgenden. Der letzte wäre etwa EINSTEIN, dann könnte der siebente fast noch der alte GALILEI selber sein (der 1641 starb). Erst sieben Forscherleben lang dauert das unruhige Erwachen der Naturwissenschaft.

Daß etwas Neues begann, wußte GALILEI wohl, denn er schrieb über das erste Lehrbuch der Physik, das es gibt (und die beste Einführung geblieben ist bis heute): „Unterredungen und mathematische Demonstrationen über zwei neue Wissenszweige, die Mechanik und die Fallgesetze betreffend". (Das Wort „Mechanik" hatte damals einen engeren Sinn als heute.) In diesem Titel ist schon viel gesagt: ein *neues* Wissen, ein *Zweig* neuen Wissens; seine Kennzeichen: Mathematisierung und Demonstration (wir würden sagen, Experiment). — Als Lehrer wollen wir dabei nicht übersehen, daß GALILEI uns auch die Form gibt, in der allein das Neue überzeugend werden kann, auch in der Schule: die Unterredung, das Wechselgespräch.

Jung also ist Naturwissenschaft und neu. Aber was eigentlich ist an ihr neu? Neue Tatsachen? „Schon bei den alten Griechen fielen doch die Steine nach dem Fallgesetz!" Sie fielen, aber niemand *fragte* auch nur so wie GALILEI. Das Neue ist die Methode, an die Natur heranzugehen und das in Zahlen faßbare Gesetz zu suchen, eine andere Art also, sie zu sehen und anzugreifen durch das messende, das mathematisierende Experiment. Wir wissen alle, daß diese neue Methode dahin führte, das altbekannte Geschehen (etwa das Fallen) anders, wir sagen „schärfer" zu fassen, dann aber, in zweiter Linie, mit ihrer Hilfe auch wirklich neue Tatsachen herauszufinden, Dinge, von denen früher niemand

---

[1] Maximen und Reflexionen, Nr. 1147, hrsg. v. G. MÜLLER. 3. Aufl., Stuttgart 1949.

träumen konnte. Eine neue Methode also und als Folge davon: ehemals unbekannte Tatsachen, die durch die Methode „hervor-gerufen" wurden. (Man denke an die Nebelkammer oder an die Phänomene der Atomenergie.)

In der Physik gelten nur „Tatsachen", insofern als sie aus dem Tun kommt und wieder zum Tun führt: Das Kriterium für die Richtigkeit eines physikalischen Gesetzes besteht darin, daß wir voraussagen können, was unter bestimmten Umständen, die wir machen können, geschehen wird. Physik ist eine bemächtigende Methode — im Gegensatz etwa zur goethischen Naturbetrachtung —, und zwar ist sie dies schon im Keim. Es gibt eine Bemerkung von Kepler[2], die zweierlei zugleich sagt: Die neue Naturwissenschaft ist keine Wesens-Erkenntnis, sie gibt aber Macht. „Ich erfasse, wie Du sagst, die Wirklichkeit am Schwanze, aber ich halte sie in der Hand." So sehr die forschende Haltung eine andere ist als die technische (vgl. Kap. II): Es genügt aus dem Stand des Forschens eine winzige Wendung des Blicks, und die geistige Bewältigung ist eine technische, eine anwendende geworden.

Wie sehr, das merken wir erst heute ganz. Erst in unserer Zeit kommt die neue Quelle unseres naturwissenschaftlichen Denkens so recht in Fluß, und dieser Fluß gräbt sich erst sein Bett, höhlt die Hänge und läßt Ufer stürzen; staut sich vielleicht jetzt vor seinem größten Katarakt. Seine technischen Auswirkungen gehen mit uns durch, wie viele fürchten. Wir haben die Natur bewältigt, sagen sie, aber nicht die Technik; die Bewältigung selber haben wir nicht bewältigt, nicht uns selber. (Und manche glauben, das käme daher, daß wir uns so betragen, als gehöre der „Mensch" zur physikalisch zu lenkenden Natur dazu.)

Hier, in unserem Zusammenhang wird das insofern wichtig, als sich zeigt: so sehr Physik Neues und Gesichertes ans Licht bringt: Wir selbst, nicht als physikalische „Beobachter", sondern als Menschen, sind offenbar mit ihr noch nicht fertig geworden, haben sie noch nicht in unsere Mitte aufgenommen, haben sie eben nur „in der Hand" und „im Kopf". Sie stört deshalb unsere Geborgenheit in der Wirklichkeit, solange wir sie nicht als Aspekt verstehen, denn in ihr selbst können wir nicht geborgen sein. Sie ist ja „enger" als wir.

Dürfen wir unter diesen Umständen annehmen, daß der naturwissenschaftliche Unterricht eine geklärte Angelegenheit ist? Wobei wir „Unterricht" als eine „Unterredung" zu dritt ansehen (zwischen: dem Lehrer, den Schülern und — nicht zuletzt — den Dingen). Eine Unterredung, die sich an den ganzen Menschen im Schüler wendet, von uns Lehrern als ganzen Menschen ausgeht und sich richtet — anfangs jedenfalls — auf die ganze, noch nicht fachlich zerteilte Natur.

## B. Der Sinn des physikalischen Unterrichts

Manche sagen, der naturwissenschaftliche Unterricht habe seine endgültige Form im wesentlichen gefunden, und es sei nur noch die Frage, wieweit sich die Anerkennung der Naturwissenschaften als eines die heutige Welt bestimmen-

2 Apologia adversus Rob. de Fluctibus (1622), Op. V, S. 413 ff.

den Faktors bei den „anderen", den sogenannten „Geisteswissenschaftlern", allmählich durchsetzen werde.

Die Mehrheit unserer Zeitgenossen wird zwar dem Lehrer der Naturwissenschaften diese Anerkennung nicht versagen und ihm versichern — mehr vielleicht als ihm lieb ist —: Nein, es geht natürlich nicht an, daß man in einer Zeit, der die Naturwissenschaften „ihren Stempel aufgedrückt" haben, vergesse, daß die Schüler, auch der Volksschule, als künftige „brauchbare Mitglieder" der Gesellschaft, gegenüber den „zeitnahen" Anforderungen ein „allseitiges" und „zu einem gewissen Abschluß gebrachtes" Wissen mitbringen müssen, auch über das Neueste und Aktuellste, und von Radio bis Radar, von der Kernspaltung bis zum expandierenden Universum „etwas gehört haben" sollten.

Aber eine Minderheit derer, die „Gebildete" genannt werden oder sich so nennen, besonders wenn sie von den Geisteswissenschaften herkommen, hält dem häufig folgendes entgegen: Zugegeben, bis zu einem gewissen Grade mag das richtig sein. Diese „Realien", Zusammenstellungen also dessen, „was es alles gibt", Ergebnisse unserer fortschrittlichen Natur-Forschung, sind nicht unwichtig. Sie geben uns ja das Inventar des einzig Sicheren und Objektiven innerhalb der „Außenwelt", die Verkehrsregeln der Natur. Das Wichtigste davon müssen wir wissen, um uns in der heutigen Welt zu bewegen. Und es ist auch einzuräumen, daß, ganz abgesehen von diesem praktischen Umgang, es uns nicht gleichgültig lassen kann, wie fern uns die Fixsterne liegen und wie weit wir die Dinosaurier hinter uns gelassen haben, daß es Mutationen, Neandertaler, Akausalität und manches andere gibt, weil es für die Stellung des Menschen in der Welt bedeutsam ist. Nur, fügen sie hinzu: alles in Grenzen, die Ergebnisse genügen. Macht keine Laboratorien aus den Schulen. Es sind ja nur „Tatsachen-Fragen".

Diese letzten, die eine kurz gefaßte, informierende Übersicht über die Ergebnisse wünschen, werden sich in einem gründlichen Gespräch von dem Lehrer der Naturwissenschaften wahrscheinlich überzeugen lassen, daß ein „Überblick" über Ergebnisse kein erstrebenswertes Ziel sein kann, sondern, wie KERSCHENSTEINER[3] sagte, eine „Seuche" ist (auch dann, wenn sie nicht einhergeht mit der ängstlichen oder eitlen „Vielwisserei", dem „Enzyklopädismus", den KERSCHENSTEINER ebenfalls eine „Seuche" nannte). Daß nämlich ein naturwissenschaftliches Ergebnis gar nicht verstanden werden kann ohne Kenntnis auch des Weges, der zu ihm führte.

Aber, warum nicht? Ist nicht das Fallgesetz in der Fassung etwa GALILEIS (Anhang E, S. 288 ff.) eine Aussage, die allenfalls noch einer Skizze bedarf, um ohne weiteres verstanden zu werden? — Wer den Anhang E aber ganz gelesen hat, bemerkt, was einer solchen Mitteilung fehlen würde und daß dieses Fehlende das Wichtigste ist.

Dabei ist das Lesen eines solchen Berichtes nur ein Notbehelf. Man muß dabei gewesen sein, ja man muß es selbst getan haben. Das ist ein allgemeiner

---

[3] G. KERSCHENSTEINER, Wesen und Wert des naturwissenschaftlichen Unterrichts. 3. Aufl., Leipzig 1928, Kap. VIII, S. 10, 115, 232.

pädagogischer Grundsatz, aber in kaum einem anderen Fach ist er so unabweisbar und so erfüllbar, da Physik immer ein Tun ist. Das Dabeisein und das Selber-Tun ist etwas qualitativ anderes als das Anhören eines Berichtes. Und nur diese Qualität ist es, die der Erkenntnis den Weg in die Mitte der Person freilegt. — Das bedeutet nicht, daß man bei *allem,* was man schließlich weiß, dabei gewesen sein muß. Aber man muß wissen, wie es ist, wenn man bei „so etwas" dabei ist. Es genügt, es „exemplarisch" zu erfahren (Kap. XV). Erst dann, wenn man einige Experimente so eindringlich erfahren hat, versteht man, ob und in welchem Sinn hier etwas für alle Zeiten Gültiges gefunden ist. Und daß dennoch die physikalische Gewißheit eine geringere als die mathematische ist. (Das sehr Unwahrscheinliche, daß man eines Tages den Satz von der Erhaltung der Energie aufgeben müßte, ist immerhin „denkbar". Wir müßten umlernen. Daß aber einer eines Tages die letzte Primzahl entdeckte, ist absolut ausgeschlossen. Es müßte Irrtum oder Wahnsinn im Spiel sein.)

Das Fallgesetz liegt noch einfach, insofern als jedem von vornherein klar ist, wie man mißt: mit Maßstab und Uhr. Aussagen aber wie die, daß der Andromedanebel 1 Million Lichtjahre entfernt sei, verlangen mehr. Und wer hier ein Urteil haben und eine solche Angabe nicht einfach als „bare Münze" nehmen will, der muß auch „so etwas" einmal exemplarisch mitgedacht haben[4]. Noch schwieriger hat es der Laie etwa, wenn er von der „Expansion des Weltalls" „etwas halten" soll. Er ahnt nicht die Ungenauigkeit und das Hypothetische solcher Aussagen. Aber auch „so etwas" kann — wenigstens im Gymnasium — verstehbar werden.

Offenbar ist die Urteilsfähigkeit auch für die niederen Grade physikalischer Einsicht heute noch keineswegs ins Volk eingegangen, was sich in der untertanenhaften Wendung äußert: „Die Gelehrten haben es ausgerechnet." Hier liegt eine Aufgabe, besonders der Volksschule. Denn auch die Lehrbücher der Naturlehre versichern das unnötig oft.

Nehmen wir an, die Verständigung sei soweit gelungen, so ist noch ein anderer Einwand möglich. Der Gesprächspartner erkennt den informatorischen Wert auch der Methode an, aber er sieht keine *bildende* Aufgabe. Denn, so meint er, alle diese objektiven Tatbestände, diese „Realien", betreffen ja nur die Außenwelt. Bildung kann immer nur in *den* Fächern in Gang kommen, die vom *Menschen* reden, von dem, was *er* schafft und was er verantwortet, von *seinen* Schöpfungen, nicht von denen der Natur; Sprachen also, Geschichte, Kunst sind die eigentlichen Bildungsfächer.

Was hierauf zunächst zu sagen ist, finden wir in den Einleitungen zu den Lehrplänen aus den letzten Jahrzehnten angeführt. Die erzieherischen Werte der exakten Naturwissenschaften werden etwa so zusammengestellt:

Die Erziehung zur scharfen Beobachtung, zum logischen Denken, das objektive Anerkennen von Tatsachen, sich Freihalten von subjektiven Einflüssen, die Erfahrung, daß Pfuscherei oder gar Unehrlichkeit innerhalb des naturforschenden Arbeitens sich rächen, weil hier der Schüler auf eine unbestechliche und

---

[4] F. Gondolatsch, Die astronomische Entfernungsskala. Physikalische Blätter 1956/57, S. 305 ff. — oder: Fischer-Lexikon Bd. 4 (Astronomie), S. 310.

unbedingte, in der Sache liegende Autorität stößt, die ihn zur Genauigkeit und zur Wahrhaftigkeit aufruft. KERSCHENSTEINER hat darüber Wichtiges gesagt[5].

Zu den Tugenden, die der naturwissenschaftliche Unterricht begünstigen kann, zählt er: die Erfüllung mit dem Geist der Gesetzmäßigkeit, das Bedürfnis nach eindeutiger Formulierung, Verantwortlichkeitsgefühl, Ehrfurcht vor der geistigen Arbeit anderer, Wahrheitsliebe, Objektivität, Exaktheit.

Weniger bekannt ist die lucide Darstellung der naturwissenschaftlichen Objektivität und der Grade des naturwissenschaftlichen Wissens, die PASCAL in einem Brief an PÈRE NOEL am 26. Oktober 1647 gegeben hat, und von der ein Stück hier folgen möge. Dieser Brief, in dem PASCAL seinen wissenschaftlichen Gegner mit einem vernichtenden Glanz ohnegleichen abfertigt, ist jetzt leicht zugänglich geworden[6] und sei als Ganzes jedem Lehrer empfohlen, besonders für die Zeit, in der er seinen Unterricht über den leeren Raum vorbereiten will.

„... diese Regel bildet den Hauptbestandteil der Methode, nach welcher man in den Schulen die Wissenschaften behandelt: Man darf niemals einen Satz endgültig verneinen oder bejahen, wenn er nicht eine der beiden folgenden Bedingungen erfüllt: Er muß entweder aus sich heraus den Sinnen oder dem Verstande so klar und so deutlich erscheinen, daß er entweder dem Ja oder dem Nein eindeutig unterworfen ist und der Geist keine Möglichkeit hat, an seiner Gewißheit zu zweifeln ... — Oder aber er muß erschlossen werden können durch unfehlbare und notwendige Folgerungen aus solchen Prinzipien, von deren Gewißheit die ganze Gewißheit der Folgerungen abhängt ... Zum Beispiel: ‚Die Summe der Winkel eines Dreiecks ist gleich zwei rechten Winkeln'; dieser Satz ist aus sich selbst heraus nicht einleuchtend, aber er kann durch unfehlbare Folgerungen aus solchen Axiomen klar bewiesen werden. Jedes Urteil, das eine dieser beiden Bedingungen erfüllt, ist sicher und wahr, und jede Behauptung, die sich auf keine von ihnen anwenden läßt, gilt als zweifelhaft und unsicher. Wir fällen ein endgültiges Urteil über die Sätze der ersten Kategorie und lassen die anderen unentschieden und nennen sie, je nach ihrem Werte, bald eine ‚Vision', bald eine ‚Laune', zuweilen ein ‚Erzeugnis der Phantasie', manchmal eine ‚Idee' und höchstens einen ‚schönen Gedanken'; und da es verwegen wäre, sie ohne weiteres zu bejahen, neigen wir eher dazu, sie zu verneinen, bleiben aber bereit, zum Ja zurückzukehren, wenn uns ein klarer Beweis von seiner Wahrheit überzeugt."

Obwohl PASCAL als Beispiel ein Vorbild aus der Geometrie nennt, redet er in diesem Brief von Physik, und zwar von der Behauptung NOELS, daß der leere Raum nicht möglich sei. Etwas später schreibt PASCAL in demselben Brief:

„Wenn uns eine Hypothese überzeugen soll, genügt es also nicht, daß sich alle Phänomene aus ihr ableiten lassen, hingegen sind wir von der Falschheit einer Hypothese hinreichend überzeugt, wenn sich ein einziger Sachverhalt aus ihr ergibt, der einem der Phänomene widerspricht.

Wenn man zum Beispiel einen heißen Stein fände, ohne die Ursache seiner Erhitzung zu kennen, dann würde man wohl kaum glauben, daß der die wahre Ursache dafür gefunden hätte, der so argumentiert: Setzen

---

5 G. KERSCHENSTEINER, Wesen und Wert des naturwissenschaftlichen Unterrichts. A. a. O.

6 BL. PASCAL, Fischer-Bücherei, 1954, Bd. 70, S. 76 ff.

wir voraus, man habe diesen Stein in ein großes Feuer geworfen und ihn nach einiger Zeit wieder herausgenommen; folglich muß dieser Stein noch warm sein; nun ist er (tatsächlich) warm, also hat man ihn in das Feuer geworfen. Das wäre nur richtig, wenn das Feuer die einzige mögliche Ursache seiner Erwärmung wäre; aber da sie ebensogut durch die Sonne wie durch Reibung erfolgen kann, ist dieser Schluß ohne Überzeugungskraft."

Das erscheint uns sehr einfach. Aber es wäre viel erreicht, wenn es uns durch die Schulen gelänge, im Nachdenken des Volkes diese „geistige Zucht" zur Gewohnheit werden zu lassen.

Und auch um *dieses* Erfolges willen — so wird der Vertreter der Physik den anderen, Zweifelnden leicht überzeugen —, auch deshalb kann physikalischer Unterricht nur dann bildend sein, wenn er den Schülern selber forschend werden, ihn die Methode selber erlernen und ausüben läßt (was wir ja „Arbeitsunterricht" nennen). Denn diesen „Hauptbestandteil der Methode" (wie PASCAL sagte) erlebt man ja nicht an den Ergebnissen, sondern nur auf dem Weg zu ihnen.

Diese Einsichten haben zu Beginn unseres Jahrhunderts in den bekannten „Meraner Beschlüssen" ihre maßgebende Formulierung gefunden, und wir treffen häufig die Überzeugung an, daß damit der naturwissenschaftliche Unterricht sich seine endgültige Verfassung gegeben habe:

„1. Die Physik ist im Unterricht nicht als mathematische Wissenschaft, sondern als Naturwissenschaft zu behandeln.
2. Die Physik als Unterrichtsgegenstand ist so zu betreiben, daß sie als Vorbild für die Art, wie überhaupt im Bereich der Erfahrungswissenschaften Erkenntnis gewonnen wird, dienen kann.
3. Für die physikalische Ausbildung der Schüler sind planmäßig geordnete Übungen im eigenen Beobachten und Experimentieren erforderlich[7]."

Die Frage ist nun, ob diese Meraner Beschlüsse heute noch ausreichen. Bedenkt man die Umwälzungen, die seitdem in der Geschichte, in der Entwicklung der Physik und in unseren Vorstellungen von der menschlichen Seele vor sich gegangen sind, so ist das nicht selbstverständlich.

Es hieß oben (S. 100), Naturwissenschaft lehre das objektive Erkennen der Natur, frei von „subjektiven" Einflüssen. Dieses Wort „subjektiv" ist, wie sich nun zeigen wird, zweideutig, und dadurch verwirrt sich manche Diskussion. Zugegeben, wird man sagen, daß der so verstandene physikalische Unterricht, ein „Arbeitsunterricht" also, dem es darauf ankommt, daß der Lernende nicht nur Ergebnisse erfährt, sondern daß er auch die forschende Haltung selber einnimmt, also die Methode lernt — daß ein solcher Unterricht eine hervorragende Schulung des Geistes im Sinne PASCALS mit sich bringen kann. Er wird das aber doch nur „auf dem logischen Sektor" können. Die Wirkung des naturwissenschaftlichen Denkens und Tuns bleibt auf ihn beschränkt und ist so im Grunde nur ein logische, für die berufliche Ausbildung ausreichende: aber nicht eine „bildende", trägt nichts bei zu dem Feld der Werte, die den Menschen erst zum

---

[7] Siehe z. B.: K. HAHN, Methodik des physikalischen Unterrichts. A. a. O. S. 50. — G. WOLFF, Physikalische Blätter, 1955, S. 414: Fünfzig Jahre Meraner Reform, und W. LIETZMANN, 50 Jahre Meraner Vorschläge, Der mathematische und naturwissenschaftliche Unterricht, VIII. Jahrg. 1955/56, S. 5 ff.

Menschen machen. KERSCHENSTEINER hat ja bekanntlich diesen Mangel anerkannt. Grob gesagt: Man wird nicht besser davon, daß man Physik betreibt. — Man erwidert hierauf von naturwissenschaftlicher Seite oft, daß die Erfahrung der Gesetzlichkeit in der Natur, das Bekanntwerden mit den maßvollen Gestalten im Kleinsten der atomaren Welt wie in den kosmischen Dimensionen zur Ehrfurcht und Bescheidenheit führen kann. Das ist gewiß wahr, die Persönlichkeit manches großen Naturforschers beweist es. Indessen ist es aber auch wahr, daß der naturwissenschaftliche Unterricht allzuoft nicht zu diesem seinem Ziele zu führen imstande war. Die heftige Gegnerschaft gerade solcher Menschen, die ein inniges Verhältnis zur Natur, zur Kunst, zu ethischen und religiösen Fragen haben, zeigt das; sie fühlen sich durch die „Kälte", wie sie sagen, und „Lieblosigkeit" dieser Naturwissenschaften abgestoßen. Sie finden, daß die anderen „Sektoren" der menschlichen Seele verkümmern, und vor allem wehren sie sich — bewußt oder unbewußt — gegen den Anspruch, daß die anderen, die nicht rationalen Fasern unseres Wesens es nun gar nicht mit der wahren objektiven Wirklichkeit der Natur zu tun haben sollen, daß sie „nur subjektiv" seien.

Nun ist es bemerkenswert, daß schon PASCAL seine oben angeführten Kriterien der Wahrheitsfindung auf die Fragen beschränkt, die den „Wissenschaften" (was wir heute exakte Naturwissenschaften nennen) zugänglich werden und nicht auf „die Geheimnisse des Glaubens", „die den Sinnen und der Vernunft verborgen sind"[8]. Und es ist bekannt, daß er, in dem Maße, wie er sich in der letzten Phase seines Lebens diesen Geheimnissen zuwandte, sein anfangs so leidenschaftliches und geniales Interesse an Mathematik und Physik verlor. (Brief an FERMAT vom 10. August 1660[9].) Und gerade auch die Natur hat uns ja innerhalb des religiösen wie auch des künstlerischen „Bereiches" etwas zu sagen.

Tatsächlich ist es heute noch so, daß die meisten Menschen aus ihrem Schulunterricht den wie selbstverständlichen Eindruck mitnehmen, Physik beanspruche, das zu finden, was die Natur selber, von sich aus enthalte, wenn wir nur „vorurteilslos" und „objektiv" an sie herantreten und genauer zusehen. Und alles andere sei vielleicht „schön" oder „fromm", aber doch — leider — im Grunde Einbildung. Das ist kein Wunder, denn bis noch vor wenigen Jahrzehnten sahen viele die Lage so (und die Schulbücher, ausgenommen einige, die für die Oberstufe der Höheren Schule bestimmt sind, stehen damit noch heute im — unausgesprochenen — Einklang).

Es war sehr merkwürdig für die der Physik Nahestehenden und in die erste Hälfte des zwanzigsten Jahrhunderts Hineingeborenen, daß sie zwar vor der Unrichtigkeit dieser Auffassung längst gewarnt waren, von Philosophen (KANT) und auch von Physikern (HERTZ), daß aber die meisten erst von der Physik selber her das entscheidende Veto erfahren mußten (Kap. I, S. 32). Am deutlichsten wurde es uns wohl bei der Frage nach dem „Wesen" (so sagten wir gern, und die Schulbücher sagen es oft noch heute) des Lichtes. Entweder, dachten wir, „ist" es ein Wellenvorgang oder es „ist" ein Teilchenstrom (eine Korpuskularströmung). Eines kann es natürlich nur „sein". Und das schien uns zugunsten der Wellentheorie durch Interferenz- und Beugungsphänomene klar entschieden

[8] PASCAL, a. a. O., S. 77.
[9] PASCAL, a. a. O., S. 263.

Licht „ist“ so, Natur „ist“ so. Neuerdings sind wir nun durch unerwartete experimentelle Befunde gezwungen zu sagen: Licht „ist“ weder das eine noch das andere, sondern — beides. Das erscheint uns unsinnig, und das ist es auch, wenn wir das Wort „ist“ stehenlassen. Deshalb sagen wir heute etwa so: Licht „äußert sich“ bei gewissen Experimenten so, daß wir das erste „Bild“ gebrauchen müssen, bei bestimmten anderen so, daß das andere nötig ist. Wir erfahren nur „Bilder“, und unser Tun und Denken zeigt sich in sie unauflöslich verflochten. So verlor manches in der Physik (etwa das Elektron) seine „Objektivierbarkeit“. Physik ist eine Betrachtungsweise, sie gibt nur einen „Aspekt“.

Bei genauerer, und nicht nur physikalischer, sondern wissenschaftstheoretischer Besinnung, wird dieser Schluß aber noch radikaler, indem wir einsehen, daß es der modernen Physik gar nicht bedurft hätte, um zu ihm zu gelangen. Sowohl diejenigen Experimente, die zum Teilchenbild führen (Photoeffekt), wie diejenigen, die das Wellenbild von uns verlangen (Interferenzerscheinungen), sind Experimente im Sinne der Physik. Auch wenn bei beiden *dasselbe* Bild sich gezeigt hätte: Bild wäre es doch, insofern das Experiment — die Methode überhaupt — nicht die Natur, sondern nur einen „Schatten“ von ihr gewinnt. Die moderne Physik hat uns nur geholfen, den naiven Realismus im Verstehen ihrer Ergebnisse zu erschüttern; so sehr, daß wir nun geneigter sind, den Ermahnungen der Philosophen zugänglich zu werden, die es uns schon lange sagten; und die uns heute sagen könnten: Auch ohne die moderne Physik habt ihr es nicht einfach mit „der Natur“ zu tun, sondern mit einer Ansicht, einem Aspekt der Natur, und Kräfte, Lichtwellen, Felder sind immer nur Bilder. (Und deshalb hätten wir eigentlich gar nicht so sehr zu erschrecken brauchen, daß für dasselbe „Licht“ zwei einander scheinbar widersprechende Bilder notwendig geworden sind.)

Es ist ja von vornherein nicht möglich, daß Physik durch Physik sich über sich selber klarwerden kann. Denn der Physiker kann über Physik nicht mit ihren eigenen Begriffen nachdenken, sowenig wie eine Zange sich selber kneifen kann. Ihre Kategorien sind den leibhaftigen Dingen in Raum und Zeit auf den Leib geschnitten und nicht solchen „Dingen“ wie „Wissenschaft“. Um darüber nachdenken zu können, was Physik selber für eine Wissenschaft ist und als solche tut, ist es nötig, die „Ebene“ der physikalischen Betrachtung zu verlassen und die der Wissenschaftstheorie zu betreten. Eine solche philosophische Betrachtung zeigt nun, daß erst eine besondere, keineswegs „unvoreingenommene“, sondern gerade voreingenommene Fragestellung (voreingenommen insofern, als sie nämlich von vielen Wirklichkeitsbezügen absieht) die Naturwirklichkeit einschränken muß, bevor die physikalische „Natur“, das „physikalische Naturbild“ aus ihr herauskonstruiert werden kann. Das wurde in Kapitel I schon angedeutet. Die auffälligste dieser Voreingenommenheiten, dieser Zulassungsbedingungen, ist die, daß nur solche Züge der (uns allen im Wachen gemeinsamen) Wirklichkeit sich halten dürfen (und dann sehr hervortreten), die dem „Experiment“ standhalten und die in solchen Begriffen faßbar sind, die — der Möglichkeit nach — der *Zahl* zugänglich werden, meßbar also, „quantifizierbar“ sind.

Nach dem letzten Kriege hat besonders Theodor Litt diesen Fragenkomplex unermüdlich geklärt. Ich glaube nicht, daß der naturwissenschaftliche Unterricht sich an diesem Klärungsprozeß vorbei entwickeln kann und halte Litts

Schriften[10] für den Lehrer der Naturwissenschaften für einen unumgänglichen Gegenstand der Auseinandersetzung (besonders Nr. 1, Kurzfassung Nr. 4). LITT kommt zu dem Ergebnis:

> „Das wesentliche Hindernis einer rechten pädagogischen Einschätzung dieser Disziplinen liegt in der weit verbreiteten Meinung, es sei die Naturwissenschaft sozusagen nur der gedankliche Abklatsch desjenigen, was wir in der äußeren Wirklichkeit bereits vorfinden" (Nr. 4, S. 152).

Statt dessen:

> „Es handelt sich hier um eine methodische Konstruktion, deren Gefüge erst in unendlichen geistigen Mühsalen erkundet und ergründet werden konnte" (Nr. 4, S. 152).

Mit anderen Worten:

> „Es ist eine ... auch heute noch viele Köpfe beherrschende Auffassung, die Methoden der Wissenschaften seien nichts anderes als Werkzeuge, ‚Instrumente', des Denkens" ... die man „auch anderwärts, an einem anderen Gegenstandsbereich zum Einsatz bringen könne ...": „Die Methode schlechthin, ... die einzige gültige ..."

Da vielmehr „das Verhältnis Subjekt, Methode, Objekt ... in seiner Unauflöslichkeit — — — das Gegenteil jedes räumlichen Außereinander" ist, eine unauflösliche „Trias",

wird „der Mensch ... Subjekt, indem er sich nach Anweisung der Methode auf das Objekt hin ausrichtet. Das Wirkliche wird Objekt, indem es sich nach Anweisung der Methode dem Subjekt entgegenformt!" (Nr. 1, S. 56, 60), und so wird auch der Mensch „methodisiert", verändert (Nr. 1, S. 58).

Damit bricht kein Subjektivismus in die Physik ein, in dem Sinn, als könne der eine von uns zu anderen physikalischen Ergebnissen kommen als der andere. Aber: *wenn* wir uns die Brille GALILEIS aufsetzen, so ist das unser gemeinsamer Entschluß (heute vielleicht auch unser gemeinsames Schicksal). *Was* wir aber dann durch sie hindurch sehen, das ist unserem Willen entzogen. (Siehe das HEISENBERG-Zitat S. 21.)

Was bedeutet das für die Schule?

Ist es vielleicht wichtig, daß sogar der Volksschüler erfahre, was wir in der Physik eigentlich tun? Oder wäre es nicht so schlimm, wenn er das nicht wüßte? Er hielte dann die Ergebnisse der Physik für „bare Münze". Man mache sich klar, was das unter Umständen bedeutet: daß er den „Menschen" für „nichts als" einen Atom-Komplex hielte (und das tun ja viele, und nicht nur ehemalige Volksschüler).

---

[10] TH. LITT:
1. Naturwissenschaft und Menschenbildung. 3. Aufl., Heidelberg 1959.
2. Selbstbemeisterung und Selbstbesinnung. Studium Generale, VI. Jahrg. (1953), S. 553—563.
3. Das Bildungsideal der modernen Klassik und die moderne Arbeitswelt. Schriften der Bundeszentrale für Heimatdienst, Heft 15, Bonn 1955.
4. Selbstbewußtsein und Grenzbewußtsein in der Naturwissenschaft. Der mathematische und naturwissenschaftliche Unterricht, VIII. Jahrg. (1955/56), S. 150—156.
5. Naturwissenschaft und Technik als geschichtsbildende Mächte. In: Sozialkunde im mathematischen und naturwissenschaftlichen Unterricht, Heidelberg 1956, S. 24—52.
6. Technisches Denken und Menschenbildung. Heidelberg 1957. Siehe auch:
7. E. SPRANGER u. TH. LITT, Menschenbildung in der Wirtschaftswelt der Gegenwart. Bielefeld 1955.

Eine andere Frage ist, ob es in der Schule *möglich* ist, diesen Irrtum aufzulösen? Zwar, da schon die klassische Physik die Aspekthaftigkeit in sich enthält, wäre es nicht nötig, bis zur modernen Physik vorzustoßen. Aber bedürfte es dann eben nicht einer philosophischen Betrachtung, die doch für die Volksschule nicht in Frage kommt? — Wir wollen sehen; und fassen deshalb die Situation noch einmal zusammen: Es ist also nicht so, daß der Mensch, so wie *er* nun einmal „ist", die Natur auspackte, auch *sie* so, „wie sie ist". Und wir dürfen es uns auch nicht so vorstellen, daß ein „Teil", ein „Sektor" von ihm das täte, mit einem „Teil" der Natur. Insofern nämlich nicht, als die logische Haltung, die er der Natur gegenüber einnimmt — indem er sich selber zum „Beobachter" macht — nicht mit dem Bild eines „Sektors" begriffen werden kann. Die pädagogisch-praktische Erfahrung zeigt, daß der Intellekt nicht wie etwas Isoliertes angesprochen werden darf, wenn er überhaupt erreicht und gestärkt werden soll. Nicht einmal in einem von der Welt so ablösbaren Fach wie der Mathematik ist das so.

Es ist demnach nicht zutreffend, daß ein „Teil" des Menschen es unternimmt, von der Natur selber oder einem „Teil" von ihr einen „Abklatsch" herzustellen. Mensch und Natur treten kraft der naturwissenschaftlichen Methode in gewisser Weise konstruktiv auseinander und einander gegenüber. Für die Dauer dieser Haltung verwandelt sich Natur und verwandelt sich der Mensch. Es entstehen zugleich: die physikalische Methode, der Beobachter und das physikalische Naturbild.

Wenden wir uns zurück zur Frage des Bildungswertes der Physik und dem damit verbundenen Einwand, Physik berichte über die Realitäten außer uns und habe deshalb mit dem Menschen nichts zu tun, könne also auch nicht wesenhaft bildend sein.

Das sieht nun ganz anders aus: *Aus der Physik ist der Mensch nicht herauszulösen.* Er steckt in ihr. Und nicht ein „Teil" von ihm, sondern sein in bestimmter Weise verengtes Ganzes. Daß der Mensch dieser Verengung fähig ist, und daß Natur dem „entgegenkommt", den besonderen, den „quantitativen" Anruf „erhört", ist ein im höchsten Maße für das menschliche Wesen und seine Verschlungenheit in die Welt eigenartiges, also ein anthropologisch und damit pädagogisch wichtiges Faktum, bestimmend für die letzten Jahrhunderte der Geistesgeschichte. (Siehe LITT, Nr. 6.)

*Indem Physik aus dem Ganzen des Menschen, wenn auch dieses Ganze verengend, hervorgeht, hat sie es mit dem Ganzen zu tun und ist doch ein begrenzendes Unternehmen.* Wenn es uns gelingt, im Unterricht von vornherein dies spüren zu lassen, so bleibt die physikalische Sicht mit dem Ganzen verbunden und bereichert es. Gelingt uns das nicht (und bis jetzt scheint es mir, als sei es uns im allgemeinen nicht gelungen), so verarmen wir das Kind, indem ihm die Beziehung zum Ganzen verlorengeht, wogegen dann oft im Kinde ein sehr gesunder Widerstand entsteht. Das Unterrichtsergebnis bedeutet dann einen vielleicht reichhaltigen, aber nicht eingeordneten Wissensbestand. Die Summierung der Ergebnisse der einzelnen Fächer ist kein Weg zum Ganzen. *Man kann Aspekte nicht addieren.*

Der Mensch, der Physik als Aspekt kennenlernt, bekommt ein neues Organ *dazu*. Geht er dagegen „in ihr auf", in dem Sinn, daß er von ihr „benommen" wird, so reduziert er sich. Wenn er die physikalische Natur für „die" Natur hält, so vergißt oder verdrängt er das Abgeblendete. Wer sie recht versteht, gewinnt sie als etwas Neues hinzu.

Zwar bleibt es auch jetzt — und nun erst recht — so, daß der Mensch von Physik nicht besser wird. Aber er bleibt jetzt besser gefeit gegen die Versuchung, der viele Laien erliegen, gelegentlich auch Philosophen und noch am wenigsten Physiker selber: den Aspektcharakter zu vergessen und deshalb den Herrschaftsbereich der physikalischen Denkformen auf biologische, soziologische, psychologische, medizinische Fragen auszudehnen, um dann etwa in der Quantenphysik die Herzkammer der Welt und ein Tor für die Willensfreiheit zu sehen, als ob allein die physikalischen Kategorien die Wirklichkeit zu ordnen vermöchten[11].

Wir dürfen uns vielmehr vorstellen, daß wir durch die runde Wirklichkeit der Natur „Ebenen" legen, die den verschiedenen Aspekten — dem physikalischen, dem biologischen, dem künstlerischen — entsprechen. „Horizonte" (vgl. PICHT, a. a. O., S. 114), die einander im allgemeinen ausschließen, obwohl sie dieselbe Wirklichkeit anschneiden. Sehen wir es so, dann ist Physik niemals „auf dem Wege zur Religion" — außer im Sinne EDDINGTONS (I, S. 20) — (auch nicht auf dem Wege zur Ethik oder zur Dichtung), so wenig, wie sie recht verstanden, jemals von ihr hätte wegführen können. Sie schließt die anderen Aspekte zur Welt nicht aus. Sie kann aber auch nicht einfach zu ihnen addiert werden. Der Mensch ist fähig, diesen oder jenen Aspekt einzunehmen, ohne dadurch in Stücke zu zerfallen. Denn in der Art, wie die Aspekte sich ausprägen, gehen sie immer aus dem ganzen Menschen hervor, und so müssen sie auch immer wieder in ihn zurückgenommen werden können. Wer sich dem einen Aspekt überläßt, in dessen Kern ruhen doch schlafend die Keime der anderen. Von einem zum anderen führt der Weg immer nur durch die menschliche Mitte. — Und auch die Natur geht dabei nicht in Stücke. Denn es ist immer dieselbe rätselhafte Wirklichkeit. Nur zeigt sie uns immer ein anderes Antlitz, je nach der Art, in der wir sie — und damit auch uns selber — aufrufen. *Nur wer die physikalische Sicht als eine beschränkende erfährt, ist bereichert und kann durch sie gebildet werden.*

Es scheint, daß wir heute beginnen, Physik so anzusehen. Trotzdem sind wir noch alle bedroht von der Vorstellung, es genüge — sei es auch mit Verständnis und vielleicht sogar mit Auswahl —, den „Stoff" einer objektiven Bestandsaufnahme der Natur den Schülern beizubringen, wobei es allein auf ihre isoliert gedachte Intelligenz ankäme.

So scheint es also, daß die Thesen 1 und 3 der Meraner Beschlüsse (S. 102), die einmal drastisch *so* gefaßt werden mögen: „Es genügt nicht, daß der Schüler wisse, er muß es auch tun können", zu ergänzen sind durch den Satz: *„Er muß auch wissen, was er tut."*

Dieses dritte ist kein physikalisches Wissen: Aber wenn es mit ihm Ernst werden soll, so muß es doch den physikalischen Unterricht in jedem Augenblick

---

11 Näheres über diesen „Imperialismus" der Naturwissenschaften findet sich bei LITT, Naturwissenschaft und Menschenbildung, a. a. O.

und von Anfang an durchdringen. Der Schüler muß bemerken, „was er dabei tut": daß die Methode eine beschränkende und also für den, der das weiß, ein bereichernder Aspekt ist, einer, der andere Aspekte weder ausschließt noch entwertet.

Von hier aus erhebt sich ein Widerspruch gegen den zweiten Meraner Satz von 1905, falls er meint, Physik sei ausreichendes Vorbild auch nur für das Verständnis des Lebendigen. — Die Anwendbarkeit der Physik auf Organismen steht zwar außer Frage, auch daß dabei Wichtiges herauskommt: aber wissenschaftstheoretisch gesehen, ist es ungereimt zu erwarten, daß ihre Kategorien das Verhalten des Organismus *vollständig* erschließen. Auch viele Biologen sind heute dieser Meinung. (Vgl. Kap. I[12].)

Erst indem der Schüler diese Unangemessenheit der Physik für weite Bereiche der Wirklichkeit versteht, kann er durch Physik gebildet werden. Umfassendes Wissen der Ergebnisse und Geschultheit in der Methode, ja Beherrschung der Methode, können sich damit vertragen, daß er das nicht versteht. Er wäre dann der Methode „verfallen", von ihr „benommen". Benommenheit, d. h. spezialistische Gefangenheit in *einem* Horizont, ist aber das Gegenteil von Bildung.

Ein derartiger Anspruch an den physikalischen Unterricht erscheint, wie gesagt, sehr hoch. Wenn man ihn als Forderung auf Grund einer *bewußt* wissenschaftstheoretischen Einsicht versteht, die erst auf einer soliden und umfassenden Erkenntnis-Basis beginnen kann, so ist eine solche philosophische Vertiefung gewiß erst in den letzten Jahren der Höheren Schule möglich.

Aber es gibt auch noch einen anderen Weg zu dieser Vertiefung, und er ist früher gangbar. Es ist der Weg des langsamen und behutsamen Hervorbildens des naturwissenschaftlichen Begreifens aus dem vorwissenschaftlichen Welt-Erleben und Welt-Verständnis, in dessen Schoß das Kind ursprünglich ruht. Er ist gerade für die Kinder möglich, eben weil sie Kinder sind. Während wir Erwachsenen, die wir noch nicht in der Aspekthaltung aufgewachsen sind, es schwerer haben.

Die Kinder müssen einen engen Aspekt hinzuerwerben. Die Schule unterrichtet heute im allgemeinen nicht so, als wüßte sie das. Wie oft verhält sie sich praktisch so, als wären Kinder gleichsam nur kleine Fläschchen — und die Erwachsenen große — mit langsam wachsenden *Volumen* und, vor allem, wachsender Halsweite (Verstandeswesen von noch „begrenzter Auffassungsgabe"), denen die Schule mit sanfter Trichtergewalt nun einmal etwas nachzuhelfen habe, sobald nur die Nebel kindischer und wunderlicher Ansichten über Natur endlich verflogen sind. Keiner von uns wird zwar zugeben, eine solch primitive Vorstellung vom Lehren zu haben, aber die Schulwirklichkeit wird ja leider noch viel zuwenig von den Überzeugungen der Psychologen und Pädagogen beeinflußt.

---

[12] H. Lipps, Die Subordination der Organe. Zur Philosophie der Biologie. In: Die Wirklichkeit des Menschen, Frankfurt/M. 1954, S. 127—152. — C. F. v. Weizsäcker, Geisteswissenschaft und Biologie. In: Das Experiment. (Zum Weltbild der Physik. A. a. O., S. 177—180.) — Weitere Literatur: Z. f. Päd., II. Jahrg. (1956), S. 147—150. — M. Wagenschein, Erwägungen über das Exemplarische Prinzip im Biologieunterricht. In: Der math. u. naturwiss. Unt. XV (1962/63), Heft 1, S. 1 ff. (auch in „Ursprüngliches Verstehen . . .", [2]1970, S. 47). — W. Heitler (siehe Fußnote 1, S. 21). — W. Jung, Biologie, Physik, Metaphysik (Hinweis auf J. M. Burgers, Experience and Conceptual Activity, Cambridge Mss. 1965). In: Neue Sammlung 1967, S. 310.

Es will mir scheinen, als hätte der naturwissenschaftliche Unterricht noch nicht ernst gemacht mit der Aufgabe, die physikalische Welt „aus dem Schoße des vorwissenschaftlichen Welt-Erlebens hervorzubilden" (LITT, a. a. O.). Die Höhere Schule beginnt zu spät und für die Systematik ihres Vorgehens doch noch zu früh (vgl. S. 112). Die Volksschule, da sie ja nicht warten kann, unterrichtet eine Physik eigener Art, die mit der der Höheren Schule unverbunden bleibt. Das widerspricht aber der Herkunft der Physik aus dem Handwerk. Dazu kommt die Schwierigkeit, daß die Lehrer der Volksschule zwar mit Recht aus der Höheren Schule hervorgehen, dabei aber auch, so wie die Höhere Schule heute ist, sozusagen Verletzungen ihrer Wurzeln mitbringen, gerade derer, die sie brauchen würden, um mit dem Denken der Kinder noch zu kommunizieren.

Versuchen wir die Kluft zwischen Schulphysik und Kind, die also weder durch die Natur der Physik noch die des Kindes gerechtfertigt ist, sondern wohl mehr ein historisches Unglück genannt werden kann, versuchen wir sie zu verhüten, so brauchten wir *ein behutsames Erwecken der physikalischen Haltung aus den ursprünglichen Phasen des kindlichen Naturverhältnisses.* Die Kinder sind anders als wir und doch spontan und stetig zur Naturwissenschaft hinlangend, hindrängend, auf sie wartend; ohne uns Erwachsene und unsere moderne Welt freilich nie hingelangend.

Gelingt es uns, diese Spontaneität und Kontinuität zu achten, so ist zu hoffen, daß die Kinder ganz unmerklich „wissen", was sie tun, wenn sie „physikalisch werden". Nicht aus einer nachträglichen, philosophischen Studium-Generale-Schau, einer Rückwärtsschau, die leicht vergeblich ist, weil sie auf jene Kluft blickt, die unsere Schule und unsere moderne Welt aufgerissen haben zwischen der innigen Naturbrüderschaft des Kindes und der distanzierten und dabei bemächtigenden Naturwissenschaft. Sondern so, daß diese Kluft (diese Wüstenzone, dieser Streifen „verbrannter Erde") *gar nicht erst entsteht.* Daß eine Übergangszone dort leben bleibt derart, daß das Kind sich seiner Wandlung immer erinnern und in der Erinnerung sie, auch später, in beiden Richtungen zu durchlaufen vermag. Gelingt das unter der Führung eines Lehrers, der von der Aspekthaftigkeit der physikalischen Naturbetrachtung durchdrungen ist, so wird es ohne theoretische Belehrung dem Volksschüler fühlbar (dem Gymnasiasten zuletzt bewußt) werden, daß Physik aus einer *besonderen* Perspektive kommt und nicht „die" Wirklichkeit zeigt. Daß das unausgesprochen gelingen kann, sehen wir daran, daß heute die entgegengesetzte Auffassung (Physik zeige die Natur in ihrer eigentlichen Wirklichkeit) ja *auch* unausgesprochen zwischen den Zeilen hervordringt. —

Es müßte gelingen, daß der 12-, 13-, 14-, 15jährige bereits etwas davon spürt und in sich aufnimmt, was erst der 18jährige bewußt formulieren kann.

So sollten wir also folgende drei Forderungen an uns stellen (sie sind hier in Parallele zu den Meraner Beschlüssen geordnet):

1. Physik ist nicht als „Abklatsch" der Natur zu behandeln, sondern als eine Weise der menschlichen Auseinandersetzung mit der Natur, als eine Behandlungs- und Verstehensweise, die zu einer trotz ihrer Beschränkung macht-

vollen Sicht (einem Aspekt) der Natur führt und entsprechend zu einer bestimmten Verengung der menschlichen Teilnahme an der Natur.

2. Dieser Aspekt kann deshalb *nicht* Vorbild für andere Arten der Naturbezogenheit sein. Neben ihm gibt es andere gleichberechtigte Naturaspekte.

3. Nur wer die phsyikalische Sicht als eine beschränkende erfährt, kann durch sie gebildet werden. Diese besondere Sicht darf deshalb frühere, innerlichere und ganzheitlichere Arten der Zuwendung zur Natur nicht zerstörend ersetzen und abbrechen, sondern soll sie, den Reifestufen des Kindes gemäß, „verwandelnd bewahren". Das Gymnasium soll diesen Wandel sogar bewußt machen. Dieses „Verwandelt-Bewahren", wie es EDUARD SPRANGER[13] genannt hat, ist ein allgemein pädagogisches Prinzip, das der physikalische Unterricht, solange er sich als ein richtigstellendes Ausmerzen empfand, übersehen mußte. Gemeint ist:

   „die Bewahrung der Frühstufen" des Kindes, „weil in ihnen etwas für die reife Stufe Unentbehrliches sich ausbildet, das als Fundament erhalten bleiben muß; andernfalls verkümmern Kräfte, deren auch die reife Kultur noch bedarf."

Dieser Standpunkt ist gleich weit entfernt von dem „romantischen Verweilen in der Kinderwelt" wie von dem, was wir so oft tun: wir warten nicht, bis die Kinder — unbewußt — nach dem Neuen drängen, sondern wir drängen ihnen das Neue verfrüht und unverstanden auf, amputieren, wo ein Organ sich bilden wollte, und montieren ihnen eine Prothese an. Diesen Bruch, wo er schon geschehen ist, zu heilen und in der Zukunft (weil er unnötig ist) zu verhüten, erscheint mir die allerwichtigste Aufgabe des physikalischen Unterrichtes zu sein, die neu vor uns steht. Sie ist mit dem, was wir von jeher wollen, der „geistigen Zucht" also, nicht nur vereinbar, sie ist seine Voraussetzung, wenn diese Zucht in einem heilen Geiste sich durchsetzen soll.

Die hier betrachtete Gefahr eines Bruches im Verhältnis des heutigen Menschen zur Natur führt für die Schule zu — soweit ich sehe — drei Klüften, an deren Überbrückung Volksschule und Gymnasium beteiligt sind.

Die erste unterbricht den Übergang von der magischen Einzelwelt des Kindes zu der offiziellen, uns allen gemeinsamen Alltagswelt. Sie zu überbrücken, besser: zu verhüten, ist die Grundaufgabe der Volksschule. Von ihr spricht EDUARD SPRANGER vornehmlich („Der Eigengeist der Volksschule").

Die zweite, die wohl unglückseligste und zugleich unnötigste, ist besonders tief eingegraben, und sie zu schließen, wird nur der gemeinsamen Anstrengung der Volksschule und der Höheren Schule gelingen können, die sich an ihre verschiedenen Ufer gefesselt wähnen: jene Kluft zwischen einem vermeintlich eigenständigen „volkstümlichen" Denken und dem von ihm, wie manche glauben, wesensfremden „wissenschaftlichen" Denken. Aber: Wie sollte, wenn die beiden einander so fremd wären, Physik jemals habe entstehen können?! Wir können ja bei GALILEI nachlesen, wie es geschah: aus dem Handwerk, als

[13] Der Eigengeist der Volksschule, a. a. O., S. 33, 50, 51.

es sich mit der philosophischen Besinnung verband und anfing, den Dingen auf den Grund zu gehen. Dieses naturwissenschaftliche Denken GALILEIS steht in den Kindern zum Aufbruch bereit. Aber es nützt nichts, sie, als wären sie Räder, „auf Touren zu bringen", und es hilft ebensowenig, einfach abzuwarten, als wären sie Tiere und würden sich schon von selbst dahin entwickeln. Das Geistige steht bereit, aber anders als das Organische bedarf es der Hilfe der Gesellschaft und im besonderen der Schule. Das Geistige will erweckt werden.

Um die dritte Kluft hat sich vorwiegend die Höhere Schule zu kümmern. Sie hat eine Brücke zu bauen, die von den schon gesetzlich faßbaren, aber noch sinnlich unmittelbar gegebenen „Phänomenen" hinüberführt in die „Bilderwelt", die Welt der „Modelle" der Physik. Das darf keine flüchtig geschlagene Pontonbrücke werden, gerade ausreichend, die Schüler unversehens (hast du nicht gesehen?) hinüberzuschaffen, um sie dann hinter ihnen in der Vergessenheit verfallen zu lassen. Sie muß bleiben, damit die Lernenden zeitlebens, wenn sie nur wollen, hinüber- und herübergehen können, damit sie geistig heil bleiben. Alle diese Klüfte wären nicht nötig, wenn wir nur Geduld haben wollten und die Kinder dort abholten, wo sie bereitstehen und drängen. Sie erwarten uns. Der Lehrer ist unentbehrlich, denn das Geistige will erweckt werden. Aber unser Unterricht darf es nicht erwachen lassen wollen, wie es die Weckeruhr tut in der Nacht, sondern wie die Dämmerung: erwartet, unaufhaltsam, unerbittlich, behutsam.

## C. Der Erfolg des gegenwärtigen Physikunterrichts

Bisher war davon die Rede, in welchem Sinne der physikalische Unterricht seine Zielsetzung für die *Zukunft* zu erweitern und verändern hätte, um seine menschenbildenden Kräfte ganz zu entfalten. Eine andere Frage, die aber zum Thema dieses Buches und dieses Kapitels gehört, ist diese: Wie steht es *heute* bei uns um den Erfolg des physikalischen Unterrichts, und zwar um *den* Erfolg, den seine Lehrer nach den *bisherigen* Zielsetzungen zu erreichen sich vorgenommen haben?

Was man an der *Höheren Schule* ahnen kann, an der Pädagogischen Hochschule wird es offenbar: Unsere Prüfungen sind ein Teil unseres Schulwesens, sie sind ihm und damit auch seinen Gebrechen angepaßt. Wir dürfen deshalb den wirklichen Erfolg nicht an ihnen messen wollen. Wir werden anderswo geprüft. Eben dann zum Beispiel, wenn der Abiturient nach drei Jahren vor der Aufgabe steht, kleine Dorfkinder in die „Naturlehre" einzuführen. Nicht vom pädagogischen Vermögen ist hier die Rede, sondern davon, was eigentlich das „Verstehen" eines Faches ausmacht: von der Fähigkeit, das Komplizierte einfach zu sehen und zu sagen (ohne es zu verfälschen) und es aus der Lebenswirklichkeit heraus- und in sie hineinzusehen. Es zeigt sich, daß diese Fähigkeit so gut wie gar nicht da ist.

Ein Beispiel: Wir fragen in der Reifeprüfung nach dem Gravitationsgesetz und bekommen vermutlich die richtige Antwort, wahrscheinlich in der Gestalt der Formel $(K = \gamma \frac{m_1 \cdot m_2}{r^2})$. Ich stellte an 28 Studierende einer Pädagogischen Hochschule, die aus ganz verschiedenen Städten kamen und deren Reifeprüfung meist nur ein halbes Jahr zurücklag, die Frage (eine Frage, die Kinder stellen könnten, etwa im Zusammenhang mit der Weltraumfahrt): „Wo hört eigentlich der Bereich der Schwerkraft auf?" (Wie oft liest man in Zeitungsartikeln, die wahrscheinlich auch von ehemaligen Abiturienten geschrieben sind: „Dann verläßt die Rakete den Bereich der irdischen Schwerkraft.") Nur in drei Fällen kam die richtige Antwort (die im $r^2$ der Formel ja enthalten ist: daß nämlich die Schwerkraft sich ebenso wie das Licht allmählich verdünnt, ohne doch eine Grenze zu haben), in sieben Fällen die halbrichtige oder die Frage mißverstehende Antwort, daß sie da ende, wo die eines anderen Weltkörpers anfange; zwei setzten das Ende da, wo die Atmosphäre aufhört, einer da, „wo die magnetischen Kraftlinien umbiegen", einer in 500 km Höhe, und vierzehn konnten überhaupt nichts dazu sagen.

Nun ist zur genaueren Beurteilung dieser Lage eine solche schon halb statistische Andeutung, wie sie hier genügen muß, nicht ausreichend. Ich verweise deshalb auf meinen ausführlichen Bericht[14] von 1956. (Es ist nötig, die ganze Atmosphäre der Befragung zu kennen, den Stil der Schreiber und die Einzelheiten ihrer Antworten. — Der Befund wird dabei allerdings nicht tröstlicher.)

Er läßt sich für den, der die Höhere Schule von innen kennt, so deuten:

Sie beginnt ihren Physikunterricht, gemessen am spontanen Denken des Kindes, zu spät. Ihre Kenntnisse werden deshalb nicht genügend verwurzelt. Sie verhält sich so, als genüge es, diese Kenntnisse *miteinander* logisch zu verbinden. In diesem Bestreben nun wieder verfrüht sie, bei aller Verspätung. Der — wie in allen Fächern — hastig hochgetriebene und stofflich überladene Kenntnisturm zerfällt deshalb nach der Prüfung gerade in seinen elementaren Stockwerken. Man kann deshalb von „Verstiegenheit" sprechen.

Einige Beispiele sollen das verdeutlichen: Daß der „Auftrieb gleich dem Gewicht der verdrängten Flüssigkeitsmenge ist", kann jeder Abiturient sagen, auch daß dies das „archimedische Prinzip" heißt. Aber woher der Auftrieb kommt, weiß kaum einer. — Die KEPLERschen Gesetze werden gesagt und vielleicht als Formel gekonnt. Daß aber das dritte in einfacherer, wenn auch weniger genauer Fassung aussagt, daß ein Planet, je weiter er draußen ist, desto langsamer fliegt, das weiß selten einer. Noch seltener, daß das Gesetz in gerade dieser schlichten Form ohne ausgesprochene Mathematik *verstehbar* ist: Je weiter ein Planet innen fliegt, desto stärker zieht an ihm die Sonne, desto schneller muß er also bewegt sein, um nicht abzustürzen. (Vgl. S. 270, Neptun.)

Diese Beispiele möchten nur vorläufig und in Kürze andeuten, was das Wort „Verstiegenheit" sagen soll und was die Forderung: „Weniger wäre mehr." Exaktheit in der Abfassung einer Antwort beweist noch kein Verstehen.

---

[14] Was bleibt unseren Abiturienten vom Physikunterricht? In: „Ursprüngliches Verstehen . . .", [2]1970, Bd. I, S. 385. Neuere Erhebung in meinem Vortrag „Was bleibt?" (verfolgt am Beispiel der Physik). In: Zur Pathologie des Unterrichts (Hrsg. J. FLÜGGE). Bad Heilbrunn 1970. — L. ZIER (a. a. O., siehe Fußnote 9, S. 161) berichtet über eine Erwachsenen-Meinung: „daß die Menschen im Bergwerk es so schwer haben, weil die Anziehung der Erde so groß ist."

Was diese Fähigkeit, wieder ins Schlichte zurückzufinden und dennoch, ja gerade dadurch, zu verstehen (zu verbinden), was sie für jeden Abiturienten, besonders aber für die künftigen *Hauptschullehrer* bedeutet, das ist klar. Sie bedeutet geradezu alles. Wie sehr sie fehlt, zeigen die Lehrbücher der Naturlehre.

Ein junger Volksschullehrer, der vor nicht langer Zeit sein Abitur gemacht hatte, sagte mir erstaunt, er habe in der Schule nicht bemerkt und nicht geahnt, daß die verschiedenen Teile der Physik (Mechanik, Wärmelehre, Optik usw.) etwas miteinander zu tun hätten. — Auch innerhalb desselben Gebietes fällt, zumindest nachträglich, das Mosaik leicht auseinander.

Der Grund für diese Auflösung liegt, soweit ich sehe, darin, daß wir in der Höheren Schule zwar durchaus und mit Recht auf Systematik bedacht sind — und das ist ja Ordnung und Zusammenhang —, daß wir aber bei jedem der vielen eiligen Schritte mit zu ausschließlicher lokaler Sorgfalt ins Exakte, Mathematische, Theoretische streben, daß wir damit den Durchblick auf die einfachen Zusammenhänge verbauen, und daß wir um diese lokale Exaktheit — jugendpsychologisch gesehen — verhängnisvollerweise immer eine Phase zu früh bemüht sind. Wir stoßen dadurch oft auf den gesunden Widerstand der Schüler, den wir manchmal für „Dummheit", manchmal für „Faulheit" halten. Wir vergessen leicht, wie einfach sich vieles verstehen und verbinden ließe, wenn wir uns etwas gründlicher im Vormathematischen, im sogenannten „Qualitativen", im Phänomenologischen aufhielten. Wissenschaftlich wäre es ja gerade, diese Vorstufen ernst zu nehmen. *Wer die Wissenschaftlichkeit am Anfang verfrüht, büßt sie am Ende ein.* So treibt die Höhere Schule zwar wirklich Physik, aber da sie sie „treibt" (statt sie zu „pflegen"), wird sie ihr von den Kindern sehr oft nicht wirklich „abgenommen", sie „kommt nicht an". (Was nicht ausschließt, daß „abfragbares Wissen" vorübergehend „dagewesen ist".)

In der *Volksschule* andererseits macht sich zwar hie und da (namentlich wo sie Mittelschule wird) eine Neigung bemerkbar, es der Höheren Schule gerade in der eben beschriebenen fragwürdigen Beziehung nachzutun. Im ganzen hat aber die Volksschule, in einer gesunden Abwehr gegen die verfrühte und überfüllende Wissenschaftlichkeit der Höheren Schule, ihre Stoffe „lebensnah" und in „Sacheinheiten" geordnet. Sie hat dadurch die Beziehung zum Kinde besser bewahren können. Es ist ihr aber dabei nur das Unglück geschehen, daß sie, von der Höheren Schule allein gelassen, den fachlichen und naturgesetzlichen Zusammenhang vergessen hat, ja ihn kaum noch anstrebt, wie fast jedes Lehrbuch der Naturlehre (sofern es nicht die Lehrbücher der Höheren Schule gerade in ihren genannten Schwächen imitiert) erkennen läßt. Und zwar deshalb, weil sie ihn in einer schlichten, unmathematischen, phänomenologischen Form brauchte, die das Gymnasium aus den oben angeführten Gründen nicht mehr sieht oder gar mißachtet, jedenfalls ihren Abiturienten, den künftigen Lehrern der Volksschule, nicht mitgibt.

So entsteht die seltsame und in sich komplementäre Lage, daß die Höhere Schule zwar Physik treibt, aber ohne das Kind in seiner Mitte zu erreichen, und daß die Volksschule zwar mit dem Kinde in Verbindung bleibt, man aber fragen muß, ob denn das, was sie in ihrer Naturlehre Physikalisches zusammenträgt, schon eigentlich Physik genannt werden kann. Denn Physik bezeichnet die Wissenschaft, die gewisse allgemeine Naturerscheinungen in einen *gesetzlichen Zusammenhang* bringt.

So ergibt sich für den, der das Gymnasium und zugleich die Lehrerbildung der Volksschule kennt, ein paradoxes Bild: Der Erfolg der Gymnasien ist beunruhigend gering. Die Lehrer der Höheren Schule können das zum großen Teil gar nicht bemerken (sie prüfen ja, *bevor* das große Vergessen einbricht). Wo sie es bemerken, suchen sie die Ursachen weniger dort, wo sie liegen (in der mangelnden Einbeziehung des spontanen kindlichen Denkens in den Unterricht und in der Stoffülle) als etwa in: zu geringer Stundenzahl, mangelnder Konzentration der Schüler und in dem vermeintlichen angeborenen Widerwillen des Menschen gegen das Lernen, also in einer falschen Anthropologie des Kindes. — Die Folgen dieser geringen Nachwirkung der Höheren Schule, im besonderen für die Volksschule, sind den Gymnasiallehrern fast ganz unbekannt. Ihre Überlastung läßt ihnen kaum Zeit, darauf zu achten. Dazu kommt die bekannte und oft beklagte Isolierung der beiden Schularten voneinander: Es kommt nur selten vor, daß Lehrer der Gymnasien und Lehrer der Volksschulen miteinander über das sprechen, was ihre gemeinsame Aufgabe ist. Die Blicke der Gymnasiallehrer sind vorzugsweise auf die Hochschule gerichtet, und zwar im wesentlichen nur auf ihre Fakultät. Es ist ganz selten, daß ein gymnasialer Physiklehrer die Naturlehrebücher der Volksschule zu Gesicht bekommt oder sich darum bemüht, hier zu helfen.

Die Lehrer der Volksschule nehmen es achselzuckend hin, daß sie das Elementare, das gerade sie brauchen, in der Höheren Schule für die Dauer nicht gelernt haben.

Die Dozenten der pädagogischen Hochschulen wissen Bescheid, finden sich aber meist damit ab, daß sie den Abiturienten auch *Fach*kenntnisse beibringen müssen, die sie sollten voraussetzen dürfen. Von mir selbst kann ich berichten, daß ich meinen Lehrauftrag am Pädagogischen Institut Jugenheim und später an der Abteilung für Erziehung an der Universität Frankfurt auch darin sah und sehe, die Reifeprüfungs-Kenntnisse, wo sie geblieben sind, aus ihrer Verstiegenheit zu elementarisieren und zu schlichten; da wo sie zerstäubt sind (und das sind sie meistens), in schlichter Bauweise neu aufzurichten.

Dieses Bild von den Beziehungen zwischen den beiden Schularten ist deshalb so schwer begreiflich, weil man kaum glauben kann, daß zwei Gruppen desselben Berufes, die auseinander hervorgehen und deren Schüler ebenfalls auseinander hervorgehen, dennoch fast nichts voneinander wissen, oft auch nichts wissen wollen oder darauf verzichten, etwas zu ändern.

Daß die Lehrer der Volksschule und die Lehrer der Höheren Schule voneinander wissen und einander helfen möchten, auch dazu will dieses Buch beitragen. Es ist hiernach wohl deutlich, daß eine Erweckung der Volksschul-Physik gar nicht bedacht werden kann, ohne die Höhere Schule einzubeziehen. Es ist also nicht Gleichmacherei, wenn in diesem Buche beide Schularten angesprochen werden, sondern es ist die selbstverständliche Rücksicht darauf, daß 1. die Abiturienten von heute die Volksschullehrer von morgen sind, 2. die gleichaltrigen Kinder beider Schularten in ihrer seelischen Grundstruktur und in den Wandlungen dieser Struktur *dieselben* Kinder sind, auch wenn sie sich in der Fähigkeit, in ein verallgemeinerndes Denken einzutreten, durch ein Mehr oder Weniger unterscheiden.

## D. Pädagogische Auswirkungen der wissenschaftlichen Ausbildung der gymnasialen Physiklehrer

Die Kenntnisse und die Art des Verstehens der Physik, wie sie sich unter den Lehrern der Volksschule finden, sind bestimmt durch den Unterricht der Gymnasien. Dieser Unterricht wieder durch die fachliche Ausbildung der gymnasialen Physik-Lehrer an den Universitäten und durch ihre pädagogische in den Studienseminaren. Es wäre also notwendig, diese Ausbildung in die Betrachtung auch dann einzubeziehen, wenn dieses Buch sich nur um die Volksschule kümmern wollte (was es nicht will). Die Volksschule ist gewissermaßen das Enkelkind der Hochschule.

Das Gymnasium hat den Fachlehrer und braucht ihn. Und die Mehrheit der Fachverbände betont immer wieder, daß eine solide wissenschaftliche Fachausbildung das Fundament der gymnasialen Lehrerbildung bleiben müsse. Nun ist auch gewiß kein Zweifel daran möglich, daß der Fachlehrer des Gymnasiums eine gründliche und moderne wissenschaftliche Ausbildung erfahren haben muß. Ebensowenig daran, daß mancher tüchtige Fachstudent erst im Laufe seines Studiums — oder hinterher — seine pädagogischen Neigungen entdeckt; manchmal sogar erkennt, daß er ein „geborener Lehrer" ist und nicht, wie er anfangs vielleicht meinte, zum Forscher bestimmt.

Ebenso ist aber offenkundig, daß die pädagogische Ausbildung der Lehrer der Gymnasien bisher unzureichend war und derjenigen der Volksschullehrer unterlegen. Von vielen Gymnasiallehrern wird dieser Mangel nicht einmal empfunden. (Das gilt für alle Fächer.)

Der unbefangene und unmittelbare Kontakt des Fachlehrers mit dem Kinde (das hier ja auch nur „Schüler" genannt wird) hat infolge des Fachstudiums Schaden genommen, und zwar macht sich dieser Schaden gerade beim Unterricht dieses Faches bemerkbar („Privat", etwa als Väter oder auf Schulwanderungen, können dieselben Referendare eine Fühlung mit Kindern haben, die sie im Unterricht, an der Sache, nicht finden).

Im besonderen Bereich der Physik glaube ich — aus meiner Erfahrung als Fachleiter eines Studienseminars — folgendes deutlich zu sehen: Die Selbstverständlichkeit, daß niemand Physik gut unterrichten kann, wenn er nicht gründlich in diesem Fach Bescheid weiß, wird in den Kreisen auch der Physiklehrer der Höheren Schule immer wiederholt. Weniger oft, fast nie, hört man, was genauso wahr ist: Es ist verhängnisvoll, wenn ein Physiklehrer nur Physiker ist. Und sehr selten wird bemerkt, daß eine gewisse (die heute vorherrschende) Art der Fachausbildung auf der Hochschule die Fähigkeit, dieses Fach für Kinder zu lehren, schädigt. Man wird während seines Studiums ein immer besserer Physiker und ein immer schlechterer Physiklehrer. Das eine drückt das andere weg.

Man ist so sehr „drin“, kommt so sehr hinein, daß man die Anfangsstadien des Verstehens nicht mehr versteht. Man ist so sehr im Fach „zu Hause“, daß man vergessen hat, wie man in das Haus hineingekommen ist. Man erinnert sich nicht mehr der eigenen Naivität. Man hat sich ja bemüht, sie zu verlassen, ja zu vergessen. Man begreift nicht mehr, daß Kinder „etwas so Einfaches“ nicht begreifen. Man ist geneigt, sie in demselben Maße für dumm zu halten, in dem man sich selber als gelehrt zu fühlen nicht umhin kann. Eine derartige Verfassung mag für Funktionäre eines wissenschaftlichen Betriebes nicht weiter schädlich sein, für künftige Lehrer ist sie zerstörerisch.

Wo liegen die Ursachen? Das Studium, wie es meist abläuft, stellt die Physik dar als ein Wissen über zusammenhängende Tatbestände. Der Student wird dabei an die Front der Forschung geführt, und das ist auch nötig. Das Studium vernachlässigt aber den Gesichtspunkt, der für die Schule, wenn sie bilden will, entscheidend ist: Es läßt Physik zu wenig als eine gewordene Wissenschaft, genauer, einen gewordenen Natur-Aspekt sehen. Die rückwärtigen Verbindungen veröden. Die Quellen werden vergessen, als wären sie überholte Stationen. Es gibt nur wenige Hochschullehrer der Physik, die die Gedanken etwa GALILEIS *aktuell* in ihren Unterricht hineinnehmen[15]. Man hat diesen Mangel an historischem, an geistesgeschichtlichem und wissenschaftstheoretischem Sinn in den letzten Jahren zunehmend erkannt[16].

Es wäre eine sehr zu begrüßende, wenn auch nicht ausreichende Hilfe, Vorlesungen über die Geschichte der Physik nebenbei oder hinterher anzubieten. Sie dürften jedenfalls nicht nur „Übersichten“ geben. Wirklich helfen würden sie nur, wenn sie „exemplarisch“ einzelne Forscher, Epochen, Probleme intensiv mit Quellenstudien vornähmen. Das beste aber wäre, wenn diese Quellen, in den Fach-Lehrgang — also etwa in die große Vorlesung über „Experimentalphysik“ — einfließend, als Forschungsgedanken zur Geltung kämen, so daß die alten Forscher gleichsam Gesprächspartner würden[17].

Das Studium sollte also — und Entsprechendes gilt für den Unterricht der Gymnasien und der Volksschule[18] —, ohne im geringsten seinen physikalischen Charakter zu verlieren, sowohl eine historisch-genetische wie eine erkenntnistheoretische Note bekommen, genau die, welche MACHS Schriften zur Entwicklung der Mechanik, der Wärmelehre und der Optik auszeichnen[19]. (Es ist charakteristisch für die Ausbildung der Physiklehrer, daß diese Schriften nur zögernd neu aufgelegt wurden. Dabei gehören sie zum unentbehrlichen Besitz jedes Lehrers.) Der Unterricht sollte geistesgeschichtlich durchsetzt sein wie eine Speise vom Gewürz. Nicht die Ergebnisse, sondern die Wege zu ihnen sind der Gegenstand des Studiums. Nicht nur der logisch und experimentell exakte Weg vom Experiment zum Gesetz ist hier gemeint (ihn perfektioniert und beschleu-

---

15 C. RAMSAUER, Grundversuche der Physik in historischer Darstellung, Bd. I. Berlin 1953.

16 J. DERBOLAV, Das „Exemplarische“ im Bildungsraum des Gymnasiums. Düsseldorf 1957, S. 43.

17 Siehe M. WAGENSCHEIN, „Will der Stein, oder muß er fallen?“ (siehe S. 85, Anm. 11).

18 Ich denke an die Abschnitte C und E des Anhangs und an Kapitel XV.

19 Siehe S. 321.

nigt man in der Höheren Schule sogar bis zur Wirkungslosigkeit), sondern: der Student darf nicht die Brücken hinter sich abbrechen, die ihn vom naiven zum wissenschaftlichen Naturverstehen geführt haben, um sich nun drüben am wissenschaftlichen Ufer zu tummeln. Diese Brücken gehören mit zu seinem Studium, wenn es wirklich, in einem runden Sinn, ein wissenschaftliches sein will, Fachstudium und zugleich studium generale. Nicht also bedarf das Fachstudium der künftigen Studienräte der „Pädagogisierung" in dem Sinn, daß es nötig wäre, ihnen viel vom Unterricht zu sprechen, von der Art also, wie man den „Stoff" anderen, insbesondere Kindern, „beibringt". Aber es bedarf dringend einer Umwandlung, die die spätere Pädagogisierung erst *ermöglicht*. Das Fachstudium darf Physik nicht darstellen als bloße Bestandsaufnahme der „eigentlich wirklichen" Gesetze der Außenwelt, sondern als eine im menschlichen Geiste gewordene und weiterhin sich vollziehende Durchdringung der Naturwirklichkeit.

Wenn die Vorlesungen und Übungen von dem geistesgeschichtlichen und erkenntnispsychologischen Denken durchdrungen und immerwährend mit ihm legiert sein sollen, dann darf der Gymnasiallehrer also nicht das Nebenprodukt einer nur sachlich-praktisch orientierten Forscher- (oder an den Technischen Hochschulen: Techniker-) Ausbildung sein. Es muß von vornherein an ihn und seinen besonderen Auftrag, Kinder in die Gesetze der Physik einzuführen, gedacht werden. Es ist aber nicht nötig, deshalb den Studiengang der künftigen Lehrer von dem der künftigen Forscher ganz zu trennen[20]. Auch sie, die Forscher und die Techniker, haben ja das nötig, was die Lehrer brauchen: Für sie ist es der vom Fach aus eröffnete Zugang zum studium generale.

Einzelne Ansätze zu einer solchen Entwicklung sind da, aber es wird noch lange dauern, bis die Mehrheit der Hochschullehrer der Physik sich dafür entschieden haben wird. Bis dahin muß den philosophischen und pädagogischen Vorlesungen und Übungen und der Arbeit der Studienseminare allein überantwortet bleiben, das oft schon unwiderruflich Versäumte wenigstens bei Einzelnen wieder zum Leben zurückzurufen. Ich habe in meiner Arbeit als Fachleiter an einem Studienseminar erprobt, daß es dazu kein besseres und einfacheres Mittel gibt, als von jedem einzelnen Referendar zu fordern, daß er sich mit einem der großen Forscher aus der Zeit der aufkommenden Naturwissenschaft (KEPLER, GALILEI, DESCARTES, PASCAL, HUYGENS, NEWTON ...) gründlich, d. h. durch Studium der Quellen, beschäftigt. Man findet nicht selten Widerstand („Was soll ich mich mit diesen alten Knaben noch abgeben, die wir doch längst überholt haben und die doch ganz unzureichende Vorstellungen hatten?"). Dieser Widerspruch legt sich fast immer und weicht einem achtungsvollen Staunen davor, daß die Naivität dieser alten Forscher von ihrer überwältigenden Genialität untrennbar ist. Irgendwann bricht dann in dem einen oder anderen der Referendare die aufgestockte Würde des fortschrittsgläubigen, „exakt" und „objektiv" Sich-Fühlens und Sich-Gebens zusammen. Etwa so, daß

---

20 Hierzu mein Beitrag: Mathematische Wissenschaft und Pädagogik. In: Ursprüngliches Verstehen ..., ²1970, Bd. I, S. 439. — Ferner in Bd. II: Erwiderung auf W. KROEBELS Kritik ... (auch in MNU XXI, S. 374). — Schließlich meine Anmerkung zu H. ROLLNIK, Physik und Didaktik. In: Neue Sammlung 2/1970, S. 147.

ein gelehrtes Mädchen sich auf einmal wieder im Herzen erreicht fühlt, wenn es bei GUERICKE liest, wie die Luft in das ausgepumpte Faß wieder eindringt:

„Als aber nach Ablauf des Tages mit der Arbeit aufgehört wurde und alles ringsum ruhig geworden war, vernahm man einen wechselnden, von Zeit zu Zeit unterbrochenen Ton, ähnlich dem eines leise zwitschernden Singvogels. Dieses dauerte fast drei volle Tage."[21]

Es wird dann klar, daß Kindlichkeit und Wissenschaftlichkeit keine Gegensätze sind. Genau diese Erfahrung braucht aber der Lehrer, und der Gymnasiallehrer ganz besonders.

---

21 OTTO VON GUERICKES Neue „Magdeburgische" Versuche über den leeren Raum, OSTWALDS Klassiker der exakten Wissenschaften, Bd. 59, S. 12.

## VII. Kapitel

# Physik als bildender Umgang mit der Natur

*„Studium ohne Hingabe schädigt das Gedächtnis."*
(LEONARDO DA VINCI[1])

*„Ich sage Euch, wenn jemand die Wahrheit nicht aus sich heraus erkennt, so ist es unmöglich, daß ein anderer sie ihn erkennen läßt."*
(G. GALILEI[2])

*„Man wird im allgemeinen durch die Gründe, welche man selbst gefunden hat, besser überzeugt als durch die, welche im Geiste anderer entstanden sind."*
(BL. PASCAL[3])

*„... die gefundene Wahrheit ... damit sie mit Freude bemerkt werde, muß man zeigen, wie sie aus dem Disput entsteht."*
(BL. PASCAL[4])

*„Bitte gönnen Sie uns die Wohltat und den Gewinn, der aus der lebendigen Unterhaltung zu schöpfen ist; wir sind unter Freunden und behandeln zwanglose, freie Themata: welch ein Unterschied gegen tote Bücher, die tausend Zweifel erregen, deren keiner gehoben wird. Teilt uns also Eure Gedanken mit, die im Lauf unseres Gespräches Euch aufleuchten; wir werden Zeit genug haben ..."*
(G. GALILEI[5])

Wie stehen Physik, eine den Menschen wie die Natur *verengende* Sicht und ein verengendes Tun, und Bildung, ein das *Ganze* des Lernenden bewegender Prozeß, miteinander in Beziehung?

Wenn bei der Geburt der Physik das Ganze des Lernenden und das Ganze der Natur sich in gewisser Weise auseinandersetzen, so bedeutet das für den Unterricht auf der Seite der Natur (der Sache) die Forderung: daß sie zu Beginn unzerteilt, ungefächert, unpräpariert, noch nicht systematisiert angeschaut und angefaßt werde. So, wie es war, bevor der Lehrer Physik im Sinne hatte. Aber doch auch gerade jetzt, wo er sie ansteuert. Denn was werden soll, darf anfangs nicht da sein. Begännen wir Physik mit — Physik, und hier gar mit Grundbegriffen und Grundtätigkeiten (Messen), so betonierten wir das Wurzelwerk ab, das unverletzt bleiben muß, wenn die Natur ganz bleiben soll.

Auf der Seite des Lernenden muß — entsprechend — das Ganze seiner Seele dabei sein: anschauen, zuhören; sich ansprechen, zum Zugreifen sich verlocken lassen. Glaubten wir, Kindern fehlte zur Physik nichts als Kenntnisse und Fertigkeiten, so brauchten wir nur an ihre Intelligenz und ihre Hände zu appellieren. Bildung geschieht aber nicht durch Subtraktion, durch Verkümmerung und Entzug dessen, was zu dem Fach, das bilden soll, „nicht dazu gehört", sondern durch Verwurzelung, Verzweigung, Abgliederung.

---

1 Worte Meister LEONARDOS, Insel-Bücherei Nr. 446.

2 Dialog über die beiden hauptsächlichsten Weltsysteme, Leipzig 1891, 2. u. 3. Tag.

3 Gedanken, Sammlung Dieterich, Wiesbaden, o. J., Bd. 7, S. 3. 4 a. a. O., S. 82.

5 Unterredungen und mathematische Demonstrationen, OSTWALDS Klassiker der exakten Wissenschaften, Nr. 11, S. 26.

Nicht nur am Anfang müßte der Lehrer das beherzigen. Er sollte immer, bei jedem neuen Problem, bedenken, daß er ganze Menschen vor sich hat, und daß er sie erst allmählich — und sei es nur in Minuten, die er dafür „opfert" — die physikalische Wendung nehmen lassen kann. Man darf also nicht glauben, daß der physikalische Aspekt einfach „eingeschaltet" oder „angeknipst" werden könne. Er will erweckt und entfaltet werden, behutsam und ohne Übereilung (Prinzip der Kontinuität), damit das Kind dann erst, wenn es dazu reif und davon betroffen ist, ergriffen zugreife (Prinzip der Spontaneität). Es wird dann, fast plötzlich, im Fluge nehmen (auch „auf sich nehmen"), was es sonst unter unserem verfrühenden Drängen, nur langsam und widerwillig, ja oft nur zum Schein, über sich bringt.

KERSCHENSTEINERS „Grundaxiom des Bildungsprozesses"[6], das dem vollen Angebot der Bildungsgüter (Schulfächer) im Kinde eine mehr oder weniger lückenhafte Begabungs-Garnitur entsprechen läßt, wird für unser heutiges Denken als zu atomistisch und zu starr empfunden. Wir sehen den wachsenden Geist plastischer: „Die ‚Begabung' ist nicht einseitig durch ‚Anlage' bestimmt, sondern ... was als Begabung sichtbar wird, ist immer schon Antwort auf eine Einwirkung."[7] So wird Begabung *die* Ergriffenheit, welche über allen Wechsel tätig anhält.

Trotzdem bleibt KERSCHENSTEINERS Grundaxiom in folgender Fassung als Erfahrungstatsache bestehen: In Bildung gebracht werden kann ein Lernender nicht durch Beliebiges, sondern nur durch das, was ihn ergreift, aus welchem Grund auch immer. Ob wir dieses Ergriffenwerden nun deuten als ein Übereinstimmen gewisser Anlagen mit Angeboten von Bildungsgütern, oder ob wir die Interessen eines geliebten Lehrers als prägend verantwortlich machen, oder irgendeinen Umstand, den der eine Zufall, der andere Schicksal oder Fügung nennen mag, das ist für das Folgende nicht so wichtig wie dies eine: Es muß ihn etwas „ergreifen", es muß ihm etwas „widerfahren". Und das wird fast niemals in *allen* „Fächern", sondern nur in wenigen geschehen. — Das Wort „alles" berührt die Frage nach einer Rangordnung der Fächer: Alles, jedes Fach, sofern es erlaubt, daß wir uns in es ernstlich einlassen, uns von ihm ergreifen lassen, kann Quellpunkt des Bildungsvorganges werden. Für jedes Fach wird es sich angeben lassen, worin die ihm eigene Art des Ergreifens liegt. Daraus bestimmt sich dann das Wie und das Was seines Unterrichts.

Passives Ergriffenwerden ist dabei nicht gemeint. Es genügt nicht, daß etwas „gefällt" oder „leicht fällt". Ja das bloß Gefällige ist nicht einmal verwandt mit dem, wovon die Rede ist, und nicht der Anfang davon. Nur jene Ergriffenheit ist ein bildender Beweggrund, die fast weh tut, die „Leidenschaft", einen „Stachel" enthält, die nicht losläßt. Man denke etwa an ein mathematisches Problem, das einen festhält, in das man sich verbissen hat, von dem man nicht lassen kann, das einen beschäftigt. — Aber auch das genügt nicht: Man muß ihm standhalten und zugreifen, aktiv werden und bleiben.

---

[6] G. KERSCHENSTEINER, Das Grundaxiom des Bildungsprozesses und seine Folgerungen für die Schulorganisation. Berlin 1917.

[7] G. GEISSLER, Diskussionsbemerkung in: Bildung und Erziehung, VIII. Jahrg. (1955), S. 484.
H. ROTH, Der Wandel des Begabungsbegriffes, in: Jugend und Schule zwischen Reform und Restauration, Hannover 1961, S. 81—113.

Nur *die* Ergriffenheit bildet, die zum Tun herausfordert.

Das Wort „Ergreifen“ meint etwas Zentrales; man ist nicht nur „beeindruckt“ oder „frappiert“, man ist nicht nur intellektuell betroffen, sondern der ganze Mensch ist bewegt. (Von einer bloß „intellektuellen Ergriffenheit“ kann man nicht sprechen.) Nicht nur der „Kopf“, sondern auch das „Herz“ im Sinne PESTALOZZIS wird in einem wirklich bildenden Physikunterricht ergriffen. Wer das Herz vergißt, kann aus einem Menschen zwar einen Physiker machen, aber keinen gebildeten: Das Herz muß — im Sinne des ersten Kapitels — erfahren, daß es nicht entthront wird zugunsten einer vermeintlich unbedingten und eiskalten Wahrheit, sondern, daß es sich nur vorübergehend in den Schatten stellt; daß auch das rationalste und mathematisierteste Erkennen in ihm verwurzelt bleiben kann. Je mehr einer sich Physik „aneignet“, desto mehr ist das Herz immer dabei, und nichts stört die anderen Aspekte.

So gibt es kaum ein Fach, dessen bildende Kraft auf die Einheit von Kopf, Herz und Hand so angewiesen wäre wie Physik. Auch KERSCHENSTEINER spricht von einer „Aufwühlbarkeit des Gemütsgrundes“[8]. — Andererseits müssen wir dem Wort „Ergriffen-sein“ alles Sentimentale nehmen. Selbst in einer als „trocken“ verschrieenen Wissenschaft wie der Mathematik ist diese Ergriffenheit nötig, wenn Mathematik bilden soll. Als nach zweistündigem Gruppengespräch ein Sechszehnjähriger einsah, daß der Inhalt des Kegels (als ein genaues Drittel des umschriebenen Zylinders) auf dem infinitesimalen Wege zweifelsfrei berechenbar ist, und daß wir dabei doch immer an einem Körper herumrechnen, der *kein* Kegel ist (nämlich ein zur Spitze hin sich verengender Turm aus zylindrischen Platten), der den Kegel umstellt, ohne irgendwann (sei die Plattenzahl auch noch so groß) der Kegel zu *sein:* Als dieser Junge das einsah, erblaßte er, seine Augen wurden dunkel und das Gesicht äußerst ernst. Sosehr diese Angelegenheit „nur logisch“ aussieht: Er war nicht nur intellektuell betroffen. — Wieviel leichter geschieht das durch *natur*gegebene Neuigkeiten oder Einsichten. Wer das „FOUCAULTsche Pendel“ seine leise aber bestimmte Wendung nehmen, wer Stein und Flaum im luftleeren Raum einträchtig niederstürzen, wer den Kork unter Wasser *bleiben* sieht (weil er auf dem Boden lückenlos aufsitzt) und nicht etwas wie ein Erschrecken verspürt, ein Nicht-Glauben-Wollen, wer hier nicht dem Haaresträuben nahe ist und sogar bei jeder Wiederholung noch etwas davon *wieder* spürt, der kann wohl kaum durch Physikalisches in den Bildungsprozeß hineingelockt werden.

Die Verschmelzung von Ergriffensein und Ergreifen, von Passivem und Aktivem, ist dadurch, und nur dadurch, möglich, daß die menschliche Mitte bewegt ist, in der beides sich vereint, so wie Leben Einatmen nicht ohne Ausatmen kennt.

Man beurteile von hier aus einen Einwand, den der Physiklehrer gelegentlich von Kollegen geisteswissenschaftlicher Richtung zu seiner Verblüffung zu hören bekommt: Warum macht ihr eigentlich im Unterricht so viele Versuche?! Wir sind doch gar nicht mißtrauisch, und die Kinder auch nicht. Wir glauben es auch so; wenn ihr uns nämlich nur die Ergebnisse mitteilt.

---

8 G. KERSCHENSTEINER, Charakterbegriff und Charaktererziehung. Leipzig u. Berlin 1912.

Wer so sagt, möchte „zur Kenntnis nehmen". Aber das ist etwas anderes als das, was hier gemeint ist. Es bedarf der Sinne, um in der Mitte erreicht zu werden, es bedarf des Tuns, um zu „begreifen", was das „Ergebnis" sagt. Zu zeigen, daß Physik keine Inventaraufnahme ist, kein „Zur-Kenntnis-Nehmen", ist ein wesentliches Ziel dieses Buches (siehe Kap. I).

Deshalb wird auch kein Philosoph sich einfach die Ergebnisse der Physik berichten lassen, um sie dann richtig in sein Weltbild einbauen zu können. Er wird ihre Methode bedenken. Man kann ein physikalisches Ergebnis nicht anders „erfahren", als daß man den Weg entlangfährt, der zu ihm hinführt.

Daß das Ergreifen, das Selber-Tätig-Sein auf dem Grunde der Ergriffenheit, die notwendige Voraussetzung für bildendes Lernen sei, ist nicht erst seit KERSCHENSTEINER und dem Entstehen des Begriffes „Arbeitsunterricht" den Eingeweihten bekannt, es ist eine uralte Einsicht. So wie etwa die Entdeckungen der Psychoanalyse bei den großen Dichtern schon lange zutage traten, so sind — unter anderem — auch die methodischen Prinzipien der Selbsttätigkeit aus den Stimmen der großen Physiker vergangener und heutiger Zeit herauszuhören. (Deshalb sind als Motti der einzelnen Kapitel dieses Buches Äußerungen nicht von Padägogen, sondern von Physikern gewählt.)

Wenn etwas zu ergreifen und an ihm etwas zu tun sein soll, so setzt das voraus, daß es auch etwas zu tun *gibt*, und nicht, daß es schon getan dem Lernenden vorgesetzt wird. Wenn auf der Seite des Lernenden der ganze Mensch steht, so ihm gegenüber, auf der Seite der Sache, ebenfalls ein Ganzes, nicht ein schon Präpariertes, Hergerichtetes, Zerteiltes, Zerfächertes, Systematisiertes.

Wenn ich also den „Auftrieb" so „behandele", daß ich von vornherein hübsch geordnet 1. den „Bodendruck", 2. den „Seitendruck", 3. den „Aufdruck" „durchnehme", um dann den Auftrieb zu ernten, so hat der Lernende wenig zu tun, die Sache fordert wenig von ihm; er ist nicht so sehr ein Aufspürender wie ein nur Folgsamer. Anders, wenn ich ohne solche Vorbereitungen mit ihm ins Wasser steige, Felsblöcke heraushebe, dabei merke, wie sie schwerer werden, wenn sie in die Luft kommen, und wir dann miteinander fragen: „Wie kommt das?"[9]

Diese Forderung, daß das anfangs als Aufgabe Gestellte ein unvorbereitetes Problem von einer gewissen Kompliziertheit sein muß (S. 221, 231), steht in einer fruchtbaren Spannung zu einem anderen Grundsatz, der ja offenbar auch sein Recht hat: erst das vorbereitende Einfache, dann das „Komplizierte".

Zwischen beiden wird jedesmal der rechte Weg zu finden sein. Das zu weit Präparierte langweilt, denn es macht untätig; das allzu Verwickelte lähmt schließlich ebenfalls: Durch das Übermaß der Verschlingungen wird es unlösbar.

Wie verhält sich diese Forderung nach Spontaneität zu dem, was man „Arbeitsunterricht" nennt?

Schon wenn uns jemand etwas so Einfaches erklären will, wie etwa die Bedienung eines Feueranzünders, sind wir geneigt, ihm in die Rede zu fallen,

---

[9] Eine sorgfältige Erkundung der Umstände, von denen der „Auftrieb" abhängig sein könnte, zeigt ein Lehrgang von R. SCHORI: „Unterrichtsbeispiele aus der Physik." In: Schulpraxis. Bern [3]1969.

und sagen: „Laß mich mal!" Schon so harmlose Formen des Verstehens und bloßen Nachahmens verlangen also das, was wir Selbsttätigkeit nennen.

Wieviel mehr gilt es erst für ein geistiges Durchdringen und Begriffe-Schaffen, daß nur, was der Lernende selber sich gewinnt, sein Besitz wird, und daß das Vormachen oder gar Vorreden, wo es vorherrscht, ein fruchtloses Unternehmen werden muß.

Der Arbeitsunterricht kann scheinhaft werden, indem er zum äußerlichen „Betrieb" ausartet, zu einer nur körperlichen Selbsttätigkeit, oder er kann übertrieben, fanatisiert werden, sein Maß verlieren, als sei gar kein Lehrer nötig.

Selbst wenn es nur darum ginge, anschauliche Tatsachen „zur Kenntnis zu nehmen" (wie das Funktionieren des Feueranzünders), aber auch gewisse Begriffe und Schlüsse nachzudenken oder gewisse Arbeitsmethoden zu übernehmen, schon in diesen Fällen wäre Selbsttätigkeit notwendig. Wievielmehr gilt das, wenn wir bedenken, daß Physik eine Haltung, eine Art der Zuwendung voraussetzt. Ein Beispiel: Eine Landschaft werde „gesehen" von einem Maler, einem Förster, einem General, einem Feldmesser, einem Landwirt, einem Geologen. Sie sehen jeder eine andere Landschaft. Jeder blendet etwas anderes aus und sieht von etwas anderem ab. Wer seinen Beruf lange ausübt, merkt es nicht mehr. Diese verschiedenen Hinsichten kann man zwar einem, der zunächst ohne besondere „Absichten" vor der Landschaft steht, andeuten. Wirklich verstehen kann der sie aber erst, wenn er nicht allzu selten wirklich den Acker bestellt, den Forst durchstreift und selber gemalt hat: ernsthaft. Es muß also ganz besonders ein Aspekt, und so auch die physikalische Hinsicht, vom Lernenden selber eingenommen werden, echt, nicht imitiert, damit er sie verstehe und das begreife, was sie ihm in den Blick bringt. Wer in Schülerübungen sitzt und mißt, braucht sich deshalb noch lange nicht die physikalische Hinsicht zu eigen gemacht zu haben. Er darf sie ja nicht nur nachmachen, sie muß in ihn eingegangen sein. Dazu kommt er aber nur, wenn er im selbstvergessenen Nachforschen und Nachdenken erlebt, daß Messen *notwendig* ist, um etwas „herauszubekommen", was er gerne herausbekommen *möchte.*

Er muß erfahren, wie einem dabei zumute ist. Geben wir ihm dagegen zu Beginn des Physikunterrichts eine Schraubenfeder in die Hand und sagen ihm: „Da, miß mal, was ich dir sage!", so wird ihm zwar gewiß irgendwie „anders" zumute. Wenn er aber diese Zumutung für die „physikalische" hält (und das muß er wohl bei so abruptem Verfahren), so irrt er. Wir haben ihn getäuscht. Er weiß nicht, daß Physik mit Natur, mit Zusammenhang, mit Nachsinnen und Nachdenken zu tun hat. Er wird veranlaßt, Physik zu imitieren. (Das kann, an Zeugnisnoten gemessen, sehr erfolgreich geschehen.)

Arbeitsunterricht und Selbsttätigkeit sind zu schwache Worte, zu leicht nur willensmäßig verstehbar. Es genügt nicht, daß einer Physik treibt, sie muß ihn treiben. Gemeint ist also jenes ergriffene Ergreifen, jenes Einssein von Nehmen und Genommen-Sein, von Tun und Leiden, das den Bildungsprozeß als ein Urphänomen kennzeichnet. So flüchten wir in das Fremdwort „spontan" und meinen damit: das Echte, Ursprüngliche, Quellhafte. Der Lehrer kann nur helfen, diesen Quell freilegen, er kann das Sprudeln nicht machen und kann das Ursprüngliche nicht antreiben. Gemeint ist Ur-Sprünglichkeit in der ernstesten und genauesten Bedeutung des Wortes, die uns an „Quelle" erinnert[10].

Es gehört zu ihr *notwendig* etwas, das viele Lehrer fürchten: die Stille, das Schweigen. Aber die physikalische Stille ist nicht gemeint. Es muß jenes Schweigen sein, von dem MAX PICARD[11] spricht: die zum Wort drängende „naturhafte Basis für den Geist".

Zur Spontaneität gehört notwendig das Tasten, Zögern, Stammeln. Keineswegs jenes „immer im ganzen Satz sprechen". Sie läßt sich fast nie vorführen. Die Anwesenheit eines Fremden, eines Zuhörers, kann sie völlig verschwinden machen.

Man kann es auch so kennzeichnen: Kinder (und ebenso Erwachsene) sind „spontan", wenn sie nachdenken und Einfälle haben, und wenn sie selbst überrascht sind von dem, was ihnen einfällt. (Es äußert sich oft in einem kaum merklichen Lächeln der Verlegenheit.) Dieses Überraschtsein von sich selber, oder viel richtiger: von etwas, das über einen selber hinausgeht: Dies ist das Kennzeichen des Geistes. Das „Rasch" in diesem Wort meint dasselbe wie „Sprung" im Wort „Ursprung".

*Diese* Raschheit hat aber nicht das mindeste gemein mit jener Fixigkeit, die man züchtet, wenn man etwa bei einer Klassenarbeit nicht genügend Zeit läßt und meint, gerade das sei das Ausleseverfahren, um die „Richtigen" zu bekommen. (Man bekommt genau die Falschen.) Die Überraschung des „Ursprungs" kommt immer nur aus dem Schweigen und der Geduld. Sie überholt tausendfach, was jene Fixigkeit nur scheinbar erreicht.

Spontaneität kann nur *der* Lehrer wecken, der weiß, daß auch die Kinder „schon" im Geiste beheimatet sind. —

Gelegentlich werden solche Aufforderungen mißverstanden, als wollten sie empfehlen, es den Kindern „leichtzumachen", ihnen immer nur „entgegenzukommen", nichts von ihnen zu „verlangen", sie zu verwöhnen. Wer den Bildungsprozeß auch nur *ein*mal an einem Kinde erlebt hat, ist dieser Verwechselung nicht mehr ausgesetzt. Er weiß, daß genau das Gegenteil gemeint ist. Nicht: es den Kindern leichtmachen, sondern sie dahin führen, daß sie es sich selber gern schwermachen; nicht: ihnen entgegenkommen, sondern warten lernen, daß sie von selber kommen, daß sie selber etwas von sich verlangen; nicht: sie bestimmen lassen, sondern ihrem Drang Raum geben mitzuhelfen und mitzuplanen; nicht: sie verwöhnen dadurch, daß man immer nur sagt, was sie tun sollen, sondern sie daran gewöhnen, daß sie die Furcht vor der eigenen Entscheidung verlieren.

Der Bildungsprozeß, mit dem es die Schule zu tun hat, kann niemals in Gang kommen ohne den Anderen. Gerade Physik, als eine begriffliche Umkonstruktion der Wirklichkeit, kann nur im Gespräch zündend erweckt und übertragen werden. Gerade da, wo sich die Grundbegriffe konsolidieren sollen, ist es unmöglich, Physik aus Büchern oder auch im experimentierenden Selbstunterricht

---

10 Die Quelle „entspringt".

11 MAX PICARD, Die Welt des Schweigens. Erlenbach-Zürich, 2. Aufl. 1950. — Besprechung M. WAGENSCHEIN. In: Ursprüngliches Verstehen . . ., Bd. I, S. 177.

völlig zu verstehen. Auch „Schülerübungen“, in denen ein vorliegender Text nur experimentell nachgeprüft wird, können nicht ausreichen.

Es geht nicht nur um Nahebringen und Mitteilen. An den entscheidenden Stellen geht es um den spontanen Vollzug. Spontaneität wird am stärksten durch die gemeinsame Bemühung herausgefordert. Nichts setzt unsere Gedankenmassen so sehr in Bewegung wie das Gespräch. „Wechselgespräch ist eine Grundform, in der die Wahrheit an den Tag kommt“ (JASPERS). Das Gespräch macht auch den von sich aus Trägeren oder Gleichgültigen zu einem Beteiligten und Angesteckten; er wird „hineingezogen“. Und doch ist das wogende Gespräch *allein* noch nicht der Ort zum Reifen der Erkenntnis. Es pflügt um und sät. Das Wesentliche geschieht aber meist in der Einsamkeit und Stille nachher. Auch das Gespräch selbst darf nicht als ein immer wogendes, lautes Diskutieren verstanden werden. Viel eher als ein gemeinsames, auch schweigendes Nachdenken und Aufeinanderhören.

Bildung ist zwar ein individueller Prozeß. Aber sie kann sich nie zwischen der Sache und dem Lernenden allein vollziehen. Jeder von uns ruht auf den Generationen vor ihm und lernt immer in der Gruppe (Familie, Werkstatt, Schule). Die Fährte seines Bildungsganges bedarf der Gefährten.

Unter ihnen ist die Gestalt des *Lehrers* herausgehoben. Wo, wie hier, die Spontaneität des Bildungsvorganges betont wird, erhebt sich bisweilen das Mißverständnis, der Lehrer solle damit als nahezu überflüssig erklärt werden.

Der Lehrer, der den Kindern einen Wissensextrakt vorsetzt, „darbietet“ und „abfragt“, ist viel entbehrlicher, weil unwirksamer, als der, welcher bemüht ist, die Kinder von der Sache herausfordern zu lassen und der diesen Durchbruch abkürzend begünstigt.

So wie in einem geschlossenen Leiter ein Strom sich rührt (eine Spannung induziert wird), wenn nebenan in einem anderen Leiter ein Strom (nicht etwa nur fließt, sondern die Stärke seines Fließens ändert, also, sagen wir:) „ruckt“; ebenso rührt sich im Kinde das spontane, ergriffene Ergreifen, wenn es auch im Lehrer „ruckt“, d. h. wenn er selber von der Sache ergriffen ist, wenn er selber echt, wie zum ersten Male, über sie nachdenkt; wenn er also „weiß, als wüßte er nicht“, wenn er die zweite „Naivität“ gewinnt (von der KLEISTS „Marionettentheater“ spricht), wenn also auch er wieder sich wundert und irrt, wenn er die Kunst des Vergessens versteht. Wenn er also nicht nur darüber nachdenkt, wie er es „bringt“, nicht nur „rekapituliert“ (oder, in der schonungslosen Schülersprache: „verzapft“), sondern wenn er der Frage, dem Problem selber wieder verfällt. Das heißt nicht, daß er sich nun angesichts von Vorgängen, die „ihm nun wirklich längst klar sind“, ein wenig gelangweilt oder auch gerührt, zu den Kleinen herabläßt, um so zu tun, als ob auch er es noch nicht ganz verstünde. Es heißt ganz einfach: wieder „werden können wie die Kinder“. Kindlichkeit, in diesem Sinne, ist eine grundlegende Vorbedingung für das Lehrersein. Den Erwachsenen oder gar den Fachmann in sich selber muß der Lehrer aus der aktuellen Helle des Unterrichtsgespräches in einen bewahrenden Schatten zurücktreten lassen können. Es ist klar, daß dieses „Von-neuem-von-der-Sache-ergriffen-Sein“ zur Voraussetzung hat: ein „Vom-Suchen-des-Kindes-ergriffen-

Sein". Es induziert also das Kind den Lehrer und umgekehrt er das Kind. — Wieder zeigt sich die Unmöglichkeit, Kind und Sache zu trennen. Je mehr also ein Lehrer, angerührt von dem kindlichen Suchen, vom Problem selber immer wieder ergriffen ist, desto geeigneter ist er, das gleiche bei den Kindern auszulösen[12]. „Keiner kann andere bewegen, er bewege sich denn selber" (LEONARDO[13]). Neben dem bekannten „docendo discimus" (indem wir lehren, lernen wir) gilt auch in umgekehrter Richtung, wenn man es recht versteht: „discendo docemus": Wer selber lernt, der lehrt zugleich.

So sehr nun der Lehrer in dieser Hinsicht (auf das Ergriffensein) dem Schüler gleichen sollte, so wenig im zweiten, dem „Ergreifen": Will er, daß die Kinder zugreifen, so muß er selber sich dessen gerade enthalten (so sehr es ihm im Geiste und in den Fingern zucken mag, ja muß). Er darf nicht einfach selber „sagen wie es ist". Schweigen zu lernen ist seine höchste Kunst. Ebensowenig darf er in einem experimentellen Unterricht einfach „vormachen", was zu tun ist. Er sollte sich so sehr mit den Kindern eins fühlen, daß *ihr* Tun seine Spannung entlädt, als wäre es sein eigenes.

Kurz: Um den Bildungsvorgang, das ergriffene Ergreifen, auszulösen, muß der Lehrer selber, von der Sache wie von dem Kinde, ergriffen sein, doch des Ergreifens muß er sich enthalten. Nur dann gewährleistet er das Gespräch als Bedingung der Bildung.

In solchem ergriffenen Ergreifen der Natur, in der Selbsttätigkeit des Forschens und der dialogischen „Besprechung", geschieht Bildung als *Prozeß*. Denn alles bisher Erörterte deutet darauf hin, was auch das *Wort* „Bildung" weiß und was Erfahrung lehrt: Bildung ist nicht Besitz; man kann nur in Bildung gelangen und nur dann in ihr bleiben, wenn man immer wieder neu, die Natur ergreifend, sich von ihr ergreifen läßt. Insofern ist der Bildungsprozeß unendlich und gilt für ihn GOETHES Wort: „Alles worein ein Mensch sich ernstlich einläßt, ist ein Unendliches." Diese Unerfüllbarkeit des Bildungsstrebens hängt damit zusammen, daß Bildung kein häufender, also auch kein quantifizierbarer Prozeß ist, sondern eine gestaltende Auseinandersetzung zweier plastischer Wesenheiten, Seele und Welt.

In diesem unendlichen Prozeß bildet der Mensch den Aspekt der Physik in sich aus, d. h.: bildet er ihn sich und der Natur ein. Dieser „ein-gebildete" Aspekt ist zugleich die Bildung eines bestimmten Verhältnisses zur Natur. Das ist die entscheidende Bildungswirkung der Physik; nicht das, was in den Lehrplänen an formalen Tugenden wie scharfes Beobachten, logisches Denken, gewissenhaftes Arbeiten als die „Bildungswerte" des Physikunterrichts genannt wird. Diese Haltungen erhalten ihren Sinn erst *in* jenem ausgebildeten Verhältnis des Menschen zur Natur, das aus ihrem Verständnis im physikalischen Aspekt entspringt.

Entscheidend ist, daß Physik als Forschung und Lehre ein Verhältnis zur Natur im Menschen bildet, das die Natur in bestimmter Weise humanisiert und zugleich dem Menschen diesen humanen Naturaspekt so tief

---

12 Vgl. meinen Aufsatz: Die Knaben und die Elektrizität, Abschnitt 2. In: Ursprüngliches Verstehen . . ., Bd. I, S. 248.

13 Worte Meister LEONARDOS, Insel-Bücherei, Nr. 446, S. 30.

ein-bildet, daß in ihm die bleibende *Möglichkeit* entsteht, sich diesem Naturaspekt hinzugeben. (Das heißt nicht, daß der so gebildete Mensch sich nicht auch anderen Aspekten hingeben könne, die er aber ebenso wie den physikalischen Aspekt *bleibend* in sich aufgenommen haben muß, gerade um *vor* jedem und *für* jeden von ihnen frei zu sein, wo und wann er will.) Die Bildung der Physik im Menschen ist die Ein-Bildung der Natur in einem bestimmten Aspekt in den Menschen und ist zugleich die Bildung des Menschen in diesem Aspekt.

Dabei bleibt unerschüttert: Wir lernen, *nachdem* wir die physikalische Einstellung *gewählt* haben, etwas *Unnachgiebiges* kennen, eine Ordnung. Die planmäßige Zähigkeit unseres eigenen Suchens stößt auf ein noch Unnachgiebigeres, auf eine Autorität, die *jetzt* nicht mehr mit sich reden läßt. Die immer wache und immer heller erweckte Phantasie wird durch das Eingehen der Natur auf unser Fragen ermutigt und zugleich zurechtgewiesen, diszipliniert. Wir spüren dabei zwei Autoritäten: „in" uns die Logik (in der Mathematik allein herrschend, hier aber:), außer uns die harten „Tatsachen". Wir lernen nicht nur, daß die Natur, unnachgiebig, immer *gleich* antwortet, ohne Ansehen der Person (aber erst, nachdem diese Person in Freiheit beschlossen hat, in der Art des Fragens von sich selber abzusehen). Wir erfahren also nicht nur überhaupt Autorität und Härte. (Es könnte ja immer dasselbe, aber Unzusammenhängendes und Nicht-Einfaches herauskommen.) Es kommt eine in sich geordnete und einfache Autorität ans Licht: Es kommt der Zusammenhang, meist schon der Phänomene (siehe Kapitel XVI), und es kommen: die Bereitschaft zu einfacher Mathematisierbarkeit, zum „Gesetz", und die Modellbereitschaft. Wir erfahren also *Vertrauen* Erweckendes, Bergendes. — Vertrauen ist eine fundamentale pädagogische Kategorie.

Dem scheint etwas Negatives entgegenzustehen: Physikunterricht kann etwas Aufklärerisch-Enttäuschendes haben. Vieles ist dann nicht mehr wunderbar, weil es auf Einfacheres, Gewohntes zurückgeführt und ihm verbunden worden ist. Der Heber ist „verstanden" als „so etwas wie ein Seil, das sich, auch über eine Anhöhe hinweg, vom Tisch überhängend hinunterschafft", und auch der Mondlauf wundert das Kind nicht mehr, wenn es einsieht: Er ist ja „nur" ein geworfener Stein. Ein Unterricht, der bei solchen einzelnen Aufklärungsaktionen stehenbleibt, zerstört etwas nie wieder ganz Heilzumachendes. Die Neigung des Kindes zum Wunderbaren ist ein Reflex uralter ehrfürchtiger Weisheit. Physikalischer Unterricht, der nicht zur naseweisen Halbbildung herunterkommen will, muß diese enttäuschende Schicht durchstoßen, und zwar möglichst in jedem Einzelfall *sofort*: Zwar ist der Mondlauf — physikalisch gesehen — „nur Steinwurf", aber das heißt ja, daß *eine* Kraft (die Schwerkraft) das Irdische und Himmlische, das Kleine und Große, Nahes und Fernes, Bewältigtes und Überwältigendes zusammenbindet. Und nicht nur diese zwei: Stein und Mond. Auch: Ebbe und Flut, auch das, was das Fernrohr GALILEI sehen ließ, als er es als erster Mensch auf Jupiter richtete: Ein ganzer Haufen bisher einzelner, verstreuter Tatsachen schließt sich bei der Bildung des Begriffes „Gravitation" zusammen zu einem Gebund. Schmilzt zusammen, wird etwas „aus einem Guß". Und daß also die vielen kleinen aufgeklärten Wunder sich nur einlösen lassen zugunsten eines viel größeren, ja ganz anders dimensionierten Wunders: Dies muß ohne große Worte, *an* der Sache, der Physikunterricht lehren, wenn er das ehrfurchtsbereite Kind bilden will.

Der Sinn der Physik als Bildungsweg, die Bildungswirkung der Physik liegt zuletzt in der Verwirklichung des Naturverhältnisses, das sie selber ist. Sie bildet dem Menschen ein einzigartiges, unersetzliches Verhältnis zur Natur ein, ohne das ihm heute in seiner Menschlichkeit etwas Entscheidendes fehlen würde. Wird dieser Seinsaspekt aber verabsolutiert, so hat das zur Folge, daß durch seine unzulässige Expansion andere Verstehensweisen verkürzt oder unterdrückt werden. Deshalb hängt die Bildungswirkung der Physik an ihrer Selbstbeschränkung auf den ihr zugewiesenen, eigenen Aspekt. Das bedeutet, daß die Physik wie jede andere den Menschen bildende Betrachtungsweise der Wirklichkeit der Ergänzung durch die anderen dem Menschen aufgegebenen Betrachtungsweisen geradezu *bedarf*, wenn sie nicht dominieren soll. (Und dazu neigt sie heute.) Erst die Vielzahl der Aspekte garantiert die Bildungswirkung jedes einzelnen. (Daraus folgt nicht das, was die Schule heute noch meistens tut, daß sie nämlich die Ergebnisse aller Fächer in jedem einzelnen Schüler zu addieren hätte, sondern daß dem Einzelnen Gelegenheit gegeben werden sollte, in die wenigen Aspekte, die ihn spontan ergreifen, so gründlich sich einzulassen, daß die Grenzen dieser Aspekte spürbar werden und das Verlangen nach anderen wach wird.)

Der physikalische Seinsaspekt bezeichnet die Bedingungen für die Geltung des physikalischen Gesetzes. Der Aspektcharakter der Physik zwingt uns, zu der Erfahrung dieser unnachgiebigen und einfachen Gesetzlichkeit folgendes hinzuzufügen: Die Tatsachen „ergeben sich" dem Experiment, das *wir* einleiten. Die Natur hat zwar das letzte Wort. Aber man vergißt es leicht, daß wir das erste Wort hatten.

Man zögert, wenn man hört: Physik sei „nur" eine „Betrachtungsweise". Das kommt einem „willkürlich", subjektiv vor. Und dennoch sei an ihren Ergebnissen nicht zu rütteln. Wie verträgt sich das? — Es verträgt sich in der Weise, daß wir uns der Natur in einem bestimmten Zeremoniell nähern. Sie wird gefragt und sie geruht zu antworten, aber nur in dieser engen, sehr begrenzten Sprache. (Wenn man in einem Gebirgstal sich darauf beschränkt, die Berge geschlossenen Auges anzurufen, so antworten auch sie in derselben Sprache, durch ihr Echo.) In dieser aber immer unzweideutig, so eingeschränkt wie zwingend.

Wir haben das erste Wort, Natur hat immer das letzte. Wer A gesagt hat, muß auf B hören. Wer A setzt, muß B hinnehmen. Wer sich zum physikalischem Aspekt entschlossen hat, hat sich zugleich an ihn gebunden. Er kann dann nicht mehr wählen, was der Aspekt ihm aufschließt. Er hat nur noch Vorschlagsrecht.

Dies zu lernen, ist vielleicht das Wichtigste, und es zu lehren das Schwerste. Es wurde schon gesagt: Physik zeigt nicht, wie Natur ist, sondern nur, wie sie einem bestimmten Anruf antwortet.

Wir lernen also, daß die Ergebnisse der Physik immer hypothetisch sind. Zunächst in diesem eben bedachten Sinne, daß das Zeremoniell des quantifizierenden Experiments vorausgesetzt ist. Physik kann also nichts Gewisses (sondern nur Wahrscheinliches) darüber sagen, was in der Natur (im weiten Sinne) *spontan* möglich ist. (Ein Urteil etwa wie dieses: „Die Naturwissenschaft hat bewiesen, daß Gedankenlesen und Hellsehen unmöglich sind", ist in dieser Form heller Unsinn. Denn die hier gemeinten Phänomene sind vielleicht für das physikalische Experiment gar nicht zugänglich, da möglicherweise eine Voraussetzung für sie *nicht* gilt: „für jeden beliebig oft wiederholbar.") — Natürlich bleiben außerdem die Ergebnisse der Physik auch insofern immer hypothetisch, als die Gesetze des physikalischen Zusammenhanges ein niemals abgeschlossenes Ganzes bilden: Jeden Tag kann die fortschreitende Forschung ein Faktum finden, das nicht hineinpaßt in diesen Zusammenhang und Umbauten erzwingt. So erschien der Satz von der Erhaltung der Energie in Frage gestellt, bevor die radioaktive Energiebilanz sich klärte, d. h. einordnen ließ. Und die Entdeckungen unseres Jahrhunderts haben uns vorsichtig gemacht sogar in der Begriffsbildung: Die Gleichnisse aus der makroskopischen Welt sind im atomaren Bereich nicht mehr anzubringen.

Wir lernen, daß Physik etwas Werdendes und Gewordenes ist. Auf der Seite des Menschen wird eine Art zu sehen und Begriffe zu bilden, auf der Seite der Natur wird (wie eine Antwort, wie eine Hohlform dazu) ein Gefüge, eine Struktur: nach allem, was wir in diesem Jahrhundert erfahren haben, wohl kaum zu vollenden, aber zu immer neuer gegenseitiger Entsprechung eines das andere herausfordernd.

## VIII. Kapitel

# Physikunterricht und Sprache

*„Abkürzungen fügen der Kenntnis und der Liebe Schaden zu ...“* (LEONARDO[1])

*„Mir fiel es ... recht auf, wie ungehörig manche Lehrer ... in dieser Wissenschaft verfahren, welche sie gewissermaßen in eine wissenschaftliche Necksprache kleiden, die ein Schüler nicht versteht, und mit welcher sie die Mathematik so in eins verflechten, daß beide beides nicht und ein Ganzes auch nicht darstellen.“*
*„... Man kleidete die eigentümliche Redeweise der sogenannten Fachmänner in die gewöhnliche Sprache und wendete den gewöhnlichen Verstand darauf an. Was durch diese Mittel ... herausgebracht werden konnte, das besaß man ...“*
(A. STIFTER[1a])

Die physikalische Auseinandersetzung mit der Natur, wo immer sie ursprünglich vor sich geht, ist nicht nur stets ein *Tun,* sondern — indem sie angestoßen wird vom *Staunen* über seltsame Natur-Erscheinungen und vom Grübeln über Verbesserungen des Werkzeugs — immer auch zugleich ein *Denken* dessen, der da handelnd fragt und fragend handelt. Damit zusammen aber zugleich auch ein *Sprechen* dieses Fragenden, sei es mit den Gefährten, sei es im stillen mit sich selber. Das physikalische Verstehen ist ein „fassendes“ Sprechen und ein denkendes „Begreifen“. Der Begriff entsteht aus Wort und Griff zugleich. Physik ist sowohl menschlicher Zuspruch und Zugriff, wie auch immer Gegenzug und Antwort einer besonderen (herausgesonderten) Natur, die dabei erst „in den Griff kommt“ und sich „herausstellt“. Das physikalische Verstehen ist im Menschen wesensmäßig angelegt und ersteht in jedem Kinde neu und wieder, wenn es nur auf die rechte Weise zum Erwachen gebracht wird.

Dabei ist das *eigentlich* „physikalische“ Verstehen und Formulieren erst zuletzt da. Was vorausgeht, sagen wir: die „Vorphysik“, ist nun aber nicht ein armer Verwandter, nicht das Ergebnis einer beklagenswerten Unreife, das man als Lehrer schnell hinter sich und aus dem Blick der Kinder bringen sollte, sondern sie ist der große Ahne, der Boden, aus dem *allein* Physik hervorgelockt werden konnte und kann. Diese Vorphysik ist das Feld, dem der Lehrer seine *größte* Aufmerksamkeit zuwenden sollte. Hier ist noch fast alles zu entdecken. Hier erstehen physikalische Vorbegriffe, denen nach der „praktischen“ Seite elementare Handgriffe, „Auffassungen“, entsprechen und nach der Seite der Sprache vorphysikalische Grundworte und -sätze, die in der Sphäre des Kindhaften und Volkstümlichen beheimatet sind.

---

1 rowohlts monographien Nr. 153, Leonardo da Vinci, S. 63.

1a Der Nachsommer. Düsseldorf 1946, S. 200 und 498.

Dies zu wissen, ist am wichtigsten sicherlich für den Anfangsunterricht. Aber wichtig bleibt es überall, auf *allen* Altersstufen, weil auch der schon auf der Bahn physikalischen Verstehens „Fortgeschrittene" bei jedem *neuen* Nachdenken, Experimentieren, Erörtern und Besprechen dieselben — wenn auch verkürzten Phasen — durchläuft, die beim Anfänger länger und deshalb auffälliger sind.

Das physikalische Verstehen (die *Lösung* des Staunens durch Einfall und Einsicht) ist fast immer ein individueller, einsamer, oft schubhafter Prozeß einer plötzlichen Erhellung. Er geschieht meist nicht im Unterricht, sondern danach, und das ist ganz in Ordnung. Das produktive Denken ist immer einsam, auch wenn es einmal in Gesellschaft gelingt. (Es hat also viel für sich, wenn der Unterricht *nicht* das „Ziel der Stunde erreicht", sondern die Lernenden in zweifelnder Unruhe entläßt — vorausgesetzt: daß es gelang, diese Unruhe ernstlich in Gang zu bringen.) Das *Gespräch* in der Gruppe ist aber notwendig: vorbereitend und auslösend; später dann aufnehmend, sammelnd, diskutierend. Das Gedachte wird dort erst richtig „zur Sprache gebracht", denn jeder darf „zu Worte kommen". Das Gespräch wird „austragend", weiterführend, besiegelnd.

Eine Gruppe, die Physik lernt, sieht also im idealen Fall so aus: Sie steht um ein Geschehen herum, gemeinsam im Wechsel sprechend und eingreifend. Sie denkt dabei immerfort, in einem zögernden, tastenden Reden. Ihre Worte wollen noch nicht etwas „formulieren", sondern sind Ausdruck des Suchens selbst (Phase I). Zeitweise können sie ins Schweigen zurücktreten und unhörbar werden:

Zwei Mädchen zwischen 13 und 14:

A: „Da ist etwas drin. Wenn man an die Stecknadel den Magnet bringt, dann ist die auch so. Das wird so gemacht."
A versucht eine Stecknadel zu magnetisieren. B hängt einen Schlüssel an das von dem Magneten gehaltene Eisenstück.
B: „Das geht ganz durch."
A: „Das geht von dem (Magneten) bis hinunter. Dann ist dann das Ganze wie angesteckt von dem Magneten."
B: „Das ist wie so ein elektrischer Draht."
A: „Das geht bis ans Äußerste. Aber außen ist es schon weniger. Sieh, da kann man bloß noch leichte Sachen hinhängen ..."
B: „Je länger man es (die ‚Kette') macht, desto weniger geht vom Magnet aus. Wie beim Sprechen. Das hört man auch schlechter, wenn man weiter weg ist[2]."

Derartiges gelingt nur in einem ungestörten Fluß des gemeinsamen Denkens. Würde der Lehrer bei der Stelle „Das geht von dem bis hinunter" eingreifen („Sprich im ganzen Satz! Drück dich exakt aus!"), indem er sich als Sprachwächter fühlte, so würde er das Denken zerstören und die Sprache zugleich. — Nichts tötet die Sprache so sicher wie das in-flagranti-Korrigieren eines Kindes, das, *weil* es *denkt,* in den ehrwürdigen Stand des Stammelns eingetreten ist.

---

2 A. Banholzer, a. a. O., S. 51. — Man findet dort mehrere vollständige Gespräche, die höchst instruktiv für den Lehrer sind: S. 49 f., 50 f., 71 f., 76 f.

Das stockende — und dann auch wieder sich überstürzende — Sprechen ist das dem Denken *gemäße*. (Es darf nicht verwechselt werden mit *dem* Stocken, das aus der Angst kommt vor eben solchen Korrekturen.) Es ist zu wünschen, daß die Unbefangenheit soweit geht, daß der Dialekt durchbricht: Selbst Obersekundaner sind dafür dankbar. Ich notierte einmal:

> „Du hast e Schachtel unn bläst erinn: bis die Luft sich *besinnt* un näwe naus geht: Da is doch *Druck* drin!"

Nichts ist dringender als Bandaufnahmen solcher unbefangener Gespräche von Kindern, die in ihrem Denken noch nicht „korrumpiert" sind[3]. Sie sind in ihrer starken pädagogischen Auslösungskraft für den Lehrer ebenso wertvoll wie die Dialoge PLATONS und GALILEIS.

Der Lehrer, sofern er in dieser Phase überhaupt etwas sagt, auch er rede nicht in „wohlgebauten" Sätzen und nicht entfernt in der Fachsprache, er rede überhaupt nicht als ein Berichtigender, sondern als ein Mitdenkender: natürlich, anthropomorph, bildhaft; keineswegs kindisch, sondern so wie er mit sich selber redet, wenn er allein ist. Redet er fachlich und „exakt", so betoniert er den fruchtbaren Grund ab und erzieht nur schlechte Nachahmer. „Exaktes" Deutsch ist noch kein gutes Deutsch, Gelehrtendeutsch nicht immer Vorbild. Ein Beispiel: „Eingelagerte Störungszonen beschränken ihre Wetterwirksamkeit im wesentlichen auf das nördliche Bundesgebiet." Er vermeide geradezu die Fachworte, da sie ja nicht mehr Bilder, sondern Zeichen geworden sind. (Nicht immer *nur:* „Der Weg wird zurückgelegt", „die Spannung herrscht", „die Kraft wird ausgeübt", „das Licht pflanzt sich fort".) Und wenn er schon überhaupt in das leidige „Frage-Antwort-Spiel" flüchten muß, so rede er wenigstens natürlich. (Nicht: „Hat die Bläschenbildung aufgehört?", sondern „Kommen denn keine Bläschen mehr?") Phase I hat mit der sprachlichen Formulierung noch gar nichts zu tun. Wenn uns die Sache gefangennimmt, so schleudert das Denken die echten Worte hervor. Will man aber die Sprache polieren, so lang sie noch fließt, so spaltet man die Aufmerksamkeit von der Sache ab und züchtet leere Worte.

Anders in den nächsten Phase (II): Man ist nun fertig, man sieht klar, hat verstanden, und nun soll nichts geschehen als formuliert werden. Das Sprechen ist nun ein ganz anderes, weil der Formulierende in einer ganz anderen Verfassung ist, als er vorher als Suchender und Denkender war. Anfangs dachte er laut „wie das wohl *ist*", jetzt denkt er (vielleicht mehr schweigend als vorher) nach, wie man das *sagen* kann. Und zwar: Wie man das sich selber oder anderen *so* sagen kann, daß man, wenn man es später, nach einem Jahr vielleicht, liest, noch *verstehen* kann. Man blickt jetzt auf den Gedankengang zurück, man setzt sich ab, man erinnert sich. Vorher war man „dabei". Auch in dieser Phase muß in der Muttersprache gesprochen werden, nicht mehr im Dialekt, aber persönlich und lebendig, zugleich aber nun genau und sachlich. Die Aufgabe, die hier der Lehrer hat, finde ich am besten bezeichnet bei W. PFLEIDERER:

> „Das Feuer der Liebe zur Sache zu entzünden und zu erhalten, ist die eigentliche Aufgabe des Lehrers. Er löst sie, er kann sie nur lösen, indem er zur Sache spricht und

---

[3] Ein schönes Beispiel (das in einer „ungefächerten Naturbetrachtung" vorkommen könnte) findet man in: „Jenaplanschule, ein Ort der Begegnung mit der Welt". Heft 3: E. WOLFRUM, Sprache—Sache—Kind, S. 80 F. (Arbeitsgemeinschaft Jenaplan der M. V. O., Utrecht.)

seine Zöglinge zur Sache sprechen läßt. Und wenn er es gut macht, so wird sein Unterricht ohne bewußte Absicht, sozusagen als Nebenerfolg, zum Sprachunterricht und führt dadurch anstatt zu nackten fachlichen Kenntnissen, zu dem, was man Bildung nennt — wie denn jeder Sprachunterricht einen Bildungsertrag nur dadurch gewinnt, daß er *die Sache in Sprache verwandelt*[4]."

Sachunterricht und Sprachunterricht sind überhaupt nicht zu trennen, weil Denken und Sprechen nicht zu trennen sind.

Von der genormten Fachsprache ist auch hier noch nicht die Rede. Es geht um die genaue und überzeugende Muttersprache.

Ich habe die besten Erfahrungen gemacht, wenn jeder einzelne aufschrieb, was er *gesehen* und dann, was wir alle dazu *gedacht* hatten. Diese „physikalischen Aufsätze" wurden dann vorgelesen, kritisiert, ausgewählt, und manchmal entstand ein gemeinsam formulierter Text, der dann in die Hefte geschrieben wurde. Sehr oft blieb es dabei, daß jeder sein eigenes Lehrbuch machte. Die folgenden Beispiele stammen alle aus der Höheren Schule von 15- bis 16jährigen:

„In der letzten Stunde machten wir sonderbare Versuche. Wir machten den Hartgummistab elektrisch und näherten ihn einem Gebilde aus einer schwammigen Masse, die noch leichter war als Papier. Es war mondsichelartig geformt. Als wir nahe genug heran waren, stand es plötzlich auf und schwebte sogar dem Stab entgegen."

„Der Aluminiumstreifen blieb ruhig" (statt etwa: „es erfolgte keine Anziehung!").

„Zuerst durchzuckte ein unruhiges hin- und herschießendes Leuchten die ganze Röhre."

„So verläßt der Lichtstrahl die polierte Platte in demselben Winkel, in dem er aufgetroffen ist."

Einer beschreibt die „Brownsche Bewegung" als eine „fiebernde Bewegung".

Ein Gleichaltriger, der schon viel liest, über dasselbe Thema: „... oder einem schaukelnden Schiff am Horizont vergleichbar, das uns noch erkennbar ist und dabei die Meereswellen verrät, die wir aus der Entfernung nicht mehr wahrnehmen können. Es ist also ein Vorgang, der indirekt auf einen tiefer liegenden schließen läßt."

Eine Primanerin: „Bei 100 Grad können die Dampfblasen gerade schon leben, da ihr Druck dann gleich dem Luftdruck ist."

Oder: „Wenn man einen Körper tagelang klopft, so gibt er immerzu Wärme ab. Wenn diese nun ein Stoff wäre, so käme so *viel* Stoff aus einem so *kleinen* Körper."

Phase III: Erst jetzt ist es Zeit, die Fachsprache (nicht ausdrücklich zu lehren, sondern sozusagen) „einreißen" zu lassen. In ihr erstarrt die lebendige Sprache, wird steril, aber bezeichnet präzis Vereinbartes (so etwa bedeutet „Kraft" oder „Beschleunigung" hier etwas nur dem Unterrichteten Bekanntes). Auch aus ihr ist die bildhafte, die anthropomorphe, ja animistische Herkunft noch deutlich herauszuhören (Kraft „herrscht", „greift an" usw.), aber man „denkt sich dabei nichts", nicht mehr als nur das Vereinbarte, die Sprache ist bildlos geworden und soll es sein. Diese Erstarrung entspricht dem Festwerden des Aspektes. Vermischt sich die Fachsprache auch noch mit mathematischen Zeichen und Wendungen, so wird sie vollends Geheimsprache. (Geht sie einem „in Fleisch und Blut" über, so wird man zu der Scherzfigur, die das Wort „Höhe" nicht in den

---

4 Wolfgang Pfleiderer in: Der Deutschunterricht, 1954, Heft 4 (Hervorhebung hinzugefügt).

Mund nehmen kann, ohne sie vorsorglich „Höhe h“ zu benennen.) Auch diese Fachsprache ist nur dann echt gelernt, wenn sie aus der vorigen Phase (II) hervorgegangen ist. Kriterium: Was in Phase III gesagt werden kann, muß erst recht in II gesagt werden können. In Phase II wird schon präzis, aber noch „aus der Sprache“[5] gesprochen, in III wird „mit“ der Sprache gesprochen. Nie darf die Schule dahin kommen, nur „mit“ der Sprache sprechen zu lassen. Zu III führt also nur der Weg I—II—III. Die Entartung, welcher der Lehrer heute nur mit bewußtem Widerstand entgehen kann: statt I: ein suggeriertes, gesteuertes Scheingespräch, statt II: gar nichts, statt III: Die Schüler „apportieren“[6] Merksätze. Es sollte also nie die Phase III geben, wenn sie nicht aus II hervorgegangen ist. (Das Schlimmste: Wenn später III den entleerten Ort von II ausfüllen hilft, wenn Fragmente der Fachsprache als „Aufbauteile“ die tägliche Umgangssprache zusammensetzen, wenn man sich also auf eine Aufgabe „einstellt“, sich in die Vorbereitung „einschaltet“, eine Tagung „aufzieht“, dann aber „abschalten“ und sich „überholen“ muß, oder wenn ein Theologe ausmalt, Gott stehe am „Schaltbrett“ der Geschichte.) Das eigentliche Ziel in allen allgemeinbildenden Schulen ist Phase II. Phase III wird in der Volksschule fehlen dürfen. Der Abiturient dagegen sollte III kennen. Nicht zuletzt in dem Sinne, daß er die Fachsprache durchschauen kann als eine normierte Präzisierung und Fortführung dessen, was man auch (Phase II) in einfacher Weise sagen kann. Als Volksschullehrer muß er gerade das können. Er muß es gelegentlich auch in seinem Unterricht exemplifizieren (und dadurch auch die Phase III in den Blick des Volksschülers bringen können). Nur so kann er verhüten, daß das „Volk“ die „Wissenschaftler“ mit einem Gemisch aus Verehrung und Mißtrauen als eine besondere Menschenrasse ansieht.

Auf dem Weg I—II—III gibt es viele hinderliche Vorurteile: Das schlimmste ist die Zwangsvorstellung, man habe Eile. Man glaubt, „fertig“ werden zu müssen, und erreicht eben dadurch nicht einmal, daß der Schüler mit dem, was vorgeht, etwas „anfangen“ kann. Wie oft drängelt deshalb der Lehrer auf einen Satz zu, der ihm „vorschwebt“ („Der Auftrieb, den ein Körper unter Wasser erfährt, ist gleich dem Gewicht der von ihm verdrängten Wassermenge.“), und es wird dann an dem, was kommt, solange herumgestückt — mit einem Blick auf die Sache, einem zweiten auf die Grammatik, dem dritten auf die Uhr —, bis er dasteht und „gelernt“ werden kann. Aber so lernt man nicht. „Liebe zur Sache, Passion für die Sache und Erfülltheit von ihr ist die Quelle alles formalen Glanzes, und Sachlichkeit ist der Begriff, von dem der Pädagoge auszugehen hat“ (THOMAS MANN). Oder: „Alle Menschen, wenn sie an einer Sache interessiert sind, haben einen starken, lebhaften Stil. Ohne Leidenschaft kein Stil,

---

5 Angelehnt an eine Bemerkung von KARL KRAUS: „Heine hat das Höchste geschaffen, was mit der Sprache zu schaffen ist. Höher steht, was aus der Sprache geschaffen wird.“ (Insel-Bücherei, Nr. 688, S. 19). — „Aus“ der Sprache sprechen zu lehren scheint mir (im Sinne des „exemplarischen Lehrens“) das wesentliche „Funktionsziel“ des muttersprachlichen Unterrichts.

6 LICHTENBERG: „Er hatte eben einige lateinische Wörter apportieren gelernt.“ Aphorismen, Reclams Universal-Bibliothek, Nr. 7569—7571 (1944), S. 153.

mit Leidenschaft allemal Stil" (VILLAUME, 1786)[7]. Wo Zeit und Worte in Eile gestückt werden, kann es dazu auch nicht ansatzweise kommen.

Das zweite Vorurteil wird deutlich, wenn der Lehrer gewisse *Vergleiche* als „unpassend" kurzerhand zurückweist, weil sie nicht der legitimierten, fachlichen Endfassung zusteuern. Auch dazu Beispiele: GEORG HARTMANN[8] schreibt in seinem Brief an den Herzog Albrecht von Preußen vom 4. März 1544:

> „So ich aber die nadel halt zu dem magnete an das ort welches dem vorigen ort geradt entgege ist, so zeucht der magnet die nadel do selbst nit mer zu sich sonder treubts und *plests* von sich."

und ein etwa 7jähriger Knabe, von dem A. BANHOLZER berichtet, sagt von demselben Vorgang:

> „Da sind zwei Vöglein drin ... Die *blasen,* wenn es nah dran ist. Dann gibts Luft. Die treibt das Stückle hin[9]."

Bei diesem Kind ist es wohl eine noch animistische Vorstellung von blasenden Wesenheiten. Bei HARTMANN ist es ein Bild, daß der Magnet „plest". Wir sagen „stößt ab" und vergessen leicht, daß auch das ein Bild ist: so wie man ein Boot von Land abstößt. „Blasen" ist nun aber ein viel besseres Bild, weil Pusten von *weitem* wirkt (und zwei Magnete brauchen einander ja nicht zu berühren, um sich einer vom anderen „abzustoßen"), während „stoßen" einen berührenden Arm oder eine berührende Stange verlangt, so wie das „Anziehen" das Tau. So etwas ist eben bei Magneten nicht zu sehen, deshalb ist „Blasen" sehr treffend. Daß da wirklich ein Luftzug wäre, glaubt HARTMANN ebensowenig, wie wir glauben, daß der Magnet sich vom anderen mit einem Arm „abstoße". Das Kind mag es wirklich glauben. — Wir sollten also bedenken: Wenn wir Erwachsenen gedankenlos, oder besser: bildlos, sagen: „Er stößt ihn ab", so wird das Kind diese für uns abgeblaßte Formel der physikalischen Sprache ernster nehmen als wir, ernster als wir ahnen, und vielleicht nach einem stoßenden Arm suchen. Wir sollten also lieber die Kinder fragen, wie man das nennen könnte. Und wenn dann eins sagt, man solle „wegblasen" sagen, so ist da nichts zu lachen, sondern eher etwas zu bewundern.

Das dritte Vorurteil betrifft nicht die Wahl der Vergleiche, sondern das Vergleichen überhaupt. Das hängt zusammen mit der im naturwissenschaftlichen Unterricht eingebürgerten Meinung, das Unnötige müsse fallen, *Knappheit* sei immer lobenswert. Man hütet sich auch, den Leser durch Anschaulichkeit der Formulierungen zu verwöhnen; man stellt hohe Ansprüche an das Vorstellungsvermögen und die Genauigkeit des Lesens. Der Leser könnte sich auch beleidigt fühlen, wenn man „kindlich" mit ihm spräche. Zweifellos hat ein solcher asketischer Stil seinen Wert und auch seinen Reiz, für den Schreibenden nicht minder wie für den Leser und Hörer. Er ist ein Ausdruck geistiger Zucht. Aber

---

7 Beides zitiert nach: G. STEIN, Werden unsere Enkel noch deutsch sprechen? In: Allg. deutsche Lehrerzeitung, 1954, S. 156 ff. und S. 288 ff.

8 Neudrucke von Schriften und Karten über Meteorologie und Erdmagnetismus, hrsg. v. G. HELDMANN, Berlin 1897, Nr. 10, Rara Magnetica, Einleitung S. 7. Text nach dem dort beigefügten Faksimile.

9 BANHOLZER, a. a. O., S. 48.

wir dürfen nicht vergessen, daß er ein Endzustand ist und daß man ihn nicht „einschalten“ kann, wann man will.

Ein heutiger Lehrbuchverfasser würde es für ausreichend halten, im Kapitel Magnetismus zu schreiben (und mancher Lehrer würde vielleicht erwarten, daß 12- bis 14jährige auch so sagen):

„Ein Magnet, auf einem Stück Kork liegend und auf Wasser schwimmend, richtet sich in die Nord-Süd-Richtung aus.“

Für einen Erwachsenen oder auch einen Primaner, der derlei gewöhnt ist, ist das gewiß möglich. Aber hören wir einmal einen Erwachsenen sprechen aus der Zeit, in der das Beobachten und Experimentieren entstand, und bedenken wir, daß dem Kinde, auch unserer Zeit, anfangs das Experiment noch neu und die knappe bildlose Sprache noch leer ist. Der Schreiber ist der aus der Picardie stammende Edelmann PIERRE DE MARICOURT[10]. Er schrieb „am 12. August 1269 unter den Wällen von *Lucera* an seinen Freund und Nachbarn SYGER DE FOUCAUCOURT“ „die älteste abendländische Abhandlung über den Magnetismus“. Dort heißt es:

„Nimm ein rundes Holzgefäß, ... lege da hinein den Magnetstein, ... und dieses nun, mit dem Stein darin, setze in ein anderes, großes Gefäß voll Wasser, so daß der Stein im ersten Gefäß sitzt wie der Schiffer im Schiff; das erste Gefäß aber sitze im zweiten, geräumigen, wie das Schiff auf den Fluten treibt. ... Der so gelagerte Stein wendet nun sein kleines Gefäß, bis der Nordpol des Steins gerade auf den Nordpol des Himmels zu steht und sein Südpol gerade auf den Südpol des Himmels. Und, selbstverständlich, wird er, wenn er tausendmal weggedreht wird, tausendmal in seine Lage zurückgewendet, nach Gottes Ratschluß[11].“

Dies ist *auch* „knapp“, zugleich aber eindrucksvoll durch den Vergleich mit dem Schiff. Ist er „unnötig“? Auch ohne ihn „kriegt man mit“, was gemeint ist. Aber er ist nötig für die Zündung unserer Teilnahme. Er überträgt dem Leser etwas von dem eindringlichen Blick, mit dem sich der schreibende Kreuzritter über das Gefäß beugte und den Vorgang in die Reihe der ihm und uns allen vertrauten Erfahrungen aufnahm.

Viel später (1672) schreibt GUERICKE (er versucht aus einem Faß das Wasser herauszupumpen, um ein Vakuum in ihm zu erzeugen): den auf S. 118 angeführten Satz. — Hier ist kein Wort zuviel. Aber wir würden heute den Singvogel weglassen, obwohl dieser Vergleich viel genauer und zündender als die Angabe einer Frequenz überträgt, „wie sich das anhörte“.

Wir haben den Mut zum rechten Gebrauch des Vergleichs verloren. Ein Vergleich ist schlecht, wenn er trotz großer Anschaulichkeit zu einer physikalisch falschen Vorstellung führt: „Ihr müßt Euch vorstellen, im Erdmittelpunkt säße ein Männchen, das an Gummischnüren zieht.“ (Hier verbindet sich Animismus mit einer materiellen Auffassung der Kraftlinien und dem Irrtum, im Erdmittelpunkt säße etwas, das für die Schwere verantwortlich wäre: eine bei

---

10 Siehe S. 93.

11 Aus den in Fußnote 8 zitierten Rara Magnetica, Nr. 10/M. Hier, an erster Stelle: PETRUS PEREGRINUS DE MARICOURT, De magnete, S. 3 des lateinischen Textes, hier frei übertragen.

Erwachsenen sehr häufig anzutreffende Meinung, die von unverstanden auswendig gelernten Lehrbuchsätzen herkommt.) Jedes Kind wird aber KEPLER recht verstehen:

„Die Erd zeücht solliche schwäre dinge an sich wie ein Magnet das eisen ...
... die anziehende gewalt der Erden, die steckht nit im CENTRO, sondern im gantzen leib, vnd ziehen diejenige stuckh am maisten, die dem auffgeworffenen stain am nechsten seind ...[12]"

Ein Vergleich ist gut, wenn er nicht nur physikalisch stimmt, sondern auch die Intensität der Vorstellung überträgt. Es genügt nicht, zu sagen, die Erde laufe um die Sonne und währenddessen laufe der Mond um die so bewegte Erde. Wache Geister sagen das anders, und die erwachenden Geister hören es gerne:

„Die erd ist wie ein reütter, der seinen weg fort reittet, der mond wie ein schnaackh oder Breem, der dem Reütter und Ross vmb jre köpffe herumb sumset, bald hinten bald fornen, oder wie ein Hund pflegt mützulauffen hin vnd her zu schwaiffen." (KEPLER[13])

Es genügt aber nicht, wenn dergleichen im Unterricht manchmal gesagt wird, es muß (in der Phase II) auch geschrieben werden dürfen, und die „wissenschaftliche" Ambition eines Lehrbuches wird keinen Schaden nehmen, wenn es einmal wie KEPLER schreibt. Knappheit ist eine späte Tugend.

Das vierte Vorurteil: Sachlichkeit verlange einen unpersönlichen Stil. Heute schreibt kein Pysiker in einer Veröffentlichung und auch kaum ein Lehrbuchverfasser, wie eine Erscheinung auf ihn oder auf jeden wirkt. Wir behalten das für uns.

GALILEI gibt zwar Beschreibungen von antiker Strenge[14], aber die pädagogisch vorbildliche Form des Dialogs erlaubt ihm, zugleich Persönlichstes zu sagen:

„... einen Gedanken, der mir soeben beikam und der entweder einen Irrtum birgt oder ein anmutiges Spiel ..." — „Das erregt mein Erstaunen ..." — „Das ist fürwahr ein schöner Gedanke..." — „... daß ein großes Mysterium in diesen wahren und wunderbaren Sätzen verborgen sei; ich meine ein Mysterium hinsichtlich der Erschaffung der Welt ...[15]"

KEPLERS Ausbrüche religiöser Erschütterung und Lobpreisung in seinen astronomischen Schriften sind bekannt. Aber er kann auch in der Vorrede an den Kaiser, die er seiner geometrischen Optik voransetzt, sagen:

„Ich habe der Geometrie aber an den Weltkörpern nachgespürt und bin dabei den Spuren des Schöpfers schwitzend und keuchend gefolgt[16]."

Und nach einer langwierigen Zahlenrechnerei sagt er:

„Diese widerwärtige Untersuchung schließe ich also mit der Aufstellung dieser Tabelle ...[17]"

---

12 NIKOLAUS KOPERNIKUS, Erster Entwurf seines Weltsystems sowie eine Auseinandersetzung JOHANNES KEPLERS mit ARISTOTELES über die Bewegung der Erde. Hrsg. F. ROSSMANN, München 1948, S. 88 Vergriffen. Nachdruck bei der Wiss. Buchges. Darmstadt 1966 (Best.-Nr. 3336). — Im folgenden als „Rossmann" zitiert.

13 ROSSMANN, a. a. O., S. 79.

14 A. a. O. (siehe S. 40 dieses Buches), z. B. Nr. 11, Seite 14/15.

15 Nr. 24, Seite 37—39.

16 Grundlagen der geometrischen Optik, OSTWALDS Klassiker, Nr. 198, Seite 11.

17 Ebenda, Seite 111.

Zwar ist es ein Ziel des physikalischen Unterrichts, die Beherrschung und Abblendung an sich selber vorzunehmen, die den physikalischen Aspekt kennzeichnet. Nur müssen wir dabei bedenken:

1. Man kann das nicht „schlagartig“ erreichen und nicht, bevor die Sache sowohl wie das Kind danach verlangen.

2. Man darf es dem Kinde nicht so darstellen, als sei der Übergang vom persönlichen, bewegten Stil zum sachlichen, knappen und nüchternen ein Fortschritt schlechthin. Man tritt nicht höher, man tritt auf einen anderen und schmaleren Weg.

3. Der sachliche Stil wird leer, ärmlich, dünn, substanzlos, wenn er sich nicht herausgelöst hat aus einem anderen, der nicht nur das Sachliche; sondern das im *weitesten* Sinn „Wichtige“ mitaufschreibt. Das ist das, was nicht nur dem „Beobachter“, sondern dem ganzen Menschen auffällt, *ihn* bewegt und dann erst ins Denken hineinzieht.

Erst erfahre es, dann sage es beteiligt, schließlich fasse es nüchtern.

Nachtrag 1970

Eine Ergänzung dieses Kapitels VIII gibt mein Vortrag „Die Sprache im Physikunterricht“ (Z. f. Päd., 7. Beiheft, 1968, S. 125), aufgenommen in mein Buch „Ursprüngliches Verstehen . . ., [2]1970, Bd. II.

Auch die im Nachtrag zu Kap. IV genannten Sammlungen von Kinderaussagen von A. BANHOLZER, S. THIEL und mir (siehe S. 77) geben wichtige Beiträge zum Thema. Siehe auch F. W. LOSER, Sachunterricht als Sprachunterricht. In: Päd. Rundschau 8/1968, S. 393—411.

## IX. Kapitel

# Physikalische Fachausbildung und der Anteil der Physik an der Allgemeinbildung der Nichtphysiker (Genetischer Unterricht)

*„Man darf den Geist nicht schrauben; die überspannten und mühseligen Methoden erfüllen ihn durch eine unnatürliche Steigerung und durch eine eitle und lächerliche Aufgeblasenheit mit dummer Anmaßung statt mit kräftiger Nahrung."*
*„Daraus erhellt, daß, wovon man auch überzeugen wolle, man die Person berücksichtigen muß, die man überzeugen will; daß man ihren Geist und ihr Herz kennen muß, und wissen, welche Prinzipien sie anerkennt, welche Dinge sie liebt . . ."*
(BL. PASCAL[1])

Ein Grund für den geringen Erfolg des Physikunterrichts an den allgemeinbildenden Schulen — besonders an den Gymnasien, die ja eine Schlüsselstellung haben — scheint mir der folgende zu sein: Fachliche Ausbildung und vom Fach ausgehende Menschenbildung werden nicht genügend unterschieden und nur als ein Mehr oder Weniger desselben, nämlich einer gewissen Art der Ausbildung, praktiziert. Lehrbücher der Höheren Schule haben für jeden unbefangenen Betrachter den Charakter von ausbildenden Büchern. Sie wirken so, als wollten sie kleine Physiker ausbilden oder doch künftige, mögen auch die Verfasser das gewiß nicht wollen.

Dabei soll hier von *„fachlicher Ausbildung"* zunächst nur in dem Sinne die Rede sein, wie sie *heute* auf Fachschulen und Hochschulen vorwiegend vermittelt wird. (Nicht so, wie sie zu wünschen und vielleicht auch möglich wäre. Davon später, S. 150.) Bei dieser Fachausbildung soll der Lernende dahin gebracht werden, daß er in diesem Fach (handle es sich nun um den Bereich der Forschung oder um eines ihrer Anwendungsgebiete) beruflich mit Verständnis mitarbeite und selbständig urteile. (Von den niederen Formen fachlicher Abrichtung, die so verlaufen, daß der Abgerichtete, ohne daß sonderliches Verständnis nötig oder auch nur erwünscht wäre, in einem beschränkten Arbeitsgebiet „eingesetzt", funktioniert — von diesen Formen, die es ja gibt, wird hier ganz abgesehen. Es ist klar, daß sie mit einem Bildungsanspruch nicht auftreten können.)

Diese fachliche Ausbildung wird hier mit Absicht, um der Deutlichkeit willen, ein wenig übertrieben dargestellt, damit sichtbar wird, von welcher Unterrichtsform an einer allgemeinbildenden Schule der Lehrer sich abwenden sollte. Er verfällt ihr um so leichter, je mehr er selber *nur* „Fachmann" ist. Fachmann muß er aber sein, in der Höheren Schule gewiß, in der Volksschule mindestens in dem Sinne, daß „er etwas von der Sache versteht". Der Inhalt dieses Kapitels

---

1 Vom Geist der Geometrie. Die kleinen Schriften, Sammlung Dieterich, Wiesbaden 1947, Bd. 16, S. 51 bzw. S. 39.

läßt sich also auch so bezeichnen: Kann die heutige fachliche Ausbildung des Lehrers für seinen Unterricht ein Hindernis werden?

Sie kann es in der Tat, wenn sie sich mit dem Ziel begnügt hat, auch selbst nur fachliche Ausbildung in dem eben beschriebenen engen Sinne zu vermitteln. Der so ausgebildete Lehrer wird dann nämlich verführt zu glauben, in den allgemeinbildenden Schulen genüge es, diese Art der fachlichen Ausbildung nur *quantitativ* einzuschränken, ohne ihren Charakter zu ändern. Das gilt besonders für die Höhere Schule. Aber auch die Volksschule ist sofort mitbetroffen, denn einmal ist der Lehrer Abiturient, und zweitens wirken die Lehrbücher der Höheren Schule bisweilen als Vorbild für die der Volksschule. Kraß gesagt: Der „Gebildete", so wie ihn die Höhere Schule tatsächlich erzeugt (mag sie auch etwas anderes im Sinne haben), ist im Ergebnis sozusagen nur ein *„verdünnter Fachmann"*. (Daß er es auch noch auf allen Gebieten *zugleich* wird, bedeutet für die Höhere Schule eine zweite Krankheit. Hier soll nur von den Folgen gesprochen werden, die das Verfahren für den Erfolg des Physikunterrichts haben muß.)

Bevor das Verfahren des — nennen wir ihn einmal so: — „Fachausbilders" allgemein gekennzeichnet werden kann (ich wiederhole: mit absichtlicher Übertreibung), sollen einige *Beispiele* darauf vorbereiten.

Jemanden den *Magnetismus* verstehen zu lehren, gibt es zwei Wege. Der erste: Wir wissen heute, daß der Magnetismus ein Teilphänomen der elektrischen Erscheinungen ist: eine wesentliche Wirkung der *bewegten* Elektrizität. Ich kann ihn also unterrichtlich auf eine sehr rationelle Weise bewältigen, wenn ich zuerst die Elektrizitätslehre betrachte und dabei den Magnetismus gleich als Elektromagnetismus einführe und studiere. Mit Hilfe der Vorstellungen der „Elementarmagnete" und winziger „Kreisströme" oder „Kreisel"[2] gelingt es dann, den „natürlichen Magnetismus" vom künstlichen her „spielend" mitzunehmen; so wie dem Belagerer die Festung leicht in die Hand fällt, wenn er an ihr vorbeistoßend die ganze Provinz erobert hat.

Dieses Verfahren gibt ein völlig klares Bild der Beziehungen zwischen Elektrizität und Magnetismus. Dem auf diese Weise vorgebildeten Fachmann wird es an nichts fehlen. Und wenn man bedenkt, wie sehr den Kindern heute die Technik zur zweiten Natur geworden ist (wenn nicht gar zur ersten), so wird man als Lehrer vielleicht nicht zögern, auch in der Schule, in diesem Sinne „lebensnah" und modern, mit dem elektrischen Strom und der elektrischen Klingel zu beginnen, statt mit jenem sagenhaften Magnetberg, der den Schiffen die Nägel aus dem hölzernen Leib zieht.

Der zweite Weg erscheint länger, umständlicher und verzweigter. Er ist nicht so sehr alltagsnah wie naturnah und genetisch gerichtet. Er sucht, wirklich oder auch nur in Gedanken, jene verschwiegenen Felsgipfel auf inmitten unserer Wälder, die das Eisen anziehen und die Magnetnadel verwirren.

Er „verliert" vielleicht sogar ein wenig Zeit an die, gar nicht schlecht gedachte, Theorie von dem gigantischen Magnetberg im hohen Norden, der alle Magnetnadeln aus der Ferne regiert. Er studiert also den Magnetismus, den natürlichen,

2 Diese Ausdrucksweise ist so allgemein, daß der „Elektronen-Spin" sich ihr einfügt.

zunächst in sich selbst, soweit es geht. Und dann hört es ja einmal auf: wenn wir nämlich auf die kleinen „Elementarmagnete“ geführt sind, uns damit aber doch nur vom Großen ins Kleine gedrängt sehen. Denn was ihr, der Elementarmagnete, Magnetismus „ist“, das enthüllt sich nicht.

So müssen wir abbrechen und werden etwas Anderes, doch Verwandtes, die Elektrizität, studieren. (Bei aller Ähnlichkeit — Polarität — ist sie nämlich etwas offenbar viel Allgemeineres, nicht ans Eisen Gebundenes, zugleich aber Flüchtigeres, nicht so „Angewachsenes“.) — Und dann wird eines Tages die Entdeckung sich auftun, OERSTEDS Entdeckung, der auf der Suche war, wie alle „Romantiker“, nach der Einheit der Naturkräfte. Die Entdeckung, von der GOETHE schrieb[3]: „Der sich immer mehr an den Tag gebende und doch immer geheimnisvollere Bezug aller physikalischen Phänomene aufeinander ward mit Bescheidenheit betrachtet . . ., als auf einmal in der Entdeckung des Bezuges des Galvanismus auf die Magnetnadel durch Prof. OERSTED sich uns ein blendendes Licht auftat.“

Wer diese aufregende Kette von Entdeckungen verfolgt, die in wenigen Jahren, von OERSTED eingeleitet, von AMPÈRE aufgenommen, von FARADAY zu einem ersten Ende geführt wurde, der spürt, was dem ersten Weg fehlt: Das „blendende Licht“, das GOETHE erleuchtete, wird den Kindern auf ihm *nicht* entzündet. Und was das heißt, was ihnen damit verlorengeht, das sagen GOETHES Worte deutlich genug.

Der erste Weg ist informierend, der zweite außerdem auch bildend. Der zweite zeigt, wie man das Haus gebaut hat, der erste besichtigt das fertige Haus. Der erste appelliert an unsere Intelligenz, der zweite außerdem an unsere Phantasie, unser Naturgefühl, an Ehrfurcht und Leidenschaft des Forschens. Er kommt aus einem Bereich, der unserem Herzen noch nahe liegt. Er macht den Lernenden zum Entdecker, während der erste Weg den Lehrer zur Demonstration verführt und den Schüler zur Kenntnisnahme. Der zweite Weg führt zu genau derselben klaren und richtigen Erfassung der Beziehungen zwischen Elektrizität und Magnetismus wie der erste. Auch dem künftigen „Fachmann“ würde er nichts schaden. Er ist vielleicht etwas länger und mühsamer, aber seine Mühe ist lohnender: Er trägt zur Bildung bei und dient der Ausbildung zugleich.

Ein anderes Beispiel genügt es anzudeuten: Die seltsame regelmäßige Wiederkehr ähnlicher Eigenschaften, die die chemischen Elemente erkennen lassen, wenn man sie der Reihe nach, von den leichteren zu den schwereren hin, durchläuft (das „*periodische System*“), diese Tatsache hat, zusammen mit den Erkenntnissen der modernen Physik zum (BOHRschen) Atommodell *hin*geführt. Umgekehrt: Wenn man dieses Modell im chemischen Unterricht frühzeitig „bringt“, so kann man Beziehungen, Verwandtschaften, Reaktionen der Elemente an ihm leicht ablesen, die man sich sonst einzeln merken müßte. Wenn nun der Chemiker vom Physiker erwartet, dieses Atommodell früher „bereitzustellen“, als es verstanden werden kann, so verschafft er seiner (des Physikers)

[3] Werke, 1840, Bd. 27, S. 409.

Verantwortung für das Verstehen ein scheinhaftes Alibi, und ein Fach schädigt das andere, wenn der Physiker nachgibt[4].

Es geht hier nicht in erster Linie um die Frage, ob der Unterricht dem historischen Weg folgen solle; auch nicht darum, wieweit er „modern" sein, also junge Forschungsergebnisse mit aufnehmen soll, sondern hier nur darum: Was wollen wir im Lernenden „hervorrufen"? Eine schnell und rationell gewonnene Fertigkeit, über zusammenhängende Ergebnisse zu verfügen, oder: Wollen wir ihn die heute für alle schicksalhaft werdende Auseinandersetzung Mensch—Natur mitvollziehen lassen? Wollen wir sie ihm als ein Fertiges vorsetzen oder wollen wir sie in ihm werden lassen, um es ihm wenigstens möglich zu machen, mit ihr „fertig" zu werden? Wollen wir ihm die „Lichter", wie die Oerstedsche Entdeckung oder das Bohrsche Atommodell, wollen wir sie ihm eines nach dem anderen mit Sorgfalt entzünden, oder wollen wir die ganze fertige Landschaft unserer Errungenschaften nur recht schnell in ein taghelles Licht setzen, damit er sich reibungslos in ihr bewegen kann?

Auch der Gedanke, in der Elektrizitätslehre von vornherein und noch *ganz* unnötigerweise von einem *„Elektronenstrom"* zu sprechen (das heißt: eine Verstehens-*Anleihe* aufnehmen) gehört hierher. Ein Verständnis auf Borg ist ohne Schaden nur bei einem Lernenden möglich, der schon weiß, was ein „Modell" ist, der „dergleichen" bei anderer Gelegenheit wirklich verstanden hat. Ein Jugendlicher, der ein solches Modell vorgesetzt bekommt in einem Alter, in dem er es nur für ein bares Objekt nehmen kann, erliegt einem grundlegenden Mißverständnis, das sich festsetzt und kaum noch zu lösen ist. Es besteht die Gefahr, daß das „Modell" zu früh gebracht wird, daß es aus dem physikalischen Unterricht noch gar nicht reif hervorgegangen sein kann. Damit wird aber der Weg versperrt, es als Modell zu verstehen: Es muß als bare Münze aufgenommen werden. (Siehe Anhang D.)

Wie weit solche Vorschläge sich ins Groteske steigern können, läßt eine Anregung ermessen, die für die Höhere Schule allen Ernstes in einer angesehenen Fachzeitschrift zu lesen war: „Warum lehrt man heute in der Schule noch den Satz der Erhaltung der Masse, noch den Satz der Erhaltung der Energie, noch die alten klassischen Sätze, die schon längst überholt sind. Diese historischen Betrachtungen legen dem Schüler unnütz Steine in den Weg."[5]

Wie man sieht, werden hier die Stufen, auf denen man die Höhe ersteigt, als „in den Weg gelegte Steine" betrachtet.

Während dieser extreme Vorschlag von keinem erfahrenen Lehrer der Höheren Schule ernsthaft erwogen werden wird, weil er begrifflich undurchführbar ist, sind Neigungen dieser Art dem Volksschullehrer gefährlicher, da er weniger auf Begriffsbildung als auf Anschaulichkeit hinauswill. So dringen dort verwandte Vorschläge schon bis in die Lehrbücher vor und erzeugen hier in der besten Absicht („kindertümliches Gespräch"!) ungeheuerliche Umkehrungen des Selbstverständlichen.

---

[4] Diskussion darüber siehe: MNU, VI, S. 150; IX, S. 345; XI, S. 82.

[5] Der math. u. naturwiss. Unterricht (MNU), Bd. 3, Heft 6, S. 333. — Dazu zwei Entgegnungen in derselben Zeitschrift, Bd. 4, Heft 3, S. 183.

So etwa, wenn die Optik begonnen (!) wird mit einem ausführlichen Gespräch, worin der Vater dem Sohne etwas über „Elektronensprünge" erzählt[6]. Oder wenn man glaubt, die Elektrizitätslehre erst *beginnen* zu können, nachdem ein Vorwort die Atommodelle und in ihnen die Elektronen vorgestellt hat[7].

Solche Exzesse sind lehrreich, da sie die Richtungen erkennen lassen, in denen das Verfahren des Fachausbilders entarten kann. Sie können aber außer acht bleiben, wenn wir auf Grund der vorher betrachteten Beispiele nun den *Vergleich* der beiden Verfahren fortsetzen.

Das Verfahren des Fachausbilders lehrt die Physik als etwas, was es an sich selber so und so gibt, immer gegeben hat, und im Unterricht fortschreitend enthüllt wird. Es wäre ungerecht, ihm vorzuwerfen, es bringe nur Ergebnisse: es führt auch in die Forschungsmethode ein. Es zeigt nicht nur, wie das Haus der Physik eingerichtet ist: auch wie man darin sich bewegt: wie man von einem Raum in den anderen kommt, wie die Türen sich öffnen, ob die Stufen halten, ob das Ganze feststeht, wo etwas überhängt, wo etwas wackelt und einer Stütze bedarf, welche Umbauten und Ausbauten nötig erscheinen — alles das. Es kann sogar arbeitsunterrichtlich verfahren, der Schüler selbst kann dies alles ausprobieren, er macht seine Entdeckungen in diesem Hause. So lernt er dabei nicht nur die Sache selbst, sondern auch Folgerichtigkeit, Anschauung, scharfes Beobachten, klares Denken und all das, was wir an Bildungswerten des physikalischen Unterrichtes mit Recht aufzuzählen gewohnt sind.

Nicht aber lernt er, wie das physikalische Gerüst und Gebäude in eine Urlandschaft des Wirklichen erst hineingeplant und herauskonstruiert wird, wie es sich einläßt und wie es sich auftut. Bauen ist etwas anderes als Besichtigen und auch mehr als Mauern. Ein Aspekt kann nicht wie ein Ding gelehrt werden.

Der Lernende wird vom Fachausbilder nur als Intelligenz angesprochen, und wenn er ein Kind ist, als eine zwar reduzierte, aber immerhin zunehmende. Er wird aber nicht als ganzer Mensch angerührt, aus dem eine gewisse Art des Sehens, und des Absehens vor allem, erst ausgegliedert wird. Am Ganzen des Menschen wird vorbeigesprochen und vorbeigehandelt.

Das, was — dem Lehrer bewußt — langsam und schonend abzublenden wäre, wird wie selbstverständlich von vornherein, mit dem besten wissenschaftlichen Gewissen, ignoriert, überhört, ausgehungert. Wenn wir den Magnetberg im Walde gesucht haben, dann bleibt der Magnetismus dort verwurzelt, auch wenn er später herauswächst. Wenn wir Magnetismus nur in der elektrischen Klingel beruhen lassen, so ist nichts in ihm, was an einen Naturvorgang erinnert. Er gehört dann nur noch zur technischen Seite unserer Wirklichkeit.

So wird der Fachmann, wenn er lehrt, leicht in Versuchung geraten, solche Fachausbildung zu geben und sie in einer gewissen Verdünnung für Menschenbildung zu halten. Begreiflich: gerade weil er selber Fachmann ist, „ganz drin" ist, in dem Aspekt der Physik allzu sehr zu Hause, so sehr, daß er ihn als solchen vergißt. Die Stellen, Wendungen, Gelenke seines Lehrganges, in denen er bei seinen Schülern das Nicht-Physikalische und das Nicht-Intellektuelle ignoriert, sieht er selber nicht mehr. Als dem Lehrer aber müssen ihm gerade

---

6 G. Dieck, Mein Naturlehrebuch, Düsseldorf 1951, S. 126.
7 G. Peter und O. Overkott, Physik für Mittelschulen. Hannover 1952, S. 117 f.

diese Stellen die wichtigsten sein. Er braucht hier ein Wissen und eine Weisheit, die nicht mehr physikalisch sind, sondern wissenschafts-theoretisch und pädagogisch.

Wenn man ihm in diesem Sinne zuredet, wird er vielleicht sagen: „*Das sind Dinge, die nicht in die Physik gehören.*“ Das ist wahr: „*Aber eben deshalb gehören sie in den Physikunterricht!* Und ein Lehrgang, der, physikalisch gesehen, höchst wissenschaftlich ist, kann, pädagogisch gesehen, ganz unwissenschaftlich sein.

Der Fachausbilder meint, Fachausbildung bewirke von selber auch Menschenbildung. Aber Fachausbildung verhindert (weil sie etwas zerschneidet), daß Menschenbildung noch erreicht werden kann, während umgekehrt Menschenbildung das, was Fachausbildung will, mit einzuschließen oder doch anzuschließen vermag. Menschenbildung ermöglicht erst den gebildeten Fachmann, Fachausbildung verbaut ihn.

Kurz, wir haben in der Schule die Aufgabe, Menschen zu bilden, die *unter Umständen* auch Physiker werden können oder ein naturwissenschaftliches Studium sonstwie brauchen. — Lehren wir Physik menschenbildend, so können aus gewissen Abiturienten Physiker werden, und zwar gebildete. Wenn aber der Sekundaner schon ein ungebildeter Physiker ist, so wird es schwerfallen, aus ihm noch einen gebildeten Menschen zu machen.

Man kann meinen, dies alles ginge die Volksschule nicht viel an, und auch die Höhere Schule käme doch eigentlich erst auf der Oberstufe dazu, das Aspekthafte (mit dem dies alles so eng zusammenhängt) zur Sprache zu bringen und Mißverständnisse zu korrigieren. (In modernen Büchern pflegt es meist am Ende, im Anschluß an den Dualismus Welle—Korpuskel, genannt zu werden.)

Aber das ist wohl eine Täuschung. Wie ein Fahrrad aussieht und funktioniert (das Erkennen der Teile und ihres Ineinandergreifens), kann man nach der fachausbildenden Art klarmachen. Denn es ist eine Sache. Die Gefahrenzone beginnt sofort, wenn man versucht zu „verstehen“. Genau also dort, wo Physik beginnt. Sobald ich etwa anfange, beim Flaschenzug Pfeile zu zeichnen, die Kräfte bedeuten, also die Begriffsbildung einsetzen lasse, oder wenn, ganz zu Beginn der Optik, das Wort „Strahlen“ kommt. Strahlen „gibt es“ nicht in der Weise, wie es beim Fahrrad eine Kette gibt. Sie sind eine Hinzutat, eine Konstruktion. „Von Strahlen“, schreibt GOETHE[8], „ist gar die Rede nicht: sie sind eine Abstraktion, die erfunden wurde, um das Phänomen in seiner größten Einfalt allenfalls darzustellen.“ Überall, wo Kinder lernen oder denken: „Licht besteht aus Strahlen“, ist das Unglück schon geschehen. Es besteht keineswegs aus Strahlen in der Art, wie das Messer aus Klinge und Griff besteht, wie das Fahrrad aus soundsoviel Teilen oder wie der Pflanzenstengel aus Fasern.

Daß die Physik eine Hinsicht ist, die etwas in die Natur hinein- und zugleich aus ihr heraussieht, die also konstruiert, dies muß der Lehrer also von vornherein und schon in den ersten Anfängen des Physikunterrichts, ja gerade dort, im Sinne haben und den Kindern einsichtig werden lassen. Aber er wird darüber weder erkenntnistheoretische Vorträge halten noch wird er Worten wie Kraft, Strahlen, Kraftlinien aus dem Wege gehen, wenn es soweit ist. Er wird nur vermeiden, daß sich in den kleinen Geistern so etwas festsetzt wie „Das Licht besteht aus Strahlen“ oder „Die magnetische Anziehung wird durch Kraftlinien

---

8 An SULPIZ BOISSEREE, 11. 1. 1832. Aus Goethes naturwissensch. Schriften, Insel-Ausgabe, Bd. II, S. 513.

bewirkt". Er wird, wenn das einer so dahinsagt, nichts weiter zu tun brauchen als zu fragen: „Wie viele sind es denn, kann man sie zählen, unterscheiden? Wie dick sind sie? Was ist dazwischen?" — Es genügt, diese Fragen zu stellen. Zu sagen braucht man nichts. Die Kinder sagen die Antworten von selber.

Das Bild des Fachausbilders soll jetzt in krasser Form noch umfassender und über die genannten Beispiele hinaus ausgemalt werden. Er ist nicht Pädagoge, er ist „Physiker" und nur das. Er soll dem „Lehrer" gegenübergestellt werden.

Es folgen links: mögliche Grundsätze einer physikalischen Fachausbildung (und, wie später [S. 150] gezeigt werden soll, nicht einmal einer guten), rechts mögliche Grundsätze einer vom Physikunterricht ausgehenden Menschenbildung, beide extrem formuliert. (Dabei werden auch Fragen berührt, die in diesem Buch erst später genauer betrachtet werden sollen.) Zur Verdeutlichung dieser Gegenüberstellung könnte man einen Satz von Ernst MACH („Was der Philosoph für einen möglichen *Anfang* hält, winkt dem Naturforscher erst als das sehr ferne *Ende* seiner Arbeit" — Erkenntnis und Irrtum, Einleitung) variieren: „Was der Physiker für einen möglichen *Anfang* hält, winkt dem Physiklehrer erst als das sehr ferne *Ende* seiner Arbeit."

| *Der Nur-Physiker:* | *Der Physiklehrer:* |
|---|---|
| 1. Erst das Einfache, dann das Komplizierte. | Erst das Ganze, dann seine Aufgliederung. |
| 2. Physikunterricht kann also erst beginnen, wenn im Schüler die notwendigen logischen Voraussetzungen bereitgestellt sind, also im 8. Schuljahr. | Physikunterricht muß beginnen, sobald das Kind sich für Natur, Handwerk und Technik rational zu interessieren beginnt, also spätestens im 5. Schuljahr, freilich noch nicht als Physik, sondern als Betrachtung der Natur und der Geräte (aus Handwerk und Technik). |
| 3. Gewisse mathematische Kenntnisse und Fertigkeiten sind Voraussetzung. — Beginnt man früher, so droht unexakte Pfuscherei, die nicht wiedergutzumachen ist. | Mathematische Voraussetzungen gibt es kaum. Im Gegenteil sind Natur und Handwerk *Quellen* des Mathematischen. — Beginnt man zu spät, so beraubt sich der Unterricht jahrelang spontaner Antriebe der Kinder. |
| 4. Der Lehrgang folgt dem System der Physik, denn Physik ist wesentlich eine systematische Wissenschaft. | Der Unterricht beginnt mit der Betrachtung naturgegebener Ganzheiten und entfaltet sich erst im 7. Schuljahr in die Fächer Biologie, Physik, Chemie. Das *Aufsuchen* des Systems (d. h. der Zusammenhänge) der Physik ist sein *Ziel.* |
| 5. Eine Vorschule des Messens ist zu empfehlen, damit dieses grundlegende Tun des Physikers gleich richtig geübt werden kann. Erst das „Handwerkszeug"! | Gemessen wird erst dann, wenn es sich als notwendig erweist innerhalb einer forschenden Fragestellung. |
| 6. Den Anfang macht die Mechanik, da sie grundlegend für die Begriffsbildung und die Mathematisierung ist. | Am Anfang steht das Staunenswerte aus allen Gebieten der Naturbetrachtung, auch der Physik, soweit es mit einfachen Mitteln zu bewältigen ist. Das praktische Tun innerhalb der Schulgemeinschaft gibt echte Anlässe dazu. |

| | |
|---|---|
| 7. Der Lehrer hat an die scharfe Beobachtung und die Logik zu appellieren und den Schüler dadurch zur vorurteilslosen, objektiven Betrachtung der Tatsachen zu erziehen. | Der Lehrer hat den ganzen Menschen im Kinde mit der Natur ins Gespräch kommen zu lassen und muß dafür sorgen, daß die Ausgliederung des physikalischen Aspektes ohne Bruch erfolgt. |
| 8. Das Falsche darf nicht genannt, ohne sogleich richtiggestellt, die unexakte Formulierung darf von vornherein nicht geduldet werden. | Das, wenn auch falsch, Gedachte ist mehr wert als das gedankenlos richtig Gesagte. Der Weg zum Richtigen führt über das Unklare, der Weg zum Exakten über das Ungenaue. |
| 9. Klare Grundbegriffe und scharfe Definitionen von *vornherein!* | Saubere Grundbegriffe sind das *Ziel* und können nur *allmählich* entwickelt werden. |
| 10. Grundlegende Modellvorstellung wie Atome und Elektronen sind baldigst zu bringen, um den Aufbau rationell zu gestalten. | Wichtig ist die scharfe *Unterscheidung* zwischen Phänomen und Modell (d. h. zwischen dem, was man sieht, und dem, was man sich dazu denkt). Modellvorstellungen werden eingeführt, wenn sie sich den Kindern aufdrängen. |
| 11. Arbeitsunterricht heißt: die Schüler müssen selber experimentieren. | Arbeitsunterricht heißt außerdem: die Selbsttätigkeit der Gruppe sollte nicht nur die einzelne Stunde tragen, sondern auch die größere Fragestellung lebendig halten, die einige Wochen umspannen kann. |
| 12. Der Unterricht soll bis zu den gesicherten Ergebnissen der modernen Forschung vordringen. | Der Unterricht soll die Physik immer wieder, bei jeder Einzelfrage, als eine gewordene und werdende, besonders geartete Auseinandersetzung des Menschen mit der Natur genetisch, bisweilen auch geistesgeschichtlich, erfahren lassen. |
| 13. Kein wesentlicher Baustein darf fehlen für das Endziel: Zusammensetzung des physikalischen Weltbildes und des Weltbildes überhaupt aus den Beiträgen der verschiedenen Fächer. | Das Wesentliche ist es, das physikalische *Vorgehen* zu verstehen: als eine Einschränkung und zugleich eine Bereicherung des naiven Verhaltens zur Natur, als ein Aspekt neben andern. — Die Wirklichkeit wird erfahren durch das wechselnde Sich-Versetzen in die verschiedenen Aspekte. |
| 14. Die Betrachtung der Beziehungen der Physik zur menschlichen Kultur, ihr Verhältnis zu Technik, Religion, Geisteswissenschaften wird als Abschluß empfohlen. Diese Beziehungen können erst in Prima verstanden werden und sind ein geeigneter Stoff für Arbeitsgemeinschaften, die unter der Leitung eines philosophisch vorgebildeten Lehrers stattfinden sollten. | Der Charakter der Physik als eines Aspektes darf bei keiner Einzelbetrachtung, auch schon auf der Unterstufe, vom Physiklehrer aus dem Sinn verloren werden, ohne daß es nötig wäre, darüber viel zu sagen. |
| 15. Der Unterricht soll zur Beherrschung der physikalischen Fachsprache führen. | Das Kind sollte zuerst dahin kommen, alles Verstandene auf die schlichteste Weise und überzeugend in seiner Muttersprache und in der Sprache seines Alters klarzumachen. |

Man sieht: Der auf der linken Seite Sprechende ist so sehr Physiker, daß er auch seine pädagogische Aufgabe wie eine physikalische angreift, more geometrico. Er denkt subtraktiv und additiv: Er subtrahiert dem Lernenden die Qualitäten, „auf die es nicht ankommt", das heißt: die nicht quantifizierbaren. Im Fach addiert er das Komplizierte aus dem Einfachen, und so addiert er auch die Fächer. Das Ausgehen vom Staunenswerten mißversteht er gern als eine Konzession an das Nur-Interessante und wehrt sich dagegen, indem er gerade in der Strenge der Naturgesetzlichkeit die erzieherische Macht preist, die keine Konzessionen kennt. Ohne es zu wollen, dämpft oder gar erstickt er so die natürliche Lernleidenschaft des Kindes, versteht den Widerstand, den er spürt, als naturgegebene Faulheit oder Dummheit und sieht seine entsagungsvolle Aufgabe darin, sie zu überwinden, das heißt, noch strenger, noch „sachlicher" zu werden.

Neben diesem pädagogischen Irrtum unterläuft ihm aber auch ein sachlicher: er ist so sehr Fachmann, daß er den Aspektcharakter vergißt. Er ist von der Physik benommen, er hält das, was sie herausbringt, für Natur, wie sie von sich aus ist. Er wird in diesem Punkt sogar fachlich rückständig. Da die Physik des 20. Jahrhunderts nicht mehr an die „Objektivierbarkeit" ihrer Bausteine glaubt, da sie — anders gesagt — das Subjekt nicht mehr ganz aus ihren Ergebnissen herauslassen kann (gemeint ist hier nicht „Herr Müller", sondern „der" physikalisch „eingestellte" Mensch oder sein Registrierapparat), ist sie ja auch einer Pädagogik zugänglicher, die Kind und Sache in ihrer Untrennbarkeit sieht.

Der Fachausbilder neigt dazu, wie eine Sache zu lehren, was ein Aspekt der Sache ist. Er bringt dadurch den Aspekt-Charakter nicht zum Bewußtsein. Er entwickelt die physikalische Hinsicht nicht aus dem ursprünglichen weiten Blick, wie er dem noch unbefangenen Menschen eigen ist. Da er nur physikalisch denkt, scheint ihm der Psychologie genug getan, wenn die logische Kette intakt ist. Er glaubt der Seele des Schülers gerecht zu werden, wenn er nur seinen Intellekt nicht überfordert und auf der Anschauung aufbaut. Er übersieht, daß der Intellekt gar nicht erreicht und erweckt werden kann, wenn er schon anfangs so angesprochen wird, als wäre er allein da: Indem das Kind die physikalische Haltung einzunehmen lernt, verändert sich ihm die Natur und verändert es sich selbst. Diese Änderung darf nicht eine endgültige, dauernde werden oder eine Spaltung hervorrufen, sie muß eine Zuwendung bleiben, die sich immer wieder vollzieht und die man immer wieder zurücknimmt.

Der Fachausbilder kommt noch in eine zweite Gefahr. Da er die Physik nicht als einen gewordenen Aspekt, sondern als ein aufgefundenes Gebäude von Tatsachen sieht, auf dessen experimentelle und logische Schlüssigkeit es ihm allein ankommt, neigt er dazu, das fertige System der Physik, vom Einfachen zum Komplizierten hin, auch zum Lehr-Gang zu machen und damit den Unterricht in der Stoffülle ersticken zu lassen.

Dies wäre also die — wenn auch etwas übertrieben gezeichnete — Gestalt dessen, der allzu sehr „von der Sache" ausgeht.

Der rechts Sprechende, der vorwiegend „vom Kinde aus", also primär pädagogisch, argumentiert, auch er ist, wenn er unnachgiebig bleibt, wenigstens in einigen Punkten seines Programms in Gefahr, zu entarten. Denn wir werden dem Linken nicht abstreiten können, daß sein Grundsatz: „erst das Einfache, dann das Komplizierte", auch etwas Gesundes hat, und daß die rechts stehende Umkehrung: „erst das Ganze, dann seine Aufgliederung", übertrieben gefaßt, niemals den Unterricht in Gang halten könnte, ja daß man in dieser Strenge gar nicht vom Kinde, sondern von einem Prinzip ausginge. Denn Kinder wollen Fortschritte machen, wollen lernen und begreifen sehr wohl, daß das Interessante auf das Einfache reduziert werden muß.

Der Linke hat recht, wenn er betont, daß die Systematik etwas Typisches an der Physik sei. Es kommt ihm zweifelhaft vor, wie der Rechte zur Systematik kommen will, wenn er sie als Leitseil seines Unterrichts ablehnt, aber doch als sein Ziel verkündet. Und der Rechte würde mit seiner kompromißlosen Auslegung des Arbeitsunterrichts (so würde der Linke meinen) niemals zu Rande kommen, niemals fertig werden, auch nicht mit einem aufs äußerste reduzierten Stoff. Der Linke könnte, ganz richtig, hinzufügen, daß das Kind ja durchaus auch nach einem Geführtwerden verlange und daß es für das spätere Leben auch äußerst wichtig sei, daß man einem anderen zuhören lerne, ohne gleich seine eigenen Einfälle voreilig auszukramen. (Wer kennt nicht Ärzte und Lehrer, denen die Tugend des Zuhörenkönnens in gefährlichem Maße abgeht!)

Zwischen den beiden Polen, die hier einander extrem gegenübergestellt wurden, liegt nun in der Tat das Spannungsfeld, das den Lehrer nicht zur Ruhe kommen läßt und auch nicht zur Ruhe kommen lassen darf, der den Mut aufbringt, weder in den einen noch in den anderen Hafen einzulaufen; so steht er immer vor neuen Aufgaben und bleibt am Leben. Es ist meine feste Überzeugung, daß diese beiden Pole nicht etwa im Widerspruch zueinander stehen, der nur durch ein resignierendes Opfer von beiden Seiten abzumildern wäre. Denn niemals hätte sonst die Physik entstehen können. So kann auch nichts leichter über diesen scheinbaren Widerspruch hinweghelfen als die Lektüre der Werke der großen Begründer der Physik. In der Schule haben wir die Aufgabe, Physik immer von neuem entstehen zu lassen, freilich in einer kunstvoll abkürzenden und vereinfachenden Weise.

Ein Widerspruch kommt deshalb nicht auf, weil in der Geistesgeschichte sowohl wie im Unterricht dieses Geschehen, wie jedes Lebendige, nicht ein starres Fortschreiten ist, sondern einem Atmen gleicht, das im Wechsel sich erhält und steigert.

Wo wir auch, von Staunen geführt, in das Ganze der Physik eindringen, überall ist Lichtung möglich. Und überall ordnet sich etwas, wenn auch vorläufig nur in einem kleinen Bereich. Es werden sich als „Einstiege" besonders günstige Fragen finden lassen. Ist das in einer größeren Anzahl von Fällen geschehen, so können wir in einem zweiten Gang aufs Ganze hin systematisch werden. Und nicht die Ergebnisse sind das Wesentliche, sondern wie die Fragen entstehen und wie die Einsichten aufkommen.

Ergebnisse der Physik sollten immer Nebenergebnisse des Physikunterrichts sein.

Dies alles gilt für die Volksschule und für die Höhere Schule in gleicher Weise und nur in verschiedenem Grade. Man kann in erster grober Annäherung sagen: Das linke Extrem ist die Gefahr der Höheren Schule, das rechte die der Volksschule.

Man kann nicht sagen, die linke Unterrichtsweise sei immerhin der Höheren Schule angemessener als die rechte. Denn warum sollte die Höhere Schule ohne Pädagogik auskommen?

Man kann auch nicht sagen, das rechts stehende Extrem liege dem näher, was der Volksschule angemessen ist. Denn wie sollte der Volksschulunterricht ohne das System der Physik auskommen?

Es gibt einen Unterschied zwischen beiden, aber hier liegt er nicht. Wie wenig eine solche Vereinfachung zutrifft, zeigt sich daran, daß auch in Volksschullehrbüchern Einbrüche des linken Extrems sich bemerkbar machen. Man findet zum Beispiel auf den ersten Seiten das Trägheitsgesetz in NEWTONS Formulierung. Dieses Trägheitsgesetz ist ein mühsam zu gewinnendes *End*ergebnis der Abstraktion! Weder kann es am Anfang einfach dastehen noch kann es durch einige rapide Schein-Schlüsse echt gewonnen werden. „Es war die größte Leistung GALILEIS, daß er gegen den Augenschein zu behaupten wagte: Ein Körper, auf den keine Kraft wirkt, verharrt in Ruhe oder in gleichförmiger Bewegung."[9] Diese Lebens-Einsicht eines Genies kann man Kindern nicht leichthin einreden. (Siehe auch S. 15 und Anhang C: Beharrungsgesetz.)

Es ist ein fast tragisch zu nennendes Paradoxon, daß gerade der Fachmann, der in Deutschland unter den Lehrern der Höheren Schule überwiegt, in der lauteren Absicht, den wissenschaftlichen Charakter seines Faches zu wahren, durch vorschnelles Erzwingen von Schein-Abstraktionen das Kind um die wirkliche Einsicht bringt. Er unterläßt es gewiß nicht, die Öffentlichkeit auf die schädlichen Folgen mangelhafter wissenschaftlicher Ausbildung hinzuweisen. Von den pädagogischen Qualitäten dagegen ist selten ohne Mißverständnis die Rede. Es kann sogar vorkommen, daß sie als gefährlich bezeichnet werden. Dann nämlich, wenn sie in Verbindung mit unzureichendem wissenschaftlichem Niveau dazu führen könnten, daß die Schüler dank geschickter Darstellung einmal etwas Falsches glaubten. Ist nicht heute die andere Gefahr größer, aktueller und jedenfalls primär: daß eine fachspezialistische Ausbildung, wie wir sie noch haben, den Zugang zum Kinde versperren kann? Dem Pädagogen (der bei uns in der Höheren Schule nicht so bestimmend ist wie in der Volksschule) erscheint es wichtiger, daß der Schüler mit dem Gegenstand *überhaupt* in Fühlung komme, als daß gleich alles richtig sei. Im allgemeinen würde der Gymnasiallehrer, dem man vorwürfe, er unterrichte „unwissenschaftlich", das als eine Beleidigung empfinden und es ohne weiteres auf sein fachliches Wissen beziehen. Daß es pädagogisch gemeint sein könne, wird ihm kaum in den Sinn kommen. Auch würde er einen Verstoß gegen die pädagogischen Gesetze sozusagen als Kavaliersdelikt auf sich nehmen. — In der Volksschule liegen die Akzente bisher nahezu umgekehrt.

Unnötig zu sagen, daß der gute Lehrer die Sache sowohl wie die Kinder verstehen muß. Wichtig zu sehen, daß die fachliche Ausbildung des Lehrers in Unordnung ist, wenn sie dem Verständnis für das *Werden* seines Wissens in der Geistesgeschichte und im Kinde entgegenwirkt. Eben dies ist unsere Gefahr in der Höheren Schule, und sie hat zur Folge, daß in der Volksschule die Lage umschlägt: Der „wissenschaftliche" Ehrgeiz der Höheren Schule führt zum Scheinerfolg: Den Abiturienten geht das Elementare verloren: Als Volksschul-

---

9 C. F. v. WEIZSÄCKER u. J. JUILFS, Physik der Gegenwart. Bonn 1952, S. 22.

lehrer ist er gezwungen, sich mit einer nicht nur unwissenschaftlichen (das ware nicht sehr schlimm), sondern zusammenhangslosen Naturbetrachtung zufriedenzugeben.

Man könnte nun meinen, alles das besage: Fachliche Ausbildung und Menschenbildung seien unvereinbare Gegensätze. Allgemeinbildende Schulen hätten dann ganz andere Unterrichtsprinzipien auszubilden als Fachschulen. (Universitäten und Technische Hochschulen sind im Begriff, Fachschulen zu werden, und wehren sich dagegen.)

Keineswegs! Natürlich haben Fachschulen und allgemeinbildende Schulen verschiedene Ziele. Aber — wenn man es grob sagt —: *Der „linke" Weg des Fachausbilders* (vgl. S. 145 f.) *führt nicht zur Menschenbildung. Der „rechte" Weg, wenn er die nötigen Zugeständnisse macht, kann zur Menschenbildung und zur Fachbildung führen.* Mit anderen Worten: Recht verstandene Fachbildung ist solche, die Menschenbildung einschließt. Aber Menschenbildung ist nicht etwas, was auf eine spezialistische, unverwurzelte Fachschulung nachträglich wiedergutmachend aufgesetzt werden könnte. Sie muß gerade in den *Anfängen* einer fachlichen Unterrichtung immer schon darin sein. Kurz: Fachliche Schulung ist immer ein Nebenergebnis des Bildungsvorganges; Bildung ist nicht notwendig ein Nebenergebnis der eng verstandenen fachlichen Schulung[10].

---

10 Über den Zusammenhang dieser Frage mit dem exemplarischen Lehren und die entpädagogisierende Wirkung des Fachstudiums siehe mein Taschenbuch „Verstehen lehren". Weinheim 1968, 2. und 3. Aufl. 1970, S. 83.

## X. Kapitel

# Der Anfang der Naturbetrachtung in der Schule

*„Schiller ... bemerkte ..., wie eine so zerstückelte Art, die Natur zu behandeln, den Laien, der sich gern darauf einließe, keineswegs anmuten könne ... Ich erwiderte darauf: ... daß es doch wohl noch eine andere Weise geben könne, die Natur nicht gesondert und vereinzelt vorzunehmen, sondern sie wirkend und lebendig, aus dem Ganzen in die Teile strebend, darzustellen."* (J. W. v. GOETHE[1])

*„Auf die Frage, welches wohl das geeignetste Alter sei zum Beginn des Studiums der Physik, antwortete er: ‚Ich glaube, daß diese Frage erst nach einer Erfahrung von mehreren Jahren beantwortet werden kann. Ich kann nur so viel sagen, daß ich bei meinen Vorlesungen für die Jugend während der Weihnachtszeit niemals ein Kind fand, welches zu jung gewesen wäre, um das zu begreifen, was ich ihm sagte. Viele darunter kamen oft nach der Vorlesung zu mir mit Fragen, welche ihr Verständnis bewiesen.' "* (M. FARADAY[2])

*„Ja, ich glaube, daß selbst zur Entdeckung der schwierigsten Wahrheiten, wenn man nur richtig geleitet wird, nichts als der sogenannte gemeine Menschenverstand erforderlich ist ..."* (R. DESCARTES[3])

Wann und wie fangen wir in der Schule an? Und es erhebt sich zugleich die Frage: womit eigentlich? Mit dem „Physik"-Unterricht? Mit der „Naturlehre"? Mit der Betrachtung der natürlichen Welt? Das Wort „An-fang" sagt uns, daß man ihn nicht „setzen" kann. Es muß etwas zu „fangen" geben. Es muß schon etwas da sein im Kinde.

## A. Der heutige Stand des Anfangens

Die in den Kapiteln IV und V berichteten Ergebnisse, besonders die Befunde PIAGETS (Kap. IV, S. 76), scheinen auf den ersten Blick den heutigen Stand des Anfangens zu rechtfertigen:

Die Höhere Schule beginnt meist in Untertertia, also im 8. Schuljahr (dann also, wenn die Volksschule schon ans Ende denken muß). Dahinter steht wohl etwa folgende Argumentation: Da das Kind vor dem 13. Jahr außerstande ist, die grundlegenden Begriffe zu bilden, warten wir ab, bis es soweit ist. Geben

[1] Glückliches Ereignis, Zur Morphologie, I. Bd., 1. Heft (1817), zitiert nach: Naturwiss. Schriften, Bd. I. Insel-Ausgabe, Leipzig, o. J., S. 22.

[2] J. TYNDALL über FARADAY in: Faraday und seine Entdeckungen. Braunschweig 1870, S. 207.

[3] Die Regeln zur Leitung des Geistes. Meiners Philosophische Bibliothek, Bd. 26b, Leipzig 1948, S. 134.

wir ihm vorher im Spiel und im Alltag Gelegenheit, in einer natürlichen und instinktiven Weise sich mit Natur und Technik auseinanderzusetzen. (Und wirklich: Ein Zehnjähriger, der mit seinem Roller die asphaltierte Schräge eines leeren, verlassenen Luftschutz-Wasserbeckens hinunterfährt und gegenüber wieder hinauf [nicht ganz hinauf] und daraus ein stundenlanges, schwingendes Spiel macht, der lernt unübertrefflich lebendig die Grundlage dessen, was später als „Satz von der Erhaltung der Energie" eine präzise Form finden wird.) Verfrühung, sagt man sich, wäre daher erfolglos, würde zu unklaren Begriffen, also zu Pfuscherei führen und eine nachträgliche Klarstellung des bestenfalls Halbrichtigen erschweren. So wäre ein früherer Anfang Zeitverschwendung; es wäre unrentabel, etwas erst halb falsch und dann wieder richtig zu machen. Wir beschränken uns deshalb auf Biologie, da Tiere und Pflanzen dem 10-, 11-, 12jährigen näherstehen als die unbelebten Dinge und noch nicht so „scharfes" Denken verlangen wie eben Physik. — So etwa die Höhere Schule. —

Die Volksschule, angesichts desselben psychologischen Tatbestandes, kommt doch zu ganz anderen Schlüssen: Da sie die Kinder früh verliert, muß sie auch früh beginnen. Sie kann nicht warten, zumal sie bemerkt, daß die Kinder mit Natur und Technik längst zu tun haben und nun mehr wissen wollen. Mit Begriffsbildung anzufangen, verbietet sich im 5. Schuljahr von selbst. — Hier geht es nicht um die logischen, nicht um die systematischen Zusammenhänge, sondern um diejenigen, die zeigen, wie im Leben und Alltag die Dinge praktisch miteinander zu tun haben.

So scheint auf den ersten Blick die Auseinanderführung der Kinder auf zwei wesentlich verschiedene Anfänge und Bahnen gut begründet zu sein.

Daß sie einer pädagogischen und physikalischen Besinnung nicht standhält, diese Einsicht haben schon die vorhergehenden Kapitel vorzubereiten versucht.

Ohne Zweifel liegt die größere pädagogische Einsicht auf der Seite der Volksschule. Doch wäre das kein Grund, damit die fachwissenschaftlichen Gesichtspunkte der Höheren Schule nicht in hinreichend schlichter Weise zu verbinden. Aber die meisten Volksschullehrer sehen die Physik als etwas sehr Abstraktes und immer Mathematisches an (wozu offenbar ihre gymnasiale Vorbildung beigetragen hat). Und so kommt es, daß die schlichten naturgesetzlichen Zusammenhänge meist so sehr verblassen, daß man sie kaum noch gewahrt. Die besondere Volksschulphysik, die auf diese Weise entsteht, wird merkwürdigerweise von den Studienräten kaum beachtet oder bemerkt. Sonst würden sie sich zu Hilfe gerufen fühlen und andererseits wieder pädagogisch so bereichert finden, daß sie auch ihren eigenen Unterstufenunterricht, oder vielmehr sein Fehlen, einem neuen Nachdenken unterwerfen könnten.

Denn die Höhere Schule, offenbar aus einer psychologischen Sicht, die der des „Ausbilders" nahesteht (Kap. IX, S. 145 f., links), allzu sehr also auf das nur Logische eingeengt, wartet, bis das Kind „begrifflich denken kann", verpaßt dadurch die realistische Phase in der Kulmination und beginnt eigentlich gerade dann, wenn manche Kinder durch die einbrechende Pubertät aus der schönen Sachlichkeit des Knabenalters abgedrängt werden. Sie beraubt sich damit wertvollster Spontaneität.

Die Kinder der Höheren Schule und die der Volksschule unterscheiden sich gewiß, aber nicht in ihrem Seelen- und Weltgefüge. Beginnen wir Physik erst im 8. Schuljahr, und dann gleich als „Physik“, so lassen wir das Kind vorher hungern und verleiden sie ihm nachher durch immer noch verfrühte Begrifflichkeit und Systematik. So entsteht zwischen Naturerlebnis und Physik ein Bruch im Kinde, der dann auch im Erwachsenen und in der Lehrerschaft erhalten bleibt. Im Schüler des Gymnasiums liegt der Bruch unten: Physik „setzt ein“, aber sie „erwächst“ nicht. Für den Volksschüler liegt der Bruch oben; der Volksschüler erreicht die Physik nie, sie bleibt ihm auch später verschlossen und erzeugt eine aus Hochachtung und Mißtrauen gemischte Resignation („Die Wissenschaftler haben ausgerechnet“). So gleicht der Gymnasiast einem, der in der Luft schwebt, der Volksschüler einem, der über ein Dach nicht hinaussieht. Da die zweiten von den ersten unterrichtet werden, kann nicht viel Gutes dabei herauskommen.

Der Volksschullehrer, weil er Abiturient ist, weiß nicht, wie einfach Physik ist. Genauer: aus wie Einfachem sie herauswächst. Er kann die Dinge nicht mehr schlicht sehen. Sein Abiturientenwissen ist so „verstiegen“, daß ihm — als Lehrer — nicht nur die Anpassung an das kindliche Naturbild nicht mehr recht gelingt (das wäre durch eine pädagogische Unterrichtung vielleicht noch zu korrigieren), er vermag auch das eigentlich und nur Physikalische nicht mehr einfach zu sagen und aus dem zu erkennen, was Kinder vorbringen.

Im Lehrer der Höheren Schule wiederholt sich die „Verstiegenheit“ ein Stockwerk höher. Deshalb ist es ihm schwer vorstellbar, daß man mit 11jährigen soll „Physik“ treiben können, und deshalb beginnt er sie auch dann, wenn er sie schließlich anfängt, in Untertertia, schon zu „hoch“.

Man kann sagen: *die Volksschule scheut vor der Physik, weil die Höhere Schule vor dem Kinde scheut.* So kommen Volksschule und Höhere Schule also nicht zusammen und in beiden das Kind nicht in der rechten Weise mit Physik.

## B. Kein Grund für eine wesentliche Verschiedenheit des Unterrichts in Volksschule und Höherer Schule für das 5. bis 7. Schuljahr

Das vorliegende Buch bemüht sich um die Zwischenzone zwischen Kind und Physik. Vielleicht ist es sein wichtigstes Bemühen, zu zeigen: Kind und Physik widersprechen einander nicht. Das Kind strebt von selbst zur Physik. Nur dürfen wir sie ihm nicht überstülpen, sonst erbaut es sie nicht. Wir Lehrer müssen nur lernen: wie klug das Kind ist und wie schlicht Physik. Aus dem achtlosen Einsetzen des Faches sollte eine gepflegte Zone des Übergangs werden, aus dem Wüstenstreifen ein Garten, aus der Bruchstufe ein Hang.

Wenn das Kind seine Physik aus seiner ursprünglichen Naturverschlungenheit herauswachsen spürt, so wird zweierlei zugleich erreicht:

1. Es bleibt heil,
2. es bekommt die solideste Grundlage, auch für eine etwaige spätere wissenschaftliche Schulung.

Hiernach besteht nicht der mindeste Grund, den Anfangsunterricht im 5., 6., 7. Schuljahr für Volksschule und Höhere Schule ganz verschieden einzurichten. Die Kinder der Volksschule und die gleichaltrigen der Höheren Schule unterscheiden sich nicht in ihrem Seelen- und Weltgefüge. Sie unterscheiden sich nur in dem, was die „Auslese" bei der Aufnahme in das Gymnasium meint. Und hier müssen wir uns ernsthaft fragen, ob nicht allmählich die Maßstäbe dieser Auslese darauf hinauslaufen, daß die ausgewählten Kinder in der Höheren Schule „mitkommen", so wie sie *ist.* In einer Schule also, die diejenigen fördert, denen der „Bruch", von dem wir sprachen, nichts ausmacht. Wir brauchen aber in der heutigen Welt gerade denjenigen Menschen, der sich gegen den Bruch wehrt.

Der oft zu hörende Einwand, die Höhere Schule müsse ihr „Klima" von vornherein schaffen, wird jedenfalls in dem Fach Physik hinfällig, denn hier verzichtet sie ja bisher ganz auf einen Einfluß.

Die Betonung des Gemeinsamen soll nicht ausschließen, daß selbstverständlich der Unterricht der Gymnasien ein anderes Ziel hat als der der Volksschule, und daß man dieses Ziel schon „unten" im Sinne haben muß. Aber es wäre eine „terrible simplification", das in der Weise zu tun, daß man dieses Ziel vom Ende an den Anfang herunterholte und mit verfrühter Begriffsbildung einsetzte.

*Die Höhere Schule kann für ihr eigenstes Ziel nichts Besseres tun, als sich der Wurzel zu erinnern, die sie mit der Volksschule gemeinsam hat.*

Es ist nicht unnötig, zu sagen, daß das hier Besprochene mit der Frage, ob die Grundschule vier oder sechs Jahre dauern solle, gar nichts zu tun hat. Die Naturbetrachtung im 5., 6., 7. Schuljahr (und schon vorher) ist in jedem Fall ein gemeinsames Anliegen aller Schularten.

Diese Gemeinsamkeit wird nicht wenig gestört dadurch, daß die Volksschule eine besondere Terminologie hat („Naturkunde", „Naturlehre"), die in der Höheren Schule nicht vorkommt und außerdem in sich inkonsequent und verstaubt ist. Zwar hat die Volksschule recht, wenn sie die wissenschaftlichen Bezeichnungen Biologie, Physik, Chemie in den Anfängen scheut. Sie weiß, daß das, was im 5., 6., 7. Schuljahr geschieht, wirklich *noch* keine „Physik" ist. Aber die Volksschule bestärkt durch eine unsachliche, vorgestrige Wortwahl ihre Lehrer darin, zu glauben, das, was die Volksschule mache, sei etwas *anderes* als Physik, und Physik könne aus ihm nicht hervorgehen.

Wenn die Unterscheidung „Kunde" und „Lehre" einen Sinn haben soll, dann doch den: „Kunde" ist ein „Hören von", ein „Sammeln von Nachrichten" „Lehre" ist schon Ordnung, Beziehung, Systematik. Nun war jede Lehre einmal Kunde; und Kunde, die nicht Lehre werden kann, ist nicht imstande, ernstlich zu bilden. Es ist nicht einzusehen, warum Tiere und Pflanzen nur Kunde, dagegen Steine, Regen und Gewitter schon gleich Lehre hervorbringen müßten.

Um den Verwirrungen zu entgehen, die durch solche unsachgemäßen Bezeichnungen nahegelegt werden, soll im Bereich dieses Buches nicht von Natur-Kunde und -Lehre gesprochen werden, sondern von „Naturbetrachtung" als dem, was für den Anfang, also für das 5., 6. und 7. Schuljahr vorgeschlagen wird: ein noch nicht in Fächern und in fachlichen Begriffen vorgehendes, aber nachdenkliches Anschauen und Ordnen der Natur als eines Ganzen, eine *„ungefächerte Naturbetrachtung"* also, worin wir die durchschaubaren Geräte des Alltags und der Werkstatt einschließen. Vielleicht könnte man in diesem Sinne auch von einer „Natur- und Werk-Betrachtung" sprechen. Werkbetrachtung wäre also als eine Variante des Werkunterrichtes und des Werkens zu verstehen, nämlich als ein nicht nur mit dem Werkzeug am Werkstoff Hantieren, sondern auch ein Nachsinnen über beides, ein Begreifen in jedem Sinne. — Diese Betrachtung wäre dann für alle Schularten im Grunde dieselbe, und was auf sie im 8., 9., 10. Schuljahre folgt, das könnte in allen Schulen Physik, Chemie, Biologie genannt werden.

## C. Das Anfangen, wie es sein sollte

Es ist notwendig, vom heutigen Zustand einmal ganz abzusehen und sich zu fragen, wie das Anfangen vor sich gehen sollte aus der Natur des Kindes und aus der Natur der Sache. Das führt vielleicht zu einer Utopie. Aber Utopien sind unentbehrlich, wenn man nur nicht meint, man könne sie ohne weiteres schnell verwirklichen. Ihr Wert liegt darin, daß sie durch die Deutlichkeit ihrer Ausmalung die *Richtung* klarlegen, in der wir uns nun ganz realistisch und behutsam bewegen müssen.

Alles vorher Gesagte ist Voraussetzung. Das Wichtigste davon soll hier noch einmal *zusammengefaßt* werden:

Ein Aspekt kann nicht wie ein Ding unterrichtet werden (vom Einfachen zum Komplizierten hin und nur an Anschauung und Logik appellierend). Ihn herstellen bedeutet: eine gewisse verengende Sicht vorbereiten; die Kind und Sache, also Kind und Naturbild, verändert. Das Kind wird in Richtung auf den „Beobachter", die Natur auf das Meßbare hin reduziert. Bildung durch Naturforschung ist also nur möglich, wo das Ganze des Kindes sich mit dem Ganzen der Natur auseinandersetzt, d. h.: Wo der Lernende echt betroffen und ergriffen zugreift und sich zunehmend seines Tuns bewußt wird. Damit ist „das Insgesamt der Organe, mit denen der Mensch diese Fülle (der Welt) in sich aufnimmt, der fürsorglichen Pflege der Verantwortlichen empfohlen"[4].

Für die Naturbetrachtung selbst finden wir den entsprechenden konkreten Vorschlag bei KERSCHENSTEINER[5]: „Am besten wäre auf der Einführungsstufe eine Gliederung nach einzelnen naturwissenschaftlichen Fächern überhaupt zu vermeiden. Man würde hier viel zweckmäßiger aus dem Gesamtgebiet der Naturwissenschaften in das Verständnis der Erscheinungen in ihrem gegenseitigen Zusammenhang einzuführen suchen, jener Erscheinungen nämlich, welche leicht der sinnlichen Wahrnehmung zugänglich und mit Hilfe einfacher Ordnungselemente und Begriffe darstellbar sind."

Es handelt sich hier also um ganz etwas anderes, als das ist, was auf höherer Stufe der Schule auch, und wieder, der Erhaltung des Ganzen dient. Dort nämlich, wo die Fächer dagewesen und in Gefahr geraten sind, sich voneinander abzusondern, bemüht man sich um „Querverbindungen", man „schlägt Brücken", man sucht sich wiederzufinden in einer „Synthese", einem „Studium

[4] TH. LITT, Naturwissenschaft und Menschenbildung, a. a. O., S. 44.

[5] G. KERSCHENSTEINER, Wesen und Wert des naturwissenschaftlichen Unterrichts. 3. Aufl., Leipzig und Berlin 1928, S. 243.

generale“, wie es am Ende der Höheren Schule und in der Universität heißt. Ein Bemühen ist das, das es überall, auch in der Volksschule, geben muß, und nicht nur am Ende, wo es manchmal schon zu spät ist, sondern auch vorher schon. Hier, beim Anfangen, geht es im Gegenteil darum: „die Natur nicht gesondert und vereinzelt vorzunehmen, sondern sie wirkend und lebendig, aus dem Ganzen in die Teile strebend darzustellen“.[6]

Anfangs sind Fächer nicht da. Im Kinde nicht, in seiner Natur und im Leben nicht. Im Lehrer ja und unvermeidlich. Aber gerade das macht ihn zum Lehrer, daß er die Fächer hat, als habe er sie nicht. Er muß die Kunst verstehen, zurückzusinken in die Sicht des Kindes.

Das wird ihm in den Naturwissenschaften erschwert, wenn er glaubt, die Fächer Biologie, Physik, Chemie unterschieden sich dadurch voneinander, daß sie aus der Welt der Dinge die Tiere, die Pflanzen, die Steine, die Apparate wie mit einem Besen in verschiedene Ecken kehrten (verschiedene „Reiche“ der Natur), so wie ein Kind, im Nähkasten der Mutter sortierend, Knöpfe, Nadeln und Zwirn jedes für sich legt. So einfach sehen wir es nicht mehr. (Siehe Kap. I, Seite 29.)

Wer es aber noch so sieht, für den sind die Fächer „da“, und er kommt leicht auf den Gedanken, hier in der anfänglichen, der „ungefächerten“ Naturbetrachtung, gehe es darum, die Gräben zwischen den Teilen der Natur zu „überbrücken“. — Darum geht es aber hier nicht. Nicht sollen schon bestehende Gräben überbrückt, sondern das Grabensystem soll dem Naturganzen erst eingeprägt werden. „Dissecare naturam“, wie BACON sagte, „die Natur zerschneiden.“ —

Besser aber, wir geben das Bild der Gräben ganz auf und ersetzen es durch das schon erwähnte: Natur als ein plastisches Relief, das, von verschieden postierten Scheinwerfern her beleuchtet, verschiedene Strukturen preisgibt (siehe Kap. I, S. 24 f.). Behalten wir das im Sinn, daß wir in den Fächern „Sichten“ eröffnen, auf ein Ganzes, das von sich aus ungefächert ist, so können wir der Verwechselung mit dem „Brückenbau“ und der „Zusammenfassung der Fächer“ entgehen.

Es geht also hier, im Anfang, für die Kinder nicht darum, Kenntnisse, die sie aus einem gefächerten Unterricht schon haben, nun an einem sammelnden Gegenstand miteinander wieder in lebendige Fühlung zu bringen, sondern darum, an einem Naturganzen Kenntnisse zu sammeln, so wie sie „vorkommen“, dann sie zu ordnen und dabei der eigenen „fächernden“ Tätigkeit bewußt zu werden.

Da der Gegenstand die Natur ist, so ist der ideale Unterrichts-*Raum* nicht, zunächst nicht, die Schulstube, sondern man geht ins „Freie“. Wie weit sind wir meist davon entfernt! In der Höheren Schule gehen wir in den Physiksaal, wenn es schließlich soweit ist, daß das Fach kommt. Hier ist die Fächerung schon zum Bauplan des Hauses versteinert. Unumgänglich natürlich. Aber damit kann man nicht anfangen.

---

[6] GOETHE über sein erstes Gespräch mit Schiller nach einer Sitzung der naturforschenden Gesellschaft in Jena (1794) (1. Motto dieses Kapitels, Anm. 1, S. 151).

Es ist klar und unwidersprochen, daß das Kind in die Natur, ins „Freie“ drängt. Wenn es aber das Freie nicht mehr gibt, wenn die Großstadtumwelt an seine Stelle getreten ist (in der keine Sterne mehr scheinen, wo das Straßenkind fragt, in welcher Fabrik die Milch gemacht wird, und der Stubengelehrte, wo der Grieß wächst), so gibt es doch noch Parks, Blitze, Hagel und Katzen, Wunden und Krankheit, Handwerker und Wasserleitung, Ofen, Heizung, elektrische Kochplatten und Straßenbahnen. Diese letzten dürfen wir im Anfang nicht davon abtrennen und auch deshalb nicht, weil wir ja wissen, daß im Technischen die Natur zu entdecken in der Großstadt unsere ganz besondere Aufgabe ist.

Vom *Lehrer* wird viel erwartet. Nicht nur, daß er von alledem, was es in der Natur gibt, etwas weiß (und zwar so, als wüßte er es nicht). Er muß auch „Interesse“ dafür haben. Mehr als das, er muß, wie man sagt, „naturverbunden“ sein. Das Ganze der Natur mit dem Ganzen des Kindes auseinandersetzen, das kann er ja nur, wenn auch er als Ganzer von der Natur ergriffen ist, nicht nur von seinem naturwissenschaftlichen Fach. Und nicht nur von der Natur im Sternhimmel, auch von der Natur, die im Motor gefangen ist und erlöst, das heißt: verstanden sein will.

So selbstverständlich diese Forderung klingt, unsere Lehrerbildung, im besonderen unsere Fachlehrerauswahl, kümmert sich darum so gut wie gar nicht. Wer für Elektronenröhren begeistert ist, braucht deshalb mit Natur nichts zu tun zu haben, ist also nur sehr bedingt geeignet, ein Natur-Lehrer zu werden. Und es gibt theoretische Physiker, die im Gebirge oder am Meer falsch am Platze sind oder erst eine zweite Person in sich frei machen müssen. Aber es gibt auch welche, und das wären die richtigen, für die alles dieselbe Natur ist: Das, woran sie rechnen, und das, was sie wandernd, schwimmend oder fliegend wahrnehmen. Wer die Physik nur im Laboratorium oder im Buch, nicht auch im Walde antrifft, der sieht sie nicht so, wie er sie als Lehrer braucht.

Das Kind des Knabenalters forscht zwar, aber es forscht noch nicht fachlich, ja nicht einmal stetig. Der systematische Weg, den sich der nur fachlich bestimmte Lehrer ausdenken mag, ist ihm noch nicht gemäß, es lernt ihn ja erst allmählich.

Sein Tun wird am stärksten entbunden durch eine echte Aufgabe aus der Lebenswirklichkeit der Schulgemeinschaft — etwa den Bau eines Gewächshauses oder eines Schwimmbeckens (S. 159 ff.) —, Aufgaben, bei denen man nebenbei etwas lernt, was man hierzu und auch sonst braucht.

Wo es ein solches konstruktives praktisches Unternehmen nicht gibt, kann es auch ein schon erforschendes sein, wenn nur sein Gegenstand noch ein ganzer ist, ein „Stück Natur“, ein Komplex, der alle Sinne anspricht, möglichst im Freien liegt und allen naturwissenschaftlichen Fächerungen zugänglich ist. (Seite 160 f.)

## D. Vorbilder und Beispiele

### I. Adolf Reichwein

Die ideale Ursituation, zu der man immer wird zurückblicken müssen, auch da, wo sie verlassen ist, die der einklassigen Landschule, hat ADOLF REICHWEIN[7] uns in reiner Form dargestellt. Aus den „Gesamtvorhaben", die die Kinder als Werkaufgaben „im Stand des tätigen Selbstseins" (31) angreifen, vollzieht sich hier Bildung.

Auch REICHWEIN gebraucht einmal das Wort „Naturbetrachtung": Sie „bereichert" durch die Fülle ihrer Gelegenheiten den planmäßigen Unterricht. Dort wird „die Sprache der Natur erhört und empfunden" (44). Dabei umfaßt der Blick auch Physik („Natur als Schicksal" [43]). Diese Schule beruht auf der „Tugend des neuen, vom Kind und seiner Sache und nicht mehr aus der Zerrissenheit der Fächer bestimmten Unterrichts" (53).

> „Es wäre eine Sünde gegen einen unserer wichtigsten erzieherischen Grundsätze, wenn wir den kindlichen Reichtum an unmittelbarer Naturerfahrung nicht ausschöpften und für die Gewinnung der Grundeinsichten in die natürlichen Prozesse ausweiteten" (62).
>
> „Das Kind wartet auf die Deutung seiner Erlebnisse" (62).
>
> „Also bauen wir zufälliges Beobachten zum planvollen Schauen aus! Wir führen den kindlichen Blick tiefer in die Gründe und Zusammenhänge. Wir wählen wenige Fälle, verweilen lange und suchen sie in unseren bescheidenen Grenzen auszuschöpfen" (63).
>
> Zum „Gerätebau" (Töpferei, Weben, Modellbau, Wohn- und Hausformen in Ton und Lehm): „. . . gibt dieser Gerätebau — im weitesten Sinn natürlich die handwerkliche Arbeit überhaupt — Gelegenheit, die Grundgesetze der Mechanik abzulesen und in das Grundwissen einzuordnen" (53).

Ohne daß Einzelheiten genannt würden, ist hiermit alles gesagt: Aus Naturbetrachtung und handwerklichem Vorhaben werden die zufälligen Gelegenheiten ausgeschöpft, zu planvollem Schauen ausgeweitet und in das Grundwissen eingeordnet.

Unter den Vorhaben, die genannt werden, ist wohl besonders der „Bau eines Gewächshauses" geeignet, die vielerlei Gelegenheiten zu zeigen, von denen Impulse in alle Fächer ausgehen. Die Beschreibung dieses Unternehmens sei dem Leser dringend empfohlen (63 ff.).

Was der Physik dabei zufällt, gehört in die Statik, die Hydrostatik (Grundwasser) und die Arten der Wärmeausbreitung (Einbau in den Boden, Glasdach).

Wie dieses Ausschöpfen, Ausweiten und Einordnen im einzelnen vor sich geht, wird nicht gesagt. Es wird nur gesagt, daß diese Vorhaben mit dem planmäßigen Unterricht in einem lebendigen Austauschverhältnis stehen.

> „Die Erziehung zum Werkschaffen darf nicht die Erwerbung eines festen Kanons von Grundwissen in die zweite Linie verdrängen, sondern ist im Gegenteil auf die intakte Bereitschaft der Wissensschule angewiesen. Diese

[7] A. REICHWEIN, Schaffendes Schulvolk. Neu herausgegeben von seinen Freunden (mit einem Geleitwort von Hans Bohnenkamp), Westermann-Taschenbuch S 3, Braunschweig 1964 (Seitenzahlen im Text).

aber, mit ihrer unermüdlichen und geregelten Folge reiner Übung, verliert alles Zwanghafte, weil sie beständig von Spiel und Werk Leben, Farbe und sinnvolle Bestätigung empfängt" (32).

### II. Werkhof Hangenmeilingen

Diese Einzelakte werden deutlicher bei einem zweiten Vorbild, FRANZ JOSEF VOGT (gest. 1955), der in ganz verwandter Weise in seinem „Werkhof" Hangenmeilingen (bei Limburg an der Lahn) vorging: Auch hier eine kleine Dorfschule, ergänzt durch ein familienhaftes Internat, das wenige Kinder von außerhalb aufnahm. Zusammenarbeit mit den Handwerkern des Dorfes. Die verschiedenen Vorhaben gruppierten sich in vier „Lebenszentren": Werkstatt, Hof-Garten, Heim und Küche, Verwaltungsstube, von denen jedes Kind sich eines wählte.

Ich habe diese Schule mehrmals besucht und hatte außerdem Gelegenheit, an vielen Gesprächen mit VOGT teilzunehmen, die in einer Arbeitsgruppe des „Landesschulbeirats für Hessen" stattfanden. Ihre Ergebnisse wurden in dem Heft „Vom Werken zur Bildung" niedergelegt[8].

„Bau eines kleinen Schwimmbeckens" ist eines der Vorhaben, das mir besonders in Erinnerung geblieben ist, wegen seiner weiteren Ausstrahlung in die Physik hinein. Niemals wurde wohl der Versuch, Wasser verschiedener Temperaturen zu mischen, die Mischtemperaturen auszurechnen und dabei die Begriffe „Wärmemenge" und „Kalorie" zu gewinnen, lebensechter veranlaßt: Als im April das Becken fertig und gefüllt war, wollten die kleinen Buben natürlich sofort hinein. VOGT warnte vor der Erkältung. Da fiel ihnen der neu gekaufte Heißwasserspeicher mit achtzig (!) Liter Inhalt ein: „Wenn wir das kochend machen und dann ins Becken mit hineingießen, dann wird's warm genug!" „Das ist eine Idee!" meinte VOGT und ließ es geschehen. Das kümmerliche Ergebnis wird den Buben unvergeßlich geblieben sein.

Nun kommt natürlich alles darauf an, wie ein solches Ergebnis aufgefangen, „ausgeschöpft, ausgeweitet, eingeordnet" wird, wie REICHWEIN sagte.

Im Sinne einer ungefächerten Naturkunde wird es nicht so sein, daß die Begriffe Wärmemenge und Kalorie schon aus einem Fachunterricht „dagewesen" sein müssen und nun hier („seht ihr!") ihre „Anwendung" finden. (Obwohl das natürlich auch schon sehr viel ist, wenn solche aus einem systematischen Unterricht hervorgegangenen Begriffe innerhalb der Schule selbst ihre lebendige Existenzberechtigung, wenn auch nachträglich, nachweisen.)

---

8 Hessische Beiträge zur Schulreform, V. Jahrg. (1953), Heft 1: „Vom Werken zur Bildung — an allen Schulen." Das Heft ist im Buchhandel nicht zu haben, findet sich aber in den Bibliotheken fast aller hessischen Schulen und der „Hochschule für Internationale Pädagogische Forschung" in Frankfurt a. M. — Abschnitt 3 (S. 29—32) stammt im wesentlichen von VOGT, erreicht aber bei weitem nicht die Lebendigkeit seiner mündlichen Darstellung, von der Wirklichkeit seiner Schule ganz zu schweigen. — Die Arbeit VOGTS wird besprochen in: H. CHIOUT, Schulversuche in der Bundesrepublik Deutschland. Dortmund 1955. Die Gedanken VOGTS (den ich hier anführe, weil ich seine Arbeit gesehen habe) zeigen große Verwandtschaft mit denen K. STIEGERS (nichts spricht dafür, daß VOGT sie gekannt hat oder umgekehrt). Vgl. K. STIEGER, Unterricht auf werktätiger Grundlage, Olten und Freiburg 1951, und Elementare Bildung, Unterrichtsbeispiele aus der Volksschule, Hannover 1957. — Vgl. zu STIEGER auch H. SCHEUERL, Die exemplarische Lehre, a. a. O., S. 130 ff.

Es wird vielmehr im reinen Fall so weitergehen, daß bei Gelegenheit etwa dieser enttäuschenden Schwimmbaderfahrung man nun im Hause mit der Kindergruppe darüber nachdenkt, „wie das eigentlich ist“.

Dann wird man in kleinerem Maßstab mit Gefäßen solche Mischversuche mit frei verfügbaren Mengen und Temperaturen machen, sogenannte „Anschlußexperimente“ (wie wir sie im Landesschulbeirat nannten). Die Sache wird überlegt, Wärme notwendig als etwas Substanzartiges erlebt, das sich „verteilt“; diese Verteilung wird in einem gleichungsartigen Gedanken erfaßt, die Mischtemperatur ausgerechnet und mit der beobachteten verglichen.

Was wird nun aber aus solch einem Fragment? Aus dem praktischen Schulleben ist ein Stück Physik geworden. Aber es ist noch nicht Physik. Es ist nur ein Baustein zu ihr. Er darf nicht verlorengehen, er muß eingebaut werden in einem größeren Zusammenhang. Erst dieser Zusammenhang ist Physik. Wie dieser Zusammenhang im Zuge der „Auffächerung“ der Ergebnisse ganzheitlicher Naturbetrachtung entstehen kann, kann unser drittes Beispiel zeigen: Der Versuch einer „ungefächerten Naturbetrachtung“ in der Unterstufe eines Gymnasiums, von dem ich hier mit Zustimmung des Lehrers, der diesen Versuch durchführte, ohne Namensnennung berichten darf.

## III. Ungefächerte Naturbetrachtung in der Unterstufe eines Gymnasiums

Dieser Versuch, der Vogts Erfahrungen in Hangenmeilingen in einer Normalschule mit ihren ganz anderen Bedingungen erprobt, erstreckt sich auf einen Zeitraum von drei Jahren (Sexta bis Quarta). Unter dem Thema „Die Natur im Jahresablauf“ werden drei Lebensräume: Feld, Wald und Gewässer, von drei Arbeitsgruppen (je zu etwa 12 Schülern, von denen wiederum in der Regel je zwei mit Teilaufgaben betraut sind) durchforscht. Die Schüler schreiben ihre Beobachtungen auf lose Arbeitsblätter, ergänzen sie durch Auskünfte von Fachleuten und literarischen Quellen verschiedenster Art, erläutern sie durch eigene Zeichnungen und Sammlungen von aufgefundenen Naturgegenständen. Nach einigen Wochen berichten die Gruppen sich gegenseitig die Wege und Ergebnisse ihrer Forschungen. Die Einsichten werden zusammengestellt, ebenso offene Fragen, die vielfach durch „Anschlußexperimente“ einer Antwort entgegengeführt werden. So wird die Wirkung der mit den Jahreszeiten steigenden und fallenden Temperatur auf die Pflanzen in und an Gewässern oder auf die Entwicklung des Roggens genau verfolgt und registriert. Die einzelnen Berichte enthalten eine Fülle zunächst ungeschiedener, ineinander verflochtener biologischer, physikalischer, chemischer und geologischer Beobachtungen. Gegen Ende der Quarta erfolgt die „ordnende Zusammenfassung und Auffächerung“ im Sinne dieser verschiedenen Naturaspekte, in denen sich die Fächer ankündigen. Aber auch im einzelnen „Fach“ selbst werden die Sachen nach ihrer Zusammengehörigkeit geordnet, so daß die ersten Umrisse des Systems sichtbar werden. So enthält der physikalische Teil „Etwas von der Wärme“, „Etwas vom Hörbaren“, „Etwas vom Licht“, „Etwas von den Eigenschaften der Dinge“. Die einzelnen Beobachtungen und Einsichten werden von den einzelnen Schülern zunächst in ihrer eigenen ursprünglichen Sprache aufgeschrieben. (Vgl. Kap. VIII.) Etwa:

„Wenn ich beim Baden im Teich große Steine hochheben will, werden die nach oben zu immer schwerer."

„Beim Sammeln von Kieselsteinen am Lahnufer habe ich gemerkt, daß die Steine und der Sand viel schneller kühl werden als das Wasser, wenn die Sonne untergegangen ist."

Man vergleiche Derartiges mit dem erwachsenen und fachlich ausgetrockneten Lehrbuch-Stil!

Bemerkenswert ist die folgende Formulierung der Spiegelung einer Kreiswelle: „Die Wasserwellen an unserem Brandweiher kommen von der Mauer so zurück, als wäre drüben auch ein Stein reingefallen." — Später werden dann zusammenfassende Darstellungen gemeinsam formuliert, z. B „Etwas von der Wärme. Reiben wir die Hände oder schlagen wir mit Werkzeug auf Eisen, so entsteht Wärme. Auch der elektrische Strom und das Feuer erzeugen Wärme. Die meiste Wärme kommt von der Sonne zu uns. — Viele Dinge, besonders die dunklen, verschlucken die Wärme . . ."

Durch diese Ordnung der Naturerfahrungen nach den großen Grundaspekten der Naturbetrachtung und nach dem Zusammenhang der Einzelheiten im jeweiligen Aspekt treten die Fächer dem Schüler in der Eigenart ihrer Fragestellung und auch schon ihrer Methoden vor Augen. Die Scheidungen werden ihm von der Sache selbst her verständlich, die sie fordert. Und dennoch bleibt bei aller Differenzierung in Aspekte und Teilaspekte die Einheit des Naturbildes gewahrt. Gerade aus der Geschlossenheit der forschenden, konkreten Erfahrung der Natur in ihrer Ganzheit werden die Aspekte als legitim und zugleich als relativ, d. h. begrenzt auf bestimmte Einstellungen zur Realität „Natur", erkannt[9].

### IV. Anschlußexperimente

Nun folgen noch einige Beispiele für Anschlußexperimente aus dem Bereich der Physik, die ich in den (vergriffenen) „Hessischen Beiträgen"[10] angeführt habe. Sie sind hier fast unverändert übernommen.

| *Werkarbeiten:* | *Anschlußexperimente:* | *Einsichten:* |
|---|---|---|
| 1. Erdarbeiten | Ein Brett, unter 30 Grad gegen die Waagerechte geneigt (dann ist der Hangweg gerade die doppelte Höhe, mit anderen Worten: $\sin 30° = 1/2$). Ein Wagen von z. B. 1 kp | Herabsetzung der Kraft auf die Hälfte ist gebunden an eine Verlängerung des Weges auf das Doppelte. Nach weiteren |

---

[9] Siehe auch: W. FLÖRKE, Ungefächerte Naturforschung, in MNU, VIII (1955/56), S. 282. — L. ZIER: Zur Methode des Biologieunterrichts an der Odenwaldschule, Schriftenreihe der Odenwaldschule, Heft 29, 1963. Insbes.: Unterstufe, ungefächerter Unterricht in der naturhaften Umwelt, S. 1 bis 19.

[10] A. a. O., Seite 78, 81, 88.

*Abb. 4*

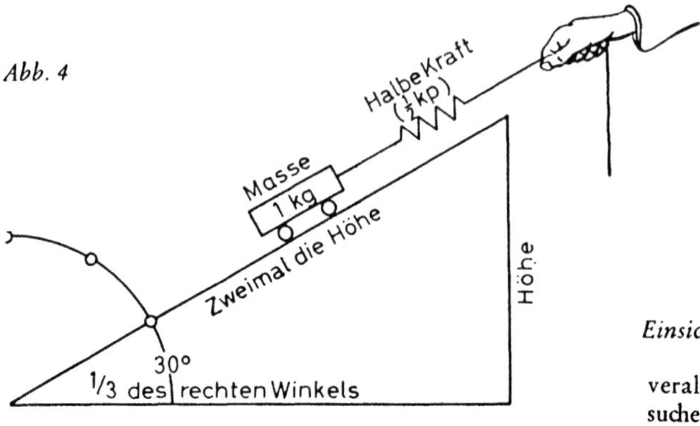


| *Werkarbeiten:* | *Anschlußexperimente:* | *Einsichten:* |
|---|---|---|
| | Gewicht wird an einer eingeschalteten Schraubenfederwaage bergauf gezogen: Sie zeigt: $^1/_2$ kp. | verallgemeinernden Versuchen: Das Produkt „Kraft mal Weg" ist unveränderlich und verdient *deshalb* einen besonderen Namen: „Mechanische Arbeit." |
| 2. In der Küche. Ist das Ei roh oder gekocht? (Entscheidung ohne Zerbrechen, ohne Durchleuchten, ohne Benutzung eines zweiten Eies). Man läßt es kreiseln und bremst es dann durch kurze Berührung mit dem Finger vollständig ab. Setzt es sich aus der Ruhe von selbst wieder in Gang, so ist es roh. | Zwei rollende Konservendosen (Deckel zum Eindrücken). Eine voll Sand, eine voll Wasser. Die erste, mit dem Finger kurz gebremst, bleibt liegen. Die zweite (mit Wasser gefüllte) setzt sich nach der Bremsung von selbst wieder in Bewegung und rollt weiter. | Begriffe: „Trägheit" und „innere Reibung". |
| 3. Vorgang des Polierens. (Bohnern des Fußbodens und der Möbel, Wichsen der Schuhe, Polieren von Metall.) | Betrachtung des Widerscheins an der Wand, der ausgeht von der sonnenbeschienenen, zunehmend polierten Fläche. Ist das Material rot, so auch der Widerschein. Je glatter aber die Fläche wird, desto mehr sammelt sich der Glanz an einer bestimmten Stelle der Wand und desto weißer wird er. | Spiegelungsgesetz. — Diffuse Reflexion. — Je glatter die Fläche eines Körpers wird, desto regelmäßiger spiegelt sie und desto weniger färbt sie das Licht mit der Farbe des spiegelnden Körpers. |
| 4. Einrichten einer Wassertonne (oder Arbeit an Aquarien). | Planmäßige Untersuchung der Brechungserscheinung: scheinbare Hebung eines Steinchens, das in der Mitte des Bodens liegt. | Das Brechungsgesetz in einfachster Form: Das Lichtbündel wird beim Passieren der Grenzfläche in Richtung auf den dich- |

Analyse dieses Vorganges: Das Auge sieht den Gegenstand G in S[11]. Der wirkliche Sehstrahl AO muß also nach S zielen, kann aber als Lichtstrahl nur aus G kommen, daher ist der Strahlengang GOA.

teren Stoff hin abgeknickt.

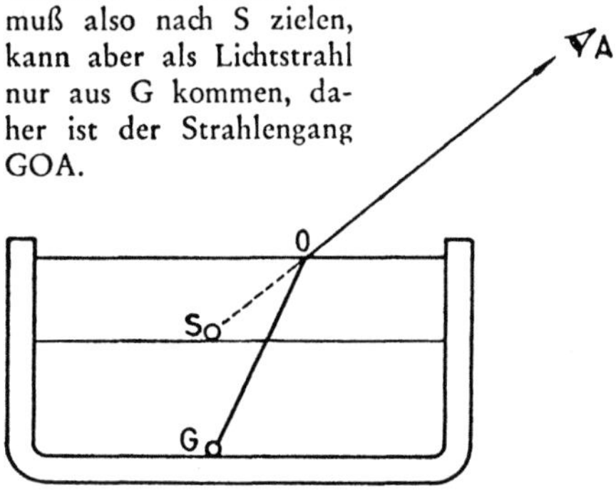


*Abb. 5*

5. Einrichten einer Wassertonne oder eines Aquariums.

Ein weißer Stein, der unter Wasser auf dunklem Boden liegt, erscheint dem schräg gegen die Oberfläche blickenden Auge nicht nur gehoben, sondern auch farbig verzogen[12].

Die Farbentfaltung des weißen Lichtbündels (Dispersion). Jeder Brechungsvorgang eines weißen Lichtbündels ist mit seiner Aufgliederung in einen Farbfächer verbunden, in dem Violett am stärksten und Rot am wenigsten abgelenkt ist[12].

Folgender Einwand ist nicht ganz ausgeschlossen: Man kann doch nicht, um die Kalorie einzuführen, immer erst ein Schwimmbad bauen oder ein Gewächshaus, wenn man Wärmeleitung und Wärmestrahlung unterscheiden lassen will. Wenn man das bei allen physikalischen Grundbegriffen tun wollte, wo kämen wir da hin?! — So ist es nicht gemeint. Sondern: *Wenn* man ein Schwimmbad baut oder ähnliches (und solche Vorhaben sind der ergiebigste Quell des Unterrichts), so fällt dabei immer etwas ab, auch Physikalisches. Auch vor dem systematischen Unterricht oder neben ihm. Das darf man nicht wegwerfen. Man muß es aufnehmen, ausschöpfen, ausweiten, bewahren, später einordnen.

---

11 Daß der Bildpunkt für das einzelne Auge nicht genau lotrecht über G liegt, ebenso, daß er in der Figur gegebenen Darstellung kein exakter „Punkt" ist, kann hier unbeachtet bleiben.

12 Vgl. Kap. III, S. 47 ff. und 56.

## XI. Kapitel

# Die Korruption des Naturverstehens in unserer Zeit und die pädagogische Aufgabe ihrer Überwindung

*„Die geistigen Dinge, die nicht den Weg durch die Sinne gegangen sind, sind eitel."* (Leonardo da Vinci[1])

*„Der Mensch ist so perfektibel und korruptibel, daß er aus Vernunft ein Narr werden kann."* (G. Chr. Lichtenberg[2])

*„Wenn man nur die Kinder dahin bringen könnte, daß ihnen alles Undeutliche völlig unverständlich wäre!"* (G. Chr. Lichtenberg[3])

*„Wer ... nicht mehr staunen kann, der ist sozusagen tot, und sein Auge erloschen."* (A. Einstein[3a])

## A. Korruption

Daß wir Natur auf Natur zurückführen (etwa den Luftdruck auf die Schwerkraft), ist klar. Um so mehr kann „Technik, Gerät, Werkzeug *verstehen*" zuletzt nur heißen: es „auseinandernehmen", bis man Natur in ihm erkennt. Es wäre z. B. keine Physik und keine Naturlehre, wenn man die Elektrizitätslehre auf die Steckdose zurückführte und bei ihr als einem Letzten stehenbliebe. (Was der Lehrer zwar meist nicht beabsichtigt, was aber als Endergebnis in der Erinnerung des Schulkindes oft genug der Fall ist.) Das *Letzte* darf also nichts durch Technik „Erstelltes", es muß „Geschöpf" der Natur sein. — Was *ist* nun das Letzte im Zusammenhang dieses Verstehens?

In gewissem Sinne können wir sagen, daß es die Moleküle, Atome, Felder, Wellen usw. seien. Niemals aber können wir von Verständnis reden, wenn diese Fundamente nur *Wörter* sind, hinter denen „Dinge" vermutet werden. Sie können nur verstanden werden, wenn sie aus dem Naturphänomen herausgeholt, wenn sie vom Lernenden mitgeschaffen worden sind. In diesem Sinne ist das Naturphänomen ein Erstes und ein Letztes.

Wir haben also 1. aus dem Gerät das Naturphänomen und 2. aus dem Naturphänomen die Bilder und Begriffe auszugraben, und zwar mit dem Kinde zusammen; und dies nicht verfrühend, sondern mit seinen eigenen unbestreitbaren, selbstsicheren Denkkräften. Nur dann ist die Auseinandersetzung *echt*, keine Vertuschung, kein Ersatz, kein Geschwätz. Nur dann ist sie auch im Keim wissenschaftlich und zugleich volkstümlich und kindgemäß. Sollte das nicht überall möglich erscheinen, so bleibt mindestens *eine* Forderung an den Lehrer unerbittlich: Er muß dafür sorgen, daß das Kind klar *unterscheiden* lernt: einmal das Verstandene von dem bloß Eingeredeten, und ebenso deutlich das Erschaffene von dem Gemachten.

---

1 Philosophische Tagebücher. Rowohlts Klassiker, Bd. 25, S. 27 (Le cose mentali che non son passate per il senso son vane).

2 Aphorismen. Reclam, Ausgabe Nr. 7569—7571 (1944), S. 149.

3 A. a. O., S. 152. 3a Mein Weltbild, Ullstein-Buch Nr. 65, S. 9.

In unserem Jahrhundert ist nun, besonders auf dem Gebiet des Naturverstehens, verursacht durch das rasche Fortschreiten der Naturwissenschaft, eine Erkrankung nicht mehr zu übersehen, die es vorher nicht geben konnte und für die kein milderes Wort zu finden ist als „Korruption". Wir sprechen davon dann, wenn einer von dem, was zu empfangen sein Recht ist, abgelenkt und abgehalten wird und wenn man ihm dafür einen Ersatz aufdrängt, so daß er verzichtet. Wir betrügen ihn dann und nehmen ihm seine Unschuld. Wir „finden ihn ab", damit er sein ursprünglich redliches Verhalten aufgibt. In unserem Fall verzichtet er auf Selber-Finden und Verstehen.

Auf dem physikalischen Gebiet erscheint diese Korruption in zwei Formen: 1. *Undurchschaubare* technische Wunscherfüller, vom Fernsehgerät — man denke zum Vergleich an ein Schattentheater — bis zur ferngelenkten Puppe, werden zur *vertrauten* Umwelt des Kindes. Sie werden *„gewohnt"*, denn sie erfüllen unsere Wohnungen. 2. *Unverständliche* Ergebnisse physikalischer Theorien (etwa: das Atommodell) sind zum unverstandenen Gesprächsstoff aller Welt geworden. — Diesen beiden Formen der Korruption ist gemeinsam, daß *Ergebnisse* sich präsentieren, als lägen sie auf der Hand, während jahrhundertelange geistige Anstrengungen der europäischen Menschheit in sie eingeschlossen und — wenn auch verkürzt — nachzuvollziehen sind, wenn sie verstanden werden sollen. Zwar gab es auch früher Technik. Aber in eine Windmühle konnte man mit dem Kind hineingehen und es sie sehen lassen. Auch früher gab es Theorie. Man sprach etwa vom „Phlogiston", dem Feuerstoff. Aber er lag nicht so weit ab vom Phänomen wie das Atommodell. Es gab auch Undurchschaubares, wie den Blitz oder den Magneten. Aber es kam schon dort vor, wo es hingehörte: „im Freien", in der Natur, im Erschaffenen. Heute dagegen wird der Forschungstrieb der Kinder betäubt, weil das völlig Undurchschaubare ihn nicht ermutigen kann und weil die Auskünfte der Erwachsenen leere Worte sind. Dazu folgen nun einige Beispiele.

## B. Beispiele korrumpierten Naturverstehens

Wenn die kausale Unruhe des Kindes sich beim „lieben Gott" beruhigt:

> (K. 8,7) „Das ist so gemacht. Das hat der liebe Gott so wollen, daß die Schiffe schwimmen" (Ba. 12),

oder bei der Natur der Sache:

> (M. 6) „Das schwimmt, weil es schwimmen kann" (Ba. 12),

so beruhigt es sich vielleicht zu früh, aber es sucht doch in der rechten Richtung, es sieht „Geschöpfe".

An diese Stelle tritt nun bei vielen Kindern (schon nach der Banholzer-Untersuchung, 1936) eine andere Instanz, die offenbar im Rufe steht, alles zu können, die *Fabrik:*

Bei der Betrachtung des Magneten wird folgendes gesagt:

> (K. 6,2) „Da ist Papp dran" (Ba. 46).
> (K. 7,7) „Wenn man ihn wegstreift, ist er immer noch dran. —
> Das geht nicht weg, weil's Kunstpapp ist" (Ba. 47).
> (K. 7,3) „Das ist halt Eisenpapp. Den macht die Fabrik." —

Und als das Wasser im Fließpapier hochsteigt:

(M. 10,4) „Das hat man so gemacht, da hat man so eine Maschine“ (Ba. 23).

Und wenn es gegen die Erwartung geht, indem sich z. B. als neu die magnetische Abstoßung zeigt:

(K. 12,5) „Da ist einer falsch gemacht“ (Ba. 77).

Wie die Fabrik der Ort, so ist die *„Elektrizität“* das Wort für die letzte Kraft, der man alles zuschiebt. Nicht nur den Magneten, in dem (K. 7,1) „vielleicht ein Strom drin ist“ (Ba. 47) oder in den (K. 6,4) „elektrisches Feuer hineingetan“ (Ba. 47) ist, sondern auch so etwas wie die „Chladnischen Klangfiguren“:

(K. 12,4) „Das ist immer so, wenn es Figuren gibt, bei denen man nicht weiß, wo sie herkommen, dann ist's elektrisch“ (Ba. 32).

Derselbe Knabe führt auch das Fallen, das Schwimmen einer Nadel auf Wasser, den Regenbogen, Hagel, alles auf „elektrische“ Kräfte zurück (Ba. 33).

Auch Zietz beobachtete häufig die Ausflucht auf die Elektrizität, „die allerdings nur verbal bekannt ist“ (Zietz, 58).

So wird die unvertrauteste aller Naturkräfte zum Abstellraum des Sonderbaren. Eben weil sie die geheimnisvollste ist, wird sie die Urkraft, und weil alle Welt von ihr redet, kennt man ihr Wort.

In diesem Zusammenhang ist wichtig, was Heisenberg über die Elektrizität sagt: „Hier (bei der Elektrotechnik) war von einer unmittelbaren Verbindung mit dem alten Handwerk kaum mehr die Rede. Es handelte sich vielmehr nur noch um die Ausnützung von Naturkräften, die dem Menschen aus unmittelbarer Erfahrung in der Natur kaum bekannt waren. Daher hat die Elektrotechnik für viele Menschen selbst heute noch etwas Unheimliches; zum mindesten empfindet man sie häufig als unverständlich, obwohl sie uns überall umgibt. ... im Grund bleibt uns dieser Bereich der Natur fremd. Der Blick ins Innere eines uns unbekannten elektrischen Apparates ist uns manchmal in ähnlicher Weise unangenehm, wie das Zusehen bei einem chirurgischen Eingriff[4].“

Gerade die Elektrizität bedarf also mehr als alle anderen Naturkräfte eines sorgfältigen Anschlusses an das Naturgewohnte. In seinem Lehrplan für die Münchner Volksschulen beginnt deshalb Kerschensteiner[5] die Elektrizitätslehre im 8. Schuljahr mit dem Blitz.

Für manche Kinder kann ein spezieller Apparat im magischen Sinne allmächtig durch seine bloße Anwesenheit sein. Banholzer berichtet: Die Münze, auf dem Boden des Gefäßes, hatte sich, wie es schien, gehoben, als Wasser in die Schüssel gefüllt worden war (siehe S. 163). Die Kinder überlegten, wie das komme. Eine 6jährige sieht sich im Zimmer um, entdeckt das Rundfunkgerät und behauptet nun, die Münze sei deshalb wieder zu sehen, „weil das Ding da ist“ (M. 6,3; Ba. 40). — Diese Geschichte erinnert an die von Rey berichtete (S. 54, 64). Aber dort war der 4jährige auf einem richtigeren Wege als hier die zwei Jahre Ältere. Beide denken sie magisch, aber der Jüngere meint die magische Kraft des Klotzes auf Grund seiner *natürlichen*, schlichten Größe, während hier der Radiokasten, aus dem es mit Stimmen redet, mit seiner verhüllten *Künstlichkeit* der allmächtige Zauberer ist.

---

4 W. Heisenberg, Das Naturbild der heutigen Physik. Rowohlts deutsche Enzyklopädie, Bd. 8, S. 13 f.

5 G. Kerschensteiner, Wesen und Wert des naturwissenschaftlichen Unterrichts, a. a. O., S. 269.

Die Beispiele sollten zeigen, wie die Überschüttung mit technischen Geräten von der naturwissenschaftlichen Erkenntnis wegführen und eine falsche Magie begünstigen kann. —

Ein groteskes und lehrreiches Beispiel für die Aufnahme unverstandenen Erwachsenen-Wissens in eine echte und gute kindliche Theorie bringt ZIETZ (S. 14): „So gaben meine Schüler in einem Unterrichtsgespräch über die Gestirne und ihre Bewegung (die tägliche Umdrehung) als Ursache die Drehung der Erde an. ... Die Erde erzeugt nämlich nach Meinung der Schüler einen ‚Wirbelwind', und dieser reißt die Sonne und die Sterne mit sich." —

Hier ist also die neue „gelernte" kopernikanische Phrase, mit der die meisten Erwachsenen heute ausstaffiert sind, zur Basis einer Theorie geworden. Daß diese Theorie unsinnig ist (weil ja nach ihr der Himmel sich im gleichen Sinn drehen müßte wie die Erde), dafür können die Kinder nichts. Man hat ihnen früher offenbar nur etwas eingeredet, und die Korruption besteht darin, daß das nur Eingeredete zum Rohstoff wird für eine ganze Theorienbildung. Sollte man ihnen damals eine Begründung gegeben haben, dann ist sie ohne jede Nachwirkung geblieben, wie der eben genannte Fehler beweist. Sie haben etwas gläubig angenommen und bauen nun darauf. Ihre Wirbelwind-Theorie an sich ist für uns kein Anlaß, gönnerhaft zu lächeln: Der Gedanke findet sich bei KEPLER wieder. Er gilt dort natürlich nicht dem Rundlauf des Firmaments, sondern dem der Planeten um die Sonne (denn *sie* umkreisen die Sonne wirklich in *demselben* Drehsinn, in welchem die Sonne selber sich um ihre Achse wälzt:

> „... die Son ... dräet sich aber ... woraus augenscheinlich offenbar, das alle planeten den vorangehenden liechtstrahlen [so aus der umbdräenden sonnen herauszspringen, vnd mit derselben sich vmbdräen] nachfolgen ..."[6])

Es ist also hier das ursprüngliche kraftvolle Denken des Kindes am Werk, *eines* Geistes mit dem der großen Forscher, und doch insofern betrogen, als der Grund, auf dem es vertrauensvoll baut, ein unverstandenes Erwachsenen-Gerede ist.

So schiebt sich die gewohnte Anwesenheit wundertätiger Apparate und unverstandener Worte zwischen Kind und Sache und schneidet die Wurzeln ab, die es in die Sache hineinsenken will. Die Echtheit der Beziehung zur Natur wird gestört, es entsteht ein Scheinwissen[7], eine Imitation, und es wird das Wichtigste in Frage gestellt, was der Unterricht erreichen will: daß dem Kind klarwerde, was es in der Naturforschung *heißt:* Eine Sache von Grund auf *verstehen.*

## C. Die Korruptionsgefahr im Schulunterricht selbst

Die Schule hat heute *auch* die Aufgabe, diese Verletzungen der kindlichen Verstehens-Kraft wieder zu heilen. Um so wachsamer müssen wir sein, daß die Korruption des Naturverstehens sich nicht auch in den Unterricht selber einschleicht. Das geschieht dann, wenn Theorien und Modelle den Kindern früher

---

[6] F. ROSSMANN, a. a. O. (siehe S. 137 dieses Buches), S. 80.

[7] Vgl. dazu: E. ROTTEN, Erziehung als Begegnung. Pädagog. Blätter, VI. Jahrg. (1955), S. 250.

aufgedrängt werden, als sie verstanden werden können, und — was wieder etwas anderes ist — früher, als sie von den Phänomenen gefordert werden.

Zwei krasse Beispiele aus der Lehrbuchliteratur der Volksschule wurden auf Seite 143 genannt. In der Höheren Schule äußert sich Ähnliches, doch nicht ganz so Schlimmes, in dem Verstehen-auf-Borg, das man erhofft, wenn man im Anfangsunterricht von Molekülen, Molekularbewegung, Elektronenstrom *erzählt*, ohne daß die Phänomene es forderten. Man verschiebt das Verständnis auf später, „bringt" aber die unbegründeten, vom Schüler nicht gründlich durchdenkbaren Modelle dennoch, mit dem Argument:

1. die Kinder „wüßten" diese Dinge ja doch schon (eben dank der Korruption des öffentlichen „Wissens"),
2. der Unterricht laufe dann rationeller, zeitsparender; man könne von vornherein alles besser aufbauen.

(Im Kap. IX findet man dazu die Gegenargumente.)

Der Unterricht kann zweitens der Korruption durch *Technik* unterliegen:

1. *Im Lehrplan:* Das kann in der Volksschule und in der Höheren Schule dann geschehen, wenn man etwa die Elektrizitätslehre mit dem „lebensnahen" (d. h. hier: aus dem Alltag gewohnten) „elektrischen Strom", wie er aus der Steckdose kommt und aus praktischen Schaltungen bekannt ist, beginnt (wogegen nichts einzuwenden ist), dabei aber die Beziehung zur *Natur* nicht deutlich und nicht bleibend genug herstellt oder nachholt. In der Höheren Schule entsteht diese Gefahr leicht (doch nicht notwendig), wenn die von R. W. POHL herrührende und im Hochschulunterricht bewährte Methode zu unmodifiziert auf den Schulunterricht übernommen wird. Der „Fachausbilder" (Kap. IX, S. 143) vergißt leicht, daß, was für Studenten gut ist, nicht ohne weiteres auf Kinder übertragen werden kann.

Die zu starre und bleibende Bindung an Technik kann sich mit verfrühter Theoretisierung verbinden. Der Komplex „Elektrizität" bleibt dann manchmal lebenslang das, „was aus der Steckdose kommt und aus Elektronen besteht".

2. *In der Verwendung technischer Lehrmittel,* und hier wieder in zweierlei Weise:

a) Die Grundgebrechen unserer Schulorganisation, die überfüllten Klassen und der beziehungslose Wechsel von Kurzstunden, verhindern im naturwissenschaftlichen Unterricht mehr als etwa im Rechnen oder in den Sprachen das Wichtigste: daß das Kind mit der Sache in wirkliche *Fühlung* kommt. Es muß aber die *Dinge* sehen, nahe — und sie in die Hand nehmen können. Wo das wegen der übermäßigen Schülerzahl nicht mehr geht, greift man zur *Projektion.* Sie rettet die „Anschauung", aber es ist nicht die Anschauung der Sache selbst. Sie schränkt die Unmittelbarkeit ein.

Natürlich ist dieses Verfahren besser, als wenn die Kinder gar nichts sehen oder nur den Rücken des Vordermannes, und im Hochschulunterricht ist kaum etwas dagegen einzuwenden: Falls nämlich die Studenten früher einmal, als Schüler, „solche" Dinge selber gesehen haben. In der Schule kann uns die Projektion dazu verleiten, die Kinder mit Schattenbildern abzufinden.

Projektion, Schattenbild, Film, Fernsehen sind dann unbedenklich, wenn jedes Kind vorher das Ding, dessen „Schatten" da gezeigt wird, erst einmal selber mit möglichst vielen Sinnen begriffen hat und es nun in der Projektion wiedererkennt und sieht, was weiterhin mit ihm geschieht. (Ich denke hier z. B. an magnetische Kraftlinienbilder. Es genügt hier nicht, wenn der Lehrer, bevor er projiziert, einen von Eisenfeilspänen starrenden Magnetstein einmal schnell durch die Klasse trägt.)

b) Während in dem eben beschriebenen Fall die Technik hilft, von den sonst verschwindenden Gegenständen wenigstens einen Rest von Anschaulichkeit zu retten, kann sie auch dazu verleiten, den Gegenstand der Untersuchung völlig in einer anspruchsvollen und modern anmutenden Maschinerie verschwinden zu lassen: So z. B., wenn die Schüler einer Prima von den „Kathodenstrahlen" zum erstenmal auf *die* Weise erfahren, daß sie einen fluoreszierenden Lichtpunkt (an einer völlig verkapselten „Braunschen Röhre") sehen, der hin und her springt, wenn der Lehrer an einem undurchsichtigen Kasten einen Schalter umlegt, was — laut Skizze — das „Anlegen eines elektrischen Feldes" bedeutet.

Solche Korruption in Verbindung mit der Überfüllung der Lehrpläne hat Folgen, die alarmierend wirken müßten: Ein sehr schwer abzuschätzender, aber gewiß nicht kleiner Teil der abfragbaren (und auch abgefragten und richtig hergesagten) Schulkenntnisse erweist sich als nicht verstanden, denn darunter rührt sich, verschämt, doch nicht verstoßen, das urtümliche Denken, nicht erreicht, nicht verwandelt, nicht gebildet. Die Kinder „denken" zweierlei: das, was sie in der Schule hersagen, und das, was sie „wirklich" meinen, ganz im Innern; das, was sie dem Lehrer nur im Vertrauen sagen, oder wenn sie sich vergessen und — wirklich zu denken anfangen.

Zietz bringt dafür erschreckende Beispiele (S. 14, 49, 55, 61, 64, 87 f.): Schüler des 7. und 8. Schuljahres, denen „in heißem Bemühen" „die Theorie des Kraftfeldes mit der Begriffskonstruktion der Kraftlinien und den die Kraftlinien schneidenden Leitern" dargestellt worden war, griffen, „auf Herz und Nieren" befragt, wieder auf ihre eigene Theorie zurück: „Da dreht sich ein Anker und reibt sich am Magneten. Durch Reibung entstehen Hitze und Funken, die fließen durch den Draht ab." (S. 64.) Hier zeigt sich *nicht* eine unüberbrückbare Kluft zwischen dem, was die Schule zu bringen hat und kindlichem, primitivem Denken, sondern es zeigt sich ein rührendes Bemühen der Kinder, einem verstiegenen und darum uneindringlichen Unterricht zum Trotz *dennoch* zu denken!

Nachdem eine 8. Klasse die ganze Elektrizitätslehre systematisch in der vorgeschriebenen Weise — mit Kraftlinien und Elektronen vermutlich — erledigt hat, geben die Kinder einem Lehrer, dem sie vertrauen, die Lage offen zu erkennen: Nicht, daß sie nichts gelernt hätten oder kindisch und dumm geblieben wären, sondern daß sie trotz allem Schul-Wort-Wissen nicht aufgegeben haben, sich ihre eigenen Gedanken zu machen. Sie denken weiterhin, daß im Donner die Wolken zusammenprallen oder aneinander „scheuern", die Wolken, die mit Wasser gefüllt sind. Bei dieser Reibung entsteht dann der Funke „Blitz". Der fährt ins Grundwasser und geht dort aus, „wie Feuer und Funken im Wasser ausgehen" (Zietz, 87). — Alles gute Gedanken, denn sie versuchen das Unverständliche an das Vertraute anzuschließen. (Welches Lehrbuch bemerkt, daß es erst *untersucht* werden muß, ob der Schleifstein-Funke [oder der zwischen

Pferde-Hufeisen und Pflasterstein aufleuchtende Funke] und der Bernstein-Blitz nicht vielleicht *gleicher* Herkunft sind?)

Das Fiasko eines überfüllten, gehetzten, ungründlichen, verstiegenen Lehrplanes kann uns nicht eindringlicher vor Augen geführt werden.

Noch sind diese Kinder der Korruption nicht erlegen. Aber auch das kann schließlich geschehen. Sie werden dann zu jenen Erwachsenen, die nur noch in Attrappen „denken". Sie sind aber schon nahe daran, eine Doppelschicht in sich anzulegen, eine des Scheinwissens und eine des echten, aber verschämten kindlichen Denkens. Das ist ihnen nicht voll bewußt. Wir drängen damit ihr ursprüngliches Denken zu einer inneren Emigration. Wir erziehen sie zur Verdrängung und Spaltung, zum Verzicht auf Verstehen. Wir enttäuschen sie.

Dabei ist es so leicht, diesen enttäuschenden Unterricht zu vermeiden: wir brauchen nur auf die *Fragen* der Schüler zu hören, statt *sie* „abzufragen". Würden wir uns und die Dinge von den Kindern ausfragen lassen, statt sie abzufragen, was der Lehrplan uns ihnen einzureden gezwungen hat, so würden wir mit den Kindern und sie mit uns zufriedener sein. Sie würden ihr Wissen nicht in einer Schachtel mit doppeltem Boden unterbringen müssen.

## D. Fragerecht des Kindes und Antwortpflicht des Erwachsenen

Hier erhebt sich aber, so scheint es, gerade eine Schwierigkeit, die uns der Korruptionsgefahr wieder in die Arme treibt:

Gibt man, wie BERTHOLD OTTO[8], dem Kind das unbeschränkte Fragerecht — und man muß es ihm geben, da die Frage die Quelle des selbsttätigen Lernens ist —, dann (so wird eingewendet) wollen sie ja alles wissen. Und durch solches Fragen *haben* sie ja schon ihre Vorkenntnisse: über Atommodelle, über Elektronen, über Radar. „Sie wissen doch alles schon." Und wenn sie dann den Lehrer mit Fragen „bestürmen", soll er dann sagen, „das versteht ihr noch nicht!", „das ist zu kompliziert", oder „das sind nur Modellvorstellungen"[9]? Wie kann der Lehrer seine Autorität retten, wenn er so antwortet? Werden die Kinder nicht meinen, er wisse es selber nicht, und werden sie sich dann nicht erst recht ihre Scheinbildung aus den Illustrierten holen?

Je jünger Kinder sind, desto mehr erwarten sie, daß der Vater und der Lehrer alles wissen und auf ihre Fragen antworten können. Daneben aber haben sie den Entdeckungstrieb, den Wunsch, es selber herauszukriegen. Der Lehrer hat die Aufgabe, wo es geht,

1. die Frage des Kindes zunächst an die Kinder*gruppe* weiterzugeben, so daß sie von ihr soweit wie möglich geklärt wird;

2. in der Naturbetrachtung außerdem die Frage an die *Dinge* weiterzugeben, („Das könnt *ihr* vielleicht *selber* herausfinden." Diese Bemerkung wird die Kin-

---

8 Vgl. dazu: H. FISCHER, Das freie Unterrichtsgespräch. Braunschweig 1955. Dort auch Literaturnachweise über BERTHOLD OTTO, JOHANNES KRETSCHMANN u. a. — Vor allem: BERTHOLD OTTO: Ausgewählte pädagogische Schriften; besorgt von KARL KREITMAIR, Paderborn 1963.

9 Vgl. den Briefwechsel SIMON—EBERT in „Naturlehre", 1956, S. 155.

der ebenso locken wie der Vorschlag, „da müssen wir die Dinge selber fragen". Das wird ihnen naheliegen und kann ihnen als Methode des Naturforschens zunehmend bewußt werden.)

Nun ist es ohne Zweifel gut, wenn der Lehrer wirklich viel weiß. Aber das *allein* ist wenig. Gewiß ist aber, daß er, wenn er Wissen vortäuscht, mehr an Autorität verliert, als einer, der wenig Wissen hat, das aber nicht verbirgt, sondern mit den Kindern ein Lernender wird. Viel wichtiger als sein Viel-Wissen ist, daß er von *einigen* Dingen *wirklich* und sichtlich etwas versteht, und daß er da, wo sein Wissen aufhört, Interesse hat, es zu ergänzen. *Nicht das Wissen steckt an, sondern das Suchen.* Ein Lehrer, der sagt: „Ich weiß das noch nicht, aber nun wollen wir es zusammen herausbringen", wird nicht an Ansehen verlieren, wenn er dabei ohne Verlegenheit ist[10]. Es ist ja mehr und mehr gerade seine Aufgabe, die Kinder zu lehren, daß es nicht wichtig ist, alles zu wissen, sondern kritisch zu sein, selber zu urteilen und in der rechten Weise „nachzusehen": bei den Dingen, im Experiment, im Notfall in Büchern. *Vorbild muß er ihnen werden in der Art, etwas herauszubringen, was man anfangs nicht weiß.* Vorbild sogar in der Art, wie man auf rechte Weise *wenig* wissen soll, nämlich mit einem Minimum an Wissen ein Maximum an Ordnung zu stiften. Und wenn das für ihn eine *echte* Situation ist, so wirkt sie um so besser.

Der Naturlehre-Unterricht sollte immer bemüht sein, die Kinder gegen ihre eigene Leichtgläubigkeit streng zu machen. „Glaubt nicht ohne weiteres, was die Leute sagen, seht nach. Glaubt auch nicht ohne weiteres, was ich sage: Denn ich kann mich versprechen, mein Gedächtnis kann mich täuschen, und ich kann falsch denken, wie wir alle."

•

Von dieser allgemeinen Haltung abgesehen ist nun aber noch zu bedenken, daß es ja *Fragen sehr verschiedener Hintergründigkeit* gibt und daß gerade dies den Kindern zu zeigen ein wichtiges Ziel des Unterrichts ist.

So sind die zwei Geschichten, die Johannes Kretschmann vergleichend anführt und mit denen Heinz Fischer sein Buch einleitet[11], durch die Ungleichwertigkeit der beiden Fragen gerade *nicht* gleicher Art:

Wenn der freundliche Bahnbeamte den Kindern auf ihr Fragen die Zahl 54,57 am Bahnhofsgebäude ohne weiteres erklärt („54,57 m höher als die Ostsee"), so hat er's leicht, freundlich und richtig zu antworten. Während der an dem neuen elektrischen Leitungsnetz des Dorfes beschäftigte Ingenieur (der, als ihm „die Birne seiner Prüflampe zerknallt", sagt: „Warum das geschehen ist, kann ich euch nicht erklären, das versteht ihr doch nicht. Tretet lieber ein bißchen zurück! Ihr seht doch das Schild an der Tür: Hochspannung!") sich natürlich falsch verhält. (Er hätte vielleicht sagen können: Das ist gut, daß ihr das mal gesehen habt. Was ihr da saht, das hat *das* getan, was da draußen an der Tür angeschrieben steht: „Hochspannung", sie war *zu* hoch. Geht übrigens lieber ein bißchen zurück, hier ist es gefährlich.) Aber er hat es schwerer als der Bahnbeamte! Wahrscheinlich war er nicht Pädagoge genug, um zu wissen, daß eine Antwort nicht *alles* sagen muß und doch eine Antwort sein kann.

---

10 Vgl. dazu: G. S. Craig, Die Naturwissenschaft bei der Erziehung des Kindes. Stuttgart 1949, S. 26.
11 H. Fischer, a. a. O., S. 13.

So gibt es nicht nur Fragen verschiedener Hintergründigkeit, es gibt auch auf solche Fragen nicht nur *eine* Antwort (die komplette, präzise), sondern es gibt auf ein und dieselbe Frage eine Antwort für jüngere und eine für ältere Kinder. Auch die Antwort hat viele Schichten.

Man kann die Fragen nach ihrer Hintergründigkeit, ihrem Rang, in verschiedene Klassen einteilen:

Da sind zuerst solche, die der Lehrer wirklich sofort beantworten kann und soll (falls es die anderen Kinder nicht können), so jene, was die Zahl „54,57" bedeutet, und alle Fragen, die ein Wort erklärt haben wollen, wie etwa: „*Was* ist die Milchstraße?" (FISCHER), falls sie bedeutet: Was *meint* das Wort? Der Lehrer wird dann dem Kind das Band am Himmel zeigen: *Das* heißt Milchstraße.

Ganz anders liegen Fragen wie diese: Was *ist* die Milchstraße? Das sind Fragen, die der Lehrer durchaus verständlich beantworten *kann* („Das sind lauter kleine Sterne"), die er aber nicht beantworten *sollte,* wenn er an das Ziel seines Unterrichts denkt. Er wird besser sagen: „Kommt abends zu mir. Ich werde es euch *zeigen,* was sie ist." Und wird sie dann durch das Fernglas sehen und es sie selbst entdecken lassen. Danach wird er ihnen vielleicht ein Bild GALILEIS zeigen, etwa das rebellische, das in KEPLERS Briefausgabe enthalten ist[12], als des ersten Menschen, der dies gesehen hat, und ihnen diese Stelle aus einem seiner Briefe, vom Jahre 1610, vorlesen:

> „Ich bin jetzt in Venedig, um einige Beobachtungen, die ich mit meinem Fernglas am Himmel gemacht habe, drucken zu lassen. Ich bin vor Verwunderung ganz außer mir und sage Gott unendlichen Dank, daß es ihm gefallen hat, so große und allen Jahrhunderten unbekannte Wunder durch mich entdecken zu lassen. ... habe ich eine Menge nie gesehener Fixsterne entdeckt, welche die Zahl derer, die man mit bloßem Auge sehen kann, mehr als zehnmal übertrifft, und weiß nun, was die Milchstraße ist, über die sich die Weltweisen zu allen Zeiten gestritten haben[13]."

Oder er wird ihnen vorlesen, was KEPLER[14], fast gleichzeitig, im Frühjahr 1611, im Vorwort zu seiner Dioptrik dazu sagt:

> „Wer immer sich dieses Schauspiel ansieht, muß gestehen, daß die Milchstraße nichts anderes ist als eine Anhäufung kleiner Sterne[15]."

Welch eine Verarmung wäre es, wie ein Lexikon auf diese Milchstraßenfrage die Kinder mit einer baren Antwort abzufinden, statt so unmittelbar und so reich zu antworten, wie es uns in jedem Falle möglich ist!

Man wird vielleicht einwenden, der Lehrer oder die Schule besitze aber doch meistens kein Fernrohr. Um so besser: Er wird mit seinen Kindern eins bauen[16], und so kann die Frage zugleich ein Einstieg in die Optik werden. Denn das Fernrohr als technisches Gerät ist ja nicht verstanden dadurch, daß man es benutzt.

---

12 J. KEPLER in seinen Briefen, hrsg. von M. CASPAR und W. VON DYK. München 1930, Bd. I, S. 328.
13 Aus: FR. DANNEMANN, Aus der Werkstatt großer Forscher. 4. Aufl., Leipzig 1922, S. 551.
14 KEPLERS Briefe, a. a. O., Bd. 1, S. 365.
15 Siehe dazu auch BL. PASCAL, Fischer-Bücherei Bd. 70, S. 92.
16 Anleitung und Grundmaterial z. B. beim Kosmos-Verlag, Stuttgart.

Ein anderer Einwand ist sehr viel ernster: Lernt denn der Lehrer, vor allem der Volksschullehrer, in seiner Ausbildung solche Quellen wie GALILEI und KEPLER kennen, und vermag er denn die Fernrohrfrage nach dem Abitur mit schlichten Mitteln zu beantworten? Man wird sagen müssen: selten — und das gilt sogar auch für den Studienreferendar. Diese Einsicht ist wichtig, nicht um uns zu entmutigen, sondern um uns aufzurufen, Unterricht wie Lehrerbildung gemeinsam zugleich schlichter und reicher zu machen.

Die reichhaltige Sammlung spontaner Kinderfragen (3. und 4. Schuljahr), die FISCHER bringt[17] (S. 28, 29, 91), enthält auch diese: Wie kann das Fahrrad fahren? Auch sie gehört zu denen, wo man nachsehen kann, und sogar ohne Fernrohr. Wenn aber gefragt wird: „Wie kommt es, daß sich die Räder beim Trecker drehen?“ dann geraten wir schon in die nächste Kategorie. —

Das sind Fragen, die nicht „ohne weiteres“, durch Nachsehen bei der Sache selbst, beantwortet werden können. Sie veranlassen „weiteres“. Man muß erst „Nachforschungen anstellen“, man braucht „Unterlagen“, auf denen sie ruhen. Andere solche Beispiele: „Wie kommt es, daß man sich im Spiegel sehen kann?“ „Wie entsteht ein Blitz?“ „Wie entsteht ein Wind?“ (FISCHER, 29). „Wie hat man das herausgekriegt, daß die Erde rund ist?“ (FISCHER, 92). Gerade solche Fragen sind besonders fruchtbar und erwünscht, weil sie ganze Gebiete der Physik aufrollen, sie *zwingen* zum „Einstieg“ (Die Milchstraßenfrage zwang nicht unbedingt zur Optik, sie gab nur eine Gelegenheit). Die letzte Frage — die runde Erde betreffend — ist schon in sehr glücklicher Form gestellt: Sie fragt nicht nur, „ob“, sie fragt „wieso“? —

In eine letzte Kategorie gehören solche Fragen, die der Lehrer beantworten *könnte*, die sich aber nicht nur nicht „ohne weiteres“ „nachsehen“ lassen, sondern die auch dann nicht verstanden werden können, *wenn* er sie beantwortet, weil damit die Altersstufe der Kinder überfordert würde. Um dazu ein drastisches Beispiel — außerhalb der Physik — anzuführen: Man kann einem 10-jährigen nicht sagen, was „Existentialismus“ ist.

So gibt es physikalische Fragen, deren Antworten sich zwar noch ganz im Anschaulichen und Gegenständlichen bewegen, die aber durch ihre Komplikation einem durchschnittlichen 12jährigen soviel qualvolle, nutzlose und zeitraubende Mühe machen würden, daß jeder Lehrer sie aufschieben wird. Zum Beispiel: Wie bringt man die Entfernung der fernsten Fixsterne heraus? (Das erfordert statistische Überlegungen und die Anwendung der $\delta$-Cephei-Methode), oder auch: Wie können Flieger fliegen? (FISCHER, 28) (weil die dazu notwendige Aerodynamik, sei sie auch auf das „Qualitative“ beschränkt, der kindlichen Erlebniswelt zu fern steht. Schließlich sind wir keine Fische.)

Werden solche Fragen doch beantwortet (oder werden sogar Belehrungen gegeben, nach denen nicht gefragt wurde), so können sie tiefgehende Verstörungen zur Folge haben. So erzählte mir eine Studentin: Im ersten Schuljahr wurde sie aus irgendeinem Grunde einmal den Älteren zugeteilt und durfte zuhören, wie der Lehrer die tägliche Drehung der Erdkugel um ihre Achse erklärte. Die Folge waren Angstzustände in der Nacht: Sie glaubte ja nun, nachts an der

[17] Vgl. auch die Sammlung von Kinderfragen bei G. SIMON: Der Physik- und Chemieunterricht der Höheren Schule. MNU, IV. Jahrg. (1951/52), S. 136 f.

Unterseite der Erdkugel zu hängen, und fürchtete, aus dem Bett gegen die Zimmerdecke zu fallen. Sie klammerte sich ans Bett an und dachte glücklicherweise nicht daran, daß auch das Bett fallen müsse.

Bedrohlicher sind jedoch die Fragen, deren Beantwortung in die Modellwelt hineingreifen läßt. (Was sind Elektronen? Wie sehen Atome aus?). Das Gefährliche dieser Art Fragen liegt darin, daß Antworten für den Lehrer zwar bereitliegen, daß sie aber von den Kindern — wahrscheinlich des ganzen Volksschulalters — nur falsch verstanden werden können. Daß sie auch in der breiten Erwachsenenwelt meist nicht verstanden werden, macht die Lage nicht besser. Hier liegt der eigentliche Herd der Korruption. Wir haben ihn schon oft berührt, und auf Seite 58 wurde schon ein Beispiel gegeben, wie man auch hier ehrlich verfahren kann.

Man kann einen *Webstuhl* — falls man ihn nicht selber anschauen kann — durch ein Bild darstellen[18], so deutlich und lebensvoll, daß die Betrachtung des *Bildes,* das Hineinsehen und sich Hineinversetzen genügt, um den Webstuhl zu „verstehen". Voraussetzung ist nur, daß man ähnliche Geräte, einfache Mechanismen, aus *un*mittelbarer Erfahrung mit Hand und Auge schon kennengelernt hat. Dann ist man fähig, das Bild so zu sehen, als blickte man auf den Webstuhl selbst.

Es ist nun ein grundlegendes Mißverständnis mancher Volksschul-Lehrbuch-Verfasser zu glauben, beim Atombau liege dieselbe Situation vor. Man zeichnet Bilder von Atommodellen ebenso, wie man Bilder eines Webstuhls malt. Die Situation ist jedoch eine ganz andere, weil es dann so aussieht, als seien Elektronen Dinge, so wie Webstuhl-Teile Dinge sind. Das sind sie nicht. Ihre Existenz kann nur verstanden werden durch eine gewisse Kenntnis des *Weges,* der zu ihnen geführt hat. Ja, in gewisser Weise *sind* sie selbst dieser Weg.

Man würde das bemerken, wenn man den Kindern *Zeit* gäbe, über das Erzählte nachzudenken, und wenn man dann ihre Fragen anhörte und ernstnähme. Sie wüßten dann z. B. gerne: Aus welchem Material sind diese Elektronen gemacht? — Aus „Elektrizität, einem ganz besonderen Saft", sagen wir dann vielleicht, und nicht falsch. Und die Protonen (die Wasserstoff-Kerne) auch? — Nicht ganz, nein. Das ist — ein anderer Stoff, schwerer. — Massiv? Härte? Farbe? — Damit werden die Fragen unbeantwortbar. „Energie" sagt der Lehrer vielleicht. Aber was ist das? Ein Wort. Wäre man genau: „Kraft mal Weg." Wie aber kann ein Ding aus Kraft-mal-Weg gemacht sein? — Weiter fragen sie: Wie halten die Atome zusammen? Berühren sie sich? Luft dazwischen? Sandhaufen? Haken? Kraft? — Noch Tertianer, falls man ihnen erlaubt, gründlich zu sein, kommen in die größten Schwierigkeiten, weil sie meinen, es müsse doch *zwischen* diesen Atomen oder Molekülen „etwas sein", Luft vermutlich. Und die Rückfrage des Lehrers, was dann zwischen den Sauerstoff- oder Stickstoff-Molekülen der Luft sei, macht sie nur verstimmt. Mit Recht. Sie sind überfordert.

Man sollte also verhüten, daß solche Fragen zu früh gestellt und deshalb die Antworten nicht verstanden werden können, indem man als Lehrer wenigstens nicht *anfängt* davon zu erzählen. Antwortet man leichtfertig oder läßt man

18 Vgl. z. B.: „Wege in die Welt", Einzelheft 4. Braunschweig 1953, S. 98.

Fragen gar nicht zu, so erzeugt man ein materialistisches und zugleich verschwommenes Naturbild. Das Unterrichtete ist dann weder wissenschaftlich noch volkstümlich, sondern einfach falsch[19]. —

Aber, was soll der Lehrer sagen, da doch die Schüler schon von Elektronen „gehört" haben? Wenn sie ihn nun „mit Fragen bestürmen"? Es ist vielleicht nützlich, sich die verschiedenen Verhaltensweisen des Lehrers auszudenken und diejenige (IV) etwas genauer zu entwerfen, die allein ehrlich erscheint. Sie verweigert die Auskunft nicht, aber sie sagt auch nichts, was mißverstanden werden muß:

I. Ich weiß es wohl, aber das versteht ihr nie. Dazu seid ihr viel zu dumm.

II. Das versteht ihr noch nicht; abwarten!

III. (Dieser Lehrer spricht schnell und läßt nicht Zeit zu Rückfragen.) Ihr wißt schon: in dem Draht fließt ein elektrischer Strom. Das ist ein unsichtbarer Strom von einem sehr feinen Stoff, und dieser Stoff besteht aus lauter ganz kleinen Körnchen. Diese Körnchen heißen Elektronen. — Die Fragen, die er nicht aufkommen läßt, sind solche: Kann man sie sehen? Haben Sie sie gesehen? Sind Sie sicher, daß es wahr ist? Warum glauben Sie es? — Im Notfall antwortet er: Das hat die „Wissenschaft" gezeigt. Oder: Das haben die Gelehrten in jahrzehntelangem Nachdenken erforscht. Oder gar: ausgerechnet. — *So* erzeugt er das Verhältnis *nicht*, das der „einfache Mann" zu der Welt der Wissenschaft haben sollte.

IV. (Dieser möge etwas ausführlicher zu Wort kommen.) Ja nun — ob es die gibt? Gesehen habe ich sie nicht. Auch sonst niemand. Man kann sie nicht sehen. — Aber warum glauben Sie dran? — Mehr als das! Ich bin davon überzeugt, daß es sie gibt. — Aber wie, wenn Sie sie nicht sehen können? — Indirekt. Um die Ecke herum. Wie man im Kriminalroman den Täter auch nicht hat, aber doch allerlei weiß von ihm aus dem, was er angestellt hat. — Was ist denn das, was die Elektronen anstellen? — Ja, davon kann man schon eher reden. Denn *das* sieht man. — Zeigen Sie uns das? — Ja gern. Das ist freilich eine ganze Vorstellung in vielen Akten. Da müßte ich euch zuerst den „elektrischen Strom" zeigen. — Den kann man also sehen? — Ach nein. Den selber auch nicht. — Wie, den auch nicht? — Nein, das ist auch nur so ein Wort wie „Elektron". Auch „Strom" ist so ein gesuchter Täter, von dem man *nur* seine Taten weiß. — Dann zeigen Sie uns die Taten des Stromes? — Das will ich tun. Das heißt: Ich zeige euch allerlei. Taten der Natur, Tatsachen. Und dann wollen wir sie ordnen. Und sehen, ob uns da so etwas wie „Strom" in den Sinn kommt. Ihr wißt, was ein Strom ist. — Der Rhein ist ein Strom. Da müßte man also etwa fließen sehen? — Man sollte es meinen. Aber ihr habt vergessen, ich sagte: Man sieht ihn nicht, den Strom. Fast nie sieht man direkt etwas fließen. Ihn selbst jedenfalls, den Strom, nie. — Aber warum nennt man ihn denn Strom? — Ja, das ist merkwürdig. Aber es ist nicht einfach so dahergeredet, das kann ich euch sagen. Da ist keine Willkür dabei. Ihr könnt ja selber alles genau nachprüfen. Ich werde euch die Tatsachen zeigen, und dann könnt ihr ja selbst aufpassen, ob man da nicht immer mehr an etwas Strömendes erinnert wird. — Warum sagen Sie: erinnert? Wir denken, es *ist* ein Strom? — Das werdet ihr merken, wie ich es

---

19 Vgl. die Auseinandersetzung SIMON—EBERT in: Naturlehre, 1956, S. 151.

meine, wenn ihr's seht: Seht's euch an! — Und die Elektronen? — Die kommen erst im 3. Akt. Vielleicht auch erst im 5. — Warum? — Man kann die Elektronen nicht recht verstehen, ehe man den „Strom" verstanden hat. — Wieso? — Wenn du fragst: Wer ist Fritz?, und ich sage (was wahr ist): Fritz ist der Sohn von Karl, dann nützt dir das wenig, nicht wahr, wenn du den Karl nicht schon kennst. Also müssen wir doch erst den Karl kennenlernen, den „Strom". — Aber mein Onkel, der bei der AEG ist, der sagt, das mit den Elektronen, das wäre ganz einfach, das wären ganz kleine Körnchen. Ist das falsch? — Nein, nur ungenau. — Wieso ungenau? — Frag ihn doch mal nach ihrer Farbe oder Härte zum Beispiel, die weiß er nämlich nicht. Und was ein richtiges Körnchen ist, das *hat* doch eine Farbe, ich meine, es kann auch „farblos" sein in dem Sinne von „durchsichtig", wie Wasser. Aber das Elektron ist nicht wie Wasser, und es ist auch nicht weiß oder schwarz oder grün, so wie eben alles eine Farbe hat. Es hat überhaupt keine Farbe. — Das gibt es ja gar nicht! — Ja, ja, da hast du ganz recht. Aber ich will dir was sagen — eine Antwort ist es nicht, aber es ist ein Ende vorläufig —: Hat die Geduld eine Farbe?[20]

## E. Zusammenfassung in einem Beispiel aus der Himmelskunde

Schon immer war es so, daß der Lehrer seine Aufgabe nicht darin sehen durfte, den Kindern etwas *einzureden.* Heute, wo das Verstehen durch die hier erörterte Korruption bedroht ist, hat der Lehrer eine viel schwierigere Aufgabe dazu- und voraus-gesetzt bekommen: Er muß den Kindern das Mißverstandene erst *ausreden.* Genauer: Er muß ihnen helfen, es selbst als unverstanden zu erkennen: Heil-Didaktik.

So sollte also der Lehrer, wenn etwa die tägliche Achsendrehung der Erdkugel zur Sprache kommt, durchaus *nicht* sagen: Ja, so ist es, denn die Wissenschaft hat es festgestellt und ausgerechnet! Sondern er sollte *widersprechen:*

„Ist das denn auch wahr? Ist es auch nur möglich? Wo ist der Wind, der doch entstehen müßte? Wie sollte es möglich sein, den Ball noch zu fangen, den man hochwirft? Ihr glaubt auch alles!" — Und wenn sie dann, stutzig geworden, die Eltern fragen, so kommt heraus, daß die es auch nur „glauben" (und im innersten Herzen vielleicht sogar nicht glauben). Und war es denn so einfach? Man lese in Keplers Briefen nach (Band I, S. 254 u. 257).

Angenommen, es sei erklärt, daß es keinen Ostwind zu geben *braucht,* und daß die fallenden Äpfel *nicht* in des übernächsten westlichen Nachbarn Garten zu schwirren brauchen, angenommen also, es wäre so weit, daß es wenigstens *denkbar* geworden ist, daß die Erde sich dreht: *dann* kommt erst die noch viel schwerere Frage: Wie kommt man denn überhaupt auf eine so ausgefallene und ganz unnötige Idee? Man kann es dann als einen Höhepunkt der Korruption erleben, daß ein Kind sagt: „Aber warum geht denn dann die Sonne auf?" Das eingeredete Widersinnige ist ihm glaubhafter als das vor Augen Liegende. Das Nachdenken ist betäubt. Der Lehrer muß Wiederbelebungsversuche machen.

---

20 Zu dem Thema dieses Kapitels vgl. auch Anhang D.

Ich habe dieses Beispiel etwas weiter ausgeführt, um zu zeigen, daß die Forderung an den Lehrer der Volksschule, sich der Korruption nicht einzuordnen, sondern ihr Widerstand zu leisten, eine hohe und heute vom Einzelnen noch kaum erfüllbare Forderung ist. Nicht weil sie physikalisch, psychologisch, didaktisch zu hoch läge, sondern weil der Lehrer erst die Korruption *in sich* selbst auflösen muß, da er als Abiturient eine viel zu oberflächliche Scheinbildung mitbekommen hat, um den naheliegenden Gegenargumenten *einfach* zu begegnen. Die Aufgabe ist durchaus lösbar[21], aber wir können sie vom *einzelnen* Lehrer vorläufig nur ausnahmsweise erwarten. Um so mehr ist sie eine dringende Aufgabe der Gymnasien und, wenn sie sich ihr weiterhin versagen, der Lehrerbildung.

Bis dahin sollte der Lehrer, der „es selbst nicht weiß", das nicht vor den Kindern verbergen, er sollte aber ihr Denken bis an die Unglaubhaftigkeit der Erdrotation begleiten und ermutigen; er sollte sie überhaupt immer zu unterscheiden lehren: das, was sie verstehen, von dem, was nur behauptet wird. Er sollte schließlich sich überlegen, bei welchen Gelegenheiten er überhaupt *nötig* hat, die Erdrotation zu erwähnen. Tut er es nur, um ein „Weltbild" aufzubauen, so mache er sich klar, ob ein Weltbild ange*eignet* werden kann, das nicht zutiefst, mit Kopf und Herz, als glaubwürdig erkannt ist von jedem Einzelnen. Ein nur nachgeredetes Kopernikanertum ist so viel wert wie ein Prachteinband von Goethes Werken, in dem der Text fehlt. Der naturwissenschaftliche Unterricht darf sich nicht zu dekorativen Zwecken erniedrigen lassen. Ein Kopfnicker ist noch kein Kopernikaner.

---

[21] Für das hier gewählte Beispiel (Erdrotation) siehe M. Wagenschein, Die Erde unter den Sternen, a. a. O., S. 30 ff.

XII. Kapitel

# Die Rechtzeitigkeit der physikalischen Begriffsbildung

*„Es ist ein Fehler in unseren Erziehungen, daß wir gewisse Wissenschaften zu früh anfangen. Sie verwachsen sozusagen in unseren Verstand, und der Weg zu Neuem wird gehemmt."* (G. CHR. LICHTENBERG[1])

*„Erst die natürlichen Betrachtungen gemacht, ehe die subtilen kommen, und immer vor allen Dingen erst versucht, ob etwas ganz simpel und natürlich erklärt werden könne."* (G. CHR. LICHTENBERG[2])

*„... zu glauben, daß ... Mathematik zur Physik absolut notwendig sei, ist Torheit; denn wo dieses wirklich stattfindet, hat der Mensch schon das Beste gefunden. Es dahin zu bringen, daß er es dem Mathematiker übergeben kann, das ist die Sache ..."* (G. CHR. LICHTENBERG[2a])

*„Die wichtigste, um nicht zu sagen einzige, Regel für die echte Naturforschung ist die, eingedenk zu bleiben, daß es unsere Aufgabe ist, die Erscheinungen kennenzulernen, bevor wir nach Erklärungen suchen oder nach höheren Ursachen fragen mögen."* (JULIUS ROBERT MAYER[3])

*„Ohne Zweifel wird sich durch den mathematisch-naturwissenschaftlichen Unterricht noch viel mehr erreichen lassen, als jetzt schon erreicht wird, wenn noch eine etwas natürlichere Methode in Gebrauch kommt. Hierzu gehört, daß die Jugend nicht durch* VERFRÜHTE ABSTRAKTION *verdorben wird ..."* (E. MACH[4])

*„Auch hatte ich das Glück, die wesentlichen Ergebnisse und Methoden der gesamten Naturwissenschaft in einer vortrefflichen populären, fast durchweg aufs Qualitative sich beschränkenden Darstellung kennenzulernen."* (A. EINSTEIN[5])

## A. Schlichten statt Verfrühen, Stauen statt Drängen

Da das Grundgefüge („der Kanon") der Physik etwa im 9. (oder 10.) Schuljahr errichtet sein soll und da alles an ihm auf Zusammenhang ausgeht (auf „System", wenn man will), so ist es von der größten Wichtigkeit, daß dieser Zusammenhang für die Schüler dieser Altersstufe wirklich sichtbar ist und anziehend, so schlicht, wie das Alter es verlangt, aber auch so schlicht wie die elementare Physik selber. Das Wesentliche muß auf die einfachste Art sich darstellen. Die Fachbildung des Lehrers — das heißt also: auch die des Abiturienten, muß darauf abzielen, nicht das Einfache kompliziert, sondern umgekehrt, das Verzwickte so einfach

1 Aphorismen, Reclam-Ausgabe (1944), Nr. 7569—7571, S. 143.

2 Aus den Sudelheften, Auswahl von W. GENZMANN. Anker-Bücherei, Bd. 37. Stuttgart 1949, S. 14.

2a Aphorismen, Inselbücherei Nr. 33, S. 57.

3 Bemerkungen über das mechanische Äquivalent der Wärme. Heilbronn 1851. In: Die Mechanik der Wärme (Ges. Schr., 1893, S. 236 f.).

4 Populärwissenschaftliche Vorlesungen, 5. Aufl. Leipzig 1923, S. 340.

5 Aus: Albert Einstein als Philosoph und Naturforscher. Stuttgart 1951. Darin: A. Einstein, Autobiographisches (S. 5). (Das geschah „im Alter von 12 bis 16". Das Buch war: „Bernsteins naturwissenschaftliche Volksbücher, ein Werk von 5 oder 6 Bänden." — Vermutlich: A. BERNSTEIN, 5 Bde., Berlin 1891.)

wie möglich zu sehen und zu sagen. Wenn die Höhere Schule, etwa auf dem Wege des exemplarischen Lehrens, die Stoff-Fülle für die Oberstufe vermeiden lernen will, so muß sie für ihre Mittelstufe diesen Kanon des schlichten Bescheidwissens voraussetzen (der selber übrigens zum Teil auch exemplarisch gewonnen sein kann), um in ihn hinein ihre Tiefbohrungen zu senken. Das darf aber nicht dahin führen, daß nun die Stoff-Fülle nach unten in den Kanon hinein abgedrängt wird. (Dann entstünde eine Betonschicht, auf der nichts mehr wachsen könnte.) Sondern dahin, daß wir Lehrer jene „Schlichtung" erst lernen. Da dieser Kanon zugleich das Endstadium des „systematischen" Wissens des Volks- und Mittelschülers darstellt, ist es wichtig, daß dem Lehrer, dem ehemaligen Abiturienten, dieses schlichte System in seiner eigenen Schulzeit einmal klarwerde. Heute ist es von dem Abiturientenwissen fast immer verschüttet, oder es ist niemals dagewesen.

Dieser „Schlichtung" — als unserer Aufgabe — steht entgegen unser Laster des Verfrühens. Wir verfallen ihm immer wieder, weil wir die Kardinaltugend des Erziehers, die Geduld, verlieren. Wir „können es nicht abwarten". Wir versuchen zu „machen", wo „nichts zu machen", wo zu pflegen und zu wecken ist[6].

Die Gefahr der Verfrühung für die Bildung des Menschen hat keiner klarer gesehen als HERDER. „So viel sehen wir, daß ein Kind, wie die Gestalt seines Körpers und Angesichts, auch die Züge seiner Art zu denken und zu empfinden mitbringt; — Nicht zu frühe reiße sie auf, diese lebensschwangere Knospe, ... Es ist ein unersetzlicher Schade, wenn man die liebe jungfräuliche Blume aufbricht, daß sie lebenslang welke ... nährt die innere Quelle, übt die Tätigkeit und Elastizität der Seele, aber nur, wie sie geübt sein will ...[7]

Nun ist der Mensch zwar mit dem Halm und der Knospe nicht ausreichend zu vergleichen. Aber auch das Geistige ist von sich aus im Kommen. Es steht bereit. Nur bedarf es der Hilfe noch in einem anderen als dem organischen Sinn. Es bedarf der erweckenden Hilfe der Eltern, der Gesellschaft, der Erzieher. Der Unterricht kann sich nicht damit begnügen, dem Wachsen pflegend zuzusehen. Das Geistige wächst nicht einfach (man denke an die Wolfskinder), es will erweckt werden. Aber zur rechten Zeit. Dieses *Erwecken* darf nicht die Gestalt eines gewaltsamen Drängens annehmen. Je gewaltsamer dieses Drängen, desto mehr verhindert es das Kommen des Geistigen.

Gerade zum Gewaltsamen werden wir aber heute leicht verführt. Der Lehrer muß sich oft als einer empfinden, der vorneweg geht und sagt: „Kommt, kommt, hier ist es, seht ihr es denn nicht, seht ihr's immer noch nicht? Schneller, schneller!" Während es genau umgekehrt sein sollte. Er müßte sich fühlen als einer, der nicht zerrt, sondern *staut*, einer der den Vorwärtsdrang der Gruppe zur Besinnung und Gründlichkeit „anhält", indem er etwa sagt: „Ja, ist das denn wirklich so? Seht ihr es genau? Seht ihr es alle? Keine Täuschung? Bildet ihr euch auch nichts ein? Ich würde das nicht glauben! Wollt ihr denn schon weiter? Es sind ja noch gar nicht alle fertig. Fragt nur, was ihr fragen müßt. Dafür haben wir immer Zeit." Von dieser Auffassung des Lehrers sagt Konfuzius[8]: „Darum

---

6 W. METZGER, Schöpferische Freiheit, 2. Aufl., Frankfurt a. M., 1962; insbes. S. 24.
7 J. G. HERDER, Sämtliche Werke, hrsg. v. B. Suphan. Berlin 1877 bis 1913, Bd. 8, S. 228 ff.
8 KONFUZIUS. Fischer-Bücherei, Bd. 154, S. 164.

leitet der höhere Mensch seine Schüler an, schleift sie aber nicht hinter sich her; er spornt sie an, aber er unterdrückt sie nicht; er zeigt ihnen den Weg, aber er nimmt sie nicht mit. Anleiten, ohne zu schleppen, macht das Lernen sanft; anspornen, ohne zu unterdrücken, macht das Lernen leicht; den Weg zeigen, ohne die Lernenden an den Bestimmungsort mitzunehmen, veranlaßt sie zum eigenen Denken. Wenn einer also das Lernen sanft und leicht macht und die Lernenden zum eigenen Denken veranlaßt, kann man ihn einen guten Lehrer nennen."

## B. Verfrühung des scharfen Beobachtens

Was ist es nun im Physik-Unterricht, was wir verfrühen, womit wir die Schlichtheit verfehlen, den Schülern und uns selber fruchtlose Mühe machen, ihnen die Lust am eigenen Denken nehmen und den Durchblick versperren?

Es ist zuerst schon das für die Physik kennzeichnende isolierende Herausheben einzelner Fakten, die „scharfe" Beobachtung. Sie ist zwar das Ziel. Aber wie erreicht man es? Gewiß nicht dadurch, daß man den Schüler vor etwas stellt und ihn dann vorschnell, ultimativ, mit der Frage bedrängt: „Was beobachtest du?!" Die künstliche Munterkeit dieser Ausrufungszeichen in unseren Lehrbüchern („Beobachte!") verrät die ganze Drängelei. Wer das liest, fühlt sich fortwährend gestoßen. Ein anderes Wort, das immer wiederkehrt und bedenklich macht, ist das ebenfalls vorschnelle: „Ich stelle fest." Bedenkt man, was Beobachten eigentlich heißt, nämlich ein vereinzelndes, aus dem Fluß der Erscheinungen herausgreifendes Auswählen — und dies auf Grund einer erst zu erlernenden „Einstellung" —, so wird deutlich, ein wie später Akt des physikalischen Ergreifens hier gemeint ist. Freilich „stellt" die Physik „fest". Wer das aber zu früh befiehlt, lähmt den Blick, statt ihn zu schärfen.

Aller Umgang mit Kindern und Erwachsenen scheint mir zu zeigen, daß der Weg zu jener wohlverstandenen „scharfen Beobachtung" und zum scharfen Nachdenken nur zu erreichen ist, wenn man ausgehen kann von einem nahezu leidenschaftlichen Ergriffensein und einem ruhigen, schweigenden und gesammelten Anschauen des Ganzen[9].

Welch ein lösender Wandel ergreift eine sonst nur an das spießende Beobachten präparierter Fakten gewöhnte Prima, und besonders die Mädchen, wenn man ihnen zum Beispiel die farbenprächtigen und fließenden Farbenspiele vorführt, die in einem langen Entladungsrohr vor sich gehen, wenn man den elektrischen Funken durch einen immer mehr verdünnten Gasraum seinen Weg suchen läßt, bis zum harten Ende der Kathodenstrahlen[10]!

## C. Verfrühung der Systematik

Das zweite, was wir verfrühen, ist die wissenschaftliche Gründlichkeit, die Perfektion des Systematischen. Da ist in uns ein Pflichtgefühl, das sagt, wenn

9 Vgl. Ursprüngliches Verstehen . . ., S. 351—360: „Über die Aufmerksamkeit."

10 Siehe Anhang D.: Was berechtigt uns, von einem elektrischen „Strom" zu sprechen?

man schon etwas „erkläre", dann müsse es auch gründlich sein, d. h. bis ganz hinunter. Die Beispiele „Todesschleife" und „geknickter Pflanzenstengel" (Kap. XIV, S. 207) werden genauer zeigen, was hier gemeint ist: Man kann eine Sache A durch Anschluß an eine andere, B, „erklären". Man kann aber auch noch weiter gehen und B wieder auf C gründen. Aber man scheue sich deshalb nicht, A erst einmal oder auch für immer, wenigstens auf B beruhen zu lassen. Die Schüler müssen nur wissen, daß dies keine vollständige Erklärung ist. Aber es ist schon etwas!

Hierzu noch ein Beispiel: Es ist eine ernsthafte Frage, wie überhaupt ein Fernrohr möglich ist. Eine Vorrichtung, die uns erlaubt, das Ferne „heranzuholen". Was heißt dieses „Heranholen"? Ich habe den Eindruck, daß die üblichen Zeichnungen, die zwei Linsen, ein paar herausgewählte Strahlen und merkwürdige Pfeile zeigen, dazu wenig beitragen, wenn sie auch auf ihre Art für einige Stunden „verstanden" erscheinen. Und *hinter* all dem scheint dann für den Abiturienten, der sich erinnern will, noch die Theorie der Linse zu stehen, das Brechungsgesetz und was alles; ein undurchdringlicher Urwald.

Wirksamer, eindringlicher und auch aufklärender ist es, wenn man sich zur Frage, was ein Fernrohr ist, ein Bild ansieht, das Zdenek Kopal[11] beschreibt:

„Die Astronomen damaliger Zeiten mußten bei ihren Teleskopen meist auf ein Rohr verzichten ... Manchmal stellte ... (der Astronom) ... sein Objektiv einfach auf das Dach eines hohen Gebäudes und wartete dann unten buchstäblich mit dem Okular in der Hand auf den Durchgang seines Himmelsobjektes" ... Der Stich zeigt „eine nächtliche Szene am Pariser Observatorium ... verschiedene auf diese Weise befestigte Objektive und sich im Hofe herumtummelnde Astronomen, die mit einem Okular in der Hand den Brennfleck suchen."

Wer nur dies begriffen hat, versteht nicht alles, aber doch Wichtiges: daß hier das „Rohr" unwesentlich ist und daß tatsächlich das angeschaute Ding „herangeholt" wird. Nicht es selbst, „persönlich", im Original, aber als Abbild. Und dieses Abbild wird nun „unter die Lupe genommen", ganz so betrachtet wie ein Haar oder ein Schneekristall oder etwas „Wirkliches". Obwohl so ein reelles „Bild" ein gespenstisches Etwas ist: räumlich gestaltet, doch körperlos.

So wird das (Keplersche) Fernrohr wenigstens bis zu einem gewissen Grade verstanden aus zwei Leistungen, die die Sammellinse fertigbringt: 1. das heranholende Abbilden, hier notgedrungen und leider verkleinernd, da das Objekt immer fern ist, und 2. die Lupenwirkung. Bleiben diese beiden Kunststücke auch (vorläufig oder gar endgültig) ungeklärt und unverbunden, so ist doch *etwas* verstanden, eben das Fernrohr. Nur ist es „nicht ganz hinunter" verstanden. Alles Verstehen ist relativ. Relativ zu jenen beiden Linsenleistungen ist es verstanden. Und das ist schon etwas. Es ist mehr wert als der Blick in einen Schacht, der den letzten Grund eröffnen soll, aber durch Vollständigkeit verstopft ist.

Die tiefere Erklärung (der Linsenleistungen, relativ zum Phänomen der „Brechung") kann ja nun folgen (das Fernrohr ist dann ein „Einstieg" in die „geometrische Optik") oder sie folgt eben nicht und vielleicht sogar nie. Auch das

[11] Z. Kopal, Der Werdegang der astronomischen Optik. In: Physikal. Blätter, 1957, Heft 1, S. 6. — Das Bild findet sich bei: Danjon und Couder, Lunettes et Télescopes. Paris 1935, Kap. 19, S. 621, Abb. 325.

schadet dann (und nur dann) nichts, wenn der Schüler *weiß*, daß hier etwas fehlt. — (Bei einer anderen Gelegenheit mag er dann einmal „exemplarisch" erfahren, was es heißt, irgendein staunenswertes Phänomen „bis *ganz* hinunter" („restlos") verstanden zu haben, bis dahin, wo der letzte Rest nur noch hinzunehmen ist. Natürlich kann diese exemplarische „Klärung bis auf den Grund" auch hier, beim Fernrohr, schon erfolgen. Die beiden Linsenkunststücke sind ja seltsam genug: das Licht, das von dem Ding herkommt und sich im Raume vor dem Ding gestaltlos verwirrt, wird — falls es durch eine Linse dringt — von ihr wieder „gesammelt", zusammengeführt, zurechtgebracht seiner Herkunft entsprechend, so daß es einen Doppelgänger des leuchtenden Gegenstandes zusammenspinnt, der zwar keinen „Leib", aber eine Gestalt hat, eben das nur verkleinerte „Bild".

Dies, die heranholende Leistung, erweist sich als *verwandt* mit der Lupenleistung, und beide verstehen sich aus der Gestalt der Linse und aus dem Phänomen der Brechung. Ich gehe hier nicht näher darauf ein. (Das hier Empfohlene möchte nicht verwechselt werden mit dem, was man gelegentlich in Volksschul-Lehrbüchern findet: die Sammeltätigkeit der Linse als nacktes, „zu merkendes" Faktum ohne Zusammenhang mit anderen „Merksätzen", etwa dem Brechungsgesetz, und auch *ohne* den Hinweis, daß hier etwas Unverstandenes, d. h. Unverbundenes, dasteht).

## D. Verfrühung der quantitativen Betrachtung[12]

Die Elektrizitätslehre ist wohl das häufigste Opfer der Verfrühung, besonders in den Gymnasien. Gelegentlich zeigt sich Entsprechendes auch schon in der Volksschule.

Ich beginne mit einem grotesken, aber nicht gesuchten Beispiel. Während eines Sommeraufenthaltes in einem deutschen Bundesland, das eine zentrale Mittelstufenprüfung in die Höhere Schule eingebaut hatte, um die für die Oberstufe geeigneten Schüler auszulesen, unterhielt ich mich mit dem verstörten Sohn des Hauses, der gerade diese — ich glaube achttägige — Prüfung mitmachte. Eine der Physikaufgaben betraf die KIRCHHOFFschen Gesetze der *Stromverzweigung*. Ein Strom I verzweigte sich, in den Zweigen lagen die Widerstände $R_1$ und $R_2$ (alles in Zahlenwerten): Die Teilstromstärken $I_1$ und $I_2$ waren zu berechnen. Der Physikkundige kennt diese Aufgabe. Für die beiden Unbekannten $I_1$ und $I_2$ weiß man zweierlei: 1. Zusammen müssen sie I ergeben; 2. sie verhalten sich zueinander umgekehrt wie die Widerstände ihrer Zweige. Das gibt 2 Gleichungen mit 2 Unbekannten. Sie liefern das Ergebnis. (Vgl. die Figur 31 auf Seite 282 des Kapitels (D) „Strom" im Anhang.)

Der Junge hatte es richtig gemacht, er rechnete es mir vor. Ein Schema lief ab, ein gut „gelerntes". — „Hör mal", sagte ich dann ahnungsvoll: „Was meinst du zu folgender Aufgabe? (Sie ist ganz ähnlich): 3 gleiche — sagen wir — 60-Watt-Lampen in einer *auch* so verzweigten Schaltung, eine (I) in der Hauptleitung, die beiden anderen (II und III), jede in einem Zweig. Alle sind fest in die Fassung gedreht, eingeschaltet, sie brennen alle. Wie brennen sie? Alle gleich

12 Hierzu Anhang A und D.

hell?“ — Das war ihm noch klar: II und III brennen gleich, und „halb so hell“ wie I. — Aber jetzt: Nun, denke dir, drehe ich Lampe II aus der Fassung heraus. Was geschieht? Wie brennen die beiden anderen jetzt? — Das gelang ihm nicht.

Diese Aufgabe erscheint viel leichter als die Prüfungsaufgabe. Sie ist es auch. Man braucht keine Formel und keine Algebra, man muß nur das Bild des Stromes und das des Widerstandes begriffen haben. Aber man muß es eben begriffen haben, während der quantitative Schematismus nach etwas aussieht, aber ohne Verständnis gehandhabt werden kann. Für den Prüfenden hat er den Vorteil, schnell nachgesehen werden zu können. Die Auslese geht geschwind, aber ob sie die Richtigen ausliest, ist sehr fraglich.

Die sehr viel schwierigere und nur *echt* zu gebende — d. h. nicht dressierbare — Antwort auf meine „leichte“ (nur „qualitative“) Aufgabe hätte etwa so aussehen müssen:

Wenn die Lampe III herausgenommen, die Leitung also an dieser Stelle unterbrochen wird, so steht dem Strom zwischen den Verzweigungspunkten A und B nur noch der andere Zweig zur Verfügung. Zwischen A und B ist also der Querschnitt der Leitung verringert, und zwar halbiert, der Widerstand also vergrößert, und zwar verdoppelt worden. Das hat für den ganzen Strom (der ja an allen Punkten der — jetzt nicht mehr verzweigten — Leitung *dieselbe* Stärke haben muß) zur Folge, daß er *überall* absinkt. Allerdings nicht auf die Hälfte. Dazu müßte der Querschnitt längs der *ganzen* Leitung (nicht nur auf dem Stück zwischen A und B) halbiert worden sein (was nicht zutrifft). Die Stromstärke ist also jetzt überall größer als halb so groß, wie sie *vor* dem Ausschalten von III war. Das heißt aber: größer als vordem in III und in II. (Denn dort war sie halb so groß als in I.) — Lampe I wird also dunkler, wenn auch nicht so dunkel wie vordem II war. Und II wird jetzt dieselbe Helligkeit zeigen wie I (denn II und I sind ja jetzt einfach hintereinandergeschaltet), also *auch* mehr als anfangs. Kurz: Wenn III herausgenommen wird, wird I dunkler und II heller, und zwar werden beide gleich hell[13].

Es geht jetzt nicht darum, ob diese Lösung mehr Zeit braucht als die Rechnung, oder ob dieser Lösungsweg für die genannte Prüfung vielleicht zu schwierig ist, sondern darum, daß ein zu schnelles Versetzen des Schülers in die perfekte „quantitative“ Maschinerie ihn um das Verständnis bringt, ihn um die Physik betrügt, die in der Formel steckt, die in ihr verdichtet und damit auch dem nicht Verstehenden praktikabel gemacht ist.

Wir dürfen nicht jene im mathematischen Gewande auftretenden „Plunderköpfe“ begünstigen, von denen LICHTENTBERG sagt, sie seien „untauglich zu irgendeinem Geschäft, das Nachdenken erfordert, wenn es nicht unmittelbar durch jene leichte Verbindung von Zeichen geschehen kann, die mehr das Werk der Routine als des Denkens ist[14].“

Übrigens glaube ich nicht, daß der oben angedeutete „physikalische Aufsatz“ für eine Prüfung (allerdings nicht für eine „zentrale“, die ja notwendig zum

---

13 Vgl. Anhang D (Strom), S. 265, wo diese Frage ausführlicher und in größerem Zusammenhang dargestellt ist.

14 Aphorismen, Insel-Bücherei Nr. 33, S. 59.

Schematismus führen muß) unbedingt zu schwierig ist. Natürlich ist er schwerer als die Rechnung (die zu leicht ist).

Jedenfalls *kann* ein solcher Aufsatz nicht ohne Verständnis geschrieben werden, und keine zwei Prüflinge werden ihn in den gleichem Wortlaut fassen. Er läßt ein sicheres Urteil über den Verfasser zu. Nicht nur über sein Verständnis der Physik, sondern auch über sein Verhältnis zur Sprache, das heißt aber: zum Denken. Der Umgang mit der Formel verlangt vom Menschen ja viel weniger als der Umgang mit der Sprache, was viele nicht wissen, denen formale Scheinprüfungen undurchschaubar sind und Eindruck machen. Eine Prüfung durch die Forderung eines solchen kleinen Aufsatzes hat freilich einen Nachteil: Die Korrektur verlangt ein Vielfaches der Zeit, die das Nachsehen des Schemas von dem Prüfenden verlangt. Das ist eine Entschuldigung für die prüfenden Lehrer, aber eben keine für unser Schulwesen, keine also für uns alle.

Natürlich soll mit alledem nichts gegen die quantitative Fassung physikalischer Aussagen in der Schule überhaupt gesagt sein. Nur: daß sie nicht in der Luft schweben darf (wie bei jenem Knaben, der, obwohl er sie handhabte, weniger verstand, als er mit der bescheideneren Betrachtung ohne Zweifel verstanden hätte), was immer geschieht, wenn man sie verfrüht.

Was im besonderen die quantitativen Gesetze der Stromverzweigung angeht, so halte ich sie in der Volksschule für entbehrlich (und, falls sie nur zum Schematismus führen, in der Höheren Schule auch). Sie genügen in etwa folgender Form:

Je mehr Lampen ich *hinter*einanderschalte, desto dunkler brennen sie alle. (Wozu ich mir denke: Je mehr Lampen, desto größer der „Widerstand" der Gesamtleitung, desto kleiner also die „Stromstärke".) Je mehr Lampen ich *neben*einanderschalte, desto heller brennt *die* Lampe, durch welche die *Gesamt*leitung führt. (Wozu ich mir denke: je mehr Lampen nebeneinander, desto größer der Gesamtquerschnitt des verzweigten Teiles der Leitung, desto kleiner sein Widerstand.)

In *dieser* Fassung halte ich sie allerdings für unentbehrlich. Und nicht nur wegen des etwaigen späteren praktischen Umgangs mit elektrischen Leitungen, nicht nur als Gesetze, die man „anwenden" kann, sondern auch umgekehrt: weil die Phänomene so sind, wie die Sätze 1 und 2 sagen (das Eingeklammerte noch ausgenommen), deshalb — unter anderem! — drängt sich das Gleichnis, das „Bild" eines Stromes auf: Ähnlich wie diese Lampen verhalten sich Wasserräder in Wasserleitungen (siehe S. 280 ff.).

Das klassische Beispiel für die Wirkung eines die Vorstufen überrollenden, hastig aufs Quantitative springenden Verfahrens ist der *„Auftrieb"*, Gegenstand unzähliger Lehrproben, und trotzdem — der Leser möge es nachprüfen: Fragt man irgendeinen früheren Abiturienten, was ihm zu dem Stichwort „Auftrieb" einfällt, so kommt fast immer das richtig auswendig gelernte „Archimedische Prinzip": „Jeder Körper verliert unter Wasser so viel an Gewicht, wie das von ihm verdrängte Wasser wiegt". Fragt man weiter, und zwar *einfacher* (nämlich nicht gleich, wie *groß* der Auftrieb ist, sondern) warum er *überhaupt* „ist", „woher" es denn „kommt", daß der Stein unter Wasser leichter geworden ist, so stellt sich heraus, daß dieses schlichte Problem vielleicht nur einer oder zwei von hundert durchschauen (nämlich): Das schwere Wasser lastet auf sich selber, je tiefer desto mehr, und drückt also die Unterseite jedes eingetauchten Körpers (da sie ja tiefer unter Wasser ist) stärker als seine höhere gelegenen Flächen. Für die große Mehrheit hat ihr zwar quantitatives, aber bloß auswendig gelerntes Wissen *nur* eine verwirrende Wirkung. Beginnen sie nämlich — zu spät — über die Frage nachzu*denken*, so führt sie der Wortlaut des Archimedischen Prinzips auf falsche und keineswegs spontane Ideen: Sie meinen nämlich, das „verdrängte Wasser" sei die Ursache. (Aber wie, wenn es, übergelaufen, längst „fort" ist?) Und wenn sie sehen, wie der unten *eben* geschliffene Kork auf dem gleichfalls genauen ebenen Boden des Gefäßes aufliegend und unter Wasser gesetzt, *nicht* hochkommt, so wundern sie sich. Aber nicht so sehr aus dem naiven Staunen über den Widerspruch mit dem Gewohnten und dem uns allen vertrauten Glauben, der Kork sei *an sich* „leicht" und „wolle" deshalb hoch, sondern: Die unverstandene Scheingelehrsamkeit verwirrt: Der Kork verstößt gegen das stur „Gelernte": Er verdrängt doch Wasser!

Die Ursachen dieses Mißerfolges sind klar: Von Stoff zu Stoff gedrängt, muß der Lehrer den „Auftrieb" in 45 Minuten „erledigen". Dem wissenschaftlichen Geist der Höheren Schule glaubt er es, in Übereinstimmung mit Lehrplan und Lehrbuch, schuldig zu sein, zu der exakten quantitativen Fassung durchzustoßen, schon in der Mittelstufe. Auch manche Volksschullehrbücher halten das schon für ihre Pflicht. Das gelingt auch, aber meist nur zum Schein. Was das heißt: „Schein", habe ich versucht zu sagen. Der Mißerfolg wird selten bemerkt. Denn der Schüler kann am nächsten Tage auch die Begründung des Archimedischen Prinzips rekapitulieren und kann es vor allem noch wochenlang richtig anwenden, etwa um spezifische Gewichte zu bestimmen oder Aufgaben zu rechnen, deren Lösung ihn — wie im vorigen Beispiel — Prüfungen glatt bestehen läßt. All dies ist möglich (und meistens ist es auch so), ohne daß wirklich und auf die Dauer etwas verstanden wird, das einen Beitrag geben könnte zu der bildenden Funktion der Physik. —

Notgedrungen kommt also die Didaktik der Höheren Schule, und die der Volksschule zum Teil mit ihr, auf Abwege. Fragen, die viel Zeit verbrauchen, dürfen nicht aufkommen. Das sind genau diejenigen, die laut werden, wenn die Klasse ins Nachdenken kommt. Genau das, was der Lehrer wünschen müßte und im Herzen auch wünscht, darf er nicht wünschen, denn es würde ihm den „Ablauf" der „Stunde" zerstören, es würde ihn sein „Ziel der Stunde" nicht erreichen lassen und schon gar nicht das „Klassenziel des Jahres". So muß er in einem todsicheren Schnellverfahren, das flott, munter, exakt, experimentell und sogar mit den äußeren Symptomen der „Selbsttätigkeit" abläuft, das quantitative Endziel, das Archimedische Prinzip „erreichen". Alle Schritte dieser Rolltreppe sind logisch wie experimentell einwandfrei. Und doch ahnt der Schüler, der da zu seinen „Kenntnissen" aufsteigt, rechts und links viele, viele geheime, verschwiegene, manchmal leuchtende Fragen. Er wird sich hüten, sie auszusprechen. Er würde „auffallen", „stören"; oder — nicht selten — er durchschaut genau die Situation des ihm sympathischen Lehrers, schont ihn und fragt — wenn er nicht zu scheu ist — höchstens einmal *nach* der Stunde. Wie oft ist es so, daß *nach* der Stunde, in den von Pausenlärm zerrissenen fünf Minuten die „Stunde" erst ernstlich beginnt, beginnen möchte!

Es ist klar, daß ein solches auf Stoffbewältigung gedrängtes und zur Schein-Exaktheit verführtes Verfahren, eine Überrumpelungsdidaktik, im allgemeinen zu keinem guten Ende führen kann.

Es ist bezeichnend für den Hang des gymnasialen Physik-Unterrichtes, sich möglichst geschwind auf die von ihm als allein „quantitativ" angesprochene, voll mathematisierte Stufe zu schwingen, daß er ihre Vorstufe gering achtet. Und es ist bemerkenswert, daß sich für sie die Bezeichnung „qualitativ" eingebürgert hat. Die Qualitäten, wie Farbe und Ton sind freilich das, was die Physik systematisch ausscheidet und durch Quantitäten (wie Wellenlängen) ersetzt. Das ist offenbar so gründlich gelungen, daß sogar der Inhalt des Begriffes „Qualität" aus dem Bewußtsein des Physikers zu verschwinden scheint.

Was können wir nun gegen die Verfrühung des Mathematisierens tun? Eine radikale Stoffbeschränkung vorausgesetzt, müssen wir

1. da, wo wir zur quantitativen Fassung vordringen (und wir müssen das selbstverständlich in der Höheren Schule öfter als in der Volksschule, aber auch dort manchmal), es *stetig* tun und bei den „qualitativen" *Vor*stufen *verweilen,* statt sie flüchtig zu überrennen.
2. in jedem Falle, insbesondere da, wo wir nicht „quantitativ" werden wollen oder können, die sogenannte „qualitative" Fassung *ausnutzen.* Sie ist viel ergiebiger, als man ihr zunächst zutrauen möchte. Denn in Wahrheit ist sie schon quantitativ.

Beispiele für die Stetigkeit des Überganges sind in Kap. III hinreichend gegeben worden. Wir wenden uns deshalb gleich dem Nachweis der *Ergiebigkeit der „qualitativen" Fassung* zu:

Die Je-desto-Stufe ist ohne Zweifel bereits eine Stufe des quantitativen Fragens. Zwar wird noch nicht „wieviel?" gefragt, aber es wird schon von „viel" und „wenig", von „mehr" oder „weniger" gesprochen. Und im „Je-desto" ist auch schon der Funktionsverlauf annähernd festgehalten. Im folgenden sollen nun einige Beispiele zeigen, wie wenig die „qualitative" Stufe Geringschätzung verdient und wie viel sie zu leisten vermag.

Hat man einmal den monatlichen *Flug des Mondes* um unsere Erde herum verstanden als „im Grunde dasselbe" wie die Wurfbahn eines Steines, hat man also einmal erfühlt, daß der Stein „Mond", in luftloser Höhe mit der richtigen Geschwindigkeit waagerecht geschleudert, um die Erde immerfort herumfallen müßte, so hat man eine der großartigsten Entdeckungen der modernen Naturwissenschaft, wenn auch nicht durch und durch, so doch in ihrem entscheidenden Grundzug verstanden: dem „von unten Hinauf-Argumentieren", wie es KEPLER nennt. Weltweit verschiedene, ja scheinbar wesenhaft verschiedene Vorgänge werden als „Dasselbe" erkannt. Das mondferne Geschehen wird angeknüpft an das jedem Knaben vertraute (einer Erklärung *zunächst un*bedürftige!) des Steinewerfens. Was das Steinewerfen auch sei, es ist *vertraut.* Und daß der Mond im physikalischen Aspekt „nichts als" ein riesiger Stein, im ewigen Wurf befindlich, sei, ist ohne irgendeine Zahl rational erfühlbar (wenn man so sagen darf). Dazu gehören freilich einige Unterrichtsstunden. Ein Thema auch der Volksschule, hochaktuell durch Raketen und künstliche Satelliten[15]. —

Mit ein wenig Rechnen und Geometrie (zu dem gehört: Kreisumfang und der Satz des PYTHAGORAS) läßt sich noch *mehr* erkennen: Dieser Mondwurf verrät, daß die Schwerkraft nach oben (außen) schwächer und schwächer wird („quadratisch"). Ferner, daß der schwere und träge Stein „Mond" (Satellit) also mit einer bestimmten, seiner Höhe angepaßten, Geschwindigkeit auf den Weg gebracht sein muß, damit sein träges „aus der Kurve getragen werden" gerade ausgeglichen werde durch seine Neigung, zur Erde zu stürzen, sein Gewicht also. (Das alles ist hier nur angedeutet[16]. — Die Begriffe „Fliehkraft" und „Massenanziehung" sind auf dieser Stufe nicht nur entbehrlich, sondern schädlich.) Es kommt nur darauf an, dies zu erfühlen, wobei die eigenen Erfahrungen beim Bogenlaufen, beim Roller-, Rad-, Motorradfahren mitwirken: daß nämlich der Mond, wäre er weiter entfernt als er ist, nicht so schnell zu fliegen brauchte, als er tut, weil weiter draußen die Erde nicht mehr so stark an ihm zöge, als da, wo er kreist; er brauchte sich nicht so zu beeilen, um dem ständigen Sturz gerade auszuweichen. Und umgekehrt, wäre er näher, so müßte seine Geschwindigkeit größer sein, um den Sturz zu hindern. — Hat man nur diesen Je-desto-Erwägungen innerlich nachgespürt, so steht man unmittelbar von dem 3. KEPLERschen Gesetz, das nun nicht mehr Erde und Mond, sondern die Sonne und ihre Planeten unter demselben Gesichtspunkt betrachtet. Im Kern hat man dann dieses Gesetz schon: Die inneren Planeten müssen schneller laufen als die äußeren, um nicht abzustürzen; umgekehrt gesehen: Die äußeren dürfen nicht so schnell laufen wie die inneren, weil sie sonst fortflögen. (Dies alles in der kurzen Andeutung cum grano salis: sie fliegen nicht gleich „weg". Die genaue Darstellung eines solchen Lehrganges würde viele Seiten füllen. Dabei wäre es dann auch nötig, die scheinbar teleologische Note solcher Erwägungen aufzulösen.) Mit dem 3. KEPLERschen Gesetz hat man zugleich das zweite: Wenn der einzelne Planet selber bald näher, bald ferner der Sonne läuft (insofern seine Bahn, genauer betrachtet, kein Kreis, sondern elliptisch ist), so muß auch er in der Nähe der Sonne schneller laufen als dort, wo er draußen allmählich umkehrt.

Man vergleiche mit dieser Leistungsfähigkeit der („qualitativen") Je-Desto-Betrachtung (die sich, ich wiederhole es, im Unterricht nicht mit so wenigen Sätzen begnügen kann wie hier, sondern ganz gründlich und verweilend sein muß) den salto mortale des Scheinwissens, wie er in Reifeprüfungen vorkommen kann: das 3. KEPLERsche Gesetz ist nicht nur im klassischen Wortlaut bekannt („Die Quadrate der Umlaufzeiten zweier Planeten verhalten sich wie die 3. Potenzen ihrer mittleren Abstände von der Sonne"; als Formel: $T_1^2 : T_2^2 = r_1^3 : r_2^3$), man kann es sogar ableiten:
Die Gleichung Gravitationskraft = Zentralkraft wird hingeschrieben für den Planeten Nr. 1:

$$\eta \cdot \frac{M \cdot m_1}{r_1^2} = 4\,\pi^2 \cdot \frac{r_1 \cdot m_1}{T_1^2}$$

15 Wie das im Unterricht geschehen kann, habe ich ausführlich dargestellt in: Natur physikalisch gesehen, a. a. O., S. 42 bis 57.

16 Näheres siehe Anm. 15.

und ebenso für den Planeten Nr. 2: Dann werden beide Seiten beider Gleichungen eine durch die andere dividiert, und wie beim Verkaufsautomaten fällt nun, nach dem Einwurf der beiden Münzen, durch dieses Kurbeldrehen das fertige Ergebnis in Form des 3. KEPLERschen Gesetzes unten heraus. So schön das ist, es kann ohne Verständnis geschehen, blind, ohne die Einsichten, die sich oben aus der einfacheren Je-Desto-Betrachtung ergaben, also ohne die Fähigkeit, auf die es ankommt: Das Komplizierte auch einfach, das Komplette auch abgekürzt zu sagen. Und das ist sehr oft so.

Hier wird es recht deutlich, welche Verführung von einer exakten Scheinbehandlung ausgeht: Sie arbeitet schnell, und sie wirkt wissenschaftlich. Keineswegs aber kann dem einzelnen Lehrer zum Vorwurf gemacht werden, wohin der Zeitgeist den Unterricht also drängt: zur Unredlichkeit.

Wie weit die („qualitative") Je-Desto-Betrachtung trägt, zeigt eine Überlegung die nun der Saturn-Ring auslöst: Er sieht aus wie ein Porzellanring, ein Strohhutrand, ein *festes* Ding also. Nun ist aber leicht einzusehen, daß das wegen der vom Saturn ausgehenden Zugkräfte „nicht *gut* gehen" könnte, da er sich ja dreht: Er ist nämlich sehr breit. Die äußeren Teile sind also viel weiter vom Saturn entfernt als die inneren. Ein äußeres Teilstück, flöge es allein um den Saturn herum, würde also — nach dem, was gerade erörtert worden ist — langsamer kreisen als ein inneres, das allein flöge. Wäre der Ring ein festes Ding, wie aus Porzellan, so könnte er es weder dem einen noch dem anderen Teil recht machen. Denkt man sich also den Ring erst in Teile zertrümmert, die jeder nach seinem Abstand flögen, und dann alle miteinander verschmolzen, so würden gewaltige Widersprüche, Spannungen in einem solchen Porzellanring entstehen: kurz ... „der wird zerroppt". So sagte einmal ein Obersekundaner, nachdem die Klasse einige Minuten schweigend nachgedacht hatte. Ich hatte sie aufgefordert, einmal das „qualitativ", aber wohl-verstandene 3. KEPLERsche Gesetz mit einem solchen rotierenden festen Ring zusammenzudenken. — Er *kann* nicht fest sein. Er muß aus Trümmern oder Staub bestehen. — Und so ist es.

In der Höheren Schule kann man, theoretisch und auch experimentell begründet, die „e/m-Bestimmung" „bringen", d. h. die Berechnung des Verhältnisses von Ladung zu Trägheit (Masse) der in den Kathodenstrahlen angenommenen negativ-elektrischen Elementarteilchen (Elektronen). Dieser allen Physikern wohlbekannten quantitativen Untersuchung sei die folgende schlichte („qualitative") Betrachtung vergleichend gegenübergestellt:

Ein Kathodenstrahl, unterwegs sichtbar gemacht durch das Leuchten des Gasrestes längs seiner Bahn wird magnetisch oder elektrisch abgelenkt. Unsere Zeichnung (Abb. 6) nimmt elektrische Ablenkung an: Der Strahl quert das homogene Feld eines Platten-Kondensators. Sobald die elektrische Spannung angelegt ist, sieht sein vordem gerader Weg etwa so aus:

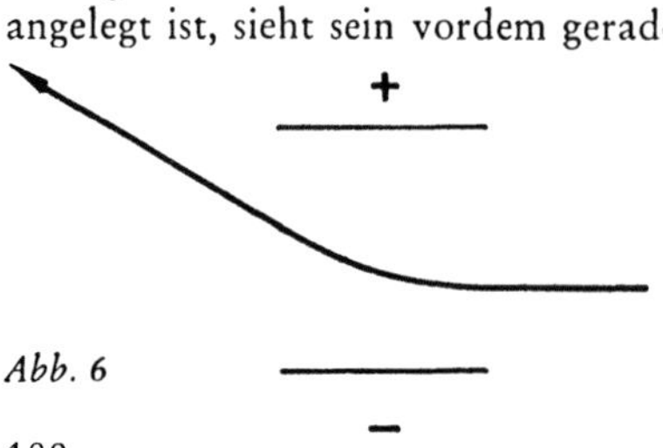

*Abb. 6*

Allein aus dieser Form und aus der Frage, was das für ein Etwas sein könnte, das da wie ein Strahl, wie ein Wasserstrahl, dahinzuschießen scheint, ergibt sich ohne jede Zahl etwas sehr Wichtiges: Das Etwas, das da fliegt, ist „träge" („hat Masse"). Denn die ursprüngliche Richtung wird im Feld nur allmählich, widerstrebend, geändert, und nach dem Verlassen des Feldes wird die letzte Richtung wieder „stur“ beibehalten. Da ist eine Richtungstreue zu sehen, die sich mit der elektrischen Kraft (gemäß dem „Unabhängigkeitsprinzip“) auseinandersetzt, genau wie es das im Wasserstrahl waagerecht geworfene Wasser im Schwerefeld der Erde sehen läßt. Wäre das Etwas ohne Trägheit (und nur elektrisch geladen), so „fiele“ es ohne Umschweife auf die positiv geladene Kondensatorplatte.

Daraus folgt nicht das mindeste über „Elektronen“, nichts also über eine „diskontinuierliche“ Struktur des Strahles (die sich ja auch bei der e/m-Bestimmung nicht ergibt, sondern vorausgesetzt wird, was in der Eile keineswegs allen Schülern klar wird). Es folgt nur, aber das ist viel: daß das im Kathodenstrahl fließende Etwas, *„die Elektrizität“* also (die „negative“), als *eine träge Substanz* vorgestellt werden muß. Ob sie, wie im Phänomen des Wasserstrahles, als ein flüssiges *Kontinuum* (ein „Fluidum“) gedacht werden darf oder in *Partikel* zerfallen, wie im Sandstrahl, das ist eine ganz andere Frage.

Wir haben eine („qualitative“) „Wägung“ des Stoffes „Elektrizität“ vor uns. Unsere feinsten Schwere-Waagen zeigen ihn nicht an. So erkennt man hier: Es gibt sehr viel feinere (Trägheits-)Waagen, und es gibt einen sehr viel feineren „Stoff“, als unsere gewöhnlichen, greifbaren Stoffe sind. Eine wichtige Einsicht, die, meine ich, in die Volksschule sich gut einfügen würde. [Man braucht dazu keinen Kondensator und kein Fadenstrahlrohr: Es genügt das auf Seite 286 erwähnte Gerät, und zur Ablenkung ein gewöhnlicher Stabmagnet. Nur muß bekannt sein, daß, so wie der Strom den Magneten, auch umgekehrt der Magnet den Stromleiter (hier im Kathodenstrahl ist es sogar der ohne Leitung durch den Raum dahin-schießende Strahl selber) in Bewegung setzt und ablenkt.]

Diese „qualitative“ Betrachtung, die in der Volksschule möglich ist und in der Höheren Schule nicht übersprungen und durch die „quantitative“ Untersuchung zugedeckt werden darf, sagt also viel weniger als die quantitative. Nicht will ich sagen, man dürfe in der Höheren Schule die Messung nicht bringen, sondern nur: Wenn ein Schüler sie „kann“, darin aber das Schlichte nicht erkennt, so hat er ein Scheinwissen, es ist ihm „unzuträglich“. — Man muß also entweder beim Qualitativen bleiben, oder, wenn man zur Messung vorstößt, bei ihm verweilt haben.

Von hier aus gesehen erscheint es also unpädagogisch, Physik etwa mit einem Vorkurs des Messens zu beginnen. Dieser Vorschlag[17] gehört zusammen mit dem anderen, man solle Physik erst beginnen, wenn die mathematischen Hilfsmittel bereitstehen. Beide sind nur logisch und additiv bestimmt. Nachdem inzwischen die entwicklungspsychologischen Kapitel IV und V hinter uns liegen, wird das noch deutlicher.

Ich erinnere derartiges genau aus der eigenen Schulzeit. Man mißt um des Messens willen. „Hier hast du eine Schraubenfeder. Hänge Gewichte daran und miß, wie sich ihre Länge mit der Belastung ändert.“ Das ist ein fix und fertiger Sprung ins Ziel. Man denkt als Kind: Warum soll ich das machen? — Daß die Schüler, gerade der Höheren Schule, Derartiges trotzdem oft recht gern tun, beweist nichts. Sie sind froh, überhaupt etwas mit den Händen tun zu dürfen.

[17] Vgl. z. B. MNU, VII, 2, S. 77.

— Gemessen sollte erst dann werden, wenn es sich als notwendig erweist innerhalb der Aufgabe[18].

Für die Volksschule ist wichtig, wie die Untersuchungen von BÄRBEL INHELDER vom Institut PIAGETS in Genf deutlich erkennen lassen, daß der Sinn für die messende Verfolgung funktionaler Zusammenhänge (etwa: Hebelgesetz, Winkelgleichheit beim Billard) im allgemeinen erst mit dem 14. Jahr als erweckbar gelten kann.

Wie kommen wir nun auf eine natürliche Weise zum Messen? Jedes Kind wird heute schon ganz früh in die Fahrrinne des Zahlendenkens gedrängt[19]. Trotzdem gibt es Menschen, die ungern folgen, aus ursprünglicher Abgeneigtheit. Sie ziehen es vor, die Natur ähnlich wie GOETHE zu erleben. Da GOETHE *nach* GALILEI möglich war, wird es immer Menschen geben, die nicht gern mitmachen.

Der Unterricht darf sie nicht ignorieren, wenn er sie gewinnen will. Er schreckt sie sonst ab und erzeugt, im besonderen, unnötige Mißverständnisse, wenn er das Messen nicht auf natürliche Weise aufkommen läßt.

GOETHE mißt nicht, weil er nicht bemächtigen will und weil er den Sinnen über alles traut. Der naturwissenschaftlich „eingestellte" Mensch, genau umgekehrt, mißt:

a) weil er bemächtigen, nachmachen will;
b) weil er den Sinnen nicht trauen darf, wenn das gelingen soll;
c) weil er von der Leidenschaft ergriffen ist, die quantitative und kausale Naturerkundung um ihrer selbst willen zu betreiben. Er ist das „Ursachentier", wie LICHTENBERG sagte.

a) Schon der Praktiker, seit er ins Knabenalter trat, sammelt Zahlwerte. „Wann" (d. h. bei welcher Neigung des Schlauchmundstückes) schießt der Wasserstrahl am weitesten? — Wie hoch kann man Wasser pumpen? — Er interessiert sich aber auch schon für funktionale Abhängigkeiten, denn: Wenn er die Schallgeschwindigkeit kennt, kann er die Entfernung des Blitzes aus der Verspätung ausrechnen, mit welcher ihm der Donner folgt. — Wenn er das Spiegelgesetz ahnt, kann er Leute blenden. — Wenn er das Brechungsgesetz ahnt, kann er Fische schießen. — Wenn er weiß, wie der Luftdruck nach oben abnimmt, kann er Berghöhen mit dem Barometer herausbekommen. — Wenn er das Fallgesetz weiß, kann er die Tiefe des Brunnens messen, ohne ihn auszuloten oder hineinzuklettern: mit der Uhr und einem Stein, den er hineinfallen läßt.

b) Zum Messen nötigt auch die Erfahrung, daß man den Sinnen nicht trauen kann. Das zeigt sich jeden Tag: Der eine behauptet, es sei kalt, aber dem anderen ist es heiß. Und nun gar der bekannte „Versuch mit den 3 Schüsseln": kalt, lauwarm, heiß. Die linke Hand hängt im kalten, die rechte im heißen Wasser. Dann taucht man beide zugleich ins mittlere, lauwarme. Die linke „sagt" dann, dies

[18] Vgl. Bildungspläne für die allgemeinbildenden Schulen im Lande Hessen, Teil II, d. Das Bildungsgut des Gymnasiums, S. 568. (Sondernummer 4 des Amtsblattes des Hess. Ministers für Erziehung und Unterricht. Wiesbaden, März 1957.)

[19] Wie sehr heute die Öffentlichkeit davon besessen ist, die Zahl als das Wesentliche eines Ereignisses anzusehen, zeigt folgende groteske Zeitungsnotiz: „Heute vormittag 10 Uhr 14 stürzte sich die 24jährige Stenotypistin . . . von dem 20,7 m hohen Monument. Sie starb 30 Minuten nach der Einlieferung ins Krankenhaus."

Wasser sei warm, die rechte sagt, dasselbe Wasser sei kühl. Welche Hand hat „recht", erfaßt das „Objektive"? Das Thermometer muß erfunden werden. — Zwei Pakete sind schwer zu vergleichen: Obwohl sie fast gleich schwer erscheinen, traut man sich selber nicht, denn das eine ist ganz groß, das andere sehr klein. Die Waage allein entscheidet.

c) Aus diesen Anfängen erwächst Physik, wenn man, wie GALILEI, das grob praktische Fragen ins allgemein forschende Fragen erhebt. Die primitive und kurzsichtige Bemächtigung wird zur geistigen Beherrschung, die Forschung bleiben oder Technik werden kann:

Das praktische Interesse des Brunnenbauers, „wie hoch kann man Wasser pumpen", erhebt sich dann zum wissenschaftlichen: „den Widerstand des Vakuums"[20], den „horror vacui", zu messen. — Die Lichtgeschwindigkeit wird „nur" deshalb untersucht, um zu wissen, „ob Wirkungen dieser Art ... ohne Bewegung zu denken seien, oder wenn mit Bewegung, dann wohl mit einer sehr schnellen"[20]. — Man will einfach wissen, ob es wahr ist, was ARISTOTELES sagte, „daß ein Stein von 20 Pfund Gewicht 10mal schneller falle als einer von 2 Pfund"[20], oder was geschieht, wenn man Luft „nicht im Element der Luft" wägt, „sondern in einem Medium, in welchem die Luft selbst ihr Gewicht äußern könnte, wenn sie wirklich solches haben sollte"[20], im Vakuum also.

## E. Verfrühung der Modellvorstellungen[21]

Als aktuelles Beispiel führe ich an: Linienspektrum und Atommodell. Die vollständige und zugleich exakte, auch quantitative, Darstellung, wie sie allenfalls für die Höhere Schule in Betracht kommt, soll hier nicht besprochen werden. Es ist bekannt, wieviel an Chemie, Wellenoptik, Radioaktivität und womöglich Quantenphysik dazu nötig ist, wenn man es „anständig machen" will.

Man vergleiche nun damit die folgende Kette von Versuchen und Schlüssen und frage sich, ob sie irgendwo nicht „anständig", nicht „exakt", nicht „streng", nicht „wissenschaftlich" ist. Ich meine, sie ist dies alles durchaus. Nur ist sie weder durch-quantifiziert noch (sozusagen) durch-„modelliert". Sie entgeht der Zahl, und sie entgeht dem Detail des Modells (das so gefährlich ist, weil es Handgreiflichkeit nahelegt). Sie ist so einfach, daß sie in der Volksschule vollziehbar ist, in der sich neuerdings der seltsame Ehrgeiz spürbar macht, Atommodelle[22] zu „bringen" (als ob nichts Dringenderes zu tun wäre!). Vorausgesetzt wird zweierlei:

1. das kontinuierliche Spektrum, etwa in folgender einfacher Form: In einer farblosen Flamme (Bunsenbrenner) ist ein gerader senkrecht gestellter Draht zu heller Glut gebracht. Er wird „subjektiv" durch ein mit seiner Achse ebenfalls senkrecht gestelltes Prisma betrachtet und zeigt sich zu dem kontinuierlichen Farbenband breitgezogen. — Der Schüler erfährt daran, daß die Farben, die bei der Brechung aus dem weißen Licht hervorgerufen werden, sich unterscheiden durch ihre „Brechbarkeit" und sich fließend nebeneinander ordnen. —

[20] G. GALILEI, Unterredungen ... A. a. O. (siehe S. 40 dieses Buches). (Ostwalds Klassiker, Nr. 11, S. 18, 39, 59, 72.) [21] Hierzu: Anhang D. und F.

[22] Vgl. auch „Atomphysik in der Volksschule?" In: Ursprüngliches Verstehen. Bd. I. S. 526.

2. wird vorausgesetzt: der Atomismus. Das heißt: Es muß aus guten und einfachen Gründen erschlossen worden sein, daß Materie aus kleinen „Körnern" aufgebaut vorgestellt werden muß. Darauf kann hier nicht eingegangen werden. Es ist durchaus nicht leicht, aber es ist möglich. (Bringt man es nicht fertig, so sollte man den *Bau* der Atome erst recht aus dem Unterricht herauslassen.)

Die Betrachtung geht nun in folgenden Schritten vor sich:

a) In die Flamme, die lang und schmal sein soll, wird etwas — sagen wir — Kaliumsalz gebracht. Sie bekommt eine violette Farbe. Andere Salze färben anders. In teurerer Ausführung: statt der Flamme ein fertig gekauftes Spektralröhrchen mit etwa Wasserstoff-Füllung, das durch eine elektrische Entladung zum rötlichen Leuchten angeregt wird. Der Dampf des Metalles ist es, der so leuchtet. Die Farbe ist *ihm* eigen.

b) Betrachtung durch das Prisma: kein kontinuierliches Spektrum. Statt dessen sieht man die Flamme mehrmals abgesetzt nebeneinander und jedesmal in anderer Farbe. Die ursprüngliche Färbung ist also eine Mischfarbe. Das rot leuchtende Wasserstoffröhrchen z. B. sieht man durchs Prisma dreimal: einmal rot, daneben — scharf abgesetzt — blaugrün, und ganz seitlich glimmt, viel stärker gebrochen als die beiden anderen, ein schwach violettes. Ein solcher leuchtender Dampf sendet also ganz besondere einzelne Lichtsorten (Lichter bestimmter Brechbarkeit) aus. Zwischen ihnen ist kein Übergang. Höchst merkwürdig. (Das sind die „Spektrallinien", das „Linienspektrum".)

c) Wo kommen diese „Linien" her? Es können sehr viele sein, bei Eisendampf über tausend. Hängt es mit den vielen „Körnern" zusammen, aus denen der Dampf besteht, Eisenkörnchen? Ist das Linienspektrum eine Gemeinschaftsveranstaltung, ein Orchesterkonzert? Vielleicht kommt dann von einem Schüler der Vorschlag, der zu folgender

d) Mitteilung des Lehrers führt (denn „machen" kann man das im Unterricht nur annähernd): Wenn man so das Flammenspektrum ansieht und immer weniger und weniger Kalium in die Flamme hineintut, so wird sie immer dunkler, aber sie behält ihren Farbton. Ebenso werden die durchs Prisma sichtbaren einzelnen Flammenbilder, die „Spektrallinien", alle schwächer, aber sie bleiben in der Färbung dieselben. Nicht also — im Gleichnis des Orchesters — fallen einzelne Instrumente aus, sondern der ganze Akkord wird leiser.

e) Nun kommt der entscheidende Schluß. Wir wissen: Das Gas besteht aus einzelnen „Körnern". Die Verminderung der Körneranzahl hat an dem Licht-„Akkord" (der wie ein akustischer durch seine gesetzmäßige Diskontinuität gekennzeichnet ist) nichts geändert, die Intensität ausgenommen. Dürfen wir annehmen, daß, wenn auch nur noch 1000 Körner leuchten, oder 10 oder 3 oder 1, dieses, jedes einzelne Korn immer noch den vollen — wenn auch „leisen" — Lichtakkord von sich gibt? Der Lehrer bestätigt es.

f) Daraus folgt sehr viel: nicht ein irgendwie ins einzelne ausgeführtes Atommodell, aber doch dies: Das Atom, das einen so vielfältigen Licht-Klang ausstrahlen kann, ist nichts Einfaches. Es ist etwas Kompliziertes. Eher einem Klavier vergleichbar als einem „Massenpunkt". Zum mindesten ist es ein Gebilde, das verschiedener diskreter Zustände fähig ist: Man könnte an den Luftraum einer Flöte denken. Aber es ist gar nicht nötig und nicht gut, hierüber viel Einzelnes dem Schüler auszumalen. Es genügt: Unter dem Atom dürfen wir uns nichts Einfaches vorstellen, es hat einen „Bau“, der von Element zu Element verschieden ist. W. HEITLER, Ordinarius der Theoretischen Physik an der Universität Zürich, ein bekannter Atomphysiker, schreibt am 29. 1. 1965 in der „Schweizerischen Lehrerzeitung“ zu der Frage „Was erwarten Sie von unseren Schulen?“: „Ich glaube nicht, daß es gut ist, in der Mittelschule viel von Atomphysik und Elektronen zu reden. Jede anschaulich-räumliche Vorstellung dieser Gebilde ist ganz einfach falsch (zum Beispiel die um den Kern wie Planeten kreisenden Elektronen). Zwar haben die bekannten Modellvorstellungen historisch eine große Rolle gespielt, das ändert aber nichts daran, daß sie seit der Entwicklung der Quantenmechanik als falsch erkannt wurden.

Die Wahrheit ist nur nach gründlicher Denkschulung frühestens in den mittleren Semestern des Physikstudiums erfaßbar. Soll man also Schülern etwas Falsches oder Unverständliches beibringen? — Es gibt freilich einen Grund, doch davon zu sprechen: die zahlreichen populären (mehr oder weniger richtigen) Darstellungen. Vielleicht soll man ihnen in der Schule entgegnen, um den Schülern wieder den Respekt vor großen Errungenschaften, die sie noch nicht verstehen können, einzuimpfen.“ (Was in der Schweiz Mittelschule genannt wird, entspricht etwa unserer Höheren Schule.)

Diese Darstellung läßt ohne erkenntnistheoretischen Aufwand erkennen: den Weg vom gesehenen Phänomen (dem Linienspektrum) ins ausgedachte „Modell“ Man bemerkt: Das Modell *ist* das Phänomen, verarbeitet mit anderen Phänomenen, die zusammen den Atomismus „bedeuten“.

## F. Leitsätze für eine rechtzeitige physikalische Begriffsbildung

1. *Verstehen* heißt verbinden. Alles Verstehen ist relativ. Im Seltsamen (Erstaunlichen, Verwunderlichen) wird ein Gewohntes erkannt.

2. Wo man etwas Staunenswertes, A, zurückgeführt hat auf ein anderes, B, das nicht so verwunderlich ist, da hat man schon *etwas* verstanden, mag auch B noch merkwürdig genug sein. Man muß *nicht alles auf einmal* tun wollen.

3. Man lerne und lehre solches Verstehen auf den *schlichtesten* Wegen. Das gilt für die experimentellen Hilfsmittel wie für die Denkmittel.

4. Zahlen und *Formeln* allein sind keine Ausweise der Exaktheit und Wissenschaftlichkeit, denn man kann sie auch einsichtslos gebrauchen. Was man ohne sie verständlich machen kann, hat man besser verstanden als das, wozu man unnötigerweise ihr schweres Geschütz auffährt.

5. Man bleibe bei den *Phänomenen*, solange wie möglich, und verbinde sie verstehend untereinander. Wo aber *Bilder* sich *aufdrängen*, weiche man ihnen nicht aus.

Nachtrag 1970

Daß ein nicht verfrühender Physikunterricht, gerade im Sinne dieses Buches, schon vom 3., ja 1. Schuljahr an möglich ist, zeigen neue empirische Untersuchungen von SIEGFRIED THIEL (Kinder sprechen über Naturphänomene). Tübinger Dissertation 1971. Ich halte die dort veröffentlichten Tonbandaufnahmen für wichtige Dokumente. Siehe S. 77: Nachtrag.

## XIII. Kapitel

# Lehrgang und System

*„... wenn unser Abschweifen uns zur Erkenntnis neuer Wahrheiten führt, was sollte ... uns hindern abzuschweifen, um Fragen zu erörtern, denen wir zufällig begegnen ..."*

(G. Galilei[1])

Ist der Anfang gemacht, so fragt es sich: Wie geht es nun am besten weiter? „Systematisch", d. h. in der Ordnung des Faches Physik (dessen Gegenstand sich ja bereits abgezeichnet hat) oder in „Lebenseinheiten", in „situationsgebundenen" Themen? Die Spannung zwischen diesen beiden Wegen bestimmt Lehrpläne und Lehrbücher der Volksschule. Die Höhere Schule fühlt sich davon nicht beunruhigt, da sie glaubt, so spät beginnen zu sollen, daß sie das System als Lehrgang wählen könne und auf das „Leben" nur in den „Anwendungen" zurückzukommen brauche.

## A. Das Gefüge der Physik

Betrachten wir deshalb Physik erst einmal, ganz abgesehen von jedem Unterricht, als ein in seinen Grundzügen gefestigtes Gebäude daraufhin, wie seine Teile einander tragen und miteinander verbunden sind: durch den Bau unseres Leibes, die Prinzipien unseres Geistes und das Entgegenkommen der Natur.

Wir finden dann in unserer Schulerinnerung und in den meisten Lehrbüchern folgende Ordnung: Mechanik — Akustik — Wärmelehre — Optik — Elektrizitätslehre und Magnetismus. — Wie kommt sie zustande?

Drei dieser Kapitel lassen erkennen, daß sie von unseren Sinneorganen herrühren: Auge, Ohr und Wärmesinn der Haut.

Die Mechanik steht ihnen allen voran, aus verschiedenen Gründen: Daß sie an mehreren Sinnen teilhat, wird an Bedeutung wohl noch übertroffen davon, daß wir selber, das heißt unsere Körper, nicht nur Bewegte, daß wir auch aktiv Bewegende sein können.

Freilich sind wir auch auf den anderen Sinnesgebieten nicht nur Empfangende. Zu leuchten vermögen wir allerdings gar nicht (wie es die Glühwürmer fertigbringen und manche Tiefseefische), doch das Wärmen ist unserem Körper wesentlich. Es geschieht aber in einer sehr eintönigen Weise, wenn man es mit dem Reichtum und dem Rang des Singens und Sprechens vergleicht.

Diesen Äußerungen zieht die Physik die „Bewegungskunst" (wie man die Mechanik nennen könnte) vor. Wir selber sind Bewegende; am reinsten im Tanz und Sport; zweckhaft handelnd und zu-greifend im Handwerk. Der technische

---

1 Unterredungen und mathematische Demonstrationen über zwei neue Wissenszweige, a. a. O. (siehe S. 40 dieses Buches), Nr. 11, S. 8.

(bewältigende) Nebensinn der Naturforschung kommt in der Vorzugsstellung der Mechanik zutage. — Deshalb ist sie auch die Geburtsstätte unserer physikalischen Begriffe: Wo wir eingreifen, bilden wir Be-griffe. Im besonderen erschließt sich die Mechanik am willigsten der Zahl (Leonardo: „Die Mechanik ist das Paradies der mathematischen Wissenschaften"). Wie spät gelang das bei den Farben! Die mechanischen Begriffe erobern alle übrigen Gebiete der Physik, ein Zeichen dafür, daß uns die Naturkräfte im wesentlichen als Körper-bewegende interessieren. Der Energiesatz beherrscht diese Verknüpfung. — So ist die Mechanik führend.

Akustik folgt ihr zunächst, denn sie ist deutlich gebunden an schwingende Bewegung, ja sie scheint deshalb in der Mechanik aufzugehen. (Man muß sich klar darüber sein, was allein dieses „Aufgehen" bedeutet: nicht, daß etwa Musik „eigentlich" nur Bewegung sei, sondern daß der physikalische Aspekt von der musikalischen Seite des Geschehens absehen muß. Der physikalisch eingeengte Beobachter stellt sich taub. Er beschränkt sich auf das an der Musik, was er auch einem Tauben zeigen könnte[2].)

Auch die Wärmelehre schließt sich an die Mechanik an. Nicht nur, weil Wärme aus (reibender) Bewegung entsteht, sie erschafft sie auch ihrerseits (sei es im Vulkan oder, gefangen, in Motor und Dampfmaschine). Sie tut das vermöge ihrer ausweitenden Wirkung: Im Wärmerwerden dehnen sich stetig alle Körper, und schubweise verstärkt tun sie es bei den Umwandlungsschritten zwischen den Aggregatzuständen. Wärme drängt die Materie auf der Leiter der Aggregatzustände vorwärts: je heißer, desto näher dem Gas. Und je heißer die Dinge sind, desto aggresiver werden sie auch in ihrer Tendenz, in Bewegung zu setzen. — Zu dieser, aus der Wärme allein hervorgehenden Bewegungstendenz treten die Strömungen, die sie im Verein mit der Schwere in Gang bringt und unterhält.

In der äußersten Steigerung führt Wärme immer zur Glut, zum Ausbruch des Lichtes (dem die strahlende Wärme vorherlief). So ergibt sich die Ordnung:

Mechanik → Wärmelehre → Optik
↳ Akustik

Unter Optik ist hier vorläufig nur die sogenannte „geometrische Optik" gemeint. Das ist die der großen Dimensionen: ohne dünne Schichten, ohne enge Spalte. Groß im Vergleich zu den Wellenlängen des sichtbaren Lichtes, so groß also „wie wir". Ganz verborgen ist zwar die „Wellenoptik", d. h. die „Periodizität des Lichtes" nicht: In den „Newtonschen Ringen" liegt sie bunt zutage, auf den Straßen des Alltags in den Ölflecken auf dem nassen Asphalt. Aber es ist doch schwer, „dahinterzukommen", und so bleibt die Periodizität der Oberstufe der Höheren Schule vorbehalten. (Es wäre übrigens nicht unmöglich, in phänomenologischer Betrachtungsweise auch dem Volksschüler einen Hinweis darauf zu geben. Siehe Seite 204.)

Das Wort „Steigerung", das sich vorhin einstellte, ist ein goethischer, ein morphologischer Begriff. Ein zweiter ist „Polarität". Er wird *jetzt* von Bedeutung, wo die Kette der physikalischen Teilgebiete abzubrechen droht, denn nach dem Leuchten kommt nichts mehr. Elektrizität und Magnetismus stehen — scheinbar — für sich.

---

2 Vgl. meinen Aufsatz „Bild und Wirklichkeit". In: Ursprüngliches Verstehen . . ., Bd. I, S. 94.

Auch ihre Beziehungen zu unserer eigenen leiblichen Organisation sind nicht auffallend. Wir können nicht, wie der Zitterrochen, elektrische Schläge austeilen. Nur ein sehr empfindliches Galvanometer läßt sich durch unsere Muskelspannungen ein wenig aufschaukeln. Auch umgekehrt: Elektrische Ströme können zwar unsere Muskeln in Starrkrampf versetzen, aber das geschieht sehr selten in der „natürlichen Natur" (wenn man so sagen darf), um deren physikalische Ordnung es jetzt geht.

In ihr sind Elektrizität und Magnetismus wesenhaft *verborgen.* Der Grund liegt in der Polarität, von der sie beherrscht sind. Es gibt „zwei Elektrizitäten", die einander „aufheben", ebenso wie Nord- und Süd-Magnetismus das tun. Nicht nur das: Jeder vereinzelte elektrische oder magnetische Pol ruft den Partner in seiner Umgebung wach (Influenz). Wo elektrische und magnetische Erscheinungen *merklich* werden, kommen sie aus einer Entzweiung, einer „Spannung", die sich schließen will. Sie streben also nach Unauffälligkeit. Sie liegen gleichsam auf der Rückseite der Natur. Man möchte es zeichnen, wie in Abb. 7 dargestellt.

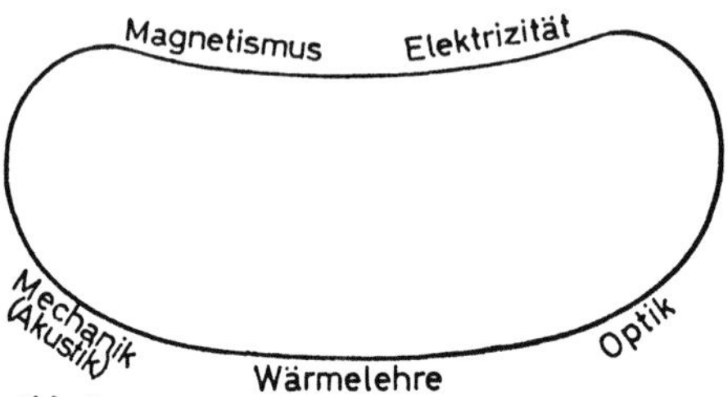

*Abb. 7*

Wo diese Rückseite dennoch spontan hervortritt, wie im Blitz oder in den Bewegungen, die der Magnetstein hervorruft, da zieht sich die aufgerissene Polarität gleich wieder zurück und stellt donnernd oder ruckend das Schweigen oder die Ruhe wieder her.

Daß im Gegensatz zu dieser Unauffälligkeit unser heutiges zivilisiertes Leben von den Kundgebungen der Elektrizität geradezu beherrscht wird, verdanken wir lauter künstlichen (technischen) Mitteln (etwa: dem galvanischem Element und der Dynamomaschine), die fortwährend den Graben der Entzweiung offen halten.

In der unangetasteten Natur leuchten also Elektrizität und Magnetismus nur wie aus schmalen Ritzen des Vordergrundes heraus. Durch die Elektrotechnik wird das Rückwärtige zuvörderst gekehrt. Ein verwirrender, ja perverser Zustand. Der Lehrer hat die Aufgabe, zu entwirren, indem er die elektrotechnischen Geräte in ihre natürlichen Wurzeln verfolgt, die auf die Rückseite der Natur führen.

Noch verborgener sind die Kernkräfte. Man möchte sie „innen" einzeichnen.

Das System der Physik läßt sich linear fortsetzen, indem man die Elektrizität an die Optik und den Magnetismus an die Elektrizität anhängt. Denn man weiß (was aber erst mit technischen Forschungsmitteln entdeckt werden muß), daß die Periodizität des Lichtes elektromagnetischer Natur ist, daß die Polarisationsebene des Lichtes magnetisch zu drehen und die Spektrallinien (Frequenzen) magnetisch zu spalten sind.

Mechanik — Wärmelehre — Optik — Elektromagnetismus
|                                                                 |
Akustik                                                  Magnetismus

Abb. 7 sagt außerdem, daß die physikalischen Phänomene sich annähernd ringförmig schließen. Zwar ist ein klarer Zusammenhang des Elektromagnetismus mit der Gravitation (die wir, wie die Trägheit, als eine der Materie eingeborene beschleunigende Eigenschaft betrachten und deshalb in der Mechanik unterbringen) noch nicht gefunden. Aber der Zusammenhalt der Materie wie auch ihre spontanen Zerfallserscheinungen (Radioaktivität) zeigen ja deutlich die Verbindung zum Elektromagnetismus.

Der hier dargestellte Zusammenhang ist im „Kanon der Physik" (Kap. XVI) ausführlicher dargestellt[3]. Er möge das „phänomenologische Grundgefüge" heißen.

## B. System als Lehrgang oder System als Ziel des Lehrgangs?

Nachdem wir nun das Gefüge der Physik vor uns sehen, kehren wir zum Gesichtspunkt des Lehrens zurück. Und hier scheint es mir nun von großer Bedeutung, zwei verschiedene Forderungen klar auseinanderzuhalten:

1. Das Anschauen und das Verstehen dieses Gefüges ist ein *Ziel* des Physikunterrichtes.
2. Die *zeit*liche Aufeinanderfolge der Unterrichtsgegenstände soll diesem Gefüge *folgen* (annähernd in der linearen Ordnung von Seite 195).

Meine Absicht ist, davon zu überzeugen: Das erste muß man wollen, aber das zweite ist ein fragwürdiger Weg dorthin.

Es ist also zu unterscheiden „Das System als Lehrgang" und „Das System als Ziel des Lehrgangs". Der Ausdruck „Systematischer Lehrgang" ist vermieden, da er beides bedeuten könnte.

Zwei Fragen sind zu prüfen:

1. Gehört das Wissen um das System zu den Zielen des Unterrichts?
2. Was spricht gegen das „System als Lehrgang"?

Wie sollte es nicht *zu* den Zielen *auch* der Volksschule gehören, die Kinder erfahren zu lassen, „wie das alles zusammenhängt"! Nicht um der Vollständigkeit willen (denn für diesen Zusammenhang braucht man ja durchaus nicht „alles" zu wissen); auch nicht, um besser zu behalten, was man weiß (obwohl das ein willkommener Nebenerfolg ist), sondern weil diese Erfahrung das *Vertrauen* bildet: das Vertrauen zur Naturordnung (die besteht, insofern sie sich unserem Ordnungsversuch fügt) und das Vertrauen zu uns selber (insofern wir so etwas herausbringen können). Keine Furcht, dieser Erfolg müsse uns übermütig machen! Der Ordnungsversuch hat Grenzen, wie sich herausgestellt, und die Gefügtheit des physikalischen Naturbildes ist als solche ein wunderbares und bedeutsames Faktum, gerade in der „Abgestimmtheit"[4] zwischen unseren Ordnungsprinzipien und dem Entgegenkommen der Natur.

Zu prüfen wird nur der Einwand sein: Ist nicht die Erfahrung des Systems zu schwierig für die Volksschule und zu „theoretisch" für die Jahrgänge, die sie

---

[3] Siehe auch: „Natur physikalisch gesehen", a. a. O., S. 19 ff.

[4] Th. Litt, Philosophische Anthropologie und moderne Physik. Studium Generale, 9. Jahrg., Heft 7, 1956, S. 351 ff.

unterrichtet? Diese Frage wird aber ein sehr verändertes Gesicht annehmen, wenn man zuvor klar sieht: *Das System als Ziel zu wollen, bedeutet nicht notwendig, an ihm im Lehrgang entlang zu laufen.*

Bevor wir der Frage nähertreten „Wie denn anders?" ist es aber nötig, zu erörtern: Was spricht gegen das „System als Lehrgang"[5]?

Je älter und gefestigter ein „Fach", je strenger sein Aufbau — ich denke an Mathematik, im Gegensatz etwa zu der jungen „Gemeinschaftskunde" —, desto bereitwilliger erliegen wir der Versuchung, es vom Anfang bis zum Ende zu durchlaufen, vom Einfachen zum Verwickelten hin, ohne eine Stufe auszulassen. Man beginnt etwa in der Mathematik in der Nähe der Axiome, in der Physik mit den Grundfertigkeiten, wie dem Messen, mit Grundbegriffen und der Mechanik als ihrer Geburtsstätte. Man durchläuft die Tierwelt linear vom Einzeller bis zum Menschen (oder auch umgekehrt), die Geschichte von einst bis jetzt, Schritt für Schritt. Als wesentlich erscheint dieses:

Das jeweilig aktuelle Einzelne ist vorsorgliche kleine Stufe für ein — dem Lernenden unbekanntes — kommendes, komplizierteres Schwieriges.

Die Begründungen wirken zunächst einleuchtend: Eines baut sich aufs andere, sei es logisch oder chronologisch; Ordnung muß sein; Lücken rächen sich; man kann nie wissen, wozu man das einzelne brauchen wird. Diese Begründungen sind „logisch", aber auch nur das. Sie sind nicht pädagogisch. Wenn wir meinen, der Schüler müsse den Schienenstrang des Systems in der Weise „erfahren", daß er diesen Strang entlang gefahren wird, so vergessen wir, was wir wollen: nicht Funktionäre haben wir zu schulen, die das System bedienen. Um im Gleichnis zu bleiben: Wir haben nicht Schienenfahrer auszubilden, sondern wir haben durch die Kunst des Schienen*legens* zu *bilden;* spüren zu lassen, warum die Schienen so und nicht anders in die freie Wildnis der Natur sich legen lassen. Andernfalls sehen wir das fertige Fach und nicht das Kind. Lehrer sein heißt: Sinn haben für den werdenden, den erwachenden Geist. Und Fachlehrer sein heißt: *zugleich* Sinn haben für das gewordene und werdende Fach.

Der Grundsatz „Erst das Einfache, dann das Komplizierte" hat natürlich sein Recht. Er darf aber nicht allein herrschen. Sein Fehler liegt auf der Hand: Das „Einfache" ist entweder gar nicht einfach, oder es ist trivial: Das Beharrungsgesetz ist jedem Anfänger um so unglaubhafter, je mehr er nachdenkt. Es bedurfte einiger Forscherleben, um es freizulegen, und es jammert einen, wenn es auf Seite 3 des Anfängerlehrbuches mit einer dürftigen Begründung aufgetischt wird. EINSTEIN schreibt[6] über das Beharrungsgesetz: „Das ist gewöhnlich das erste von der Physik, was wir in der Schule auswendig lernen, und der eine oder andere erinnert sich noch daran." — Daß gewisse „Winkel an Parallelen" einander gleich sind, das zwar ist glaubhaft, aber allzusehr, es ist langweilig und „führt zu nichts", es „dient" nur zu etwas. — Daß „Minus mal Minus Plus gibt", ist zwar grundlegend, aber dieser Grund wird so früh gelegt, daß er sich unverstanden wieder auflöst.

---

[5] Die folgenden Absätze sind z. T. entnommen aus M. WAGENSCHEIN: Zum Begriff des exemplarischen Lehrens. Ztschr. f. Päd., II. Jahrg. (1956), S. 130.

[6] A. EINSTEIN und L. INFELD, Die Evolution der Physik. Rowohlts deutsche Enzyklopädie, Bd. 12, S. 12.

Ein Lehrgang der vom — logisch gesehen — Einfachen ausgeht, hat also für den Lernenden keinen Antrieb auf längere Zeit hin. Er enthält nur den sorgenvollen Aufblick auf kommende unbekannte, aber schon lastende Stockwerke (für den Lehrer bekannte, doch deshalb nicht weniger lastende). Der Schüler denkt: Was wird der Lehrer wohl heute vorhaben? Der Lehrer beginnt: Heute wollen wir mal folgendes machen!

Ein in diesem Sinn „systematischer" Lehrgang verführt zur Vollständigkeit (denn er will bereitstellen) und damit zur Hast und Ungründlichkeit. So baut er einen imposanten Schotterhaufen. Gerade, indem er sich an die Systematik klammert, begräbt er sie und verstopft den Durchblick. Er verwechselt Systematik des Stoffes mit Systematik des Denkens. — Das Bild ist mit Absicht übertrieben: In dieser Reinheit wird der systematische Lehrgang kaum noch gewollt. Daß er aber noch dominiert, zeigen Lehrpläne, auch neuere Entwürfe.

Das System als Lehrgang kann dem Kinde erst dann gemäß sein, wenn es auf die Dinge nicht mehr so blickt, wie sie im Alltagsleben miteinander zu tun haben. Es muß erst von sich aus aktiv fähig und wach dazu werden, zu abstrahieren und zu verallgemeinern. Die Dinge also herauszulösen aus ihren praktischen und lebendigen Alltagsbezügen und sie so einzuordnen, wie sie in den reinen „elementaren" Fällen stecken („Parallelogramm der Kräfte"), die im Gebäude des Faches logisch und kausal geordnet sind. Das können wir nicht vor dem 8., wahrscheinlich nicht einmal vor dem 9. Schuljahr erwarten.

Ergebnis: Das Gefüge der Physik, d. h. das Gewebe, in dem die physikalisch gesehenen Dinge der Natur zusammenhängen (Technik eingeschlossen), gehört zu den *Zielen* des Unterrichtes, auch der Volksschule. Man lasse alle Einwände fallen, die aus der Verwechslung kommen: Dieses Ziel könne nur erreicht werden, wenn das System selbst zum Lehr-Gang gemacht werde. Es ist das *Ziel* des Lehrgangs. Und es wird zu überlegen sein, wie man dieses Ziel von den Lebensbereichen aus erreicht, ohne das System schon vorauszunehmen. Das ist der Gegenstand des folgenden Kapitels XIV.

## C. Praktische Anwendung des Systems oder Abstraktion des Systems aus einem situationsgebundenen Unterricht?

Es scheint aber noch ein zweites und dunkles Mißverständnis im Wege zu stehen, das manchem Volksschullehrer den Blick versperrt: Der seltsame Glaube, Physik sei ein *irgendwoher* geborenes Gefüge und von ihr aus könne das praktische Leben nur auf dem Wege der „Anwendung" erreicht werden. Da dieser Weg dem Volksschulkind nicht gemäß ist, glaubt man, in der Welt der Lebensbereiche bleiben zu müssen, und sieht sie als etwas dem System Fremdes an: die in sich ruhende eigene Welt „volkstümlichen Denkens". Man *verzichtet* aber damit auf Physik insofern, als das, was man unter diesem Namen (oder dem der „Naturlehre") zusammenstellt, nicht jenen Zusammenhang der Dinge mit enthält, den das System verwahrt. — Dieses Mißverständnis entsteht aus einer Unklarheit darüber, woher denn Physik überhaupt komme. Sie erscheint wie aus dem Kopfe der „Wissenschaftler" entsprungen. Es war schon davon die Rede: Es wäre ein Irrweg, wenn man vom Hebelgesetz auf die Zange kommen wollte. Aber so ist es ja nur in den Handbüchern, in denen die Physik gleichsam beigesetzt ist in „jenem großen Columbarium der Begriffe, der Begräbnisstätte der Anschauungen", von dem NIETZSCHE spricht[7].

Aber uns geht an, wie Physik geboren wird. Und, wie es hier schon oft gesagt wurde: Sie kommt aus dem Handwerk, das sich besinnt. Das Hebelgesetz kommt aus der Zange, die Physik aus dem Alltag.

„Handwerker und Künstler, die einen beschränkten Lebenskreis zeitlebens durcharbeiten, deren Existenz vom Gelingen irgendeines Vorsatzes abhängt, solche werden weit eher vom Partikularen zum Universalen gelangen, als der Philosoph auf Baconischem Wege. Sie werden vom Pfuschen zum Versuchen, vom Versuch zur Vorschrift, und, was noch mehr ist, zu gewissen Handgriffen vorschreiten, und nicht allein reden, sondern tun . . .[8]"

Genau dieses „vom Partikularen zum Universalen zu gelangen", vom „Pfuschen" zum „Versuch" und von da zur Vorschrift, die nun zu erkennen ist als die Achtung einer Natur-Regel, eines „Gesetzes" — dies ist die Aufgabe des Unterrichts.

Es ist also mißverständlich, vom Volksschulunterricht zu erwarten, daß er den Schüler den gesetzlichen Zusammenhang der Naturerscheinungen erfahren lasse, wenn man zugleich sich weigert, in ein „der Wissenschaft" entlehntes System einzuführen[9]. Das System *ist* jener Zusammenhang. Nur bedarf es der Schlichtung — und zwar von der Sache wie von der Entwicklungsstufe des Kindes her —, und in dieser Schlichtheit muß er Ziel des Lehrgangs, nicht aber der Lehrgang selber sein. — Aber wie ist das möglich? Die beiden nächsten Kapitel versuchen, dazu einen Beitrag zu geben[10].

---

7 Zitiert nach E. BUCHWALD, Bildung durch Physik. Kleine Vandenhoeck-Reihe 31, Göttingen 1956, S. 26.

8 A. a. O., S. 62. (Entnommen dem didaktischen Teil von GOETHES Farbenlehre, unter: „Nachbarliche Verhältnisse.")

9 Vgl. z. B.: Die Bildungspläne f. d. allg. bild. Schulen im Lande Hessen (1957), Teil II, B, Abschnitt X $B_1$.

10 Zum Thema dieses Kapitels (XIII) vgl. auch: E. SPRANGER, Das Gesetz der ungewollten Nebenwirkungen in der Erziehung, Heidelberg 1962, S. 27—32.

# XIV. Kapitel

# Lehrgangsformen

*„... so überaus anziehend ist der Gegenstand, und so wunderbar abwechslungsreich sind die Wege, die von ihm aus zu den verschiedenen Gebieten der Naturbetrachtung führen. Unter den Gesetzen, nach denen unser Weltall in allen seinen Teilen regiert wird, gibt es keines, das nicht auch bei der Naturgeschichte der Kerze in Betracht kommt. Kein besseres und bequemeres Tor bietet sich daher für den Eingang zum Studium der Physik.“* (M. FARADAY[1])

## A. Das Problem

Wer das *System* der fertigen Physik als Lehr-Gang wählt, wird — im extremen Fall — so vorgehen: Nach einem Vorkurs über Grund-Tätigkeiten (Messen etc.) und Grundbegriff (Raum, Zeit, Maße ...) folgen zuerst Mechanik und dann die vorhin besprochene Kette (Kap. XIII, S. 196) der übrigen Teilgebiete. In einem solchen Lehrgang steht die Zange als Anwendung des Hebelgesetzes, und der Ofen gehört in die Wärmeströmung und -strahlung, und auch beim Luftdruck tritt er wieder auf.

Wer in *„Lebensbereichen“*, „situationsgebundenen“, unterrichtet, „arbeitskundliche Gebiete“ auswählt, findet den Ofen in dem Fragenkomplex „Wie schützen wir uns vor Kälte?“. Die Nachbarn des Ofens sind dann nicht Luftdruck und Wärmestrahlung, sondern: die Winterpelze der Tiere, das Einwintern der Pflanzen und Pumpen, die „wärmende“ Wirkung der Schneedecke und anderes.

Es ist nicht so, daß die eine dieser Formen falsch und die andere richtig wäre. — Sie schließen einander auch nicht aus. — Aber sie liegen „quer“[2] zueinander. Sie bilden, wie die Achsen eines Koordinatensystems, das Feld des Unterrichtens.

Aber gewiß ist, daß dem Kinde die auf das System ausgehende Form später gemäß ist als die situationsgebundene. — Da wir dem Laster des Verfrühens so leicht verfallen, liegt der Anfang des spontanen Interesses an der Systematik wahrscheinlich später als wir glauben, vielleicht erst im 9. oder 10. Schuljahr. Wann das Kind von sich aus begierig wird, das System aufzusuchen, das hängt aber auch davon ab, wie man einen solchen systematischen Lehrgang auffaßt, so ledern und ausgekocht, wie oben übertrieben dargestellt, oder mehr so, wie es später empfohlen werden soll. — Es wird also gut sein, sich im folgenden nicht auf Schuljahre festzulegen, sondern nur auf die Reihenfolge. — Wir werden unsere Erfahrungen erst noch zu machen haben. —

Für die Höhere Schule wird man, entsprechend den zu ihr hin zu lenkenden Begabungen, annehmen dürfen, daß die bewußte Verfolgung des Systems etwas früher beginnen kann als in der Volksschule, denn das „Verallgemeinern-Können“ sollte ja ein Gesichtspunkt dieser Lenkung sein.

1 M. FARADAY, Naturgeschichte einer Kerze, Reclams Universal-Bibliothek Nr. 6019/20, Stuttgart 1953, S. 17.

2 Vgl. FR. STÜCKRATH, Die geistige Entwicklung des Kindes in der technischen Wirklichkeit. In: Westermanns Pädagogische Beiträge, VIII. Jahrg. (1956), Heft 5, S. 219.

Die eigentliche Frage: Wie gelangen wir auf einem natürlichen (d. h. kontinuierlichen und spontan einschlagbaren) Wege aus der situationsgebundenen Form in die auf das System ausgehende?

Es ist natürlich eine Scheinlösung und kein Ausweg, einen im Grunde das System als Geländer wählenden Lehrgang mit einem flüchtigen „lebensnahen" „Überzug"[3] zu versehen. Ein Beispiel dafür kritisiert G. SIMON[3]: „Handwerker bei der Arbeit. Kehren wir zu den Zimmerleuten zurück! Einer von ihnen sucht ein Rundholz zu spalten. Wie macht er das? Der Keil ist eine Vereinigung von zwei schiefen Ebenen ..." Und so fort. — Das ist im Grunde nur dasselbe, was im Physikunterricht der Mittelstufe auf der Höheren Schule geschieht: eine lose Bindung an erinnerte praktische Situationen, die 2 von 45 Minuten erfordert. Nur tritt dort, in der Höheren Schule, diese Bindung nicht tarnend auf, sondern nur als das, was sie ist: ein flüchtiger Blick nach rückwärts, ehe man wieder ins System eintritt.

Ebensowenig ist es ein Ausweg, das System, d. h. den Zusammenhang der Erscheinungen, als der Volksschule nicht gemäß anzusehen, sich auf ein „nichtwissenschaftliches", sondern, wie man meint, andersartiges „volkstümliches" (S. 90) Durchdenken der Lebensbereiche einzurichten und nur die bei solchen Gelegenheiten abfallenden Einzelkenntnisse zu sammeln und lernen zu lassen. Es wäre deshalb kein Ausweg, weil diese Kenntnisse voneinander isolierte Trümmer blieben, keine „Er-Kenntnisse" wären. So findet man es z. B. in manchen Volksschullehrbüchern so dargestellt, als sei das Spektrum, die Farbenzerlegung, eine Leistung des Prismas. „Prismen sind so", denkt das Kind. Gelegentlich stößt man sogar auf die falsche Figur: in der der Lichtstrahl nur an *einer* Grenzfläche des Prismas gebrochen und aufgefächert wird. Daß jede einzelne Brechung die Farben aus dem weißen Licht hervorruft, diese für den Zusammenhang entscheidende Tatsache, entgeht dem Kinde, und gelegentlich offenbar auch dem Lehrer[4]. Die Schwierigkeit, die der Volkschullehrer hat, diese Zusammenhänge einfach zu sehen, ist natürlich nicht seine Schuld, sondern ein Sympton unseres Unterrichtsbetriebes überhaupt, hier der Höheren Schule.

## B. Lehrgangsformen in dem Feld zwischen Lebensbereich und System

Betrachten wir jetzt Lehrgangsformen, wie sie vorkommen und wie sie denkbar sind, in etwa altersgemäßer Folge, und achten dabei auf das Verhältnis des Situationsgebundenen und des auf das System Zielenden, das in ihnen wirksam ist.

Je jünger das Kind ist, desto ferner liegt das System seinem Blick und seinem Suchen. Das System ist insgeheim aber anwesend im Bewußtsein des Lehrers. Die Kinder haben anfangs andere Absichten als die, welche dem Hintergedanken des Lehrers entsprechen.

Wenn sie z. B. auf der Anfangsstufe ein *Gewächshaus* bauen (Seite 158), so ist bei diesem Werkvorhaben ihre Absicht nicht eigentlich Naturbetrachtung.

---

[3] G. SIMON, Zu Lehrplänen und Lehrbüchern. Naturlehre, III. Jahrg. (1955), S. 92.

[4] Näheres: M. WAGENSCHEIN, Natur physikalisch gesehen, a. a. O., S. 58—62.

Was sie wollen, ist vor allem: Das Werk vollenden, etwas „hinkriegen". Dabei aber, bei dieser Gelegenheit, fast ungewollt angezündet, kommt Merkwürdiges und Erstaunliches zu Tage. Es wird gesammelt und geordnet. Wichtig: die *Fülle* der Erfahrung. Ergebnis: Anfänge des Verstehens, kein Gedanke an „Fächer", erst zuletzt (7. Schuljahr) eine Ahnung von ihnen.

Die „ungefächerte Naturbetrachtung", wie wir sie etwa in dem Thema *„Am Wasser"* (S. 160) berührt haben, liegt schon anders, insofern die Absicht der Kinder nicht ist, das Werk zu vollenden, sondern schon Forschen. Auch hier geht es noch ungefächert zu, aber das Ziel ist schon: Horchen, Beobachten, Beschreiben, Unterscheiden und Verbinden. Anfangen zu erfahren, was „verstehen" heißt und die Fächer zu sehen beginnen.

Diese beiden Anfangsformen sind also noch gar nicht rein physikalisch gerichtet. Sie werfen auch Ergebnisse ab, die der späteren Chemie, Mathematik, Biologie den Nährboden liefern. — Die physikalischen Funde gehören, wie es nicht anders sein kann, fast ausnahmslos auf die „Vorderseite" (Seite 196) des physikalischen Grundgefüges. Sie liegen aber weit auseinander; bald hier, bald dort innerhalb des (vorläufig nur dem Lehrer gegenwärtigen) Grundgefüges blitzt ein Fund auf.

Die Zentrierung der Einzelfunde liegt bei dieser Form des Vorgehens in der Einheit des Lebensbereiches, dem Hausbau, dem Verkehr, dem Dorfteich und so fort. Es gibt eine zweite, viel weniger erprobte, obwohl wir für sie ein klassisches Vorbild haben, in MICHAEL FARADAYS „Naturgeschichte einer Kerze"[4a]. Es lohnt sich, ohne allzu engen Anschluß an FARADAY, diese Möglichkeit etwas genauer zu verfolgen. Hier strahlen die physikalischen (und auch chemischen) Erfahrungen aus von einem einzigen Ding.

Noch dazu ist dieses Ding eine *Kerze:* Sie zieht die Blicke an, sie macht die Augen rund und sammelt die Köpfe um sich, sie erregt das Nachdenken in ihnen auf eine eigentümliche sanfte Weise und beschenkt uns mit Verbindungen zur ganzen Physik (des Vordergrundes). FARADAYS „Kerze" sollte jeder Lehrer kennen!

Was alles in ihr steckt! Das Handwerk des Kerzenziehens, der Anreiz, selber eine zu machen, die drei Aggregatzustände des Wachses: fest, als Vorrat unten in der Kerzenmasse bereitstehend, flüssig zubereitet in dem kleinen See, der oben auf der Kerze schwimmt mit seinem praktischen kleinen Außen-Wall, und das „Gas", drinnen in der Flamme. Man meint erst, sie sei ein „Ding", oben aufgesetzt wie ein Blatt, ein feuriges. Aber das ist sie nicht; wenn man genauer hinblickt: Sie ist ein „Prozeß", ein Vorgang, ein Geschehnis. Denn die Kerze verbrennt ja, verzehrt sich, wie man sieht. Wo bleibt sie? Folgen wir dem Brennstoff: Flüssig geworden, saugt er sich in dem Docht hoch (wie macht er das?); und um den Docht herum und über ihm steht dann der geheimnisvolle blaudunkle Raum, der Kern der Flamme. Was ist darin? Man kann „es" (FARADAY, Seite 39) abzapfen durch ein Röhrchen und am Ende des Röhrchens entzünden: es ist ein „Gas", das brennt, es kommt aus dem Docht, und es brennt also außen, da wo die Luft ist. Aber wo bleibt es?

Hier zweigt Chemie ab, ein „Einstieg" in sie eröffnet sich; ich lasse sie beiseite (bei FARADAY findet man vieles dazu), denn auch Physik ist ja noch lange

[4a] Reclams Univ. Bibl., Nr. 6019/20.

nicht fertig: Was tut die Luft dabei, die das Äußere brennen macht? Raucht man eine Zigarette dazu, oder betrachtet man den Schatten der Kerze im Sonnenlicht (FARADAY, S. 32), so *sieht* man ihre Strömung, dieselbe, die jeder Ofen um sich herum in Gang bringt, und der Wassertopf in sich, der auf dem Herd steht. Woher die Strömung, wer ruft die Luft herzu? Die Kerze selber: „Wärme steigt auf" (aber warum?). Sie macht die Strömung, aber sie braucht sie auch, damit immer neue Luft an sie heran kann, denn die Luft „verbraucht sich" wie in jedem Feuer. — Was für eine zweckmäßig kleine Maschine eine solche Kerze ist! Einmal entzündet, erhält sich der Betrieb dieser kleinen Gasfabrik und regelt sich von selbst. Die Gas-Zunge oben, indem sie verbrennt, gibt Wärme; dieselbe Wärme schmilzt das Wachs. Im Docht steigt das flüssige Wachs „von selbst" auf (wirklich, von selbst?) und oben erzeugt die Verbrennungs-Wärme den Luftstrom, den die Flamme zum Leben wieder braucht. Zwei Aufgaben hat sie und löst sie zugleich: den Brennstoff schmelzen, verdampfen, bereit machen, und die Brennluft heranholen. Dazu die dritte, die uns die wichtigste ist: Sie leuchtet ihr warmes Licht. Sie lockt uns hinein in die Optik. —

Nicht die Sonne des Alltags, nicht das blendende elektrische Licht, sondern ihr, der Kerze, doch auch schon künstliches Licht im dunklen Zimmer ist der beste Führer: Wie die Schatten tanzen und dadurch auf sich aufmerksam machen, wie die Dinge widerstrahlen, wie das Licht sich verliert, eine Höhle macht in die Dunkelheit, ohne scharfe Wände, wie es also draußen immer dunkler wird: und warum eigentlich? Läuft das Licht sich müde? Saugt die Luft es auf, so wie das Wasser im Sande verrinnt? Oder ist es nur, weil es immer weiter sich öffnen muß, weil es sich verdünnt, verteilt, auseinanderstrahlt? „Strahlen" — gibt es sie? Kann man sie zählen? ...

Genug; brechen wir ab, und sagen wir es trocken, was alles in ihr steckt: Chemie, Verbrennung, Physik, Aggregatzustände und ihre Umwandlung durch die Wärme. Kapillarität, Wärmeströmung und Wärmestrahlung, Auftrieb, Luftdruck, Optik: Schatten, Beleuchtungsstärke. (Wenn man will, liegt übrigens auch die Periodizität des Lichtes sehr nahe. Man betrachte die Kerze aus großer Entfernung durch den engen, nahe vors Auge gehaltenen Spalt zwischen zwei parallel zur Nase gerichteten Fingern: Da ist die Periodizität: lauter kleine Geisterflämmchen, rechts und links von der Kerze, unwirkliche Gespenster; eine Periodizität, die nur im Lichte liegen kann, denn in dem Fingerspalt steckt sie nicht, mag er sie auch hervorrufen.)

Nicht zu reden von den tieferen Bezügen: In einem ausreichend großen geschlossenen Glasgefäß eingesperrt (so daß sie noch lange brennen würde) und dann mit dem Glas zusammen fallen gelassen (unten wartet ein Sprungtuch, gehalten von vier Knaben, wie bei der der Feuerwehr): geht die Kerze unterwegs fast aus, erstickt[4b]. Warum?: Im Fahrstuhl, der stürzt, wiegen wir nichts mehr; der Boden, unter uns mit uns fallend, spürt unsere Füße nicht mehr; das Gewicht ist in bezug auf ihn nicht mehr da („das Gravitationsfeld ist wegtransformiert"). So auch hier, in der frei fallenden Flasche gibt es nichts, was in bezug auf sie noch etwas wöge, auch die eingeschlossene Luft nicht. Wo kein Gewicht ist, fehlt auch der „Auftrieb", und deshalb hört die Luftzirkulation um die

[4b] Vgl. den Hinweis auf CLUSIUS: „Erlischt eine Kerze im schwerefreien Raum?" In: Der math. u. naturwiss. Unt. XVI (1963/64), S. 328, und Literaturangaben in: Physikal. Blätter, 1967, S. 287.

Flamme herum gleich auf, die Verbrennungsprodukte bleiben anstehen, frische Luft kommt nicht mehr heran, die Flamme erstickt, die Kerze geht fast aus. (Das gibt sogar einen Einstieg in die allgemeine Relativitätstheorie; für Gymnasien.)

Aber die Kerze führt auch aus der Physik wieder heraus: Die Flamme ist kein Ding, sie ist ein Prozeß. So wie der Fluß, die Fontäne, der Wirbelwind (der im Herbst als rasselnder Turm welker Blätter auf dem Acker vor dem Waldrand sichtbar steht), die Kumuluswolke (die das Kind lange für eine Art Federbett hält oder — wie auch viele Erwachsene vermutlich lebenslang — für ein wassergefülltes schlauchartiges „Ding"). — Aber auch der Organismus, „wir selbst", unsere Körper sind nicht „Körper", sondern Prozesse. — Dabei aber ist die Kerze kein biologischer Prozeß. Denn sie kann vieles nicht, was die Organismen können. Das Entscheidende kann sie nicht. — So ist die Kerze auch insofern eine Leuchte, als sie uns hineinführt in die Physik und wieder hinaus.

Hier bei der Kerze liegen die verschiedenen Funde im Gefüge der Physik günstig. Da nämlich die Kerze die Linie Aggregatzustände — Wärmelehre — Optik in sich selbst als Achse und gleichsam historisch, als Schicksal des Brennstoffs trägt, ist es nachher verhältnismäßig leicht, von dem Einzelnen aus, das sie liefert, die Zwischenräume auszufüllen.

Es fällt nicht leicht, der Kerze noch ein zweites, ebenso glückliches Beispiel derselben Art zur Seite zu stellen.

Vielleicht könnte man den *Schnee* nennen, den *Schneefall.* Es genügt, in Stichworten anzudeuten:

*MECHANIK:*

| | |
|---|---|
| Fallende Flocken, große und kleine | Fall in Luft, Beharrungsvermögen und Gewicht |
| Ski und Schlitten | Reibung |
| Lawine[5] | Kettenreaktion, „Auslösung" (Atombombe) |

*WÄRMELEHRE:*

| | |
|---|---|
| Wachsende Kristalle | Aggregatzustände |
| Eisblumen | Kristallisation |
| Schwindender Schnee | Sublimation |
| Langsame Erwärmung bei Schneedecke | Verdampfungswärme |
| | Fixpunkt Null Grad |
| Tauen unter der Schlittenkufe | Regelation[6] |
| Gepreßter und vereister Schneeball in der Faust | |
| Auftauen mit Salz | Gefrierpunktserniedrigung |
| Eskimos nackt in der Schneehütte | Wärmeleitung |
| Schnee bleibt liegen auf feinem Kies, taut auf Felsboden | Wärmeleitung |
| Schwarzer und weißer Strumpf — sonst gleicher Art — auf den besonnten Schnee gelegt, tauen verschieden tief ein | Was „schwarz" ist<br>Emission<br>Absorption |
| Südhänge tauen eher als waagerechte Flächen | Bestrahlungsstärke („cos $\varphi$ ...") |

5 Siehe Adalbert Stifters Beschreibung einer Lawine in „Das alte Siegel". (Vgl. Kapitel VII: Physikunterricht und Sprache, S. 119.)

6 Vgl. J. Tyndall, Die Wärme. Braunschweig 1867, S. 260 ff.

*OPTIK:*

| | |
|---|---|
| Glitzernde Schneedecke | Reflexion, Totalreflexion |
| Farbig funkelnde Einzelkristalle auf der Schneedecke | Brechung, Dispersion |

*PHYSIOLOGIE:*

| | |
|---|---|
| Farbige Schatten | Hier wird deutlich, daß es Phänomene gibt, die nicht zur Physik gehören |
| Die Liste wird sich vermutlich noch ergänzen lassen. | |

Es folgen nun zwei Lehrgangsformen, die bemüht sind, die Einzelfunde, die der situationsgebundene Unterricht aufgebracht hat, entweder bald in die Häfen des Systems einzuordnen oder die Situation dem System anzugleichen.

Zuerst das zweite: Man kann (worauf ein Vorschlag von G. SIMON[7] hinauszulaufen scheint) Lebensbereiche auswählen, die sich annähernd mit Teilbereichen des Faches Physik decken: „Elektrizität im Haushalt", „Schutz vor Kälte", „Das Wasser". — Die konventionelle Folge Mechanik—Wärme—Optik—Elektrizität wird nicht beachtet, wenigstens zunächst nicht. (Dagegen ist nichts einzuwenden. Die Tatsachen eines Gebietes sind weitgehend in sich verstehbar. Der ängstliche Rückblick auf die mechanischen Grundbegriffe wäre hier ganz verfrüht und ist es in der Volksschule überhaupt.)

Die andere Möglichkeit ist die, daß man gleichzeitig auf beiden Bahnen fährt. Dem Unterricht in Lebensbereichen läuft ein zweiter zeitlich parallel, der annähernd systematisch vorgeht, wenigstens innerhalb der Teilgebiete, und das nebenan Abfallende einordnet und transponiert, aus der einen Ordnung in die andere versetzt: so etwa den Ofen aus seinen winterlichen Lebenszusammenhängen in seine physikalischen Bezüge innerhalb der Wärmelehre. — Es ist dabei nur ein Vorteil, wenn der lebenskundliche Unterrichts-Strang außer Physik auch Chemie und Biologie anregen kann.

## C. Vorbereitende Elementarakte des Verstehens im situationsgebundenen Unterricht

Der nun folgende Hinweis möchte sich als ein Gesichtspunkt bei allen Lehrgangsformen empfehlen, besonders aber bei denjenigen, die sich um das System zunächst nicht kümmern (weniger als die eben genannten Angleichungsversuche) und doch zum Schluß das System, d.h. den Zusammenhang gewinnen möchten.

Er läuft darauf hinaus,

1. den auf das System zielenden Lehrgang (bei dem also das System selbst zum Gegenstand der Betrachtung wird) möglichst spät zu legen (in der Volksschule ins 9. oder 10. Schuljahr);

2. vorher aber, obwohl sich der Unterricht da noch mehr oder weniger in Lebenssituationen bewegt, ihn vorzubereiten in einer jetzt gleich zu beschreibenden Weise, die ich — mangels eines besseren Wortes — einmal als „Kristallbildung" bezeichnen möchte.

---

[7] A. a. O.

Damit ist folgendes gemeint:

Man hört bisweilen sagen, das „theoretische Interesse“ des Kindes, das Interesse also am System, das generalisierende, beginne, wenn überhaupt, spontan so spät, daß die Volksschule davon keinen Gebrauch mehr machen könne und wohl oder übel gezwungen sei (wenn sie überhaupt so weit gehen wolle), dem Kinde die Kappe, nach der es nicht greife, überzuziehen.

Demgegenüber darf man überzeugt sein,

1. daß das Kind im 9. Schuljahr durchaus einen Sinn dafür hat, den Zusammenhang der Naturdinge aufzuspüren (und das ist ja das System), wenn es dabei vorwiegend in der phänomenologischen und unmathematischen Betrachtung verharren kann,

2. daß vorher, ehe also der Blick auf dieses Ganze zu schweifen beginnt, schon *Elementarakte* des Verstehenwollens das heißt: Verbinden-Wollens vom Kinde aufgesucht und ausgebildet werden können, die hervorgehen aus dem spontanen Urakt aller Naturforschung, dem Staunen über das Ungewohnte. (Es folgen gleich Beispiele.) Sie bilden gleichsam *Einzelkristalle des Verstehens.* Sie sollen aufbewahrt werden und dann später, in dem abschließenden, nun erst ausdrücklich auf das System ausgehenden Lehrgang, sich zusammenschließen, wie es an der Fensterscheibe die Eiskristalle tun, zu dem vollen Bogen der Eisblume. (Das Bild hat einen Mangel: Die Gestalt der Eisblume hängt auch von den Zufälligkeiten der Scheibe, des Windes und so weiter ab, während die Gestalt der Physik nur eine ist.) Oder, in einem anderen Bild: Die Kette des physikalischen Grundgefüges wird erst am Ende der Schulzeit aus Einzelgliedern verbunden. Vorher sind schon Einzelglieder da, Fragmente, die — im schlichtesten Falle — immer nur *zwei* Erscheinungen zusammenschließen, Elementarglieder des Verstehens: Ein staunenswertes Phänomen wird an ein vertrautes gebunden. Überall, wo so etwas geschieht, wird schon „verstanden“. Nicht schon „von Grund auf“, aber schon exakt und klärend. Es sind Beispiele nötig:

Wenn ein Kind sich bei irgendeiner Gelegenheit wundert darüber, daß das *Wasser nicht aus dem Eimer fließt,* den es sich gerade über den Kopf schleudert, so ist es ein Irrtum zu glauben, man müsse zu diesem Wunder sagen: Das wirst du noch verstehen, aber erst wenn wir später an die „Zen-tri-fu-gal-kraft“ kommen: Es kann es schon jetzt verstehen, schon mit 12 Jahren, ohne irgend etwas über Mechanik zu wissen außer den Erfahrungen, die es beim Spiel mühelos gewonnen hat, und auch ohne daß das Wort Zentrifugalkraft fallen müßte. (Besser, es fällt nicht.)

Wir werden mit ihm überlegen: Warum fließt das Wasser nicht herunter, obwohl der Eimer jetzt doch mit seiner Öffnung nach unten zeigt? Warum, was dasselbe ist, sieht man auf den Jahrmärkten in der „Todesschleife“ oben den Wagen „hängen“ und in ihm die Leute mit den Köpfen nach unten, ohne daß diese Leute herausfallen? Zu hören, das sei die „Zentrifugalkraft“, das erhellt keinen klaren kleinen Kopf. So wenig, wie er etwas davon hat, wenn man ihn darüber belehrt, der Stein falle wegen der „Anziehungskraft der Erde“. Das sind nur Worte, und wir verdummen ihn, wenn wir ihn glauben machen, diese

*Abb. 8*

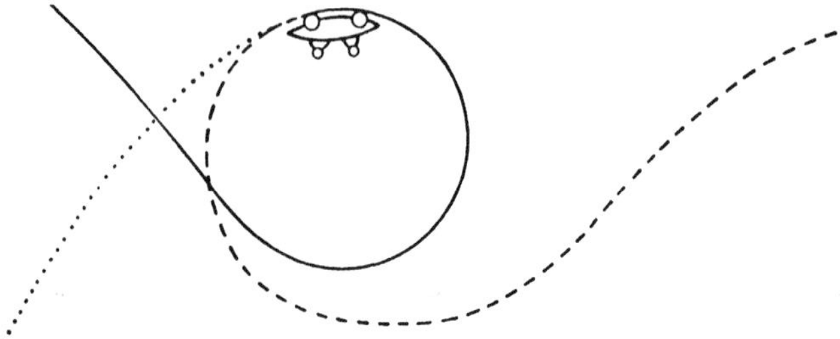

Sprachregelung bedeute „Verstehen". Denn das Kriterium des Verstehens ist nicht, daß man einen vom Lehrer gewünschten Satz sagt, sondern daß man sich nicht mehr wundert und innerlich „ach so!" sagt.

Fragen wir das Kind lieber selber, was es meint, so wird es etwa sagen, das komme von dem „Schwung", den der Wagen hat. Oder, schon nahe am Ziel: Der Wagen und die Leute in ihm hätten „einfach keine Zeit zu fallen". Denn wirklich, das Kopfstehen ohne Absturz gelingt ja nur, wenn der Lauf genügend schnell vor sich geht[7a].

Sollten die Kinder nun allein nicht weiterkommen, so kann man ihnen fragen helfen: Wie ginge es denn weiter mit dem Wagen, wenn die Schiene oben in der höchsten Stelle aufhörte?

Dann würde er nämlich auch nicht herunterfallen, sondern in einem schönen Bogen weiterfliegen. Und wenn nun der Bogen der Schiene (die nun wieder da sein soll) nur mindestens ebenso stark gekrümmt ist (besser noch: stärker) als dieser Wurfbogen, dann ist ja nichts mehr zu wundern. Die Schiene — wird jetzt erkannt — ist's ja gar nicht, die den Wagen so in der widernatürlichen Stellung „hält". Sie hält ihn nicht. Im Gegenteil, sie drückt ihn noch nach unten, ohne sie würde er *noch* weniger fallen!

Wir haben nun das ganz besondere Jahrmarktsmirakel der Todesschleife „verstanden", indem wir es als „dasselbe" erkannten, was uns so vertraut ist: die Bahn des geworfenen Steines, der, nachdem er unsere werfende Hand verließ, auch nicht gleich nach unten absackt. So sind zwei Phänomene miteinander verbunden. Ein Kristall, ein Kettenglied, ist da. Es wird aufgeschrieben und aufbewahrt. Es kommt an einen leeren Platz in dem leeren Gebiet der Mechanik, so wie ein aus der Illustrierten ausgeschnittenes Bismarck-Bild in das sonst noch leere 19. Jahrhundert der „Geschichtsleiste" angeheftet wird. — Dort wartet es auf seine Stunde.

Diese Stunde liegt später, nämlich dann, wenn der Begriff Fliehkraft sich herausstellt in seiner Allgemeinheit und in seiner Verkettung mit Einfacherem (Trägheit). Wo es also nicht mehr um den „Einzelkristall" geht, sondern um die „Eisblume", um ein Stück von ihr. Wir kommen darauf zurück (S. 211).

Vorher noch ein anderes Beispiel für einen Einzelkristall: In irgendeinem Zusammenhang, etwa „am Wasser" (S. 160) fällt es auf, daß ein *Pflanzenstengel*, der schräg aus dem Wasser herauswächst, *geknickt* aussieht. Wenn man ihm aber mit dem Finger nachfährt, ist es gar nicht wahr.

---

7a Aristoteles, in Keplers Übersetzung: „wie zum exempel das wasser in einem Kessel, wan man den kessel mit seiner handheb schnell herumschwinget, also das der boden yber sich kommet, das wasser vnder sich, vnd seiner natur nach wol auß dem kessel hinweg vnder sich lauffen khönte, so würt es doch nit außgeschüttet, von der schnelligkhaitt vnd schwungs wegen die es hindert."

Nach Rossmann (siehe S. 137, Anm. 12), S. 65.

„Der ist krumm, aber nicht richtig. Er sieht bloß so aus" (Ba. 35), sagt eine Siebenjährige. Man muß in der Sammlung A. BANHOLZERS nachlesen, welche — für uns — oft wundersamen und doch klugen Erklärungsversuche die Kinder dazu anbringen. Bis dann ein 12(!)jähriges Mädchen nicht nur allerlei vermutet, sondern etwas „versteht" (Ba. 38):

> „Der Grund täuscht *auch*, und durch *das* täuscht *das auch*. Da meint man, das *wäre* gar nicht tief. Weil der *Grund* weiter oben ist, dann kommt der Stab *auch* weiter rauf, dann meint man, er müsse abbrechen."

Das ist ein vorbildliches „Verstehen", nicht bis zum letzten, aber doch ein Stück weit. Ein Elementarakt, der das Seltsame des geknickten Stabes nun als *dasselbe* erkennt, was auch den Grund zu heben scheint. Zunächst ist ein „Knick" etwas ganz anderes als eine „Hebung". Aber hier hat das Mädchen „erkannt", daß eine (mit der Tiefe zunehmende) Hebung einen Knick bewirken muß. „Durch das (eine) täuscht das (andre) auch!" Damit ist zwar nur *ein* Kettenglied gefunden, aber es *ist eins*. Es ist unvergleichlich viel mehr wert als der Satz „Das kommt von der Brechung (die wir später behandeln werden)". Zumal hierbei so leicht die Brechung des Stabes mit der des Lichtes verwechselt wird. —
Auch dies, was die Zwölfjährige sagte, wird, in gemeinsamer Formulierung, altersgemäß aber richtig, aufgeschrieben, aufgehoben und wartet auf die Stunde der „Brechung". (Es kann auch sein, die Stunde ist schon da. Es kommt darauf an, in welchem Alter die Einsicht Knickung = Hebung sich auftut.)

Die beiden Beispiele für die Bildung von „Einzelkristallen des Verstehens" sehen wir jetzt so vor uns:

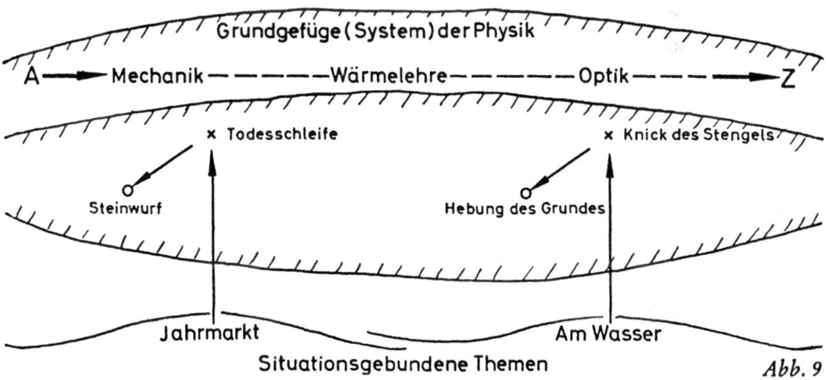


*Abb. 9*

Die untere Leiste deutet situationsgebundene Themen an, hier nur zwei. In jedem von ihnen findet sich ein erstaunliches Faktum: das Kopfstehen des Wagens in der Todesschleife und der scheinbare Knick des Wasserpflanzenstengels. Dar*über*, dem Kinde noch unsichtbar, schwebt das Gefüge, das System der Physik. In es hinein bildet sich je ein Einzelkristall des Verstehens, immer ein Erstaunliches an ein Vertrautes bindend.

An diesem Bild läßt sich noch einmal anschaulich machen, wie sich das hier empfohlene Verfahren der „Kristallbildung" unterscheidet von dem am System entlangschreitenden Unterricht, dem wir so leicht immer wieder zu folgen geneigt sind: Meist sehen wir das System nicht, wie hier, waagerecht liegen, sondern als eine vertikale Leiter. (Das letzte Bild wäre dann so zu drehen, daß seine linke Seite untenhin käme.) Nur dann kommen wir uns gesichert und exakt vor, wenn wir diese Leiter vorsichtig, vom Leichten zum Schweren, vom Grundlegenden zum Komplizierten emporsteigen. Wir fürchten sonst zu fallen. — Wir sind aber dabei viel zu einseitig von diesem (richtigen aber zu früh geltend gemachten) Gedanken beherrscht, es müsse sich eines aufs andere gründen (in der Richtung A—Z im Bild). Wir sind nicht frei genug. Wir scheuen uns, eine einzelne Stufe zu gehen, außer: die Hand am Geländer und erst, nachdem wir alle tieferen Stufen hinter uns gebracht haben.

Wir vergessen dabei leicht:

1. Die Einsicht, daß der in der Todesschleife hängende Wagen „nichts anderes" ist als ein geworfener Stein im Gipfel des Flugweges, ist durchaus „exakt"; ebenso daß der Stengelknick von „demselben" „herkommt" wie die Hebung des Seegrundes.

2. Mindestens ebenso wichtig wie die Sicherung der Linie A—Z (im Bild: oben, von links nach rechts) ist es, daß diese Abstraktion sich auf das „Leben" gründet. Im Bild deuten das die nach oben führenden Pfeile an. Und da *diese* Sicherung, diese Verwurzelung, zeitlich früher liegt als die das System sichernde, ist sie hier senkrecht und die systematische waagerecht gelegt.

Die Höhere Schule verfährt wissenschaftlich fast nur in der Richtung von links nach rechts. Sie bleibt fast nur in der oberen Leiste. Sie ist dabei aber nicht wissenschaftlich genug (unpsychologisch), insofern sie die Vertikale des Bildes vernachlässigt oder sie nur in der Richtung der „Anwendung" (von oben nach unten) kennt. — Die Volksschule dagegen hat die vertikale, von unten nach oben führende Richtung eingeschlagen; doch scheut sie noch vor dem oberen, dem fachlichen Gefüge wie vor etwas dem Volke und dem Kinde Fremdem, da sie es zu hoch vermutet, wenn nicht sogar auf einer von unten (vom Volkstümlichen her) unzugänglichen Ebene.

## D. Auswachsen des „Einzelkristalls" zu einem „Großkristall" verallgemeinernden Verstehens

Wie aber soll sich nun aus den Einzelkristallen das System bilden? Die Kristalle verdienten ihren Namen nicht, wenn jetzt schon ein Vormarsch längs der Linie A—Z einsetzte und nichts täte, als diese Kristalle einsammeln, um sie, wie Perlen, auf die Schnur zu ziehen. Ein solches Verfahren wäre natürlich möglich, aber folgerichtiger erscheint es, nun vorher einen zweiten Akt des Kristallisationsprozesses anzuschließen. Um jeden Einzelkristall breitet sich ein Stück des physikalischen Grundgefüges aus. Sagen wir, um ein Wort zu haben: Ein „Großkristall" wächst sich aus, um den gegebenen Keim herum.

Man sollte keine feste Regel darüber aufstellen, ob dieser Akt später liegt als der Einzelakt, oder ob er sich sofort anschließt. Ebensowenig ob diese Großkristalle bald hier, bald dort aufsprießen oder geordnet in diesem oder jenem Einzelgebiet der Physik oder gar im Zuge des ganzen Systems A—Z. Das wird

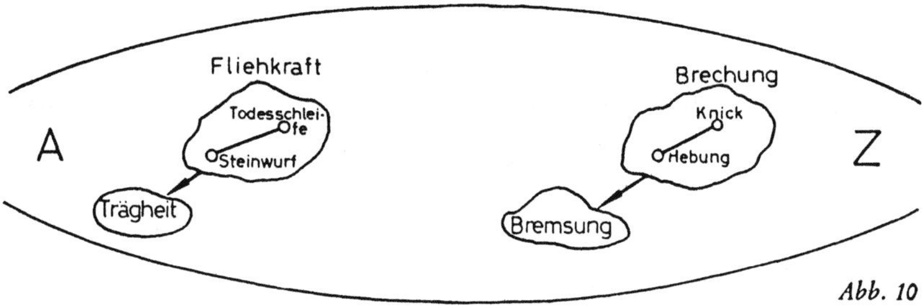


*Abb. 10*

von den besonderen Umständen, der Anlage des Unterrichts und der Neigung des Lehrers abhängen.

Wichtig ist aber, daß ein solcher „Großkristall" *nicht nur „Stoff" ansetzt, sondern eine höhere Fähigkeit des Verallgemeinerns anruft* als der Einzelkristall. Das soll nun an der Fortsetzung der beiden schon begonnenen Beispiele verfolgt werden.

Im ersten Beispiel („Todesschleife") war bisher von *„Zentrifugalkraft"* nicht die Rede, obwohl das Mirakel „verstanden" war. Aber es lag noch da ohne Verbindung zu analogen Fällen der Praxis: Schleuder, Karussell, Wagen in der Kurve, Zentrifuge und anderem. Vor allem: Das diesen Fällen Gemeinsame, und deshalb von ihren Besonderheiten Absehende, der „reine Fall" der „Zentralbewegung" und der „Fliehkraft" hatte sich noch nicht aus ihnen abgelöst. Eine Ablösung ist das, die zugleich bindet, so wie „Vogel" sich von Tauben, Hühnern, Enten, Amseln abhebt und sie eben dadurch als „Vögel" bindet.

Es kann etwa so weitergehen, daß man sich fragt, vom „Einzelkristall" Todesschleife ausgehend: Wo kommt „so etwas" sonst noch vor? Dann sammeln sich die oben angeführten anderen Fälle an. Die „Todesschleife" ist ja dadurch kompliziert (aber auch als staunenerregender „Einstieg" geeignet), daß hier die Fliehkraft in Konkurrenz mit der Schwerkraft spielt. Das fällt weg bei einer Kreisbewegung in waagerechter Ebene. Aber das „Nach-außen-Wollen" findet sich überall, es ist das Gemeinsame.

Hat es nun für das Kind einen Sinn, zu fragen: „Warum" will das umlaufende Ding nach „außen"? Das Staunen darüber ist schon viel sublimierter als das über die Todesschleife. Wenn aber die Kinder dort schon begriffen haben, was „verstehen" heißt, so werden sie hier richtig auffassen, was sie sich fragen oder was der Lehrer meint, wenn er fragt: Kann man dieses Ausbrechen-Wollen aus etwas anderem verstehen?

Es gibt Lehrbücher der Volksschule, die darauf verzichten. Sie sagen nur: Dieser Zug heißt „Fliehkraft". Mir scheint eine solche Scheu vor der Physik unangebracht. Besonders, wenn womöglich statt der gründlichen Klärung dieses Elementaren eine Imitation der Höheren Schule folgt, d. h. wenn die Abhängigkeit dieser Fliehkraft von Masse, Geschwindigkeit und Bahnkrümmung quantitativ untersucht wird. — Oder wenn es etwa heißt: Bei der Schleuder herrscht die Fliehkraft; wenn aber das Seil reißt, tritt die Trägheit in Kraft, und der Stein fliegt geradlinig tangential weiter. — Das Kind „versteht" dann so: Solange der Stein kreist, ist die „Fliehkraft" in Geltung, wennn das Seil reißt, kommt etwas anderes dran. — Das wäre genau das Gegenteil von dem, was hier zu verstehen ist. Die Fliehkraft ist eben nichts anderes als ein Ausdruck der fortbestehenden Trägheit. Sie kommt nur von ihr her: Eben weil jedes körperliche Ding „von sich aus“ oder „soweit es auf es allein ankommt“, immer „stur“ geradeaus „will“, deshalb kann es einen Bogen immer nur unter Zwang laufen. Zu einem Bogenlauf gehören immer zwei Körper. Der zweite muß führen, muß herhalten: die Hand für den Schleuderstein, die Erdkugel für den Mond, die Schiene für den Wagen in der Kurve; für den Fahrgast im Autobus: die Wand dieses Wagens.

Wer im Autobus, rechts am Fenster sitzend, während der Linkskurve sich an die Wand gedrückt fühlt, der weiß nun: Diese Kraft, mit der er an die Wand (nach außen, nach rechts) angepreßt wird und sie an ihn, diese „Fliehkraft“ kommt nur daher, daß sein Körper geradeaus „will“, in der Richtung, die er gerade hat („tangential“), während und weil die Wand, ständig in die Linkskurve gelenkt, ihm in den Weg, fast „in die Quere“, kommt.

Um das Beispiel zu Ende zu bringen: Noch deutlicher wird es wohl, wenn man sich nicht auf dieses Anpressen gegen die Wand beschränkt, sondern rechts die Wand nachgeben läßt: Die Tür geht auf, der Fahrgast „fliegt“ hinaus. Nehmen wir an, es gehe glimpflich ab, und verfolgen wir in Gedanken seine Bahn: In welcher Richtung setzt er sich in Bewegung? Vom Begleiter aus beurteilt, der neben ihm saß und sitzen blieb: seitlich nach außen, „zentrifugal“. Ein auf der Straße stehender Zeuge aber, der den Hinausfliegenden, noch ein Stück auf dem — nehmen wir an — staubigen Asphalt rutschend, eine Spur ziehen sieht, wird sagen: schnurgerade und tangential.

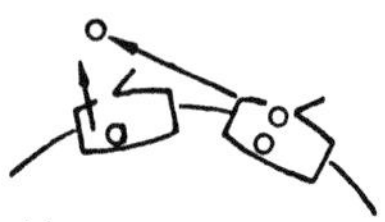

*Abb. 12*

Gelehrt gesagt: Die Fliehkraft existiert nur für das mitrotierende Bezugssystem, für das ruhende nicht, da gibt es nur eine kräftefreie Trägheitsbewegung. Der Herausfallende fliegt also nur insofern nach außen, als er geradeaus fliegt.

So ist es mit sehr einfachen Denkmitteln und ohne neue Experimente (außer denen, die wir aus dem Straßenverkehr hinreichend kennen) möglich, die Frage ganz zu klären. Man gerät sogar, wie man sieht, unversehens an einen Eingang zur Relativitäts-Theorie, und schon der Schüler auf der Mittelstufe versteht: „Kraft“ ist etwas, das es in bezug auf das eine Bezugssystem „gibt“ und in bezug auf ein anderes unter Umständen nicht. Sie hat also nicht die Realitätsart wie ein „Körper“. Sie ist unter Umständen nur eine, auf die Tatsachen eingerichtete, Konstruktion. Das Denken des Menschen steckt darin.

Der Einzelkristall:

Todesschleife → Wurf

hat sich nun zu einem „Großkristall“ ausgewachsen:

Fliehkraft → Trägheit.

Er bindet nicht mehr nur zwei einzelne Vorgänge aneinander, sondern zwei Begriffe, die beide viele Vorgänge umfassen.

Die Fliehkraft ist nun ganz geklärt, zurückgeführt auf die Trägheit und das *Beharrungsgesetz*. Dieses Gesetz genügt für die Mittelstufe in der Form:

Ein körperliches Ding, das in Bewegung ist und nicht mehr angetrieben wird (keinen „Treiber“ mehr hat, wie Kepler sagt), kommt nicht sogleich zur Ruhe. Wie lange Zeit es bis dahin dauert, das kommt darauf an, wie stark es noch mit anderen Dingen in Berührung oder Wechselwirkung ist.

Wundert man sich auch *darüber* noch und fragt man, woher denn diese Beharrlichkeit ihrerseits komme, so ist das eine schon anspruchsvollere, verfeinerte Frage, die nun die Kristallisation fortsetzt. Daß sie aber schon den Kindern nicht fern liegt, das zeigt sich daran, daß sie dazu Gedanken und Antworten haben. Und wirklich kann man ja ins Staunen fallen darüber, daß der Ball, der die werfende Hand verlassen hat, noch weiter fliegt, obwohl die Hand ihn ja doch nicht mehr schiebt. Wer schiebt ihn noch? Da wir anfangs nur die wirklich „an"greifende „Kraft" „verstehen", die also, mit der ein Ding, ein anderes berührend (schiebend oder zerrend, am Seil) drängt oder schleppt (siehe S. 82 ff. und die autobiographische Notiz EINSTEINS, S. 305), sucht der Anfänger auch hier ein Wesen, oder doch ein körperliches Etwas, das dem Ball nachläuft und ihm immerfort weiter-„hilft". Das führt dann zu Äußerungen wie der folgenden eines 12jährigen:

> „Der Ball dreht sich in der Luft und schneidet die Luft auseinander. Dadurch hat er Platz bekommen. Die Luft klatscht hinter ihm zusammen und stößt ihn immer weiter" (ZIETZ, 57).

Dieser Gedanke deckt sich — wie wir schon bemerkten (Seite 72) — genau mit der Auffassung des ARISTOTELES. PIAGET führt noch eine andere ARISTOTELES-Stelle an:

> „Aufgewirbelt durch das Wurfgeschoß, das die Schlinge des Katapults verläßt, fließt sie ständig hinter ihm zusammen und stößt es vorwärts" (nach ZIETZ, 57).

Diese Übereinstimmung zeigt, daß ERNST MACH[8], sonst so einfühlsam in das anfängliche Denken, fehlgeht, wenn er diese Ansicht „pervers" nennt und „jedem gesunden Instinkt widersprechend". „Wozu", fragt er, „muß die bewegende Hand den Stein berühren, wenn die Luft alles besorgt?" — Sie muß ihn berühren, um den Prozeß einzuleiten. Was hier fehlt, ist weder Instinkt noch Nachdenken, sondern die Erfahrung, daß es kein „perpetuum mobile", keinen „Rundlauf" der Wirkungen gibt (siehe Seite 79), daß es also „nicht geht", daß der Ball die Luft in Gang setzt und sie dann wieder ihn. Im Gegenteil, die Luft hindert am Weiterfliegen, und das Vakuum hindert es nicht, es begünstigt es, so daß wir uns entschließen dürfen (siehe Anhang C: Trägheitsgesetz), das Beharren-in-der-Bewegung dem Körper selbst zuzuschreiben, ohne ihm dazu fremde Hilfe zuzugestehen. (Von der allgemeinen Relativitätstheorie, die die „Hilfe" der Fixsterne annimmt, ist hier abgesehen. Siehe S. 270.)

Wir sind also auf Grund gestoßen. Die Trägheit ist ein Letztes. Der hier gewählte „Großkristall" setzt sich in dieser Richtung nicht mehr fort. Er liegt „ganz unten". Das gilt natürlich nicht für jedes gewählte Beispiel. (So schon für das nächste nicht.)

Zweites Beispiel (anschließend an: „scheinbare Knickung des Pflanzenstengels — Hebung des Seegrundes"). Dieser „Einzelkristall" wächst sich aus zum Großkristall der „*Brechung*" überhaupt, der nun diese beiden Erscheinungen und viele andere umfaßt und vertritt. Der „reine Fall"[9] löst sich ab. — Das soll

---

[8] Die Mechanik, a. a. O., S. 117.

[9] E. SPRANGER, Die Fruchtbarkeit des Elementaren. In: Päd. Perspektiven, Heidelberg 1952, S. 87 ff.

hier nicht in derselben Breite verfolgt werden wie im vorigen Beispiel. Nur zwei Anmerkungen:

1. Das Brechungsgesetz pflegt von „Strahlen" zu sprechen. Das Kind darf aber nicht in den Glauben geraten, das Licht „bestehe" aus Strahlen (siehe Seite 144). Einzelne Strahlen gibt es nicht in der Natur. Sie existieren in unseren Zeichnungen in demselben Sinne wie Stromlinien und Kraftlinien. Sie sind nur Grenzen dessen, was es allein in der Natur gibt: Lichtbündel. Man sollte deshalb auch immer nur Bündel zeichnen, so wie es auch R. W. Pohl in seinen bekannten Lehrbüchern tut[10].

2. Das Brechungsgesetz genügt in der Formulierung, die im „Kanon" (Seite 240) steht (Kepler[11]: „Je schiefer das Licht auffällt, mit einem um so größeren Winkel wird es gebrochen").

Der Begriff der Brechung faßt viele Fälle zusammen, so wie der der „Fliehkraft" es auch tat. Die Fliehkraft selber konnten wir auf „Trägheit" zurückführen. Kann man, entsprechend, die Brechung aus etwas anderem verstehen? Warum überhaupt wird Licht gebrochen?

Dieser weiteren „Kristallisation" pflegt man in der Volksschule meist nicht zu folgen. Die Antwort überschreitet nun allerdings zum Teil den Bereich dessen, was das Kind selber „nachsehen" kann. Aber in der Höheren Schule ist das auch so. Deshalb lohnt vielleicht ein neues Durchdenken.

Wenn erfahren ist, daß der Schall Zeit braucht, und wenn man das die Kinder hat messen lassen, dann werden sie die Mitteilung verstehen, daß auch das Licht Zeit nötig hat, um in die Ferne zu dringen, nur etwa eine Million mal weniger und, noch dazu, im leeren Raum. Es würde, wenn es krumm laufen könnte, in einer Sekunde 7mal den Erdäquator umkreisen.

Sie werden ferner verstehen, wenn man sagt, es habe sich messen lassen, daß das Licht im Wasser nicht so schnell vorankommt, nur etwa $^{2}/_{3}$ seiner Schnelligkeit im Leeren hat. Das wird ihnen sogar einleuchten.

Dann genügt der bekannte Modellversuch, den ich hier mit den Worten folgen lasse, die sich in dem ausgezeichneten (wohl leider vergriffenen) Buch von Sir William Bragg[12] finden.

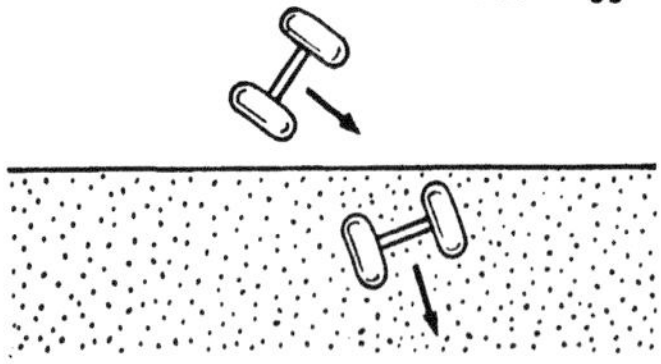

*Abb. 11*

„Wir lassen ein paar Räder, die sich frei auf einer gemeinsamen Achse drehen können, so über ein Brett rollen, daß sie schräg auf eine sandige Stelle kommen, auf der die Bewegung erschwert ist. Das Rad, das zuerst ankommt, wird dann zurückgehalten, und die Richtung der Bewegung ändert sich so, daß sie mehr senkrecht zu der Grenzlinie verläuft, an der der Sand anfängt."

Was folgt aus diesem Versuch? Nicht viel, kein Wort jedenfalls über „Wellen" ist nötig. Und daß das Licht aus solchen Doppelrädern „besteht", die in Scharen und wohlausgerichtet daherkommen, wird wohl kein Kind annehmen. (Hier

10 R. W. Pohl, Einführung in die Physik, 3. Bd., Optik. Berlin 1940, S. 6.
11 Ostwalds Klassiker (siehe S. 11 dieses Buches), a. a. O., Nr. 198, S. 93.
12 Sir W. Bragg, Die Welt des Lichts (The Universe of Light). Braunschweig 1935, S. 30.

kann es ahnen, was ein „Modell“ ist.) — Der Lehrer wird nicht *mehr* sagen dürfen als dies (aber dies doch immerhin): „Dieser Vergleich hat sich bewährt.“

Natürlich kann man auch eine Wasserwelle schräg von tieferem ins seichte Wasser überlaufen lassen (siehe ebenfalls BRAGG). Man kann das leicht improvisieren[13]. Die Lehrmittelfirmen verkaufen hierzu besondere „Wellenwannen“, die auch für weiterführende Versuche der Wellenlehre brauchbar sind. —

Man sieht es auch am Meeresstrand (BRAGG, S. 30): „Die ankommenden Wellen sind immer parallel zum Strande unabhängig davon, welche Richtung sie auf dem offenen Meer hatten. Wenn sie in das flachere Wasser kommen, verlangsamt sich ihre Bewegung, und die Teile einer Welle, die am weitesten voran sind, werden aufgehalten, bis die neue Richtung hergestellt ist, die den Konturen der Küste folgt.“ (Der Übergang ins flachere Wasser erfolgt im Meer im allgemeinen nicht plötzlich. Das Wasser wird allmählich seichter. — Die Welle schwenkt langsam, immer mehr.)

Dieser Modellversuch darf uns keinesfalls zu der unvorsichtigen Bemerkung verleiten: Also „besteht“ das Licht aus „Wellen“. In Wahrheit folgt auch aus diesem Versuch nichts als: Dieser Vergleich mit einem fortlaufenden Wellenberg (oder mehreren) hat sich bewährt.

Tatsächlich hat die Brechung, in dieser Weise als *Bremsung* verstanden, zunächst (d. h. abgesehen von der Dispersion[14]) nichts mit der „Periodizität“ des Lichtes zu tun, mit der Vorstellung also von Wellenbergen, die in bestimmten und immer *gleichen* Abständen hintereinander herlaufen („äquidistant“). HUYGENS, der die Brechung als Bremsung deutete, weiß ja auch *nichts* von der Periodizität, während NEWTON sie sehr wohl in einer fast modern („dualistisch“) anmutenden Weise in seine mit Korpuskeln arbeitende Vorstellung einfügte. HUYGENS stellte sich nur eine *wirre* Folge von Stößen vor und sagte es ausdrücklich: „Da aber die Stöße im Mittelpunkte dieser Wellen nicht in regelmäßiger Reihenfolge stattfinden, so braucht man sich auch nicht vorzustellen, daß die Wellen selbst in gleichen Abständen aufeinanderfolgen[15].“

Es wäre hier, in der Volksschule und in der Mittelstufe der Höheren Schule, also verfrüht, von „Lichtwellen“ zu sprechen in dem Sinne, in dem wir sie heute immer meinen: nämlich „äquidistanter“ Wellen; es genügt, einzusehen: Das an einer Grenzfläche zweier Medien ankommende Licht verhält sich *wie* eine Stoß-Front, die in ein hinderlicheres Gebiet hinüberwechselt. Leider wissen das nur wenige Abiturienten. Die schnelle Erledigung großer Stoffgebiete, zu denen wir durch unsere Lehrpläne bisher gezwungen waren, und die übermäßige Fixierung des Blickes auf die quantitative Sicherung des Endgültigen gefährden den Sinn für die schlichten Verbindungen, die gerade für den Volksschullehrer wichtig werden.

---

13 A. HOISCHEN, Physikalisches Experimentierbuch. Stuttgart 1954. Abb. 57 u. S. 58.

14 Wie auch sie „allgemein verständlich“ und doch in einer wissenschaftlich zu verantwortenden Weise plausibel werden kann, lese man ebenfalls bei BRAGG: Abb. 20—30, S. 30, Abb. 52, S. 67. Es würde sich lohnen, mit Kindern diesen Modell-Geländemarsch einmal auszuführen. Man muß sich immer wieder wundern, daß die Lehrbücher der Höheren Schule solche glücklichen Veranschaulichungen angesehener und produktiver Physiker (meist angelsächsischer Herkunft) so wenig aufnehmen. Sie gäben gerade der Mehrheit der Primaner etwas, statt allzusehr den Weg fachwissenschaftlicher Ausbildung aufzusuchen.

15 CHR. HUYGENS, Abhandlung über das Licht (1678). Ostwalds Klassiker, a. a. O., Nr. 20, S. 21.

Der Abiturient nimmt meist den Eindruck mit, daß der ganze Aufwand an Wellenbild-Begriffen (Frequenz, Wellenlänge, Interferenz, Elementarwellen, Beugung) hier schon nötig sei, um die Brechung in einer einfachen Weise zu verstehen, und läßt es deshalb lieber sein, in der Volksschule davon Gebrauch zu machen.

Es soll mit diesem Abschnitt nicht gesagt sein, in der Volksschule müsse man die Brechung (als Bremsung) verständlich machen. Nur: Man kann es. Und in der Mittelstufe der Höheren Schule sollte man es (hier schon *vor* der Betrachtung der Periodizität) aus demselben Grund: um das „Grundgefüge“ am Ende der Mittelstufe *zusammenhängend* zu entwerfen.

Es ist übrigens klar, daß man mit diesem „Vergleich“ die Stufe der Phänomene bereits zu verlassen sich anschickt.

## E. Die Herstellung des Systems durch „Einstiege“

Das Folgende soll nun andeuten, wie die „Großkristalle“, die schon vorliegenden wie auch die neu anzulegenden, sich zum System verbinden können. Daneben gilt das Folgende aber auch ganz unabhängig von allem Vorangegangenen für solche Schulen und Lehrer, die aus irgendeinem Grund keine situationsgebundene Grundlage des Physikunterrichts geben können oder mögen. Im besonderen gilt es für diejenigen Gymnasien, die sich auf eine „ungefächerte Naturbetrachtung“ nicht einlassen. Es liegen dann noch keine „Großkristalle“ aus dem 5., 6., 7. (8.) Schuljahr vor. Sie werden erst jetzt, im (8.) 9., 10. Schuljahr, gebildet und miteinander verbunden. —

Das Ziel ist nun also das System, das Grundgefüge (weitgehend phänomenologisch, d. h. fast ohne Modellvorstellungen und auch ohne durchgehende Mathematisierung hergestellt), aber ohne daß es selbst als Lehrgang dienen soll. —

Man spricht dann wohl von *„Einstieg“*, um anzudeuten, daß man nicht „unten“, vom „Einfachen“ her in den Turm des Faches hineingeht (also z. B. nicht vom Trägheitsgesetz aus in die Mechanik), sondern daß man sofort eine relativ komplexe, nicht zu schwierige und nicht zu leichte und damit die Spontaneität des Schülers herausfordernde doch nicht überfordernde Frage sich vornimmt.

Von dieser Art sind ja die auf den Seiten 196/197 dieses Kapitels besprochenen Beispiele gewesen. Mit solchen Einstiegen kann man also auch dann einsetzen, wenn man *ohne* situationsgebundene Basis erst im 8. Schuljahr Physik beginnt. Nicht die Situation setzt sie dann, sondern der Lehrer.

Was wir jetzt in den folgenden Absätzen tun, ist nichts, als uns klar bewußt zu werden, was ein „Einstieg“ will, und weitere Beispiele dafür zu nennen.

*Wir steigen vom Seltsamen (vom Problem) ins Elementare hinab* (von der Todesschleife zum Trägheitsgesetz), wir suchen also das auf, was vom Staunenswerten zu seiner Erklärung verlangt wird. Wir häufen nicht mehr auf Vorrat das irgendwann vielleicht Brauchbare, sondern wir suchen das Elementare, das wir gerade jetzt brauchen, wir verfahren also annähernd wie in der Frühzeit der Forschung. Nicht werden die Schüler mit einem Vorrat von Elementarem beschäftigt: Eine *Frage* beschäftigt sie. Das Seltsame fordert sie heraus, und sie fordern ihm das Elementare ab.

Das Kunststück des Lehrers wird sein: das Ausgangsproblem nicht zu sehr und nicht zu wenig komplex zu wählen und das Verfahren nicht zu fanatisieren. Eingedenk zu sein, daß daneben auch der Grundsatz „vom Einfachen zum Komplizierten" seine — begrenzte — Gültigkeit hat.

Noch einige *Beispiele* (außer den schon genannten): Statt die *Optik* auf der üblichen Linie zu durchlaufen (selbstleuchtende und beleuchtete Körper, Schatten, geradlinige Ausbreitung, Finsternisse usf.) könnte man sie beginnen mit dem Problem, das KEPLER sich in seiner Optik von 1604 stellt, nämlich mit der Frage, woher die „Sonnentaler" kommen: „Daß der Sonnenstrahl, der durch irgendeine Spalte dringt, in Form eines Kreises auf die gegenüberliegende Fläche auffällt, ist eine allen geläufige Tatsache, dies erblickt man unter rissigen Dächern, in Kirchen mit durchlöcherten Fensterscheiben und ebenso unter jedem Baum. Von der wunderbaren Erscheinung dieser Sache angezogen, haben sich die Alten um die Erforschung der Ursachen Mühe gegeben. Aber ich habe bis heute keinen gefunden, der eine richtige Erklärung gefunden hätte[16]."

Das Wunderbare der Erscheinung ist für KEPLER, daß die Form der Öffnung ohne Einfluß bleibt darauf, daß das Sonnenbildchen immer rund ist, und bei Sonnenfinsternissen sichelförmig. Daß es sich hier also um eine Abbildung handelt. Besonders empfohlen sei seine lebendige und genaue Beschreibung seiner Camera obscura, einer wirklichen lebensgroßen Kammer, in die man hineingehen konnte. „Auch müssen die dargestellten Dinge in vollem Sonnen- oder Tages- oder Fackellicht stehen. Ich behaupte nun, daß sich alles, was sich draußen befindet oder ereignet, innen auf der gegenüberliegenden weißen Wand darstellen werde, allein in umgekehrter Lage." Ich glaube, daß diese Erscheinung seltsam und auch einfach genug ist, um einen ersten lohnenden „Einstieg" in die Optik abzugeben.

Ein *zweiter* Einstieg könnte dann später etwas „höher" einsetzen. Etwa an dem Phänomen, das GOETHE beschreibt: Ein weißes Steinchen, im klaren Wasser, vor dunklem Untergrund, erscheint nicht nur gehoben, sondern auch farbig gerandet, und dies um so mehr, je tiefer es sinkt, um daran den Komplex *Brechung—Dispersion* auseinanderzufalten und abwärts zu der damit verquickten Reflexion, aufwärts zum Spektrum, vorzudringen. (Vgl. S. 48ff. und 163.)

Ein bescheidenerer erster Einstieg in die geometrische Optik, verglichen mit dem der „Sonnentaler", wäre die Frage: Wie kommt es, daß die Gräser, oder überhaupt alle niedrigen Gewächse, bei Sonnenschein scharfe *Schatten* auf den Boden legen, und die höheren, Büsche oder gar Baumkronen, immer verschwommene? Wie kann man verstehen, daß eine Ranke, die fast bis zum Boden herabhängt, ihre unteren Blätter wie gestochen abbildet, so daß man sie nachzeichnen kann, während die oberen nur wolkige Schatten geben, nicht tiefschwarz und nicht scharf umrandet? (Vgl. S. 47 und 48.)

Einen ebenfalls leichten Zugang zur geometrischen Optik (Spiegelung) bietet ein Beispiel aus dem auf S. 161 genannten Versuch: „Am Wasser" werden Fische beobachtet, aber „manchmal" blendet die Sonne — und man kann

---

16 J. KEPLER, Ad Vitellionem Paralipomena (1604) — Zusätze zur Optik des Vitelo. — Auszug aus Ostwalds Klassikern. Leipzig 1922, Nr. 198, S. 13.

die Fische nicht sehen. „*Wann*“ *blendet die Sonne?* Wie muß man sich „zu ihr stellen , damit sie es tut? Hier kommt nicht gleich das „Einfallslot“, wie man als studierter Physiker und lehrender Anfänger erwarten mag, sondern das Wort „gegenüber“. Gegenüber von meinem Auge muß die Sonne stehen. (Diese Aussage wird sich dann später allmählich verfeinern und verallgemeinern: „Einfallender Strahl, reflektierter Strahl und Einfallslot liegen in einer Ebene.“) — Außerdem kommen Aussage-Versuche wie: „ebenso hoch“, „ebenso schräg“ müsse die Sonne stehen. „Scheinen“ wird man sagen müssen. Sie scheint an viele Orte. Aber das Licht, das mich blendet, das scheint sie, das strahlt sie mit einer ganz bestimmten Schrägheit auf eine bestimmte Stelle des Wassers, eben jene, hinter welcher mein Fisch steht, und deshalb sehe ich nichts mehr von ihm. Und die Richtung meines Blickens dorthin einerseits, und die Richtung des Sonnenscheins dorthin andererseits, die laufen *gleich* schräg zum Wasser. — Wir wollen das hier nicht weiter verfolgen. Es ist noch ein weiter Weg zum Reflexionsgesetz in seiner sterilen Lehrbuchform. Sie ist aber *dann* nicht mehr steril, wenn die Schüler sich den Weg zu ihr selber gebahnt haben. (So wie eine Herbariumspflanze dem nicht tot ist, der sie selbst gefunden, gepreßt und eingeordnet hat. Wer aber diese Pflanze zum erstenmal als Herbariums-Mumie vorgestellt bekäme, dem könnte sie kaum lebendig werden.)

Wenn wir die „Stunde“, die für das Reflexionsgesetz zur Verfügung steht, mit einer solchen Alltagserfahrung, wie es diese Blendung ist, beginnen, um dann nach 10 Minuten beim „Einfallslot“ angelangt zu sein: dann ist das noch keineswegs ein „Einstieg“. Das tun wir ja oft, und es ist das letzte Überbleibsel, die letzte fast nur noch symbolische Andeutung dessen, was wir eigentlich alle möchten und müßten: aus einer solchen Anfangserfahrung und aus anderen, verwandten (Blendung mit dem Taschenspiegel), aus anschließenden Versuchen und zunehmend sich verschärfenden Formulierungen langsam und gründlich und in soviel Zeit, wie nötig ist (nicht: wie zur Verfügung steht), das Reflexionsgesetz sich ablösen zu lassen. — Gewiß ist eine so gemeinte Gründlichkeit nicht bei allen Gelegenheiten möglich, aber wir sollten sie doch wenigstens ab und zu durchhalten, müssen uns gelegentlich (plattformhaft) ausbreiten können beim Durchsteigen des Fachturmes, wenn unser Tun Bestand haben soll.

Einen nicht ganz leichten Einstieg in die Optik (Brechung) bietet ein großes *Kartoffelfeuer:* Über ihm tanzen und fließen die Konturen des Waldes und der Berglinien. Die Luft flimmert. Wir sehen „Schlieren“. — Gibt es dasselbe noch anderswo? Vielleicht sogar „objektiv“? Die Wintersonne, eben aufgehend, scheint waagerecht ins Zimmer, über die Platte des Ofens hinweg, der gerade schnell heiß geworden ist: Auf der Wand im Umriß des Fensters, das die Sonne dorthin malt, *sieht* man dann die warme Luft, über dem Schatten des Ofens. — Warme Luft ist also unter Umständen zu *sehen,* obschon sie ebenso durchsichtig ist wie kalte. — Wo gibt es so etwas noch? Oder „gibt’s das nur einmal“? (Was es nur *ein*mal gibt, das gehört nicht in die Physik!)

Ein Glas kaltes Wasser; darin, gerade eingeschaltet, ein Tauchsieder: Schlieren! Man *sieht* heißes Wasser.

Dieselben Schlieren sehen wir um das Zuckerstück herum, das im Wasser liegt und langsam „zergeht“; oder besser: das, auf dem Löffel langsam in das Wasser hineingetaucht, sich dort allmählich auflöst und absinkt. Auch süßes Wasser wirft Schatten. — Auch gewöhnliche (nicht genau planparallele) Fensterscheiben werfen eine Art Schatten, in dem innen die Helligkeit wechselt.

Nicht von „Fangfragen" ist die Rede, mit denen ein lebhaft agierender Lehrer eine gleichgültige Kinderschar erst einmal lockt, um sie dann durch ein flottes „Frage-Antwort-Spiel" im Nu in die Reuse seines „Stundenzieles" zu treiben. Zu dem, was hier gemeint ist, gehört ein langsam sprechender Lehrer, der nicht die Kinder ansieht, sondern die Sache anblickt: der die Kinder mit einer Frage in Kontakt bringt dadurch, daß er selber nachdenkt, und dann schweigt. Hier geht es nicht einfach flott weiter. Hier gibt es Pausen, Stockungen, Umwege. Denn es gibt *wirkliches* Nachdenken. Keineswegs brauchen es „sensationelle" Fragen zu sein. Es handelt sich nicht darum, den Kindern die Physik „interessant" zu „machen", sondern das brennende Interesse, das sie an physikalischen Fragen haben, nicht durch verfrühte und pedantische Systematik zu verderben, ihre Aktivität, ihre Denkkraft, ihre Zähigkeit und Freudigkeit nicht lahmzulegen, sondern zu dem zu führen, was KERSCHENSTEINER die geistige Zucht nennt.

Ein von mir oft erprobter Einstieg in die *Mechanik* ist die harmlos aussehende Frage: *Wohin fällt ein Stein*, der aus dem Fenster eines hohen Turmes gehalten und dann losgelassen wird? Diese Frage ist wirklich nicht sensationell, anfangs nicht. Sie erscheint trivial. Sie verwirrt sich aber sofort in einer höchst fesselnden Weise, wenn einem allmählich die Erdkrümmung und die — angebliche — Erdrotation einfallen, und wenn man dann zunächst, in der guten Gesellschaft übrigens von TYCHO BRAHE und beinahe auch von KEPLER[17], ein Zurückbleiben nach Westen für selbstverständlich hält, dann an der Erdrotation zweifelt, dann die mitrotierende Luft verantwortlich macht für das Mitgehen des Steines. Aber *warum* geht sie mit? Warum ist nicht ständiger Ostwind[18]? Analoge Erfahrungen im Eisenbahnwagen, im offenen und im geschlossenen, fallen ein ... Diese Fragen können stundenlange erbitterte Diskussionen auslösen. Sie enden mit der Entdeckung des Beharrungsgesetzes, beruhend auf Schnellzugserfahrungen in der Form von Seite 212/213, des Unabhängigkeitsprinzips und schließlich — und das *ist* nun eine Sensation (wie hätte KEPLER gestaunt!): der Ostabweichung. Ein Schulversuch ist schwierig. Aber die Lektüre der Originalberichte[19] wirkt nach meiner Erfahrung überzeugender als ein nur schwach gelingender FOUCAULTscher Pendelversuch, der überdies gedanklich nicht so einfach ist wie diese Fallversuche. Zum Schluß glauben sie dann wirklich, daß die Erde sich dreht. Ich habe dieses Thema in 2- bis 4stündigen Dauersitzungen 1946 in Abiturientenkursen für heimgekehrte junge Soldaten und ebenso als ein Thema von wochenlangem Atem mit Obersekundanern erprobt. Man kann die ganze Mechanik[19a] damit aufbrechen und dann in sie eintreten.

---

17 Briefe, a. a. O., Bd. T, S. 254 f., 257.

18 Teile dieses Lehrgangs sind ausgeführt in meinem Buch „Die Erde unter den Sternen". Weinheim ³1965, S. 31—35; ferner in: Der Physikunterricht, 1/1967 („Die Erfahrung des Erdballs"), erweitert enthalten in Bd. II (1970) meines Buches „Ursprüngliches Verstehen ..."

19 W. BRUNNER, Dreht sich die Erde? Math. Bibliothek, hrsg. v. W. LIETZMANN u. A. WITTING, Bd. XV, Leipzig u. Berlin 1915, S. 19—25. — Ferner: W. TRITTELVITZ, „Fallversuche zum Nachweis der Erddrehung." In: Praxis der Naturwiss., 1965, Heft 11, S. 298 ff. (Hier sogar als Schulversuch.)

Manchmal genügt eine einfache *Vorführung*, um eine weitausgreifende planvolle Untersuchung auszulösen; so, daß die Eisenkugel, heißgemacht, nicht mehr durch den Ring hindurchgeht, den sie kalt passieren konnte. Dieses simple Wunder reicht aus, um die kindliche Nachforschung in Gang zu setzen. Es genügt aber nur dann, wenn man als Lehrer Geduld hat und nicht an sein Programm denkt, sondern zuhört, was die Kinder denken. Und sie denken dann wirklich. Sie fragen nämlich dann, wie das kommt, und möchten deshalb die Kugel wägen, vorher und nachher, kalt und warm. Wir tun das mit einer guten (viel zu guten) Waage, und zur Verblüffung des Lehrers kommt etwas ganz anderes heraus, als er erwartet hatte, aber etwas noch viel mehr anderes, als die Kinder sich gedacht hatten. Sie erwarteten natürlich, die Kugel werde schwerer geworden sein, erfüllt von Wärmestoff. Er war sicher, daß sie es nicht wurde — denn er hatte gelernt, daß Wärme kein Stoff sei. Aber sie wurde — leichter. Nicht viel, aber ohne Zweifel. — Auftrieb in Luft. Es wird ein überraschender und komplizierter Einstieg in nicht nur die Wärmelehre, sondern auch in die Hydrostatik. Daß dabei, später, der Lehrer durchaus auch führen, ja demonstrieren muß und darf, ist klar: Die Teilnahme der Kinder hat einen langen Atem, wenn sie von einer echten Aktivität und einer selbsttätigen Planung entzündet wurde[19a].

Es war bisher die Rede von wirklichen „Einstiegen", wirklich insofern, als sie ausreichen können, um von ihnen aus zum Elementaren vorzustoßen. Es gibt aber auch welche, die dazu zu kompliziert sind. Sie leisten dann *doch* etwas: Sie erregen das Interesse für die Fragestellung und machen die Kinder fähig, einem vom Lehrer geführten, halbwegs systematischen Lehrgang ganz anders zu folgen, als wenn er damit „einfach anfinge". Sie machen Appetit. Nur darf auch ein solcher, einleitender Einstieg nicht flüchtig (andeutend, symbolisch) ablaufen, auch er muß gründlich sich eingraben können, gerade er.

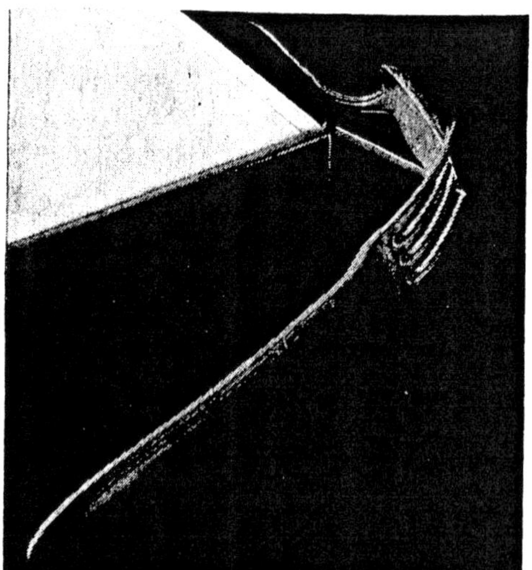

Ein Beispiel: Schwerpunktsbetrachtungen, die damit beginnen, daß man Pappdreiecke aufhängt und deren „Schwerpunkte bestimmt", können nicht sonderlich bewegen. Die Kinder machen mit, weil der Lehrer davon anfängt. Sie „gehen mit", aber sie „gehen nicht vor", oder doch nicht in dem möglichen und also wünschenswerten Maß.

Beginnen wir aber mit einem verblüffenden Gleichgewichtskunststück (Abb. 13[20]) und lassen zunächst einmal herausfinden, was an ihm zu finden ist, (und

[19a] Eine Sammlung von 18 erprobten „Einstiegen" bringt R. Kluge in seinem Buch „Erkenntniswege im Physikunterricht, Unterrichtsbeispiele aus der Sekundarstufe". Stuttgart 1970.

[20] Die Photographie stellte Herr Realschullehrer Horst Mikula freundlich zur Verfügung.

das ist gar nicht wenig, obwohl der „Schwerpunkt“ dabei gar nicht auftritt, und wenn, dann unnötig und nur vom Hörensagen), so kann das schon dahin führen, daß das Wunder einigermaßen „verstanden“ wird, indem es sich als eine Art (raffiniert, nämlich irreführend geformter) Waage entpuppt. Es wird zurückgeführt auf ein noch nicht notwendig zahlenhaft gefaßtes, aber doch schon quantitativ erfühltes Hebelgesetz.

Von hier aus gleich, und an diesem Gestell allein, zum Schwerpunkt zu kommen, ist wohl zu mühsam. Aber die Schülergruppe wird jetzt ganz anders folgen, ja vorgehen, wenn der Lehrer mit ihnen zu dem Beschluß kommt: Diese Art Sachen müssen wir einmal genauer, und zwar in *einfacheren* Formen *geordnet* untersuchen. Schon dies, zu finden, wie dieses Einfachere aussehen muß, wird mit Hilfe der Kinder geschehen; aber doch wird bei dem nun folgenden Lehrgang der Lehrer aus seiner fachlicheren Kenntnis heraus stark führen müssen.

Ein Vorgehen ausschließlich in Einstiegen, von Einstieg zu Einstieg also, könnte man in seiner reinsten Form schematisch so darstellen:

Man steigt in den Fachturm an einer geeigneten Stelle, A, ein, nicht zu „hoch“, nicht zu „tief“, und gewinnt aus dem Problem das „Elementare“ (man denke an das Beispiel: „Ein Stein fällt vom Turm“), wie auch den Anreiz zum „Höheren“ (etwa aus der Brechung die Dispersion.) — Dann wählt man eine zweite, „höhere“ Stelle, B, als nächsten Einstieg und stellt die Verbindung zu A her. So ließe sich ein Teilgebiet, ja auch das ganze Gebäude der Physik, in Sprüngen erobern.

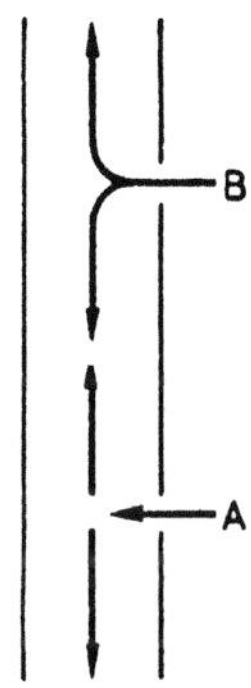

*Abb. 14*

Man sollte aber nicht daran denken, das Verfahren zu normalisieren durch eine feste Folge „bester“ Einstiege. Das würde zur Erstarrung führen und das Wichtigste lähmen: die freie Beweglichkeit des Lehrers und die Vielfalt der gegenseitigen Anregungen.

Man darf nicht einmal glauben, man könne oder solle gar — *nur* in dieser Weise das System gewinnen. Denn ein immer und überall so gründlich forschendes Vorgehen würde ja viel zuviel Zeit kosten. So erscheint das Vorgehen in Einstiegen nur dann brauchbar, wenn es:

1. jede Absicht auf Vollständigkeit aufgibt (aber aufrechterhält: die Verpflichtung zum Zusammenhang: nicht Vieles, aber nur in sich Verbundenes ist zu „bringen“) und

2. wenn es, wie gesagt, nicht fanatisiert wird, als müsse es allein herrschen. Man kann sagen: Gerade dann, wenn einige — nicht zu wenige und nicht zu viele — Einstiege vollzogen sind, so daß die Schüler hinterher wissen, wie man in der Physik etwas herausbringt und was hier verstehen heißt, gerade dann (und nur dann) ist es erlaubt, ja nötig, streckenweise schnell, dozierend, demonstrierend vorzugehen: nicht nur, um mit dem „Stoff“ weiterzukommen, sondern weil die Schüler ja zweierlei lernen müssen und auch wollen: nicht nur das aktive Suchen und Finden, sondern auch Zuhören, fremden Gedankengängen „folgen“. „Folgen“ kann aber nur, wer weiß, worauf es ankommt; wer das, was da vorgemacht wird, der Art nach schon kennt: als „so etwas“, wie er es selbst schon einmal gemacht hat. Das Folgen, das Hören, wird dann nicht ein passives Durchnehmen und „Gehabt-Haben“, sondern ein aufgreifendes Einordnen und Aneignen.

## F. Der „Lehrgang-längs-des-Systems"

Nachdem nun deutlich ist, daß der Einstieg als ein Quellpunkt der Spontaneität sich sehr wohl verträgt mit einem vorübergehend stark führenden Unterricht (ja ihn echt erst ermöglicht), kehren wir zum Schluß noch einmal zurück zu dem „Lehrgang-längs-des-Systems" (vgl. S. 198). Ich habe ihn anfangs stark „schlecht gemacht". Ich will das aber nicht übertreiben und doch wenigstens fragen, unter welchen Umständen und Formen er denn für eine geeignete Altersstufe (8. bis 10. Schuljahr) doch vielleicht „gar nicht so schlecht" erscheinen könnte?

Das möge folgendes Beispiel andeuten (ausprobiert mit Tertianern). Der Lehrer stellt das Thema: Licht. Nicht: Was ist das „Wesen" des Lichtes? sondern: Wir wollen das Licht verfolgen, wollen sehen, was es mit ihm auf sich hat. Wir müssen dazu einen Plan haben: Wir wollen das *Licht auf seinem „Lebenslauf"* verfolgen, ganz wie einen Menschen. Erst: Herkunft und Verwandte. Da ist es deutlich, daß es aus der Wärme hervorgeht (fast immer), wenn der Ofen also anfängt zu glühen. (Selbst im elektrischen Glühdraht ist das so: Ehe er leuchtet, wird er warm, wenn man allmählich das steigert, was man „Spannung" nennt, und damit das, was „Strom" heißt.) Bei der Ausführung des Planes kommen wir so allmählich von der Wärmestrahlung auf die Rotglut und Weißglut.

Dann, wenn Licht einmal aufgeleuchtet ist: Wie kommt es weiter im Raum? Oder ist es einfach überall-auf-einmal („instantan"), wie es ja den Anschein hat. Galileis[21] vergebliches Experiment zur Messung der Lichtgeschwindigkeit sollte man wirklich zu machen versuchen (nachdem vorher die Schallgeschwindigkeit gemessen wurde). Die Methode von Olaf Roemer und eine modernere kann man nur erzählen, etwa in der Art, wie sie bei Tyndall[22] dargestellt ist, breit, genau und doch ohne zu rechnen, allein Einsicht gebend in das „Je-Desto".

Hängt diese Geschwindigkeit davon ab, ob „etwas", ein „Stoff", den Raum erfüllt? Auch hier muß viel berichtet werden: die bremsende Wirkung des „Mediums" (nur sinnvoll zu berichten, wenn die Meß-Methode prinzipiell klar ist).

Ob es sich müde läuft? Das heißt, ob die Schnelligkeit seines Laufes wie bei den Flüssen nahe der Quelle größer ist als in der Ferne? (Diese Frage wird von Kindern gestellt. Der Physiker, auch der Abiturient schon, hat sich meist abgewöhnt, sie noch zu sehen. Er muß antworten, unter Umständen einfach mitteilen.) Der Hinweis auf Wasserwellen ist nützlich: Das Bild einer Stoßwelle ist also brauchbarer als das des „Flusses".

Es hilft auch bei der Frage, ob das Licht bei seinem Weiterlaufen schwächer wird, sich abnutzt, versickert? — Jedenfalls verdünnt es sich, indem es, sich ausbreitend, auseinanderläuft wie die Wasserwelle auch. — Die quadratische Abnahme ist leicht einzusehen und zu formulieren.

Dies alles betrifft die Art, wie das Licht Raum gewinnt, um sich greift. — Was begegnet ihm aber auf seinem Lauf? Was erlebt es? Es hat Begegnungen, Zusammenstöße. Es rennt auf. Es dringt ein, es prallt ab. — (Es genügt weiterhin anzudeuten: Reflexion, Brechung, Dispersion, Asorption.)

---

21 A. a. O. (siehe S. 40 dieses Buches), Nr. 11, S. 38—40.

22 J. Tyndall, Das Licht. Braunschweig 1876, S. 22—24. — Siehe auch den Abschnitt „Die Geschwindigkeit des Lichtes" in E. Machs „Populärwissenschaftlichen Vorlesungen", 5. Aufl., Leipzig 1923, S. 59 ff.

Letzte Phase: Wie endet das Licht? Es wird wieder (!) Wärme. (Absorption, Schwarz, Körperfarben.)

Wir wären am Ende, wenn uns nicht auf diesem Wege Kenntnisse zugeflossen wären, die erlaubten, den Lebenslauf des Lichtes nun genauer zu untersuchen: von der Dispersion her noch einmal seine Geburt: das Spektrum eines von Rot her aufglühenden Körpers. Der anfängliche Satz „von der Rotglut zur Weißglut“ verfeinert sich jetzt: Das Spektrum entfaltet sich von Ultrarot her. — Das Spektrum der selbstleuchtenden Gase wird entdeckt. Kontinuierliches Spektrum, Linienspektrum, Absorptionsspektrum. Schließlich könnte man sich fragen: Wie benimmt sich das Licht, wenn es seinesgleichen unterwegs begegnet? Der Weg zur Interferenz ist offen.

Ob diese Andeutungen ein ausreichendes Bild geben können von der Art des Fragens, die hier gemeint ist? Man könnte sie dahin mißverstehen, als solle nun doch die gesamte Optik in der Art des systematischen Lehrbuchs durchgenommen werden? Aber das ist nicht gemeint. Gemeint ist: nicht vom Lehrbuch sich führen, sondern vom Zusammenhang der Naturerscheinungen sich locken lassen; dazu: weitgehender Verzicht auf Mathematisierung, Verharren beim Phänomen, Gleichnisse, wo sie sich aufdrängen; den ursprünglichen Plan (Lebenslauf des Lichtes) immer wieder in den Blickpunkt der Gruppe bringen; niemals sagen: „Heute machen wir mal das“, sondern immer muß es genügen nur zu sagen: „Was nun? Was muß nun untersucht werden, um unseren Plan weiterzuführen?“

Der Lehrgang wird dann nicht genau so laufen, wie hier angedeutet, aber doch so ähnlich. Der Unterricht geht wirklich forschend vor, und die Initiative liegt bei den Schülern, nachdem der Plan einmal beschlossen ist. Im 9. Schuljahr werden sie eine solche Haltung auf längere Dauer sicherlich einzunehmen fähig sein, zur Not schon im achten. Besonders dann, wenn sie ihre Ergebnisse in einem selbstgeschriebenen (einzeln wie gemeinsam formulierten) „Lehrbuch“ niederlegen. Das „Durchnehmen“ des gedruckten Lehrbuches ist mit dem hier Gemeinten nicht vereinbar. Möglich ist es aber und nützlich, es nebenher oder besser hintennach zu vergleichen.

Die hier absichtlich gewählten Worte (Lebenslauf, Raumgewinnen, müde werden, aufrennen, geboren werden) stehen nicht im Gegensatz zu dem Ziel, die präzise Sprache der Naturwissenschaften am Ende zu gewinnen, im Gegenteil: Sie kann nur aus einer solchen „antropomorphen“ Sprechweise erwachsen. Diese „anthropomorphe“, auch grob körperliche Sprechweise hat nur den Zweck, mit den Schülern Kontakt zu bekommen und sie mit der Sache in Fühlung zu bringen. Sie knüpft an das an, was einmal zurücktreten soll. Diese Bemerkung ist vielleicht überflüssig, zumal sie sich aus den Erörterungen des Kapitels VIII ergibt. Aber es gibt Dinge, die nicht deutlich genug gesagt werden können, weil sie dem verbreiteten Irrtum widersprechen, man müsse das, was nur am Ende erwachsen kann, gleich von Anfang an montieren.

Es ist auch nicht unbedingt so gemeint, daß Mathematisierung und Modellisierung *ganz* fehlen sollen. Sie dürfen nur nicht den Weg und die Sicht auf ihn verstopfen. Im Blickpunkt darf keinen Augenblick ein Einzelnes als ein Einzelnes stehen, sondern immer nur als Glied des Zusammenhanges. Es merkt sich dann von selbst. Ist dieser Blick auf die Verbindungen in den Kindern erweckt (und er steht in ihnen bereit, *eher* als das Bedürfnis nach Messen und

Mathematisieren), so wird das Vorandrängen von der Gruppe aus ins Strömen kommen, und der Lehrer wird nicht ein Vorwärtszerrender sein, sondern eher ein den Vorwärtsdrang der Gruppe stauender, zum Gründlich-Bleiben „Anhaltender“ sein.

Neben der Optik bietet die Erforschung des *Magnetismus* (noch ohne den Elektromagnetismus) eine Fragestellung, die die kindliche Forschungssystematik weithin tragen kann. Auch hier kann man von „Lebenslauf“ sprechen: Wo Magneten „herkommen“, wo sie in der Natur „wachsen“, wie man sie künstlich macht (durch eine Art Ansteckung). Wie sie sich zum Eisen und untereinander, wie sie sich zur Erde benehmen. Wie sie sich vermehren: durch Teilung. Wie sie durch Erschütterung und Hitze schwach werden und ihre Kraft ganz verlieren können und doch die Fähigkeit, sich zu erholen und wieder erweckt zu werden, bewahren.

Der „Lehrgang-längs-des-Systems“ wird noch weiterhin verbessert, wenn er nicht mit gleichbleibender Geschwindigkeit vorgeht (wie ein Teppichkehrer oder eine Rasenmähmaschine), sondern wenn man „Ballungen“ einbaut, Zonen gründlichen Verweilens. Es kommt dann zu demselben Wechsel, der schon empfohlen wurde: gründliche in verweilender Selbsttätigkeit bis zur letzten Klärung erobernde *Ballungen,* und dazwischen schneller fortschreitende vom Lehrer stärker geführte Verbindungslinien. Der Lehrer hat dann die Erlaubnis, ja die Pflicht, sich mit der Arbeitsgruppe hier und dort festzusetzen, einzugraben, Wurzeln zu schlagen, einzunisten. „Inseln“ zu bilden, hört man auch sagen, wobei dann freilich ein verbindender untermeerischer Gebirgszug hinzuzudenken ist, denn nicht Zerfall, sondern Kontinuität ist gewollt, aber in Ballungen, Verdichtungen, wie WILHELM FLITNER[23] es für die Geschichte nennt, innerhalb dieses Kontinuums.

Zwischen den gutgegründeten Brückenpfeilern leiten dann luftigere Bögen schneller fort. Je ernster die Verdichtung, desto gleitender die Verbindung zwischen den Nestern der Gründlichkeit. Streckenweise so zu gleiten, ist dann nicht ungründlich; es ist gegründet auf eben diese Pfeiler. Noch andere Bilder bieten sich an: Ablegerpflänzchen, die die Ranke setzt und fortsetzt (wie bei Erdbeeren); — ein Flug, der seine Kraft zieht aus dem Heimatgefühl, das er auf dem vorigen Nist- und Ruheplatz mitgenommen hat, und aus der Gewißheit, daß er bald wieder gründlich werden darf; — in der Sprache des Segelfliegers: im Aufwind über einem Ort Niveau gewinnen, das dann den schnell fortführenden Gleitflug erst erlaubt — bis zum nächsten stillen Steigen. — Ich wähle, um den Stufencharakter festzuhalten, das Bild *„Plattform“* (innerhalb eines Turmes vorzustellen: ein Ort, an dem man sich in Ruhe aufhalten kann. — Wer mißversteht, wird meinen, man solle sich „ausruhen“ können, um sich der „straffen Führung des systematischen Lehrganges zu „entziehen“). — Das Bild ist freilich mangelhaft insofern, als Plattformen unwirtlich und zugig zu sein pflegen. Was gemeint ist, der Ort der „Verdichtung“, hat ja im Gegenteil etwas Wohnliches. — Wesentlich ist dies:

---

23 W. FLITNER, Der Kampf gegen die Stoffülle. Die Sammlung, X. Jahrg. (1955), S. 556.

Das Einzelne, in dem die Verdichtung stattfindet, hat noch immer auch Stufencharakter, aber es ist Plattform geworden. (Man könnte auch Staustufe sagen.) Noch wird das Ganze durchlaufen von Plattform zu Plattform, dazwischen liegen spärlicher gesetzte Verbindungstritte. — In den letzten Abschnitten war die Rede von einem *fast* systematischen Vorgehen innerhalb eines *Teil*gebietes (am Beispiel der Optik, S. 222). Es ist also mit gewissen Einschränkungen und in freiem Wechsel mit anderen Unterrichtsformen so unmöglich nicht.

Und sehen wir uns nun das *Ganze* der Physik an, so kann hier zuletzt sogar auch noch etwas zugunsten der klassischen Reihenfolge Mechanik — Wärmelehre — Optik usf. gesagt werden. Es kommt ganz darauf an, wie man es macht.

Mechanik — als Anfang — ist allerdings dann zu schwierig, wenn sie auf die lederne, die vorschnell begriffskonstruierende Art absolviert wird. Aber sonst, als „Bewegungskunst" (es war schon auf S. 182 die Rede davon) ist sie als Anfang möglich. Vergessen wir, daß die Kinder beinahe eher Roller fahren als laufen lernen? Daß sie bei nichts so sehr in ihrem Element sind wie in der Bewegung? Es wäre sehr wohl denkbar, daß man mit der Bewegungskunst anfinge. Nur wäre erst ganz neu von uns zu lernen, was das hieße. Sicherlich dürfte man lange nicht auf Begriffe zielen, sondern auf Erfahrungen, auf ihre Fassung in der dem Kinde gemäßen Sprache und auf ihre Ordnung, ausgehend von der ganzen Breite dieser Erfahrungen: Spiel, Tanz, Verkehr, Sport. Was hier in diesem Buche dazu beigetragen wird (Todesschleife und Schwerpunkt), sind freilich nur schwache Ansätze. Hier ist noch viel zu entdecken[24].

Daß sich in der *ganzen* Physik eine systematische Forschungslinie aufspüren läßt, ist auf Seite 196 angedeutet worden und wird im Kap. XVI genauer ausgeführt. Sie führt, geleitet von der Erwärmung, vom Groben zum Feinen: vom Festen über das Flüssige zum Gas (wobei das mechanische Verhalten dieser Zustandsformen immer mit hineingenommen werden kann) und dann, in fortgeführter Steigerung zur Glut: zur Wärmestrahlung, zum Licht. Dem dann Magnetismus und Elektrizität entgegenkommen. — Was in diesem Kapitel erwogen wurde, möchte nichts weniger als ein starres Schema begünstigen. Es würde richtig verstanden, wenn alle hier angedeuteten Möglichkeiten dem Lehrer in freiester Verfügbarkeit vor Augen stünden, und wenn er immer aus der jeweils bestimmten Lage seines Unterrichts die gerade hier notwendige Form auswählen oder gar mehrere Formen miteinander kombinieren könnte.

Alles Gesagte gilt zunächst für die Mittelstufe, die Stufe also, mit der die Volksschule abschließt und in welcher die Höhere Schule einen ersten Gesamtüberblick gewinnen kann. — Für die Oberstufe der Höheren Schule entstehen neue Probleme. Ihre Lösung scheint sich heute anzukündigen in dem Vorschlag des „beispielhaften" („exemplarischen" oder „paradigmatischen") Lehrens, der aus der Bedrängnis durch die Stoffülle hervorgegangen ist.

Aber das exemplarische Lehren ist ein Gesichtspunkt, der auch schon für die Volksschule, die Mittelschule und die Berufsschule von Bedeutung ist. Er kann sich ebenfalls noch den in diesem Kapitel XIV besprochenen Lehrgangsformen überlagern. Insofern ist dieses Kapitel also noch unvollständig. Das exemplarische Lehren soll nun im nächsten Kapitel für sich besprochen werden.

---

[24] Hierzu Hugo Kükelhaus, „Das Erleben von Naturgesetzen im Spiel"; Blätter des Pestalozzi-Fröbel-Verbandes 5/1967, S. 129. Kurzfassung in: Physikal. Blätter, 1/1968, S. 25 f.

## XV. Kapitel

# Exemplarisches Lehren

*„Der allzu schnelle Zuwachs an Kenntnissen, der mit zu wenigem eigenem Zutun erhalten wird, ist nicht sehr fruchtbar. Die Gelehrsamkeit kann auch ins Laub treiben. Man findet so sehr seichte Köpfe, die zum Erstaunen viel wissen."* (G. CHR. LICHTENBERG[1])

*„Ich kenne nichts Schrecklicheres als die armen Menschen, die* ZU VIEL *gelernt haben. Statt des gesunden kräftigen Urteils, welches sich vielleicht eingestellt hätte, wenn sie* NICHTS *gelernt hätten, schleichen ihre Gedanken ängstlich und hypnotisch einigen Sätzen, Worten und Formeln nach, immer auf denselben Wegen. Was sie besitzen, ist ein Spinnengewebe von Gedanken, zu schwach, um sich darauf zu stützen, aber kompliziert genug, um zu verwirren ... Ich wäre zufrieden, wenn jeder Jüngling* EINIGE WENIGE *mathematische oder naturwissenschaftliche Entdeckungen sozusagen* MITERLEBT *und in ihre weiteren Konsequenzen verfolgt hätte."* (E. MACH[2])

*„Es kommt weniger darauf an, was in der Schule gelernt wird, als darauf, wie gelernt wird. Ein einziger mathematischer Satz, der von einem Schüler wirklich verstanden wird, besitzt für ihn mehr Wert als zehn Formeln, die er auswendig gelernt hat, und die er auch vorschriftsmäßig anzuwenden weiß, ohne aber ihren eigentlichen Sinn zu verstehen."* (M. PLANCK[3])

*„Wir suchen nie die Dinge, sondern das Suchen nach den Dingen."* (BL. PASCAL[4])

*„Wahrlich, es ist nicht das Wissen, sondern das Lernen, nicht das Besitzen, sondern das Erwerben, nicht das Da-Seyn, sondern das Hinkommen, was den größten Genuß gewährt."* (C. FR. GAUSS[5])

*„Was man sich selbst erfinden muß, läßt im Verstand die Bahn zurück, die auch bei anderer Gelegenheit gebraucht werden kann."* (G. CHR. LICHTENBERG[6])

*„Es sollen einige ausgewählte Kapitel im Schulunterricht mit solcher Gründlichkeit betrieben werden, daß hier die Schüler einen Einblick in die wissenschaftlichen physikalischen Forschungsmethoden erlangen."* (E. GRIMSEHL[7])

---

1 Aphorismen. Reclams Universal-Bibliothek, Leipzig 1944, Nr. 7569—71, S. 145.

2 Der relative Bildungswert der wissenschaftlichen Unterrichtsfächer 1886. Populärwissenschaftliche Vorlesungen, 5. Aufl., Leipzig 1923, S. 344. — Dort auch exemplarisch-genetische Themen, S. 1, 32, 48, 59, 136 u. a. — Über MACHS pädagogische Bedeutung siehe: Joachim THIELE: Ernst Mach als Wegbereiter der gymnasialen Schulreform, in: Neue Sammlung, 1964/3, S. 221 ff., und: Ernst Mach als Pädagoge, in: Schweizerische Hochschulzeitung, 1963, S. 219 ff.

3 Zeitschr. des VDI, 1933, VIII. Jahrg., S. 185.

4 Gedanken. Sammlung Dieterich, Bd. 7, S. 82.

5 Briefwechsel zwischen C. FR. GAUSS und W. BOLYAI, Leipzig 1899, S. 94.

6 Wie Anm. 1, S. 145.

7 Didaktik des physikalischen Unterrichts, zitiert nach K. HAHN, Methodik des physikalischen Unterrichts. Heidelberg 1955, S. 175.

*„Daraus kann man lernen, sich nach seinem rechten Wert einzuschätzen und sich Gedanken zu machen, die mehr wert sind als der ganze Rest der Geometrie selber.“* (BL. PASCAL[8])

*„Wer nichts als Chemie versteht, versteht auch die nicht recht.“* (G. CHR. LICHTENBERG[9])

*„Ursprüngliche Phänomene der geistigen Welt können am Beispiel eines einzelnen, vom Schüler wirklich erfaßten Gegenstandes sichtbar werden, aber sie werden verdeckt durch eine Anhäufung von bloßem Stoff, der nicht eigentlich verstanden ist und darum bald wieder vergessen wird“*[10]. (Tübinger Resolution, 1951[10])

*„Sie verwechseln den Schlüssel zum Universum mit dem Universum selbst.“* (MARIA MONTESSORI[10a])

Über die geisttötenden Folgen der stofflichen Überlastung der Lehrpläne sind sich die Verantwortlichen wohl noch nie so klar gewesen wie heute (vgl. Motto 10). Der Ruf nach Stoffbeschränkung ist allgemein. Trotzdem darf man nicht zu optimistisch sein. Es wird noch eine Zeitlang dauern, bis Kinder und Lehrer von diesem Unglück befreit sein werden. Das Beharrungsvermögen von Institutionen und auch der von ihnen geprägten Einzelnen ist immer groß.

In den Naturwissenschaften ist die Lage besonders ungünstig. Einerseits sind wir dabei, ihre eigentliche Bildungsfunktion erst zu entdecken. Ihre Bedeutung für die Menschenbildung wird zunehmen. Dazu kommt etwas ganz anderes, was damit nicht verwechselt werden darf: Die unerwarteten Entdeckungen des 20. Jahrhunderts drängen in die Schule. Und es ist nicht ermutigend zu sehen, daß dieses Argument viel mehr als das erste die Lehrer der Physik zu einer Revision des bisherigen Stoffes zu bewegen scheint. Denn es ist, als gäbe es, schon seit etwa 1880 (vgl. Motto 2) so etwas wie ein „Gesetz der Erhaltung des Gedränges“, das so wirkt, daß immer nur soviel altes Mobiliar hinausgeworfen wird, wie man moderne Möbel glaubt stellen zu müssen. Damit ist nichts gewonnen. Es ist zwar gar keine Frage, daß — ganz allgemein gesprochen — die jeweils neuen Forschungen der Naturwissenschaft, soweit sie eine dem Laien verstehbare Bedeutung haben und eine nicht fälschende Vereinfachung zulassen, in die Schulen gehören. Aber ebenso sicher ist es, daß 1. diese Elementarisierung in psychologischer wie physikalischer Hinsicht erst geleistet sein muß, und das 2. es dringendere Aufgaben gibt als die Einführung des Neuen, solange die Grundaufgabe der Schule, das wirkliche Verstehen der alltäglichen Erscheinungen und des Elementaren, so wenig gelöst ist wie heute oder gar in Vergessenheit gerät. (Solange einer nicht weiß, warum er unter Wasser leichter wird oder warum er Kopernikaner zu sein glaubt, hat es noch Zeit, ihn über Kernkräfte zu informieren.)

8 De l'esprit géométrique (Vom Geist der Geometrie). Französisch und deutsch, Darmstadt 1948, S. 57.

9 Werke, hrsg. v. R. K. Goldschmit. Stuttgart 1924, S. 134.

10 Unterzeichnet von H. BOHNENKAMP, W. FLITNER, E. DE HAAR, E. SPRANGER, C. F. v. WEIZSÄCKER. Siehe z. B. Die päd Prov., 1951, S. 623 ff.

10a E. M. STANDING, Maria Montessori, Leben und Werk. Stuttgart o. J., S. 204. (Dieses Motto könnte auch über dem Kapitel I stehen.)

Ein zweites Hindernis ergibt sich für den Physikunterricht daraus, daß man aus einer gewissen technischen Existenz-Panik dazu neigt, in die allgemein-bildenden Schulen schon eine technische Nachwuchs-Ausbildung auf Kosten des Verstehens glaubt hineinnehmen zu sollen. Die Ausbildung nicht notwendig verstehender, sondern nur richtig funktionierender Arbeiter, Techniker, Ingenieure, Mathematiker ist heute wahrscheinlich notwendig und keine Schande. Sie darf aber nicht in die „allgemein-bildenden“ Schulen hineingedrängt werden, die ihrem Wesen nach *verstehende Schulen* heißen könnten.

Ein Drittes steht im Wege: Die Vorliebe der großen Menge für Quizkonkurrenzen zeigt, daß das Scheinwissen hoch im Kurs steht. Es wird nicht leicht sein, auf solche Weise geschulte Eltern für eine konstruktive Stoffbeschränkung zu gewinnen.

Noch also ist es nicht entschieden, ob JACOB BURCKHARDTS prophetische Anmerkung sich erfüllen wird: „Allein wir sollen ja eine zu Boden gelernte Nation sein und bleiben[11].“

Es ist, hoffe ich, aus dem, was in diesem Buch auch abgesehen von diesem Kapitel gesagt wird, deutlich, wie eine konstruktive Stoffbeschränkung denkbar wird: ein hinreichend geschlichteter, zusammenhängender, wirklich verstandener und deshalb im Gedächtnis bleibender Grund-Kanon, wie er im Kap. XVI dargestellt ist, und außerdem, hineinverflochten und auch hineingesenkt: exemplarische Tiefenbohrungen, die erhellen, was der Mensch in der physikalischen Auseinandersetzung eigentlich tut.

Es wird aber außerdem nötig sein, kurz zusammenzufassen, in welchem Sinn das Prinzip des „Exemplarischen Lehrens“ hier verstanden werden soll.

Auch dieses Prinzip selber läßt sich am besten am Beispiel zeigen[12]. Freilich kann kein einzelnes Beispiel alles deutlich machen, was zum Exemplarischen Lehren gehört. Aber der im Anhang (E) wiedergegebene Lehrgang zum *Fallgesetz* ist geeignet, den eigentlichen Kern sehen zu lassen.

Die Frage ist ja: Was soll denn dabei — z. B. bei diesem Lehrgang — „herauskommen“? Genauer: Was soll hier „ein für allemal“ herauskommen? Mit anderen Worten: *Wofür* soll hier das Fallgesetz — oder besser, obwohl das Fallgesetz das „Thema“ ist —, wofür soll dieser Lehrgang (in das Fallgesetz hinein) „exemplarisch“ sein? Nicht gemeint ist, daß er ein „vorbildlicher“ Lehrgang sein soll, ein exemplarisch schöner. Ebensowenig, daß er ein Muster zu einer genauen Wiederholung sein solle.

Nun kann, was hier „ein für allemal“ erfahren werden soll, offenbar nicht das *Fallgesetz selber* sein, denn das gibt es nur einmal. (Es ist auch nicht gemeint, daß es ein für allemal „sitzen“ solle, „parat“ sein. Obwohl auch das dazugehört. Denn was für alle Male bedeutsam sein soll, das muß auch gegenwärtig bleiben.)

Es ist natürlich gut, daß dabei die Kenntnis des Fallgesetzes herauskommt. Das ist ein sozusagen unvermeidliches und sogar erwünschtes Nebenergebnis, so wie der Koks in der Gasfabrik.

---

[11] Briefe. Sammlung DIETERICH, Wiesbaden, Bd. 6, Brief an Friedrich von Preen vom 21. 2. 1878.

[12] Was ich an anderer Stelle zum Exemplarischen Prinzip veröffentlicht habe, findet sich in den beiden Sammelbänden „Ursprüngliches Verstehen und exaktes Denken“, ²1970. — Eine Auswahl über die neuere Entwicklung des Begriffes in Richtung auf das „Genetische Prinzip“ bringt das Beltz-Taschenbuch „Verstehen lehren“. Weinheim 1968, 2. u. 3. Aufl. 1970. — In beiden Schriften Hinweis auf weitere Literatur anderer Autoren.

Mit „Kenntnis“ ist selbstverständlich nicht gemeint, daß der Schüler nur „sagen“ kann: „esgleichgehalbetequadrat“ (obwohl so etwas vorkommt).

Er muß diese Gleichung auch „verstehen“; zunächst in dem Sinn, daß er weiß, was sie sagt. Er muß sie also außer in der mathematischen Geheimsprache (oder auch ohne sie) „auf deutsch“ sagen können; so einfach, wie ja auch GALILEI sie in Worten sagte (S. 288).

Er wird sie dann auch „anwenden können“ (Motto 3). Durch Einsetzen von Zahlenwerten also ausrechnen können, etwa, wie tief ein Stein — jeder Stein — im leeren Raum in 5,3 Sekunden gefallen sein wird. Wer das kann, tut schon etwas, das nützlich werden kann. Er „bedient sich“ der Formel, indem er sie bedient.

Aber er kann noch kein Lehrer sein. Dazu muß er noch in einem tieferen Sinne „verstehen“: Er muß *überzeugt* sein, indem er weiß, woher das kommt, woher man das weiß. Er muß also die Experimente kennen. Probe darauf ist, daß er auch andere überzeugen kann.

All dies ist selbstverständlich und hat mit dem Exemplarischen Lehren noch nichts zu tun. Es ist selbstverständlich, wenn man das Fallgesetz überhaupt als Unterrichtsthema wählt. Ob man das tut, ist eine andere Frage. In der Höheren Schule wird man es gewiß tun, in der Volksschule nicht unbedingt, aber möglicherweise. Zur „allgemeinen Bildung“ gehört es selber nicht. Aber zur „Menschenbildung“ sowohl des Volksschülers wie des Gymnasiasten gehört es unbedingt, daß er jenes „Etwas“ erfährt (dem wir hier gerade nachspüren), und das er „zum Beispiel“ am geeignet behandelten Fallgesetz lernen kann. Es handelt sich also gar nicht um das Fallgesetz als solches. Man könnte das, worum es geht, auch an einem anderen Gesetz zeigen (etwa am Brechungsgesetz; aber das Fallgesetz ist besonders gut geeignet).

Wir nähern uns diesem Etwas schon, wenn wir erreichen, daß der Lernende, falls dieser Lehrgang bei ihm „anschlägt“, auch das „Experimentieren“ und das „physikalische Denken“ gelernt hat (Motto 7). Denn damit besäße er in der Tat etwas ein für andere Male Übertragbares (Motto 6). Er würde damit, nun vor eine zweite, ähnliche Aufgabe gestellt, vielleicht schon etwas „können“: Wie man einen Versuch macht, wie man ihn verfeinert, die Genauigkeit steigert, zur Tabelle kommt, zur Formulierung, zur Formel.

Diese methodische Schulung würde ihn weiterhin in den Stand setzen, vom Fallgesetz aus nun auch andere, benachbarte „Stoffe“ zu erobern und umfassendere (Motto 2). (So hier, daß es ein allgemeineres „Fall“-Gesetz gibt: Daß die Zahlenreihe 1, 3, 5, 7 ... überall da „herrscht“, wo eine konstante „Kraft“ einen Körper antreibt [siehe Seite 53].) Das ist die Ausweitung des „Einzelkristalls“ zum „Großkristall“ (S. 210f.). Eine stoffliche „Ausstrahlung“ auf Grund der fachmethodischen. Wer soweit ist, dazu anzuleiten, könnte ein Fach-Ausbilder werden.

Auch ein Lehrer? Der Kern des Prinzips ist noch nicht erreicht. Denn das Exemplarische Lehren meint Menschenbildung. Alles bisher Genannte kann aber unter Umständen doch nur fachliche Schulung bewirken. Denn wer das kann: Experimentieren, physikalisch Denken, das Gesetz aus der Beobachtungsreihe gewinnen, der könnte ja damit auf dem Weg sein, ein Physiker zu werden. Aber nur ein spezialisierter, vielleicht auch nur ein Laborant; kein gebildeter Physiker

(Motto 9). Weder die Volksschule noch die Mittelschule und die Gymnasien haben ja die Aufgabe, auf solche Ziele ihr *Haupt*augenmerk zu richten (wenn auch die fachliche Schulung ein unumgängliches und willkommenes Nebenergebnis sein wird).

Was ist nun das, dieses nicht eigentlich stoffliche und auch nicht rein „formale" Ziel (wie „Beobachten können", „Denken können")? Es ist etwas in der physikalischen Begriffswelt nicht Formulierbares, nichts was man sieht, wenn man „ganz drin" ist. (Wenn man auch dazu einmal „drin" gewesen sein muß.) Es ist etwas, das man nur in den Blick bekommt, wenn man sich von der Tätigkeit des denkenden Experimentierens abhebt, distanziert (ohne sie doch aus dem Auge zu verlieren) und sich fragt: Was tun wir da eigentlich? Wir denken dann nicht mehr darüber nach, wie das Fallgesetz lauten könnte, sondern wir denken über *uns* nach als solche, die es suchen. Die Fragestellung ist also mit einer Grenzüberschreitung verbunden. Aber keiner verbotenen. Das wäre sie nur, wenn wir mit Hilfe physikalischer Begriffe uns aus dem physikalischen Begriffs-Horizont glaubten herausheben zu können. (Was dem Unternehmen MÜNCHHAUSENS gleichkäme, der sich am eigenen Zopf aus dem Sumpf gezogen haben wollte.) Das Denken wird „wissenschaftstheoretisch", damit philosophisch. Wir fragen, was wir da „überhaupt" tun, d. h., wir heben den Blick und blicken über die „Häupter" der physikalischen Landschaft hinweg ins Weite. Das ist eine *gebotene* Grenzüberschreitung. Sie ist notwendig, wenn wir von unserem Tun nicht benommen werden wollen (Motto 8).

Es sind Fragen folgender Art, die sich da einstellen: Was ist ein Experiment? Wie findet man ein Naturgesetz? In welchem Sinn kann hier von „Gesetz" die Rede sein? Wer hat es „gesetzt"? (Die juristischen Gesetze gelten durch Übereinkunft, die physikalischen offenbar nicht. Aber der Mensch war nötig, die Natur so einzuengen, daß sie — die so eingeengte, nicht die „natürliche" — die Physik herausgab.) Ist die Einfachheit des Gefundenen selbstverständlich? Gelten die Gesetze genau?

Solche Fragen zu beantworten, die zwar die Physik betreffen, doch *nicht an bestimmte „Stoffe"* gebunden sind, möchte ich *„Funktionsziele"* nennen. (Näheres: Anm. 12, Seite 228.) Sie hängen, wie man sieht, eng mit dem Aspektcharakter der Physik zusammen. Sie machen die Kategorien erst bewußt, die zur Physik gehören; die sie errichten.

So gibt es für jedes „Fach" ein seiner Eigenart gemäßes und seine Eigenart bestimmendes Kategoriensystem, und jedes Fach hat seine ihm eigenen Funktionsziele.

Was ist also von einem Thema zu verlangen, damit es zu einer exemplarischen Behandlung geeignet sei? Das Exemplarische Lehren will auf das Ganze des Faches hinaus, und zwar nicht durch ein Auf-Schichten von Stoffen längs vorgezeichneter Ordnungs-Strebepfeiler (vom Einfachen zum Komplizierten hin), bis zu einem (den besonderen Anforderungen zwar angepaßten, aber doch relativ) kompletten Bestand, sondern durch jenes soeben beschriebene „ein-für-allemal".

Die dabei zuletzt genannte Phase, die im eigentlichen Sinne menschenbildende, von der Physik sich abhebende (also die das *Ganze* der „geistigen

Welt" berührende) Phase des Ausstrahlens (Motto 8, 9, 10) macht nun deutlich, daß der *Aspekt*-Charakter der Physik (und so einer jeden wissenschaftlichen Disziplin) mit dem exemplarischen Verfahren unlösbar verbunden ist: Indem es den Aspekt transzendiert, enthüllt das exemplarische Verfahren den Aspektcharakter und umgekehrt: *Gerade und nur weil Physik nur EIN Aspekt is kann sie exemplarisch und dadurch menschenbildend gelehrt werden.*

Dabei wird deutlich, daß die *Objekt*- und die *Subjekt*-Seite des Lernens nicht scharf voneinander getrennt werden können.

Tut man es aber doch einmal vorübergehend und mit Vorbehalt, so kann man sagen: Das exemplarisch zu behandelnde Thema muß so gewählt sein, daß es nach beiden Seiten hin „auslösende" (oder auch „einlassende") Kraft hat, d. h. den Charakter eines „Einstieges". Und zwar so, daß es:

a) nach der Seite des Objektes (des Faches, des Stoffes hin, d. h.: „physikalisch gesehen", gemäß seinem Platz im „System" [Gefüge] des Faches) eine „Schlüsselposition" hat und also geeignet ist, das Ganze des Faches, oder doch einer seiner „Provinzen" oder „Verkehrsadern" „aufzuschließen" oder „aufzurollen", ja sogar in besonders günstigen Fällen das Ganze der „geistigen Welt" anzurühren,

b) nach der Subjektseite hin, im Hinblick also auf die personhafte Betroffenheit des Menschen: daß es dem Lernenden als Aufgabe, als Problem wirklich „gestellt" wird („gestellt" wie ein Segel, um den Wind der Spontaneität zu fangen) in einer solchen Ausprägung, daß es auch *sein* (des Lernenden) geistiges Ganzes in Bewegung setzt. Zum mindesten dadurch, daß es ihn spontan „interessiert", möglichst aber mehr: nämlich sein Denken herausfordert (und zwar auf eine lange Strecke hin; strategisch, nicht nur taktisch) dabei aber nicht nur und nicht sofort an seinen Intellekt allein appelliert.

Der Einstieg ist also ein Ein-*Gang*, ein Tunnel, mit einer saugenden Öffnung zum Subjekt hin und einer ausliefernden Mündung auf das schon fachlicher formulierte Problem.

Das Thema Fallgesetz erfüllt die Forderung a) offenbar. Denn von ihm aus ist es möglich, die Grundbegriffe der Mechanik und ihre in der Gleichung Kraft = Masse mal Beschleunigung zusammengefaßte Verflochtenheit, also die Systematik der Mechanik zu eröffnen.

Die Forderung b) dagegen erfüllt der im Anhang E wiedergegebene Lehrgang nur in sehr bescheidenem Maße. Er *vermeidet* nur etwas: das lähmende Verfahren *längs* des Systems. Das würde etwa so aussehen: Grundbegriffe: cm, g, sec — Grundfertigkeiten (Längenmessung, Wägen, Zeitmessung —, gleichförmige Bewegung, Geschwindigkeit, ihre Messung, ihre Einheit. Die gleichförmig beschleunigte Bewegung an der Fahrbahn, quantitativ studiert führt zu „Kraft = Masse mal Beschleunigung", schließlich die „Anwendung" auf den „Sonderfall" des freien Falles). — Woran es dem beschriebenen Lehrgang fehlt, das verrät der Satz „Es sei auf irgendeine Weise gelungen, die Schüler dafür zu erwärmen." In dem von mir berichteten Fall genügte die unmittelbare Fragestellung. Bei Jüngeren denke ich mir, daß man ausgehen könnte von der Frage: „Wie fällt ein aus dem Flugzeug abspringender Pilot, mit und ohne Fallschirm?"

Wesentlich ist: Das Ausgangsproblem darf nicht zu einfach und es darf nicht zu komplex sein. „*Wohl außerhalb der Reichweite, aber durch ein Sich-recken des Geistes erreichbar*[13]."

Ist es zu einfach, so provoziert es nicht die Forschungslust des Lernenden. Ist es zu kompliziert, so entmutigt es ihn, denn es fordert mehr an Vorkenntnissen, als sich auf frischer Tat, d. h. vom Problem her, gewinnen lassen. —

Natürlich sind nicht *nur* solche Probleme geeignet, die gar keine Vorkenntnisse (auf Vorrat bereitstehende) erfordern. Das Grundwissen des Kanons steigt ja im Laufe der Lehrjahre. Es kann sich dabei auf exemplarische Problemlösungen aufbauen, und es kann, umgekehrt, wieder Grundkenntnisse „bereitstellen" die für „höher" liegende exemplarische Probleme benutzt werden.

Es hieße die Kennzeichen des Einstieges als eines Ein-Ganges mißverstehen, wenn man das Thema *nur* vom stofflichen Gefüge des Faches her wählte. Wenn man also — im Unterricht der Höheren Schule wird diese Versuchung größer sein als in der Volksschule — zum Beispiel meinte, etwa von dem Thema „Gravitationswaage" ausgehen zu sollen, um aus ihm dann Gravitationsgesetz, Himmelsmechanik usf. schnell und rationell zu „erschließen"; oder: vom Thema „Schweredruck in Flüssigkeiten" (an Hand einer Druckkapsel, die mit dem Manometer verbunden ist), um damit sogleich die ganze Hydrostatik „abzuleiten"; oder: vom FRESNELschen Spiegelversuch, um aus ihm die gesamte physikalische Optik „ausstrahlen" zu lassen. — Denn auf diese Themen und auf die an sie gebundenen Versuchsanordnungen kann ja nur ein Mensch kommen, der schon ziemlich Bescheid weiß. Die entsprechenden Themen müßten vielmehr — etwa — heißen: Warum gehen eiserne Schiffe nicht unter? Warum macht das Öl auf dem nassen Asphalt ein System farbiger Ringe? Der „Eingang" muß also zwar auf eine Schlüsselposition inmitten des Fachgefüges zielen, aber eben nur zielen, nicht schon dort einsetzen; er muß inmitten des „Lebens" stehen. Immer muß es eine *Frage* sein, aber eine Frage des Unbefangenen, des Laien; des schon Denkenden, aber — relativ zum Ziel — noch nicht Wissenden. Also nicht eine Frage des Lehrers an die Apparatur, sondern eine Frage des Schülers an die Natur. Mit anderen Worten: Es genügt nicht, daß das Thema erkennen läßt, „woher" das Erkannte (logisch und experimentell) „kommt", sondern wie der suchende Mensch auf natürlichem Wege „darauf kommen" konnte (etwa: wie KEPLER auf seine Gravitation kommen konnte, *ohne* Drehwaage und ohne NEWTONsche Mechanik), und: wie die Natur so etwas preiszugeben bereit sein kann, preiszugeben bereitgemacht werden kann. — Daher die Notwendigkeit, den Lehrer in die Dramatik der geistesgeschichtlichen Entwicklung seines Faches einzuführen (auch dies exemplarisch: an einem geeigneten Forscher oder einer geeigneten Epoche).

Es sind zwei ganz verschiedene Unterrichts-Stile: ob der Lehrer dem Schüler nur beweisen will, daß es so ist wie es ist (logisch, experimentell, auch arbeitsunterrichtlich korrekt), oder: ob er ihn zugleich erfahren lassen will, *wie der Mensch (die Menschheit) auf so etwas kommen konnte und mußte.* Nur die zweite, die genetische, Art hat mit dem, im strengen Sinne verstandenen, exemplarischen Lehren zu tun[14].

---

13 E. M. STANDING, MARIA MONTESSORI, Leben und Werk. Stuttgart o. J., S. 198. 14 Siehe Anm. 12.

## XVI. Kapitel

# Kanon der Physik

### Einführung

Dieses Grundgefüge umfaßt etwa das „Pensum" der Volksschule und zugleich das der Mittelstufe der Höheren Schule. Beide werden sich natürlich trotzdem voneinander unterscheiden: in der Auswahl (Teile, die ohne Zweifel den Volksschulunterricht überschreiten, stehen hier nach rechts eingerückt), in der Dichtigkeit der eingelegten quantitativen Untersuchungen und in der mehr oder weniger betonten Tendenz auf eine scharfe Begriffsbildung. Worin sie sich voneinander aber nicht trennen sollten, das ist die Pflege eben jener „schlichten Verbindungen", und sie *allein* sind hier als das, was beide Schularten brauchen, aufgezeichnet.

Es ist also nicht so gemeint, als *dürfe* die quantitative Betrachtung erst *nach* der Erreichung dieser phänomenologischen Übersicht einsetzen.

Dieser Kanon (dieses Kompendium, wie man ihn auch nennen könnte), verfolgt aber noch eine zweite Absicht, indem er die strengen und mathematischen Formulierungen vermeidet: Er möchte die lebendige Begegnung mit der Natur bewahren, auch in der Durchsicht auf die schlichten Zusammenhänge. Auch hier ist das nicht so gemeint, als dürfe der Schüler nicht *auch* die strengen Formulierungen kennen.

Es soll keine Blüte abgeschnitten: es soll eine Wurzel erhalten werden, damit die Blüte nicht zur Papierblume verwelke. Das hier Dargestellte ist gleichsam die Innenansicht, die nicht fehlen darf, wenn das Abfragbare nicht Fassade werden soll.

Dieser Kanon soll also *nicht ein Lehrbuch für das Kind* sein. Er ist eine Darstellung für den Lehrer, die ihm sagen möchte, wie die Physik für das Kind von innen ungefähr aussehen könnte, ohne daß das hier Gegebene etwa der Wortlaut sein müßte, wie ihn der Lernende wissen sollte. Es zeichnet das Grundgefüge der — sozusagen — physikalischen Landschaft ab, wie sie sich in Kopf und Herz des Lernenden eingelassen und aufgetan haben sollte.

Es wird dabei auch versucht, die Erscheinung und ihr Gesetz möglichst wieder in die Natur zurückzuversetzen, von der ja auch die Forschung immer ausgeht. Die Zone des Experiments und der Apparate ist eine notwendige Durchgangszone, die schließlich wieder verlassen werden muß. (Es versteht sich, daß auch sie noch im Gedächtnis sein soll, wenn sie auch hier nicht aufgenommen ist. Ohne sie könnte die hier gegebene Verbindung der Ergebnisse gar nicht Bestand haben.)

Dieser Kanon soll auch *nicht* etwa *ein kurzgefaßtes Lehrbuch für den Lehrer* sein, das für sich allein verständlich sein könnte. Er möchte für den schon einigermaßen Kundigen die Linien der schlichtesten Verbindung zeichnen, so wie man wünschen könnte, daß sie sich im Geiste des Lernenden allmählich ausbilden. Dieser Kundige sollte der Abiturient sein. Daß er es heute im allgemeinen nicht ist, hat zum Glück weder physikalische noch psychologische Gründe, sondern nur historische. Es kann also noch einmal anders werden.

Um deutlich zu machen, daß hier nichts anderes verbunden wird, als was die Fachworte in einem herkömmlichen Lehrplan etwas gelehrter sagen, sind die *Fußnoten* angefügt. Sie sollen den Anschluß geben an gewohnte Formulierungen (die sonst vielleicht manchmal gar nicht wiedererkannt würden). — Zur Not können sie auch dem der Physik ferner stehenden Lehrer Anhaltspunkte geben, wo er in den Lehrbüchern nachschlagen kann, um seine Kenntnisse aufzufrischen oder zu erweitern. Es ist also durchaus nicht so gemeint, daß die Schüler all das wissen sollten, was in den Lehrbüchern zu den unter dem Strich angegebenen Stichwörtern steht. Es genügen meist die qualitativen Grundlagen. — Im Heft des Kindes wird dem Inhalt nach dasselbe stehen wie hier, aber von ihm selbst verfaßt und in einem Wortlaut, den kein Erwachsener voraus wissen kann. Vorher werden in demselben Schülerheft die vielen Erfahrungen und Experimente aufgezeichnet sein, die (im allgemeinen in noch nicht systematischer Reihenfolge) diesen hier gegebenen Zusammenhang stützen, und ohne die er nicht bestehen kann.

So wenig wie ein Lehrbuch, soll dies auch ein *Lehrgang* sein. Das hier Aneinandergereihte kann nicht überall und braucht nirgendwo die Reihenfolge zu geben, in welcher der Lehrer mit seinen Schülern in die Physik eindringt. „Einstiege“ gibt es unzählige. Sie gehen hervor aus dem Tun und aus den Problemen, die das Tun uns aufdrängt. Der hier skizzierte Zusammenhang ergibt sich aus den gesammelten Einsichten zuletzt, und erst im letzten Jahr der Volksschule erscheint es möglich, daß diese gegliederte Kette im Geist des Schülers sich schließt, wenn sie sich nur auf hinreichend viele und mit Kopf und Herz angeeignete Erlebnisse des Tuns stützt und vom Lehrer ergänzt wird. Sie bedeutet eine Ernte, sie ist das Ergebnis einer gemeinsamen Besinnung. Das „Material“ ist da: Die Erkenntnisse der vorangegangenen, nicht unbedingt systematischen (sondern aus der Gelegenheit echter Situationen des Schullebens erwachsenen) Einzelfunde. Sie sind nun wie Perlen auf eine Schnur zu ziehen. Gegenstand des Nachdenkens ist diese Schnur, diese Ordnung. Über sie wird man im Gespräch sich klarwerden. Fehlt eine Perle, so ist das kein Unglück, ausnahmsweise kann sie auch nachträglich einmal vom Lehrer erzählt oder durch ein „dargebotenes“ Experiment nachgeholt werden. Der letzte Zusammenhang kommt dann ebenfalls aus einer echten Situation: Es ist die des Suchens dieser Ordnung. Sie ist jetzt Selbstzweck des Tuns geworden. — Es hätte nur eine geringe Wirkung, wenn der Lehrer die Schnur selber durch die Perlen zöge. Auch dieses Einfädeln wird von der (nun rein denkerischen) Selbsttätigkeit der Arbeitsgruppe getragen sein.

Dieser Kanon stellt den physikalischen Zusammenhang in einer gewissen Vollständigkeit vor. Es soll damit nicht gesagt sein, daß er in der Schule unbedingt in allen seinen Teilen „behandelt“ werden müßte. Auch nicht in allen Teilen gleich intensiv. Nur das ist zu wünschen: *Was* im Unterricht vorkommt, *das* sollte auch miteinander verbunden sein. — Im übrigen halte ich es für *möglich*, daß der ganze Inhalt des Kanons im Laufe der Schulzeit angeeignet wird. Ich glaube aber nicht, daß das bei dem gegenwärtigen Stand der Lehrerbildung schon bald allgemein gelingen kann.

Das Phänomen hat immer den Vorrang. Modellvorstellungen sind zugelassen, wo sie sich auf eine ungezwungene Weise aus der Sache heraus aufdrängen. Um jedoch zu einer deutlichen Scheidung beizutragen zwischen „Phänomen" (dem Vorhandenen, Vorzeigbaren, dem, was man also unmittelbar mit den Sinnen wahrnehmen kann) und „Modell" (Gleichnis, Bild, etwas, was wir ins Wahrnehmbare hineindenken müssen), ist der Text überall da klein gedruckt, wo die Bühne des Gleichnisses betreten wird. — Übrigens darf man ja nicht denken, daß das Modell immer auch etwas besonders Unsicheres, nur Vermutetes wäre. So ist zum Beispiel der Atomismus der Elektrizität keine Hypothese mehr. Trotzdem sind die Elektronen niemals vorzeigbar, ja sie sind nicht einmal „Körper", die etwa nur sehr klein wären. Sie existieren gewiß, aber nur insofern, als eine Kette von Experimenten wahrnehmbar ist, aus der wir sie denken *müssen*, wenn wir logisch denken.

Der Satzbau ist oft etwas verwickelt; er erlaubt bisweilen gerade dadurch, den Zusammenhang der Erscheinungen kurz und ohne Rückgriffe darzustellen. Das Folgende ist also nicht zum Vorlesen geeignet. Es ist auch keine Lektüre für Kinder, auch kein Vorbild; eher ein Nachbild. Es ist ein Text für den Lehrer, aber im Hinblick auf das Kind. Es ist kein physikalischer Text, sondern ein *pädagogischer* über physikalische Gegenstände.

## A. Das Greifbare · Drei Arten von Stoffen

Auf den ersten Blick scheint es zwei Sorten von Dingen (Körpern) zu geben; die formbewahrenden, ja formverteidigenden[1], *festen* — sie vor allem ermöglichen uns die Werkzeuge und Maschinen, die der Hand Kraft sparen, wenn sie sich dafür um ein um so größeres Stück bewegt[2] — und die *flüssigen*, die des Gefäßes bedürfen, wenn sie stehen und wenn sie die Form bewahren sollen; die aber ihren Raum (ihr Volumen) noch verteidigen[3].

Nicht so die Luft (obwohl sie durch Gewicht und Wucht sich ebenfalls als Körperliches einer dritten Art zu erkennen gibt) und die anderen Gase (wie zum Beispiel der brennbare Kern der Kerzenflamme): Sie lassen sich zwar leicht zusammendrücken, aber sie müssen in einem geschlossenen Gefäß eingesperrt werden, wenn sie beisammenbleiben sollen; denn anders als die festen und flüssigen Stoffe zeigt das Gas ein tätiges Verhalten: Es drückt nicht nur aus Schwere, sondern „von sich aus", gegen die Wand seines Behälters und besetzt jeden zugänglichen Raum. Dabei sinkt sein Eigendruck auf die Hälfte, wenn es seinen Raum auf das Doppelte erweitert[4].

Jede *stehende*[5] Flüssigkeit erzeugt, auf sich selber lastend, einen *Schweredruck* in ihrem Innern, zunehmend mit der Tiefe und im rechten Winkel auf jedes Flächenstück eines eingetauchten Körpers einwirkend. Deshalb bedrängt sie ihn in der Tiefe (von unten) stärker als von oben und erzeugt so für ihn eine Tragkraft[6], die alle eingetauchten Körper erleichtert.

Meist unmerklich, verrät es sich gelegentlich und wird durch Pumpen auffällig, daß es einen *Luftdruck* gibt. Da er nach oben nachläßt (wie das Barometer zeigt, das auf den Berg getragen wird), ist auch er ein Schweredruck des Luftmeeres,

---

1 Form-Elastizität.
2 „Mechanische Arbeit" (Kraft mal Weg).
3 Volum-Elastizität.
4 Gesetz von Boyle.
5 Hydrostatik.
6 Auftrieb.

das über uns lastet. Wie der Schweredruck stehenden Wassers verleiht auch er allen Körpern einen Auftrieb. Er allein ist schuld daran, daß die Flamme aufsteigt.

Anders als in *stehenden* flüssigen und luftförmigen Körpern geht es zu, wenn sie unter ihrem eigenen oder fremden Druck ins *Fließen* gekommen sind[7]. In dem Maße wie sich Druck in Strömung umsetzt, muß er sinken[8]. Das geschieht überall da, wo eine Strömung (sei es im Wasser oder in Luft) zwischen enger werdenden Wänden eingeschnürt eine Stromschnelle bildet, sich also beschleunigt. *Ein* vorgewölbtes Ufer genügt dazu schon. Deshalb muß ein Dach, ein ausgebreiteter Vogelflügel, eine Tragfläche, da sie oben gewölbt sind, den an ihnen entlanggleitenden Sturm oder auch Fahrtwind zur saugenden Stromschnelle einengen; die nun das Dach abhebt und den Vogel trägt.

## B. Das Hörbare[9]

Von den Tönen der Musik bleibt dem messenden Beobachter (auch wenn er taub ist) übrig: Der Widerstreit, der in den tönenden Dingen schwingend ausgekämpft wird zwischen ihrer Trägheit und ihrer formbewahrenden Kraft, wenn sie angeschlagen worden sind. (In den Flöten ist es ihr Luftinhalt, der nach dem Anblasen, träge schwingend, seinen *Raum* verteidigt.) „Die Elastizität der Körper (und es wird wohl keine völlig harten oder völlig weichen geben) ist gleichsam das Leben derselben, wir bekommen dadurch ein Gefühl ihrer Gegenwart durch das Gehör, Gesicht und öfters das Gefühl, ein Körper, welcher dieses Lebens beraubt ist, würde, unkenntlich und unbrauchbar, seine Lücke ausfüllen. Die elastischen Kräfte der Körper sind die Dolmetscher, wodurch sie sozusagen mit uns sprechen." (G. CHR. LICHTENBERG, Sudelbücher, Bd. I, München 1968, S. 10.)

Von der Saite angestoßen, nimmt der äußere Luftraum die Schwingungen auf, gibt sie weiter als regelmäßige Folge von Stößen[10], die sich, in je drei Sekunden einen Kilometer weiterlaufend, allmählich in die Runde verlieren. Als Widerhall kehren sie von Felswänden und Waldrändern zu einem Teil zurück.

Diese Bewegungen entsprechen dem Ton. Je höher der Ton, desto schneller das Zittern[11]; je lauter, desto ausgreifender[12] die Schwingungen.

Eine Saite kann als Ganzes schwingen, sie kann auch in Abteilungen, und dann schneller, schwingen. Sie kann sogar beides gleichzeitig tun und tut es immer. Entsprechend hört ein feines Ohr, wie außer dem Grundton noch leise Obertöne mit einklingen. Das ist auch bei Flöten und Trompeten und allen Instrumenten so. Und bei jedem Instrument sind diese Obertöne andere. So klingt eine Geige anders als eine Flöte, auch wenn sie denselben Ton spielt und ebenso laut. Jedes Instrument hat so seine eigene „Klangfarbe".

Wie das über den Bach gelegte Brett schließlich brechen kann, wenn man im richtigen, ihm eigenen, Takt auf ihm wippt; wie eine schwere Schaukel von einem schwachen Kinde allmählich in Gang gebracht werden wird, sobald es nur in eben dem Wechsel stößt, in dem allein die Schaukel von sich aus zu schwingen

7 Hydrodynamik.
8 Gesetz von Bernoulli.
9 Akustik.
10 Schallwellen (longitudinal).
11 Schwingungszahl oder Frequenz.
12 Schwingungsweite oder Amplitude.

vermag — so muß ein jedes Ding, das überhaupt zittern kann (eine Saite, die Luft in der Flöte, ja eine lockere Fensterscheibe), bald in ein hörbares Mitschwingen[12a] kommen, wenn ein Ton sie trifft, der ihrem Eigenton gleich ist an Höhe und damit an Schwingungszahl. So klirrt die Fensterscheibe, sobald der Klavierspieler eine bestimmte Taste angeschlagen hat; und die ans Ohr gelegte Muschel beginnt in ihrem eigenen Ton zu summen, wenn dieser Ton enthalten ist im Chor der Brandung.

## C. Drei Zustandsarten der Stoffe

Bei genauerer Betrachtung zeigt es sich, daß es gar nicht drei voneinander verschiedene Stoff*arten* (A) gibt, sondern daß jeder Stoff aller *dreier Zustände*[13] fähig ist, je nach dem Wärmegrad[14], dem er gerade ausgesetzt ist: Die Wärme erscheint als Antreiber, besser: Begleiter seines Zustandswandels. — Immerfort dehnend[15] — das Wasser macht nahe dem Gefrierpunkt seine wichtige Ausnahme[16] —, führt sie den Stoff in zwei Schüben, dem Schmelzen und dem Sieden, durch alle drei Zustände, die im Erkalten als Verflüssigung und Erstarren wieder rückgängig werden. (Nicht jeder Stoff läßt sich durch alle drei Zustände führen: Verbrennen, Verrosten, Verwesen und andere „*chemische*" Stoffwandlungen können dazwischentreten. Was die chemischen von den physikalischen Wandlungen unterscheidet, ist, daß sie nicht so leicht wie die physikalischen rückgängig zu machen sind und daß mindestens noch ein zweiter Stoff in die Wandlung einbezogen ist.)

Dabei ist es nötig, vom Wärme*grad* die Wärme*menge*[17] zu unterscheiden. Die *Erwärmbarkeit*[18] der Stoffe ist verschieden. (Dieselbe Wärmemenge macht Felsboden fünfmal heißer als Wasser.) Die während des Schmelzens[19] und Siedens[20] zugeführte Wärmemenge ist unfähig, den Wärmegrad zu steigern. Sie wird ganz durch die Verwandlung verzehrt und tritt beim Erstarren oder Verflüssigen unvermindert wieder in Erscheinung.

Während alle Stoffe, solange sie fest oder flüssig sind, bei der Erwärmung sich verschieden dehnen, erreichen sie als Gase ein *gleiches* Verhalten: Alle Gase werden in der Erwärmung *gleich* gedehnt[21].

## D. Der Wärmeaufruhr der Materie

Es wäre nicht ganz zutreffend, zu sagen, die Erwärmung sei die alleinige „Ursache" des Schmelzens und des Kochens. Das zeigt sich, wenn man das kalte Wasser im leeren Raum, also vom Luftdruck befreit, kochen sieht[22].

---

12a Resonanz.
13 Aggregatzustände.
14 Temperatur; Thermometer.
15 Ausdehnungskoeffizient.
16 Anomalie des Wassers.
17 Einheit: Kalorie.
18 Spezifische Wärme.
19 Schmelzwärme.
20 Verdampfungswärme.
21 Gesetz von Gay-Lussac.
22 Abhängigkeit des Siedepunktes vom Druck.

Eine ständige Bereitschaft des Wassers zum Kochen wird damit offenbar. Sie ist unter den „normalen" Umständen vom Luftdruck niedergehalten, ohne doch — als Verdunstung — ganz unterdrückt zu sein. Diese im Eigendruck der Gase sich am auffälligsten äußernde Aktivität ist also auch in der Flüssigkeit schon am Werk; ja sogar in den festen Körpern, denn die selbsttätige Durchmischung[23] findet sich bei beiden.

So enthüllt sich allmählich ein inneres Tätigsein, ein verborgener Aufruhr, ein Auflösungs- und Angriffsbestreben aller Materie, das in befremdendem Gegensatz steht zu dem ersten Eindruck ihres untätigen Daseins. Je kälter es wird, desto geringer ist die innere Unruhe. Man sieht sie niemals selbst, aber feiner Staub in ganz ruhig stehendem Wasser verteilt, zeigt, unter dem Mikroskop betrachtet, ein unaufhörliches winziges Zittern, je kleiner die Staubteilchen, desto schneller[24]. Wir verstehen jetzt auch, warum wir durch Schütteln, Reiben, Peitschen allen Dingen *beliebig* viel Wärme (doch in festem Tauschverhältnis[25] von „Arbeit" und Wärmemenge) zufügen können. Wir geben damit dem inneren Aufruhr einen unmittelbaren Beitrag. Mehr nicht: Wärme ist also kein Stoff, und der heiße Körper wiegt auch nicht mehr als der kalte. So wird auch verständlich, daß es keine höchste, wohl aber eine tiefste Temperatur gibt (sie liegt bei 273 Grad C unter dem Gefrierpunkt): Wir stellen uns vor, daß dort die innere Unruhe ganz zur Ruhe gekommen ist[26].

## E. Zusammenhaltende Kräfte

Daß trotz dieser auflösenden Wärme-Unruhe die festen Körper Gestalt und Zusammenhang bewahren, daß die flüssigen im Zerfallen sich noch in kugelige Tropfen einrollen und ihre Oberflächenschicht zusammenraffen[27] (so daß der Wasserkäfer obenauf laufen kann und die Seifenblase sich spannen läßt), zwingt uns, von einer Zusammenhangskraft (Kohäsion) zu sprechen. Während sie alles *Flüssige* nur gleichmäßig *ballt,* baut sie im *Festen,* wenn es ungestört aus der Schmelze oder Lösung sich herstellt, *ebenflächige regelmäßige Gestalten* — Kristalle — auf, in jedem Stoff nach seiner Art. In den Gasen ist sie vom inneren Aufruhr (D) überflügelt. — Sie kann nur auf kürzeste Entfernung wirken und nur ganz nahe aus der Oberfläche des Körpers herausreichen. — Schmelzen und Sieden erscheinen nun als ihre (und des Luftdrucks) in zwei Schüben sich vollziehende Überwindung durch den inneren Wärme-Aufruhr

Auch *verschiedenartige* Stoffe werden durch eine solche Haftkraft (Adhäsion) verbunden. So hängt der Tautropfen am Blatt, und die engen Haargefäße der Pflanzen können den Saft festhalten, der in ihnen steigt[28].

Diese Kräfte sind grundverschieden von einer anderen, die aber mit ihnen zusammen die Auflösung niederhält: der weitreichenden *Schwerkraft.* Sie zieht den Apfel zur Erde und hindert das Luftmeer, in den leeren Weltraum hinaus zu verfliegen, sie macht den Luftdruck und verwehrt so dem Meer zu verkochen.

23 Diffusion.
24 Brownsche Bewegung.
25 Mechanisches Wärmeäquivalent.
26 Absoluter Nullpunkt. Kinetische Wärmetheorie.
27 Oberflächenspannung.
28 Kapillarität.

— Sie reicht, sich verlierend, in weiteste Fernen und zwingt, mit seiner Trägheit kämpfend, den Mond in seinen monatlichen Kreis: Wir verstehen ihn als Bahn einer geworfenen Felskugel[29].

## F. Wärmestrahlung

Die innerlich immer mehr erregte Materie erreicht schließlich einmal den Zustand der *Glut*. Neben zwei leicht begreiflichen Formen der Wärmeausbreitung (der *Leitung:* dem ansteckenden Um-sich-Greifen (des inneren Aufruhrs) von Schicht zu Schicht in Körpern aller Art — und dem *Transport* (mit strömender flüssiger Materie) macht sich dabei (und schon vorher) immer mehr eine völlig andere und rätselhafte dritte Art bemerkbar — bekannt von jedem überheizten Ofen und von der Sonne: die blitzschnelle, am besten den leeren Raum durchsetzende, durch raumerfüllende Materie nur behinderte, *Wärmestrahlung*, anfangs dunkel, später auch leuchtend (H).

## G. Fernwirkung[30]

So wie die *Wärme*strahlung eine *wärmende*, die *Licht*strahlung eine *leuchtende*, so sind die Schwerkraft, die magnetische und die elektrische Kraft *bewegende Fern-Wirkungen* der Körper. Anders als bei Stoß und Berührung zeigen sie, daß die Körper weiter „reichen" als ihre tastbare Oberfläche vermuten läßt, oder, durch ein anderes Gleichnis ausgedrückt, daß sie von einem *Kraftfeld* umgeben sind, in dem sie miteinander Fühlung haben. Diese Fühlung geschieht nicht zeitlos. Eine Veränderung des einen Körpers braucht eine Sekunde, um in dem anderen Folgen zu haben, wenn er von dem ersten durch 300 000 Kilometer stoffleeren Raumes getrennt ist[31].

## H. Leuchten und Licht

Mit zunehmender Erhitzung eines Körpers (F) (in anderer Betrachtungsweise: mit der Steigerung seiner inneren Aktivität) geht von ihm schließlich nicht nur *dunkle* Wärmestrahlung aus, sondern auch *leuchtende*, in der Folge von Rot—Gelb—Weiß. Mit ihrer außerordentlichen Schnelligkeit (G) durchsetzt sie, geradlinig schattenwerfend, den Raum (am besten den leeren), in der doppelten Entfernung also auf die vierfache Kugelfläche sich verdünnend[32].

---

29 Gravitation.

30 Hier *nicht* im Sinne der zeitlos wirkenden „Fernkräfte" zu verstehen.

31 Anm. 69. 32 Photometrie, Beleuchtungsstärke.

Manche Stoffe wie Glas, Wasser, Luft erhellt und durchläuft sie kaum geschwächt und ohne sie denn auch zu wärmen. Die undurchsichtigen halten sie auf und bewahren sie: werden warm davon[33] (Rot wärmt besser als Blau).

Alle Körper, durchsichtig oder nicht, werfen an ihrer Oberfläche einen Teil des einfallenden Lichtes als Widerschein zurück[34] und streuen es in alle Richtungen, in jedes Auge: Dadurch werden uns die Dinge erst sichtbar. Nur Stoffe wie Ruß geben fast gar kein Licht mehr zurück und lassen auch keines durch. Deshalb sehen sie schwarz aus und werden in der Sonne besonders heiß[35]. Je glatter (polierter) die Oberfläche, desto weniger verändert ist der Widerschein in seiner Farbe und Helligkeit und desto regelmäßiger geschieht die Zurückwerfung, desto weniger also mischt das Material sich ein. Aus der Streuung wird die *Spiegelung:* Das Licht wird dann genau auf die Art eines scharf gegen die Wand geworfenen Balles zurückgeschnellt[36]. Dieses Gesetz, auf alle Strahlen angewandt, die — zum Beispiel — von einem Baum ausgehen, erklärt vollkommen sein Spiegelbild im glatten See[37].

Derselbe Wasserspiegel, der uns das Bild des Baumes wiedergibt, ist für den Fisch ein Luftspiegel: In ihm sieht er über sich die Steine des Grundes, sich selbst und seine ganze Wasserwelt noch einmal.

So wird also Licht, das im durchsichtigen Element unterwegs ist und durch eine glatte Grenzfläche hindurch in einen anderen durchsichtigen Stoff hinübergehen will, in jedem Fall weggespiegelt. Aber nur zu einem Teil — die Sonne ist heller als ihr Spiegelbild.

Der andere Teil nun, der eindringt, schlägt im Durchgang durch die glatte Grenzfläche eine neue Richtung ein: Der auf dem Grund des Wasserbeckens liegende Stein sieht aus, als wäre er (zusammen mit diesem Grund) gehoben. Darin gibt sich als Gesetz zu erkennen: Ein Lichtbündel wird beim Passieren der Grenzfläche immer in Richtung auf den dichteren Stoff hin abgeknickt, „gebrochen“[38], je schräger es einfällt, desto mehr. Diese Schwenkung der Lichtfront erinnert an die Schwenkung einer Wellenfront, die aus tiefem Wasser plötzlich in seichteres (hinderlicheres) Wasser übergeht. Ein Teil aber wird immer weggespiegelt. Dieses Gesetz hat notwendig zur Folge, daß dem Licht, das aus Wasser (Glas, Kristall) *sehr* schräg gegen die innere Oberfläche anläuft, der Austritt in die Luft verwehrt ist, und ihm nichts anderes übrigbleibt, als sich mit seinem vollen Glanz wieder ins Wasser-Innere zurückzuspiegeln[39], wie es an Tautropfen zu sehen ist. —

Der weiße kleine Stein auf dunklem Grund klaren Wassers erscheint nicht nur gehoben, sondern auch farbig in die Höhe verzogen. Das bedeutet, daß aus dem weißen Lichtbündel bei der brechenden Begegnung mit Materie der Fächer der Regenbogenfarben hervorgerufen wird[40].

Die Farben unterscheiden sich also voneinander auch durch ihre verschieden starke Brechbarkeit. So werden sie meßbar. — Zweimal nacheinander gebrochen zieht sich das weiße Lichtbündel zu einem um so breiteren Farbenband auseinander: im Tau, in den Regentropfen, die das Sonnenlicht als Regenbogen in

[33] Absorption.
[34] Reflexion.
[35] Körperfarben.
[36] Reflexionsgesetz.
[37] Ebener Spiegel.
[38] Brechungsgesetz.
[39] Totalreflexion.
[40] Farbenzerstreuung oder Dispersion.

unsere Augen zurückbrechen und -spiegeln, und im geschliffenen Prisma, mit dem wir das Farbenband[41] künstlich herstellen. — Es hat also das weiße Sonnenlicht die Fähigkeit, im Zusammenwirken mit der Materie alle Farben aus sich zu entlassen: Die Rose ist rot, indem sie aus dem Sonnenlicht nur das rote Licht wieder hergibt, alles übrige als Wärme behält[42]. Das Auge ist so eingerichtet, daß es, von allen Farben zugleich[43] (oder aber auch von zweien, wenn sie richtig gewählt sind, wie rot und grün, oder blau und gelb[44]) getroffen, wieder weiß empfindet.

Das Farbenband des aufglühenden Körpers entfaltet sich von Rot her, und auch die dem Leuchten vorausgehenden dunklen Wärmestrahlen (die den Nebel durchdringen) finden in ihm ihren Platz vor dem Rot[45], während sich jenseits des anderen, des violetten Endes, ein ebenfalls unsichtbares, aber — zum Beispiel — unsere Haut bräunendes „Licht"[46] angliedert.

Das Licht der Weißglut — in sein lückenlos[47] ineinanderfließendes Farbband zerlegbar — senden *alle* genügend heißen festen und flüssigen Stoffe *gleichermaßen* aus. Sobald aber der selbstleuchtende Stoff verdampft ist, gibt er als Gas ein Licht von völlig anderem, nämlich stoffeigenem Verhalten: Es bekommt eine für den Stoff seiner Herkunft kennzeichnende *Farbe* (Natriumdampf gelb, Wasserstoff rot, Eisendampf grün), und zwar eine Mischfarbe besonderer Art: Denn ihr Farbenband zerfällt bei der Brechung[48] in eine gesetzmäßige Folge einzelner, scharf voneinander abgesetzter Lichtarten, zwischen denen breite dunkle Lücken liegen. (Während also die *Gase* in ihrer *Wärme*ausdehnung einander alle *gleich* werden, gewinnen sie in ihrer *Licht*äußerung gerade ihre *Eigenart*) So wird es möglich, einen Stoff allein an dem Licht zu erkennen, das er aussendet, mag er nun in der Flamme glühen oder in fernen Sternen[49].

*Die periodische Struktur des Lichts*

Eine schmale Kerzenflamme, die weit entfernt im dunklen Raum steht, und die man durch einen engen (1/2 mm), senkrechten Spalt betrachtet (ganz nah vor dem weit geöffneten Auge), bekommt rechts wie links eine Reihe schwacher Ebenbilder ihrer selbst; farbig gerandet und nach außen immer blasser sich verlierend. — Es braucht keine Flamme zu sein; ein schmaler Sonnenreflex an einer Nickelkanne tut es auch.

Dieser Wiederholungszwang äußert sich auch unter ganz *anderen* Umständen. Runde Ölflecke, wie wir sie auf glatten nassen Straßen finden, zeigen bunte Ringe, die einander umschließen.

Die Neigung zu solchen „periodischen Strukturen" müssen wir dem Licht selber zuschreiben: es bedarf zwar immer der Kollision mit körperlichen Dingen, aber diese Dinge brauchen an sich selber *keine* solche Struktur zu besitzen. (Ein Kamm etwa besitzt sie, der Spalt, der Ölfleck nicht.)

---

41 Spektrum.

42 Körperfarben.

43 „Experimentum crusis" Newtons.

44 Komplementärfarben.

45 Infrarot.

46 Ultraviolett.

47 Kontinuierliches Spektrum.

48 Emissions- oder Linienspektrum.

49 Spektralanalyse.

Alle diese Erscheinungen (die man in Apparaturen sowohl verfeinern wie auffälliger machen kann) lassen sich unter *einer* Modellvorstellung zusammenfassen und beschreiben, den „Lichtwellen". Der Weg zu ihnen ist aber lang und kann hier nicht einmal angedeutet werden.

Es ist der Überlegung wert, warum man bisher Kinder der Volksschule mit der „physikalischen Optik" verschont hat. Auch ich bemerkte erst bei der 3. Auflage, daß ich, nur aus Gewohnheit, dieses Kapitel vergessen hatte. Die Auslassung der Wellenoptik ist um so auffälliger, als man sich jetzt um den Atomismus mit mehr Energie und Selbstverständlichkeit als Erfolg bemüht. Dabei ist die Periodizität des Lichtes längst nicht so verborgen wie die körnige Struktur der Materie. Wenn man nicht bis zu den „Lichtwellen" vordringen kann, so ist das kein Grund, die Phänomene zu übersehen, die ihnen zugrunde liegen.

## I. Die magnetische Kraft

Der Magnetismus erscheint zunächst als ein besonderer Zustand, dessen nur Stücke aus festem Eisen, Nickel oder Kobalt fähig sind. Von zwei Stellen größter Kraftäußerung aus (den Polen) können sie ursprünglich unmagnetisch gewesene Stücke von ihresgleichen — schon bei Annäherung — selber zu Magneten machen und anziehen. Frei beweglich gemacht stellen sie sich annähernd in die Nord-Süd-Richtung ein. — Da zwei Magnete einander mit gleichartigen Polen abstoßen, mit ungleichartigen anziehen, wirkt also der Erdball wie ein Magnet. (Da er nicht genug festes Eisen enthält, ist diese Erscheinung nicht ohne weiteres verständlich. Siehe K.) Da der Magnet, wenn er zerbricht, lauter neue Magnetchen gibt, da ferner das Magnetisieren eines Eisenstückes die Stärke des Magneten, der dies bewirkt, nicht mindert, dürfen wir uns vom Magnetisieren folgendes Bild machen:

Es ist etwas wie ein Gleichrichten kleiner Urmagnetchen[50], aus denen auch vorher schon das gewöhnliche (unmagnetische) Eisen besteht.

Die Kraftwirkung eines Magneten reicht, genau wie Licht sich verdünnend, grenzenlos weit. Der Raum dieser Wirksamkeit heißt „das magnetische Feld". Die (gedachten) „Feldlinien" geben für jede Stelle des Feldes die Richtung an, in welcher ein in das Feld gesetzter Nordpol sich in Bewegung setzen würde. Eisenfeilspäne werden im Feld zu Magneten und verketten sich deshalb längs dieser Linien.

## K. Die elektrische Kraft

Der Blitz mit seinem Donner ist — nur in großen Verhältnissen — nichts anderes als der Funke, der zwischen Kamm und Haar knistert oder zwischen irgend zwei (aber nicht beide „leitenden") Dingen von verschiedener stofflicher

50 Elementarmagnete.

Natur, die in enge Fühlung miteinander gebracht und dann getrennt werden[51]. (Das wird begünstigt durch Reibung[52] — so bei den durch die Luft fallenden Regentropfen der Gewitterwolke — oder wenn es zwischen den beiden Körpern sogar zu einem chemischen Vorgang[53] kommt.)

Immer (wenn auch oft unmerklich, aber zwischen Haar und Kamm deutlich zu sehen) geht dem Funken voraus, daß die beiden „Pole" sich aufeinander zubewegen[54] oder es doch versuchen: Wir sprechen von „Spannung".

Im Augenblick der Vereinigung erlischt dieses Bestreben, die Spannung „bricht zusammen".

Es bedarf dazu dieser Zusammenkunft nicht unbedingt: Eine metallische Verbindung (ein „Leitungsdraht") zwischen den Polen leistet dasselbe (immer wird sie dabei warm), und wenn die Spannung groß oder der Zwischenraum klein genug ist, so wird die Luft selber gezwungen zu „leiten": Der Funke „entlädt".

Viele Einzelheiten[54a] drängen uns bei dem leitenden Spannungsausgleich den Vergleich mit einem „Strom" auf; am deutlichsten, wenn der Funke dazu gebracht wird, den fast leeren Raum zu durchqueren[55]. Ein Strömen nämlich müssen wir uns vorstellen, ein Fließen eines ungreifbaren, äußerst leichten Etwas, der „Elektrizität", die vom (zufällig so genannten) „negativen" Pol (wo sie im Übermaß angehäuft gedacht werden muß) zum „positiven" Pol hindrängt (wo es an ihr fehlt), also immer zu einer gleichmäßigen Verteilung und damit zur Unauffälligkeit strebt. (Demselben Streben dient es, daß ein Pinsel, zu einem Pol gemacht [mit dem Pol verbunden], sich spreizt, und ein Mehlhaufen, zu einem Pol gemacht, auseinandersprüht, das heißt, daß gleichartig geladene Körper auseinanderstreben[56].)

Die „galvanischen Elemente" (ebenso die hinter der Steckdose verborgene „Dynamomaschine") verstehen es, ihre im verbindenden Leiter zusammenbrechende Spannung immer wieder herzustellen, so daß in ihm ein ständiger Strom fließt. Dabei wird der Leitungsdraht um so heißer[57] (die „Stromstärke" um so größer), je größer diese Spannung ist. Auch auf den Leiter kommt es an: Lange Drähte, dünne Drähte und gewisse Materialien machen den Strom klein (haben großen „Widerstand"[58]).

Alle diese Erscheinungen lassen sich gemeinsam begreifen unter dem Bild jener Substanz, der „Elektrizität", die überall gegenwärtig, im „Leiter" beweglich, im „Nichtleiter" seßhaft, sich gleichmäßig zu verteilen gezwungen ist, das heißt jeder Anhäufung wie auch jeder Verdünnung sich widersetzt,

sei es, daß sie die Körper selber bewegt[59, 60],
sei es, daß sie in gewissen leitenden Flüssigkeiten, wie z. B. Salzwasser, sich einer feinen stofflichen Strömung bedient[61],
oder sei es, daß sie, im metallischen Leiter drinnen, selber „strömt",
oder daß sie selber, allein, den leeren Raum durchschießt[62].

---

51 Berührungsspannung.
52 „Reibungselektrizität."
53 Galvanische Elemente.
54 Elektrostatische Anziehung.
54a Siehe S. 276—284 dieses Buches.
55 Kathodenstrahlen.
56 Elektrostatische Abstoßung.
57 Glühlampe.
58 Ohmsches Gesetz.
59 Elektrostatische Anziehung.
60 Elektrostatische Abstoßung.
61 Elektrolyse.
62 Kathodenstrahlen.

Die Störungen dieser Gleichverteilung kommen aus der Verschiedenheit der stofflichen Natur der Körper: Immer wo zwei sich eng berühren und dann trennen, liegt ein Herd elektrischer Entzweiung.

## L. Die magnetische Kraft der bewegten Elektrizität[63]

Die Physik der Romantik[64], auf der Suche nach der Einheit aller Naturkräfte, fand die Brücke zwischen Elektrizität und Magnetismus in der Entdeckung: Bewegte Elektrizität, solange sie fließt, versucht, alle Magnete ihrer Umgebung (je näher desto heftiger) quer zu ihrem eigenen Fluß zu stellen, oder, was dasselbe ist: Magnetpole, die in ihre Nähe kommen, treibt sie immer quer an ihrem eigenen Fluß vorbei (als würden sie von einem Schaufelrad angeschlagen, das um den Strom als Achse kreist[65] wie der Propeller um die Flugzeugrichtung). Sie setzen also an zu einer Kreisbahn um den Stromleiter.

Umgekehrt, wenn der Stromleiter ein bewegliches Band ist, so windet er sich um den festgehaltenen Magneten und wickelt so von selber eine Spule.

Das bewirkt bewegte Elektrizität. Nicht nur als jener im Innern des metallischen Leiters zu denkende „Strom" (K) (auch als Blitz in der Luft), sie tut es auch dann, wenn sie von körperlichen Dingen sichtlich mitgeschleppt wird[66] (etwa auf einem geriebenen und dann durch den Raum geschleuderten Bernsteinstück).

Gemäß diesem Gesetz lassen sich künstliche Magnete ohne jedes Eisen aus rein elektrischen Mitteln bauen: Ein elektrischer Kreisstrom im Kupferdraht ist in seinen Wirkungen von einem echten (eisernen) kurzen Magneten nicht zu unterscheiden.

Verlangt man — aus dem Wunsch, den Magnetismus elektrisch zu „erklären" — auch das Umgekehrte, daß alle natürlichen Magnete insgeheim elektrischer Natur seien, so muß man sich von den „Elementarmagnetchen"[50] die Vorstellung bilden, daß sie von lauter gleichgerichteten und gleichlaufenden Kreiseln erfüllt sind, in denen „die Elektrizität" selber unaufhörlich umläuft[67].

Und da zwei Kreisströme auch aufeinander genau wie zwei echte Magneten wirken, ergibt sich als elektrischer Urgrund alles Magnetismus das folgende Grundgesetz für die bewegte Elektrizität: Gleichgerichtete Ströme streben sich zu vereinigen, einander entgegengerichtete Ströme suchen sich voneinander zu entfernen[68].

Diese Kräfte sind es dann, die das Eisen zum Magneten treiben: Wechselwirkung zwischen den geordneten Elementarmagneten, die als elektrische Ströme einander suchen oder fliehen.

(Das heißt, mit dem Gesetz der ruhenden Elektrizität (K) zusammengehalten, daß zwei geriebene Bernsteinketten einander zwar abstoßen; läßt man

63 Elektro-Magnetismus.
64 OERSTEDS Grundversuch.
65 Magnetfeld des elektrischen Stromes.
66 Konvektionsstrom; Versuch von ROWLAND.
67 Elektronenspin.
68 Elektrodynamisches Grundgesetz.

sie aber nebeneinander in gleichem Sinne kreisen [wie die Räder eines Handkarrens], so kommt eine Anziehung auf, die diese Abstoßung mindert. Daß gerade dann, wenn die beiden Ketten so schnell wie das Licht umliefen, die Abstoßung von der Anziehung ganz aufgehoben wäre, deutet einen tiefliegenden Zusammenhang der elektromagnetischen Erscheinungen mit dem Licht an[69].)

## M. Die elektrische Kraft des bewegten Magnetismus[70]

Die magnetische Wirkung der bewegten Elektrizität erweist sich als umkehrbar: Nicht nur kann man aus Strömen Magnete machen, es lassen sich auch durch Magnetismus Ströme hervorrufen.

Und zwar: Eben die Bewegungen, die der Magnet, außerhalb des von Elektrizität durchströmten Leiters, durch diesen Strom zu tun gezwungen ist, eben diese Bewegungen bewirken (wenn wir selbst sie — den Magneten mit der Hand führend — nachahmen) in dem ursprünglich stromlosen Leiter das Aufkommen eines Strömens der (in ihm immer beweglich gegenwärtigen) Elektrizität[71]. (Übrigens umgekehrt gerichtet wie jener Strom, der diese nun von uns gemachte Magnetbewegung selber erzwungen hätte, da ja sonst, gegen alle übrige Erfahrung[72], aus fast einem Nichts eine unendliche Wirkung hervorgehen würde.)

Was hierbei der bewegte Magnet tut, das kann (L) auch ein bewegter Stromkreis leisten. Und dasselbe wieder kann dieser Stromkreis *ruhend* leisten, wenn nur in ihm der Strom in seiner Stärke *schwankt*[73]. (Ein aufkommender Strom wirkt wie ein näher kommender.) Damit läßt sich das Gefundene in eine rein elektrische Fassung bringen: Wenn in einem Leiter ein elektrischer Strom fließt und dieser Strom in seiner Stärke schwankt, so wird diese Schwankung in der Nachbarschaft von aller Elektrizität als eine sie in Gang setzende Kraft (eine Spannung) empfunden.

Das läßt sich auf große Entfernungen hin spürbar machen. Ein regelmäßiges Schwanken der elektrischen Kraft hier erzeugt eine ebensolche Schwankung der elektrischen Kraft dort, vergleichbar der Ausbreitung einer Schwankung auf einer Wasseroberfläche[74].

---

69 Relativitätstheorie.
70 Elektromagnetische Induktion.
71 Technisch: Dynamomaschine.
72 LENZsche Regel; Energiesatz; Satz von ausgeschlossenen Perpetuum mobile.
73 Technisch: Transformator.
74 Elektrische Wellen.

## N. Zerfallende Grundstoffe

Es gibt jenes Auflösungsbestreben (D), das mit der Wärme einhergeht und schließlich den Stoff in den Zustand des verdünnten Gases treibt.

Es gibt die seit langem bekannten „chemischen" Umwandlungen der Stoffe. Immer verzehren sie Wärme oder bringen sie hervor.

(Dabei stellen sich etwa hundert „Grundstoffe" heraus, das sind solche, die durch kein gewöhnliches Mittel [wie Hitze oder die Anwesenheit eines anderen Stoffes oder den Durchgang eines elektrischen Stromes] dazu zu bringen sind, in andere Stoffe zu zerfallen. Die festen Gewichtsverhältnisse[75], in denen sich Grundstoffe chemisch verbinden, lassen sich am einfachsten *durch die Vorstellung verstehen, daß kein Stoff seinen Raum lückenlos ausfüllt, daß er vielmehr aus letzten, winzigen, untereinander gleichen Körnchen*[76] *zusammengebaut ist.*)

Von beiden Vorgängen grundverschieden ist die erst vor kurzem (Ende des 19. Jahrhunderts) bemerkte Selbstzerstörung (das heißt: Selbstzerstäubung und Selbstverwandlung) einiger (schwerer) Grundstoffe[77]. Verschieden deshalb, weil dieser Zerfall weder durch Hitze noch durch sonst etwas aus der Ordnung zu bringen ist, nach der er unaufhörlich seinen Gang nimmt (Diese Ordnung besteht darin, daß, je weniger noch da ist, desto weniger zerfällt[78]), und weil er kein chemischer Vorgang (C) ist.

Auf längere Zeit betrachtet schwindet ein Stück eines solchen Stoffes langsam und immer langsamer dahin, während (und weil) es einen unaufhörlichen Sprühregen feinster Trümmer von sich schleudert (dazu außerdem eine durchdringende und zerstörende dunkle Strahlung[79] aussendet). — Man sieht das Ausgesprühte nicht unmittelbar, aber man kann seine Einschläge sichtbar machen: Es gibt Kristalle (Würfelzucker gehört dazu), die im Dunkeln da aufblitzen, wo man sie mit einer Nadel verletzt[80]. Ein mit solchem Kristallpulver bedecktes Pappstück, in die Nähe einer zerfallenden Substanz gehalten, zeigt (durch die Lupe betrachtet) das Schauspiel eines unaufhörlichen Aufblitzens wechselnder Lichtpunkte[81]. Wir deuten sie als Einschlagstellen der auftreffenden Trümmer.

In feuchter, kondensationsbereiter Luft[82] sieht man sogar die Flugbahn dieser Geschosse als feine Nebelstreifen, die sie einen Augenblick hinter sich stehen lassen (ähnlich den Kondensstreifen der Flugzeuge).

Die ausgeschleuderten Trümmer bestehen aber nicht mehr aus demselben Stoff wie die zerfallende Muttersubstanz. Es sind Körnchen des zweitleichtesten Grundstoffes Helium, und zwar positiv elektrisch geladene[83], und andere sind gar Körnchen jenes überfeinen Stoffes, der (negativen) Elektrizität[84] (K), selber.

75 DALTONS Gesetz der festen Gewichtsverhältnisse.
76 Moleküle (Atome).
77 Radioaktive Elemente.
78 Halbwertzeit.
79 $\gamma$-Strahlen (sprich „Gamma"); Röntgenstrahlen, dem Ultraviolett verwandt.
80 (Tribo-)Lumineszenz.
81 Szintillationen (Spinthariskop).
82 WILSONsche Nebelkammer.
83 $\alpha$-Strahlen (sprich: „Alpha"-).
84 $\beta$-Strahlen (sprich: „Beta"-, Elektronen), d. h. natürliche Kathodenstrahlen.

Die Ladung erkennt man daran, daß die Nebelbahnen krumm werden, wenn man einen stark elektrisierten Körper oder wenn man einen Magneten in die Nähe bringt. Die Trümmer werden dann nämlich aus ihrer Bahn gelenkt, wie das Haar vom Kamm (K) oder wie der Stromleiter vom Magneten (L).

Diese Erscheinungen tragen bei zu der Vorstellung, daß die Elektrizität in das Gefüge aller Stoffe eingebaut ist, und daß es nur wenige Grundbausteine gibt, die alles Stoffliche körnig zusammensetzen.

(Zumal auch gewöhnliche, leichte und von sich aus nicht zerfallende Stoffe, wie z. B. Aluminium, dazu gebracht werden können, es doch zu tun, da wo man sie dem Anprall und dem Einschlag von Trümmern aussetzt, die von den natürlich zerfallenden ausgestrahlt werden[85].)

---

85 Künstliche Kernumwandlung, künstliche Radioaktivität, Kernspaltung.

## III. Teil: Anhang

# ZUGÄNGE ZUR PHYSIK[1]

1 Es sind dies „Zugänge" zunächst für den Leser und Lehrer, der „keinen rechten Zugang" hatte. Zugleich sind es Entwürfe oder doch Gesichtspunkte für Unterrichtseinheiten. Es sind schließlich „Einstiege" und Beispiele für „exemplarisches" Vorgehen. Die Überschriften schließen einander nicht aus: So etwa wird nicht nur in A beobachtet, sondern überall. Aber A ist kein eigentliches „Experiment". Geistesgeschichtliche Anklänge gibt es überall. Auf qualitative Betrachtung kommt es auch in A und F an. Aber auch in A wird gemessen. Und auch D grenzt an Modellvorstellungen.

## A. Naturbeobachtung

*Wie weit ist der Mond von uns entfernt?*

*„Es ist zum Erstaunen, wie weit ein gesunder Menschenverstand reicht. Es ist auch hier wie im gemeinen Leben: der gemeine Mensch geht hin, wohin der Vornehme mit Sechsen fährt."*

(G. Chr. Lichtenberg[2])

Dieses Beispiel aus der Himmelskunde soll zeigen, wie eine allzu ausschließliche Bemühung um Genauigkeit das Verständnis des Wesentlichen einer Beobachtung gefährden oder vergessen machen kann.

Wie weit ist der Mond von uns entfernt? Man kann das im Lexikon nachsehen: 384 400 km. Man kann es veranschaulichen: etwa 60 Erdradien oder 30 Erddurchmesser.

Ist diese Kenntnis, sind überhaupt astronomische Entfernungsangaben für die Schule wichtig? Jedenfalls ist es viel wichtiger, zu verstehen — und das kann man nicht so leicht nachsehen —, woher man „so etwas" wissen kann! Es ist wichtig, weil die Methode, mit der man den Abstand des Mondes herausbekommt, exemplarisch ist für die sicherste Art, in welcher man die Entfernung aller nicht zu weit entfernter Himmelskörper bestimmt.

Methode I. Fragen wir den Abiturienten (den Volksschullehrer), so antwortet er meist, nach einigem Nachdenken, das gelinge „mit Hilfe der Trigonometrie". Tatsächlich kommt im Trigonometrie-Unterricht der Gymnasien das Problem manchmal als krönende Aufgabe vor. Sie verlangt den Sinus-Satz und den Cosinus-Satz und vorher noch die Zerlegung eines Vierecks in zwei Dreiecke. Der Abiturient erinnert sich eines mit Logarithmen eng beschriebenen Blattes, an dessen Ende ein recht genaues Ergebnis stand. — Gut, warum nicht. —

Fragt man aber weiter, ob es möglich sei, nun Volksschulkindern ohne Trigonometrie diese Methode grundsätzlich klarzumachen, so meinen die meisten: nein, wohl kaum. Es ist also mit der Einübung der genauen Methode der schlichte Kern der Sache verschüttet worden: nämlich, daß Trigonometrie hier nichts Wesentliches hilft, sondern nur eben die Genauigkeit steigert mit Hilfe der Tabellen, die andere Leute gemacht haben. Diese Tafeln sind aber nur der minutiöse Extrakt eines Vorgehens, das ohne alle Trigonometrie viel reiner verstanden und von jedem Kind sogar praktiziert werden kann. Nicht einmal braucht es die „Ähnlichkeitssätze" (durch die ja die Tafeln der Trigonometrie ermöglicht werden) dem Wortlaut nach zu kennen. Es braucht nur zu wissen, daß man von einem Haus, einer Stadt, einem Berg ein kleines Bild machen kann, das alle Strecken im gleichen Verhältnis verkürzt und die Form nicht verändert, also auch nicht die Maß-Verhältnisse der Abmessungen zueinander. So ein „ähnliches" (d. h. formgleiches) Bild ist also in allen Längen-Abmessungen in demselben Maße (z. B. 10mal)

---

2 Aus den Sudelheften. Anker-Bücherei, Bd. 37, Stuttgart 1949, S. 20.

kleiner als das Original. Vielleicht (wahrscheinlich) erinnert sich der Abiturient daran noch dunkel, wenn man ihm eine frühere Aufgabe nennt, die an der Schwelle der Trigonometrie lag: Wie bestimmt man die Höhe eines Flugzeuges (oder eines Ballons oder eines Meteors) vom Boden aus? Man mißt von 2 Orten A und B des Erdbodens, deren Abstand a bekannt ist, die Winkel $\alpha$ und $\beta$, unter denen das Objekt gegen den Boden gesehen wird, und zeichnet sich das so entstehende oben offene Dreieck im verkleinerten Maßstab auf (den man, da a bekannt ist, also kennt). Wo die beiden Visierrichtungen einander schneiden, dort steht der Ballon — auf dem Papier. Damit weiß man dann aber auch, wo er in der Wirklichkeit steht; denn man kennt den Maßstab der Verkleinerung. — Dieses Wissen wurde dann im mathematischen Unterricht zwar durchaus stetig in das der Trigonometrie hinübergeführt, aber — obgleich es wichtiger ist als die Trigonometrie — flüchtig und schnell, und dann mit wochenlangen Übungsaufgaben zugeschüttet. (Sie sind deshalb so beliebt, weil man mit ihnen lange Zeit große Massen von Schülern prüfen kann. Es fragt sich nur, ob man das Wesentliche prüft, oder ob man es dem Kult der Genauigkeit geopfert hat.)

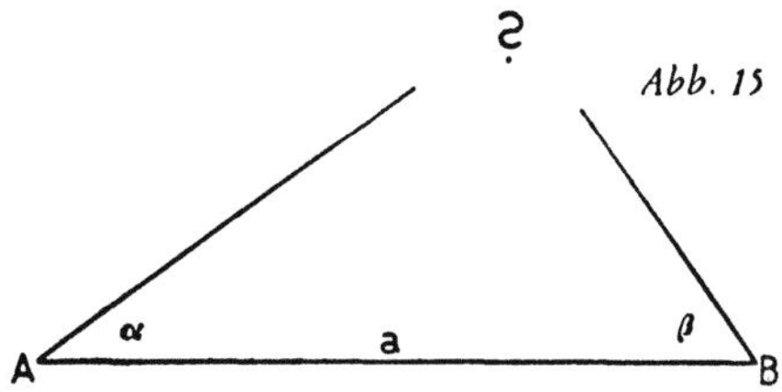

*Abb. 15*

Methode II. Nach dieser Erinnerung gelingt es dem früheren Abiturienten dann leicht, die Frage nach der Mondentfernung ebenso verständnisvoll und unbelastet zu lösen, als hätte er sich nie mit Trigonometrie abgeben müssen. So unbefangen, wie auch der Volksschüler ist.

Unvergeßlich ist mir (wie wohl auch den beteiligten Kindern — 13- bis 17jährigen Jungen und Mädchen, auch Ausländern — mit denen ich einmal — 1947 — in der Odenwaldschule der Mondentfernung nachging) der 3 m lange Streifen Packpapier, der nötig war, um die von mir gegebenen Daten in ein verkleinertes Bild hineinzubringen. So weit weg ist der Mond!

Die Daten: Ein Beobachter in Berlin sieht den Mond im Süden 57° 55′ über seinem Horizont, während gleichzeitig ein anderer in Kapstadt denselben Mond im Norden sieht und 34° 17′ über seinem Horizont. Es ist nötig, daß diese „Daten" sehr langsam und anschaulich „gegeben" werden. Ein Globus wird als freie Kugel aus seinem Gestänge herausgenommen. Erst lassen wir Berlin „oben" sein und montieren ein Streichholz als den Berliner mit Klebwachs fest, zur Sicherheit auf einem Bierdeckel, der seinen Berliner Horizont bedeutet. Ein zweites Streichholz, in denselben Sockel schräg gesteckt, deutet auf den Mond. Dann kommt Kapstadt nach oben, und dort geschieht das Entsprechende. Dies alles nur zur Veranschaulichung dessen, was man weiß. — Wie weit Kapstadt von Berlin entfernt ist, sagt der Globus auch: etwa 1/4 Erdumfang, genauer: 86° 27′[3].

Und die Kinder sehen nun sofort, wie die beiden, der Berliner und der Kapstädter, den Mond „in die Zange bekommen" (Abb. 16). Sie machen auf Packpapier eine Zeichnung, so genau sie können — der Erddurchmesser wird willkürlich gewählt, vielleicht 10 cm — und greifen dann mit diesem Durchmesser die Strecke bis zum Schnitt der Visierlinien ab: 30 Erdkugeln übereinander bauen den Turm zum Mond. Ändert sich an einem der 3 bekannten Winkel eine Kleinigkeit, so rutscht der Mond weit hin und her. Deshalb ist es sehr wichtig, daß man diese Zeichnung mehr-

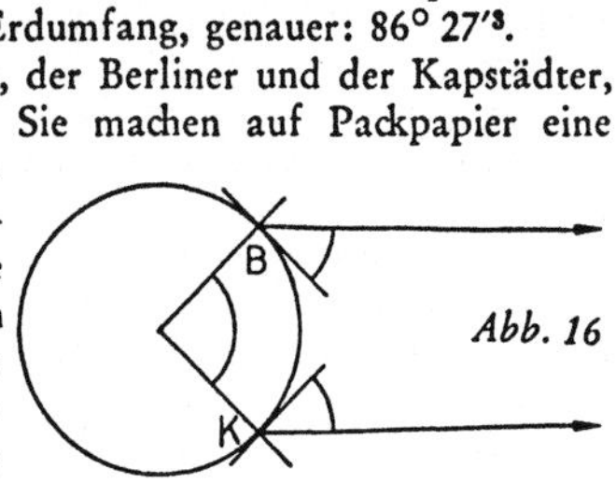

*Abb. 16*

[3] Die Zahlen sind entnommen aus: H. C. E. Martus, Astronomische Erdkunde. 3. Aufl., Dresden u. Leipzig 1904, S. 224.

mals, von verschiedenen Gruppen, machen läßt. Jede bekommt etwas (ein wenig) anderes heraus. Jedes halbe Grad, um das man falsch zielt, jagt den Mond im Raum um Hunderte oder Tausende von Kilometern umher. *Das* ist die Schule der Genauigkeit. Es kommt nicht darauf an, daß wir, mit logarithmischen und trigonometrischen Tafeln rechnend, an Formel-Automatismen hantierend, zusammen einen Wert herausbekommen, der sich „sehen lassen kann", sondern daß wir merken, wovon Genauigkeit abhängt. Zu einem Teil von uns, unserer persönlichen Sorgfalt, zu einem anderen Teil von der Grobheit oder Feinheit unserer Werkzeuge, dem Bleistift etwa. Und auch das wird bemerkbar, daß eine Gruppe, die einen guten Wert herausbekommt, noch nicht unbedingt darauf stolz sein darf. Es könnte nämlich „Zufall" sein (indem etwa zwei Fehler sich durch eine glückliche Fügung verdienstlos gegenseitig vernichten). Erst wenn es eine jede Gruppe mehrmals zeichnet und dann den Mittelwert ihrer Ergebnisse vorlegt: Erst dann gibt er ein besseres Maß für die Sorgfalt der Arbeit, wenn man ihn vergleicht mit dem, den „die Gelehrten ausgerechnet haben".

Das kostet freilich Zeit. Dafür strahlt es aus, wirkt „exemplarisch", insofern es zeigt, wie „überhaupt" in der Himmelskunde Entfernungen herauszubringen sind bis zu Gestirnen, zu denen man ja nicht hinlangen kann[4]. Und insofern *spart* es auch wieder Zeit.

Denn wenn es nun später nicht um den Mond geht, sondern um die Sonne oder um einen Stern, so genügt der *Hinweis*, inwiefern man „entsprechend" vorgehen kann.

Selbstverständlich: Nichts würde es schaden, nun auch noch die trigonometrische Form dieser Findung folgen zu lassen. Denn nun kann sie ja nichts mehr zuschütten. Nichts steht dem im Wege als Mangel an Zeit. Wenn wir aber diese Zeit nicht haben, so ist klar, was zu opfern ist: nicht der Grundstock, sondern ein *oberes* Stockwerk.

Die Auswirkungen des Gymnasial-Unterrichts auf die Volksschule sind hier ganz deutlich. Der Lehrer trägt die Gebrechen des Gymnasiums in sich und gibt sie vervielfacht weiter. Wie oft schaut er nicht mehr auf den Grund seiner ehemals gekonnten Rechenkünste, läßt den Versuch einer Begründung ganz und erzählt nur einfach, der Mond sei so und so weit entfernt, die Gelehrten hätten es so „ausgerechnet".

Methode III. Es gibt eine noch schlichtere, eine dritte Fassung wieder fast desselben Verfahrens. Sie ist noch weniger genau. Aber sie ist dafür vielleicht auch noch schöner, noch unmittelbarer einleuchtend; nämlich nur so umgeformt, daß die „Messung" gar nicht in aller Form geschieht, sondern nur als Verschiebung des Anblicks (Parallaxe) sich darbietet.

Man könnte dann etwa so vorgehen: Seht den Mond! Ein kleiner Lampion, hundert Meter hoch? Ein riesiger Glasball, sehr hoch? Man sieht es ihm nicht an. Gestern, als er im Schleier des feinen Gewölks verfangen schien, da sah er niedrig und also klein aus, weit vor der Sternkuppel schwebend. Aber es gibt klare Nächte, wo er von ganz hinten her sein Licht durch ein vordergründiges Sternen-Netz zu schicken scheint. (Und die Vorsokratiker waren denn auch nicht darüber einig: „Anaximandros und andere gaben an, daß ganz zuoberst die Sonne sich befinde, danach komme der Mond, unter ihm aber die Fixsterne und die Planeten."[5]) Nichts sieht man ihm an! Vielleicht kommen die Kinder darauf, was man in solchen Fällen macht, um zu spüren, ob er nah oder weit ist.

Vielleicht hilft ihnen ein Graf-Bobby-Witz. Graf Bobby kommt dazu, wie andere auf einem Rasen stehen und zurückgelegten Kopfes einen Kometen betrachten. „Aber meine Herrschaften", sagt er, „wie unbequem! Treten sie doch ein paar Schritte zurück!"

---

4 Vgl. hierzu und zu der Aufgabe überhaupt ausführlichere Darstellungen in: M. WAGENSCHEIN, Die Erde unter den Sternen. A. a. O., insbes. S. 53—56. Die Figuren 16, 17, 18 sind mit freundlicher Erlaubnis des Verlages dort (S. 54 und S. 23) entnommen. — Ebenso: M. WAGENSCHEIN, Natur physikalisch gesehen. A. a. O., S. 47.

5 Die Anfänge der abendländischen Philosophie. Zürich 1949, S. 14.

Ein andere Hinweis: ein kleines Stückchen schwarzes Papier, an die Fensterscheibe geklebt und aus der Tiefe des Zimmers einäugig betrachtet: Ist das nun eine Fliege auf der Scheibe oder eine schwarze Kuh auf dem fernen Wiesenhang, der draußen, weit vor den Fenstern ansteigt? Was machen sie, die Kinder? Sie rucken mit dem Kopf hin und her. Wenn die Fliege mitgeht mit dem Kopf, dann ist sie eine Kuh! Das Nahe bleibt zurück. Wie die Telegraphenstangen beim Eisenbahnfahren. Das Ferne geht mit. Der Mond geht mit. Er rollt über die Gebirgskämme mit uns. Er ist also ferner als das Gebirge. Je vollkommener er mitgeht, desto ferner ist er. Er ist „ziemlich fern", verglichen etwa mit der Gipfelkette der Zentralalpen, die ein west-östlich fahrender nordschweizerischer Eisenbahnzug sehen läßt.

Aber wir wollten ihn ja mit den Sternen vergleichen, und die gehen auch mit. — Wenn er nun näher ist als sie, so darf er nicht so vollkommen mitgehen wie sie. Er muß dann, an ihnen gemessen, doch etwas zurückbleiben.

Es sieht nicht so aus. — Aber vielleicht fahren wir nicht weit genug? Vielleicht müssen wir uns versetzen bis ans andere Ende der Erde?

Da ist also wieder die Reise Berlin—Kapstadt. Man kann es aber auch schon telephonisch erfahren: „Wo seht ihr den Mond? Von Berlin aus sehen wir ihn wie Abbildung 17":

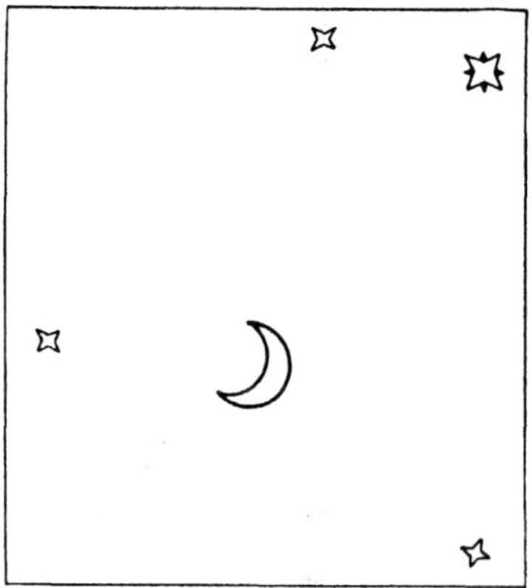


*Abb. 17*

Ich gebe hier den Vorschlag eines Tübinger Studenten weiter, das einmal mit zwei Schulklassen zu versuchen, einer deutschen und einer südafrikanischen. Keine Sternwarte ist nötig. Die Kinder zeichnen, was sie sehen. (Photographieren macht Schwierigkeiten, der Mond überblendet die Sterne, oder die Sterne werden unterbelichtet.)

Es macht ein ganz schönes Stück aus, um das der Mond „springt". (Ich habe es natürlich rückwärts ausgerechnet aus dem bekannten Abstand): Zwei und einen halben Monddurchmesser. Habe ich nicht die Korrespondenz mit der Kapstädter Klasse, so muß ich das den Kinder erzählen. Diese Zahl $2^1/_2$ und dazu der Abstand Berlin—Kapstadt, diese zwei Zahlen treten an die Stelle der 3 Winkel des Verfahrens II. (Bei der Vorstellung dieser Verschiebung gibt es eine kleine, vom Wesentlichen unserer Überlegung unabhängige, jedenfalls aber lehrreiche Schwierigkeit: Man denkt erst, es genüge, das Möndchen im Rahmen des Berliner Bildchens einfach nord-südlich zu verrücken. Und es ist ein Kriterium des Verstehens, ob die Kinder merken, daß — ganz abgesehen vom Mond — schon das Sternbild kopfstehen, also oben und unten vertauscht haben muß. Denn was der Berliner oben nennt, im Sternbild, das sieht der Kapstädter seinem Erdboden nahe. — Und, sind auch rechts und links vertauscht? Nach einigem Nachdenken: offenbar! Wohin der auf den Mond blickende Berliner seinen rechten Arm ausstreckt, das ist dieselbe Gegend des Raumes, auf die der Kapstädter mit dem linken deuten muß. Auch der Mond muß natürlich sein Oben und Unten, wie auch sein Rechts und Links vertauschen.)

Eine zweite Klippe: die *Richtung*, in welcher der Mond springt. Wenn er vor den Sternen steht, ist sie umgekehrt, als wenn er hinter ihnen zu suchen ist. Die Erfahrung entscheidet es: vor ihnen!

*Abb. 18*

So entsteht das Kapstädter Bild (Abb. 18): Und das Ergebnis dieser Erfahrung: Wäre die Erde der Kopf eines Riesen, der mit zwei Augen auf den Mond blickte (mit dem einen aus Berlin und dem anderen, 10 000 km davon, aus Kapstadt zum Monde aufblickend, hinausblickend), und kniffe er abwechselnd das eine und das andere dieser Augen zu, so sähe er den Mond springen zwischen den Sternen, so weit wie die Bilder 17 und 18 zeigen. So weit ist der Mond von der Erde entfernt!

Nicht wahr: Hier wird mit den Zahlen, die in diesen Sätzen stecken (10 000 Kilometer [das sind etwa 300 Tagemärsche] und 2,5 Monddurchmesser) überhaupt nicht gerechnet und auch nichts gezeichnet; es gibt auch keine Zahl als Ergebnis. Alles bleibt in der unmittelbaren Anschauung. Man hat das „Gefühl", wie weit Kapstadt entfernt ist; man sieht die $2^1/_2$ Mondbreiten; und man schätzt, man ahnt dann, wie sehr weit der Weg zum Mond ist. — (Die Methode III ist, auch abgesehen von der Genauigkeit, nicht völlig gleichwertig den beiden ersten: Sie vergleicht den Abstand des Mondes mit dem der Sterne, und den eröffnet sie nicht. Methode II braucht keine Sterne. Sie gelänge auch dann, wenn der Mond allein an einem sternlosen Himmel stünde. Trotzdem scheint mir die Methode III wertvoller zu sein als eine nicht durchschaute trigonometrische Rechnung.)

Der Volksschüler, der das verstanden hat, könnte es seinen Eltern, sollten sie es wissen wollen, erklären. Er kann es im heutigen Stadium der Volksschule nicht. — Und der Abiturient der heutigen Höheren Schule zeigt seinen Eltern eine lange Rechnung mit der er ihnen (meist) zu Unrecht imponiert. Zu Unrecht und in Unschuld. Denn er merkt oft selber nicht, wie wenig er davon versteht. Kriterium: ob er es auch *einfach* sagen kann. Genau das wird von ihm verlangt, wenn er Volksschullehrer wird.

Wird er aber nicht Volksschullehrer, sondern Philologe, Jurist, Politiker, Pfarrer, so hat er, meine ich, nicht minder Anspruch auf das in der *einfachsten* Weise gewonnene und deshalb durchsichtige, nicht leicht zu vergessende Verständnis des Grundsätzlichen.

## B. Handwerk und Technik

*Einstieg von einem Gerät oder einer Maschine her*

### I. Die Pendeluhr

Wenn ich im folgenden an eine Arbeit von CARL SCHIETZEL[1] anknüpfe, so geschieht das nicht, um die Befürworter des „volkstümlichen Denkens" anzugreifen, sondern in der Hoffnung, sie für die Physik zu gewinnen. Der Aufsatz enthält viele Sätze, die der pädagogischen Haltung dieses Buches eng verwandt sind. („Wo die Sachen des Unterrichts nicht vom Lernenden als *seiner Welt Zugehöriges erkannt* sind, da fehlt der umfassende seelische Untergrund für wahres Erkennen und Lernen." — „... echtes Wissen ist immer etwas Selbsthervorgebrachtes" — „Denken und Sprechen gehen Hand in Hand." — „Mit einem Experiment als solchem ist für das Verstehen noch gar nichts getan." — „Messungen ohne relevante Ergebnisse sind Sünden wider den Geist der Wahrhaftigkeit des Denkens." — „... daß ... beim Schaffen mit der Hand Gedanken kommen und Einsichten erwachsen, die auf keine andere Weise hervorgebracht werden können.")

Nur glaube ich eben, daß dieses *„originäre Denken"*, das durch die schaffende Hand hervorgebracht wird, nichts anderes ist, als das ursprüngliche physikalische Denken. — Gerade wegen der vielen Übereinstimmungen liegt mir daran, darauf hinzuweisen, daß eben dort, wo der Lehrgang Schietzels glaubt haltmachen zu müssen, eine ganze Reihe kluger Anregungen seiner Kinder stehen, von denen aus ein gerader Weg in die Physik hineingehen könnte. (Ob er in voller Breite schon von diesen 11- bis 12jährigen gegangen werden kann, ist eine andere Frage. Dafür glaube ich, daß er auch in der Höheren Schule so gegangen werden sollte.)

Ich empfehle, die Arbeit im Original zu lesen. Hier folgt nur ein kurzer Bericht: Das große Modell einer gehenden Pendeluhr mit Pendelkörper, Anker, Zahnrad, Antriebfaden und Gewicht, aber ohne Zeiger und Zifferblatt, wird in geduldigem Beobachten, Hineinhorchen und Bauen „verstanden", und zwar daraufhin, was hier geschieht, und wie eins ins andere greift. Das Ergebnis wird in 7 Sätzen gemeinsam formuliert. — Dabei wird auch das Pendel (das vom Lehrer als der wichtigste Teil bezeichnet wird) als Fadenpendel für sich betrachtet und bei dieser Gelegenheit die Unabhängigkeit der Schwingungsdauer von der Schwingungsweite bemerkt und ihre Abhängigkeit von der Pendellänge.

Im Laufe des Gesprächs werden nun von den Kindern einige Bemerkungen gemacht, die pädagogisch sehr reizvoll sind und unmittelbar dazu einladen, physikalisch zu werden. Wie das etwa geschehen könnte, möchte ich im folgenden andeuten:

Wenn das Pendel der wichtigste Teil der Uhr ist (vielleicht würden Kinder geeigneten Alters auch selber dahin kommen, das zu erkennen), so ist es selbst im Grunde schon die Uhr: Es zerhackt die Zeit in gleiche Stücke.

Die Kinder sagten: „Das Pendel schläft ein" und machen den klugen Vorschlag, einen Nagel in die Wand zu schlagen, gegen den es anrennt; dann bekommt es jedesmal einen Stoß. Da das nichts nützte, kam ein zweiter, ebenso bemerkenswerter Vorschlag: statt des harten Nagels eine Schraubenfeder als Puffer! Offenbar in dem Gefühl: Die kann es besser, sie holt ordentlich Anlauf, sie macht mit. (Eine Nebenfrage wäre hier die: Was der Nagel tut, und was die Feder tut; ist das etwas ganz Verschiedenes oder etwas Ähnliches? Gibt es Übergänge?) Jedenfalls hilft auch die Feder nicht. Schläft das Pendel

---

1 C. SCHIETZEL, Die Technik als Unterrichtsgegenstand der Volksschule. Westermanns Pädagogische Beiträge 1956, Heft 6, S. 281 bis 291.

wenigstens verspätet ein? Nicht mal das. — Die Kinder versuchen also hier im Grunde, ein „perpetuum mobile“ zu bauen.

Es könnten noch andere Vorschläge kommen, wenn man es darauf anlegte. Ich kenne zwei: statt der Feder einen abstoßenden Magneten aufzubauen; oder gleich zwei, auf jeder Seite einen. (Der Pendelkörper müßte dann selber ein Magnet sein.) Dann fiele die Reibung innerhalb der Federn weg. — Aber auch das nützt nichts.

Eine erwachsene Frau machte einmal den Vorschlag, rechts und links kleine Feuer anzuzünden, die vielleicht belebend wirken könnten! (Es war nicht recht zu erkennen, ob das magisch gemeint war oder ob der aufsteigende Luftstrom helfen sollte.)

Jedenfalls werden bald auch schon Kinder erkennen, daß das Feuer ja eine Hilfe von *außen* wäre, ein Nachhelfen, nicht besser als ein „Schubsen“ mit der Hand. Nagel, Feder, Magnet: Ihnen wurde anfangs zugetraut, daß sie sich *wehren*, aber der Mißerfolg zeigt, daß sie eigentlich nur etwas zurückgeben, und sogar vermindert. Und das hilft eben nicht. Helfen heißt offenbar: etwas beitragen, etwas dazu tun, dem Pendel etwas *geben*, eben einen Stoß. Das tut bei der Uhr das Gewicht. — Mit dem Pendel allein, ohne ständiges äußeres Zutun, ist also kein Apparat zu bauen, der „ewig geht“.

Vielleicht aber ganz anders? — Man könnte auffordern zu einem Wettbewerb, perpetua mobilia zu bauen. Alle Mittel erlaubt. Nur: nichts ständig zuführen, nichts hineinwirken lassen; weder Hand noch Bach, noch Wind. — Da wird viel herauskommen. Und viel Zeit wird vergehen. —

Vielleicht kommen auch Vorschläge, ähnlich den beiden folgenden: Der erste ist die Erfindung eines großen Naturforschers, ROBERT JUILUS MAYERS, des Entdeckers eben des Energie-Prinzipes, als er zehn Jahre alt war, in seiner eigenen späteren Darstellung; der zweite ist die Erfindung eines Erwachsenen, die wirklich zu sehen war, beschrieben mit kaum spürbarer Ironie von LICHTENBERG.

1. MAYER[2]: „Vielleicht ist es hier am Orte, eines an und für sich unbedeutenden Ereignisses zu gedenken, das bei dem so empfänglichen Gemüte der Jugend auf unseren Forscher einen so bleibenden Eindruck ausgeübt hat. Er mochte etwas über 10 Jahre alt sein. Eine gewöhnliche Unterhaltung war es in den Nachmittagen, in einem kleinen bei Heilbronn in den Neckar fließenden Bach (Pfühlbach) Wasserrädchen zu setzen und durch deren Umdrehung wohl auch andre kleine Gegenstände zu bewegen. Bei dieser Gelegenheit war es nun, daß unser kleiner Mann auf die große Idee verfiel, ein perpetuum mobile zu konstruieren. Er brachte in Gedanken an den Wellbaum eines solchen Rädchens eine archimedische Schraube an, deren Wirksamkeit er aus Poppes Physikalischem Jugendfreund (Frankfurt a. M. 1811—20), welchen er von seinem Vater zu Weihnachten erhalten, kannte. Da aber, wenn eine solche Schraube ohne Ende über ein großes Kammrad läuft, was dabei an Kraft gewonnen wird, an Geschwindigkeit verlorengeht, so stellte er diesen Verlust leicht wieder dadurch her, daß er das große Kammrad in ein kleines eingreifen ließ. An der Achse dieses kleinen Kammrades befindet sich nun wieder eine Schraube, die in ein großes Kammrad eingreift usw. Auf diese Weise, durch eine solche Übertragung, schloß der Knabe, muß offenbar so viel Kraft gewonnen werden, daß sich durch ein kleines Wasserrädchen beliebig schwere Werke treiben lassen. Von anderen, älteren Personen eines Besseren belehrt, daß nämlich durch die Übertragung von einem großen Kammrad auf ein kleines wieder an KRAFT soviel verloren wird, als man an Geschwindigkeit gewinnt, gab er sein Projekt schnell wieder auf, gelangte aber durch seinen Irrtum in so früher Jugendzeit zu der Einsicht, daß mechanische Arbeit sich nicht aus Nichts erzeugen lasse.“

---

[2] J. R. MAYER, Autobiographische Aufzeichnungen aus den siebziger Jahren, entnommen aus: Dokumente zur Morphologie, Symbolik und Geschichte, besorgt von A. Mittasch. Berlin 1943, S. 39.

2. LICHTENBERG[3]: „Das Perpetuum mobile zu Lemsal in Lievland ... Die Einrichtung ist äußerst einfach. Alles läuft kurz darauf hinaus: Die Mühle besteht aus einem großen oberschlägigen Wasserrade; auf dieses Rad stürzt nun das Wasser aus einem über ihm befindlichen Reservoir, setzt die Mühle in den Gang, und sammelt sich unten in einem zweiten Reservoir. An der Welle dieses Rades, dem Mahlgang gegenüber, sitzt ein Sternrad, das in zwei einander gegenüberliegende Trillinge eingreift, deren zu beiden Seiten verlängerte Achsen in ein Zickzack gebogene, doppelte krumme Zapfen formiren. Vermittels dieser werden acht gewöhnliche hölzerne Pumpen in Bewegung gesetzt, die das Wasser wieder in das obere Reservoir hinaufsaugen, so daß man also, um die Mühle im Gang zu erhalten, nichts weiter nötig hat, als nachdem das erste Wasser angeschafft worden ist, bloß zu Zeiten das Wenige nachzutragen, was etwa verdunstet sein möchte."

Das Ergebnis einiger praktischer Versuche ist der Satz vom ausgeschlossenen Perpetuum mobile. Kein Apparat kann sich, einmal angestoßen, ewig selber treiben. Er bleibt schließlich stehen. Alle Apparate, die in dem Wettbewerb erfunden werden, verhalten sich so. — Kann man sagen: „Kein Apparat?" Zunächst nur: keiner der unseren.

Wir wissen aber noch mehr, noch Genaueres, als daß sie einmal stehenbleiben — denken wir ans Pendel —: Es wird um so eher „müde", je mehr es irgendwo reibt. Sogar: *Je* kleiner die Reibung, *desto* weniger fehlt zum Ewig-weiter-Gehen. — Aber baue mal einer eins ganz ohne Reibung! Die Luft könnte man wegpumpen, aber im Faden, oben, wo er befestigt ist, bleibt immer etwas von ihr übrig. Und alle vom Pendel selbst betriebenen Hilfsapparätchen (Feder, Magnete) nützen nichts. Im Gegenteil: sie schaden. Denn keiner von ihnen arbeitet ohne Reibung.
*Ergebnis:* Je kleiner wir die Reibung machen, desto weniger fehlt, daß das Pendel ewig von allein weiterginge, ein perpetuum mobile würde. — Und so alle anderen Apparate mit diesem Ziel.

Das ist ein Erfahrungssatz. Man kann nicht sagen, daß es so sein müßte. Aber es ist so. — Wenn morgen einer käme und ein richtiges (nicht ermüdendes) perpetuum mobile vorführte, so müßten wir diesen Satz aufgeben. Aber das ist sehr unwahrscheinlich. Denn die Natur macht, nach allem was wir wissen, keine Ausnahmen.

Man kann diesen Satz zur Grundlage der Mechanik machen. Oder: Man muß die Grundsätze der Mechanik so wählen, daß sie zwingend zu diesem führen. — Ein solcher Grundsatz ist das Beharrungsgesetz. (Siehe Anhang C.) Der Zusammenhang ist klar: Das Beharrungsgesetz sagt: Es gibt einen *einfachsten* Vorgang unaufhörlicher Bewegung eines Körpers, wenn die Reibung fehlt: Das ist die geradlinige, gleichförmige Fortbewegung des nur sich selbst überlassenen, einmal angestoßenen Körpers. Wir können auch so sagen: Ein Apparat, der sich selber ewig treibt, wäre ohne Reibung gerade möglich — aber mit der geringsten Reibung gerade nicht mehr. Das ist das „perpetuum mobile" im wörtlichen Sinne. — Was die Physiker und Techniker meinen, wenn sie „perpetuum mobile" sagen, ist etwas anderes, noch unmöglicheres: ein perpetuum mobile, das von sich allein aus nicht nur sich selbst, sondern auch noch eine Schrotmühle treibt! Das „perpetuum mobile im technischen Sinne" ist also überhaupt unmöglich. Denn ohne Reibung kann man nichts mahlen. —

---

3 G. CHR. LICHTENBERGS physikalische und mathematische Schriften. Göttingen 1804, Bd. II, S. 308 ff. — Vgl. auch: H. RIEDEL, „Die ewige Maschine, Wunschtraum der Menschheit", in: Phys. Bl. 1962, Heft 10, S. 444—448. — R. gibt eine Verdeutschung: „Immerbeweger". Ferner: F. KLEMM, Vom Perpetuum mobile zum Energieprinzip, in: F. KLEMM und H. SCHIMANK, Julius Robert Mayer zum 150. Geburtstag, in: Deutsches Museum, Heft 3, 1965, München (Oldenbourg). Enthält Abbildungen von 7 verschiedenen Konstruktionen.

Man sagt, die Erdkugel drehe sich unaufhörlich um sich selber. Das darf man nicht ohne weiteres einfach glauben. Aber man kann sich die Gründe sagen lassen und sie in Gedanken nachprüfen. Das ist nicht ganz leicht, aber doch für keinen zu schwer[4]. —

Wenn wir uns davon überzeugt haben, dann sehen wir ein: Das ist ein perpetuum mobile (im wörtlichen Sinn), denn die Erde bewegt sich ohne Reibung. Aber sie treibt auch nur sich selber. Wollte man ihr aber einen Treibriemen um den Äquator legen und eine Mühle mit ihr treiben, dann würde auch sie müde werden und bliebe eines Tages stehen. (Vielmehr: Die Tage würden immer länger werden, bis der letzte nie aufhörte — oder die letzte Nacht.)

Das führt vielleicht zu einer ganz anderen Frage: Woher wissen wir eigentlich, daß das Pendel gleichmäßig schwingt, daß es die Zeit in gleiche Teile teilt?

Man kann das mit der Armbanduhr messen (wie es bei SCHIETZEL geschieht). Aber woher wissen wir es bei der Armbanduhr, die doch verwickelter ist?

Die Armbanduhr wird studiert (siehe SCHIETZEL). Da stehen wir aber vor derselben Frage: Woher wissen wir, daß die „Unruhe“ gleichmäßig schwingt? Woran sollen wir sie messen?

Manche werden sagen: Das ist doch klar! Warum sollte sich etwas ändern an der Zeiteinteilung, wo doch am Pendel oder an der Unruhe selber sich nichts ändert!

Abschweifung ins rein Physikalische, Nutzlose: Etwas ändert sich beim reinen Pendel schon: die Schwingungs-Weite, eben weil es „müde“ wird. Bei der richtigen, praktischen Uhr wird sie durch das Gewicht gleich gehalten. Beim Pendel flaut sie ab. — Man kann nachprüfen, ob sich die Schwingungsdauer mit der Schwingungsweite ändert. Am besten vergleicht man zwei Pendel miteinander. Sie müssen gleich lang sein, aber eins muß weit, das andere wenig schwingen. — Ergebnis: Es macht — fast — nichts aus. (Vorausgesetzt, daß die Schwingungsweiten nicht allzu groß werden.) Kann man das verstehen? Man kann es, ungefähr so: Wenn es weit ausschwingt, dann hat es einen langen Weg; aber dafür sammelt es auf diesem langen Weg bergab auch viel Geschwindigkeit. Und beides scheint sich einigermaßen auszugleichen.

Das Pendel geht also gleichmäßig, auch wenn es immer weniger weit schwingt. Es teilt noch immer die Zeit in ziemlich gleiche Stücke. —

Das war — in unserem Zusammenhang, für den Schüler — eine Abschweifung, nicht nützlich, aber interessant. — (Andere solche „theoretische“ Fragen wären: Warum lange Pendel langsamer schwingen, und in welchem Maße? und: Was das Gewicht des Pendelkörpers ausmacht? Von hier aus ginge es dann tiefer in die Physik hinein.)

Nehmen wir aber einmal (obwohl es gar nicht unbedingt nötig erscheint) zur Sicherheit ein Pendel mit Gewichtsantrieb, so daß die Schwingungs-Weite garantiert genau dieselbe bleibt. Dann ändert sich nichts an dem Ganzen. Also werden wir sagen, „ist klar“, daß die Zeitstücke immer gleich bleiben, daß das Pendel immer „gleich“ geht.

Aber nun gibt es vielleicht Spintisierer, Philosophen oder künftige theoretische Physiker. Die sagen: Wer weiß! Niemand weiß genau, ob diese Pendeluhr immer gleich geht. Man beweise es uns einmal!

Ja, wo ist die Uhr, die besser ist als ein Pendel? Selbst der Sonne könnte man mißtrauen.

Es wäre schon ein Trost, man könnte einmal eine *ganz* andere Uhr bauen, die nichts mit dem Pendel zu tun hat (auch nichts mit der Schwingung, wie die Unruhe in der Taschenuhr, an der wir sie ja gemessen haben, und sie an ihr) und bei der es ebenso wahrscheinlich wäre, daß sie gleichmäßig ginge. Wenn dann *die* zwei gleich gingen, wenn jede, an der anderen gemessen, in gleichen Schritten durch die Zeit ginge, dann wären wir zufriedener.

---

[4] Siehe z. B.: M. WAGENSCHEIN, Die Erde unter den Sternen. A. a. O., S. 31 ff.

Erfindet eine solche Uhr! — Sicherlich kommen Ideen. Vielleicht kommt einer mit der Kerze und ein anderer mit dem tropfenden Wasserhahn. Und der Lehrer erzählt von GALILEI, der erst mit dem Puls maß und später die Zeit mit der Waage bestimmte. (Man lese das auf Seite 291 nach). Ist denn *das* genau?

Doch nur, wenn in dem Gefäß, das ausläuft, der Wasserspiegel nicht sinkt, weil sonst der Druck an der Öffnung nachläßt. Wenn man das ausgleichen will, muß man oben genauso viel einlaufen lassen, wie unten heraus. Wie aber soll man es machen, daß oben nicht mehr oder weniger zufließt als unten fortgeht?

Kein Ausweg? Doch, und auf diesen Gedanken könnte schon ein Zwölfjähriger kommen: einfach ein Vorratsgefäß immer im Überlaufen erhalten, dann ist es immer voll. Es muß nur dafür gesorgt werden, daß oben mehr zu- und überläuft als unten aufgefangen wird. Mit einer solchen Wasseruhr und der Waage könnte man nun die Pendeluhr prüfen. Da die Pendelzeiten sehr kurz sind, müßte man sie bündeln und käme dann etwa zu solchen Ergebnissen: 100 Pendelschwingungen entsprechen 540 ccm Wasser, 50 Pendelschwigungen entsprechen 270 ccm. Dann wäre kein Zweifel mehr. Denn auch diese Wasseruhr ist in sich gleichbleibend. Sie hat offenbar keinen Grund, ihren Lauf zu ändern. Das auslaufende Gefäß ist immer voll, und das Loch hat seine Größe. Und was zuviel zuläuft, läuft über und ist aus dem Spiel, „überflüssig". Genau wie das Pendel in sich geschlossen ist. Nichts wirkt hinein.

Übrigens ist, wie es scheint, ein Unterschied zwischen den beiden Uhren. Die eine wiederholt ihr Tun, zerhackt die Zeit, ist „periodisch". Die andere fließt, wie die Zeit selber fließt. Es liegt an uns, wann wir eingreifen und abzapfen. Wir teilen die Zeit in Stücke, wie wir wollen, wir verwandeln die Zeitspannen in Wassermengen. Die vergleichen wir mit der Waage. (Das Periodische steckt aber insgeheim auch darin: im Gewichtssatz. 5 Gramm das ist 1 + 1 + 1 + 1 + 1 Gramm. Hätten wir nur 1-Gramm-Stücke zum Wägen, so sähe man es dem Gewichtssatz an: lauter gleiche Zeitstücke.) Damit ist unsere Annahme, daß das Pendel die Zeit in gleiche Spannen teilt, zum mindesten gefestigt worden.

Das war ein Einstieg in physikalische Fragestellungen. Jetzt wollen wir auch wieder aussteigen aus der Physik.

Stellen wir uns das Zeit-Signal im Telephon vor, ehe der Andere kommt. In immer gleichen Zeitabständen derselbe Ton. — Der Andere läßt warten, nehmen wir an. Vielleicht ist er aus dem Zimmer gegangen. — Immer das Zeitsignal, ganz gleichmäßig. Ich denke gar nichts, ich warte nur so vor mich hin. — Aber auf einmal fällt mir „heiß" ein, daß ich gar nicht überlegt habe, was ich eigentlich sagen wollte. Ich überlege „fieberhaft" und „viel geht mir durch den Kopf". Trotzdem fällt mir nebenbei auf: *Dieses* Zeitsignal läßt auf sich warten. Es kommt viel zu spät. Die Zeit, innerhalb deren ich nachdenke, etwas erlebe, kommt mir länger vor, als die leere, nur verwartete Zeit. — Eine Uhr würde mich belehren, daß sie von diesem Unterschied nichts merkt. Sie ist „objektiv". Es läßt sie „kalt", ob ich inzwischen etwas denke. Sie mißt die „objektive", die physikalische Zeit. — Man könnte diese Erfahrung in der Schule nachmachen — für eine ganze Schülergruppe. Natürlich müßte der Zwischenfall, der während des Ablaufs irgendwelcher gleichmäßiger akustischer Zeitsignale eintritt, für die Schüler unerwartet, vom Lehrer also gut inszeniert sein. — Es ist klar, *welche* Zeit die „objektive" ist. Wie aber, wenn nun einer fragt, welche die *„wirkliche"* sei! Die erlebte oder die vom Pendel registrierte? Die von *mir* erfüllte oder die von der Uhr eingesammelte? Die eine ist nur für mich (oder für uns Beteiligte) wirklich, die andere für Unbeteiligte, nur am Pendel Beteiligte, das sie ablesen.

Was ich da in dieser einen gedehnten — für das Pendel nicht gedehnten — Sekunde erlebe, das kann sehr wichtig für mich sein, es kann ungeheuer wirksam werden, unter Umständen nicht nur für mich. Man sagt, daß in Todeserwartung Abstürzende in den, wie sie glauben müssen, letzten Augenblicken ihr ganzes Leben im Geiste durchlaufen, ja durchschauen, und daß Träume, die uns sehr bewegen und viel bedeuten, eine Pendelsekunde mit dem Inhalt eines Lebenstages erfüllen. So gibt es Wichtiges und Wirkliches, das der Uhr entgeht, Wirkliches, wovon die Physik nichts wissen kann. Was die Uhr mißt, ist nicht die gelebte Zeit, es ist die Zeit eines Mechanismus, den wir erfunden haben für *die* Fälle, in denen wir uns miteinander verständigen wollen, ohne Rücksicht auf das, was dem Einzelnen oder auch einer einzelnen Gruppe wirklich ist.

Diese beiden Zeiten dürfen nicht miteinander verwechselt werden. Mehr soll nicht gesagt sein. Und daß man das Wort „wirklich" mit Achtung gebrauchen soll. Daß kein Grund ist, die physikalische Zeit als die „eigentlich" wirkliche zu bezeichnen. Sie ist das, was von der erfüllten Lebenszeit bleibt, wenn wir sie in der Weise entleeren, die dem physikalischen Aspekt (Kap. I) entspricht.

### II. Von der Rakete zum Satz „Kraft = Gegenkraft"

Ein zweites Beispiel dafür, wie heute die Technik in der Schule auf den Weg zur Physik führen kann. Es geht von einem scheinbar noch viel technischeren Gegenstand aus, als es die Pendeluhr ist: der Rakete. Sie kann des allseitigen Interesses der Kinder gewiß sein. Sie wirkt auf den ersten Blick undurchschaubar. Aber im Prinzip ist sie einfach gebaut, also sehr geeignet, das physikalisch Prinzipielle, Newtons Grundsatz „Actio = reactio" auszugraben.

Die Kinder werden von Raketen gehört und gelesen haben. Vielleicht haben sie einen Start im Film gesehen mit der hinten hinausdonnernden Wolke. Die Frage ist: Was geht hier vor? Stößt sie sich von dem Erdboden ab? Und später? Wie kann sie im angeblich leeren Weltraum weiterfliegen? Wo nimmt sie, Satellit geworden, ihren Antrieb für Jahre her? Wer lenkt sie in den Kreis? Und was solche Fragen mehr sind[5].

Kennen wir Ähnliches? Wenn nicht, könnte der Lehrer etwas nennen, das ebenfalls des Interesses sicher ist, und von dem die Kinder aber zunächst nichts ahnen werden, daß es „Dasselbe" ist: eine Vorrichtung, um in der Fastnachtszeit „Donnerschläge" zu erzeugen. Ich sah es auf einem Dorfe. Eine Büchse mit Deckel zum Eindrücken hat seitlich ein Loch. Durch dieses Loch wird mit einem Zündholz innen entwickeltes Carbid-Gas entzündet. Der Deckel fliegt mit Getöse heraus. Das für die Rakete Interessante ist eine Nebensache: Der Knabe, der diesen Schlag auslöst, setzt den Fuß auf die (waagerecht auf dem Boden liegende) Büchse. Wenn er es nicht tut, dann fliegt nämlich nicht nur der Deckel, sondern, nach der entgegengesetzten Seite, auch die Büchse fort: nur nicht so weit.

Der Deckel entspricht den ausgeschleuderten Gasen, die Büchse dem Raketenkörper. Wenn der Lehrer das behauptet, wird er Kopfschütteln hervorrufen. Das „Gas", der „Druck", die „Explosion" wirft die beiden Teile, „Büchse" und „Deckel" auseinander. Das ist klar. Aber geht es auch ohne Deckel? Die Explosion, die „Kraft" wirft bei der Rakete also Büchse und „Gas" auseinander? *Ist* denn „Gas" etwas? Etwas, woran man sich abstoßen kann?

Hier können hübsche Spielereien helfen, z. B. eine Dampf-Rakete[6]: Das Wasser kocht in einer Büchse oder auch einem leeren Ei, das hinten ein Loch hat. Das Ganze sitzt, mit Kerze, auf einem Holzschiffchen. Eine andere Form desselben Versuches kann man ebenfalls bei Hoischen daneben finden.

---

[5] Wegen der beiden letzten Fragen (die hier nicht erörtert werden) vgl. M. Wagenschein, Natur physikalisch gesehen. A. a. O., S. 50—52.

[6] A. Hoischen, Drei Raketenboote. In: Ztschr. f. Naturlehre u. Naturkunde, 1958, Heft 12, S. 282.

Nun werden die Kinder vielleicht meinen, der Dampf stoße sich an der Luft ab, wie an einer Wand. Dann könnte die Rakete im leeren Weltraum nicht gehen?

Es wird gut sein, dann eine Wasserrakete zu bauen, die hinten Wasser auslaufen läßt[7]. Hierbei wird die Luft schon als weniger notwendig verstanden. Wasser ist schon mehr — „Körper". Noch deutlicher wird es, wenn man den Rückstoß beim Schießen anführt und sich eine Rakete vorstellt, die dadurch angetrieben wird, daß sie nach hinten ein Maschinengewehr abfeuert, und man sich fragt, ob dabei die atmosphärische Luft nötig ist.

So wird stufenweise deutlich, daß alles, was Trägheit (Masse) hat, geeignet ist, sich von ihm abzustoßen, indem man es von sich wirft. Auch Luft hat Trägheit, das zeigt der Sturm. Und der Anprall eines Kubikmeters Luft ist etwa so stark wie der eines Liters Wasser.

Die Frage wird rasch nach vielen Seiten ausstrahlen. Zwei Kinder auf Rollschuhen (ein schweres und ein leichtes) die sich voneinander wegdrücken oder mit einem Seil aneinander heranziehen. Entsprechend Magnetversuche mit zwei Schiffchen, zunächst abstoßend, dann anziehend montiert. Dieser berühmte Versuch NEWTONS[8] wurde übrigens schon von KEPLER gemacht (wenn auch nicht mit demselben gedanklichen Hintergrund): „... exempel zwaier vnglaicher magneten, man lege sie in klaine Schifflin, lasse sie in einem weitten geschirr vmbschwimmen. Sie werden einander entgegenschiffen, der sterckhere würt wenig, der schwächere vil fürsetzen. Wan man sie aber gleich anfangs aneinander stellet so treibt kainer den andern auß seiner Stelle[9]." (Man schreibe das den Kindern an die Tafel, ohne Sorge um die Rechtschreibung!)

Schließlich werden die verblüffenden und witzigen Perpetuum-mobile-Ideen zur Sprache kommen, die entstehen, wenn man — wie in dem zweiten KEPLERschen Versuch — beide Schiffchen zu einem verschmilzt, das vorn einen Magneten und hinten ein Eisenstück in sich eingebaut hat und also ewig und kostenlos davonfährt (denn der Magnet zieht am Eisen und das Eisen am Schiff!) Oder MÜNCHHAUSEN, der sich am Zopf aus dem Sumpf zieht, oder CHAPLIN: eingesperrt in einen fensterlosen abgestellten Güterwagen und vom Gebrüll eines draußen wartenden Löwen in Furcht versetzt, stemmt er sich gegen die Stirnwand seines Wagens, um ihn in Gang zu bringen.

So landet man schließlich bei einer fundamentalen Einsicht: daß niemals ein Ding ein anderes bewegen kann, ohne selbst — (ich darf jetzt nicht sagen: sich „in Bewegung zu setzen", sondern nur:) — einen Bewegungsantrieb zu „spüren". (Spüren heißt für einen festgehaltenen Körper: „deformiert" werden.)

Schließlich kommt man auch zu der Lösung eines Problems, das schon manchmal einen Lehrer in Verlegenheit gesetzt hat, nachdem er den Kindern den Merksatz „Kraft gleich Gegenkraft" etwas zu eilig beigebracht hatte. Sie fragten nämlich, wie dann beim Tauziehen jemals eine Partei gewinnen, und wie man einen Wagen fortbewegen könne, wenn doch der Wagen ebenso stark am Buben nach hinten ziehe, wie der Bub am Wagen nach vorn? — Deshalb, weil wirklich kein Bub einen Wagen ziehen kann, wenn er mit dem Wagen allein ist und sich nicht mit den Füßen in den rauhen *Boden* einkrallt. Bei Glatteis merkt er's. Ohne Glatteis aber ist das Riesen-Erdreich mit seiner großen „Masse" die *eine* Partei und er *mit* seinem Wagen die andere. Und wäre das Erdreich nicht so „groß", so würde es (Abb. 19) nach rechts rutschen, während er mit seinem Wagen (der nur ein Anhängsel von ihm ist, und durch einen Rucksack ersetzt werden kann) nach links geht. So wie man auf einem Floß läuft.

---

7 Anregungen dazu: E. KRUMM, Der Rückstoß. In demselben Heft der eben (s. Anm. 6) genannten Zeitschrift, S. 280 ff.

8 Siehe E. MACH, Die Mechanik. A. a. O., S. 194.

9 F. ROSSMANN, a. a. O., S. 89.

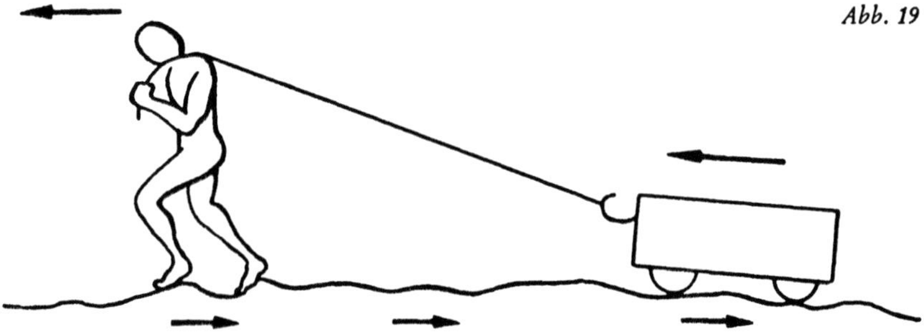

*Abb. 19*

Ohne einen Lehrgang festlegen zu wollen, sollte dieses Beispiel andeuten, wie man aus einem technischen Gegenstand (der Rakete) und aus einer *Fülle* ähnlicher, teils ernster, teils spielerischer Situationen, immer physikalischer und immer grundsätzlicher werden, wie man ein mit Leben gefülltes physikalisches Prinzip in seiner reinen Form gewinnen kann. Und nicht, umgekehrt, auf wenigen dünnen empirischen Beinen erst das Prinzip aufstellt und „merken" läßt, um es dann auf Technik anzuwenden.

## C. Genetisches Lehren (Geistesgeschichte)

### Die didaktische Bedeutung des Quellenstudiums, dargestellt am Beispiel der Entdeckung des Beharrungsgesetzes[1]

*„Wer zur Quelle gehen kann, der gehe nicht zum Kruge."*
(LEONARDO DA VINCI[1a])

*„Die Geheimnisse der Natur sind verborgen; obgleich sie immer tätig ist, entdecken wir nicht immer ihre Wirkungen: die Zeit enthüllt sie von Geschlecht zu Geschlecht, und obwohl sie stets sich selbst gleich ist, wird sie nicht stets in derselben Weise erkannt ... So müssen wir die Gesamtheit der Menschen im Verlaufe so vieler Jahrhunderte wie einen einzigen Menschen betrachten, der noch immer da ist und ohne Unterlaß lernt."*
(BL. PASCAL[2])

*„Am besten werden die bescheidenen Anfänge der Wissenschaft uns deren einfaches, sich stets gleichbleibendes Wesen enthüllen."*
(E. MACH[3a])

*„... der naturwissenschaftliche Inhalt der Mechanik ..., wie wir zu demselben gelangt sind, aus welchen Quellen wir ihn geschöpft haben, ... dieser Inhalt ... liegt eingeschlossen und verhüllt in dem intellektuellen Fachapparat der heutigen Mechanik."* (E. MACH[3])

*„Alle diese Gegenstände, die heute als kanonisierte Requisiten gelehrt werden, und bei denen nirgends die Frage berührt wird: Warum so? Wie kommt man zu ihnen? Alle diese Requisiten also müssen doch einmal Objekte eines spannenden Suchens, einer aufregenden Handlung gewesen sein, nämlich damals, als sie geschaffen wurden. Wenn man an diese Wurzeln der Begriffe zurückginge, würde der Staub der Zeiten ... von ihnen abfallen, und sie würden wieder als lebensvolle Wesen vor uns erstehen.*
*... Nicht um die Geschichte handelt es sich, sondern um die Genesis ... Unerschöpflich kann man so aus der Historie für die didaktische Methode lernen."* (O. TOEPLITZ[4])

Wer anders könnte uns besser beraten darüber, wie wir die elementare Physik zu lehren haben, als die großen Physiker der Vergangenheit? Denn was uns heute, oft

1 Seit der 2. Auflage ist durchweg *Trägheits*gesetz durch *Beharrungs*gesetz ersetzt, um die Assoziation träge = unbeweglich nicht zu begünstigen.

1a Worte Meister LEONARDOS, Insel-Bücherei Nr. 446, S. 29. — Und wie kann man zur Quelle kommen? Der polnische Aphoristiker Stanislaw Jerzy LEC: „Um an die Quelle zu kommen, muß man gegen den Strom schwimmen." (Neue unfrisierte Gedanken, München 1964, S. 29.)

2 Fragment eines Vorwortes zur Abhandlung über den leeren Raum. Aus BL. PASCAL, Die kleinen Schriften, Sammlung Dieterich, Bd. 16, Wiesbaden 1947, S. 5 u. 7.

3 Die Mechanik in ihrer Entwickelung. Vorwort zur 1. Aufl., Leipzig, 1883.

3a Populärwissenschaftliche Vorlesungen, 5. Aufl., Leipzig 1923, S. 220.

4 In einem Vortrag vor dem mathematischen Reichsverband in Düsseldorf 1926, erschienen in: Jahresberichte dtsch. Math. Ver. Bd. 36 (1927), S. 88—100. Abgedruckt auch im Vorwort von G. Koethe zu Toeplitz, „Die Entwicklung der Infinitesimalrechnung", Bd. I, Berlin 1949. TOEPLITZ als Mathematiker spricht hier von der Genesis der Infinitesimalrechnung. Seine Sätze gelten uneingeschränkt auch für Physik.

sehr zu Unrecht, als selbstverständlich erscheint, war ihnen noch, was es auch den Kindern immer wieder ist und sein muß: überraschend und erstaunlich. Und so belehrten sie sich nicht nur selber, tastend und ergriffen von dem, was sie fanden: Sie standen sofort vor der Aufgabe, sich den anderen verständlich zu machen. Und, obwohl sie nichts von Pädagogik, Psychologie, Methodik und Didaktik gelernt hatten, war ihnen das Mitteilen, das Überzeugen des bald neugierigen, bald zweifelnden Anderen lebensnotwendig. Sie standen immer im Streitgespräch. Suchen, Finden und Überzeugen war ihnen verschmolzen. Sie konnten und mußten unter dem Druck ihrer Aufgabe, ihres Zweifelns, ihres Glückes und ihres Sich-Behauptens Erfahrungen machen, die unsere, nachträglichen und einfühlsamen Erwägungen an Wirklichkeit und Intensität weit übertreffen. So ist es kein Zufall, daß das erste Lehrbuch der Physik die Form des Gespräches trägt (Galileis Mechanik) und daß es das beste und nie veraltende aller physikalischen Lehrbücher bleiben wird.

Vieles von dem, was die alten Forscher sagen, verbindet sich leicht mit modern anmutenden pädagogischen Grundsätzen, die aber im Grunde uralt und unerschütterlich sind. Sie fragten nicht, ob man „vom Kinde aus" oder von der Sache aus unterrichten müsse: Sie waren selber Kinder im höchsten Sinne, Träger nämlich des erwachenden Geistes, und steckten bis über die Ohren in der Sache und hörten, was sie ihnen zusprach.

Je weiter wir zurückgehen, desto ursprünglicher erscheinen diese Äußerungen, und am hellsten glüht das Feuer der Auseinandersetzung zwischen Mensch und Natur, und zwischen Mensch und Mensch in der großen Ära Galileis, Keplers, Pascals, Newtons.

Wenn Platon über den Eingang seiner Akademie die Worte setzte, niemand solle hier eintreten, der nicht Mathematik verstehe, so möchte man ähnlich sagen: Niemand sollte Physik lehren, der nicht in dieser Epoche eine Einkehr gehalten hat.

## I. Das Beharrungsgesetz

Lex I: „Corpus omne perseverare in statu suo quiescendi vel movendi uniformiter in directum, nisi quatenus illud a viribus impressis cogitur statum suum mutare."

Zu deutsch:

| | |
|---|---|
| Lex I: | Erstes Gesetz: |
| corpus omne | Jeder „Körper" (d. h. jedes leibhafte Ding) |
| perseverare | verharrt (hält durch. Darin steckt severus = streng. Hier fast „stur") |
| in statu suo | in seinem Zustand |
| quiescendi | des Ruhens |
| vel movendi | oder des sich Bewegens |
| uniformiter | gleichförmig und |
| in directum, | geradeaus, |
| nisi quatenus | wenn nicht (es sei denn daß, ausgenommen daß) |
| illud | jener (Körper) |
| a viribus impressis | von Kräften, die ihm eingeprägt werden, |
| cogitur | gezwungen wird, |
| statum suum | (diesen) seinen Zustand |
| mutare. | zu ändern. |

Was bedeutet dieses trockene Gesetzes-Latein? In unserer Vorstellung ist es gar nicht trocken: Wir sehen ein körperliches, ein leibhaftes Ding, das ganz allein sich selbst überlassen, also von nichts Anderem beeinflußt oder bedrängt ist. Wenn dieses Ding unbewegt ist — „ruht" —, so bleibt es natürlich dabei, da es ja nicht gestört wird. Soweit ist sein Verhalten einleuchtend. — Nun wird aber mit dem harmlosen Wort „vel" (= oder) etwas hinzugefügt: „vel movendi". Das heißt: Wenn es aber nicht so ist, daß der Körper „ruht", wenn er in Bewegung ist, also irgendwann einmal einen Stoß bekommen hat vor — vielleicht — langer Zeit, dann sehen wir, daß er den nicht „vergessen" kann. Daß er unentwegt auf schnurgerader Bahn und „gleichförmig", wie eine ziehende Wolke, dahintreibt, solange er — in diesem Sinne — „frei" bleibt; wenn er frei bleibt, also unaufhörlich.

Dieses Gesetz ist nicht kompliziert, es ist „einfach", und es ist „anschaulich". Nur, fragen wir, wo kommt so etwas denn vor? Der Satz ist bei aller Einfachheit und Anschaulichkeit in seinem zweiten Teil unglaubhaft.

Nicht nur sehen wir Tag für Tag, daß die Dinge, gerade dann, wenn wir sie sich selbst überlassen, nichts anderes im Sinn zu haben scheinen, als „zur Ruhe zu kommen". Jedenfalls hier auf der Erde.

Draußen zwar, die Sterne, ruhen nie, aber ihre Wege sind Kreise. Sie passen also wieder in anderer Weise nicht in das Gesetz. — Mehr noch. Wer nachdenkt, muß zweifeln, ob das Gesetz, so wie es dasteht, überhaupt ernst gemeint sein kann. Denn wer nachprüfen wollte, ob der Körper, wenn nicht fremde Kräfte ihn fassen, wirklich „durchhält" in seinem gleichförmigen Lauf, der müßte sich ja seines „unaufhörlichen" Weiterlaufens vergewissern, also ewig leben.

Das Beharrungsgesetz sagt also etwas aus über eine zwar sehr einfache, aber eben deshalb nicht vorgefundene, ja nicht einmal auffindbare, sondern eine „gesuchte" (abstrahierte, idealisierte), eine nicht „lebensnahe" Situation. Der Alltag ist eben nicht einfach. Wenn man das Wort „einfach" innerhalb desselben Satzes in doppeltem Sinn gebrauchen dürfte, möchte man sagen: Das Einfache „ist gar nicht so einfach". Das heißt: Es ist nicht leicht, bis zum Einfachen vorzudringen.

„Der sogenannte reine Fall wird nur durch vorangehende sorgfältige Analyse des in der Erfahrung Gegebenen und durch nachfolgende gedankliche Konstruktion erfaßt. Diese Leistung steht nun keineswegs am Anfang des Erkennens, sondern sie ist das Resultat der vollen Sachbeherrschung und des reifsten Denkens[5]."

So bedurfte es in der Geistesgeschichte eines langen Weges, bis das Beharrungsgesetz in Sicht kam. Und dieser Weg ist nicht mehr Gegenstand nur der Physik. Er hat auch eine psychologische, eine geschichtliche, eine wissenschaftstheoretische Seite. In dieser Vielfalt sollte er dem Lehrer gegenwärtig sein, der darangeht, Kinder darüber zu unterrichten.

Wenn man bedenkt, daß es eigentlich GALILEIS Lebensleistung war, diesen Satz — und nicht einmal, wie es scheint, in seiner vollen Allgemeinheit — aus der ihm widersprechenden Alltagserfahrung herausgelöst zu haben, dann kann man ihn nur mit Verblüffung am *Anfang* manches Schullehrbuches vorfinden, womöglich schon in der NEWTONschen Fassung, und gestützt auf zwar suggestive, aber nicht überzeugende Experimente: Man liest etwa von folgender Versuchsreihe: Eine Kugel über einen Stoppelacker gerollt, kommt nicht weit, auf glattem Rasen schon weiter, auf rauhem Steinboden noch weiter, auf poliertem Steinboden noch viel weiter. Je kleiner also die Reibung, desto länger hält die Bewegung an. — Und nun kommt ganz schnell, als wäre es ein logischer Schluß: Ohne jede Reibung würde sich der Körper also unaufhörlich geradeaus weiterbewegen.

Die Erfahrung, die man in der bremsenden Straßenbahn macht — daß man in der Richtung des Fahrens umfällt —, die kannte auch KEPLER schon (ohne Straßenbahn; er ritt auf seinem Pferd durch Deutschland). Dennoch hätte er über NEWTONS „Lex I" den Kopf geschüttelt. Machen wir es uns in der Schule also nicht zu leicht, sonst machen

---

5 EDUARD SPRANGER, Der Eigengeist der Volksschule. A. a. O., S. 98.

die Kinder es sich nicht zu eigen, sondern reden es uns nur nach. Es wird dann so, wie Einstein einmal vom Beharrungsgesetz schreibt: „Das ist gewöhnlich das Erste von der Physik, was wir in der Schule auswendig lernen, und der eine oder andere erinnert sich vielleicht noch daran[6]." Die angeführte Versuchsreihe war Kepler natürlich, wie jedem anderen, bekannt. Er würde aber nicht das Beharrungsgesetz daraus geschlossen haben, sondern, wie schon Leonardo, nur etwa folgendes: Reibung bremst. Ob aber nicht — außerdem — der Körper von sich aus zur Ruhe strebt, wenn auch nach langem Lauf, das ist eine andere Frage, und durch diese Versuche nicht entscheidbar. Und er, Kepler, glaubte an dieses natürliche „von selber Zur-Ruhe-kommen-Wollen". (Wir kommen gleich auf ihn zurück.)

Der Lehrer, der sich vorbereiten will, wird nicht so sehr (jedenfalls nicht allein) moderne Lehrbücher lesen. Er wird mit unbefangenen Kindern, möglichst erst außerhalb der Schule, über den Fragenkreis der Trägheit sich unterhalten, vor allem sie zum Sprechen bringen, und er wird zweitens die Klassiker der Physik lesen.

## II. Die Entdeckung des Beharrungsgesetzes in der Geschichte

Springen wir deshalb in die Entwicklung der Physik hinein, an einen ihrer entscheidenden Wendepunkte und auch zu einer ihrer entscheidenden Gestalten, die noch mit einem Bein drüben steht, und mit dem anderen schon hüben. Hüben bei uns und drüben bei Aristoteles und — bei den Kindern: eben Kepler.

Ob er das Beharrungsgesetz hatte oder nicht, das wird deutlich aus einer Bemerkung über das tägliche „Umbwaltzen" der Erdkugel um ihre Achse (von dem er ja überzeugt war). Er hat diese Bemerkung zum Glück nicht lateinisch geschrieben, sondern in seinem wunderbaren Deutsch (des Jahres 1612 etwa), das noch dazu schwäbisch ist und den ganzen Reiz seiner nicht normierten Rechtschreibung besitzt:

> „. . ., das vmbwaltzen khompt her von einer jnnerlichen vrsach, . . . Ob aber schon das Waltzen sein jnnerliche vrsach hatt, so ist die doch nit in dem Zeüg oder Materia gelegen, . . . sondern wie die bewegende sehlenkrafft in des Menschen leib ligt, . . . . . . diese bewegung, so von jnnerlicher krafft der Erden herkommet, warhafftig mit deren Träghaitt vnd Vnart zum bewegen . . . streittet, vnd sie yberwindet, . . . Warumb wolte dan nit die jnnerliche crafft des erdbodens so hoch erhöcht werden khönden, das sie . . ., die träghaitt so perfect yberwinde, darauß ein gewisses maaß folge der schnelligkhaitt dises Vmbwaltzens, vnd warumb wolte nit eine solliche bewegende crafft in die Erdkugel hinein haben khönden gepflantzet werden, die sowol ewig vnd vnauffhörlich drinnen pleibe, . . .[7]"

Was bedeutet das nun? — Kepler war ein sehr kluger Mann und ein gewaltiger Rechner. Er war in mancher Hinsicht sehr weit voran. (Er ahnte manches vor allen seinen Zeitgenossen, so ein Jahrhundert vor Newton die Gravitation. Es steht bei ihm der fast unglaubliche Satz [in der „Nova Astronomia" von 1609][8]: „Wenn man zwei Steine an einen beliebigen Ort der Welt versetzen würde, . . . dann würden sich jene Steine . . . an einem zwischenliegenden Ort vereinigen, wobei sich der eine dem anderen um eine Strecke nähert, die der Masse des anderen proportional ist.")

Und doch besaß er, wie man aus dem angeführten Text erkennt, das Beharrungsgesetz nicht. (Deshalb konnte er auch den Mondlauf nicht „richtig" verstehen.) Er dachte noch nahezu animistisch: Ein Körper, der sich aus sich selbst heraus in Bewegung hält, der kann es nur vermöge einer „sehlenkrafft".

---

6 A. Einstein / L. Infeld, Die Evolution der Physik. A. a. O., S. 127.

7 Fr. Rossmann, a. a. O., S. 86 f.

8 Nach H. Schimank, Epochen der Naturforschung. Berlin 1930, S. 194, und München 1964.

So einfach ist es demnach nicht gewesen, das Beharrungsgesetz zu finden. — Wir wollen uns also nicht allzu erhaben fühlen; auch nicht übrigens, was die animistische Redeweise betrifft: Wir sprechen ja *auch* vom „Streben" eines Körpers, sich weiterzubewegen, und wir sprechen von einer „Kraft", die ihn daran hindern kann.

Sehen wir nach, ob sich bei KEPLER, unabhängig von der Erdrotation, eine grundsätzliche Bemerkung findet, so etwas wie ein Grundsatz *seiner* „Träghaitt", entsprechend der NEWTONschen Lex I. Sie findet sich in aller Deutlichkeit:

„Jede körperliche Substanz ist, insofern sie körperlich ist"

(das heißt wohl: Dies Verhalten ist von ihrer Körperlichkeit untrennbar und definiert sie geradezu, genau wie *wir* es von der NEWTONschen Trägheit meinen), —

„von Natur aus dazu geneigt, an jedem Orte zu ruhen"

(nicht etwa nur im Weltmittelpunkt, wie ARISTOTELES lehrte),

„an dem sie sich allein befindet", —

(„allein", das heißt:)

„außerhalb des Kraftbereiches eines verwandten Körpers[9]." —

(„verwandt": KEPLER weiß, daß Magnetismus etwas anderes ist als seine Gravitation).

Viel deutlicher, viel lebendiger sagt er dasselbe in seinen deutschen Randbemerkungen zu ARISTOTELES[10]:

„... auf dise weise sage ... jch, ... von eim jeden ort, wan etwas drein gesetzt werde, das da ein todter cörper ist, wan es nit von dannen durch etwas anders ausserhalb seiner gezogen werde, so khönd es auch für sich selbst nit von dannen kommen, ebendarum, die weil es todt ist oder träg vnd vnartig." (Das Wort „träg" bedeutet hier also, anders als in der heutigen Physik, „unartig" zur *Bewegung.)*

Nicht weit davon heißt es:

„Es hatt aber aller cörperliche Zeüg oder MATERIA aller Ding in der gantzen Welt diese art, oder vilmehr dise todte Vnart, das er plump ist vnd vngeschickt von sich selber auss einem ort in das andere zu wandern vnd müessen derhalben von einem leben oder sonsten von außen hero gezogen vnd getriben werden ...[11]"

Oder schließlich:

„Zum stilstehen oder pleiben ... ist genug, das es" (das Ding) „vnartig sey zu einiger bewegnus, wan ein ding also ist vnd hatt zumahl khainen treiber, so stehet es still an wölliches ort es jmmer gesetzt würt[12]."

In einem Brief vom 11. 10. 1605[13] versucht er sogar, sein Beharrungsgesetz logisch-theologisch zu verstehen:

„Jeder materielle Körper ist von Natur aus zur Ruhe geschaffen an jeder Stelle, an die er versetzt wird. Denn die Ruhe ist wie die Finsternis eine Negation, sie setzt also keinen Schöpfungsakt voraus, sondern haftet den geschaffenen Dingen an, sozusagen ein Nichts. Die Bewegung dagegen ist etwas Positives wie das Licht."

Wir würden heute sagen müssen: Die gleichförmige Bewegung ist es, die Geschwindigkeit, die den Dingen anhaftet, *sie* ist eigentlich „Nichts". Das Positive, das zu Schaffende, ist die Geschwindigkeits*änderung*, die Änderung also sowohl des „Tempos" als auch der Richtung. —

---

9 SCHIMANK, a. a. O., S. 193 (aus dem Lateinischen übersetzt).

10 ROSSMANN, a. a. O., S. 84.

11 A. a. O., S. 83.

12 A. a. O., S. 88.

13 J. KEPLER in seinen Briefen, hrsg. v. M. CASPAR und W. v. DYK, 2 Bände, München und Berlin 1930, hier Band I, S. 254 (aus dem Lateinischen übers.).

KEPLERS Auffassung ist eindeutig. Sie deckt sich mit derjenigen der Kinder und der Erwachsenen auch unserer Zeit, soweit sie nicht physikalisch gut unterrichtet sind.

Ein Satz von ARISTOTELES: „Alles was sich bewegt, bewegt sich entweder von Natur oder durch eine äußere Kraft oder vermöge seines freien Willens[14]" läßt spüren, wie viel von ihm noch in KEPLER lebendig ist.

Solche Gedankengänge, die also nicht nur das Ruhen-Wollen sehen, sondern auch das Weiterfliegen-Wollen (und da beginnt ja eigentlich *unser* „Beharrungsgesetz"), finden sich nun stark schon bei KEPLERS Vorgänger, 100 Jahre zuvor, bei LEONARDO. Vielleicht weil er Techniker war, Katapulte gebaut und Flugmaschinen erdacht hat.

Er kommt uns in dieser Hinsicht fast moderner vor als KEPLER. In seinen Tagebüchern[15] steht:

„Jeder Körper setzt solange seine Bewegung in gerader Linie fort", ...

Das klingt schon ganz newtonisch; die gerade Linie ist da. Es fragt sich natürlich, wie es weitergeht; und es geht anders weiter, immerhin freier als bei KEPLER:

„als in ihm die Heftigkeit der Bewegungsursache andauert."

Da ist also das sich Weiter-Bewegen, aber es ist doch nur eine Erinnerung an den KEPLERschen „Treiber", ein abklingender posthypnotischer Auftrag.

Von sich aus will also auch LEONARDOS Materie die Ruhe, und auch er begründet es:

„Es kann aber kein Ding lange in seiner Bewegung verbleiben, denn wenn die Ursachen fehlen, bleiben die Wirkungen aus."

Die Ursachen, das sind eben Kräfte, Treiber, Einflüsse, und diese Einflüsse verlieren sich.

Das ist übrigens nach meiner Erfahrung die Überzeugung eines jeden Unbefangenen. Darauf müßte die Schule aufbauen.

Aber LEONARDO wird noch viel moderner, wenn auch nicht völlig klar. Er sagt auch, wovon es abhängt, ob die Heftigkeit der Bewegung erhalten bleibt, er nennt die *Reibung:*

„Wenn die Reibung des beweglichen Körpers auf der Stelle, wo er sich bewegt, von geringer Dichte ist, dann wird die Kraft des Bewegers mit dem beweglichen Körper, nachdem er vom Beweger getrennt worden ist, eine Zeitlang verbunden bleiben, und zwar um so länger, je geringer die Dichte der Reibung ist[16]."

Das ist, wie es scheint, schon recht nahe am Ziel. Nicht ganz. Ihm ist das Weiterwollen noch ein Sollen, ein Nachklang der Kraft, den die Reibung verzehrt. Kein Gedanke aber an das, was GALILEI und NEWTON meinen, und wenn es nur eine Akzentverschiebung ist, daß dieses Weiter*wollen* Sache nicht des früheren Treibers ist, der allmählich gleichsam vergessen wird, sondern ureigenster, freiwilligster Drang des Bewegten selbst. Es „will" von sich aus weiter; so fühlen wir es heute.

*Wie* nun GALILEI, der eigentliche Vater der modernen Physik, Zeitgenosse und Briefpartner KEPLERS zwar, aber doch schon mit beiden Füßen auf dem diesseitigen Hang stehend, wie er nun zum Beharrungsgesetz fast vollkommen durchstieß, das genau zu zeigen, soll uns später (Seite 271 f.) beschäftigen. Wir verfolgen einstweilen nur die historische Entwicklung der *Ergebnisse.*

Halten wir uns an seine eigenen Worte, so bekommen wir den Eindruck, daß er mit seiner Einsicht an die horizontale Ebene hier auf der Erde gefesselt blieb, denn er schreibt:

„... daß der Geschwindigkeitswert, den der Körper aufweist (in mobile reperiatur), in ihm selbst unzerstörbar enthalten ist (indelebiliter impressus, ...), was man

---

14 Nach BALSS, Antike Astronomie. Tusculum-Bücherei, München 1949, S. 115.

15 Tagebücher und Aufzeichnungen, hrsg. v. TH. LÜCKE, 2. Aufl., München 1952.

16 Aus: S. TIMPANARO, Die Physik Vincis, in dem Sammelband LEONARDO DA VINCI. Wiesbaden-Berlin 1955, S. 209 und 210.

nur auf horizontalen Ebenen bemerkt" (confingit = sich darstellt).

„... Hieraus folgt, daß die Bewegung in der Horizontalen eine unaufhörliche sei" („Motum in horizontali esse quoque aeternum")[17].

Ganz deutlich: „Wenn ein Körper ohne allen Widerstand" (Man beachte die Abstraktion gegenüber Leonardo: „ohne allen"!) „sich horizontal bewegt, so ist aus allem Vorhergehenden, ausführlich Erörterten bekannt, daß diese Bewegung eine gleichförmige sei und unaufhörlich (!) fortbestehe auf einer unendlichen (!) Ebene"[18]. MACH meint, daß GALILEI später auch das allgemeine Beharrungsgesetz in sich gehabt habe, denn „er weiß ..., daß eine schwerelose Flintenkugel geradlinig in der Richtung des Laufes fortfliegen würde"[19].

DESCARTES jedenfalls, ebenfalls noch Zeitgenosse, läßt nichts mehr von horizontaler Beschränkung spüren. Er muß GALILEIS Buch (1638) gleich gelesen haben, denn schon Ende dieses Jahres bespricht er es in einem Brief, übrigens recht arrogant und auf Priorität empfindlich. Er macht dort eine wegwerfende Bemerkung über GALILEIS durchaus richtige Behauptung,

„daß die in die Luft geworfenen Körper in Richtung des Horizontes gleichmäßig schnell fliegen"[20],

(was ja doch, herausgelöst gemäß dem Unabhängigkeitsprinzip [das GALILEI völlig klar sah], das [„horizontale"] Beharrungsgesetz *ist*), als ob sie falsch sei. Das hindert ihn nicht, zwei Jahre später in einem anderen Brief, noch dazu an denselben Empfänger (MERSENNE), das allgemeine Beharrungsgesetz in einer Form zu bringen, die man nur bewundern kann: Es sei, sagt er, Unrecht gewesen,

„als Grundsatz zuzulassen, daß kein Körper sich aus sich selbst bewege. Denn es ist gewiß, daß ein Körper allein deswegen, weil er seine Bewegung begonnen hat, in sich die Kraft zur Fortsetzung seiner Bewegung hat, wie er ebenso allein deswegen, weil er an einem Ort aufgehalten ist, die Kraft hat, sein dortiges Verbleiben fortzusetzen[21]."

Das Verharren in der Bewegung ist jetzt dem Körper zugerechnet. Es ist seine Sache geworden.

Bei LEIBNIZ (1671) noch genauer:

„Wenn ein Ding einmal geruht hat, so wird es immer ruhen, wenn nicht eine neue Bewegungsursache hinzukommt. Dagegen wird sich, was sich einmal bewegt, so viel an ihm selbst liegt, immer weiter bewegen mit derselben Geschwindigkeit und Richtung[21a]."

Bei NEWTON (1687) dann findet sich alles in der vollendeten Abstraktion, die als Lex I am Anfang dieses Kapitels steht. Bei GALILEI sehen wir noch eine idealisierte Tischplatte vor uns, hier, bei NEWTON, den leeren Weltraum.

Übrigens würde die *Erläuterung*, die NEWTON seinem Gesetz gibt, in unseren Schullehrbüchern viel eher am Platz sein als das gemeißelte Gesetz I selbst:

„Die Trägheit der Materie bewirkt, daß jeder Körper von seinem Zustand der Ruhe oder der Bewegung nur schwer abgebracht wird." — Und: „Die Materie besitzt das Vermögen, zu widerstehen. — Deshalb verharrt jeder Körper, soweit es an ihm ist, in seinem Zustand der Ruhe oder der gleichförmig geradlinigen Bewegung[22]."

---

17 OSTWALDS Klassiker. A. a. O., Nr. 24, S. 57. — E. MACH, Mechanik. A. a. O., S. 264.

18 OSTWALDS Klassiker. A. a. O., Nr. 24, S. 81.

19 E. MACH, Mechanik. A. a. O., S. 132.

20 R. DESCARTES, Briefe, hrsg. v. M. BENSE. Köln 1949, S. 142 und 205.

21 R. DESCARTES, a. a. O., S. 205.

21a G. W. LEIBNIZ, Schöpferische Vernunft, Schriften aus den Jahren 1668—1686, zusammengestellt, übersetzt und erläutert von Wolf von ENGELHARDT, Marburg 1951, S. 41.

22 I. NEWTON, Mathematische Prinzipien der Naturlehre. Berlin 1872, S. 21. — Nachdruck bei der Wissenschaftlichen Buchgesellschaft, Darmstadt 1964.

(„nur schwer" heißt: es kostet ‚Kraft'; — „soweit es an ihm ist" heißt: nicht ohne den Einfluß anderer Körper.) Diese Fassung läßt auch erkennen, besser als das endgültig formulierte erste Gesetz (S. 264) (das schon von „Kräften" redet), daß das Beharrungsgesetz eine *Entdeckung* und nicht eine Definition (der Kraft) ist. (Ganz deutlich wird das in EINSTEINS Fassung, s. unten). Diese Entdeckung erst legt es uns nahe, *nachher* „Kraft" so zu definieren, wie wir es seit NEWTON tun.

So klar ist das nun alles geworden, daß knapp 100 Jahre nach NEWTON, der große Mathematiker L. EULER in seinen reizvollen Fernunterrichtsbriefen „Lettres à une princesse allemande"[23] so übermütig und leichtsinnig wird, daß er glaubt, das Trägheitsgesetz als denknotwendig deduzieren zu können:

„Weil aber nichts ohne Grund geschieht, so folgt . . ., daß die Geschwindigkeit des Körpers sich nicht ändern könne; denn sie müßte sich entweder vermehren oder vermindern; aber es ist kein Grund vorhanden, warum das eine mehr als das andere geschehen sollte: also schließt man, daß keines geschieht . . ."

Später:

„Nachdem ich Ew. H. die notwendige Wahrheit des Grundsatzes erwiesen habe, daß alle Körper sich durch sich selbst, in demselben Zustande der Ruhe sowohl, als der Bewegung erhalten . . ."

Wir sind inzwischen vorsichtiger. Wir haben erlebt, daß es nur in der Mathematik Denknotwendigkeit gibt und daß wir gar nichts machen können, wenn die Dinge eines Tages ganz anders sich herausstellen, als wir vorher für denknotwendig gehalten haben.

Übrigens verwendet EULER auf das Beharrungsgesetz — so denknotwendig er es sich zurechtgelegt hat — doch nicht weniger als zwanzig Seiten (I, 237 bis 258), die eiligen Lehrbuchverfassern sehr empfohlen werden können. Am besten schreibt man sie einfach ab. Denn sie sind unübertrefflich anschaulich, breit und genau. Und unsere heutigen deutschen Kinder sind gewiß nicht klüger, als man von einer deutschen Prinzessin im Jahre 1760 annehmen durfte.

Wir nähern uns nun EINSTEIN. Ich erinnere zuvor an die Wendung NEWTONS: „soweit es an ihm ist". Bei EINSTEIN muß das Beharrungsgesetz anders heißen, denn NEWTON glaubte ja an einen absoluten Raum, während wir seit MACH und EINSTEIN wissen, daß man von Bewegung oder Ruhe nicht sinnvoll sprechen kann, wenn man nicht die Dinge angibt, in bezug auf welche man die Bewegung messen will.

Wir lesen bei EINSTEIN[24]:

„Ein von anderen Körpern hinreichend weit entfernter Körper verharrt im Zustand der Ruhe oder der gleichförmig geradlinigen Bewegung."

„Hinreichend weit" sagt hier folgendes: *Je* weiter ein Körper von allen anderen Körpern entfernt ist, *desto* weniger weicht seine Bewegung ab von einer geradlinig gleichförmigen. Genauer: Wenn man die Entfernung aller anderen Körper hinreichend groß wählt, so wird die Abweichung der Bahn des betrachteten Körpers von der gleichförmig durchlaufenen Geraden so gering, wie man nur will. (Ein Beispiel: Der Planet Neptun ist viel weiter von der Sonne entfernt als unsere Erde, er ist fast allein. Und richtig: Seine Bewegung ist der Geraden näher. Sein Kreis ist größer, also weniger stark gekrümmt.) „Kräfte" sind immer an Körper gebunden. Nehmen wir die Körper weit genug weg, so ist das erreicht, was wir meinen, wenn wir sagen: nahezu „kräftefrei". — Auch nicht von „unaufhörlicher Bewegung" ist die Rede. So lange die genannten Umstände unverändert sind, so lange hält diese Bewegung an. Diese Formulierung ist also nüchtern, realistisch und bescheiden.

---

23 Briefe an eine deutsche Prinzessin über verschiedene Gegenstände aus der Physik und Philosophie. 2. Aufl., Leipzig 1773 — I. Teil, S. 244, 255.

24 A. EINSTEIN, Über die spezielle und die allgemeine Relativitätstheorie. Braunschweig 1917, S. 7.

Wo ist aber das Bezugssystem, wo sind die Körper in bezug auf welche wir nun nachsehen können, ob das betrachtete einsame Ding auch wirklich gleichförmig geradlinig „von dannen fährt", wie KEPLER sagen würde? Sind diese Bezugskörper nicht alle „weg"? Ja, sie sind fast weg, aber gerade dadurch und nur dadurch, daß sie weit weg, aber noch sichtbar sind, gibt es ein Bezugssystem. Es ist die Situation, in der wir leben: Im Rahmen des Fixsternhimmels. Obwohl diese Sterne gar nicht feststehen (wie wir wissen): Weil sie weit entfernt sind, bleiben die Sternbilder doch lange Zeit hinreichend fest, um uns Richtungen zu weisen, die als feste Koordinatenachsen eines Bezugssystems dienen können.

Die Vereinzelung, in die wir einen Körper bringen müssen, um an ihm das Beharrungsgesetz prüfen zu können, ist also doppelt notwendig: einmal weil der Körper nur dadurch wirklich sich selbst überlassen wird, unbeeinflußt, „kräftefrei", wie wir sagen („frei" auch zu zeigen, was er von sich aus vorhat), und zum anderen, weil eben dadurch, nur dadurch, ein Bezugssystem entsteht, dessen Achsen fest werden.

Die physikalisch elementare Situation ist also die der Isolierung. Damit wird ein Kennzeichen der physikalischen Methode deutlich: Auseinandernehmen, Teile isolieren, untersuchen und wieder zusammensetzen. Man muß, um die Bewegungsvorgänge in die Hand zu bekommen, das bewegte Ding vereinzeln, nahezu aus der Welt werfen. Wie es sich dann verhält, wenn es so aus seiner — man möchte sagen: natürlichen — Umgebung genommen ist, das wird dann das physikalisch Elementare.

Bemerkenswert ist, daß die Isolation nicht völlig gelingt. Man kann einen Körper zwar aus der Gesellschaft der übrigen Dinge fast verbannen. Aber er zeigt gerade dann seine elementare Solidarität mit ihnen: Es bleibt ein „Ferngefühl" für das Ganze und umgekehrt ein „Führungsfeld", das den isolierten Körper noch überwacht. Eben dies kommt im Beharrungs-Satz zum Ausdruck. Es ist, als spürte der vereinzelte Körper die entfernte Fixsternwelt, richtungstreu immer auf denselben Fixstern zusteuernd, als fixierte er ihn.

## III. Die Entwicklung des Beharrungsgesetzes im Unterricht

Unser Widerstand gegen das Beharrungsgesetz kommt nicht nur daher, daß die nicht zurechtgemachte Alltagserfahrung uns sein Gegenteil vorzuführen scheint. Es widerspricht auch der in uns weiterlebenden animistischen Grundhaltung: So wie Mensch und Tier müde werden und zur Ruhe kommen müssen — wenn auch nur für einige Zeit —, so erwarten wir es auch von den Steinen. Und auch dann, wenn wir als Kinder schon die Scheidung zwischen Belebtem und Unbelebtem vollzogen haben, so ist uns doch, wenn ein „unbelebtes" Ding sich „regt" — etwa ein welkes Blatt im schwachen Windstoß —, erst einmal, ehe wir zu denken begonnen haben, so zumute, als stecke ein Lebendes darin, das die Bewegung bewirkt. So wie noch KEPLER und vor ihm ARISTOTELES und THALES es verstanden.

> „Es scheint nach dem, was überliefert wurde, daß THALES die Seele für etwas Bewegendes gehalten hat, wenn er wirklich behauptete, der Magnetstein besitze Seele, weil er das Eisen in Bewegung setzt[25]."

Der Unglaube gegenüber der Zumutung, es könne sich etwas ohne eigenen seelenartigen Antrieb und auch ohne äußere Hilfe beharrlich in Bewegung halten, ist im Kinde noch viel fester als im Erwachsenen. (Auch von Wasserwellen, vom Schall und vom Licht nehmen Schüler — auch der Oberstufe der Gymnasien — häufig als wahr-

[25] Die Anfänge der abendländischen Philosophie. (In der Reihe „Die Bibliothek der Alten Welt", hrsg. v. K. HOENN.) Zürich 1949, S. 6 und 182.

scheinlich oder doch als möglich an, daß sie im Laufe ihres Weges „müde", also schwächer und deshalb langsamer werden. Sie verstehen daraus manchmal das Nachlassen der Helligkeit mit der Entfernung. — Es könnte so sein. Wir Lehrer sind häufig so befangen von unseren Kenntnissen, daß wir die Möglichkeit einer abnehmenden Geschwindigkeit gar nicht mehr sehen).

Ob es nötig ist, Kinder des Volksschulalters überhaupt bis zum Beharrungsgesetz in seiner reinen Form hinzuführen, erscheint mir sehr zweifelhaft. Ob es auf echte Weise möglich ist, ebenfalls. Es sind aber Näherungs-Formen für das strenge Gesetz denkbar. Man sollte vor ihnen nicht deshalb zurückschrecken, weil sie nicht völlig exakt sind. Annähernd Wahres verstehen ist besser, als ganz Wahres unverstanden nachreden.

Die Erfahrungen, die der auf Seite 266 erwähnten Versuchsfolge zugrunde liegen, vor allem das, was wir heute bequem in Schnellzügen beobachten können, führen gerade dann, wenn man streng und vorsichtig schließt, nur zu etwa folgender Fassung:

Alle Körper, die wir auf der Erde kennen, kommen aus der Bewegung einmal zur Ruhe, wenn man sie sich selber überläßt. Aber bevor sie ganz zur Ruhe kommen, bemerkt man doch, daß sie sich noch eine Zeitlang weiterbewegen wollen, ohne daß sie deshalb lebten. Und es könnte sein, daß dieses Streben ihnen selber eigen ist. Denn je kleiner die Reibung, desto weiter kommen sie. Dieses Streben der Körper, mit dem Schwung ihrer Bewegung möglichst weit zu kommen, nennen wir ihr Beharrungsvermögen oder ihre Trägheit.

Freilich müßte man als Lehrer nicht nur diese Versuchsreihe machen, sondern auch erzählen, daß die geworfene oder rollende Kugel im luftleeren Raum noch weiter kommt als im lufterfüllten (unter sonst gleichen Umständen). Denn Kinder neigen ja dazu, je jünger sie sind, desto mehr, nach aristotelischer Art die Luft als einen Mitspieler zu verstehen, der, auf der Vorderseite des bewegten Körpers, ihn zwar behindert, dafür aber, hinter ihm zusammenschlagend, ihn helfend antreibt (vgl. S. 79, 213).

Man muß deshalb berichten, daß ein bewegter Körper auch im Vacuum — und dort entschiedener als je — weiter „will", wo ihm doch niemand und nichts helfen kann, wo er ganz allein auf sich selber und sein eigenes Vermögen angewiesen bleibt.

Besser gefiele mir folgender Weg: Er geht von der ganz unpräparierten Wirklichkeit aus, er verlangt viele Wochen, nimmt aber dafür manches andere mit hinein und erscheint mir ganz exakt. Vermutlich ist er für 14-, 15- und 16jährige möglich.

Alles Bewegte kommt zur Ruhe, wenn man es „in Ruhe läßt".

Alles, was dauernd in Bewegung bleiben soll, braucht einen „Treiber". — So scheint es. Der fortgeworfene Stein, die Kegelkugel, die Welle, die Strömung sagen es uns.

Auch die Strömung im Fluß? Sie bekommt immer Zufluß und Anstoß von oben, und wir brauchen ihr nur nachzugehen, um zu sehen, wie sie im Meer Ruhe findet.

Aber dort kommen die Wogen. Wer treibt sie? Der Sturm tut das, und sie rollen auch dorthin, wo kein Sturm mehr ist.

Schließlich legt sich der Sturm. — Wind ist aber immer irgendwo; die Luft „regt sich". Doch auch sie nicht „von selbst". Die Sonne bewegt sie, so wie der Ofen die Zimmerluft. Die Sonne treibt auch die ewigen Winde der Passate. Sie könnten so, wie sie laufen, nicht andauern, wenn die Sonne nicht täglich um die Erde kreiste und die Hitze der Äquatorzone rundum schürte (kein Grund, vorläufig, zu behaupten, ihr Kreisen sei „Schein"); sie, die Sonne, ist unaufhörlich im Gange und vermöge ihrer Wärme der letzte Treiber. — Daß die Passate nicht senkrecht zum Äquator laufen, bleibt dabei aber völlig unerklärlich. — Hat nun der Lernende erst einmal die Möglichkeit erkannt, daß der tägliche Umschwung des Himmels ein „Waltzen" (wie KEPLER sagt) der Erdkugel sein könnte, so kann man ihm durch einen genauen Bericht über die „Ostabweichung" von Körpern, die aus großer Höhe fallen, und durch ein intensives Nachdenken darüber, überzeugen, daß die Rotation Wirklichkeit ist[26]. Dabei — bei dem Verstehen der Ostabweichung — wird das Beharrungsgesetz zwar schon benutzt, aber nicht in seiner strengen Form, sondern nur in der vorläufigen Fassung der vorigen Seite.

Die strenge Fassung gelingt dann sozusagen vom Sprungbrett der Erdrotation aus. Wenn man nämlich von ihr überzeugt ist (eben auf Grund der Ostabweichung oder auch nur der Passatwinde oder des FOUCAULTschen Pendels oder all dieser Tatsachen zusammen), so hat man da eine Bewegung — wir nehmen alle teil an ihr —, die seit Jahrtausenden ohne merkliches Zögern fortbesteht (denn die Tage werden nicht länger). Es ist das keine geradlinige Bewegung zwar, aber es gibt ein Anzeichen dafür, daß die umlaufenden Erdmassen „eigentlich" geradeaus laufen möchten, wenn sie nicht an der Erde angewachsen wären: Das ist die Abgeplattetheit der Erdkugel (die der Schüler den Geometern glauben muß und wird, besonders wenn er eine Photographie Jupiters dazu sieht). Sie sagt uns ja, daß die Teile, die außen, also schneller, fliegen, wegwollen, aus der Kurve heraus. Die rotierende Erdkugel überzeugt also von der Unaufhörlichkeit der Trägheitsbewegung. (Ihrer Geradlinigkeit widerspricht sie zumindest nicht. Von ihr ist aber jedes Kind aus zahllosen Entgleisungs-Stürzen schon völlig überzeugt. Niemand kann um die Ecke springen.)

Dies wäre zugleich ein Beispiel für einen Lehrgang, der wie ein Netz das Einzelne gerade dadurch gewinnt, daß er Vieles andere mitnimmt, dessen Verständnis ebenfalls nützlich und bildend ist. — Man bemerkt auch, daß der reibungsfreie Weltraum das beste Feld ist für die Erfahrung des Beharrungsgesetzes. Man glaubt als Lehrer leicht, man müsse erst die Grundsätze der Mechanik haben, ehe man mit ihnen in die Mechanik des Himmels sich vorwagen dürfe. Das Beispiel zeigt, daß man mit dem noch nicht völlig präzisierten Trägheits-Satz sich in den Weltraum begeben darf, um dort eben seine präzise Fassung aufzufinden. — Auch das perpetuum mobile des Pendels finden wir dort oben realisiert: Der Planet schwingt (fällt, pendelt) elliptisch um die Sonne herum — unaufhörlich, und ebenso der Mond um die Erde. Nimmt man seine Bahn als Kreis, so ist er dem konischen Pendel vergleichbar.

Wer ohne solche Umwege zum Beharrungsgesetz kommen will, kann natürlich nichts Besseres tun, als nachzusehen, wie GALILEI dazu kam. Neben GALILEIS eigener Darstellung[27] lese man, was MACH dazu sagt[28], und auch MAX WERTHEIMERS gestaltpsychologische Analyse[29]. (Sie ist, wie er sagt, eine „psychologische Hypothese" über das, was in GALILEI vorging.)

*Abb. 20*

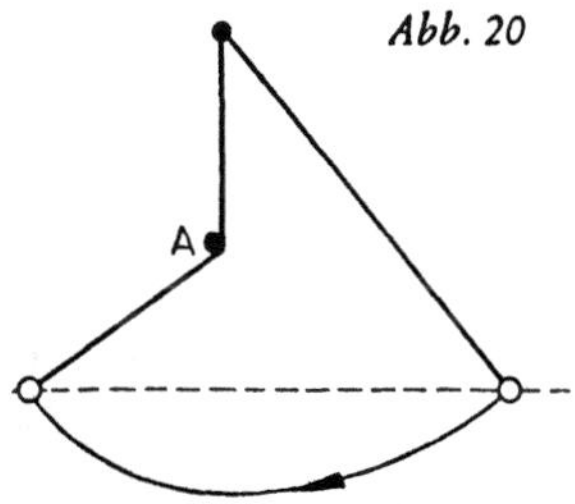


GALILEI, angeregt — wie es heißt — durch eine im Dom zu Pisa schaukelnde Deckenlampe, bemerkte, daß ein Pendel, auf der einen Seite angehoben und losgelassen, auf der anderen Seite *fast* bis zur selben Höhe aufsteigt. Und sogar auch dann tut es das, wenn der Hinaufgang durch ein (Abb. 20) der Schnur im Weg stehendes festes Hindernis A (etwa einen dort eingeschlagenen Nagel) steiler vor sich gehen muß (GALILEI bemerkt das „mit Wohlgefallen")[30].

GALILEI sieht nun (nach WERTHEIMER) das Hinabsinken nicht einfach als ein Hinabsinken, sondern als Hälfte eines Ganzen, einer „Gestalt". Daher das Wohlgefallen an der Symmetrie. Er variiert die Steilheiten, er macht sie auch auf beiden Seiten immer flacher.

---

[26] Genaueres in meinen Schriften: 1. Die Erde unter den Sternen. A. a. O., S. 30 ff. — 2. Die Erfahrung des Erdballs (Der Physikunterricht, 1/1967). In: Ursprüngliches Verstehen . . ., [2]1970, Bd. II, S. 25.

[27] OSTWALDS Klassiker. A. a. O., Nr. 24, S. 19, 27, 30, 57.

[28] E. MACH, Mechanik. A. a. O., S. 131 f., 226 f., 231, 242, 264, 485.

[29] M. WERTHEIMER, Produktives Denken. Frankfurt a. M. 1957, S. 185—193 („Eine Entdeckung Galileis").

[30] Unterredungen . . . A. a. O. (siehe S. 40 dieses Buches) (OSTWALDS Klassiker. Nr. 24, S. 19).

(Man denke jetzt an eine Kugel, die von einer zum Kreis gebogenen Rinne, nicht von einem Seile, geführt, läuft.) Er sieht das Aufsteigen als die Umkehrung des Hinabsinkens. Im Fallen sammelt sich Geschwindigkeit, um sich drüben während des Steigens wieder auszugeben. — Die Versuche legen nahe, daß die Höhe allein, und nicht die Weglänge, das Bestimmende für die Geschwindigkeit (an der tiefsten Stelle) ist. So daß die Pendelkugel immer zu derselben Höhe aufsteigt, aus der sie kommt, gleichgültig, ob sie steil auf dem Wege I, oder flacher auf dem Hang II, oder noch flacher auf dem Hang III sich hinaufzögert[31].

Nun bleibt GALILEI aber dabei nicht stehen. Er treibt den Vorgang, wobei er ihn weiterhin als ganze Struktur sieht, ins Extrem und zielt damit auf den kritischen, den

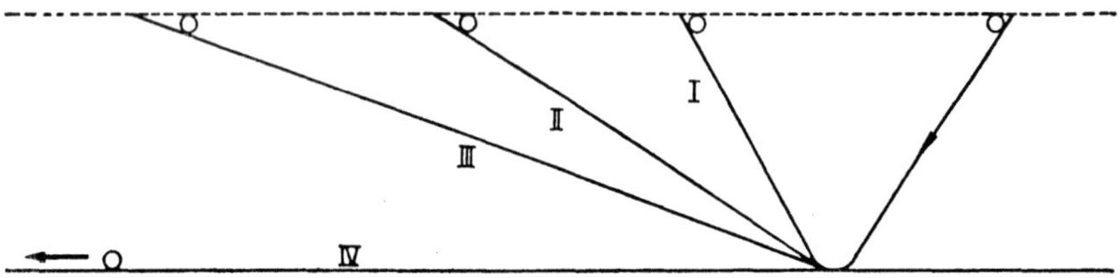

*Abb. 21*

Grenzfall: daß der Hinaufweg, immer weniger steil werdend, horizontal geworden sein wird. Was nun? Die Kugel müßte unaufhörlich weiterrollen, um sich konsequent so zu verhalten wie in den Fällen I, II, III! Je weniger steil nämlich ihr Hinaufweg, desto länger wird er. Ist er gar nicht mehr steil, nämlich waagerecht, so wird er länger, als jede zahlenmäßige Längenangabe sagen kann („unendlich lang"). Das heißt: Die Kugel läuft unaufhörlich. (Es ist, als wüßte sie nicht, daß ihr Wunsch, die Ausgangshöhe wieder zu erreichen, unerfüllbar ist.)

Die Idealisierung (nur „abgesehen von der Reibung" erreicht die Kugel die alte Höhe) liegt hier schon bei den Fällen I, II, III ganz im „Endlichen". GALILEI schreibt (und es ist ihm selbstverständlich), daß die Kugel „nur infolge der Widerstände der Luft und des Fadens an der präzisen Wiederkehr gehindert wird"[32]. (Gemeint ist die Wiederkehr in die alte Höhe in den Fällen I, II, III.) Strenggenommen ist das eine Hypothese. Tatsache ist nur: Je geringer die Reibung, desto geringer wird auch das Zurückbleiben unter der alten Höhe. Aber diese Hypothese ist leichter hier im Endlichen zu akzeptieren als in der Versuchsfolge auf Seite 248, wo ohne Symmetrie und ohne Ganzheit, nur einfach ein Prozeß ins Unendliche gedehnt wird und die Abstraktion erst sozusagen „im Unendlichen" stattfindet. Hier bei GALILEI ist sie schon vorher geleistet. Mit anderen Worten:

„Auf die alte Höhe kommen wollen" (A), ist viel leichter zu glauben als: „unaufhörlich weiterlaufen wollen" (B). Wer aber A gesagt hat, muß auch B sagen. Das ist GALILEIS List. Dieser Weg zum Beharrungsgesetz ist nur für die Oberstufe der Gymnasien gangbar. Der im vorigen Abschnitt entworfene Lehrgang erscheint mir für 14-, 15-, 16jährige überzeugender.

### Nachwort

Wer dieses Kapitel gelesen hat, könnte denken: So sollen wir denn — besonders wir Volksschullehrer, die wir ohnehin in allen Fächern alles wissen sollen — auch noch zu

31 Bild 21 findet sich bei MACH, Mechanik, S. 131. — WERTHEIMER geht — wohl wegen der nicht mehr bestehenden Symmetrie — auf *diese* Folge von Gedankenversuchen (Bild 20 und 21) nicht mehr ein.

32 Unterredungen . . . A. a. O. (siehe S. 40 dieses Buches) (OSTWALDS Klassiker. Nr. 24, S. 19).

dem „Stoff" des Faches die Geschichte des Faches dazu lernen? Und nicht einmal in einer zusammenfassenden Darstellung, sondern an den Quellen?

Nein, nicht die „Geschichte der Physik" ist nötig. Es ist nötig, eine Umstimmung des Lehrers von der heute fast ausschließlich stofflichen und logischen Verfassung auf eine Haltung, die das Psychologische und Geistesgeschichtliche mit hineinnimmt und einschmilzt. Dieser Vorgang kann im Geist des einzelnen Lehrers an irgendeiner Stelle (des „Stoffes") sich entzünden und wird von da aus langsam weiter vordringen. Dazu gehören Jahre. Es ist kein Prozeß zum Fertigwerden, sondern zum Sehend-werden.

Es bleibt kein anderer Weg, solange nicht in der Ausbildung der Lehrer dieses Notwendige allgemein gewollt und getan wird. Das heißt, so lange wir nicht so lehren lernen, wie es Toeplitz sagt. Wir müssen aufhören zu glauben, wenn nur experimentell und logisch alles stimme, sei der Unterricht in Ordnung[33].

---

33 Zum Prinzip des genetischen Lehrens sei noch besonders hingewiesen auf: A. I. Wittenberg, Bildung und Mathematik. Stuttgart 1963, „Neue Sammlung", 3/1964, fast alle Aufsätze des 2. Bandes meiner ges. Schriften (Ursprüngliches Verstehen . . ., darunter eine Besprechung von Wittenberg) und mein Taschenbuch „Verstehen lehren". Weinheim [3]1970.

## D. Qualitative Versuchsreihe

### Was berechtigt uns, von einem elektrischen „Strom" zu sprechen?

*„Wenn wir die Natur wollen kennenlernen (nicht Träume darüber), so müssen wir mit dem sinnlichen Schein anfangen, und diesem so lange trauen, bis man uns das Gegenteil beweist."* (G. Chr. Lichtenberg[1])

Es gibt zwei Hauptzugänge zur Elektrizitätslehre. Der erste vom Katzenfell und Bernstein herkommend, also von der „Elektrostatik", ist heute unbeliebt geworden. Er gilt als überholt, verspielt und „lebensfremd". Man meint damit „alltagsfremd", und das heißt ja zunehmend: „technik-fremd". Offenbar ist der Blitz unserem „Leben" fremd geworden. Daß das Fünkchen, das kaum hörbar zwischen Katzenfell und Bernstein knistert, und in dem Seidenhemd, das wir von der trockenen Haut abstreifen, daß dieser Funke „dasselbe" ist wie Blitz und Donner, nur im Ausmaß von ihm verschieden, das hat Franklin gezeigt, als er seinen Drachen in die Gewitterwolke steigen ließ und aus dem Drahtseil, das ihn hielt, unten einen Funken hervorlockte[1a].

Der zweite Weg zur Elektrizitätslehre geht von der Steckdose aus und dem „Strom" als Gegebenheiten unseres täglichen, zivilisierten Lebens. Es ist naheliegend, mit dem anzufangen, was die Kinder zu Hause umgibt; wählen wir hier einmal diesen Weg. — Ein Blick in die Lehrbücher zeigt, daß man dabei fast immer sofort vom „Strom" spricht, der „fließt", und gleich danach etwas von „Elektronen" erzählt. Diese Vorwegnahme wird von den sorgfältigeren Autoren nachträglich zu stützen versucht.

Das ist auch das Verfahren, das sogar im Unterricht der Gymnasien vorwiegt. Ich wüßte aber nicht, wodurch es ernstlich zu rechtfertigen wäre, außer in solchen Fällen, wo der Weg vom Phänomen zur Theorie in der Schule überhaupt nicht gangbar ist, entweder weil die experimentellen Mittel nicht ausreichen oder weil die Kinder in ihrer Abstraktionskraft überfordert würden. Beides scheint mir hier nicht der Fall zu sein. Und das Argument, man komme nicht durch den „Stoff" hindurch, den wir „durchnehmen" müßten, wenn wir nicht, weil es „rationell" sei, gleich von Elektronen redeten, dieses Argument verliert an Gewicht, wenn wir den Stoff radikal vermindern und von dem Verfahren des „exemplarischen Lehrens" Gebrauch machen.

In den Lehrbüchern der Volksschule kommt es zu der nachträglichen Rechtfertigung fast nie. Vielleicht hält man die Begründung des Wortes „Strom" nicht für nötig, vielleicht auch für zu schwierig? Das glaube ich beides nicht und möchte durch die folgenden Hinweise dazu ermutigen, es einmal anders zu versuchen, sowohl in der Volksschule wie in der Mittelstufe der Gymnasien. Denn ein forschender Unterricht ist immer wirksamer und bildender als ein nur bestätigender (verifizierender).

Wir gleichen sonst jenen Zeitungen, die dem Leser schon in der Überschrift oder im ersten Absatz nahelegen, was er von den Hintergründen des Ereignisses zu halten habe, das ihm — wenn überhaupt — erst später selber vorgesetzt wird. — Wir handeln dann im Widerspruch zu dem, was wir immerfort beteuern: daß der naturwissenschaftliche Unterricht von den Erscheinungen und dem Experiment auszugehen habe, um daraus vorsichtige Schlüsse zu ziehen.

Der folgende Entwurf will nicht ein Stück Lehrbuch sein und kann auch nicht auf alle experimentellen Einzelheiten eingehen. Er ist auch kein Lehrgang, der gerade genau-

---

[1] Physikalische und mathematische Schriften. A. a. O., Bd. IV, S. 396.
[1a] F. Fraunberger, Elektrizität im Barock. Köln 1964.

so nachgemacht werden möchte, wie er hier steht. Er versucht, ein Stück Elektrizitätslehre unter einem — merkwürdigerweise nicht üblichen — Gesichtspunkt zu ordnen und dadurch vielleicht Anregungen zu geben. —

Er möchte nicht dahin mißverstanden werden, als könne der Lehrer *niemals* gezwungen sein, auch einmal Ergebnisse mitzuteilen. Ich meine aber, daß er es gerade bei diesem Problem (Strom?) besonders wenig nötig hat, weil die Dinge selber reden. Daß er dabei unterwegs noch genug Einzelnes *mitteilen* muß, wird deutlich werden. Wenn wir manches *Einzelne* berichten müssen, so ist das aber kein Grund, das *Ganze* einfach mitzuteilen. (Wenn ein Kind den Weg auf den Berg allein nicht ganz gehen kann, so ist schon etwas gewonnen, wenn es ihn in wichtigen Strecken bewältigt. Wir brauchen ihm nicht gleich einen Sessellift zu bauen.)

Auch soll nicht behauptet werden, man müsse *alle* Teile der Physik in solcher Gründlichkeit entwickeln. Aber man kann es einmal hier und einmal dort tun. Mir scheint, daß es hier besonders lohnend ist.

Die Erscheinung — das also was man unmittelbar sieht und spürt — zeigt nun zunächst nicht das mindeste von einer Strömung.

Schließen wir eine Nickel-Eisen-Akkumulatorenbatterie (die ja für kurze Zeit eine starke Belastung von 10 oder 20 Amp. verträgt) durch einen an Länge und Querschnitt geeignet gewählten Draht „kurz", so beginnt dieser Draht zu glühen. Die Glut kommt aber nun nicht etwa von einer Seite her angekrochen. Sie wird gleichzeitig auf der ganzen Länge des Drahtes bemerkbar. Lassen wir die Kinder ganz nahe herangehen an dieses so anziehende rotglühende Phänomen. Sagen wir gar nichts. Erst wenn sie dann nicht selber fragen, so fragen wir: Seht ihr was strömen? Nein, sie sehen nichts; beim besten Willen nicht. Sollen wir nun, oder müssen wir gar, den bequemen, aber nicht zum Denken erziehenden, sondern zum Nicht-Denken verführenden Notausgang wählen, ihnen, wie ein Märchen, zu erzählen: „Die Wissenschaftler haben herausgebracht, daß da kleine Teilchen, die sogenannten Elektronen, in dem Draht fließen"?

Warum wird dieser Weg so oft gewählt? Ich vermute, weil man es für zu schwierig und zu zeitraubend hält, das zu tun, was wir *sonst* für einzig richtig und redlich halten, nämlich: erst ansehen, dann nachdenken, und, Schritt für Schritt, Ordnung schaffen und sich so eine begründete Vorstellung zu machen, ein Bild, das man verteidigen kann. Ich möchte andeuten, wie etwa ein solcher Weg laufen könnte, und hoffe, davon zu überzeugen, daß es kein schwieriger Weg ist.

Eine Hilfe ist es, wenn man sich mit den Schülern dahin verabredet, sich des Wortes „Strom" *zunächst* zu enthalten, um sich seiner Suggestion bei den Schlußfolgerungen zu entziehen. Man spricht dann also zunächst von dem „Etwas", das hier in Erscheinung tritt. Bei dieser Verabredung ist es aber von vornherein allen klar und bekannt, daß die Untersuchung darauf hinausläuft, dem Etwas die Bezeichnung Strom zuzuerkennen. Es ist also nicht etwa ein Versteckspiel, kein „So-tun-als-ob". Es soll nur der Vorsatz unterstützt werden, keinesfalls fahrlässige Schlüsse zu ziehen. Etwa angesichts des Versuches auf Seite 264 altklug zu meinen: „Das ist ja ganz klar, denn es ‚ist' ja ein Strom!" Das ist weit entfernt von dem Satz: „Dieses Symptom spricht *auch* dafür, daß ‚Es' mit dem Gleichnis ‚Strom' nicht schlecht getroffen wäre"; oder: „Das Etwas zeigt auch hier ein Verhalten, das an ‚Strom' erinnert." Daraus folgt dann noch nicht, daß es einer „ist", aber der Versuch „spricht dafür", und neue Indizien müssen gesucht werden.

Ein solches Vorgehen bedeutet also nichts weiter als ein Bestehen auf dem induktiven Fortgang des naturwissenschaftlichen Suchens, auch da, wo der allgemeine Sprachgebrauch das Ergebnis uns schon vorsagt. („Vorsagen gilt nicht." — „Wir haben es gar nicht nötig, uns etwas erzählen zu lassen." — „Das ist ja das Schöne an der Physik." — „Leichtgläubig sind wir nicht.")

Ich mache diesen Vorschlag deshalb, weil er sich in der Praxis des Unterrichts als ungemein förderlich erwiesen hat. Ein Spiel, von dem alle wissen, daß es mehr ist als ein Spiel, obwohl es ebensoviel Vergnügen macht.

### I. Einführende Versuche

Der nun folgende Entwurf beruht auf Unterrichtserfahrungen. Innerhalb des Dargelegten sind andere Reihenfolgen und andere Verzweigungen des Weges möglich. Worauf es mir vor allem dabei ankommt, ist die physikalische Seite der Frage: Läßt sich aus dem Phänomen etwas wie ein „Strom“ erschließen?

Jedes elektrische Gerät, das wir im Haushalt benutzen, sieht zunächst so aus, wie Abb. 22 andeutet. Wenn wir es aber aufdröseln, nimmt es die Form von Abb. 23 an:

*Abb. 22*

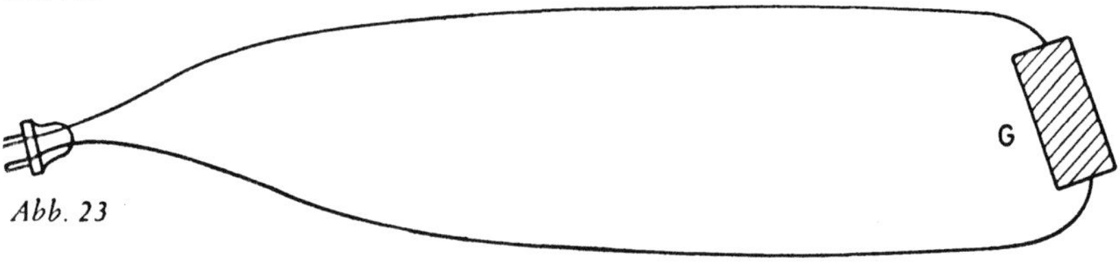


*Abb. 23*

Es wird ein in sich geschlossener „Kreis“, der durch das Gerät G hindurchführt. Dieser Kreis wird gebildet von einem metallischen Draht, der von einer nicht-metallischen Hülle umgeben ist. Die Hülle, zeigt sich, ist zum Funktionieren nicht notwendig. — Sie ist aber nützlich, denn wenn sie fehlt und der Draht legt sich zufällig einmal so, wie Abbild. 24 zeigt, so versagt das Gerät, und es geschieht nur in dem ersten „Kreis“ etwas, der sich durch Zufall gebildet hat, und besonders an der Berührungsstelle K: ein „Kurzschluß“. Das komplizierte Gerät ist „ausgeschaltet“.

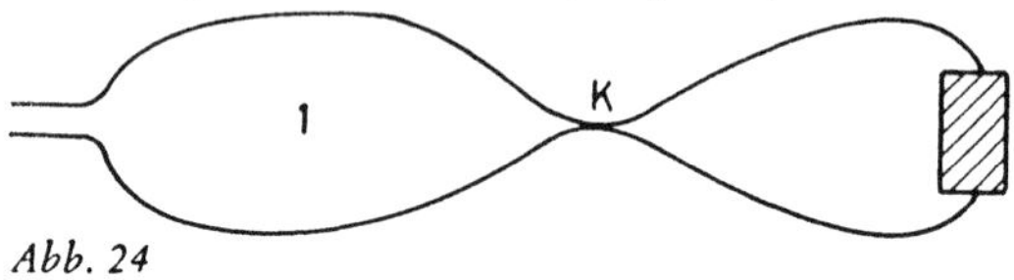


*Abb. 24*

Was im ersten Kreis geschieht ist einfacher, denn das undurchsichtige Gerät fehlt. Untersuchen wir deshalb gerade ihn, den verbotenen Kurzschluß, besonders. Das führt auf den schon beschriebenen Versuch: Der Draht, der den Nickel-Eisen-Akkumulator kurzschließt, glüht (Abb. 25). Aber auf der ganzen Linie zugleich. Wir betrachten dieses Phänomen. Wir suchen nach Anzeichen, daß „es“ sich mit einem Strom vergleichen läßt.

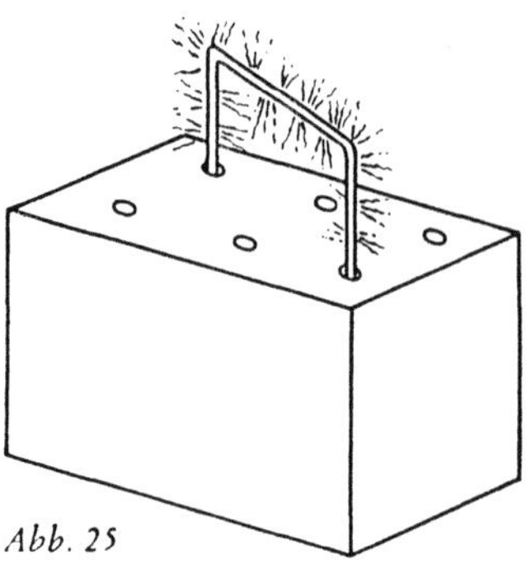

*Abb. 25*

Nichts kommt angeströmt. „Es“ ist „da“.

*Wenn* es mit einer Strömung soll verglichen werden können — sagen wir: einem Menschenzug, der sich durch die Straßen einer Stadt windet, oder einer Wasserströmung in einem Bach oder Rohr —, dann dürfen wir uns also das hier jedenfalls nur so denken, daß das „Rohr“, die „Gasse“, schon *vor* Beginn des Strömens vollgestanden hat von dem wartenden Etwas, das dann, nach der „Einschaltung“ — das wäre der Anschluß des losen Drahtendes an den noch freien Pol — sich wie auf ein Kommando, einen Ruf, *überall zugleich* in Gang setzte. (Diese Vorstellung erweist sich bekanntlich als haltbar. Sie wird durch die Erscheinungen der elektrischen „Influenz" gestützt: Jeder neutrale Körper ist von „der Elektrizität" bereits besetzt, von nicht zuviel und nicht zuwenig.) — Jede Umfrage zeigt, daß sehr viele Erwachsene wie Schulkinder sich vorstellen, der „Strom" komme beim Einschalten wie eine Reiterfront von einem der Pole her in die vorher leere Leitung hineingaloppiert.

Solche Überlegungen sind nur dann von Bedeutung, *wenn* „Es" einem Strom ähnelt. Wichtiges spricht bis jetzt aber auch *dagegen:* Wie soll das Strömende „im" massiven Draht vorankommen (wie man doch sagt)? Vielleicht — so können Kinder argumentieren, und nicht schlecht (denn die *ruhende* Elektrizität sitzt ja *auch* auf der Oberfläche) — fließt er ja *auf* dem Draht? Sehen tut man zwar dort nichts. Auch kann man „es" nicht abwischen. Ob es in der Oberfläche kriecht? Auf solche Fragen muß sich der Lehrer gefaßt machen. (Und das entscheidende Argument für das Fließen *im* Draht kann er noch nicht bringen: Die elektrische „Stromstärke" (bei gleichbleibender „Spannung") verdoppelt sich mit der Verdoppelung des *Querschnitts* des Drahtes und nicht mit der Verdoppelung seines Umfanges und damit seiner Oberfläche.)

Der Vorschlag ist nun sehr naheliegend, den glühenden Draht mit einer Zange an irgendeiner Stelle durchzutrennen. — Denn, müßte dann nicht, falls „Es" strom-haft wäre, das Strömende aus dem einen Querschnitt herauslaufen wie bei einem aufgeschnittenen Wasserleitungsrohr?

Wir tun es: „Es" hört auf der ganzen Linie gleichzeitig auf. Und nichts fließt heraus. Entweder also ist der Vergleich mit einem Strom unpassend, oder das Fließende ist ein so besonderer „Saft", daß es zwar im (oder am) Draht fließen kann, daß aber die Luft, obwohl so viel dünner und nachgiebiger, ihm wie ein Stöpsel den Weg versperrt.

Hier kann man den Lehrgang verzweigen: Es gibt einen schnellen, natürlichen Weg zum Strom: Funke — Gasentladung — Kathodenstrahlen. Er steht hier, als D, an dritter Stelle, denn er wird in der Volksschule vorläufig daran scheitern, daß die experimentellen Mittel fehlen. (Wenn die Volksschule den Anschluß an die moderne Technik wirklich erreichen will, wird sie ihn nicht scheuen dürfen. Und nicht nur um der Technik willen, wie man hier sehen wird.)

Der Lehrer der Volksschule wird also einstweilen nur mit Drähten, Lampen und Wasserleitungen experimentieren. Auch damit ist es möglich, den Eindruck, es fließe hier etwas, zwingend genug zu machen. Dieser Lehrgangsteil folgt hier, als B, zuerst.

Man kann zur Not den Weg B (dann C) oder den Weg D allein wählen. Besser wird man beide gehen. Wer D zuerst nimmt, kann sich dadurch B und C erleichtern. B allein wird vorläufig das Normale sein.

## II. Erscheinungen am Draht

Es wird den Kindern auffallen, daß der Draht nicht überall ganz gleich hell glüht und daß die hellsten Stellen die dünnen Stellen sind. Das ist ein wichtiges Indiz. Denn sie wissen vom Spielen an Bächen, daß an den engen Stellen die Strömung schneller wird, heftiger. („Geschwindigkeit" und „Stromstärke" werden noch nicht unterschieden. Davon später.)

Stellt man sich einen Draht her, der in der Mitte ein dünnes Stück trägt, während die Zuleitungen dicker sind, so kann man erreichen, daß er — kurzgeschlossen — auf der dünnen Strecke glüht, auf den anderen nur warm wird.

Von hier aus ist es nicht weit zu der Einsicht, daß eine Glühlampe „im Grunde" nichts anderes ist als eine dünne Stelle des Drahtes.

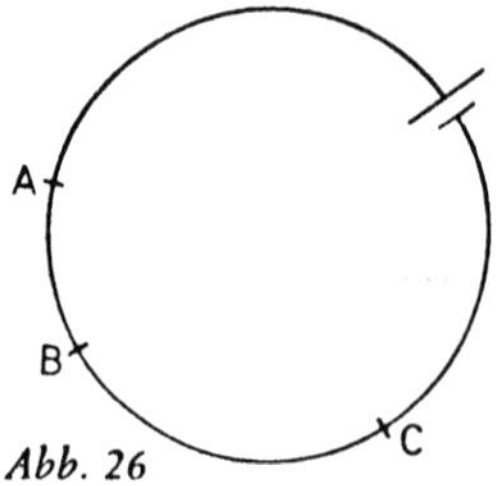

*Abb. 26*

Und es ist ein weiteres wichtiges Indiz für „Strom“, daß eine Glühlampe immer gleich hell glüht, an welcher Stelle — A oder B oder C — der Leitung sie auch eingefügt wird (Abb. 26). Sie glüht nicht etwa stärker in der Nähe desjenigen Poles, aus dem, wie man vielleicht meint, der Strom noch frisch und unverbraucht wie ein Sturzbach herauskommt.

Gehen wir zurück zu dem Kurzschluß-Versuch (Seite 278 und Abb. 25). Machen wir den verbindenden Draht kürzer, so nimmt seine Glut zu, wählen wir ihn länger (immer ohne Änderung des Materials, des Querschnitts und des Akkumulators), so glüht er schwächer. (Man kann bei dieser Gelegenheit zeigen, daß er, wenn er sehr lang ist, überhaupt nicht mehr glüht, auch im Stockfinsteren nicht, daß er aber noch warm wird. Die Wärmeentwicklung ist ein Kennzeichen dessen, das wir untersuchen.)

Auch dies erinnert an Strömungen, nicht bei Bächen, aber in geschlossenen Leitungen: Ein Gartenschlauch, 10 m lang etwa, an die Wasserleitung angeschlossen, liegt auf der Wiese, und man sieht, wieviel Wasser am Ende immerfort herausfließt. Nun verlängern wir den Schlauch um ein gutes Stück (wir schrauben es an): dann fließt das Wasser — bei gleichem Wasserdruck — am Ende viel spärlicher. Offenbar reibt es sich an den Wänden des Schlauches. (Auf die genauere Verfolgung dieser Reibung bis zur „inneren Reibung“ einzugehen, erscheint hier nicht nötig.)

Nachdem es nun schon recht verdächtig nach „Strom“ aussieht, wird es vernünftig sein, spätestens jetzt sich einmal eine *Wasserströmung* genauer zu betrachten, wenn es nicht schon vorher geschehen ist. (Mancher wird vorziehen, die Untersuchung einer Wasserströmung vorzuverlegen oder ganz an den Anfang zu setzen. Die beste Reihenfolge wäre wohl die, daß — etwa im Rahmen des gesamtunterrichtlichen Themas „Wasser“ — die Beobachtungen an Bächen und Wasserrohren abgeschlossen sind und eine Zeitlang zurückliegen, wenn mit der Elektrizitätslehre begonnen wird. Dann werden die Vorstellungen, die damals am Wasser begonnen worden sind, bereitstehen und ohne allzu aufdringliche Suggestion hier „einfallen“.) Dabei kommt es vor allem auf den Begriff *„Stromstärke“* und seine Unterscheidung von der „Geschwindigkeit“ an. Stromstärke ist ein sehr lebensnaher Begriff, denn jeder fragt sich ja einmal, wieviel Wasser den Rhein hinabfließt; genauer: wieviel Wasser er etwa bei Mainz vorbeischafft, am Tag, in der Stunde, in der Sekunde? Offenbar ist gemeint, wieviel Kubikmeter unter der Rheinbrücke durchfließen, in jeder Sekunde. An einem Bach kann man die entsprechende Zahl ausrechnen, wenn man gemessen hat, was dazugehört (Querschnitt und Geschwindigkeit). Man wird das an breiten und an engen Stellen tun und bemerken, daß das Wasser um so schneller fließt, je enger das Bett ist. In *geschlossenen* Leitungen, wie Gartenschläuchen, die uns eigentlich interessieren (da auch der Draht nicht offen ist), muß sich das genau abstimmen: Da das Wasser nicht ausweichen, sich nicht zusammendrücken und sich also vor den Engen nicht stauen kann, muß die „Stromstärke“ an *allen Stellen,* sei das Rohr dort weit oder eng, *dieselbe* sein. Diese Einsicht ist wichtig. Sie geht schwer ein und kann gar nicht genug geklärt und betont werden. Wenn man will, kann man Modelle bauen, Rinnen, Kanäle, auch Windkanäle, Glasröhren. Aber es wird auch genügen, an den Bach zu denken und mit einem Gartenschlauch zu experimentieren. Die Stromstärke läßt sich an seinem offenen Ende unmittelbar messen. Wenn ein 20-Liter-Eimer in 4 Sekunden voll wird, so ist die Stromstärke „5 Liter je Sekunde“ (physikalisch geschrieben: $\frac{20\,\mathrm{l}}{4\,\mathrm{sec}} = 5\frac{\mathrm{l}}{\mathrm{sec}}$). Für diese Stromstärke ergibt sich nun folgendes:

1. Zunächst, wie schon gesagt: Eine Verlängerung des Schlauches setzt die Stromstärke überall herab. Wir dürfen sagen, der längere Schlauch biete dem Wasser einen größeren „*Widerstand*".

2. Eine Verengung des Schlauches an *irgendeiner* Stelle — man trete mit dem Fuß darauf, ohne die Passage ganz zu sperren — vergrößert die Geschwindigkeit an dieser Stelle und setzt zugleich die Stromstärke herab, und zwar notwendig *überall* (notwendig deshalb, weil [siehe oben] die Stromstärke an allen Stellen der Leitung dieselbe sein muß). Ein lokaler Eingriff beeinflußt also das Ganze.

Wenn der Vergleich des elektrischen Phänomens, das wir untersuchen, mit einem Strom zutrifft, so müssen wir uns also vorstellen, daß in einer Glühlampe, als einer dünnen Stelle, einer „Stromschnelle", die Stromstärke keine andere ist als an irgendeinem anderen Ort der Leitung. Die starke Erhitzung des Glühdrahtes ordnen wir dann dem schnelleren Strömen zu, und wir verstehen sie außerdem daraus, daß eine kleine Menge Metall (die des Glühdrahtes) leichter in Glut zu bringen ist als eine große (die der Zuleitung).

Weiter: Haben wir nun eine Lampe in Betrieb (eine Taschenlampenbirne etwa), angeschaltet an eine Taschenlampenbatterie, oder auch eine übliche Glühlampe an die Steckdose — ich würde auch keine Bedenken haben, stillschweigend Wechselstrom zu benutzen —, so glüht sie also. Nun schalten wir außer ihr eine zweite, genau solche Lampe an einer anderen Stelle desselben Leiters ein. Die Lampen sind also *„hintereinander"* geschaltet, „in Serie". Dann leuchten beide gleich hell, aber jede viel dunkler als vorher die eine. Dieser Tatbestand paßt ausgezeichnet in das Bild eines Stromes: Die Leitung wird an einer zweiten Stelle verengt. Die Folge ist, daß die Stromstärke überall noch mehr absinkt.

Der Parallelversuch mit Wasser — vorher oder nachher auszuführen —: Der Gartenschlauch wird an einer Stelle (A) mit einem Backstein belastet und also dort eingeschnürt. Am Ende (C) wird die Stromstärke gemessen. (Sie hat nicht nur in C den gemessenen Wert, sondern an allen Stellen der Leitung.)

Nun wird außerdem an einer anderen Stelle (B) ein zweiter Backstein aufgelegt. Folge: Die Drosselung nimmt noch mehr zu. Die Stromstärke, gemessen bei C, wird geringer, überall, auch bei A. (Was man nicht sieht, aber einsieht.)

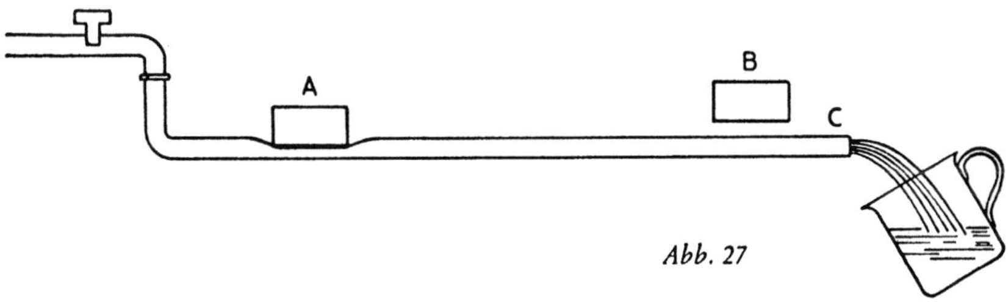


*Abb. 27*

Besonders aufschlußreich ist das, was man an einer *verzweigten* Leitung beobachten kann.

Man muß hier wohl ziemlich stark und vorsichtig führen. Etwa so:

1. Zwei gleichartige Lampen liegen (wie gerade besprochen) hintereinander. Sie brennen gleich hell.

*Abb. 28*

2. Zur Vorbereitung des Kommenden biegen wir den Leiter so, wie das Abb. 29 zeigt. Das ändert nichts.

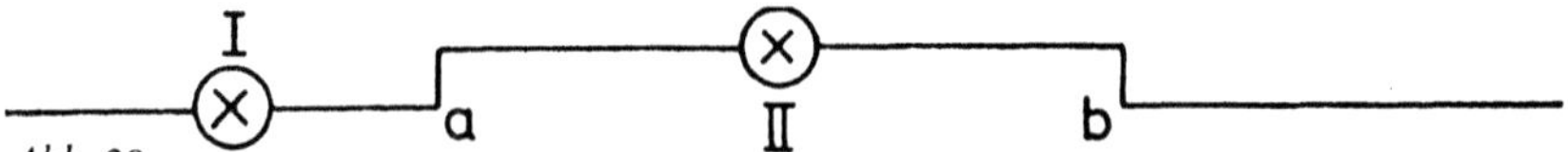


*Abb. 29*

3. Nun bauen wir eine Verzweigung an, die aber an der Stelle O vorläufig offenbleibt. Das ändert wieder nichts und paßt: In einem blinden Flußarm fließt nichts.

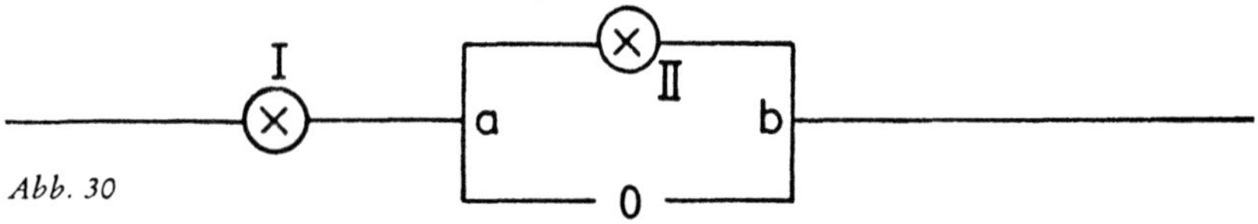


*Abb. 30*

4. Jetzt schrauben wir an der offenen Stelle O die Lampe III ein, wieder genauso eine, wie I und II sind. Aber ehe wir es tun, fragen wir uns: Was ist zu erwarten, wenn der Vergleich mit dem Strom richtig ist?

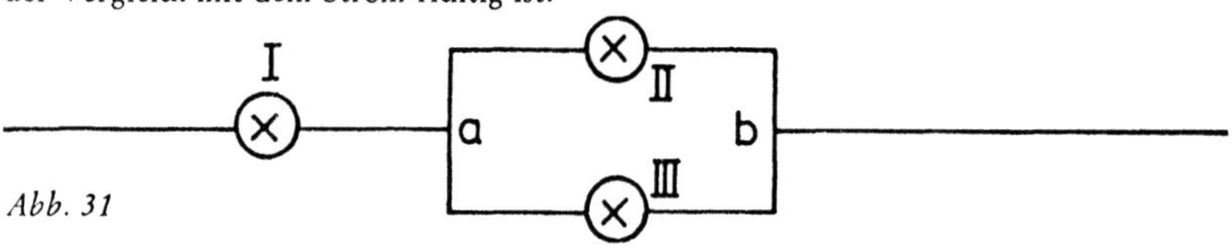


*Abb. 31*

Hier kommen nun ohne Zweifel auch falsche (rückfällige) Antworten. Etwa: Muß nun nicht der „Strom“ außer der Lampe I und II auch noch III „beliefern“! Er wird also in I absinken.

Die Wirklichkeit: I wird heller (!), II dunkler als es war, und III glüht genauso hell wie II.

Das letzte ist „aus Symmetriegründen“ allen einleuchtend. Der Strom hat sich „verteilt“. Deshalb wird auch verstanden, daß I heller als II (oder III) leuchtet („doppelt so hell“). Aber daß I heller wurde als zuvor, verblüfft.

Um diesen Punkt zu klären, genügt ein einziger Gedanke. Er wird leichter zu fassen sein, wenn man den letzten Versuch noch einmal rückwärts ablaufen läßt: III wieder *heraus:* I wird *dunkler* (!) und gleich II. Das ist, wenn ich nicht irre, leichter zu verstehen als der Versuch in der ersten Reihenfolge, weil es an vorher Besprochenes besser anschließt:

Wir erinnern uns, daß eine Verengung der (damals unverzweigten) Leitung an *irgendeiner* Stelle die Stromstärke *überall* drosselt. Was wir nun hier tun, indem wir III herausnehmen, *ist* eine solche Verengung der Leitung auf der Strecke a—b. Denn der zwischen a und b verfügbare Weg hat jetzt nur noch den halben Querschnitt. Es ist also nicht anders, als wenn ich — bei dem analog gedachten Wasserversuch — zwischen a und b den Backstein auflege. Die von I angezeigte Stromstärke muß also wirklich absinken. I wird dunkler.

Umgekehrt: Das Einschalten von III in den blinden Zweig bei O bedeutet eine Querschnittsverdoppelung (*mehr* Passage) zwischen a und b, also *Verkleinerung* des „Widerstandes“ zwischen a und b. Rückwirkung aufs *Ganze:* Die Gesamtstromstärke, angezeigt von I, *steigt.*

Damit ist die Hauptsache verstanden. Der Vergleich mit einem Strom hat sich weiter bewährt.

Kopfzerbrechen macht aber wohl immer noch das Verhalten von II. Etwa beim Herausnehmen von III. Es ist zwar jetzt klar, daß I dunkler werden muß und II ihr gleich. Aber warum wird II heller als sie *war?*

*Bleiben* wie sie war, kann sie natürlich nicht. Denn wenn sich an irgendeiner Stelle des Stromnetzes ein Widerstand ändert, dann wird die Stromstärke an *allen* anderen Orten „be-ein-flußt". Aber II könnte ja auch dunkler werden. Warum wird sie heller?

Man muß, um das einzusehen, den Blick jetzt nicht nur auf das verzweigte Adernetz zwischen a und b richten, sondern auf sein Verhältnis zum *ganzen* Netz zwischen A und B (Abb. 32), (was übrigens eine allgemeine Regel ist, wenn der Gedanke stockt: sieh das *Ganze* an!).

Vor dem Ausschalten von III entsprechen die Stromstärken — verhältnismäßig angegeben — etwa denen, die in die Abb. 32 eingetragen sind. — Nach dem Aus-

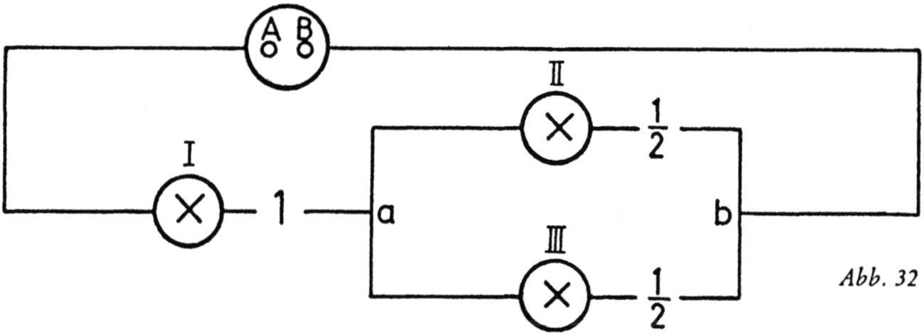


*Abb. 32*

schalten gilt, wenn wir an Wasser denken, folgendes: Zwischen a und b wurde der Leitungsquerschnitt auf die Hälfte verengt. Deshalb sank ja die Gesamtstromstärke, die I anzeigt. Sie sinkt unter 1. Auf welchen Bruchteil? Kann man ihn abschätzen?: Wäre die *ganze* Leitung (also nicht nur die Strecke [das Netzwerk] zwischen a und b, sondern die ganze Leitung zwischen A und B [und besonders also auch innerhalb von I!]) auf die Hälfte verengt worden, so wäre die Gesamtstromstärke auf einen gewissen Bruchteil gesunken (vermutlich nahe bei $^1/_2$, aber es kommt auf den genauen Wert nicht an). — Da die Verengung aber nur auf einer *Teil*strecke (a b) stattfindet, wird sie *weniger* drosselnd wirken. Die Gesamtstromstärke muß demnach *über* diesem Bruchteil ($^1/_2$) liegen, bei $^3/_4$ vielleicht. Und diese Stärke müssen die Lampen I und II nun *beide* zeigen. Da II vorher $^1/_2$ zeigte, muß sie heller werden.

Es ist natürlich und nützlich, folgende Frage anzuschließen. (Die Schüler werden sie zweifellos aufwerfen, falls sie ins Nachdenken gekommen sind): Wenn wir nun noch eine dritte Lampe abzweigen? (Abb. 33.) — (Man werde nicht ungeduldig über rückfällige Vermutungen wie jene, die ich einmal eine Studentin aussprechen hörte: Die mittlere (III) werde heller als die beiden benachbarten (II und IV) leuchten. Hier kommt noch einmal das Vorbild des Sturzbaches zur Geltung, der geradeaus, in der Mitte, mehr Wucht entwickelt als seitlich, um die Ecken herum.)

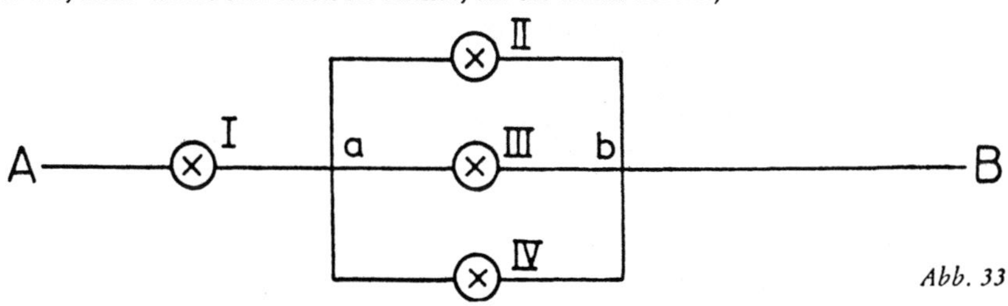


*Abb. 33*

Wie ist es? I muß *noch* heller werden und wird es auch.

Obwohl hier nichts Neues zu verstehen ist, ist man doch von neuem verblüfft. Denn man sieht voraus: Wenn ich 4, 5 und immer mehr Lampen in neue Zweige setze und I wird immer heller? Muß sie nicht schließlich durchbrennen?

Nur langsam macht man sich klar, daß ja 1. die Zweiglampen, je mehr es sind, einzeln immer dunkler werden, 2. I ja nicht heller werden kann, als wenn sie *allein* im Stromkreis säße (wenn also das ganze Verzweigungsnetz herausgenommen und a unmittelbar an b angeschlossen würde, so daß zwischen a und b der Widerstand Null wäre) denn: Je mehr Lampen das Verzweigungsnetz parallel enthält, desto geringer ist sein „Widerstand", ohne je Null zu werden, es strebt einem „Grenzwert" zu.

### III. Erscheinungen in leitenden Lösungen

So sehr alle die Phänomene, die wir an Drähten und Lampen beobachten, dem Bild eines „Stromes" sich einordnen: Es fehlt doch noch etwas, was einem Strom nicht fehlen darf: Anzeichen einer *Richtung,* in der das Strömen vor sich geht. Die beiden Pole dürfen einander in ihrem Verhalten nicht gleichen, da doch einer von ihnen der sein soll, aus dem das Strömende dauernd austritt, und der andere der, in den es immerfort einläuft. Bisher fanden wir keine solchen Anzeichen. Und daß am einen Pol des Akkumulators ein + gemalt ist und am anderen ein —, zwei verschiedene Zeichen, das ist es eben, was noch der Rechtfertigung bedarf. — Es bleibt vorläufig auch denkbar, das aus *beiden* Polen das Strömende immerfort austritt und im Draht zwei Ströme sich ständig durchdringen. (Oersted sprach vom „elektrischen Konflikt".)

Das erste auffällige Anzeichen für eine Verschiedenheit der Richtungen bieten die *elektrolytischen* Phänomene.

Der Weg zu ihnen kann so geführt werden, daß man einmal probiert, ob der Draht, in dem „Es" stattfindet, unbedingt aus *festem* Metall sein muß. Ob es nicht auch ein Quecksilber-Faden tut? Man könnte nämlich vermuten, ein „Strom" würde sich in einem „Leiter", der flüssig ist, also selber strömen kann, eher bemerkbar machen. Nichts dergleichen. Der Quecksilber-Faden verhält sich genau wie ein Kupferdraht: Er strahlt Wärme aus, so lange er die Pole des Akkumulators verbindet.

Dagegen kommt etwas ganz Neuartiges zutage mit der Entdeckung der „Elektrolyse": Während reines Wasser oder Öl, wenn man sie zwischen die Enden des Drahtes schaltet, das Phänomen blockieren, also „nicht leiten" (wie auch die Luft), hindert Salzwasser das Phänomen nicht: Der Draht rechts und links wird warm und auch die Lösung selber: Die Erscheinung findet auch in ihr statt. Sie ist „so gut wie" ein Draht. In der Sprache des Strom-Bildes: Sie leitet.

Neu ist folgendes: Sie wird chemisch zersetzt und ihre elementaren Bestandteile erscheinen an den verschiedenen Seiten. Worauf es uns hier ankommt, verlangt keine nähere Kenntnis der Elektrolyse, sondern nur eines Versuches, der davon überzeugt, daß in dieser leitenden Flüssigkeit tatsächlich eine zwar unsichtbare aber materielle Strömung stattfindet: Wenn man etwa in verdünnte Schwefelsäure einerseits einen Kupferstab, auf der anderen Seite einen Kohlestab eintaucht und diesen Kohlestab mit dem negativen Pol der Spannungsquelle verbindet, so scheidet sich allmählich an der Kohle Kupfer ab, während der Kupferstab schwindet[2]. Das Kupfer kann nicht anders zur Kohle gekommen sein als durch die Flüssigkeit hindurch[3]. Da aber eine sichtbare Strömung, wie wir sie von Bächen kennen, nicht zu sehen ist, müssen wir uns ein Wandern unsichtbarer kleiner Partikel vorstellen. Nun ist es so: Dieses Wandern hört auf,

---

[2] 2 bis 3 %; 1,5 Volt; 0,2-Amp.; — Taschenlampenbatterie oder Akkumulator. — Ich verdanke den Hinweis auf diesen Versuch Herrn Oberstudienrat V. Hilsdorf, Seeheim a. d. B.

[3] Daß gleichzeitig ein zweiter materieller Transport in umgekehrter Richtung im Elektrolyten stattfindet, kann durch andere Beispiele gezeigt werden.

sobald der elektrische „Strom" aufhört. Zum erstenmal ist damit also ein *gerichtetes* materielles *Strömen* zu beobachten, das den Vorgang *begleitet*, den man elektrischen Strom nennt.

Was hier wandert, das ist nun freilich *Materie:* Kupfer. Materie-Teilchen können aber nicht genau das sein, was wir im *Draht* fließend denken. Sie könnten nicht durch massives Kupfer oder Aluminium hindurch. Man kann nur sagen, daß da, wo die Flüssigkeit anfängt, eine Art materieller Fährdienst[4] einsetzt, der die Fortführung des im Metall stattfindenden stromähnlichen Vorgangs besorgen muß.

Die elektrolytischen Phänomene zeigen also noch nicht, was *das* ist, das *im Draht* strömt. Aber sie deuten mehr als alles vorher Erwähnte auf „Ström" hin; denn 1. die beiden Pole zeigen Verschiedenartigkeit und 2. in den Elektrolyten geschieht jedenfalls ein — allerdings materielles — Strömen.

## IV. Die Erscheinungen im luftverdünnten Raum

Das Etwas, das wir uns im Draht fließend vorstellen — schon *jetzt* fast vorstellen *müssen* —, nennen wir „die Elektrizität", womit nichts erkannt, sondern nur etwas benannt ist (siehe auch S. 58). Wir dürfen es uns wie eine Art Flüssigkeit vorstellen, ein „Fluidum", wie man früher sagte. (Es sich körnig zu denken, aus „kleinsten Teilchen" [Elektronen] bestehend, dafür haben wir bis jetzt keinen Hinweis.) Auch über die Richtung seines Fließens sagen uns die bisher betrachteten Vorgänge nichts.

Man kommt weiter, wenn man versucht, die „Elektrizität" aus dem Draht ins Freie zu locken. Wir erinnern uns, daß wir den glühenden Draht mit der Zange durchschnitten, und leider kam die Elektrizität nicht über die Lücke geschossen. Es ist nicht so leicht, sie über den Abgrund springen zu lassen.

Wenn wir nun aber die Drahtenden erst wieder zusammenfügen — das Phänomen setzt wieder ein, der Draht wird wieder warm — und dann wieder langsam voneinander entfernen, so zeigt sich ein winziges Fünkchen zwischen ihnen, in der Luft. Ist das vielleicht der — wenn auch nur kurz andauernde — Durchbruch?

(Ich hätte übrigens keine Bedenken, diesen kleinen Funken fortschreitend zu ersetzen, durch immer größere, längere, glänzendere: erst solche, die man aus dem geriebenen Kamm „zieht", dann: Funken eines Kondensators, dann: einer Elektrisiermaschine, dann: eines Bandgenerators, eines Induktors. Und zwar *ohne* diese Apparate zu „erklären". Zu sagen also: Ihr seht hier bessere, vergrößerte Funken. *Wie* man sie macht, braucht uns jetzt nicht zu interessieren. Ich versichere euch: Sie sind alle von derselben Art, und so sehen sie ja auch aus.)

Man wird sich den Funken nun genau ansehen (mit der Lupe; im Dunkeln, wenn er klein ist). Auf so etwas „spitzen" die kleinen Buben schon gleich, wenn sie einen Funken aufs Korn nehmen. Sie wollen sehen, wie er „überspringt", von hier nach dort oder von dort nach hier? Dabei bilden sie sich manchmal ganz fest etwas ein und sind dann recht verlegen darüber, daß der eine diese, der andere ebenso sicher die umgekehrte Richtung gesehen zu haben glaubt. Man kann dem Funken aber so leicht nicht auf die Sprünge kommen. Er hat (für diese Beobachtungsmittel) keine Richtung. Er steht plötzlich da und nur für eine ganz kurze Zeit.

Vielleicht erstickt ihn die Luft so schnell? So kann man auf den Gedanken führen, die Luft wegzuschaffen. — Man kann diese Untersuchung allmählich führen, man kann auch kurzen Prozeß machen.

---

[4] G. Chr. Lichtenberg, Über eine neue Methode, die Natur und die Bewegung der elektrischen Materie zu erforschen (1777/78). Ostwalds Klassiker, Nr. 246, Leipzig 1956.

Zunächst folge ein Hinweis auf die *allmähliche* Führung. Sie könnte bei den „LICHTENBERGschen Staubfiguren[4]“ beginnen, bei denen die Pole bereits eine Verschiedenheit zeigen, und dann die farbenprächtigen Entladungen im fortschreitend verdünnten Gasraum vorführen, wie sie heute in den Neon-Lampen alltäglich werden. Sie sind gerade für die 13- bis 15jährigen und besonders für die Mädchen anlockend. Sie werden aber, wenigstens für die Volksschule, kaum in Betracht kommen, falls man — was das schönste ist — das Rohr allmählich selber auspumpen will; denn die Pumpe ist teuer. Billiger ist ein Satz fertig evakuierter Röhren von zunehmender Verdünnung. Ein Funkeninduktor ist in jedem Falle nötig.

Durch ein solches gasgefülltes Rohr von vielleicht einem halben Meter Länge — das ist die, nun recht große, „Lücke“ — wird „Es“ bei Normaldruck völlig blockiert (es geht gar kein „Strom hindurch“). Bei zunehmender Evakuierung erscheint ein fahl zuckender Blitz, ähnlich noch dem der Gewitter; er geht über in ein rötliches, biegsames, weich leuchtendes Farbband und zerfällt dann in Schichten (einer Geldrolle ähnlich). Die Farben sind abhängig vom Gas: Luft leuchtet anders als Neon. Hier zeigt sich nun deutlicher noch als bei den LICHTENBERGschen Figuren, eine Verschiedenheit im Aussehen der Pole, das erste Anzeichen von „Richtung“.

Die Richtung wird *eindeutig* die einer „Strömung“, wenn das Gas nicht ganz, aber fast ganz, draußen ist. Und der *abgekürzte* Lehrgang wäre der, daß man hiermit einfach *begänne:* dem Funken im hohen Vakuum, gefangen in der Flasche, dem fertig gekauften „Kathodenstrahl“-Rohr. Dann stellt sich nämlich immer dasselbe Endbild her, gleichgültig welches Gas noch in Spuren den Innenraum des Rohres bevölkert: immer genau gegenüber von demselben Pol, der „Kathode“ (das ist jetzt nur ein Name; zu verstehen ist daran nichts): ein grünes Fluoreszieren der Gaswand. Ein Aluminium-Hindernis, von jeher in Gestalt eines „eisernen Kreuzes“ geformt, wirft einen unverkennbaren Schatten.

Damit ist eine von der Kathode ausgehende, an sich selber unsichtbare, Strahlung außer Zweifel, die — im Gegensatz zu den im vorigen Absatz beschriebenen Vorstadien — ohne die Lage der „Anode“ noch zu spüren, „stur“ geradeaus gegen die Wand rennt. Ihre Ablenkbarkeit durch den Magneten (und — umständlicher und teuerer zu zeigen — durch das elektrische Feld eines Kondensators) weist sie aus als einen Strom der sogenannten „negativen“ Elektrizität. (Damit entscheidet sich zugleich die Frage, ob es ein oder zwei elektrische „Fluida“ gibt, und welches das eigentliche ist.) Die Schüler werden fragen, wie dies Fliegende zur Anode zurückkomme, wenn es an ihr vorbeischießt. Und das müsse es doch, wenn es der ins Freie gelockte Teil-Lauf eines sonst im Draht strömenden Flusses sein solle. Man wird mitteilen, daß „die Elektrizität“ an der Glaswand zur Anode weiterkriechend gedacht werden müsse, und darf wohl verschweigen, daß außerdem noch ein zweiseitiger Ionenverkehr stattfindet.

Die Ablenkung beweist noch etwas anderes (siehe Seite 188), daß nämlich das Dahin-Fliegende nicht ohne Trägheit, nicht also etwas Lichtartiges, sondern „Materie“ ist.

Da aber Elektrizität, auf einer üblichen feinen Waage gewogen, nichts Merkliches wiegt (ein elektrisch geladener Körper ist nicht erkennbar schwerer oder leichter als ungeladen) und sich *im* massiven Metall bewegen kann, so scheint es eine *sehr feine* Materie zu sein, keine „gewöhnliche“. Da sie andererseits mit so erheblicher Sturheit (Wucht) durch das Rohr schießt und sich der Ablenkung sichtlich widersetzt, so kann man vermuten, daß sie recht *schnell* aus der Kathode herausschießt (womit aber über *die* Geschwindigkeit, die sie *vorher,* im Draht, hatte, nichts gesagt ist).

All das sind keine ausreichenden wissenschaftlichen „Schlüsse“, und sie dürfen nicht dafür ausgegeben werden. Es sind Hinweise. Hier *darf* der Lehrer sagen: Die Wissenschaftler haben diese Hinweise verfolgt und die Vermutungen, die auch wir hier haben konnten, bestätigt.

Aber welche Materie haben wir vor uns? Die Untersuchung übersteigt die Mittel der Schule, muß also mitgeteilt werden: Diese Materie kann weder von dem Gasrest herrühren (denn die Natur des Gases hat keinerlei Einfluß auf alles, was man mit den Kathodenstrahlen machen kann), noch von dem Kathodenmaterial. (Die Kathode nützt sich nicht ab, und drüben an der Glaswand gegenüber gibt es keinen Niederschlag.) Wir haben es also tatsächlich mit einem ganz besonderen „Saft" (so nennen die Rundfunktechniker den Strom) zu tun. Es ist die Elektrizität selber, die zwar unsichtbar, aber doch sichtlich, aus der Kathode herausgeschossen kommt, wie das Wasser aus dem Mundstück des Schlauches. So ist sie also höchstwahrscheinlich auch im Draht fließend zu denken.

Damit ist an dem Strom nicht mehr zu zweifeln.

Auch jetzt noch deutet nichts an den Kathodenstrahlen darauf hin, daß sie eine körnige Struktur haben, also aus „kleinsten Elektrizitäts-Teilchen", den „Elektronen", bestehen. Wir haben also keinen Grund und auch keine Erleichterung davon, hier von ihnen zu erzählen. Kommt es doch zur Sprache, etwa weil die Kinder davon reden gehört haben, so müssen wir betonen, daß wir von den Elektronen aus ganz anderen Experimenten wissen (Elektrolyse, MILLIKAN-Versuch) und daß wir nur annehmen, daß sie bei allen Gelegenheiten zu denken sind, bei denen Elektrizität auftritt, so auch hier.

*Ein* Versuch sollte noch — als überwältigende Bestätigung der „Strom"-Vorstellung — in diesem Zusammenhang den Schülern erzählt werden, ich meine sogar in der Hauptschule. Wirklich *machen* können wir ihn bisher in der Schule nicht. (Eine „qualitative" Form wäre ausreichend und ein dringender Wunsch an die Lehrmittelindustrie.) Einstweilen ist dieses Experiment unbezahlbar teuer. Dafür ist es grundsätzlich so einfach, daß es berichtet werden kann: der „ROWLAND-Versuch".

Er allein würde genügen, uns die Gewißheit zu geben, daß in dem Draht, der — zwischen die Pole des Akkumulators eingespannt — warm wird, Elektrizität sich *bewegt*. Er könnte unser ganzes Kapitel ersetzen!

Es wird bei ihm die — in diesem Kapitel bisher nicht erwähnte — allbekannte, wichtige und höchst merkwürdige Tatsache benutzt, daß der Draht, in dem „Es" stattfindet, nicht nur warm wird, sondern *noch* etwas ausrichtet, allerdings draußen, in seiner Umgebung: Magnete, Magnetnadeln, die sich etwa dort aufhalten und beweglich sind, veranlaßt er, sich quer zum Draht zu stellen. Das ist der bekannte OERSTEDsche Grundversuch zum Elektromagnetismus. (Er gelingt in der Umgebung auch der Elektrolyte.)

Wenn nun das, was im Draht (oder im Elektrolyten) vor sich geht, ein Strom ist, und zwar ein Strom von Elektrizität, so müßte die Magnetnadel *auch dann* wegschwenken, wenn wirklich und sichtlich ein elektrisch geladener Körper *mitsamt* seiner Ladung an einer Magnetnadel vorbeiflöge, wenn also — um eine groteske Übertreibung zu gebrauchen — ein Füllfederhalter aus Hartgummi ein wenig mit Wolle gerieben, also „elektrisch" gemacht und dann über die Nadel hinweggeschleudert würde. Dieser Schuß wäre dann auch ein Strom, ein kurzer, so wie ein „Schuß Wasser" als ein kleiner, kurz dauernder Strom verstanden werden kann. — Nur muß man das etwas heftiger und dauernder machen, wenn es sichtlich wirken soll. Das geschieht grundsätzlich so[5], daß man eine isolierende kreisrunde Platte (ähnlich einer Grammophonplatte) stark elektrisch macht, sehr schnell um ihre — sagen wir waagerechte — Achse rotieren läßt und eine empfindliche Magnetnadel unter ihren tiefsten Punkt stellt. Dann benimmt sich die Nadel genauso, wie wenn statt der Platte ein kreisförmig gebogener Draht über ihr hinge, in dem das stattfindet, was wir in diesem Kapitel untersuchten. Wir dürfen es also nun mit bestem Gewissen „Strom" nennen.

---

[5] Die Form, in der das Experiment tatsächlich ausgeführt werden muß, um einen deutlich sichtbaren und auch meßbaren Erfolg zu haben, kann man z. B. nachlesen bei R. W. POHL, Elektrizitätslehre. 16. Aufl., Berlin 1957, S. 61.

## E. Messendes Experiment

### Das Fallgesetz als ein für die Mathematisierbarkeit gewisser natürlicher Abläufe „exemplarisches Thema"[1]

*„Es gibt keine Sicherheit in der Wissenschaft, wo nicht die Mathematik angewandt werden kann."* (LEONARDO[2])

*„... daß die Mathematik in irgendeiner Weise auf die Gebilde unserer Erfahrung paßt, empfand ich als außerordentlich merkwürdig und aufregend."* (W. HEISENBERG[3])

Eine der fundamentalen Erfahrungen, die der physikalische Unterricht vermitteln will, ist die, daß „die Mathematik auf die Dinge der Erfahrung paßt"[2].

Man hat zunächst den Eindruck, daß wir gerade dieses „Funktionsziel" nicht vernachlässigen, in den Gymnasien sicher nicht: fast keine Physikstunde, besonders keine Lehrprobe, bei der nicht gemessen und der Weg von der Beobachtung über die Meßreihe zur mathematischen Funktion gegangen wird.

Und doch erlebt man folgendes: 25 Studierende einer pädagogischen Hochschule, auch einige fertige Lehrer darunter, alle Abiturienten, erinnern sich innerhalb eines zwanglosen Unterrichtsgesprächs (nicht einer Prüfung) des „Fallgesetzes" zunächst überhaupt nicht mehr.

Schließlich kommt zögernd das Formelfragment: „$^1/_2 g t^2$." — „Aber wie wollen Sie das nun Kindern sagen, ‚auf deutsch'?" — Das sei zu schwer, zu hoch, wegen des „hoch zwei". —

Es ist klar, daß so etwas nicht sein dürfte. Dieses „$^1/_2 g t^2$" ist eine Scheinblüte, eine Papierblume. Wer das Kondensierte, das „Wissenschaftliche" nicht auch schlicht zu sagen vermag, besitzt es nicht (wenigstens im Bereich der elementaren Physik). — Natürlich ist diese schlichte Form „dagewesen". Aber zu flüchtig.

Bei GALILEI, dem Entdecker des Fallgesetzes, suchen wir vergebens nach einer solchen Formel. Er sagt es *nur* schlicht, wie ja auch die Griechen noch gar nicht anders konnten, als ihre mathematischen Einsichten gleichsam volkstümlich sagen. Sie kannten die geniale, aber dem Mißbrauch zugängliche Formelsprache noch nicht (sicherlich zum Glück für die jungen Leute, die Mathematik lernen wollten). — Bei GALILEI steht es so[4]:

> „Man sieht also, ... daß ... die in gleichen Zeiten durchlaufenen Wege sich wie die ungeraden Zahlen 1, 3, 5, ... verhalten ..."

(was ja nicht weniger und nicht mehr sagt als jene Formel $s = {}^1/_2 g t^2$, denn

„faßt man die Gesamtstrecken zusammen, so wird in doppelter Zeit der vierfache Weg, in dreifacher Zeit der neunfache Weg zurückgelegt, und allgemein werden die Wege wie die Quadrate der Zeiten sich verhalten".)

Und in dieser Form „1, 3, 5, 7, ..." versteht das jedes Kind, welches das „Knabenalter" erreicht hat.

Hat man die früheren Abiturienten wieder soweit und fragt sie nun: Wundern Sie sich eigentlich gar nicht darüber, daß da die genauen ungeraden Zahlen herauskommen?

---

1 Dieses Kapitel ist — mit kleinen Abweichungen — in „Anregung", Zeitschr. f. d. Höhere Schule, 1957, Heft 2/3, S. 65 bis 72, erschienen.

2 Rowohlts Monographien, Nr. 153, S. 63.

3 HEISENBERG über seine Schulerfahrungen. In: Das Naturbild der heutigen Physik. A. a. O., S. 39.

4 Unterredungen ... A. a. O. (siehe S. 40 dieses Buches). (OSTWALDS Klassiker Nr. 24, S. 24.)

— Nein, die meisten wundern sich über nichts mehr. Manchmal sogar sagen sie: „Das muß ja so sein!" — Und warum muß es? — „Weil das ein Naturgesetz ist!"

Ich vermute, daß solche Mißerfolge unseres Unterrichts eben daher kommen, daß wir in den Gymnasien in der (natürlich richtigen) Absicht die so fundamentale Mathematisierbarkeit gewisser natürlicher Abläufe „einzuschärfen", es immer wieder tun, fast in jeder Stunde, eben deshalb aber immer flüchtig, nämlich in 45 Minuten.

Es ist aber ohne alle Psychologie zu glauben, daß tausend flüchtige Eindrücke hintereinander *einen* intensiven Eindruck ersetzen können. Das wäre mechanistisch gedacht, im Schlepptau des mangelhaften Wortes „Eindruck". Aber tausend Liebeleien sind nicht eine Liebe wert. Dabei kann alles jedesmal logisch und exakt ablaufen. Wir können aber das physikalisch Fundamentale nicht sichtbar werden lassen, wenn wir uns damit begnügen, eine so periphere Verfassung wie das, was wir in der Schule „Aufmerksamkeit" nennen, künstlich herzustellen und uns nur an die logischen Funktionen des Kindes zu wenden. (Daß wir ihnen *immer* Rechnung tragen müssen, bedeutet nicht, daß wir uns *nur* um sie zu kümmern hätten. Ist das nicht logisch?) Die Erfahrung des Fundamentalen ist aber etwas, das immer den *ganzen* Menschen betrifft, betroffen macht, auch in der Physik.

Aber wie könnte man das erreichen? Jedenfalls ohne jedes „emotionale" Gerede (wie mancher befürchten mag), sondern, wie immer, in einer Atmosphäre strengster Sachlichkeit, allein durch Zeit; die Zeit, die wir lassen. Die Lehrpläne, wie sie bisher waren, lassen uns eigentlich nie Zeit. Müssen wir nicht immer „weitergehen", „fortfahren", „fertig werden"? Und der Erfolg? — In den Bildungsplänen brauchen wir für den Lehrer, wenigstens der Oberstufe, die garantierte Freiheit zur Auswahl und Gestaltung des Stoffes.

Haben wir also den Mut, gelegentlich einmal, beim Fallgesetz zum Beispiel, nicht 45 Minuten, sondern einige Wochen lang zu bleiben, und es vielleicht — es ist nur ein Vorschlag — so oder ähnlich zu versuchen. (Das folgende ist zum größten Teil erprobt, zum kleineren ist es Entwurf:)

Voraussetzung: Aus irgendeinem lebendigen Problemzusammenhang (der in diese Betrachtung nicht einbezogen sein soll) seien die Schüler dafür erwärmt, herauszukriegen, „wie" die Kugel den schräggestellten Tisch hinabläuft. „Wie", das heißt: „wie sie ihr Tempo steigert". „Immer schneller", das genügt uns nicht. *Wie* immer schneller?

Es ist gut, wenn der Lehrer Galilei gelesen hat. (Da ich erst mit fünfzig Jahren dazu kam, bin ich um so mehr überzeugt, daß jeder Physiklehrer es schon in seiner Ausbildungszeit tun sollte.):

> „Auf einem Lineale oder sagen wir auf einem Holzbrett von 12 Ellen* Länge, bei einer halben Elle Breite und drei Zoll Dicke, war auf dieser letzten schmalen Seite eine Rinne von etwas mehr als einem Zoll Breite eingegraben. Dieselbe war sehr gerade gezogen, und um die Fläche recht glatt zu haben, war inwendig ein sehr glattes und reines Pergament aufgeklebt; in dieser Rinne ließ man eine sehr harte, völlig runde und glattpolierte Messingkugel laufen. Nach Aufstellung des Brettes wurde dasselbe einerseits gehoben, bald eine, bald zwei Ellen hoch; dann ließ man die Kugel durch den Kanal fallen ..."

Man sieht: eine solide Schreinerarbeit, diese erste Versuchsanordnung der Physik. Wenn wir nun zwar wohl kaum ein Brett von 6,7 m Länge nehmen: so ähnlich sollten auch wir anfangen. Nicht gleich mit einem gekauften Präzisionsinstrument. Genauigkeit begreift nur, wer zuerst ungenau ist.

---

* 12 Ellen = 6,7 m (nach Ramsauer — siehe Anm. 6 — S. 2); 1 Zoll = etwa 2,5 cm.

Auch in der Zeitmessung können wir es ruhig erst einmal mit den einfachsten und natürlichsten Hilfsmitteln versuchen. Zwar werden unsere technisierten Kinder ohne Zögern mit einem Ruck die Armbanduhr entblößen. Aber sie werden auch mit Vergnügen dem Vorschlag des Lehrers folgen, erst einmal ganz „natürlich“ zu bleiben. So wie der geniale GALILEI es noch machen mußte, weil er ja vor HUYGENS lebte und also die Pendeluhr nicht kannte, von der Armbanduhr und der elektrischen Stoppuhr ganz zu schweigen. Er hat doch dieses erste physikalische Experiment der Weltgeschichte gemacht ohne all das. (Natürlich hätte er ein einfaches, mit der Hand immer wieder angestoßenes Fadenpendel verwenden können, das ihm ja vertraut war. Aber er ging, wie sich bald zeigen wird, gleich zur Wägung über, vermutlich weil sie ihm genauer erschien. RICCIONI, der die Versuche bald nach GALILEIS Tod wiederholte, benutzte ein flinkes Pendel[5], 1,15 Zoll = 2,8 cm lang.)

Es scheint, daß GALILEI zuerst den Pulsschlag als Uhr benutzte. Denn er schreibt an einer Stelle seines Berichtes:

> „. . . und fanden gar keine Unterschiede, auch nicht einmal von einem Zehntel eines Pulsschlages“ (S. 24).

Und wenn nun heute einer unserer Schüler, die rechte Hand am linken Puls, mit einem Fuß den Takt schlägt, während ein anderer der abwärts eilenden Kugel mit der Kreide in der Hand nachläuft, und jedesmal, bei dem hörbaren Pulsschlag, einen Kreidehieb auf das Brett setzt an die Stelle, wo die Kugel gerade vorbeiflitzt, dann ist das natürlich *sehr* ungenau. Besonders wenn man für möglich hält, daß GALILEI (der ja ein Choleriker war) sich bei dem Versuch aufregte, womöglich über den Versuch selber. (Denn es war ja für ihn keine rein logische Angelegenheit. Er war zutiefst davon bewegt.)

Und wenn man nun die Abstände von einem Kreidestrich zum nächsten mißt, so kommt keineswegs 1, 3, 5, 7, . . . heraus, sondern vielleicht 1, 3.4, 4.8, . . . oder so etwas. — Man wird also die Genauigkeit dieser „Uhr“ steigern. Und sicher werden das die Kinder auch sofort wollen.

Aber der Lehrer muß ja nicht alles gleich tun, was sie sagen. Er wird sie leicht ein wenig bremsen können, indem er vorschlägt: gut, gleich. Aber vorher: Angenommen, wir wären auf diese grobe Art angewiesen, müßten dabei bleiben, gibt es dann kein Mittel, diese Ungenauigkeit doch ein bißchen — vielleicht darf er sagen: — „auszugleichen“? Wahrscheinlich kommen sie darauf: Wiederholen! Ob dasselbe herauskommt? Wenn nicht, dann ist es ungenau. Eigentlich ein sehr merkwürdiger Vorschlag. Es wäre interessant, wie sie ihn begründen. Hier geht es nämlich schon sehr kausal her. Es geht um den „Zufall“, um „Fehler“. „Einflüsse“, die nicht zur Sache gehören. Wer bestimmt eigentlich was „dazu gehört“? Sind wir denn voreingenommen? Machen wir Vorschriften? Offenbar.

Nach vier Versuchen (nehmen wir an, immer mit denselben beiden Beobachtern) sieht das Brett mit seinen Kreidestrichen vielleicht so aus:

*Abb. 34*

Wundern sie sich, daß die Punkthaufen nach unten immer breiter werden? Woher das?

---

5 Vgl. C. PIEL, Die ältesten Versuche über den freien Fall. Der mathematische und naturwissenschaftliche Unterricht (MNU) VII, (1954/55), S. 300.

Und wie jetzt die Abstände messen? Von Haufen zu Haufen? Welcher Strich gilt? — Vermutlich werden die Schüler „gefühlsmäßig" den „Schwerpunkt" schätzen und wählen. Das ist auch wieder ein merkwürdiger Eingriff, über den man nachdenklich werden kann. (Es ist durchaus nicht auf allen Stufen nötig, darüber etwas zu präzisieren. Wichtig ist, zu merken, daß man hier ganz von selbst eine gewisse Auslese trifft.)

Man wird auch die Beobachter auswechseln. Und sich fragen, ob man innerhalb derselben Meßreihe die verschiedenen Beobachter mischen darf. Aber nun werden sie überhaupt ungeduldig: Der Beobachter, sein Pulsschlag wenigstens, der muß überhaupt heraus! Der ist zu „subjektiv", „persönlich", unzuverlässig!

Vielleicht kommen sie jetzt auf das Metronom. Sein Ticktack ist besser als der Puls. Alles Menschliche ist ihm fremd. Das Bild auf dem Brett wird nun schon besser.

Etwas so:

*Abb. 35*

Immer noch gibt es zwar solche Punkthaufen, aber sie schrumpfen! (Warum schrumpfen sie eigentlich?) Jedenfalls sind die Schwerpunkte jetzt leichter zu messen. Vermutlich gibt es aber immer noch nicht 1, 3, 5, 7, . . .

Auch in diesem Schätzen steckt ja der Mensch. Ob man den Schwerpunkt nicht ausrechnen kann? Rechnen wirkt immer genau! Das kann man überlegen. Es zeigt sich dabei, daß man vor dem Rechnen die Lage der einzelnen Striche des Haufens messen muß, mit dem Maßstab. — Genau? Neues Nachdenken darüber, daß so ein Kreidestrich ja immer eine gewisse Dicke haben wird, und übrigens der Strich auf dem Lineal auch. — Hier liegt eine unüberwindliche Grenze.

Verbessern wir also das andere, was noch zu verbessern ist. — Da mögen mancherlei Vorschläge kommen. Auch GALILEI hatte übrigens kein Metronom. Und der Puls genügte ihm natürlich nicht. Vermutlich wird kein Schüler auf seinen genialen Gedanken kommen, die Zeit zu *wägen:*

> „Zur Ausmessung der Zeit stellten wir einen Eimer voll Wasser auf, in dessen Boden ein enger Kanal angebracht war, durch den ein feiner Wasserstrahl sich ergoß, der mit einem kleinen Becher aufgefangen wurde, während einer jeden beobachteten Fallzeit: Das auf diese Art aufgesammelte Wasser wurde auf einer sehr genauen Waage gewogen; aus den Differenzen der Wägungen erhielten wir die Verhältnisse der Gewichte und die Verhältnisse der Zeiten . . ." (S. 25.)

Das sollte man ruhig einmal machen. RAMSAUER, der ja die klassischen Versuche der Physik stilgerecht wiederholt hat, schreibt: „Ich habe die Messungen nachgemacht und war erstaunt, eine wie große Genauigkeit sich mit einer solchen Wasseruhr erreichen läßt[6]."

Inzwischen werden aber die Kinder längst gefunden haben, daß der „Mensch" noch an einer anderen Stelle aus der Versuchsanordnung heraus muß: da, wo er diese Kreidestriche setzt. Und nun kann man sie auf die Fährte setzen, ob nicht die Kugel (die ja leicht ein Wagen werden kann, der auf einer Schiene läuft), ob nicht der Wagen selber die Uhr tragen, und ob diese Uhr dann nicht während der Fahrt selber die Zeit-Zeichen setzen könnte?

---

[6] C. RAMSAUER, Grundversuche der Physik in historischer Darstellung. Berlin 1953, Bd. I, S. 3, Fußnote.

Eine unten am Wagen befestigte Tropfflasche mag da vorgeschlagen werden oder (wie es eine Lehrmittelfirma einmal lieferte) ein Pendel, das nun entweder bei jedem Durchgang durch die Mitte mit seiner Spitze einen schmalen Sandwall durchschlägt, der unter der Laufschiene, parallel zu ihr, auf einer zweiten Latte angehäuft ist; oder besser noch: wenn das Pendel zu einer schwingenden Sanduhr umgebildet wird, einer Papiertüte also, die aus einer feinen Öffnung eine schöne ausklingende Schlangenlinie auf die zweite Latte malt, an der man nun in Ruhe ausmessen kann. (Viele Fragen entstehen da: ob ein Pendel, wenn es erlahmt, die Zeit in noch immer gleiche Stücke zerhackt? [S. 255.] Das muß man prüfen.) Noch immer Ungenauigkeiten trotz aller Maschinerie. —

So wird es immer komfortabler: Magnetischer Start des Wagens, elektrische Stoppuhr, automatisch von ihr gesteuert: Funken, die überschlagen zwischen dem Wagen und der rußgeschwärzten Meßlatte unter ihm, wo sie „haarscharfe" Punkte setzen —, und was noch alles. Der Versuch ist „vollautomatisiert". Der „Mensch" hat nur noch zum Start auf den Knopf zu drücken und nachträglich das Ergebnis, das der Wagen hingelegt hat, auszumessen. (Aber man vergesse nicht, daß *er* das Ganze ausgedacht hat.)

Ergebnis? Wann wird es nun wirklich „genau"? Offenbar nie. Also niemals genau 1, 3, 5, 7, ...? Stimmt es gar nicht mit den ganzen Zahlen? Es stimmt. Nur in folgendem Sinn, und der ist erstaunlich genug: Die Zahlen 1, 3, 5, 7, ... treten so, wie sie da stehen, in dieser blanken Genauigkeit nie auf. Aber: Je genauer wir verfahren (und was das heißt, ist nun klar geworden), desto mehr schrumpfen die Punkthaufen, und desto enger rücken die Abstände ihrer Schwerpunkte an die Reihe 1, 3, 5, 7, ... heran.

Dieses letzte ist nun schon eine Mitteilung des Lehrers. Denn die noch viel genaueren Versuche kann er nicht in der Schule machen, etwa die, zu denen es gehört, daß alles im leeren Raum, also ohne den Luftwiderstand abläuft. Aber die Schüler werden es ihm unbedingt glauben, nachdem sie den ersten Teil des Weges so gründlich mitgegangen sind.

Und wenn man sie nun fragt, ob sie sich darüber wundern, daß hier und in diesem Sinne, die ungeraden ganzen Zahlen aus der Natur herauskommen, dann werden sie wohl ja sagen. Denn die Natur muß ja nie das tun, was wir wollen. Was wollten wir machen, wenn sie auf die Zahlen 1; 3.12; 4.98 hinaus wollte bei diesem Fallversuch? Dann würden wir *das* lernen in den Schulen, und *das* wäre dann das „Fallgesetz". Übrigens selbst dann wäre noch genug Grund zum Verwundern: daß nämlich immer *dieselben* Zahlen herauskämen, wenn es auch krumme Zahlen wären.

So wie die Natur sich aber nun tatsächlich im Fallgesetz äußert, müssen wir ja doppelt staunen: Nicht nur kommt überall und immer dasselbe heraus, es kommen dieselben *„natürlichen"* Zahlen. Die *Einfachheit* ist das Erstaunlichste. Das ist mehr als wir erwarten können, ist ein rätselhaftes Entgegenkommen. Es ist das Wunder der „Mathematisierbarkeit", und noch dazu in ganzen Zahlen.

Allerdings ist das Entgegenkommen kein *ganz* spontanes. Natur „kommt" nicht von sich aus. Den ersten Schritt müssen *wir* tun. Wir schlagen ihr ja natürliche Zahlen vor, allerdings in der einfachsten Reihe: 1, 3, 5, 7 Zeiteinheiten. Sie brauchte diesem Vorgehen nicht nachzukommen. Aber sie tut es. Das Staunen wird kaum verkleinert. Es wird nur deutlich, daß ein gewisses Zeremoniell (dazu gehört auch die Wiederholbarkeit, die Unabhängigkeit vom Beobachter, das abgeschlossene System) von uns eingeleitet und eingehalten werden muß.

So bedarf es also nicht der modernen[7] Physik; schon dieser elementare Versuch zeigt klar genug: Physik sagt nicht, wie Natur „ist", sondern wie Natur antwortet.

---

[7] Vgl. Th. Litt, Philosophische Anthropologie und moderne Physik. „Studium Generale" IX. Jahrg. (1956), S. 351 ff.

Und es gibt Fälle, wo ihr Zeremoniell Nichts liefert, unergiebig bleibt. Anwendbar ist es immer. Wir können einen Menschen, der um einen Entschluß ringt, mit physikalischen Registrierapparaten umgeben, und sie werden auch etwas feststellen. Aber das ist nichts Wiederholbares, nichts Einfaches, nichts Wesentliches.

Merkwürdig, von hier aus gesehen, um wieder auf ihn zurückzukommen: GALILEI. Bei ihm lief der Versuch nämlich gar nicht so ab, wie hier bei uns; lang nicht so genau, und nicht so nachdenklich.

Mit der ganzen Unbefangenheit des ersten Entdeckers ist er von vornherein überzeugt, zum mindestens hofft und erwartet er es, daß die Natur mathematisierbar ist, *und* auf eine *ein*fache Weise:

> „Endlich hat uns ... gleichsam mit der Hand geleitet die aufmerksame Beobachtung des gewöhnlichen Geschehens und der Ordnung der Natur in allen ihren Verrichtungen, bei deren Ausübung sie die allerersten einfachsten und leichtesten Hilfsmittel zu verwenden pflegt; denn, wie ich meine, wird Niemand glauben, daß das Schwimmen und das Fliegen einfacher oder leichter zustande gebracht werden könne, als durch diejenigen Mittel, die die Fische und die Vögel mit natürlichem Instinkt gebrauchen. Wenn ich daher bemerke, daß ein aus der Ruhelage von bedeutender Höhe herabfallender Stein nach und nach neue Zuwüchse an Geschwindigkeit erlangt, warum soll ich nicht glauben, daß solche Zuwüchse in allereinfachster, jedermann plausibler Weise zustande kommen?" (S. 10, Hervorhebungen hinzugefügt.)

Und deshalb verzichtet er ganz darauf, uns auch nur die Werte mitzuteilen, die er gemessen hat. So sind wir erstaunt, „daß GALILEI die heutige Pflicht des Experimentators zur genauen Beschreibung aller Versuchsanordnungen, wie Größe der Kugel, Neigung der Fallrinne, sowie zur zahlenmäßigen Wiedergabe aller Versuchsresultate und zur Kritik der Fehlerquellen, noch nicht kennt"[8]. Er wiederholt zwar, bildet aber keine Mittel, sondern findet seine Vermutung nur immer neu bestätigt. Er war, so will es uns scheinen, nicht so gewissenhaft, wie wir heute schon gemeinsam mit Kindern sein müssen. Und doch verdanken wir das ihm; er war so genial, uns den Anfang zu zeigen, an dessen Ende wir nun auch noch gewissenhaft sein können.

So finden wir denn bei ihm nur folgendes:

> „dann ließ man die Kugel durch den Kanal fallen und verzeichnete die Fallzeit für die ganze Strecke. *Häufig* wiederholten wir ... und fanden *gar keine* Unterschiede, auch nicht einmal von einem Zehntel eines Pulsschlages. Darauf ließen wir die Kugel nur durch ein Viertel der Strecke laufen und fanden *stets genau* die halbe Fallzeit gegen früher ..., bei *wohl hundertfacher* Wiederholung fanden wir stets, daß die Strecken sich verhielten wie die Quadrate der Zeiten: und dieses zwar für jedwede Neigung des Kanals, in dem die Kugel lief ..., und zwar mit solcher Genauigkeit, daß die zahlreichen Beobachtungen *niemals merklich* (di un *notabile* momento) voneinander abwichen." (S. 26, Hervorhebungen hinzugefügt.)

---

[8] C. RAMSAUER, a. a. O., S. 3. — Übrigens gibt GALILEI die Neigung doch an: „bald eine bald zwei Ellen hoch" ist das 12 Ellen lange Brett einerseits gehoben. Dazu gehören Winkel von ungefähr 4° 50′ und 9° 30′.

## F. Begriffsbildung

### Die nicht handgreiflichen Realitäten der Physik am Beispiel der Feldlinien betrachtet

*„Man suche nur nichts hinter den Phänomenen; sie selbst sind die Lehre."* (GOETHE[1])

Die folgende Betrachtung gilt physikalischen Wirklichkeiten, die nicht unmittelbar vorzeigbar sind, die man also dem Kinde „nicht ohne weiteres" in die Hand geben, vorführen, die man es nicht anfühlen, anschauen, anhören, riechen lassen kann, die also weder körperliche Gegenstände sind noch von ihnen unmittelbar herrührende sinnliche Erscheinungen. „Nicht ohne weiteres", das heißt hier: Die der Physik eigentümliche gedankliche Konstruktion steckt in ihnen, so daß sie in gleichem Maße Realitäten wie Gedankendinge genannt werden können, nicht etwa willkürlich ausgedachte Hirngespinste, aber ebensowenig vom Alltags-Erleben und Nachsinnen Vorgefundenes. Herausfördernde Schöpfungen des menschlichen Geistes, aus dem Brunnen der Natur heraus durch eine bestimmte einschränkende und konstruierende Begriffsbildung. Es ist also — in einem sehr weiten Sinne — das gemeint, was wir Bilder, Hilfsvorstellungen, Modelle nennen und wovon in den vorhergehenden Kapiteln vorgreifend schon mehrmals die Rede war:

Sie sollen jetzt am Beispiel der magnetischen Feldlinien genauer betrachtet werden.

### a) Die Feldlinien im heutigen Unterricht

Ein etwa 35jähriger Volksschullehrer sagte mir vor wenigen Jahren: „An den Magnetismus wage ich mich in der Schule gar nicht recht heran. Ich weiß nicht genug. Wenn die Kinder fragen, wie das kommt, daß der Magnet durch die Tischplatte hindurch den Nagel bewegt ...: Weiß man heute eigentlich, wie der Magnet das macht?"

Bei der schon erwähnten (S. 112) schriftlichen und anonymen Befragung von Studierenden Pädagogischer Hochschulen[2] stellte ich deshalb auch diese Frage:

> „Ist man sich heute darüber klar, wie ein Magnet das macht, daß er ein Stück Eisen von weitem anzieht, ja sogar durch eine Tischplatte hindurch!?"

Von 32 der Befragten schreiben 16 zu dieser Frage gar nichts, 4 antworten unklar. 12 nennen das magnetische Feld; und zwar sprechen sie von Kraftlinien, die um den Magneten „wachsen", „sich bilden" oder die er „besitzt". Sie „wirken", „ziehen sozusagen herbei" und durchdringen dabei Holz ...; mit „ihrer Hilfe" gelingt die Anziehung. Einer nennt sie Strahlen, ein anderer vergleicht sie mit Wasserwellen. — Nur einer (der übrigens als Reifezeugnis-Note für Physik 1 angibt) schreibt, der Magnetismus sei „in seinem Wesen unerkennbar".

Dieselbe Frage in Oldenburg an 56 Studierende gestellt, ergab kein wesentlich anderes Bild; 9 schrieben nichts, 20 sprachen unklar von etwas anderem (diese beiden Kategorien zusammen machten also hier wie in Jugenheim etwas über die Hälfte aus). 19 nennen als Ursache das Feld (34 %; in Jugenheim 37,5 %), wobei die Feldlinien oft als „Strahlen" bezeichnet werden, einmal als „Wellen". Der Magnet „gibt sie von sich", „schickt sie aus", „sendet sie aus", „bildet sie aus", „besitzt sie". Ihre Unsichtbarkeit

[1] Werke. Leipzig 1885 (Cotta), Bd. 4, „Über Naturwissenschaft, IV. Sprüche, Spruch 30, S. 217.

[2] Ungekürzte Veröffentlichung in Z. f. Päd., VI, 1960, S. 29—43 — enthalten (ergänzt) als Nr. 63 in „Ursprüngliches Verstehen ...", Bd. I.

wird manchmal betont. Sie „ziehen heran“, „wirken anziehend“, sie „durchdringen“ Holz. Einige sagen auch nur: In ihrem Bereich wird Eisen angezogen. 3 zielen auf eine Art Polarisation des Zwischenmediums, 5 betonen die Unerklärbarkeit.

Die Übereinstimmung zwischen den beiden Befragungen geht weit. Nur etwas mehr als ein Drittel der Befragten antwortet. Von ihnen machen fast alle die Feldlinien in einem Sinne verantwortlich, der nach dem Wortlaut nur als mechanistisch bezeichnet werden kann. Die Ausdrucksweise legt den Verdacht sehr nahe, daß sie glauben, daß die Feldlinien es „tun“. Sie ziehen heran. Sie werden, wenn nicht als Ursachen, so doch als eine Art ausführende Organe vorgestellt. Bei nur wenigen finden sich Anzeichen, daß sie über die Realitätsstufe dieser Kraftlinien einmal nachzudenken gelehrt worden wären.

Es sieht also so aus, als seien die Vorstellungen der meisten Abiturienten bestimmt: nicht einmal von dem alten Faradayschen Mechanismus der Zug- und Druckspannungen in einem hypothetischen Medium längs bzw. quer zu den Feldlinien, sondern von einem noch viel primitiveren Mechanismus, zu dem sich urtümliches animistisches Denken mit unverstandenem wissenschaftlichem Hörensagen auf eine nebelhafte Art verdichtet hat: die Kraftlinien werden greifende, angelnde, strudelnde Auswüchse von verschämt materieller Natur. Gewiß auch ein „Bild“, aber nicht das, welches ein Abiturient haben dürfte, der, falls er Lehrer wird, die Aufgabe hat, solche Bilder behutsam aufzulösen und entweder zu den wissenschaftlichen Modellen hin zu sublimieren oder aber sie in einer schlichten und doch richtigen Weise zu umschreiben.

Der junge Volksschullehrer wird durch manche Volksschullehrerbücher in seiner Unklarheit erhalten und von den Lehrbüchern der Gymnasien nur selten von ihr befreit:

Fast alle Volksschul-Lehrbücher pflegen die Kraftlinienbilder zu zeigen, und natürlich mit Recht. Manche verzichten auf Erklärungsversuche und sagen damit auch nichts Falsches. Andere schreiben oder legen nahe, zu verstehen, man sähe an den Kraftlinien die „Ursache“ der Anziehung und der Abstoßung. — Einige berichten, daß die Linien aus dem Nordpol entspringen und in den Südpol einmünden (wovon der kluge Schüler, wenn er den Versuch macht, auch nicht die mindeste Andeutung entdecken kann). — Einige nähern sich der vorschnellen Formulierung, der die Gymnasialbücher zustreben: Der Magnetismus sitze also gar nicht in den Magneten, sondern im Raum, sogar im leeren Raum.

Einige Lehrbücher der Gymnasien sind als Vorbilder solcher voreiliger Schlüsse nicht unbeteiligt (wofür auch die Ergebnisse der oben erwähnten Befragung sprechen). In diesen Büchern, besonders in den älteren, zeigt sich die Tendenz, etwa aus der Parallelrichtung von Papierfähnchen im homogenen Kondensatorfeld kurzerhand zu „schließen“, der leere Raum sei „Träger elektrischer (und entsprechend magnetischer) Eigenschaften“. Auch die Aussage, die Feldlinien seien zweifellos schon da, bevor die Eisenfeilspäne dazukämen, entbehrt eines klaren Sinnes. Der Schüler wird hier zu Redewendungen mehr überredet als von ihrer Berechtigung überzeugt. Die Wendung, der Raum sei Träger elektrischer Eigenschaften, bekommt ihren Sinn ja erst aus weiterführenden Erfahrungen. (Siehe Abschnitt c) dieses Kapitels.)

Das Verfahren wird verständlich aus der Neigung des Gymnasialunterrichtes, schnell (und, im Hinblick auf die vermeintlich notwendige Bewältigung eines umfangreichen Stoffes, rationell) zu modernen Vorstellungen vorzustoßen (Entsprechendes geschieht bei der Einführung der Atome und der Elektronen) und sie dabei — psychologisch unbesorgt — zu verfrühen in der Hoffnung auf spätere Berichtigung und Verfeinerung. Eine Hoffnung, die nach allen meinen Erfahrungen (und auch nach der genannten Befragung) trügt.

Moderne Lehrbücher, z. B. Dorn, verfahren denn auch viel vorsichtiger und betonen, daß es sich zunächst, d. h. jedenfalls auf der Mittelstufe der Höheren Schule und der Oberstufe der Volksschule sowie der Mittelschule, um Denk- und Anschauungshilfen handelt, die die Kräfte beschreiben aber nicht erklären[3].

Wenn R. W. Pohl schreibt[4]: „Man soll am Anfang ganz naiv und unbefangen verfahren. Man möge ruhig in drastischer Vergröberung eine elektrische Feldlinie mit einer sichtbaren Kette von Faserstaub gleichsetzen. Späterhin wird man von selbst zwischen den elektrischen Feldlinien und ihrem grobanschaulichen Bild zu unterscheiden wissen", so mag das für Studenten wohl zutreffen. Die drastischen Vorstellungen aber der Volksschüler werden ja niemals, die der Gymnasiasten offenbar selten geklärt.

Wohin es führt, wenn diese Klärung nicht eintritt, hat Pohl einmal sehr lustig erläutert, indem er darauf hinwies, daß man sich nicht vorstellen dürfe, daß die Feldlinien eines homogenen Magnetfeldes, das sich zwischen zwei zylindrischen Polen ausspannt, etwa zu einem *Zopf* zusammengedreht werden, wenn man die beiden Zylinder um ihre gemeinsame Achse in entgegengesetztem Sinne gegeneinander verdreht[4a].

## b) Der Tatbestand für Elf- bis Fünfzehnjährige

Wie stellt sich nun die Sache einem 11- bis 15jährigen Kinde — gleichviel welcher Schulart — dar, wenn es genau beobachtet und vorsichtig schließt?

Nehmen wir an, die Phänomene des natürlichen Magnetismus seien durch eingehende Betrachtung soweit wie möglich geordnet. Als das Wichtigste wäre dann gewonnen:

Der Magnetstein (der natürliche Magnet) zieht Eisen von weitem an.

Er hat Stellen, an denen er besonders stark ist.

Seine Fähigkeit wirkt ansteckend auf angenäherte Eisenstücke: Sie werden selbst Magnete. — Zwei Magnete, zueinander gebracht, zeigen als neu: auch Abstoßung. Bezeichnet man zwei Pole als gleich, wenn sie auf einen dritten in gleicher Weise wirken, so gilt das magnetische Grundgesetz, das sagt, das gleiche Pole einander abstoßen und ungleiche einander anziehen.

Die Anziehung unmagnetischen Eisens wird jetzt verständlich durch die Entdeckung, daß ein dem Pol angenähertes Eisenstück dem magnetisierenden Pol gegenüber zunächst einen *un*gleichen Pol entwickelt, also einen anziehenden. Daß Magnete Eisen anziehen, wird damit darauf zurückgeführt, daß ungleiche Pole einander anziehen. Trotz dieser echten Erklärung bleibt es unverständlich, „wie der Magnet es macht", das Eisen von weitem zum Magneten zu machen. „Es hopft schon, wenn's noch weg ist" (S. 77), damit hat der siebenjährige Schwabe unübertrefflich gesagt, was uns alle wundert. Die Luft als „Träger" oder „Vermittler" erweist sich als unschuldig: Der Magnet in ein Konservenglas eingesperrt, regiert das Eisen, das draußen blieb, ungestört weiter, durch das Glas hindurch und sogar aus dem Vakuum heraus.

Was können nun die Eisenfeldlinien dazu beitragen, dieses Wirken in die Ferne zu verstehen?

Viel faszinierender und natürlicher als die *ebenen* Figuren[5] (die entstehen, wenn man den Magneten unter einem waagerechten Karton versteckt und die Eisenfeile obenauf streut) sind ja die Bärte[6], die an den Polen anwachsen, wenn man den ganzen

---

[3] K. Hahn, Physik. Braunschweig 1952, S. 436/37.
Postke-Bavink-Wolski, Physik. Bd. II, kleine Ausgabe, Braunschweig 1951, S. 67.
A. Hoischen, Physikalisches Experimentierbuch. A. a. O., S. 154.
Dorn, Physik. Hannover 1957, Bd. II, Oberstufe, S. 121.

[4] R. W. Pohl, Elektrizitätslehre. 10. u. 11. Aufl., Berlin 1954, S. 17.

[4a] R. W. Pohl und F. Stöckmann, Zum Induktionsgesetz. In: Elektrotechnische Zeitschrift, 72. Jg., Heft 20 v. 15. 10. 1951.

[5] Ein Gedanke von Descartes: Renati Descartis Principia Philosophiae. Amsterdam 1692, Pars Quarta CLIII, Seite 198.

[6] Vgl. meinen Aufsatz „Die Eisenbärte" — enthalten in: Ursprüngliches Verstehen . . ., Bd. I, S. 361 (Teile sind von dort übernommen).

Magneten in Eisenpulver wälzt! (Besonders geeignet sind die modernen leichten, starken und ausdauernden Magnete, wie sie heute in Spielzeugen verwendet werden, am besten von zylindrischer Form. Welch ein Anblick für die Kinder, wenn jedes zwei solcher Magnete in die Hände bekommt! Wie dann, zwischen ungleichen Polen, diese Bärte zu greifenden, gelenkigen und biegsamen Händen und Fingern werden. Wie sich die Magnete diese Hände geben, sich festhalten, ziehen, nicht loslassen wollen, wenn man auseinanderzerrt. Sind es zwei gleiche Pole, die man zueinander wendet, so ist die Feindseligkeit, die Einander-Abgewandtheit beider fast noch eindrucksvoller. An den Bärten ist sie unmißverständlich zu sehen. Wie Schnecken, die die Fühler einziehen oder abwenden, wollen sie nichts miteinander zu tun haben. Sie gehen sich aus dem Wege. Jedes Kind, und im Grunde auch jeder Erwachsene, „versteht" das, was er da sieht, als *Gebärde,* als Ausdrucksbewegung.

Das übliche ebene Kraftlinienbild erleichtert den Schritt von diesem animistisch-magischen zum physikalischen Verstehen deshalb, weil man, sehr sparsam streuend, den Eisenspänchen auf die Schliche kommen kann, mit denen sie sich aneinanderketten: Man sieht, wie sie, einzeln und ganz isoliert daliegend, bei Erschütterungen der Pappe auf die Pole zurutschen („Das hopft, wenn's noch weg ist") und wenn zwei sich nahe kommen, sich aneinanderhängen: Jedes für sich ist, dank der Nähe des Magneten, selber ein Magnet geworden. Es ist deutlich zu sehen, daß das einzelne Eisenkorn keines Vordermannes und Zwischenträgers bedarf, um von dem Befehl des Poles erreicht zu werden. Es bedarf dazu der Kette nicht. Umgekehrt: Die Kette bedarf zu ihrer Bildung des über den leeren Raum hinwegwirkenden Einvernehmens, das zwischen dem Magnetpol und dem einzelnen Eisenfeil-Splitterchen besteht, ebenso des Einvernehmens, das zwischen den Splitterchen entsteht.

Ist also die Ausbildung der Eisenfeil-Linien aus den oben angeführten Grundphänomenen des Magnetismus verständlich? Sie ist es ganz und gar.

Oder machen uns, umgekehrt, die Eisenfeil-Ketten verständlich, was uns wundert: *wie* nämlich der Magnet es „hinbringt", daß er jedes einzelne Eisenkorn zum Magnet macht? Offenbar ganz und gar nicht!

Will man es noch deutlicher haben, so braucht man nur die Eisenfeilkörnchen zu ersetzen durch eine Schar kleiner auf Spitzen drehbarer Magnetnadeln (besser Weicheisennadeln), d. h. sie zu vergrößern. — Nehmen wir der Einfachheit halber an, es handele sich zunächst um das Feld *eines* Pols. Ein Stabmagnet stehe also senkrecht auf der waagerechten Tischplatte. Man stellt die Nadeln um seinen unteren Pol herum auf: Sie richten sich alle radial auf ihn hin, starren ihn gleichsam an. (Denn sie werden, jede einzeln, auf Distanz magnetisch angesteckt, und zwar auf Anziehung hin polarisiert.) — Schiebt man zwei von ihnen nahe hintereinander, so bilden sie Kette, „gehen auf Vordermann": Das Vorderende des Äußeren hängt sich an das Hinterende des Vorderen. So kann man lange Ketten zusammenbauen.

Sogar *eine* Weicheisennadel genügt schon: man führe sie immer in der Richtung, welche sie selber anzeigt: Man erhält dieselben geraden, radial verlaufenden Kraftlinien.

Schon ein einzelner *Pol* genügt: *ein* Pol einer magnetisierten langen Stricknadel, die senkrecht an einem langen Faden hängt oder, senkrecht in einen Kork gesteckt, auf Wasser schwimmt, in der Höhe des Magnetpols: Ihr so vereinzelter Pol wandert (nahezu) auf einer Kraftlinie, angezogen oder abgetrieben (nahezu, weil die Stricknadel Trägheit hat).

Hat man *zwei Pole,* etwa zwei in ihrer Polarität verschiedene, deren Feld man untersuchen will — einen Stabmagneten also, waagerecht auf der Tischplatte liegend —, so lassen sich alle diese Stationen übertragen: Eisenfeilspäne, *viele* Weicheisen*nadeln, eine* solche Nadel, *ein* einigermaßen isolierter *Pol.* Es überlagern sich dann immer zwei Befehle und einigen sich zu einem mittleren, nach dem Parallelogramm der Kräfte. Die Linie wird krumm. — Sie läßt sich auch konstruieren, wenn man beachtet, daß der doppelt so weit entfernte Pol viermal, der dreimal so weit entfernte neunmal schwächer wirkt, und so fort (wie das Licht!). Darauf soll nicht eingegangen werden, denn es ändert nichts an dem, worauf es hier (d. h. für diese Altersstufe des Schülers und für den hier vorliegenden Vorrat von Beobachtungen) ankommt: Man kann die Eisenfeil-Linie verstehen aus dem raumdurchdringenden Einvernehmen; nicht umgekehrt.

Was „sind" nun also auf dieser Stufe, der Mittelstufe der Höheren Schule und der Oberstufe der Volksschule, die Kraftlinien? Sie sind

die Linien, in welchen sich die Eisenfeilspäne verketten,

die Linien, in welchen sich kleine Weicheisennadeln (und natürlich auch kleine Magnetnadeln) einstellen,

die Linien, die an jedem Ort die Richtung der dort herrschenden Kraft angeben (nach Vereinbarung: auf einen Nordpol wirkend, der dorthin gebracht wird),

die Linien, längs deren ein dorthin gebrachter Einzel-(Nord-)Pol sich in Bewegung setzt.

Diese Definitionen sind identisch, sie sagen dasselbe.

Kann man nun sagen, die Kraftlinien seien auch ohne Eisenfeilspäne da? Auch im leeren Raum?

Hier ist ein Vergleich sehr nützlich, nämlich der Vergleich mit der Schwerkraft, bei welcher die Verhältnisse, soweit wir sie bisher betrachtet haben, ganz analog liegen und bei der es die Lehrbücher keineswegs so eilig haben, Feldlinien verantwortlich zu machen. Denken wir uns einen „Schnürl-Regen", so wird deutlich: Die Regentropfen fallen auf den Kraftlinien des „Schwerefeldes". Sind diese Gravitationskraftlinien *auch* „da", wenn es *nicht* regnet? Offenbar nur in *dem* Sinn: *Wenn* man einen Regentropfen irgendwohin setzt, *dann* fällt er auf der durch diesen Ort hindurchführenden Kraftlinie. In diesem Sinne ist die Kraftlinie auch ohne Regen und vorher da, als von uns gedachte, dem beobachteten Geschehen nachgedachte Linie. Sie bezeichnet etwas, was unter bestimmten Umständen geschehen würde. Sie hat konjunktivische Existenz. Sie ist kein Hirngespinst. Aber der Sinn ihrer Existenz wird erst deutlich, wenn ich einen Körper, den Wassertropfen, ins Feld hineinsetze.

Entsprechend sind die magnetischen Feldlinien auch ohne das Eisen „da", in *dem* Sinn, daß sie anzeigen und im ganzen Raum übersichtlich darstellen, was geschehen *würde, wenn* ich einen Körper, hier eine kleine Magnetnadel, hierhin oder dorthin setzen *würde*.

Kann man sagen, die Kraftlinien seien die *„Ursache"* der Anziehung oder Abstoßung, die wir zwischen Magnetpolen beobachten? Sie sind so wenig die Ursache, wie die von den Regentropfen bezeichneten und durchlaufenen Gravitations-Kraftlinien die Ursache sind dafür, daß der Regen fällt. Denn so sagen, hieße: Der Regen fällt, weil — er fällt.

Für die Kinder der Oberstufe der Volksschule und die gleichaltrigen der Mittelstufe der Gymnasien scheint es mir angemessen, ihnen über Kraftlinien nicht mit Formulierungen zu kommen, die sie mißverstehen müssen. Bedenken wir die begrifflichen Schwierigkeiten, die aus der Betrachtung der geschichtlichen Entwicklung deutlich werden und die für jedes Kind wieder überwunden werden müssen:

„. . . .wie stand es mit den Anziehungskräften, die alle materiellen Teilchen aufeinander ausüben sollten? Vergessen wir nicht, daß diese Kräfte in den Augen von Huygens und Leibniz den Gipfel der Unvorstellbarkeit bedeuten (was sie übrigens, wenn man sie als physikalische Erklärungsprinzipien und nicht als mathematische Beschreibungsmittel auffaßt, auch wohl sind).

. . . einzusehen, wie diese Punkte es fertigbringen, sich gegenseitig über einen leeren Raum hinweg zu beeinflussen, vermag ich nicht. Die Begreiflichkeit, die das Wort

„Kraft" bei oberflächlicher Betrachtung vortäuscht, ist eine Illusion, hervorgerufen durch die Gleichnamigkeit mit Kräften, die durch Kontakt wirken (deren Begreiflichkeit übrigens auch eine Illusion ist)."[7]

Bringen wir auf dieser Stufe das Bild der ziehenden und sich drängenden Kraftlinien zu früh oder zu unbedacht, so säen wir die mechanistisch-animistischen Mißverständnisse, die bei der oben angeführten Abiturientenbefragung offenbar wurden.

Eine dieser Stufe allenfalls angemessene und saubere Darstellung dieses Bildes scheint mir etwa die zu sein, die sich bei LAWRENCE BRAGG[8] findet (Hervorhebungen sind hinzugefügt):

„Ich möchte nun ein *gedankliches Bild* einführen, das es uns ermöglicht, in *anschaulicher* Weise das Verhalten eines jeden elektrischen Systems zu *verfolgen.* Es ist das berühmte *Bild* der „Kraftlinien", von dem großen Forscher FARADAY vor hundert Jahren entwickelt. Wenn wir diesen Kraftlinien*begriff* benutzen, können wir alle in diesem Kapitel beschriebenen Versuche sehr einfach *deuten* ...
*Es ist als wären* unsichtbare elastische Fäden zwischen den ungleichnamigen Ladungen gespannt, die sich ausdehnen, wenn man die Ladungen trennt, und sich entspannen, wenn man sie zusammenbringt ...
*Natürlich existieren* diese elastischen Fäden *nicht „wirklich"*, sie dienen uns lediglich als *Symbole.* Wenn wir aber bestimmte Regeln für das Verhalten der elastischen Fäden festlegen, ist das *Bild* gleichwohl ein *wahres* in dem Sinn, daß es die *richtige* Antwort auf jedes Problem gibt. Denken wir an die Schichtenlinien, die in eine Landkarte eingezeichnet werden, um die Höhenunterschiede des Geländes darzustellen! Eine solche Schichtenlinie verbindet die Stellen gleicher Höhe über dem Meeresspiegel. Im Gegensatz zu den Linien, welche die Straßen und Eisenbahnlinien kennzeichnen, existieren diese Schichtenlinien nicht „wirklich", denn es gibt auf der Erde keine in dieser Weise verlaufenden Linien. Andererseits sind sie aber „wahr", wenn die Karte richtig gezeichnet wurde. Es sind, wie gesagt, nur *Symbole* ... Ein ähnliches *Hilfsmittel* sind die Kraftlinien: sie haben die Richtung und Stärke des elektrischen Kraftfeldes darzustellen."

Übrigens würde die von BRAGG herangezogene Parallele noch treffender werden, wenn man statt der Höhenlinien die Fall-Linien wählte: Man denke sich einen Berg von beliebiger Form und glatter Oberfläche. Eine Kugel, an irgendeine Stelle seines Hanges hingelegt, wird sich bergabwärts in Bewegung setzen. Die Richtung ihres Startes werde durch einen Pfeil auf dem Hang bezeichnet. Wird dieses Verfahren an vielen Punkten der Bergfläche wiederholt, so ist sie mit Pfeilen bedeckt. Die Linien, deren Tangenten diese Pfeile sind, die Fall-Linien, laufen senkrecht zu den Linien gleicher Höhe. Sie sind die Schwerkraftlinien auf der Fläche. Sie erklären nicht das Abwärtsrollen der Kugel, sie beschreiben nur, was geschehen würde, wenn wir eine Kugel da oder dort hinlegen würden. Sie sind nicht wirklich, insofern man in der Landschaft nicht über sie stolpern kann. Sie sind aber richtig, insofern sie etwas, das unter bestimmten Umständen stattfinden wird, symbolisieren.

FARADAY[9] selbst hat sehr vorsichtig unterschieden, was gewiß ist:

„Ich wünsche die Bedeutung des Ausdrucks Kraftlinie so zu beschränken, daß er nicht mehr enthält als den Zustand der Kraft hinsichtlich ihrer Stärke und Richtung an einer gegebenen Stelle",

---

7 E. J. DIJKSTERHUIS, Die Mechanisierung des Weltbildes. Physikalische Blätter 1956, Heft 11, Seite 493 u. 488. — Siehe hierzu Einsteins Bemerkung S. 305.

8 Sir L. BRAGG, Elektrizität. Eine gemeinverständliche Einführung in die Elektrophysik und deren technische Anwendungen. Wien 1951, S. 15/16. (Das Buch dieses Nobelpreisträgers ist für den Lehrer in jeder Hinsicht sehr wertvoll.)

9 In einer Abhandlung über magnetische Kraftlinien vom Jahre 1851. (Hier zitiert nach H. SCHIMANK, Epochen der Naturforschung, Berlin 1930, S. 283/84; Neue Ausgabe, München 1964.)

von den folgenden „Spekulationen“:

„Doch liegt in dem Versuche, auf diesem Wege die Erregung, das Dasein und die Fortpflanzung der physikalischen Kräfte begreiflich zu machen, nichts Unstatthaftes ... Ich für meine Person ... neige mehr zu der Vorstellung, daß die Fortpflanzung der Kraft auf einem derartigen Vorgang außerhalb des Magneten beruhe, als daß sie eine bloße Fernwirkung von Anziehung und Abstoßung sei ... wenn es überhaupt einen Äther gibt ...“

Nun gibt es, wie wir heute durch den MICHELSON-Versuch wissen, den Äther nicht, und FARADAYS mechanistische Spekulationen über Spannungszustände dieses Mediums sind nicht mehr zu halten[10].

### c) Das Feld als Realität (Oberstufe der Gymnasien)

Die Erfahrungen, die uns heute trotzdem sagen lassen

„Man sieht heute das elektromagnetische Feld als eine der fundamentalen Realitäten der Natur an ...“[11],

gehören auf die Oberstufe des Gymnasiums und sollen in diesem Kapitel nur erwähnt werden. Das entscheidende Faktum ist die Entdeckung von MAXWELL und HERTZ, daß die elektrische und die magnetische Kraft *Zeit* brauchen, mit anderen Worten, sich mit endlicher Geschwindigkeit ausbreiten. Das heißt: Ein Eisenfeilkorn, das von einem Magnetpol, den wir uns plötzlich hingesetzt denken, 3000 km entfernt liegt, wird nicht sofort „hopfen“, sondern mit einer Verspätung von 1/100 Sekunde. Und ein in der Mitte dazwischen wartendes Eisenkorn (das also nur 1500 km vom Pol entfernt liegt) wird schon nach der halben Zeit dem Befehl folgen. Fehlt dieses mittlere Korn, so können wir trotzdem nicht umhin, uns vorzustellen, daß inzwischen „etwas“ unterwegs ist, auch im leeren Raum.

„Will man nicht annehmen, daß sie (Energie und Impuls) während dieser Zeit verschwunden sind, so muß man schließen, daß sie sich während dieser Zeit auf dem Wege von dem einen Körper nach dem anderen befinden.“[12]

Es ist also die Rücksicht auf fundamentale einfache Begriffe, Sätze und Gleichungen, wenige an der Zahl, auf welche die Physik die Vielfalt der verwickelten Naturerscheinungen zurückführt, etwa die NEWTONschen Axiome der Mechanik, den Energiesatz, die MAXWELLschen Gleichungen und die dazugehörigen Bilder.

Die — nicht einfache — erkenntnistheoretische Situation erscheint mir am klarsten in den folgenden Sätzen dargestellt:

„Der Mensch, der mit diesen Begriffen zunächst zu tun hat, bekommt, hat das unweigerliche Bedürfnis, zu fragen: Was sind diese Felder denn nun eigentlich? Er ist enttäuscht, wenn er darauf keine andere Antwort bekommt als etwa eine mathematische Formel, die das Verhalten der Felder gesetzmäßig beschreibt. Er muß sich aber klarmachen, daß er zuviel fragt. Die Frage, was ein Feld denn eigentlich sei, ist nur dann überhaupt beantwortet, wenn man einen Gegenstand angeben kann, der mir schon bekannt ist und von dem man sagen kann: Der ist eigentlich das, was ein Feld ist. Nun wollen wir aber ja doch in der Physik gerade die bekannten Gegenstände, die so sehr verwickelte Eigenschaften haben, auf einfachere Gegenstände zurückführen. Diese anderen, einfacheren Gegenstände sind uns zunächst nicht bekannt. Die Felder

---

10 J. C. MAXWEILL, „The line described by a point moving always in the direction of the resultant (magnetic) force is called a Line of Force“ (A Traeting on Electricity and Magnetism. vol. I, § 47). — Vgl. hierzu auch: A. MARCH, Das neue Denken der modernen Physik, rde Bd. 37, S. 47 ff.

11 C. F. v. WEIZSÄCKER — J. JUILFS, Die Physik der Gegenwart, Bonn 1952, S. 59.

12 W. WESTPHAL, Physik, 12. Aufl., Berlin 1947, S. 58.

sind zum Beispiel solche einfacheren Gegenstände. Wollte man nun umgekehrt die Felder wieder durch andere bekannte Gegenstände erklären, so hätte man im Kreis geschlossen. Man muß in der Physik irgend etwas als existent voraussetzen; und dieses wird zwar für den, der die Gesetze der Physik kennt, sich als besonders einfach erweisen, es wird aber nicht etwas schon sinnlich Bekanntes sein. Infolgedessen wird man es sich auch nicht leicht anschaulich vorstellen können. Wer mehr als dies verlangt, versteht nicht, was physikalisches Erklären heißt."[13]

(Das Wort „Gegenstand" ist hier natürlich in einem sehr weiten Sinne gemeint und bezeichnet nicht nur körperliche Gegenstände.)

Es kommt hier also darauf an, mit den nicht mehr einschichtigen Begriffen „Existenz", „real", „wirklich" in den Schulbüchern vorsichtig umzugehen. Obwohl die Diskussion darüber nicht abgeschlossen ist[14], würde es doch wohl schon möglich und lohnend sein, den Weg zur „Realität" des Feldes in den Oberstufen-Lehrbüchern des Gymnasiums mit mehr erkenntnistheoretischer Gewissenhaftigkeit darzulegen, als es im allgemeinen geschieht.

Fragt man, ob das „Geheimnis", das die Frage des kleinen EINSTEIN (S. 305) meint, gelöst sei, so kann man wohl nur verneinen.

„Man macht sich ein Bild von der Ausbreitung einer Modifikation im Feld, aber experimentell beobachtet man nur den Weg, auf dem eine Kraft, die im Augenblick an einem Testkörper wirkt, einen Augenblick später an einem anderen Testkörper wirkt. Man hat in keiner Weise das Geheimnis des sukzessiven Erscheinens einer Kraft an sukzessiven Testkörpern durch die Erfindung des Feldbegriffes lösen können."[15]

Das Feld ist nicht etwas (vgl. das GOETHE-Motto), das unabhängig vom Menschen „hinter den Phänomenen" steckte wie die Drähte hinter dem Puppenspiel. Es ist der Inbegriff dessen, was die (ihm zugeordneten) Phänomene hergeben, wenn der Mensch sie innerhalb des physikalischen Aspektes ordnet. Er konstruiert es dann aus ihnen heraus und sie hinein. Insofern *ist* das Feld das Gesamt seiner Phänomene und insofern „sind sie die Lehre".

### d) Erklärung mit und ohne Feldlinien

*Abb. 36*

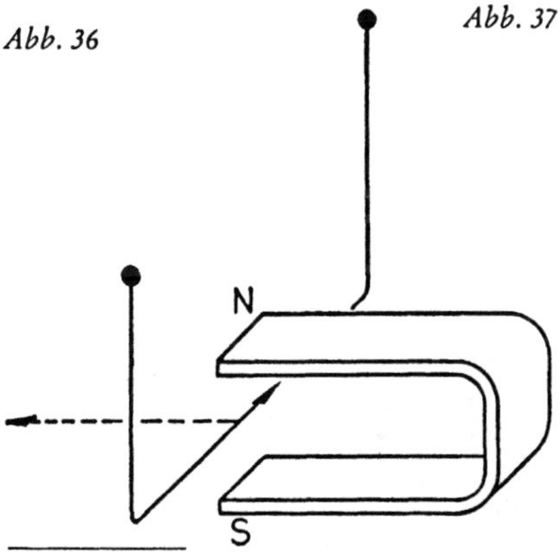


*Abb. 37*

[13] C. F. v. WEIZSÄCKER, Atomenergie und Atomzeitalter. 1957, Fischer-Bücherei, Bd. 188, S. 30.

[14] Man vgl. etwa die Diskussion BORN-DINGLE in den Physikalischen Blättern 1951, S. 481 ff.; 1954, S. 49 ff.

[15] P. W. BRIDGEMAN: EINSTEINS Theorien vom methodologischen Gesichtspunkt. In: ALBERT EINSTEIN als Philosoph und Naturforscher. Stuttgart 1949 u. 1951, S. 225 bis 242, insbes. 240.

Es ist sehr nützlich und eindrucksvoll, das „Verhalten" eines elektromagnetischen Systems mit Hilfe der Kraftlinienbilder zu „verfolgen" (Bragg, S. 281). Es ist aber dabei empfehlenswert, den Vorgang einmal ohne sie und einmal mit ihnen zu „erklären". Zumindest für 11- bis 16jährige ist es befriedigender, ein Phänomen aus einem Phänomen zu verstehen als aus einem Modell. Dafür ein Beispiel:

Ein gerades stromdurchflossenes Leiterstück, das im annähernd homogenen Feld die Kraftlinien quer kreuzt, wird seitlich hinausgeworfen (Abb. 36).

Die Kraftliniendeutung (Abb. 37), wenn sie allein gebracht wird, wirkt leicht nur in *dem* Sinne erklärend: „Man sieht es ja!", ohne daß dabei der Zusammenhang des Vorgangs mit anderen Vorgängen bewußt wird. — Hier würde diese Verbindung darin bestehen, das Phänomen zurückzuführen nicht auf ein Modell, sondern auf ein anderes Phänomen. Das ist in diesem Fall die Grundtatsache des Elektromagnetismus: ein isoliert gedachter magnetischer Nordpol rotiert nach der bekannten Regel (Daumen der rechten Hand in die Richtung des Stromes, Rotieren des Poles in Richtung der gekrümmten Finger) um den Stromleiter (Abb. 38). Danach würde (Abb. 39), wäre

*Abb. 38*

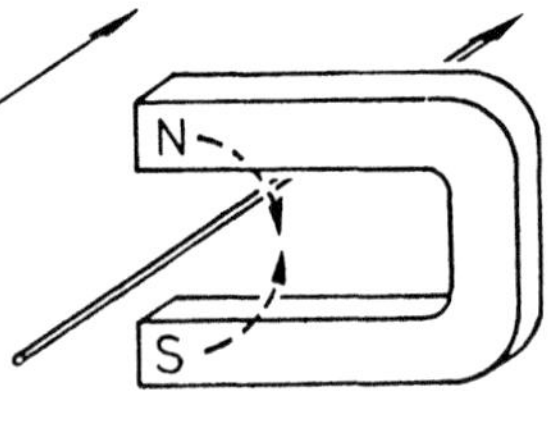


*Abb. 39*

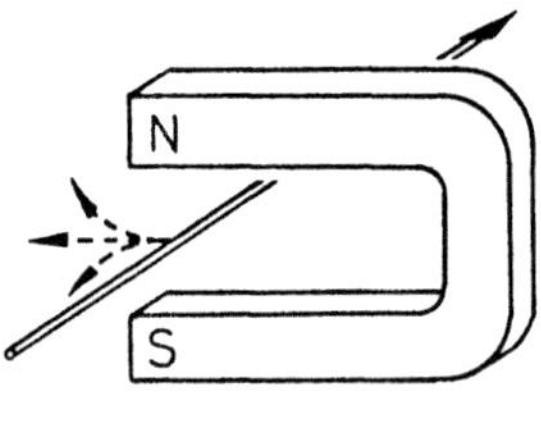


*Abb. 40*

der Strom*leiter* *fest*gehalten und wären die beiden *Pole* einzeln *beweglich* (was bei einem Hufeisenmagneten natürlich nicht geht), jeder der Pole sich auf der von ihm aus gezeichneten punktierten Kreisbahn in Gang setzen. Nun sind aber die Pole *fest*, und der *Leiter* ist beweglich. Es geschieht also nach dem Prinzip von Aktion und Reaktion das, was — relativ — *dasselbe* ist: Der Leiter muß zu den beiden (in Abb. 40 punktierten) Kreisbewegungen ansetzen. Sie vereinigen sich, indem sie ihn in der mittleren Richtung aus dem Feld hinauswerfen. — Die Kraftliniendeutung kommt auf ganz anderem Wege zu demselben Ziel.

Ein anderes Beispiel: Man findet Volksschul-Lehrbücher, in denen der Grundversuch zur elektromagnetischen Induktion, den man zum Verständnis der Dynamomaschine haben will, in folgender Weise „erklärt" und gemerkt wird: *Wenn* ein Leiterstück die Kraftlinien senkrecht schneidet, *dann* wird in ihm eine elektrische Spannung induziert. Das wird manchmal *ohne* Bezug auf ein anderes Phänomen vorgebracht und als isolierter *Kausal*zusammenhang „verstanden". In *dem* Sinne: *„Dadurch, daß* die Kraftlinien geschnitten werden, entsteht der Stromstoß." Ähnlich also, wie man mit Recht sagen kann: „Dadurch, daß ich mit dem Stock auf den ausgespannten Draht schlage, entsteht ein Ton", werden hier die Kraftlinien vom Schüler zu Unrecht als halbmaterielle Wesenheiten begriffen, die etwas „tun" (den Stromstoß induzieren), wenn sie „geschnitten" werden. Warum sie das „tun", bleibt auf sich beruhen.

In Wahrheit ist aber mit diesem Satz nur etwas gesagt über die *Richtung*, in welcher man den Draht im Magnetfeld zwischen den Magnetpolen bewegen muß, um in ihm am wirksamsten [nämlich: induktiv am wirksamsten ist diejenige Bewegung — oder auch die umgekehrt gerichtete —, die von selber geschehen würde, wenn der Strom schon flösse. Je mehr die induzierende (Relativ-)Bewegung quer dazu verläuft, desto unwirksamer wird sie] eine Spannung zu induzieren. Verstanden, d. h. in Zusammenhang mit anderen Phänomenen gebracht ist damit nichts.

Dieser Zusammenhang ist nun ohne Kraftlinien sehr leicht zu geben. Der Versuch von Abb. 36, bei dem der Strom Ursache der Bewegung wird, erweist sich als ein „umkehrbarer Vorgang", Ursache und Wirkung sind vertauschbar (nicht alle Vorgänge sind umkehrbar!), nämlich: Die Bewegung des *(stromlosen!)* Leiters erzeugt in ihm einen Stromstoß! Daß dieser Stromstoß *umgekehrt* gerichtet ist wie derjenige, der gemäß Abb. 36 *die* Bewegung erzeugt *hätte*, die *ich* jetzt von mir aus gemacht habe, ergibt sich aus dem Energiesatz (LENZsche Regel): Es würde sonst ein sich ständig aufschaukelnder, Energie aus dem Nichts erzeugender Prozeß anlaufen. Diese Überlegungen, die, bei genügender Breite der Darstellung, ebenso einfach sind, wie sie das Denken schulen, setzen den Versuch mit anderen Phänomenen (Abb. 36 und den Erfahrungen, die dem Energiesatz zugrunde liegen) in Verbindung, machen ihn also verständlich. Wird der Versuch nur mit Hilfe der Kraftlinien („*weil* sie geschnitten werden!") „erklärt", ohne Bezug auf den umgekehrten Versuch von Abb. 36 (der gleichwohl ein paar Seiten vorher im Buch gedruckt steht), so ist das *dem* Leser, der Physik, also Natur*zusammenhänge* sucht, ein Greuel.

Ein drittes Beispiel: Gelegentlich werden im Kapitel „Elektrische Wellen" die von einem linearen Sender sich nierenförmig ablösenden elektrischen Kraftlinien als Beweis dafür angeführt, daß das Feld ohne materiellen Träger frei im Raum existiere. Man kann das sagen. Aber es ist wichtig, sich klarzumachen, daß solche Bilder über diese Existenz nicht *mehr* aussagen, als schon die Tatsache der endlichen Ausbreitungsgeschwindigkeit überhaupt aussagt. Denn dieser nierenförmige Verlauf bedeutet ja nichts anderes, als daß an einer Stelle des Feldes schon die eine Ladungsverteilung des Senders sich auswirkt, während nicht weit davon noch die vorige zu spüren ist (falls ein Empfänger dasteht!).

### e) Mögliche Antworten auf eine Kinderfrage

Um auf die Ausgangsfrage zurückzukommen: Was soll nun der Volksschullehrer (und ebenso der Physiklehrer der Mittelstufe des Gymnasiums) dem Kinde sagen, das ihn fragt: „Wie macht das der Magnet, daß er das Eisen von weitem anzieht, sogar durch die Tischplatte hindurch?" Ich sehe drei Möglichkeiten, zu antworten, verschieden an Reichweite, Zeitaufwand und abhängig von der Altersstufe:

Die erste wäre: „Das weiß ich nicht. Das weiß niemand."

So wie die Frage gestellt ist, scheint mir das eine richtige, kurze und für alle Altersstufen mögliche Auskunft zu sein, während die Auskunft „mit Hilfe der Kraftlinien" falsch ist.

Die zweite Antwort dauert ebenfalls nicht lange und erfordert keine Kenntnis von Einzeltatsachen. Sie wird nicht nach jedermanns Geschmack sein, aber ich gestehe, daß sie mir am besten gefällt[16]: Sieh: Hier ist der Magnet „zu Ende", und hier der Tisch. Bleiben wir einmal beim Tisch. Daß er hier aufhört oder anfängt (wie man will), das merkt der Finger, indem er anstößt. Er kommt nicht weiter, kann nicht hinein. Man könnte ruhig sagen: Er wird plötzlich „abgestoßen", wenn er weiter will. Besonders im Dunkeln könnte man sich so ausdrücken. (Daß das vom Tisch-Aufgehalten-Werden

---

16 Angeregt wurde sie vermutlich durch Gespräche über die am Schluß dieses Kapitels angeführten Quellen.

*auch* ein „Abstoßen" ist, sieht man nicht gleich ein. Man hat vom abstoßenden Magnetpol den Eindruck, er sei aktiv, vom Tisch aber nur den, er sei einfach „da". Bei genauerem Überlegen muß man sich aber zugeben, daß der plötzliche Widerstand, den der Tisch uns bietet, sich von dem weicheren, nachgiebigeren Widerstand des abstoßenden Poles (seines Feldes) nur durch die winzige Reichweite und den steileren Anstieg der Kraft unterscheidet. Eine Schraubenfeder ist geeignet, als Übergangsbeispiel zu dienen.) — Das Auge stimmt im Hellen dem Finger zu. Das Licht kann an derselben Stelle nicht weiter wie der Finger. — Auge und Hand sind sich also darüber einig, daß „hier!" der Tisch zu Ende ist. Diese Einigkeit ist nicht selbstverständlich. Bei der Fensterscheibe ist sie schon nicht mehr da. Das merken die Vögel, wenn sie dagegenflattern. (Auch wir werden manchmal getäuscht.) — Das Durchsichtige hat für das Licht kein Ende. (Dieser Satz ist nur grob richtig: Alles Durchsichtige spiegelt ein wenig, trotz seiner Durchlässigkeit für das Licht.)

Nun der Magnetstab: Auch über sein Ende sind sich Auge und Hand einig. Man sieht und spürt: So weit „reicht" er. — Was uns nun wundert, das ist — so dürfen wir sagen —, daß er unter Umständen *weiter* „reicht". Unter Umständen, das heißt: für Eisen und andere Magnete.

Am deutlichsten ist das für die Abstoßung: Denke, du hättest einen eisernen Handschuh, und so magnetisiert, daß er von einem Pol des Magnetstabs, von dem wir sprechen und der ein sehr großer und starker Magnet sein soll, abgestoßen werden würde. Versuche nun — in Gedanken — diesen, vor dir festgemachten Magneten mit deiner magnetischen Faust zu boxen: Sie spürt die Abstoßung nicht erst da, wo für Auge und Hand der Magnet anfängt (zu Ende ist), sondern schon eher, schon draußen. Und der Stoß ist nicht so heftig: Er wird längs eines langen Bremsweges aufgefangen. Wenn der Magnet *sehr* stark ist, wird es dir gar nicht gelingen, mit der Hand bis dahin zu kommen, wo er „eigentlich" (d. h. für Auge und Hand) anfängt. Das heißt, für deine magnetisierte Eisenhand „reicht" der Magnet eben viel weiter, und er hat kein bestimmtes, kein abgehacktes Ende, sondern er verläuft sich ins sogenannte Leere. Die Eisenbärte zeigen die Richtungen seines Hinausreichens, seines Sichverlierens an. Daß er durch die Tischplatte hindurchreicht, ist zwar erstaunlich, aber vielleicht nicht wunderbarer, als daß die Sonne durch Glas und Wasser hindurchgelangt. Auch von ihr könnte man fast sagen, sie sei nicht dort zu Ende, wo ihr scharfer Rand es anzeigt, sondern sie reiche, so weit sie leuchtet.

Die Antwort auf die Frage, „wie der Magnet das macht", wäre also: „Er *reicht* eben so weit, für das Eisen." — Ist das ein Verstehen? Vielleicht ist es nur ein Umgewöhnen. Man kann sich daran gewöhnen, daß der Magnet für das Eisen nicht dort zu Ende ist, wo er für Hand und Auge aufhört.

Das bedeutet eine Umgewöhnung nicht nur für unser Nachdenken über den Magneten, sondern auch für unser Nachdenken über den leeren Raum. Wir empfinden ihn im allgemeinen als Zwischenraum zwischen den Körpern, als einen Abgrund zwischen ihren Wänden. Wo nicht Materie, wo nicht einmal Luft ist, da ist „Nichts", so sagen wir. Aber vielleicht können wir uns mit dem Gefühl vertraut machen, daß der materiefreie Raum nicht etwas Trennendes ist zwischen den Ballungen der Materie, sondern gerade das Verbindende. Denn die Erfahrung zeigt ja, daß sie voneinander „wissen". Sie „spüren", sie „wittern" einander, insofern sie ihrer Schwere zueinander folgen, sich strahlend wärmen und anleuchten, elektrisch und magnetisch einander suchen oder meiden. Der sogenannte leere Raum ist dann kein Abgrund, sondern ein Überbrücker; ist das, welches sie miteinander „ins Einvernehmen setzt".

Die dritte Antwort ist die solideste. Sie folgt ungefähr den Seiten 278 bis 282 dieses Kapitels und setzt an den schwierigsten Stellen voraus, daß die Kinder etwa 13 oder 14 Jahre alt sind.

Zum Schluß lasse ich einige Auszüge aus Quellen folgen, die für den Begriff des Feldes überhaupt und im besonderen für die zweite Darstellung (e), S. 303) von Interesse sind[17].

1. BACON: „Es ist gewiß, daß alle Körper, wenn sie auch keine Sinnesorgane haben, doch Perzeption haben ... Und manchmal ist die Perzeption viel subtiler als die Sinneswahrnehmung, die ein grobes Ding ist im Vergleich mit der Perzeption ... Diese erfolgt manchmal auf Entfernung, manchmal durch Kontakt ... Denn wenn man zwei Körper zusammenbringt, erfolgt eine Art von Wahl, um das Unerwünschte zu vertreiben oder das Angenehme zu erfassen: ... stets geht der Handlung eine Perzeption voraus; denn sonst würden sich alle Körper gleich zueinander verhalten."[18]
2. FARADAY: „Schon 1847 bemerkte FARADAY in einem Artikel im Philosophical Magazine, diese Theorie der Kraftlinien bedeute, daß in gewissem Sinne eine elektrische Ladung überall ist" („an electric charge is everywhere")[19].
3. C. S. PEARCE (1839—1914)[20]: „Man kann sagen, ein Ding ist, wo es wirkt" („A thing may be said to be where ever it acts").

Am Ende möge eine Erinnerung EINSTEINS aus seiner Kindheit stehen, die mir erst bei der letzten Korrektur wieder in die Hände kam. Nicht nur wegen ihres Bezuges auf mehrere Stellen dieses Buches (S. 81, 84, 86, 134, 136, 140, 165), sondern vor allem als ein Zeichen der Grundüberzeugung: daß ein ungestörter Weg vom kindlichen zum wissenschaftlichen Denken zu finden ist.

> *„Ein Wunder solcher Art erlebte ich als Kind von 4 oder 5 Jahren, als mir mein Vater einen Kompaß zeigte. Daß diese Nadel in so bestimmter Weise sich benahm, päßte so gar nicht in die Art des Geschehens hinein, die in der unbewußten Begriffswelt Platz finden konnte (an „Berührung" geknüpftes Wirken). Ich erinnere mich noch jetzt — oder glaube mich zu erinnern —, daß dieses Erlebnis tiefen und bleibenden Eindruck auf mich gemacht hat. Da mußte etwas hinter den Dingen sein, das tief verborgen war*[21]*."*

---

17 Ich verdanke Herrn Prof. WALTER JUNG (Frankfurt a. M.) den freundlichen Hinweis auf diese Stellen. Er hat sie auch übersetzt.

18 Instauratio Magna, 3. Teil. — Zitiert nach A. H. WHITEHEAD, Science and the modern World. New York 1949, S. 42.

19 A. H. WHITEHEAD, The concept of Nature. Cambridge, 4. Aufl., 1955, S. 146.

20 The collected papers of CHARLES S. PEARCE. Edited by Ch. Hartsborne and P. Weiss, Cambridge, Vol. 1, 1932, S. 16. (Erste Publikation dieser Stelle: 1880.)

21 A. EINSTEIN, Autobiographisches, in: Albert Einstein als Philosoph und Naturforscher, Stuttgart 1951, S. 3.

# EIN BRIEFWECHSEL
# ZWISCHEN
# MARTIN WAGENSCHEIN
# UND CARL SCHIETZEL

September 1970

*Lieber Herr Schietzel,*

wenn ich in Ihrem Buch[1] lese, das Bewunderung und Beachtung verdient, fühle ich mich Ihnen oft so nahe, daß es mir leicht fällt, Ihnen offen zu schreiben über *die* Fragen, bei denen ich mich Ihnen ferner fühle. Und ich meine, es müßte möglich sein, herauszubekommen, warum unsere Positionen so verwandt und doch so verschieden erscheinen. Deshalb gehen mich neben dem vielen Gemeinsamen und dem Freundlichen, was Sie zu meinen Vorschlägen sagen, unsere Differenzen am stärksten an. Sind es echte Gegensätze oder kommen sie aus Mißverständnissen?

1. Bei der Unterscheidung zwischen *„Entdecken"* und *„Erfinden"*, die mir so wichtig ist, Ihnen dagegen nicht sehr bedeutsam erscheint, glaube ich — zunächst in Kürze — so antworten zu können: Unterscheiden ist kein bevorzugtes Bewerten der einen Seite. Was ich bewerte, ist die Unterscheidung.

Ausführlicher:

Ich meine ja etwas sehr einfaches. Daß der Mond eine Kugel ist und keine Scheibe, dafür kann keiner von uns etwas. Es „ist so", ob wir es ihm ansehen, anmerken, es an ihm entdecken oder nicht. Daß der Blitz, in eisenhaltige Gipfel einschlagend, dort magnetisches Gestein erzeugen kann (das wäre etwa die natürliche, noch nicht technisierte Form des Oersted-Experiments), damit haben *wir* nichts zu tun, wir sind „unschuldig" daran. Den amerikanischen Kontinent, den Pockenerreger, die Sonnenflecken: sie „gab es", bevor sie entdeckt wurden. Entdeckt wird, was es im Verborgenen schon immer gab, auch „ohne uns".

Erfunden dagegen werden Dinge, Geräte, Apparate, Maschinen, die nur durch unser „Zutun" „auf die Welt gekommen sind". Niemals entsteht ein Radioapparat von selbst, nicht einmal ein „richtiger" Faustkeil. Ich würde aber nicht sagen, wie der von Ihnen zitierte Text (1.3133), daß der Erfinder seine Erfindungen „gewissermaßen aus der Leere des Nichts" herausreiße. Er holt sie heraus (und zwar nicht nur entnehmend, sondern in einem kreativen Prozeß verarbeitend) aus den schon gelungenen Entdeckungen der Physik. Sie entstehen also *„mit* unserem Zutun".

Und deshalb meine ich auch, um das hier vorauszunehmen, *daß man technische Gebilde höherer Komplikation ohne Verständnis ihrer physikalischen Grundlagen nicht „vollständig" verstehen kann.* Hier werden Sie vielleicht anderer Meinung sein, oder einen anderen Begriff von „Verstehen" haben. Aber der Widerspruch löst sich wohl, wenn ich sage, daß ich „definiere": *Vollständiges Verstehen des „Gemachten" bedeute: es zurückgeführt sehen auf „Gegebenes".* Bei diesem Gegebenen muß man sich nicht unbedingt schon Formeln vorstellen!

Ich vermute, daß wir soweit über die Berechtigung der Unterscheidung Entdeckung — Erfindung einig sein können, zumal Sie ja, zustimmend, M. Bense zitieren (S. 34): *„Gegebene Welt"* und *„Gemachte Welt".* — (Ich habe es so breit auseinandergesetzt, um zugleich zu zeigen, wie einfach es mir erscheint, das auch Kindern einsichtig zu machen.)

2. Daraus ergibt sich dann auch, daß die *Motive* des Denkens für den Entdecker und für den Erfinder verschiedene sind. „In" Kepler, Faraday, Einstein „sieht es anders aus" als etwa in Siemens. (Hierzu die Fußnote 1[b] des II. Kapitels der neuen Auflage.) Insofern nämlich als der Entdecker Zusammenhänge sucht und findet, die niemand vordem gewußt hat. Der Erfinder dagegen weiß genau und vorher, was er machen will, was geschehen soll. Was er findet ist, daß „es geht".

1 C. Schietzel, Hans Kalipke: Technik, Natur und exakte Wissenschaft. Braunschweig 1968.

So leicht dies darzulegen ist, so ist die Unterscheidung doch auch wieder schwierig, weil andererseits Physik und Technik einander auch *nahe* stehen, insofern Physik schon (und das ist zugleich ihre *Beschränkung*) nur das „verstehen" kann, was wir machen (nachmachen) können. Und es bedarf, wie gesagt, nur einer kleinen Wendung des Willens, der Intention, einer „Änderung des Bewußtseins" wie man wohl sagt, um aus einem Entdecker einen Erfinder zu machen. Jedenfalls gibt es Entdecker (wie Faraday), die diese Wendung nicht vollziehen. Sie sind an den „An-wendungen" nicht aktiv interessiert.

Ich halte für möglich, daß wir beide soweit einig sind? Unglücklicherweise (und unnötigerweise) gebrauche ich nun das Wort „reich" („Das Entdecken ist reicher als das Erfinden"). Ich vermute, daß allein daran sich Ihr, wie ich meine, Mißverständnis entzündet. Sie nehmen an, ich wolle damit sagen: *„reicher an geistigem Rang"*. Während ich sagen will: reicher = *bereichernder* = *zuträglicher an neuer Naturerkenntnis.*

Was ich hier also bewerte, das ist, wie schon gesagt, das Wissen um diese *Unterscheidung.*

3. Nun fragen Sie aber weiter: warum, oder wozu, ich *diese* Unterscheidung für wichtig halte? Was ist „gewonnen" durch sie (S. 53).

Zunächst ist ja Klarheit gewinnen immer etwas Gutes. Aber warum liegt mir gerade an *dieser* so viel?

Ich muß etwas ausholen: Es kommt mir vor, als lebten in unserer Zeit viele in der unklaren Vorstellung, der Mensch habe heute, dank der Physik (der Naturwissenschaft), *die* „Wahrheit" über die Natur herausgebracht (oder sei doch *bald* soweit), und das werde dadurch bewiesen, daß die auf der Physik ja beruhende Technik „funktioniert", ihm also die *„Natur-Beherrschung"* verliehen habe (wenn nicht schon jetzt, dann demnächst). Was ich hierzu auf den Seiten 33/34 geschrieben habe, genügt vielleicht nicht. Ich ergänze es durch zwei Sätze aus einer späteren Arbeit (Ursprüngliches Verstehen und exaktes Denken, Stuttgart 1970, Band II, S. 123 f.): „Wieso ist der *ermächtigende* Zugriff derjenige, der uns die *Wahrheit* erfassen läßt? Offenbar ist dieser Glaube keine Einsicht, sondern ein unserer Epoche naheliegender Beschluß, *sich mit Bemächtigung zu begnügen.*" Dazu kommt: die technischen Leistungen zeugen nicht von Beherrschung „der Natur". Wir *fügen* uns den Naturgesetzen, und auch das nur in räumlich *begrenzten* Apparaturen, die noch dazu unsere *ständige* Kontrolle erfordern.

Diese Unterscheidung des „Gegebenen" und des (unter Respektierung des Gegebenen) Gemachten geht heute, schon in der Kindheit leicht verloren. Sie kann nur wiederhergestellt werden durch ganz präzise Verfolgung der Wege, die vom gegebenen Phänomen zur Physik und von ihr zum Gemachten hinführen. Das ist der Weg des „Genetischen" Unterrichts. Dies einsehen zu lassen, genau und kreativ, halte ich für eine der zentralen Aufgaben jedes naturwissenschaftlichen Unterrichts und auch jedes technischen, in allen Schularten. Wobei ich zulasse, mit dem technischen Apparat anzufangen und in ihm „die Natur auszugraben". (Man kann über Physik und ihre technischen Anwendungen durchaus richtig und verständlich informieren, ohne diese Aufgabe überhaupt zu *sehen.*)

4. Aber *warum ist das wichtig, fragen Sie,* und treiben mich damit ganz schön in eine fruchtbare Enge:

Es wird klar, daß hier eine Bewertung wirklich vorliegt (die über die der bloßen Unterscheidung noch hinausgeht). Sie liegt außerhalb der Physik und vielleicht auch außerhalb der Erziehungswissenschaft. (Es kommt darauf an, wie man sie definiert.) Jedenfalls ist Erziehung in einer bestimmten Epoche und Gesellschaft von ethischen Entscheidungen nicht ganz zu trennen. Wie der einzelne oder die Gesellschaft sich hier entscheidet, hängt nun, wenn ich richtig sehe, von seiner religiösen Offenheit ab, seinem religiösen Gehör.

Mein Postulat, dem also niemand zuzustimmen genötigt werden kann, wird etwa lauten: *Der Mensch darf seine Abhängigkeit nicht vergessen.* (Sonst geht es eben schief mit ihm.)

Aus dieser „Konfession" folgt nun aber nicht (wie W. KROEBEL anzunehmen scheint: Band II (1970) von „Ursprüngliches Verstehen und exaktes Denken, S. 149), es solle Physik als ein „Weg zur Religion" unterrichtet werden (was ja ganz und gar unmöglich ist). Das Postulat verlangt *nicht mehr, als daß Physik als Physik unterrichtet werde,* d. h. als *ein* Aspekt. Damit ist genug getan, um andere Aspekte unbeschädigt zu lassen.

Die Anerkennung des Aspektcharakters ist also wohl die Grundlage meiner Position. Physik ist ein Aspekt, und zwar der nachmachende. Sie sucht aus dem Gegebenen das Nachmachbare heraus. Und das muß man wissen, im besonderen, *wenn* man wünscht, daß der Mensch sich seiner Abhängigkeit vom Gegebenen bewußt bleibe.

5. Man braucht deshalb kein „Kulturpessimist" zu sein. Sie ordnen mich da zu glatt ein. Sie nennen diesen Pessimismus „sorgenvoll" und konservativ, und meinen vermutlich die romantisch verdrängende Haltung zur Technik. Ich glaube nicht, daß dieser romantische Pessimismus heute noch große Bedeutung hat. Heute gibt es eine zwar besorgte aber sehr realistische Haltung, welche die Technik auch deshalb ins kritische Bewußtsein bringen (d. h. „verstehen lehren") möchte, weil gewisse Sorgen nicht mehr zu verdrängen sind. Sicherlich haben auch Sie welche, nicht nur angesichts der Atombomben und der Luftverschmutzung, sondern schon wenn Sie ansehen, wie Lehrmaschinen das von Ihnen wie von mir für unentbehrlich gehaltene Unterrichtsgespräch allzusehr verdrängen oder zerstückeln. Ich vermute, daß auch Sie erfahren haben, daß es Prozesse gibt, auch Lernprozesse, bei denen mit dem „Machen" und Messen allein „nichts zu machen ist".

6. Vom religiösen komme ich auf den ästhetischen Aspekt, in dem Sie, zu meinem Staunen, sogar „letztlich" meine „Beweggründe" zu erkennen glauben. Sie fügen allerdings hinzu: „Wir glauben uns darin nicht zu täuschen" (S. 53).

Aber Sie täuschen sich, ähnlich wie W. KROEBEL[1] und andere in seiner „Stellungnahme". Ich entnehme meiner „Erwiderung": „Ich vermute, daß das Mißverständnis ein sozusagen diametrales ist. Es geht mir gerade nicht darum, Physik als Vermittlerin zu andersartigen Wirklichkeitsbezügen zu verwenden, mit denen sie nichts (mehr) zu tun hat, sondern in umgekehrter Richtung, sie aus der ganzen Weite aller Wirklichkeitsbezüge standfest hervorgehen zu lassen." Zu dieser ganzen Weite einer anfänglichen (und auch im Anfang jeder „Stunde" wieder zulässigen) Naturbetrachtung gehören selbstverständlich auch ästhetische Eindrücke und Formulierungen, aber nicht als „Beweggrund" zur Physik, sondern als etwas (zwar nicht abzuwerfendes, aber) Beiseite-zu-Stellendes, während der engere (keine Bewertung!), der physikalische Aspekt sich in zunehmender Nüchternheit ausgliedert. Denn die anderen Aspekte müssen anfangs (und lange) dabeisein, um (nicht „abgetan", sondern) als etwas anderes daneben zu bleiben: mit der Erlaubnis, jederzeit, sobald wir es wollen, wieder einzutreten, abwechselnd, ablösend. Wenn jemand die Mondsichel zeichnet, wie sie durch das Geäst eines Baumes blinkt und blickt, der braucht sich dabei nicht im geringsten dafür zu interessieren, wie diese Sichelform zustande kommt. Und wir sollten ihn in seinem ästhetischen Aspekt auch in Ruhe lassen. Er sieht nicht physikalisch, überhaupt nicht oder zur Zeit nicht. Das Ästhetische ist eben bei mir manchmal dabei um der Kontinuität willen. Darin steckt ein zweites Postulat: *der Mensch soll sich nicht spalten, wo er ganz bleiben kann;* er lebt in der *Schwebe* der Aspekte.

Ich spreche hier, wie doch wohl auch Sie, von der Schönheit der *Phänomene.* Daß es auch innerhalb des physikalischen Horizontes eine „Schönheit des Verstehens" gibt,

[1] W. KROEBEL, Stellungnahme zu dem Buch: Martin Wagenschein, Ursprüngliches Verstehen und exaktes Denken. In: MNU XX, 1967, Heft 4, S. 152—156. — Meine „Erwiderung" steht in MNU XXI, 1968, S. 374—378, und ist auch in dem inzwischen (1970) erschienenen Band II des genannten Buches abgedruckt.

darüber scheint HEISENBERG kürzlich in einem Vortrag an der „Bayerischen Akademie der schönen Künste" einiges gesagt zu haben (Süddeutsche Zeitung vom Sommer 1970).

7. Was ich meine, ist also unverständlich, wenn nicht mit bedacht wird, daß ich dem Physikunterricht die Aufgabe zuschreibe, nicht einfach mitzuteilen, wie Physik ist, sondern erfahren zu lassen, wie Physik (als Aspekt) *kontinuierlich wird.*

8. Von diesem genetischen Verständnis des Unterrichtens komme ich nun zu einem weiteren Differenzpunkt zwischen uns. Wenigstens *war* es einer. Aus Ihrem neuen Buch sehe ich nicht genau, wie eng Sie weiterhin am *„volkstümlichen Denken"* festhalten. Ich finde es nur einmal (2.3163) erwähnt. Sie sprechen da vom Bedeutungsgewebe der Wörter und daß es in der Ethologie behandelt werde. Dann heißt es: „Die Pädagogik hat sich dieses Gegenstandes ... erst in unseren Tagen wieder angenommen. Sofern er mit der Ideologie des volkstümlichen Denkens verbunden ist, bleibt er suspekt." (Ich sehe nicht wem?) Nun leugne ich ein vorwissenschaftliches, im besonderen vorphysikalisches Denken, das man auch volkstümlich nennen kann, ja nicht. Aber ich halte es für die *Vorstufe* des wissenschaftlichen. Sie sehen da einen Bruch. Sie sehen ihn da, wo — auch ich ihn sehe. Nur halten Sie ihn für sachlich bedingt und deshalb zu akzeptieren, während ich ihn als Folge eines historischen Unfalls der Didaktik der Naturwissenschaft verstehe: *Vermeidbar* durch Kontinuität: *die* Aufgabe einer künftigen Didaktik der Naturwissenschaften in allen Schularten. Eine lösbare, eine notwendige, nur eben grob vernachlässigte, oft nicht einmal gesehene *Aufgabe.* In den Volksschulen wird sie jetzt eher weniger gesehen als früher, falls nämlich ihre Didaktik in die gymnasiale Richtung (und vielleicht die von gestern) einschwenkt, insofern sie meint, für ihre „Wissenschaftlichkeit" genüge es, *fach*wissenschaftlich zu werden. Symptom: Annoncen wie diese: „An der ... Päd. Hochschule ... ist im Fach Chemie und ihrer Didaktik (Schwerpunkt Anorganische Chemie) die Stelle eines Wissenschaftl. Rates oder Professors ... zu besetzen. Voraussetzungen: Promotion im Fach Chemie, wissenschaftliche *oder* fachdidaktische Veröffentlichungen außer der Promotion." (Hier fällt mir das „oder" auf und der Anschein, als seien fachdidaktische keine wissenschaftlichen Veröffentlichungen.) Eine Universität sucht Professoren für Didaktik der Chemie bzw. der Physik: „Der Schwerpunkt der Lehrtätigkeit liegt in der fachdidaktischen Ausbildung zukünftiger Lehrer. Promotion ist Voraussetzung, Erfahrungen im Schuldienst sind erwünscht." Sie sind also nur „erwünscht". Trotz diesem Schwerpunkt. Da ich der *„entpädagogisierenden Wirkung des Fachstudiums"* sicher bin (Ursprüngliches Verstehen ..., Bd. II, S. 87, 152 f.), fürchte ich, daß diese Tendenz den Schulkindern nicht gut bekommen kann. Didaktik lehren, ohne Kinder im Unterricht gründlich kennengelernt zu haben, kommt mir vor wie eine ärztliche Ausbildung ohne klinische Erfahrung „am Krankenbett". Sie sagen darüber zwar nichts (etwa in 4.331 und 4.332), aber ich nehme doch an, daß Sie ebenso denken.

Worüber ich Klarheit wünschte, daß ist das Verhältnis des *vorwissenschaftlichen,* wenn Sie wollen volkstümlich zu nennenden, Denkens zum „genetischen" Prinzip: Ich weiß nicht, ob Sie es vielleicht schon lange bemerkt haben, ich selbst bin erst spät darauf aufmerksam geworden (es ist ja schwer, sich selber zu bemerken), daß *„genetisch"* mein Stichwort von Anfang an gewesen sein muß. Das geht aus meinen letzten Aufsätzen deutlich hervor. Ich entnehme dem Vortrag „Verstehen ist Menschenrecht" folgendes, leicht verändert: „Kein Zweifel, daß es sie gibt, die gediegene geistige Denkweise des einfachen Mannes aus dem Volke. Aber man sagte, sie sei eine besondere, und von ihr führe kein Weg zu den Anfangspunkten des wissenschaftlichen Verständnisses." Das ist es, was ich nicht glaube. Ich vermute, der Eindruck einer Wesensverschiedenheit ist nur die Folge einer Didaktik der Gymnasien und Hochschulen, die sich um diese Kontinuität nicht genug gekümmert hat. Die Bemühung um den Anschluß an das Alltägliche, an das naive Denken und Sprechen, und zwar von unten her, das Bemühen um eine im strengsten Sinne Allgemeinverständlichkeit, um Laienbildung (statt nur um verfrühte

Nachwuchsschulung), der Sinn für die Ursprünge, die Sensibilität für Genese, all das verlor sich. Diesen Schulverhältnissen entsprach (und entspricht) eine Erwachsenenbildung, die sich bemüht, die *Ergebnisse* der Wissenschaft zu veranschaulichen; seltener: die Wege der Entdeckung *nachzuzeichnen;* noch seltener: ihre *Wiederentdeckung* aus dem Selber-Gewahrwerden der Probleme *vollziehen* zu lassen. — Die so entstandene Kluft zwischen den Fachleuten und den Laien hat nun in den letzten Jahrzehnten einen noch bedenklicheren Charakter angenommen: sie wurde nicht nur größer, sie hat sich auch noch mit — sozusagen — Nebel erfüllt. Denn „hinter" der Welt, in der wir leben, wurde aus zwingenden Gründen immer mehr eine zweite aufgetan: die Hinterwelt der abstrakten mathematischen Strukturen, Modelle, Symbole; und das ist die Welt, aus der wir gelenkt werden. — Dies alles geschah mit geschichtlicher Notwendigkeit. Nichts erscheint dringender, als diese Notwendigkeit auch in den Lernprozessen spürbar zu machen. Das heißt: genetisch und induktiv zu arbeiten. — Ansätze dazu sind da. Aber bald verrät sich wieder jene ungeduldige Neigung, es sich bequem zu machen und eher die fertigen Abstrakta in den Sprachgebrauch der Schüler hineinzustecken, als die Abstraktion in ihren Geistern aufkommen zu lassen, was allein man als „wirklich verstehen" bezeichnen kann.

Unter „Abstrakta" verstehe ich in der Physik Begriffe wie „Kraft", „Gravitation", „Zentrifugalkraft" usf. Um ganz deutlich zu sein: ich habe den Eindruck, daß unsere Gymnasien und also auch jetzt die Hauptschulen bei den meisten Schülern den Eindruck erwecken: So wie es die Zentrifugalkraft „gibt", so „gibt es" die Gravitation, und deshalb laufen die Planeten so wie sie es tun. Aber um die Wahrheit zu sagen, müßten wir es anders ausdrücken und lehren: Sie laufen, die Planeten, wie sie laufen, und deshalb gelingt es uns, die Grundbegriffe der Mechanik zu konzipieren. Bei der Bildung solcher Begriffe sehe ich die Abstraktionsstufe, die genetisch zu nehmen man sich bemühen müßte, soll nicht eine zweite Magie sich ihrer, der unverstandenen Begriffe, bemächtigen. Dahin zu kommen, ist bis jetzt nur ein Traum. Denn es würde bedeuten, daß z. B. das Gymnasium nicht in erster Linie und sofort an den wissenschaftlichen Nachwuchs dächte, und an die Mehrheit der späteren qualifizierten Laien nur nebenbei, sondern daß man einsähe, daß der wissenschaftliche Nachwuchs sogar zunähme, wenn alle zunächst nur als Vielleicht-Laien unterrichtet würden. — Es würde dann nicht, wie Sie argwöhnen, „Wissenschafts*fähigkeit*" angestrebt, sondern „nur" Wissenschafts*verständigkeit.* Während ich von einem volkstümlichen Denken, das *bleibt,* was es ist, Wissenschafts*scheu* als Ergebnis erwarte. Ich sehe als Ziel, daß wir alle lernen, in möglichst hohem Maße (und natürlich exemplarisch) Wissenschaft zu *durchschauen.* Man sagt mir, das sei eine „emanzipatorische" Didaktik. Es soll mir recht sein.

Meine Frage an Sie ist nun die: 1. Habe ich Ihre Position richtig dargestellt?, und 2. Ist nicht mit dem genetischen Prinzip das volkstümliche Denken zugleich anerkannt wie aus seiner Isolation befreit?

Bei dem, was ich oben an den Beispielen „Zentrifugalkraft" und „Gravitation" sagte, ist mir noch etwas zu dem Paar Entdecken und Erfinden eingefallen: Es handelt sich hier nicht um materielle Erfindungen des Denkens, sondern um die Erzeugung (Genese) solcher Abstrakta. Und hier scheint sich nun die Unterscheidung und zugleich Verbindung beider *so* sagen zu lassen:

Wir *entdecken* im Naturlauf die (erstaunliche) Möglichkeit, die physikalischen Begriffe (die schließlich immer mathematische werden) zu *erfinden.* Das gibt dann die einschränkende und zugleich bemächtigende Abbildung, von der HERTZ sprach.

Wenn man so sagen kann, dann steckt in der Physik, in der Genese der Physik, noch ehe sie Technik entläßt, sowohl das Entdecken wie das Erfinden.

Das müßte Ihnen doch sympathisch sein und uns einander noch näher bringen, als wir es ohnehin schon sind.

Es grüßt Sie herzlich Ihr *Martin Wagenschein*

*Lieber Herr Wagenschein*, haben Sie Dank für Beachtung und Zuspruch.

Ich antworte Ihnen um so lieber auf Ihre Feststellungen und Fragen, als es in der Tat weit mehr Gemeinsames als Trennendes zwischen uns gibt. Wir beide sind als Didaktiker noch — inzwischen fast schon ein Anachronismus — fest in der Schule verwurzelt, haben von dorther unsere besten Ideen bezogen und damit für unsere Beiträge zur Lehrplantheorie Beweismittel zur Verfügung, die im didaktischen Disput unserer Tage wenig bedeuten, weil sie, absurd genug, als nicht „empirisch gesichert" gelten. Erkenntnisprozesse im gesellschaftlich-kulturellen Bereich, damit auch die pädagogischen, sind heute allgemein in die Ecke der sogenannten Rationalität getrieben (wo sie doch erst an deren Grenzsäumen interessant werden), und sie haben ihre Grundlage in einem naiven Positivismus, als ob sich die Welt auf Descartes und Comte festnageln ließe. In der Didaktik ist dieser Zustand der wissenschaftlichen Erörterungen, insbesondere im Bereich der Lehrerbildung, von Umständen mitbestimmt, die anzusprechen delikat ist. Ich meine den Tatbestand, der schonend als Medizin ohne *Kranke* umschrieben sei — Sie spielen darauf an, wenn Sie auf Zeitungsanzeigen von Pädagogischen Hochschulen hinweisen.

Die ihrem intellektuellen Habitus nach vielleicht Tüchtigsten unter den Didaktikern der jetzt führenden wie der heranwachsenden Generation sind der Wirklichkeit der Schule, exakter: der Wirklichkeit des Unterrichts als eines intensiven Umgangs mit lernenden jungen Menschen weitgehend entfremdet, und zwar ohne eigene Schuld. Diese Existenzlage wirkt (Marx und Freud) sehr stark auf die zugehörigen Ideologien zurück; sie hat *Ausweichen* zur Folge, z. B. Ausweichen in die empirische Forschung als quasipädagogische Wirklichkeit, Ausweichen in Lernprogramme — zwangsläufige Kanalisationen, weil der tiefe und reißende Strom des freien schulischen Lebens bei den gegebenen Voraussetzungen anders nicht gebändigt werden kann.

Aber diese Zustände sind Übergänge. Sie sind die unvermeidlichen Folgen jenes umwälzenden kultursoziologischen Prozesses, den Sie wie ich bejahen und der darin besteht, dem Geschäft des Lehrens und Erziehens in unserer Gesellschaft den *ersten* Rang zu erkämpfen. Nach Lage der Dinge ist dieser säkulare Vorgang auch ein Prozeß der Verwissenschaftlichung, und dieser Prozeß hat, wie alles tiefgreifende Geschehen, neben vielen guten auch seine nachteiligen Folgen. Daraus wird *unsere* Verpflichtung klar: nicht darin nachzulassen, auf die Gefahr einer Entpersonalisierung des Unterrichts hinzuweisen, Gefahr der Zerstörung des Unterrichts als eines zwischenmenschlichen Lebensverhältnisses zugunsten automatisierter Lernabläufe. (Das ist meine Vision, wenn ich mir unter dem Eindruck gewisser Ereignisse die Zukunft einmal böse ausmale, daß es mit den Mitteln einer nun allerdings dämonischen Technik zu einer Austrocknung der lebendigen Beziehungen zwischen den Menschen kommen könne, daß ein Kontakt von Hand zu Hand und Mund zu Mund ersetzt werden könnte durch ein Relais!)[1]

Soweit registriere ich mit dem Gefühl kräfteverleihender Bündnisschaft Übereinstimmung. Nun zu den Differenzen — im Verhältnis zur gemeinsamen Basis immer Kontroversen nur *zweiten* Grades.

Da ist zunächst unter

1. die Unterscheidung zwischen „Entdecken" und „Erfinden". Es gibt keinen Zweifel über die profunde Differenz zwischen beiden, also zwischen Natur und Technik, Gegebenem und Gemachtem, Schöpfung und Menschenwerk. (Nicht ohne Grund habe ich ein Schulbuch „Natur und Menschenwerk" genannt.) Aus dem Wissen um diese Polarität sollte der Lehrer leben, und er soll sie seinen Schülern bewußt machen — auch deshalb, damit sie die Grenze erkennen[2].

---

1 Diese und die folgenden hochgestellten Ziffern verweisen auf die Antwort WAGENSCHEINS im nächsten Brief, der dort unter 1.—9. auf die so gekennzeichneten Stellen Bezug nimmt.

Aber etwas anderes sind die Motive, die Antriebe und Beweggründe, einmal der Forscher und Erfinder, einmal der Schüler. Sind Erkenntnis- und Lerntrieb, auf denen die Disposition des Unterrichts beruhen muß, von dieser ontologischen Differenz berührt, oder ist sie nicht vielmehr für das jeweilige subjektive Bewußtsein der Forschenden, Erfindenden, Lernenden gleichgültig? Ich sehe *alle* in ihren geistigen Prozessen geführt durch „Ahnungen" — sie steuern auf irgend etwas los, eine Maschine, die weben kann, ein Funktionsmodell für das Verhalten des Lichts, für die Wechselwirkung zwischen elektrischem Strom und Magnetismus. Sie haben alle irgendeinen Mechanismus im Sinn, realiter oder idealiter: Webstuhl oder Lichttheorie sind oder beschreiben *Tätigkeiten, Operationen* — so nämlich ist das Denken verfaßt! Didactice erscheint mi an dem ganzen Komplex viel wichtiger als das Auseinanderwerfen von erfindender und entdeckender Erkenntnis, welcher dieser beiden — für mich isomorphen — Erkenntnisbereiche das größere Anregungspotential hat, die größere Mannigfaltigkeit und Originalität der Denkakte — hier würde ich von Reichtum sprechen! — verspricht. Meine Entscheidung kennen Sie; sie fällt zugunsten jenes Bereichs aus, den ich für welthaltiger, für lebensintensiver, für konkreter halte[3].

Vor wenigen Tagen hat K. WELTNER auf der Didaktikertagung in Hamburg für diese Problematik ein interessantes neues Merkmal benannt. WELTNER räumte, wenn ich ihn recht verstanden habe, dem nacherfindenden Unterricht eine höhere didaktische Qualität als dem physikalischen (entdeckenden) ein, weil jener wegen der großen Anzahl möglicher technischer Lösungswege im Gegensatz zu der je einmaligen richtigen Lösung bei einer physikalischen Fragestellung das kreative Denken weit mehr anzuregen vermöchte als diese. Zweifellos steckt ein Stück Wahrheit darin. Sie wird allerdings sofort relativiert, wenn ich etwa an die großartigen Ergebnisse denke, die S. THIEL, der durch Sie so maßgeblich bestimmt ist, gerade bekannt gemacht hat[4].

Die für das philosophische Bewußtsein zweifellos so wichtige Unterscheidung des Gegebenen und des Gemachten geht heute, so schreiben Sie, „schon in der Kindheit leicht verloren". Und sie fahren fort: „Sie kann nur wiederhergestellt werden durch ganz präzise Verfolgung der Wege, die vom gegebenen Phänomen zur Physik und von ihr zum Gemachten hinführen. Das ist der Weg des ‚Genetischen Unterrichts'. Dies einsehen zu lassen, genau und kreativ, halte ich für eine der zentralen Aufgaben jedes naturwissenschaftlichen Unterrichts und auch jedes technischen ..." Hier setzt meine Kritik ein. Zweifellos: Gegeben - Gemacht sind zwei *ontologische* Kategorien, die erfaßt zu haben für das Grenzbewußtsein des Menschen, nämlich als Wissen von Erkenntnisgrenzen und als Wissen von „menschlichen" Grenzen (Grenzen des Machenkönnens und Machendürfens), von hoher didaktischer Bedeutung ist und die deshalb immer wieder der Gegenstand von Reflexionen im Unterricht sein sollten. Hier wäre auch die religiös-weltanschauliche Bindung offen zu legen — das Meta-Physische der Physik wie der Technik. Einverstanden; aber ich halte diese Kategorien für ungeeignet, methodisch einen Unterricht darauf zu gründen. Nach meinem Verständnis — verübeln Sie es mir bitte nicht, wenn ich Ihnen als dem Vater des Genetischen Prinzips mit einer eigenen Interpretation entgegentrete — ist das Genetische Prinzip ein Prinzip der Erkenntnislehre und -psychologie: es ist ein Denkverfahren und eine Erkenntnismethode. (Ich gehe später noch einmal darauf ein.) Der Weg vom „gegebenen Phänomen der Physik" zum „Gemachten" ist jedoch, so wie ich die Sache sehe, keine Genese, weder ontologisch noch didaktisch. Hier liegt meiner Auffassung nach eher ein konstitutiv (und damit ein fixiertes) polares Verhältnis vor, eben der Gegensatz von Natur (als Schöpfung) zum Werk des Menschen.

Deshalb kann ich auch nicht dem genialen Bogen Ihres Schlußabsatzes, so sehr er mich durch seine Kühnheit einnimmt, folgen: Ich halte auseinander das „Erfinden" der physikalischen Begriffe erstens als einen *Akt* (oder die Folge von Akten) der thetischen

Setzung (Definition), und zweitens als die *Genese* des Begriffs, als die Begriffsgeschichte — klassisches Beispiel zu 2: Entwicklung des Begriffspaars Kraft-Energie. Diese Hervorbringung des Begriffs als eine „Erfindung" ist nun aber mit dem physikalischen Entdekken so sehr zu einem *einzigen Prozeß* verwoben, daß der Unterscheidung von Entdekken und Erfinden nicht mehr Bedeutung zukommt als der Unterscheidung zwischen einem rechten und einem linken Fuß. Ähnlich ist in der Bezugsetzung: „Physik, noch ehe sie Technik entläßt", ein genetisches Verhältnis von Quelle und Ausfluß postuliert, das eine Naturphilosophie zu postulieren vermag — die historische Realität (*auch* ein genetischer Zusammenhang!), ist zweifellos von ganz anderer Verfassung. Diese philosophische Konzeption von einer Physik als dem Ursprung (arche, proteron) ist, so meine ich, kein genetisches Prinzip, um daraus ein Lehrgebäude zu entwickeln, sei es auch nur exemplarisch[5]. Im übrigen ist Ihr Versuch, die Physik didaktisch in einen tieferen Zusammenhang hinein zu fundieren, notwendig, daß Sie auf ein philosophisch so generelles Prinzip wie Genese/Entfaltung/Entwicklung zurückgreifen, ist Ihre Auszeichnung, und wer da denn meint, Sie wollten die Physik wie ein beschränkter Pietist an Religion anbinden, bezeugt nur seinen Unverstand.

Und damit zum „ästhetischen Aspekt". Der fragliche Satz in meinem Buche lautet: „Wir glauben uns darin nicht zu täuschen, daß die Ablehnung der Technik ... aus ästhetischen Beweggründen geschieht" (1.3136). Ich habe also nicht vom ästhetischen *Aspekt* gesprochen; was Sie dazu sagen, findet meine uneingeschränkte Zustimmung. Ich habe es vielmehr gewagt, Sie als einen Ästheten zu bezeichnen, das heißt als jemanden, der an der Physik wie an der Astronomie wie an der Mathematik primär ein ästhetisches Interesse nimmt: die *Wahrheit* darin „ohne alles Interesse" (Kant) um ihrer selbst willen als schön *genießt*. (Es geht nicht um die „Schönheit der Phänomene", wie Sie sagen, sondern um die Schönheit der Wahrheit.) Zweifellos ist das Verhältnis der Faraday, Einstein und Bohr weitgehend von solchen ästhetischen Empfindungen mitbestimmt. Damit ich nicht mißverstanden werde: ich halte das ästhetische Verhältnis zu den Phänomenen der Welt für das „reinste" (reine Wahrheit im Sinne der Philosophie, nicht des Staatsanwalts) und das schönste — aber in der *moralischen* Ordnung ist es zweitrangig! Ich wollte meine Position im Gegensatz zu der Ihren als vorrangig pragmatisch moralisch bestimmen[6].

Aber das wichtigste ist unter den Stichworten *genetisch-volkstümlich* angesprochen. Das ist für mich ein schmerzlicher Punkt, nicht was unser Gespräch angeht, sondern in Hinsicht auf das allgemeine Echo, das ich mit dem Begriff des volkstümlichen Denkens gefunden habe. Heute ist dazu zu sagen: Der Sachverhalt, den ich seinerzeit behauptet habe, ist durch die soziologische, insbesondere sozialpsychologische und erkenntnissoziologische Forschung uneingeschränkt bestätigt, daß es nämlich in den Zivilisationen der freiheitlichen Industrienationen jene Klassierung in die, wie es heute heißt, „unterprivilegierten" und in die privilegierten Schichten gibt, daß jene „Subkulturen" nur über „restringierte" Sprechfähigkeiten verfügen, und so weiter. Natürlich hatten wir in den frühen dreißiger Jahren nicht das „elaborierte" Vokabular, nicht jenen inzwischen entwickelten Begriffsapparat zur Hand, über den die Forschung heute verfügt. Was für uns Praktiker in den Versuchsschulen der damaligen Jahre nur in der tagtäglichen Erfahrung unseres Umgangs mit den (vorwiegend proletarischen) Schülern gewonnen und bestätigt war, ist heute durch eine weltweite Forschungsarbeit von mehreren Jahrzehnten Dauer differenziert, vertieft, gesichert worden. Aber wenn es auch unverfroren klingt — entscheidend Neues ist kaum hinzugekommen, es sei denn, die Erkenntnis vom besonderen didaktischen Potential, das die Jahre der frühen Kindheit als eine Phase einmaliger Fruchtbarkeit heraushebt. Auch das didaktische Problem ist unverändert dasselbe geblieben — und es ist unverändert ungelöst, nämlich die Frage, auf welchem Wege der *Anschluß nach oben* herzustellen sei.

Spreche ich, weil es das Verständnis erleichtert, zunächst von unseren damaligen Vorstellungen: Von Chancengleichheit konnte keine Rede sein, und so ging unser Streben dahin, wenigstens das Bildungstalmi eines pseudo-wissenschaftlichen Realunterrichts abzustreifen und *innerhalb* der verfüglichen Denkmittel soviel *kritisches* Denken wie möglich zu entfalten. Ziel der volkstümlichen Bildung auch im Physik-Chemie-Unterricht war — formaliter — die Schärfung des Denkens; das Mittel dazu: Konzentration auf die praktischen Interessen.

Wir streben heute aus dieser Enge heraus. Die Schwierigkeiten aber sind geblieben. Wenn Kinder in ihrer plastischen Phase nicht entsprechend geistig gefördert worden sind, ist die Öffnung nur noch unter sehr großen Anstrengungen und mit geringem Erfolg möglich. Es müssen Wege ersonnen und geebnet werden, um mehr als die Hälfte der Nation aus dem Einfluß ihrer unterprivilegierten Elternhäuser herauszubringen und in einer anderen geistigen Atmosphäre anzusiedeln. Ich bekenne mich zu solchen Maßnahmen — aber welches Gebirge von Schwierigkeiten!

In diesen gesellschaftspolitisch bestimmten Erörterungen wird eine eigentümliche Verschleierungstaktik mit dem Begriff der Begabung unternommen, und damit komme ich Ihren Problemen näher. Kein Zweifel, daß Begabung a) milieuabhängig, b) biologisch-organisch bestimmt ist. Mich interessiert jetzt die Abhängigkeit b). Ich fühle mich nach wie vor nicht darin widerlegt, daß die Begabungsunterschiede unabhängig vom Milieueinfluß beträchtlich sind. Außerdem halte ich es für schwierig, wissenschaftliche Denkprozesse nachzuvollziehen; und aus diesen beiden Feststellungen folgt, daß für viele Heranwachsende der Weg zur wissenschaftlichen Denkweise so gut wie verschlossen, daß er für die meisten nur mühsam zu öffnen ist. Dabei gehe ich wie Sie von einem *ernsthaften* Begriff wissenschaftlicher Erkenntnis aus[7].

Sie haben in Ihrem Leben viel Kraft darauf verwendet, klar zu machen, daß wissenschaftliche Bildung ein didaktischer *Prozeß* von derselben Schwierigkeit ist wie die Wissenschaft selbst. In dieser Einsicht treffen wir uns. Sie sind mit dem Organ ausgerüstet, die Wege aufzuspüren, die zur wissenschaftlichen Einsicht führen, und Sie vermochten die Ansätze solchen Denkens in Äußerungen früher Kindheit zu entdecken. Dabei erkannten Sie diesen Entwicklungsprozeß als eine zumindest zweifache Genese. Die eine darf ich als *subjektiv* bezeichnen: es ist der je eigene Weg jedes einzelnen jungen Menschen zu *seinem* Denken. Alle diese subjektiven Ausformungen hängen durch Regeln zusammen, denen zufolge es typische Verlaufsformen, typische Genesen gibt, die es ermöglichen, allgemeiner verbindliche Lehrgänge z. B. aufzubauen.

Es gibt sodann die *objektive* Genese. Sie besteht in der Erkenntnis, daß der historische Weg, auf dem die Wissenschaft (Physik) entstanden ist, eine Selbstverwirklichung ihres Geistes ist, um es mit Hegel zu interpretieren, und daß dieser Prozeß die wohlverstanden didaktische Vorlage für die Schule sein sollte — so fasse ich Sie doch richtig auf? Diesem didaktischen Prinzip vermag ich mich weitgehend anzuschließen; wir haben außerdem keine Verständigung darüber herzustellen, daß die Gymnasien ihren Unterricht nach wie vor didaktisch naiv erteilen und daß die Hauptschule Gefahr läuft, in diesen Sog hineinzugeraten und preiszugeben, was sie seit der Jahrhundertwende gewonnen hat.

Offenbar geht es doch uns beiden darum, das *Denken-lernen als Aufgabe ganz ernst zunehmen* und diesen geistigen Werdeprozeß vor allen Pseudolösungen zu bewahren.

Deshalb waren wir im Unterricht langsam, subtil, zurückhaltend, geduldig. Demgegenüber ist alle Differenz sekundär. Sie bleibt vermutlich bestehen in Folgendem:

Das Denken, so sehe ich es weiterhin, ist insofern *nicht eines,* als gilt: Kritische Erkenntnissoziologie, Sprachwissenschaft und Sozialpsychologie haben gesichert, daß das Denken nicht nur nach seinen Inhalten und Intentionen, sondern auch nach seinen Formen und Strukturen mitbedingt ist durch sein Milieu, seine Horizonte, durch Mentalitäten, „Interessen", daß das Denken „schichtspezifisch" und daß es „systemimmanent" differiert. Denken ist also verschieden gemäß den verschiedenen „Subkulturen", denen es zugehört. „Unterprivilegierte" Schichten sind so gut wie ausgeschlossen von der Teilnahme am beispielsweise wissenschaftlichen oder kultiviert-literarischen Denken.

Diese Tatbestände sind alle durch *soziale* Faktoren verursacht und deshalb zu verändern. Aber sie *bestehen* (und es gibt kein einziges Beispiel der Geschichte oder der Gegenwart, wo sie überwunden wären). Wir haben trotzdem dafür zu streben, sie zu beseitigen; der Weg ist schwierig, er ist vor allem zeitraubend (Maßeinheit: die Generation). In der Gegenwart und der Zukunft — mittelfristig bis ins Jahr 2000 — haben wir hier bitteren Tatsachen ins Auge zu sehen.

Meine Fragestellung, auf die ich in den dreißiger Jahren eine Antwort suchte, ist mit diesen Problemen nicht völlig deckungsgleich. Ich war mit der Frage nach einer *allgemeinen* (alle Subkulturen umfassenden) Ausgangsbasis des Denkens beschäftigt; in Ermangelung besserer Begriffe nannte ich sie volkstümliches Denken. Inzwischen operiert man unverfänglich mit dem Begriff *primär.* („Primärsprache" ist im Gegensatz zu „Muttersprache" z. B. ein sachlicherer Begriff bei völliger Synonymie.) Nicht mehr zu bezweifeln ist: Wissenschaftliches Denken (wissenschaftliche Sprache) ist *sekundäres* Denken (Sekundärsprache), es ist aus primärem Denken heraus entwickelt. Der Zusammenhang zwischen beiden ist *genetisch.*

Diese Genese betrifft das *systematische* Verhältnis beider Denken; Genese bestimmt aber auch die Entwicklung *jedes einzelnen* jungen Menschen im Verlauf seiner Bildungsgeschichte.

Nun werfen Sie die schwierige Frage auf, ob diese beiden prozeßhaft verbundenen Denkformen *wesensverschieden* seien. Wäre die Grenze zwischen dem Wesentlichen und dem Unwesentlichen bestimmbar, dann könnte meine Antwort vielleicht eindeutig sein. Weil es nicht der Fall ist, kann ich nur folgendermaßen antworten: *Sofern* die Denkformen auseinander hervorgehen, sind sie *eines* Wesens, und *weil* sie auseinander hervorgehen, ist die Sekundärform in nuce in der Primärform enthalten. Andererseits sind die Denkformen aber auch wesensverschieden, z. B. hinsichtlich ihrer Daseinsbindung, ihres Pragmatismus, ihrer Interessen, ihrer Ansprüche an logische Beweismittel und Beweisgänge. Trotz solcher wesentlichen *Differenz* sind aber die Denkformen auch wiederum wesens*gleich,* indem nämlich beide *rationale Denkformen* sind. Wie so häufig, so scheint auch in diesem Fall die Metapher die größte Aussagekraft zu haben; ich sage deshalb: Im Prinzip, das heißt, sofern es sich um die Wegmarkierung und den Zustand der Wege handelt, ist für jedermann der Weg von der Basis zum wissenschaftlichen Denken zu gehen möglich, so wie im Prinzip nicht nur viele, sondern alle Wege nach Rom führen. Nur ist es unrealistisch, zu meinen, daß sich für alle oder auch nur für die Majorität tatsächlich Wege *öffnen,* es sei denn, man habe einen Begriff von der Sache wie unser Postbote, wenn er sagt: „Das hat all so seine Wissenschaft." Sodann: Dieses Öffnen des Denkens zur wissenschaftlichen Denkweise hin ist in jedem Fall ein Entwicklungsprozeß (individuelle Genese) mit den Merkmalen eines geistigen Durchbruchs (Krise), einer Pubertät, einer Metamorphose. Wo die Ausbildung wissenschaftlichen Denkens naiv geschieht, das heißt ohne Bewußtsein von und Rücksicht auf deren erkenntnispsychologische Problematik, sind die Folgen für die geistige Entwicklung junger Menschen schlimm — Beispiele in Hülle und Fülle am Wege[8].

Dieses Ergebnis ist weder philosophisch-moralisch noch gesellschaftspolitisch-ökonomisch (Leistungsgesellschaft) bedenklich, denn zu wissenschaftlichem Denken nicht befähigt zu sein, heißt ja keineswegs, unmündig und chancenlos in unserer Gesellschaft dahinleben zu müssen — manches spricht für das Gegenteil. (Ich zweifle nicht, daß Ihnen die Bundesgenossenschaft jener, die um den vorderen Rangplatz in der Liste der wirtschaftlich führenden Nationen besorgt sind, verdächtig ist.)

Vielleicht liegt für diesen in der Tat wichtigsten Punkt unserer Befragung die abschließende Antwort in folgender Feststellung:

Wissenschaftliches Denken *leitet sich* immer von einem primären Denken *her,* es *entwickelt* sich. Primäres Denken *kann* zu wissenschaftlichem Denken hinführen. Dieser Prozeß entwickelt das Denken nicht nur, er verwandelt es auch. Geistige Genesen sind Transformationen[9].

Ich konnte nicht erwarten, daß unsere Auffassungen in dieser gravierenden Sache identisch werden; aber es gibt Konvergenzen. Wir sind den Gesetzen unserer je eigenen Genese unterworfen, die ja Gott sei Dank mehr ist als Entwicklung zu wissenschaftlichem Denken. Ich halte es mit immer noch wachsender Zuneigung aus und

grüße Sie herzlich Ihr

*Carl Schietzel.*

Dezember 1970

*Lieber Herr Schietzel,*

zum guten Ende noch einige Anmerkungen zu Ihrem letzten Brief, für den ich Ihnen sehr dankbar bin.

1.* Ihre Darstellung des Gemeinsamen ist mir sehr willkommen. Wo Sie „Ausweichen" sagen, drängt sich mir, ganz entsprechend, das Wort „*Flucht*-Didaktik" auf. Flucht aus einem Notstand (zu große Klassen, zu wenige Lehrer) in die dann naheliegende aber zu enge, weil physikalistische, Didaktik. Bedrohlich dann (und nur dann), wenn dieser Notstand allmählich als Norm akzeptiert und diese Didaktik alleinherrschend werden sollte. Eine Versuchung, der Naturwissenschaftler (und mehr noch ihre Nachahmer) leicht nachgeben[1].

2. Wir stimmen also darin überein, daß die Unterscheidung zwischen dem „Gegebenen" und dem „Gemachten" als „profunde Differenz" im Bewußtsein der Schüler wachzuhalten ist.

3. Kommt diese, Ihre Entscheidung nicht einfach daher, daß Sie „halt" an der technischen Erfindung interessierter sind als an der physikalischen Entdeckung? Während ich ja über Physik schreibe: die Strukturierung des Gegebenen. Das Anregungspotential ist eine Funktion des Interesses.

4. Die Aufklärung einer Unordnung innerhalb des Gegebenen (hier eines physikalischen Problems) geht durchaus nicht linear aufs Ziel los, vorausgesetzt, daß sie in einem freien aber disziplinierten Unterrichtsgespräch sich entfaltet. Es gibt *viele* Ahnungen, viele Vorschläge, Irrtümer, Enttäuschungen. Daß sie schließlich konvergieren auf die eine Richtigkeit: diese Erfahrung ist nun wieder für den naturwissenschaftlichen, am deutlichsten für den physikalischen Unterricht ein charakteristisches und bedeutendes Ziel. (Heisenberg: „Hier gibt es noch eine höhere Macht, die unbeeinflußt durch unsere Wünsche endgültig entscheidet."[2]) — Auch gibt es ungeahnte Entdeckungen (Röntgen).

Die von Ihnen erwähnten Unterrichtsprotokolle von S. Thiel, die jetzt im Erscheinen sind[3], zeigen ein leidenschaftliches „Aufklärungspotential" bei Neunjährigen angesichts rätselhafter *Natur*phänomene und kreative Denkansätze, die an Vielfalt nichts zu wünschen übriglassen. Voraussetzung ist nur, was der konventionelle Physikunterricht meist vergißt, daß man von unvorbereiteten und schon hinreichend komplexen Problemen von brisanter Seltsamkeit ausgehen muß. (Keineswegs von „Sensationen": es genügen Fragen wie diese: Kann Wasser bergauf laufen? Warum kommt der Schall verspätet? Wie können eiserne Schiffe schwimmen? Warum springt der Ball eigentlich wieder hoch?) Dagegen lassen vom Ergebnis her gesteuerte Folgen harmloser Schritte nichts aufkommen von der *sachlichen* Emotion, die zum Entdecken ebenso notwendig gehört wie zum Erfinden.

5. Sie sprechen von der Wahl des Wortes „Genetisch", mit dem Sie offenbar nicht denselben Sinn wie ich verbinden.

Was ich in der *Sache* meine, läßt sich auch ohne dieses Wort sagen:
a) Ohne Faradays Entdeckungen gäbe es keine Transformatoren, kein Radio usw. Man kann solche Geräte nicht „wirklich" verstehen, wenn man diesen Weg von der Entdeckung zur Erfindung nicht nach-geht. Er läßt sich *kontinuierlich* verfolgen. Darauf

* Die Ziffern 1.—9. verweisen auf die im vorhergehenden Brief mit einer hochstehenden Ziffer (1—9) gekennzeichneten Stellen.

1 Hierzu mein Beitrag „Was bleibt? (Verfolgt am Beispiel der Physik)" in dem Sammelband: J. Flügge, Zur Pathologie des Unterrichts. Heidelberg 1970, S. 74—91 (im besonderen: Abschnitt 8 „Physikalistische Didaktik?", S. 86 f.).

2 Wandlungen in den Grundlagen der Naturwissenschaft. 7. Aufl., Stuttgart 1947, S. 49.

allein kommt es mir an. (Ich will also mit „genetisch" sagen: der Schüler lerne nicht nur, „wie es ist", auch nicht nur, wie man es verifizieren kann, sondern „wie es kommt".)

b) Zur Entstehung der physikalischen Begriffe: der Satz, den Sie genial und kühn nennen, entspricht, soviel ich weiß, nur dem, wie wir heute die Lage sehen: Das „Beharrungsgesetz"[4], die Tendenz der Körper, ihre Geschwindigkeit um so besser zu bewahren je weiter sie von anderen Körpern entfernt bleiben, ist eine „Entdeckung". Die „Setzung" des Begriffes „Kraft" als des *beschleunigenden* Faktors ist die damit verbundene, sehr bewährte und „angemessene" „Erfindung". Wie Sie es sagen: die Setzungen sind verwoben mit Entdeckungen. Einsicht in diese „Herkunft" der Begriffe halte ich für ein wesentliches Ziel des Physikunterrichtes. Im Gegensatz zu einem Verfahren, das Begriffe nahezu autoritär setzt und nachträglich verifiziert und legitimiert; nicht selten auch mythologisiert. (Was denkt sich der Laie bei „Zentrifugalkraft"?) (Ich nenne deshalb ein Verfahren „genetisch", das die Herkunft der Begriffe verstehen läßt; genauer gesagt: durchschaubar macht „wie sie kommen".)

6. Wenn Sie es *so* meinen, dann sollten Sie mich doch lieber nicht einen „Ästheten" nennen, wenn man nicht Sie und damit mich auf S. 93 Ihres Buches mißverstehen soll. Hier, in diesem Briefwechsel, sagen Sie nämlich nichts anderes, als daß alle Physiker (für die Physik mehr ist als eine Anhäufung von einzelnen Gesetzen) Ästheten sind. Mit „Genuß" im heute üblichen Sinne hat das nicht viel zu tun. Mich interessiert die pädagogische Seite: Die Bereitschaft des „Gegebenen" sich ein mathematisierendes Ordnungsgefüge gefallen zu lassen, wirkt auf den Lernenden (Entdeckenden) *ermutigend.*

Darf ich hier noch etwas nachtragen zu S. 52 Ihres Buches: Sie sprechen dort vom Denken der Physik als einem „hochgestimmten", das in der „reinen Sphäre des Geistes" stattfinde. Und die von mir gesammelten Beispiele[5] für das Fragen und Grübeln von Kindern nennen Sie „tiefsinnig" und „verspielt". Tiefsinnig sind sie gewiß, aber verspielt kann ich sie nicht finden, viele eher sehr gründlich und in einzelnen Fällen oft streng folgerichtig (nur: noch nicht systematisch fortsetzend). Und „hochgestimmt": Bemerken Sie nicht, daß mein ganzes Bemühen dahin geht, den anfänglichen Physikunterricht auf den vor mir *hoch*geachteten Verstand der Kinder und Laien „herunter" zu holen, nämlich dahin, woher Physik gekommen ist und also immer wieder *auf*kommen muß?

7. Eben deshalb stimme ich ganz dem zu, was Sie im 2. Absatz von Seite 314 schreiben („Wir streben . . . Schwierigkeiten!"). Sie haben im Umgang mit Kindern aus unterprivilegierten Schichten soviel größere Erfahrung als ich, daß ich mir zu dem, was Sie aus diesen Erfahrungen folgern, gar kein Urteil erlauben kann.

Wenn ich optimistischer bin als Sie, so — vermutlich — deshalb, weil ich gar nicht sagen möchte, es gehe darum, „wissenschaftliches Denken nachzuvollziehen", sondern: die ersten Regungen wissenschaftlichen Denkens zu erwecken und zu ermutigen. In diesem Sinne stimme ich der Forderung zu, daß der Unterricht „wissenschaftsorientiert" sein solle. Wir brauchen empirische Untersuchungen im Stile etwa von S. Thiel, die spontane Denkprozesse innerhalb von frei und diszipliniert zur *Sache* sprechenden Schülergruppen ins Auge fassen können, ohne sie zu stören oder zu zerstückeln. Denkprozesse, die sich entwickeln aus der Konfrontation mit relativ komplexen Problemen, die sich selbst „stellen" durch ihre bloße verlockende Betrachtung.

---

[3] Außer der von Ihnen angeführten Arbeit: in dem Sammelband Banholzer/Thiel/Wagenschein, Kinder auf dem Wege zur Physik, Stuttgart 1971, und in S. Thiels Dissertation, Tübingen 1971.

[4] Die pädagogische Dimension der Physik, S. 253.

[5] In meinem Buch „Ursprüngliches Verstehen und exaktes Denken", 2. Aufl. 1970, Bd. I, S. 487, und Bd. II, S. 99. Beide Serien, ergänzt durch eine dritte, finden sich in dem in Anm. 3 genannten Sammelband.

8. Gegenüber dem wenig scharfen Begriff des „wissenschaftlichen Denkens" (besonders wenn er auf Laien übertragen sein soll) beschäftigt mich allein folgendes: Wie ist dem Laien Wissenschaft, hier Naturwissenschaft und im besonderen Physik *durchschaubar* zu machen? Mit anderen Worten: ihn wissenschafts*verständig* werden zu lassen. (Wissenschafts-*Fähigkeit* kann das Ziel nur der Sekundarstufe II sein. Es kann die früheren Stufen nur verstören und hat es getan. Was für den Laien ausreicht, das ist zugleich für den Fachmann die unentbehrliche Grundlage seiner späteren Studien.)

Wissenschaftsverständigkeit äußert sich nicht so sehr darin, daß der Schüler in Formeln redet, als darin, daß er das Formelhafte auch in Worten sagen kann, soweit das möglich ist. (Dieselbe Kunst ist für den Lehrer die Probe auf seine didaktische Verständigkeit.)

Was Sie auf der Seite 315 unten sagen, verstehe ich inhaltlich nicht ganz. Aber davon abgesehen: woran ich nicht zweifele ist, daß der Weg zu dieser Verständigkeit (in bezug auf physikalische Einsichten) durchweg *kontinuierlich* gangbar ist. Sie sprechen zwar von „Krise" und „Metamorphose". Es fragt sich aber, ob die Krise bei Schülern nicht durch eine bessere, d. h. genetische Didaktik vermeidbar ist. Die Schule kann Unstetigkeiten *erzeugen*, die nicht in der Sache liegen, und tut es oft. „Beispiele in Hülle und Fülle am Wege."

Mit dieser Einschränkung, daß „Verwandlung" Kontinuität nicht ausschließt, kann ich Ihrem zweitletzten Absatz S. 316 voll zustimmen. Dem Satz „Primäres Denken *kann* zu wissenschaftlichem Denken hinführen" füge ich nur hinzu: einen anderen Weg gibt es nicht, wenn man sich das Erziehungsziel zu eigen macht, das ich im Absatz 4 meines 1. Briefes bezeichnet habe (S. 307).

Wir müßten, um noch klarer zu werden, *Beispiele* besprechen. „$p \cdot v = \text{const.}$" ist sicherlich eine Verwandlung, eine Metamorphose der primären Aussage: „Je mehr ich ein Gasvolumen zusammendrücke, desto mehr Kraft brauche ich." Aber es braucht keine Unstetigkeit bei der Überführung zu geben. Die Kontinuität läßt sich immer sichern[6].

Aus all diesen Gründen erscheint es mir nicht wünschenswert, weil auf die Dauer fruchtlos, die Didaktik eines Faches aus seiner etablierten, seiner (zur Zeit) fertigen Gestalt herzuleiten. (Was geschieht, wenn ein Physiker eine Didaktik der Physik allein aus der Physik herzuleiten sucht.) Didaktik der Physik sollte entwickelt werden aus der Anfangsposition, für die es Physik noch gar nicht gibt.

Ich danke Ihnen herzlich, lieber Herr Schietzel, für Ihre Bereitschaft und Geduld in unserer gemeinsamen und gegenseitigen Untersuchung. Ich meinerseits finde viel Konvergenz bei so verschiedener persönlicher Genese.

Ihr *Martin Wagenschein*

---

[6] Näheres zu diesem Beispiel in meinem Vortrag „Die Sprache im Physikunterricht", in: Z. f. Päd., 7. Beiheft, 1968 (abgedruckt im Band II von „Ursprüngliches Verstehen und exaktes Denken", S. 158).

# Literaturhinweise

Die folgende, auf Vollständigkeit nicht bedachte, Liste stellt einige Bücher zusammen, die vielleicht dem Leser nützlich sein können, der sich weiter unterrichten möchte über: I. die Tragweite der „qualitativen“ Darstellung, II. den genetischen Gesichtspunkt und III. über einfache experimentelle Hilfsmittel. Einige dieser Bücher sind — nicht zufällig — alt und längst vergriffen. Sie sind hier trotzdem angeführt, da sie in Bibliotheken noch zu entleihen sind, und da ihr Wert und ihre pädagogische Aktualität unvermindert fortbestehen. Neuauflagen wären dringend zu wünschen.


I.

J. Tyndall: Der Schall, Braunschweig 1869 (Neudruck der Wiss. Buchges. geplant). — Die Wärme, betrachtet als eine Art der Bewegung, Braunschweig 1876. — Das Licht, Braunschweig 1876.

Sir William Bragg: Die Welt des Lichts (The Universe of Light), Braunschweig 1935; vergriffen.

Sir Lawrence Bragg: Elektrizität, Springer Verlag, Wien 1951.

W. Braunbeck: Physik für Alle, 3. Aufl., Franckh, Stuttgart 1960.

W. Gerlach: Physik des täglichen Lebens, Springer, Berlin 1957.

W. H. Westphal: Deine tägliche Physik (Ullstein-Buch Nr. 52), Berlin 1950.

H. v. Baravalle: Physik als reine Phänomenologie, 3 Bände, Troxler-Verlag, Bern 1951—55.

II.

E. Mach: Erkenntnis und Irrtum (Neudruck d. Wiss. Buchges. 3764). — Die Mechanik in ihrer Entwickelung, Leipzig 1933 (Neudruck d. Wiss. Buchges. 2034). — Die Prinzipien der physikalischen Optik, historisch und erkenntnispsychologisch dargestellt, Leipzig 1921). — Die Prinzipien der Wärmelehre, Leipzig 1923. — Populärwissenschaftliche Vorlesungen, Leipzig 1925.

Hans Schimank: Epochen der Naturforschung (Leonardo, Kepler, Faraday), München 1964.

C. Ramsauer: Grundversuche der Physik in historischer Darstellung, Springer Verlag, Berlin, Göttingen, Heidelberg 1953.

E. J. Dijksterhuis: Die Mechanisierung des Weltbildes, Springer Verlag, Berlin, Göttingen, Heidelberg 1956.

III.

Felix Krehl: Grundlegender Physikunterricht mit einfachen lebensnahen Mitteln. Eine Anleitung zum Experimentieren und zur Didaktik, Stuttgart 1947; vergriffen.

Felix Krehl: Lehrbuch der Physik für Höhere Schulen, Wiss. Verl-Ges., Stuttgart 1947; Bd. I (Unterstufe) vergriffen; Bd. II (Oberstufe).

Erich Krumm: Im Zauberreich der Lichtwellen, Physikalische Versuche zur Wellenoptik, Verlag G. Braun, Karlsruhe 1950; vergriffen.

R. Girke und G. Sprockhoff: Physikalische Schulversuche, Volk und Wissen, Volkseigner Verlag, Berlin, 10 Hefte, 1954—1968.

G. Sprockhoff: Physikalische Schulversuche, R. Oldenbourg, München 1962 ff., mehrere Hefte.

A. Hoischen: Physikalisches Experimentierbuch, Union Deutsche Verl.-Ges., Stuttgart 1954.

Walter A. Thurber: Exploring Science, Edited by E. Smith, Allyn and Bacon, Inc., Boston, New York 1957, 6 Bände (Farbige Experimentieranleitungen für Kinder, mit kurzem englischen Text).


*Weitere Werke des Verfassers:*

1. Zusammenhänge der Naturkräfte, Braunschweig 1937. — Vergriffen.
2. Die Erde unter den Sternen, Weinheim (Beltz), 3. Aufl. 1965. — Vergriffen.
3. Natur physikalisch gesehen, Frankfurt (Diesterweg), 4. Aufl. 1967.
4. Ursprüngliches Verstehen und exaktes Denken (Pädagogische Schriften), 2 Bände, Stuttgart (Klett), 2. Aufl. 1970. — (Dieses Sammelwerk enthält alle Aufsätze aus Zeitschriften, Schriftenreihen und Sammelbänden.)
5. Verstehen lehren, Beltz-Bibliothek, Bd. I (Taschenbuch), Weinheim, 2./3. Aufl. 1970.

## Personenverzeichnis

(Die Autoren des Literaturverzeichnisses von Seite 320 sind hier nicht mit aufgeführt.)

## Sachverzeichnis

(Kap. XVI, Kanon der Physik, ist hier nicht mit aufgenommen.)